本书相关研究得到科技部基础性工作专项“新疆跨境河流水生生态及鱼类资源调查”（编号 2012FY112700）资助

新疆跨境河流水生生态环境与渔业资源调查：额尔齐斯河

谢从新　郭　焱　李云峰
周　琼　谢　鹏　霍　斌　等　著

科学出版社
北　京

内 容 简 介

额尔齐斯河位于我国新疆维吾尔自治区北部，是我国唯一流入北冰洋的国际河流。因其地理位置和水系与欧洲北方平原贯通等特点，额尔齐斯河的渔业环境和鱼类资源在我国具有独特性。本书主要根据2012～2016年的调查资料撰写而成，共分为三部分，第一部分介绍额尔齐斯河中国段自然环境、河流水体理化特征、水生生物和鱼类组成特点；第二部分介绍北极茴鱼、白斑狗鱼、东方欧鳊、额河银鲫等十余种鱼类的渔获物组成、生长、摄食、繁殖等生物学特性；第三部分介绍鱼类物种多样性与优势种、环境特征与鱼类栖息地评价、主要鱼类营养关系、捕捞对种群结构的影响，根据资源特点探讨了资源保护和合理利用措施。本书代表了新疆额尔齐斯河渔业资源和渔业环境最新研究成果。

本书可供水产院校渔业资源和水产养殖专业、其他大专院校生物学或动物学专业的师生，科研院所研究人员，以及从事资源与环境、水产和动物学研究、生产和管理的有关人员参考。

图书在版编目（CIP）数据

新疆跨境河流水生态环境与渔业资源调查：额尔齐斯河/谢从新等著．—北京：科学出版社，2021.9

ISBN 978-7-03-069776-9

Ⅰ．①新…　Ⅱ．①谢…　Ⅲ．①河流–水环境–研究–新疆 ②水产资源–研究–新疆　Ⅳ．①X522 ②S932.4

中国版本图书馆CIP数据核字（2021）第188428号

责任编辑：罗　静 / 责任校对：严　娜
责任印制：吴兆东 / 封面设计：无极书装

科 学 出 版 社 出版
北京东黄城根北街16号
邮政编码：100717
http://www.sciencep.com

北京盛通商印快线网络科技有限公司 印刷

科学出版社发行　各地新华书店经销

*

2021年9月第　一　版　开本：787×1092　1/16
2021年11月第二次印刷　印张：25 1/4
字数：599 000

定价：298.00元

（如有印装质量问题，我社负责调换）

序

额尔齐斯河是我国唯一的一条流入北冰洋的河流，属鄂毕河水系，鱼类组成属于欧洲鱼类区系，有西北利亚鲟、小体鲟、哲罗鲑、北鲑、北极茴鱼等常见于欧洲的物种，在我国则是极其罕见的稀有种，具有重要的科学价值，已被列入《国家重点保护野生动物名录》。

额尔齐斯河在我国境内河段长633km，多年平均径流量$111.09\times10^8m^3$，水面广，水量大，支流多，渔业资源丰富。为了更合理地保护和利用资源，对额尔齐斯河目前较易见到的鱼类开展深入的生物学研究，是十分必要的。

说到额尔齐斯河的鱼类，人们往往会想到20世纪80年代在一些报刊上报道的“喀纳斯湖水怪”。据说人们看到了10m长的“大红鱼”，绘声绘色，轰动一时。我想就这个问题谈一点个人的看法，因为那位最初发现喀纳斯湖大红鱼的人向礼陔是我的大学同学。他当时是新疆大学的教授，1986年曾到我家里来过，我向他询问关于大红鱼的问题，他反复解说是在距离1000多米远的山上看到的，形象模糊不清。他答应给我两张当时拍的照片，但遗憾的是他返回乌鲁木齐后，不久便病逝了。我虽然没有见到向礼陔拍摄的照片，但他在《新疆大学学报》（1986，3（4）：93-95）上发表的“关于喀纳斯湖‘大红鱼’的发现”一文中，描述了他当时亲眼见到的情形：“当时我们正在欣赏大自然的美景，……，发现湖中有些略显红色的东西，多数成团状，也有成条状的，起初以为是水草或浮木，后来我发现那些红色的东西在变化，在游动，这引起了我的注意，于是我透过望远镜仔细观察，不禁惊叫起来：啊，是鱼，是‘大红鱼’”。现在人们都知道“大红鱼”实际是哲罗鲑。关于哲罗鲑的体色，在有关的分类学专著中一般描述为“体背侧深褐色，体侧紫褐色”，可是人们看到的大红鱼是红色的，这是什么原因？据Berg（1949）在《苏联及其邻邦的淡水鱼类》一书中记载，“哲罗鲑在繁殖期内，几乎整个身体变为红铜色”（During the spawning period，almost all the body become copper-red）。处于繁殖期的雄鱼，通常有追逐雌鱼的行为，往往是一条雌鱼后面或周围簇拥着若干条雄鱼。向礼陔教授见到的“多数成团状”的大红鱼，显然是数条甚至十几条雄鱼包围着一条雌鱼的求偶行为，而绝不可能是一条大鱼卷曲成一团的情形。当雌鱼脱离包围圈向外游动时，那些雄鱼便尾随其后追逐，前呼后拥，形成一条长长的移动着的红色条带，从远处看，仿佛是一条大鱼在游动。这可能便是长达10m“大红鱼”传说的由来。李思忠先生在看到有关录像后，曾指出这是一群鱼。那么，哲罗鲑究竟能够长多么大？据Berg（1949）的专著中记载：“体长达1m以上，体重达30～60kg以上”，他在附注中介绍了Treteyakov于1871年记录的一条产自叶尼塞河的哲罗鲑，体重在80kg以上。这些在严肃的科学著作中记录的数据，应该是我们了解哲罗鲑个体大小的依据，而不应以所谓理论推导出的哲罗鲑体重可达“几百千克”来印证民间的传说。中国科学院动物研究所等单位于1978年编著的《新疆鱼类志》记载：“哈巴河渔场于1959年去布尔津河上游哈纳斯湖捕鱼，其主要渔获物即哲罗鲑”。可见，喀纳斯湖的哲罗鲑并不是一种神秘的怪物，我们应当将其作为一种珍稀动物加以保护。

说到物种保护问题，这里需要对我国水产界热衷于到处引种的活动泼一瓢凉水。将原本没有自然分布的鱼类从别处引进来，甚至引入外国的鱼类，严重扰乱了当地淡水鱼类自然的地理分布格局，并且由于食物竞争和栖息地争夺，一些土著鱼类种群衰退，处于濒危状态。20 世纪 80 年代，先后向云南的高原湖泊中引入太湖短吻银鱼和鲢、鳙等“四大家鱼”，导致当地的土著鱼类大头鲤、云南鲤等特有的鲤亚科和银白鱼、多鳞白鱼等白鱼属鱼类种群数量剧减，个别物种已“功能性灭绝”。著名的洱海弓鱼（大理裂腹鱼）也由于无法与鲢、鳙等摄食浮游生物的外来鱼类竞争，已处于濒临灭绝的状态。新疆的博斯腾湖盲目引进河鲈（五道黑），使塔里木河水系特有的扁吻鱼和塔里木裂腹鱼产量锐减，处于濒危状态。这种盲目引种现象近年来又出现了一些新花样，即以增殖资源的名义，从不同水系引入同一种鱼放流。据该书记载，有人将产自黑龙江的哲罗鲑和细鳞鲑的发眼卵带到新疆，待其孵化后向额尔齐斯河放流。从 2012 年到 2016 年，累计放流哲罗鲑 19.7 万尾，细鳞鲑 6 万尾。黑龙江和额尔齐斯河的哲罗鲑，虽然在形态分类上鉴定为同一个物种，但由于长时期的地理隔离，在遗传结构上可能产生了差异。在分子生物学方法已经非常普及的今天，应当在引种前进行遗传结构测定和比对，避免风险。举一个惊人的例子，我国的大型有尾两栖动物大鲵（娃娃鱼），分布很广，珠江、长江和黄河等水系都出产，长期以来被认为属于同一个物种，学名大鲵（*Andrias davidianus*）。但是据张亚平院士及其助手车静研究员的研究，各地大鲵在遗传结构上的差异，好比人、黑猩猩和大猩猩之间的差异，就是说它们不属于同一个物种。但是近 20 年来，我国各地开发大鲵人工养殖，从不同地方购买用于人工繁殖的亲鲵，与本地的成熟个体杂交，产生了不少人工杂交种，还将部分杂交种放流到自然水体中（多为自然保护区），为今后的深入研究带来困难，在科学上造成了巨大的损失。这是我们应当引以为戒的一个沉痛教训，希望今后在引种问题上要慎之又慎。

额尔齐斯河是一条跨界河流，其渔业资源变化受到下游邻国的水利工程兴建和渔业捕捞等人类活动的影响，使西伯利亚鲟、小体鲟和北鲑等鱼类在我国已多年未见；在我国境内也由于修建水电站对鱼类洄游和繁殖造成不利影响，加之在河道内挖沙淘金，既破坏了鱼类的栖息地，又增加了重金属污染，使一些鱼类种群数量减少。而盲目引种放流，更使本已遭遇衰退的鱼类资源雪上加霜。希望本书的出版，能引起各有关方面的重视，采取坚决措施，杜绝一切破坏鱼类资源及其栖息地的活动，切实保护生物多样性，为我国的生态文明建设作出贡献。

中国科学院水生生物研究所研究员
中国科学院院士
2021 年 7 月 8 日

前　　言

额尔齐斯河是我国唯一流入北冰洋的外流性国际河流，发源于我国新疆维吾尔自治区阿尔泰山南坡，在哈巴河县出境后流经哈萨克斯坦、俄罗斯，最后注入北冰洋的喀拉海，全长4248km，中国境内长633km。额尔齐斯河中国境内河段处于我国干旱与半干旱区域，地理自然条件较为独特，保持着相对原始的水生生态环境，是高山冷水性水生生物良好的栖息场所。该河毗邻中亚，与俄罗斯繁杂的水系有紧密的联系，使得其鱼类区系组成有别于我国其他地区。额尔齐斯河鱼类主要由北方平原复合体、北方山麓复合体、北极淡水复合体等鱼类组成，还有较为少见的上第三纪复合体鱼类。根据历史记载，额尔齐斯河有土著鱼类23种（亚种），隶属于6目12科27属，其中20种在我国仅分布于额尔齐斯河，具有较高的种质资源开发与保护价值。此外，额尔齐斯河现有外来鱼类十余种，它们对土著鱼类的危害也是值得关注的。

额尔齐斯河流域是新疆水资源极为丰富的地区之一，也是新疆主要的渔业基地。做好该流域水生态环境和水生生物的基础研究工作，能促进渔业资源保护、合理利用和可持续发展，从而有效地维护国家权益和安全。关于额尔齐斯河渔业资源的最近一次全面调查距今已有20余年。这20余年正是我国国民经济高速发展时期，额尔齐斯河流域的水利水电工程建设、矿山开发、农牧业的发展，不可避免地会对额尔齐斯河流域的自然环境产生负面影响。历史资料已不能全面真实地反映水生态环境和渔业资源现状。

在国家科技部基础性工作专项的资助下，2012～2017年，华中农业大学、新疆维吾尔自治区水产科学研究所和中国水产科学研究院长江水产研究所组成联合项目组，对新疆额尔齐斯河、伊犁河和额敏河三条跨界河流开展了水生态环境和渔业资源调查研究工作。调查期间，在额尔齐斯河干流及主要支流共设置43个水质采样点，采集样本3709份，分析了23个水质理化指标，各类水生生物样本770余份，鱼类样本5945尾。2017年项目结束后，于2018～2019年又多次进行了补充调查。

参加本次调查的人员有华中农业大学谢从新教授、马徐发教授、周琼教授、沈建忠教授、邹明博士、迟巍博士、夏成星博士，博士研究生张志明、谢鹏，硕士研究生刘成杰、李君、葛奕豪、鲍明明、韦丽丽、郑圆圆、胡思帆、赵习、王枫、赵广、张云、王军、原昊、梁杰锋、吕超超等；新疆维吾尔自治区水产科学研究所郭焱研究员、蔡林刚研究员、阿达可白克·可尔江高级工程师、陈牧霞高级工程师、牛建功副研究员等；中国水产科学研究院长江水产研究所倪朝辉研究员、李云峰副研究员、张燕助理研究员、茹辉军副研究员、沈子伟助理研究员、李荣副研究员、吴湘香助理研究员等。感谢他们在调查期间的辛勤付出。

本书是在全面总结额尔齐斯河水生态环境和渔业资源调查研究资料的基础上撰写而成的，内容主要包括三部分：第一部分介绍额尔齐斯河中国段自然环境、河流水体理化特征、水生生物和鱼类组成特点；第二部分介绍北极茴鱼、白斑狗鱼、贝加尔雅罗鱼、高体雅罗鱼、湖拟鲤、东方欧鳊、额河银鲫、江鳕、河鲈、梭鲈等十余种濒危、珍稀和经济鱼类的渔获物组成和生物学特性；第三部分介绍鱼类生活史类型、食物关系，分析和评价了种群结构和资源变动的原因和趋势，根据资源特点探讨了资源保护和合理利用措施。其目的是为额尔齐斯河的水生态环境和鱼类资源保护提供基础资料。本书的主要撰写人员见各章作者署名。

国内一些学者曾对额尔齐斯河的渔业环境和鱼类资源做了大量研究工作，取得丰硕成果，我们从中受益匪浅，谨表谢意。调查期间，新疆维吾尔自治区水产科学研究所在后勤保障方面给予了大力协助，新疆维吾尔自治区水利局、沿河地方政府和新疆生产建设兵团185团等有关单位和部门为调查工作提供了无私的帮助，在此表示衷心的感谢。感谢柴毅副教授、周小云副教授对本书撰写工作提供的帮助。特别感谢中国科学院水生生物研究所曹文宣院士为本书作序，以及对我们工作的关心、鼓励和指导。

感谢科技部基础性工作专项“新疆跨境河流水生生态及鱼类资源调查”（编号2012FY112700）的资助。

额尔齐斯河是一条国际河流，开展我国额尔齐斯河水生态环境和渔业资源调查研究，有利于在“一带一路”框架下，推进沿河各国实现生态环境保护政策协调，促进流域水生态环境和渔业资源保护与合理利用。希望本书的出版能够对额尔齐斯河渔业生态环境和渔业资源保护有所帮助。限于作者的学识水平，书中难免存在不足，诚望读者批评指正，不胜感谢。

作　者

2020年5月8日

目　录

第一篇　渔业环境：水生生物资源

第一章　额尔齐斯河流域概况 …… 3
第一节　额尔齐斯河地理地貌特征 …… 3
第二节　额尔齐斯河流域气候特点 …… 4
第三节　水系与水文 …… 5
一、额尔齐斯河水系及其特点 …… 5
二、额尔齐斯河的水文特征 …… 13
小结 …… 14
主要参考文献 …… 15
第二章　额尔齐斯河流域水体理化特性 …… 16
第一节　材料与方法 …… 16
一、样本采集与检测方法 …… 16
二、水质评价依据与方法 …… 17
第二节　水质监测结果分析 …… 19
一、基本理化指标 …… 19
二、营养指标 …… 28
三、钙离子、镁离子及钙镁总量 …… 41
四、污染和有害物质 …… 47
第三节　流域水质评价 …… 67
一、超标指标分析 …… 68
二、流域水质总体评价 …… 69
三、水质污染的时空变化分析 …… 71
小结 …… 72
主要参考文献 …… 73
第三章　额尔齐斯河的水生生物资源 …… 74
第一节　材料与方法 …… 74
第二节　水生生物种类组成、密度与生物量 …… 74
一、浮游植物 …… 74
二、浮游动物 …… 77
三、周丛藻类 …… 79
四、底栖动物 …… 81
五、水生高等植物 …… 83

第三节　基于四种生物类群的水质评价 ……84
一、浮游植物……84
二、浮游动物……86
三、周丛藻类……88
四、底栖动物……90
五、基于四种生物类群的综合水质评价……91
小结……92
主要参考文献……93

第四章　额尔齐斯河的鱼类资源 ……95
第一节　鱼类组成与鱼类区系……95
一、鱼类组成……95
二、土著鱼类区系……97
三、鱼类空间分布……98
第二节　鱼类组成变化及原因……99
一、鱼类组成的变化……99
二、土著鱼类组成变化的主要原因……101
第三节　主要鱼类的形态特征及检索……103
一、额尔齐斯河鱼类检索……103
二、主要鱼类的形态……105
小结……121
主要参考文献……121

第二篇　种群结构：生物学特性

第五章　北极茴鱼的生物学 ……125
第一节　渔获物组成……125
一、年龄结构……125
二、体长分布……126
三、体重分布……126
第二节　生长特性……128
一、实测体长和体重……128
二、体长与体重的关系……128
三、生长方程……129
四、生长速度和加速度……129
第三节　性腺发育与繁殖习性……131
一、性腺发育周期与副性征……131
二、繁殖群体的年龄结构……132

三、繁殖习性……133
四、繁殖力……134
第四节　摄食强度与食物组成……135
一、摄食率与摄食强度……135
二、食物组成……136
小结……139
主要参考文献……140

第六章　白斑狗鱼的生物学……141
第一节　渔获物组成……141
一、年龄结构……141
二、体长分布……142
三、体重分布……142
第二节　生长特性……143
一、实测体长和体重……143
二、体长与体重的关系……144
三、生长方程……144
四、生长速度和加速度……145
第三节　性腺发育与繁殖习性……146
一、性腺发育周期与繁殖期……146
二、繁殖群体的年龄结构……148
三、繁殖习性……149
四、繁殖力……150
第四节　摄食强度与食物组成……150
一、摄食率与摄食强度……150
二、食物组成……151
小结……152
主要参考文献……152

第七章　湖拟鲤的生物学……154
第一节　渔获物组成……154
一、年龄结构……154
二、体长分布……155
三、体重分布……156
第二节　生长特性……156
一、实测体长和体重……156
二、体长与体重的关系……157
三、生长方程……158

四、生长速度和加速度 …… 158
第三节　性腺发育与繁殖习性 …… 159
一、性腺发育与副性征 …… 159
二、繁殖群体 …… 160
三、繁殖习性 …… 163
四、繁殖力 …… 164
第四节　摄食强度与食物组成 …… 166
一、摄食强度 …… 166
二、食物组成 …… 166
小结 …… 168
主要参考文献 …… 169
第八章　贝加尔雅罗鱼的生物学 …… 171
第一节　渔获物组成 …… 171
一、年龄结构 …… 171
二、体长分布 …… 172
三、体重分布 …… 172
第二节　生长特性 …… 173
一、实测体长和体重 …… 173
二、体长与体重的关系 …… 173
三、生长方程 …… 174
四、生长速度和加速度 …… 175
第三节　性腺发育与繁殖习性 …… 176
一、繁殖群体的年龄结构 …… 176
二、繁殖习性 …… 177
三、繁殖力 …… 177
第四节　摄食强度与食物组成 …… 179
一、摄食强度 …… 179
二、食物组成 …… 179
小结 …… 182
主要参考文献 …… 182
第九章　高体雅罗鱼的生物学 …… 184
第一节　渔获物组成 …… 184
一、年龄结构 …… 184
二、体长分布 …… 184
三、体重分布 …… 185
第二节　生长特性 …… 186

一、实测体长和体重…………186
二、体长与体重的关系…………187
三、生长方程…………187
四、生长速度和加速度…………188
第三节　性腺发育与繁殖习性…………189
一、性腺发育…………189
二、繁殖群体…………190
三、繁殖习性…………191
四、繁殖力…………193
第四节　摄食强度和食物组成…………194
一、摄食强度…………194
二、食物组成…………195
小结…………198
主要参考文献…………198
第十章　东方欧鳊的生物学…………199
第一节　渔获物组成…………199
一、年龄结构…………199
二、体长分布…………199
三、体重分布…………201
第二节　生长特性…………201
一、实测体长和体长退算…………201
二、体长与体重的关系…………203
三、生长方程…………204
四、生长速度和加速度…………204
第三节　性腺发育与繁殖习性…………206
一、性腺发育…………206
二、繁殖群体…………210
三、繁殖习性…………212
四、繁殖力…………215
第四节　食性组成与摄食策略…………217
一、摄食率…………217
二、食物组成…………217
三、摄食策略…………220
四、摄食消化器官形态…………221
小结…………223
主要参考文献…………223

第十一章 额河银鲫的生物学 …… 225
第一节 渔获物组成 …… 225
一、年龄结构 …… 225
二、体长分布 …… 225
三、体重分布 …… 226
第二节 生长特性 …… 227
一、实测体长和体重 …… 227
二、体长与体重的关系 …… 228
三、生长方程 …… 229
四、生长速度和加速度 …… 229
第三节 性腺发育与繁殖习性 …… 230
一、性腺发育与繁殖期 …… 230
二、繁殖群体 …… 232
三、繁殖习性 …… 232
四、繁殖力 …… 234
第四节 摄食强度与食物组成 …… 236
一、摄食强度 …… 236
二、食物组成 …… 237
三、摄食策略 …… 241
小结 …… 242
主要参考文献 …… 243

第十二章 江鳕的生物学 …… 245
第一节 渔获物组成 …… 245
一、年龄结构 …… 245
二、体长分布 …… 245
三、体重分布 …… 246
第二节 生长特性 …… 247
一、实测体长和体重 …… 247
二、体长与体重的关系 …… 248
三、生长方程 …… 248
四、生长速度和加速度 …… 249
第三节 性腺发育与繁殖习性 …… 250
一、性腺发育 …… 250
二、繁殖群体 …… 251
三、繁殖习性 …… 251
四、繁殖力 …… 252

第四节　摄食强度与食物组成……252
一、摄食率与饱满度……252
二、食物组成……253
小结……255
主要参考文献……255
第十三章　阿勒泰鱥的生物学……256
第一节　渔获物组成……256
一、年龄结构……256
二、体长分布……256
三、体重分布……256
第二节　生长特性……257
一、实测体长和体重……257
二、体长与体重的关系……257
三、生长方程……258
四、生长速度和加速度……258
第三节　繁殖群体与繁殖力……259
一、繁殖群体……259
二、繁殖力……260
小结……262
主要参考文献……262
第十四章　河鲈的生物学……263
第一节　渔获物组成……263
一、年龄结构……263
二、体长分布……264
三、体重分布……264
第二节　生长特性……264
一、实测体长和体重……264
二、体长与体重的关系……265
三、生长方程……265
四、生长速度和加速度……266
第三节　摄食强度与食物组成……267
一、摄食强度……267
二、食物组成……267
小结……268
主要参考文献……269

第十五章　梭鲈的生物学 ······ 270
第一节　渔获物组成 ······ 270
一、年龄结构 ······ 270
二、体长分布 ······ 270
三、体重分布 ······ 270
第二节　生长特性 ······ 271
一、实测体长和体重 ······ 271
二、体长与体重的关系 ······ 271
三、生长方程 ······ 272
四、生长速度和加速度 ······ 273
第三节　摄食强度与食物组成 ······ 273
一、摄食强度 ······ 273
二、食物组成 ······ 274
小结 ······ 274
主要参考文献 ······ 274
第十六章　阿勒泰杜父鱼的渔获物组成与生长 ······ 275
第一节　渔获物组成 ······ 275
一、年龄结构 ······ 275
二、体长分布 ······ 275
三、体重分布 ······ 276
第二节　年龄与生长 ······ 276
一、实测体长和体重 ······ 276
二、体长与体重的关系 ······ 276
三、生长方程 ······ 276
四、生长速度和加速度 ······ 277
小结 ······ 278
主要参考文献 ······ 278

第三篇　群落生态学：资源保护对策

第十七章　额尔齐斯河鱼类物种多样性与优先保护级评价 ······ 281
第一节　材料与方法 ······ 281
一、数据来源 ······ 281
二、评价方法 ······ 281
第二节　鱼类物种多样性 ······ 283
一、现有鱼类组成 ······ 283
二、鱼类物种多样性的时空变化 ······ 284

三、外来鱼类对物种多样性的影响……286
四、物种多样性与环境因子的关系……287
第三节　优势鱼类评价……289
第四节　土著鱼类保护等级评价……291
一、受威胁程度的评价……291
二、优先保护顺序评价……292
小结……294
主要参考文献……294
第十八章　额尔齐斯河主要鱼类的食物关系……296
第一节　材料与方法……296
一、样本来源……296
二、分析方法……296
第二节　主要鱼类的营养特征……297
一、额尔齐斯河水生生物资源与鱼类食性概述……297
二、主要鱼类的营养类型……298
三、营养级……302
四、营养生态位宽度……303
第三节　主要鱼类的食物关系……303
一、食物重叠指数……303
二、食物竞争……304
小结……305
主要参考文献……306
第十九章　捕捞对主要鱼类种群动态的影响……308
第一节　模型构建方法……308
一、死亡系数的估算……308
二、种群动态评析……309
第二节　主要经济鱼类资源现状与养护措施……312
一、北极茴鱼……312
二、白斑狗鱼……317
三、湖拟鲤……320
四、贝加尔雅罗鱼……324
五、高体雅罗鱼……327
六、东方欧鳊……331
七、银鲫……334
八、江鳕……337
第三节　讨论……341

小结 …… 342
主要参考文献 …… 342

第二十章　额尔齐斯河渔业资源保护对策 …… 344
第一节　额尔齐斯河鱼类资源与变化趋势 …… 344
一、鱼类资源现状与变化趋势 …… 344
二、主要鱼类生物学特性 …… 346
第二节　影响鱼类资源主要原因及危害 …… 346
一、水利工程的影响 …… 346
二、水质污染的影响 …… 348
三、过度捕捞的影响 …… 349
四、外来鱼类的影响 …… 349
第三节　土著鱼类资源保护对策 …… 350
一、加强渔业资源管理体系建设 …… 350
二、加强渔业资源的监测和研究 …… 351
三、加强渔业环境和渔业资源管理 …… 351
四、减缓工程不利影响的补偿措施 …… 353
小结 …… 355
主要参考文献 …… 355

附表 …… 357

第一篇　渔业环境：水生生物资源

第一章　额尔齐斯河流域概况

郭　焱[1]　陈牧霞[1]　谢从新[2]　倪朝辉[3]

1. 新疆维吾尔自治区水产科学研究所，新疆 乌鲁木齐，830000；2. 华中农业大学，湖北 武汉，430070；3. 中国水产科学研究院长江水产研究所，湖北 武汉，430223

额尔齐斯河（47°00′00″～49°10′45″N，85°31′57″～90°31′15″E）发源于新疆维吾尔自治区北部的阿尔泰山，是我国唯一流向北冰洋的国际河流，也是新疆纬度最高的河流（汤奇成和李丽娟，1999）。其上游支流库依尔特河发源于我国境内阿尔泰山南坡，在富蕴县铁买克处与另一支流卡依尔特河汇合后，始称额尔齐斯河（苏联称之为 Irtysh River）。该河由东向西流经富蕴、福海、北屯、阿勒泰、布尔津和哈巴河等 6 县市，最后在哈巴河县北湾出境，流入哈萨克斯坦境内的布赫塔尔马水库（原斋桑泊），然后朝西北方向穿过阿尔泰山西段，经哈萨克斯坦乌斯季卡缅诺戈尔斯克、塞米巴拉金斯克和巴甫洛达尔等地，进入俄罗斯鄂木斯克市与鄂木斯克河汇合后，经秋明州托博尔斯克向北，在汉特-曼西斯克汇入鄂毕河，最后注入北冰洋的喀拉海。从额尔齐斯河的河源至鄂毕河河口全长 4248km，流域面积 $1.643\times10^6km^2$（朱德祥，1993），从河源至中哈国界全长 633km，流域面积 $5.7\times10^4km^2$（包括哈巴河上游境外部分流域面积 $4560km^2$），年径流量 $1.1109\times10^{10}m^3$（任慕莲等，2002）。一个水域的生物资源及其生物学特性与其栖息水域环境密切相关，为便于理解这种相关性，本章根据公开发表的文献资料，结合实地考察调研，简要介绍额尔齐斯河流域自然环境、气候特征、水系和水文特征。本书所提及的额尔齐斯河，如无特别说明，系指额尔齐斯河中国境内部分。

第一节　额尔齐斯河地理地貌特征

额尔齐斯河发源于我国境内阿尔泰山南坡，其地理地貌与阿勒泰山脉密切相关。阿尔泰山脉是呈西北 — 东南走向的跨国断块山脉。阿尔泰山脉全长约 1600km，为中国、哈萨克斯坦、俄罗斯和蒙古 4 国共有，其山势西北高峻宽阔，东南低矮狭窄。主峰友谊峰坐落在中俄边界，海拔 4374m。中国境内的阿尔泰山为其山脉的中段南麓，长约 800km，西部与哈萨克丘陵相连，北部与西西伯利亚平原毗邻，东部与萨彦岭相靠，南部与准噶尔盆地相接（张东良等，2017）。阿尔泰山因纵向断裂构造及其产生的断块，地貌具明显的垂直分带（穆桂金等，1981），自上而下依次为：

1）高山带：海拔多在 3200m 以上，分布范围狭小，现代冰川发育，冰蚀、冰炭地貌触目可见，寒冻风化作用普遍，地形较为破碎。

2）亚高山带：海拔 3200～2400m，地势较为开阔平坦，古冰蚀和冰碛地形清晰，植被主要为亚高山草甸 — 草原，是良好的夏季牧场。

3）中山带：海拔 2400～1500m，降水丰富，流水切割强烈，多陡崖深谷，地形起伏较大。阿尔泰山的森林主要分布在这个地段。

4）低山带：海拔 1500～1100m，年降水量仅 200mm 左右，流水作用明显减弱，干燥剥蚀风化作用较为强烈，多为半荒漠草原。

5）山前倾斜平原区：阿尔泰山西南山麓，海拔1100m以下为山前平原地区，地势东高西低，东部海拔1000～2000m，西部则降至500m以下，与山地的西高东低形成鲜明的地形对照。山麓带的东部主要为石质丘陵地，西部则为山前冲积、洪积平原。干流以南（左岸）为荒漠戈壁和台地，再向南为准噶尔盆地，西南部为沙吾尔山，主峰木斯套山海拔3806m。

我国境内额尔齐斯河上游为山区丘陵地带，河谷狭窄深切，中游自北屯以下，河谷变宽，河谷内生有丰茂的杨、柳和桦等次生林与草地。在布尔津县城以下，沿河左岸有绵延百余千米的沙丘。额尔齐斯河在北屯市下游20km处与乌伦古湖擦肩而过，最近处仅3km左右。湖水面比河水面低约5m。因有低毛石山阻隔，湖河不通。然而历史上额尔齐斯河似以三角洲形式进入乌伦古湖。由于中更新世末的构造运动造成额尔齐斯河凹陷和沙吾尔山北缘——乌伦古河凹陷较大幅度的下沉，乌伦古湖北岸科克森套他乌复背斜则表现为上升。随着乌伦古湖盆地的继续下陷，乌伦古湖得以保存与发展。当时，科克森套他乌复背斜及其东延部分，被额尔齐斯河与乌伦古河之间的阶地断开，到晚更新世时期，导致额尔齐斯河同乌伦古湖和乌伦古河分离，成为两个各自独立的水系（王世江，2010）。这也说明为什么乌伦古河水系没有北极茴鱼、江鳕、哲罗鱼和细鳞鱼等，而额尔齐斯河有乌伦古河水系的鱼类，这是这些鱼类在冰川期向南迁移扩散的结果（李思忠，1981）。1955年新疆维吾尔自治区成立，随着当地社会经济的不断发展，乌伦古河注入乌伦古湖的水量大幅度减少，造成乌伦古湖水位下降、湖面缩小、盐度上升等。为改变这一状况，1970年11月新疆生产建设兵团农十师在距布尔津73km处开凿了“引额济海”渠道，1972年完成并输水，由于渠道小，引水量少，效果不显著。1986年11月至1987年10月，阿勒泰地区水利处又组织在此处兴建了“引额济海”工程，建成3km长的输水渠，最大引水量每年可达$1.0\times10^9m^3$。经过5年的引水，乌伦古湖恢复了原初的水位和湖面，可以说乌伦古湖已成为额尔齐斯河的附属水体。

第二节 额尔齐斯河流域气候特点

1. 气温

额尔齐斯河流域地处欧亚大陆腹地，远离海洋，属大陆性北温带寒冷区。气温低，春秋相连，无明显夏季，冬季寒冷而漫长。1月平均温度–16～24℃，可可托海极端最低气温曾达–51.5℃；夏季较凉爽，7月平均气温18～24℃。平原区年平均气温4℃。流域极端最高及最低气温分别可达40℃和–40.8℃。无霜期为128～168d（王世江，2010）。

额尔齐斯河流域多年年平均气温为4.5℃，春、夏、秋、冬四季平均气温分别为6.3℃、20.9℃、5.9℃和–14.5℃；气候变暖趋势明显，全年气候倾向率为0.315℃/10a，春季气候变暖最明显，气候倾向率分别是0.834℃/10a（努尔江·铁格斯，2018）。富蕴、阿勒泰、哈巴河多年平均气温分别为3.10℃、4.54℃、4.90℃，气候倾向率分别为0.66℃/10a、0.19℃/10a、0.35℃/10a，年平均气温普遍升高，与全球气候变暖趋势一致（庄晓翠等，2010）。上游气温增加幅度较中下游大（鞠彬等，2015；努尔江·铁格斯，2018）。

2. 日照与光能

额尔齐斯河流域内年日照时数2900h左右，日照率62.0%～76.0%；5～8月各月的历年平均日照皆超过300h，4～9月日照总量为1630～1920h，占全年日照总量的60.0%～65.0%。近30年来（1987～2016年）呈现出日照时间减少的变化趋势（努尔江·铁格斯，2018）。

额尔齐斯河流域纬度高，太阳辐射在地面的角度小，造成单位时间的辐射能量少，但因干燥少雨，大气透明度好，平原、丘陵区全年的总辐射量仍超过544kJ/cm^2。

3. 风

阿尔泰山区处于西风控制区，同时极地环流也在不同程度上影响这一地区的天气过程（Tian *et al.*，2007）。额尔齐斯河流域西部地势低而开阔，呈喇叭口形，成为风口区。哈巴河县全年日平均风速在4.5m/s以上的时间多年平均为187d，最多年份高达230d。年平均风速为：西部4.4～4.8m/s，中部2.7～3.5m/s，东部1.5～1.8m/s。

4. 降水与蒸发

额尔齐斯河流域为盛行西风环流地区。由大西洋来的气流，容易通过额尔齐斯河河谷进入本地，并受山地抬升，在山区形成丰富的降水。降水量的地区分布具有以下特点：

1）山区降水多，平原降水少。山区多年平均年降水量达478mm，高山带可达600～1000mm。海拔2000m的森塔斯站，实测最大年降水量为705mm；平原地区多年平均年降水量为142mm。降水量明显随高程升高而增加。

2）西部降水多，东部降水少。额尔齐斯河受阿尔泰山影响，降水量总的分布趋势是东北部山区大，西南部荒原小（李捷等，2008）。西部的库勒水文站海拔640m，多年平均降水量262.9mm；东部降水少。东部的青河气象站海拔1218m，而多年平均年降水量只有173.0mm，相差近100mm，准噶尔盆地边缘的二台水文站，1982年降水量仅有35.1mm。

3）额尔齐斯河流域降水量的另一特点是各季降水量存在显著的周期变化（庄晓翠等，2012）。降水主要集中在夏、秋两季，两季降水量占全年降水量的56%～60%，最大月（阿勒泰和富蕴两站为7月，哈巴河为11月）降水量占全年降水量的11%～15%，最小月（富缊和哈巴河两站为2月，阿勒泰站为3月）降水量占全年降水量的3%～5%（鞠彬，2015；Wu *et al.*，2016）。一般情况下，11月至次年3月降水以固态降水为主，在高山区，4月和10月的降水仍以固态降水为主。暖季降水总量及日数的空间分布总体上与海拔和纬度呈正相关关系（李博渊等，2017）。额尔齐斯河流域库威、克拉他什、布尔津和南湾4个不同气候区的年降水量在1971～2010年均呈增加趋势（高建江，2017）。

4）从20世纪80年代开始，降水呈现上升趋势，90年代达到最大；降水量的增多主要表现在冬季，其次是秋季和夏季；山麓丘陵、沙吾尔山区是降水量增加较快的地区，平原地区的降水量增加较慢（庄晓翠等，2005）。

额尔齐斯河流域属干旱、半干旱地区，蒸发量相对较大，由山区到平原，随着高程的增加而降低。山区为900mm，平原为1000～1400mm。蒸发量最大的黑山头站多年平均年蒸发量为1444.2mm，最小的青河气象站多年平均年蒸发量为911.6mm。

第三节　水系与水文

一、额尔齐斯河水系及其特点

我国境内额尔齐斯河是俄罗斯鄂毕河最大的支流上游的一部分。额尔齐斯河干流有库依尔特河和卡依尔特河两支源流。库依尔特河与卡依尔特河于铁买克处汇合并进入卡依尔特一可可托海一吐尔洪一赛克布尔太盆地，自喀腊塑克始称额尔齐斯河。该河由北偏东向南偏西流动至富蕴县城，急转由东向西偏北流向，流经福海县、北屯市、阿勒泰市、布尔津县和哈巴河县等6县（市）后，在哈巴河县北湾出境进入哈萨克斯坦。

虽然额尔齐斯河在我国境内流程不长，却是一条独特的河流。

一是额尔齐斯河上游和支流主要发源于阿尔泰山，在阿尔泰山长期间歇抬升作用下，支流主要分布于额尔齐斯河右岸，呈一致流向和倾斜，即从北北西向南南东汇入干流，而左岸现无支流汇入，因而似一把梳子，成为典型的梳状水系。

二是河流不自然转折，这些支流出阿尔泰山山麓进入准噶尔盆地后急速改变流向，下游转向西南、西甚至北西西（克兰河）注入干流，而且转折点就在各河流出山口进入盆地接触带上。

三是每条支流都以上宽、中窄、下宽为其主要横向特点。上游河谷横剖面常常以宽平谷底与陡槽谷为特征，或为宽浅半圆形，或为“U”形谷；中游则为深窄的“V”形峡谷；下游多为辫状水系，有的已趋向于游荡性河流，反映出平原河流的特征。河面极为发育、宽阔。水流自由侧向移动，河床两侧的河漫滩最宽可达10～20km，最窄河段也有数千米。宽阔平坦的河漫滩上遗留有许多牛轭湖和古河道，以及大片沼泽地。

额尔齐斯河及其支流的河长、流域面积、落差和比降见表1-1和表1-2。

表1-1　额尔齐斯河干流特征*

Table 1-1　Channel feature of the Irtysh River

河段	起止点	流域面积/km²		河长/km	落差/m	比降/‰
		区间	累计			
上游	源头—可可托海	4 905.0	4 905.0	110.0	1 210.0	16.13
	可可托海—喀腊塑克	10 647.8	15 552.8	115.2	510.0	4.42
中游	喀腊塑克—布尔津	11 389.1	26 941.9	252.8	172.0	0.68
下游	布尔津—中哈国界	30 794.0	57 735.9	155.0	53.5	0.35
	全长		57 735.9	633.0	1 945.5	3.25

* 数据引自任慕莲等（2002）。

表1-2　额尔齐斯河主要支流河道特征*

Table 1-2　Channel feature of major tributaries of the Irtysh River

支流名称	岸别	流域面积/km²	河长/km	落差/m	比降/‰	河口多年平均流量/(m³/s)
库依尔特河	右	1965	75	1210	16.13	21.6
卡依尔特河	右	2940	110	930	8.46	25.1
喀腊额尔齐斯河	右	7825	200	2053	10.27	56.8
克兰河	右	1545	215	2240	10.42	26.6
布尔津河	右	8422	149	514	3.45	136
哈巴河	右	6494	111	500	4.51	69.2
别列则克河	右		108	530	4.91	12

* 数据引自任慕莲等（2002）。

额尔齐斯河有库依尔特河和卡依尔特河两条源流和丛多支流，形成繁杂水系。为便于了解其环境的多样性，现将其源流和主要支流进行简要介绍。

1. 源流

库依尔特河和卡依尔特河为额尔齐斯河干流的两条源流。库依尔特河为东源头，发源于阿尔泰山东部富蕴县的中蒙边界海拔 3500m 的齐格尔台大坂，自北向东再向南西流，全长 75km，流域面积 1965km^2，天然落差 1210m，比降为 16.13‰，是全河自然落差最大的支流，河口平均流量为 21.6m^3/s，年平均径流量 6.82×10^8m^3。河段内地表多为草地和林地，植被覆盖率高。河床多卵石和岩石，水中泥沙含量较少。卡依尔特河为西源头，位于库依尔特河西面，也发源于中蒙边界的齐格尔台大坂。该河由北东向南西流，全长 110km，流域面积 2940km^2，天然落差 930m，比降为 8.46‰，河口平均流量 25.1m^3/s，年平均径流量 7.92×10^8m^3。库依尔特河下行至可可托海镇铁买克处汇入卡依尔特河，经可可托海水库—吐尔洪—赛克布尔太盆地，始称额尔齐斯河。可可托海水库修建于 20 世纪 60 年代，系额尔齐斯河（中国境内）第一座拦河水库，水库设计库容 1.2×10^8m^3，实际蓄水 0.6×10^8m^3 左右，主要功能为发电。

2. 吐尔洪河

吐尔洪河是额尔齐斯河上游一级支流，位于富蕴县境内。河流全长 52km，流域面积 442km^2。河流发源于阿尔泰山东段西南段，流域海拔最高 2449m。吐尔洪水库坝址以上干流河长 16.5km，两岸支流密布；坝址以下两岸有昆格依喀英布拉克和阔孜克等溪流汇入，流经吐尔洪乡政府驻地后注入“23 公里水库”，河水出库后，向西穿过长达 17km 的山区峡谷后，汇入额尔齐斯河。

吐尔洪水库建成于 1975 年，为拦河式小型水库，均质土坝，最大坝高 18m，总库容 5.80×10^6m^3，负责向吐尔洪盆地农田供水。

“23 公里水库”又名可可苏里湖，俗称野鸭湖，原为下游洼地，因上游灌区余水散入致使地下水位抬高，形成湖泊湿地，后在湿地西侧河流入峡谷口处建设了黏土低坝，形成水库，库容为 2.30×10^6m^3。

3. 喀拉通克河

喀拉通克河是额尔齐斯河一级支流，源头位于青河县的萨尔托海乡喀拉乔拉村北约 9km 处的喀拉乔拉山。流域海拔最高 2520m。上游溪流主要有伙孜开沟、特什开萨依和喀拉尕依德阿夏沟。流经喀拉乔拉水库，在喀拉乔拉村下游 11km 转向西流，又流 14km 出山口。山口下游 7.5km，左岸有发源于喀腊森格尔山的季节性溪流白杨沟汇入，右岸接纳与干流同源同向的较大支流巴列肯阿尔格勒塔河（河长 30km）后，下行约 4km 穿过富蕴县喀拉通克镇政府驻地，又流 4km 入喀拉通克水库。水库以下河流转向西北流，流程 18km 后在富蕴县城南汇入额尔齐斯河。喀拉通克水库坝址以上河长 47km，相应流域面积 720km^2，年径流量约 1.8×10^7m^3。

喀拉通克水库建成于 1976 年，均质土坝，最大坝高 13.5m，总库容 6.52×10^6m^3。

喀拉乔拉水库建成于 1990 年 12 月，均质土坝，最大坝高 8m，库容 1.0×10^5m^3。

4. 苏普特河

苏普特河是额尔齐斯河一级支流，位于富蕴县境内，发源于阿尔泰山南坡，河流全长

36km，流域面积 213km^2。苏普特河流域南北狭长，两头小，中部最宽约 14km，流域海拔最高 2129m。河流自北向南流 25km，沿程先后接纳喀拉尕依德萨依沟和托马尔德沟等小溪流以及发源于低山带的喀腊苏沟后，注入达拉吾孜水库。出库后，河流经达拉吾孜村，又流 10km 后汇入额尔齐斯河。

达拉吾孜水库建成于 1980 年，为拦河式小型水库，均质土坝，最大坝高 25.5m，总库容 3.30×10^6m^3。

5. 喀拉额尔齐斯河

喀拉额尔齐斯河是额尔齐斯河一级支流，全长 192.5km，为跨界河流，国内流域面积 6522km^2；国外流域面积 975km^2。主源流发源于中蒙边界的辉腾阿尔善山南坡，流经蒙古国和中国富蕴、福海两县，海拔最高 3332m。高源区发育有大片湿地和沼泽，河流上游段呈扇形水系，由辉腾阿尔善河、柯克萨依河和乌图布拉克河等 5 条上游支流汇集而成，各支流流域内都发育有小型湖泊。中、下游水系发育不对称，右岸为背风坡，支流短小，径流量较小。左岸为西南水汽迎风坡，降水量丰富，水网密度大，水系较为发育。河流在接纳了 5 条支流后下行 94km，左岸汇入该河最大卓路特河；又流 29km 接纳了来自左岸的巴拉额尔齐斯河（又称巴利尔斯河），两河流域面积分别是 3334km^2 和 915km^2，分别占流域总面积的 51% 和 14%。巴拉额尔齐斯河汇入口以下 15km，在接纳了左岸的什根特河后，河流转向南流；流 15km 后，于左岸接纳库尔特河后，再向西南流 24km，汇入额尔齐斯河。

喀拉额尔齐斯河全长约 200km，流域面积 7825km^2；河道比降 10.27‰，多年平均径流量为 1.79×10^9m^3，其中国外来水量约 4×10^8m^3。喀拉额尔齐斯河支流众多，主要支流有卓路特河和巴拉额尔齐斯河。

1）卓路特河，又名居勒特河或交勒提河，为喀拉额尔齐斯河最大支流，为跨界河流。河长 103km，流域面积 3334km^2。其中，国外流域面积 975km^2。卓路特河发源于阿尔泰山南坡，流域海拔最高 3575m，源流尧尔特河由窝尔乐河和扎姆别努高勒河等河流汇集而成，源头位于蒙古国境内的奥特库尔乌拉山、切尔提乌拉山和奥夫琴乌拉山南坡，在中蒙 19 号界标处由东北向西南流进我国境内，成为福海县与富蕴县的界河，在接纳较大支流新金沟、小土尔根河和托依托果西河后，始称卓路特河。卓路特河下行约 61km，沿途接纳库尔木图河等多条支流后，汇入喀拉额尔齐斯河。高勒河的支流牙马特河中游部分河段为中蒙两国界河，中蒙 13 号、14 号界碑位于此段。

2）巴拉额尔齐斯河，又称巴利尔斯河，为喀拉额尔齐斯河支流；位于富蕴县境内，河长 64km，流域面积 915km^2；发源于阿尔泰山支脉巴拉额尔齐斯山西南坡，源流托格尔托别萨依发源于海拔 3065m 的若尔特阿苏峰。

6. 克兰河

克兰河是额尔齐斯河一级支流，发源于阿勒泰市北部的中蒙边界山区，河长 215km，流域面积 6792km^2，阿勒泰水文站以上流域面积 1545km^2，河口平均流量 26.6m^3/s，年平均径流量 6×10^8m^3。河道自然落差较大，比降 10.42‰。克兰河上游段由大东沟和小东沟组成。大东沟河长 43km，上游源流称为乌鲁木齐河，源头位于阿尔泰山脊附近的曼达勒海尔汗山南坡与艾提阿尔恰山西北坡之间的高原小盆地区。小东沟河长 34km，源流由京西格克拉克河和别克特萨依等溪流汇集而成，源头位于乌齐里克山，流域面积 350km^2。大、小东沟汇合后，流经拉斯特乡诺改特村，由北向南穿过阿勒泰市区、红墩镇克孜加尔大拐弯折向西流，流经巴里巴盖、科克苏湿地，途中先后于右岸接纳了切木尔切克河和阿拉哈克河，最后在克兰奎汉处汇入额尔齐斯河。

20世纪50年代以来，克兰河流域兴建了大批水利工程。克兰河主要支流和附属水体如下。

1）汗德尕特河，为克兰河支流，位于阿勒泰市境内，发源于阿尔泰山南坡，河长35.4km，流域面积300km^2。河流源头位于中山带，流域海拔最高2804m。源流也称喀英沟，河流自源头由北向南流过11.1km，左岸接纳较大支流萨日达格河，下游两岸汇入溪流喀腊苏河、左尔布图河、哈布特盖沟和托莫尔特沟后，又流约9km，进入喇嘛昭盆地，流经阿勒泰市汗德尕特乡，向南穿越前山丘陵峡谷区，途中汇入较大山沟敦德布拉克，流过14.5km，汇入由东向西流的契别特河。契别特河又向西流过8.5km汇入克兰河。

2）塘巴湖，水库引蓄克兰河水，为一座集防洪、发电、灌溉、养殖和旅游为一体的灌注式平原水库；水库于1976年动工兴建，总库容$2.2\times10^8m^3$，水库坝型为堆石面板坝，最大坝高10.74m，坝后建有电站一座，装机容量960kW。水库最大水深35m，正常水位水域面积为14.5km^2。

3）阿苇滩水库，水库引蓄克兰河水，为灌注式平原水库。该水库原为一天然湖泊，1976年10月由新疆生产建设兵团农十师依地势建成现水库。坝高10m，水域面积6.5km^2，最大水深15m，总库容$4.500\times10^7m^3$，兴利库容$3.700\times10^7m^3$。

4）切木尔切克河，为克兰河支流，位于阿勒泰市，国道217线以北山区。河长50km，流域面积566km^2。河流发源于阿尔泰山南坡中山带，流域最高海拔2297m。流域内建有工农兵水库和东方红水库两座引水式注入水库，历史上河水可汇入距山口约30km的克兰河，现因灌溉引用殆尽。

工农兵水库建成于1976年5月，水库大坝为土坝，最大坝高10.6m，设计库容$5.5\times10^5m^3$。

东方红水库建成于1968年7月，水库大坝为均质土坝，最大坝高8.55m，库容$7.7\times10^5m^3$。

5）阿拉哈克河，为克兰河支流，上游段称塔尔浪河，下游俗称盐池河。该河发源于阿尔泰山南坡中山带，位于阿勒泰市，河长88.6km，流域面积1455km^2。河流源头位于库尔特林场东北约5km处，流域海拔最高2246m。河流自源头先由东北向西南流17km，右岸接纳了交尔喀拉苏河后转向南流，下行7km后右岸又接纳了马依帕萨尔乔克河，河流转向东南流，并改称齐背岭乌兹河。下游河流左岸接纳阿拉尕特河和昂沙提河后注入齐背岭水库。水库以下河流复改称塔尔浪河。此后河流穿越约9km的峡谷地带，左岸接纳库尔图苏河后进入塔尔浪盆地。库尔图苏河发源于海拔2283m的欲贡沙尔雀克山，河流先由北向南流继而转向西南流，途经库尔图山间盆地和库尔特村，流程40km汇入塔尔浪河。塔尔浪河穿越塔尔浪盆地后进入约10km的前山峡谷，右岸接纳小溪阿克铁克河后，河流始称阿拉哈克河。在出山口附近接纳溪流迭斯特河后流出山口。在山口以下8km的阿拉哈克乡，河流分为两支，分别被引入灌区，余水沿河道进入科克苏湿地，漫流入克兰河。

齐背岭水库建成于2002年，为拦河式中型水库，坝型为浆砌石重力坝，最大坝高34m，库容$2.600\times10^7m^3$。

阿拉哈克湖又称吐孜库勒湖，也称科克苏盐湖，系盐湖，位于阿勒泰市西南阿拉哈克乡以东5km处，海拔488m，水域面积5.4km^2，夏、秋季水深不足1m。

克孜治拉湖又名克孜勒哲勒湖，为苦咸湖，位于阿勒泰市阿拉哈克乡，湖泊原为阿拉哈克湖的一部分，湖面海拔483m，水域面积4km^2，已成盐沼地带。

黑刺滩湖为微咸湖，位于阿勒泰市克兰河南约7km，国道216线东侧100m处。该湖原为克兰河南岸低洼地自然形成的小池塘，水面很小。由于土地开发，灌溉余水补给，湖面扩大，目前湖面海拔514m，面积约1.5km^2。

6）科克苏湿地。克兰河从北向南流经阿勒泰地区首府阿勒泰市后30km处转向西汇入额尔齐斯河，在与额尔齐斯河汇合口一带形成了科克苏湿地，2001年9月新疆维吾尔自治区人民政府批准成立了新疆阿勒泰科克苏湿地自然保护区，2017年7月经国务院办公厅批准上升为新疆阿勒泰科克苏湿地国家级自然保护区。该保护区面积306.67km^2，其中核心区面积103.47km^2，缓冲区面积125.61km^2，试验区面积77.59km^2。该湿地是额尔齐斯河流域鱼类最重要的繁殖场和鱼苗的育肥场。

7. 布尔津河

布尔津河为额尔齐斯河一级支流，位于布尔津县，长296km，平均坡降3.45‰，流域面积9836km^2，多年平均径流量$4.22×10^9m^3$，年际变化相对较小。流域北部以阿尔泰山脊为界与哈萨克斯坦、俄罗斯接壤；流域东部则以阿尔泰山脊为界与蒙古国为邻，西部与哈巴河毗邻。河流大体由北向南流，纵贯布尔津县，最后在县城西汇入额尔齐斯河。布尔津河主要由喀纳斯河、禾木河两条源河及最大支流苏木达依日河汇集而成。喀纳斯河和禾木河两条源河汇合形成布尔津河，下游两岸溪流密布，较大的支流有下游20km处从左岸汇入的则库乌河，又流11km于左岸接纳苏木达依日克河后河流转向西南流，经44km进入冲乎尔盆地。该盆地西北侧有海流滩河汇入。河流从该盆地中部穿流而过，约18km后在该盆地南侧进入长达25km的前山峡谷，出山口后向西南流约48km，流经杜来提乡，在布尔津县城西约1.5km处汇入额尔齐斯河。

1）喀纳斯河，主源流及其支流布的乌喀拉斯河均发源于海拔4374m的阿尔泰山主峰——友谊峰下的冰川区，两河分别自源头从东北和东南两个方向相继汇入呈“Y”形的阿克库勒湖，河流出湖后向西南流，途中两岸有多条支流汇入，各支流源头多发育有高山冰碛湖，河流自阿克库勒湖向下流约30km，与左、右两岸奔腾而来的阿库里滚河和土尔滚河汇合后，注入喀纳斯湖。出湖河流转向东南流，又流43km，与发源于阿尔泰山脊冰川脚下的禾木河汇合后，下游始称布尔津河。

2）禾木河为布尔津河源流之一，河长69km，流域面积2160km^2。该河发源于阿尔泰山脊，中蒙交界处的霍米因达坂附近，由北、南两条小源流汇集而成。河流自东向西流45km，接纳北岸苏木河后，转向西南流约15km进入禾木盆地，从盆地西南侧流出，入前山峡谷，再流12km后与西来的喀纳斯河汇合成布尔津河。途中汇入的较大支流有奥得那克阿拉珊阿仁河、萨木尔松布拉克河和吉克普林河。苏木河源流雅习朵霍河的源头位于霍勒右克和霍鲁米因鲁努冰川南坡。河流全长36km，流域面积581km^2。奥得那克阿拉珊阿仁河源头位于喀纳斯湖东侧海拔2802m的屯得沙拉山东麓，源头溪流密布，著名的“黑湖”位于该河源流之一的格牙阿能尔库河源头附近。河流全长约35km。吉克普林河全长40km，流域面积404km^2。在禾木盆地西南端左岸汇入禾木河。

3）苏木达依日克河，为布尔津河东侧最大支流，发源于阿勒泰市的阿尔泰山中部西南坡，河流全长122km，流域面积2459km^2。河流上游源流称苏木代尔格河，源头位于阿尔泰山脊中蒙边界线处的温多尔海尔汉山，最高海拔3914m。源流沿阿尔泰山脊西南侧下行40km，汇入卡拉依里克河后始称苏木达依日克河；继续下行约55km，并接纳多条支流，在克秀布拉克河汇合口以下进入布尔津县，此后转向西北流约 27km 汇入布尔津河。

4）喀纳斯湖，位于布尔津县的喀纳斯河上，为吞吐淡水湖泊，距阿尔泰山主峰约 56km。喀纳斯湖系强烈的构造断陷和第四纪冰期经冰川刨蚀而成的终碛垄堰塞湖。其形成时间距今已有 15 000 年。两岸山坡陡峻，山峰海拔均在 2000m 以上，许多地段岩石裸露，岩壁近于直立。湖面海拔 1373m，南北长 24.5km，平均宽 1.87km，湖水面积 45.73km^2，最大水深 188.5m，平均水深 120.1m，容积 5.378×10^9m^3，为我国最深湖泊之一。鉴于喀纳斯湖及周围美丽的自然景观，1980 年经新疆维吾尔自治区人民政府批准设立了自治区级自然保护区；1986 年晋升为国家级自然保护区，面积 25×10^4hm^2；2003 年又被命名为国家级地质公园，面积 895km^2，国家森林公园等。喀纳斯河自喀纳斯湖流出后在禾木乡政府附近与禾木河交汇后称布尔津河，坡度也逐渐变缓，之后又融合海流滩河等，最后在布尔津县城西侧注入额尔齐斯河。

5）托洪台水库，位于布尔津县城西北 13km 处，建成于 1993 年 5 月，为注入式平原中型水库，黏土心墙坝，最大坝高 19.6m，总库容 8.063×10^7m^3。

6）阿克库勒湖，位于布尔津的喀纳斯湖东北约 38km 处，距其东北部的阿尔泰山主峰友谊峰仅 15km，该湖湖面海拔 1954m，长 6600m，最宽处 1900m，面积 8.5km^2，最大水深约 200m。湖水呈乳白色半透明状（哈萨克语为“白色湖”）。

8. 克依克拜河

克依克拜河为额尔齐斯河一级支流，发源于阿尔泰山南坡，先后流经哈巴河县和布尔津县，与其支流库木的阿依热克河汇合口以上，流域面积 345km^2，河长 66km。流域海拔最高为 1531m。源流由喀拉阿尕什、阿尤布拉克、巴特尔汗等 5 条溪沟汇集而成；河流由西北向东南流约 21km，在也拉曼盆地南端与由东北而来的也拉曼河汇合后进入南部丘陵谷地，途中左岸又接纳博拉德、库木的阿依热克等溪流；下游流经阿合加尔村、哈巴河县萨尔塔木乡布孜塔勒东侧，流程约 45km，在窝依莫克镇阿克吐别克村附近汇入额尔齐斯河。2009 年在也拉曼河兴建了拦河式水库——也拉曼水库，库容 6.248×10^6m^3。

9. 布哈依塔勒德河

布哈依塔勒德河为额尔齐斯河一级支流，位于哈巴河县加依勒玛乡，与西侧的哈巴河流域紧邻，流域面积 552km^2，河流全长 60km。河流源流塔尔德河发源于前山带赛勒卡桑山，流域海拔最高仅 1575m。河流由北向南流，沿途接纳支流喀拉布拉克后，转向西流，接纳支流那雷拉依，又流 10km 至塔尔德盆地南侧，与西北而来的支流库尔恰河汇合。支流库尔恰河自源头流 12km 流出山口进入塔尔德盆地。山口建有塔勒德水库，该水库建成于 1991 年 8 月，为拦河式小型水库，大坝为均质土坝，最大坝高 19m，总库容 1.10×10^6m^3。河流经 4km 与源流塔尔德河汇合，两河汇合口以下始称布哈依塔勒德河。河流经 7km 流出山口，穿越南北长约 10km 灌区后，进入前山丘陵区，流约 5km 转向南流，经 15km 汇入额尔齐斯河。

10. 哈巴河

哈巴河为额尔齐斯河一级支流。哈巴河为跨界河流，上游在哈萨克斯坦境内，中下游在我国哈巴河县内，流域面积 6228km^2，河长 214km，国内河长 111km，河道平均坡降 4.51‰，多年平均径流量为 2.14×10^9m^3，其中国外来水 1.3×10^9m^3。该河主要由源流卡拉哈巴河和阿克哈巴河汇集而成。其中，阿克哈巴河从源头到与卡拉哈巴河汇合口之间约有100km的河段为中国与哈萨克斯坦界河；卡拉哈巴河发源地和整个流程均在哈萨克斯坦境内，河流由西北向东南流，在中哈边界线上与阿克哈巴河汇合后流入我国境内，汇合口以下始称哈巴河。下游河流向东南流经15km，途中右岸接纳阿克喀英恰河、克其克萨依，左岸接纳铁列克德河和莫依勒特河后转向西南流，33km后右岸接纳北来的加曼哈巴河后又转向南流，约15km注入喀拉塔斯山口水库。山口水库以下，河流向西南流约43km汇入额尔齐斯河。

山口水库建成于1997年8月，为拦河式中型水库，坝型为混凝土面板堆石坝，坝高39m，总库容$4.600\times10^7m^3$，装机容量2.52×10^4kW。

1）阿克哈巴河，又称白哈巴河，为哈巴河支流，因夏季河源区冰雪融化，河水挟带大量含白色花岗岩的冰碛物，使水呈白色而得名；为哈巴河源流之一，是中国与哈萨克斯坦界河，河长100km，流域面积$1570km^2$。阿克哈巴河与卡拉哈巴河汇合口以上一直到源头均为界河，其源头一直延伸到阿尔泰山北坡，与以欧勒滚乞格拉他乌山脊为界的中哈边界线衔接，边界线与河流同长。河源高程3352m。河流先由东向西流约16km，其后转向西南流，沿程接纳多条国内外支流，其中，从我国境内汇入的较大支流有克江唔松河、希外特河、托洛姆托河、比得科尔河、那伦河、科当卡拉尕依河和喀图河，最后与发源地和整个流程均在哈萨克斯坦境内的卡拉哈巴河在中哈边界线上汇合，下游始称哈巴河。

2）铁列克德河，又称铁热克提河，为哈巴河支流。铁列克德河位于哈巴河县，河流全长38km，流域面积$579km^2$。铁列克德河是哈巴河支流中发源于我国境内的最大一条支流。源头位于阿尔泰山中山带萨勒哈木尔山西麓的喀拉格则峰，河源海拔3083m。河流自东北向西南流，沿途接纳的溪流有铁列斯布塔克河、马太乌兹河、哈拉乌兹河、塔勒恰特河、井西格拉斯河、喀英德布拉克河和吉别提河。河流在铁列克乡政府驻地下游约7km处汇入哈巴河。

11. 别列则克河

别列则克河又名别列孜克河，为额尔齐斯河一级支流，全河约有1/3在哈萨克斯坦，我国境内部分长108km，流域面积$1600km^2$。河口平均流量$12.04m^3/s$，年平均径流量$4\times10^8m^3$。河道整体较为平缓，比降为4.91‰。该河发源于哈萨克斯坦境内的阿祖陶山东南坡，上游称沙克拉马河，河流流经阿克哲衣利亚乌盆地湿地后始称别列则克河，由西北向东南流，途中左岸接纳7条较大支流。河流在哈萨克斯坦境内流程约40km至中哈边界线，左岸接纳发源于鄂什库喇蒙奇尔山西南坡全长22km的最大支流阔破尔他斯河，进入我国境内后，左岸接纳由我国境内汇入该河较大支流科勒迭能萨依河。别列则克河进入我国境内后流约8km，于左岸接纳较大支流黑亚克萨依河和布滚勒河后，在哈龙沟村以下，沿途接纳右岸喀拉沙特河、阿克萨依河、喀英德河和萨热乌增河；又流经30km，分别在喀拉塔斯和加达尕什村附近接纳北来的喀拉沙特河和库木阿依热克河后，流入山前丘陵平原区，经64km，别列则克河在哈巴河县城西面60km处奎干村附近注入额尔齐斯河。

12. 阿拉克别克河

阿拉克别克河（俗称界河）为额尔齐斯河一级支流，大部分河段为中国与哈萨克斯坦界河，河长95km，流域面积$998km^2$。该河发源于哈萨克斯坦境内阿祖陶山南坡，流域海拔最高2017m。流域区均位于哈萨克斯坦境内，自上而下，从哈萨克斯坦境内右岸汇入的支流有阿克塔斯河、奥尔他铁列克提河、契特铁列克河和阿恰勒河。河流先由东北向西南流，在下游小克孜乌雍克以下逐渐转向南流，在北湾村以西汇入额尔齐斯河。国界段长约66km。在阿拉克别克河的阿克吐别克口岸附近有一湖泊——白沙湖，该湖海拔约650m，水域面积0.5km^2，景致独特。

上述河流与水域均在额尔齐斯河右岸，左岸原有几条小河汇入，由于水量减少，这些河流已流不到额尔齐斯河了，这些河主要分布在额尔齐斯河我国境内下游的吉木乃县。

1）塔斯特河，该河位于吉木乃县，发源于沙吾尔山东部山脊附近，源头海拔2515m。河水散失于额尔齐斯河左岸约9km沙丘处。该河建有塔斯特水库、达令海其水库和克孜勒喀英水库。

2）拉斯特河，该河位于吉木乃县托普铁热克乡，发源于沙吾尔山北坡，最高峰木斯乌峰海拔3835m。山口以上河长74km，流域面积837.5km^2，最后河水散失于戈壁沙漠中。拉斯特河上建有红旗水库、红山水库和闹海水库。

3）乌勒昆乌拉斯图河，该河位于吉木乃县西部边境，为跨界河流。河长63km，流域面积356km^2，最终在北部库木托拜沙漠消失。该河建有沙尔梁水库，水库库容6.00×10^{6}m^3。

二、额尔齐斯河的水文特征

额尔齐斯河水系多年平均径流量为1.1109×10^{10}m^3（其中境外来水约1.8×10^{9}m^3）。径流量在1.0×10^{8}m^{3}以上的支流有7条，排在前三位的是布尔津河、哈巴河和喀拉额尔齐斯河（表1-3）。

表1-3　额尔齐斯河干支流河段平均径流测量及变异系数*

Table 1-3　Average flow and coefficient of variation (C_v) in different reaches of the Irtysh River

干流河段与支流名称	水文测站	设站时间（年.月）	资料统计年数	平均径流量（×10^{8}m^3）	变差系数（C_v）
卡依尔特河	库威	1965.5	30	7.92	0.34
库依尔特河	富蕴	1956.6	26	6.82	0.32
额尔齐斯河	可可托海	1954.11	10	15.05	0.35
喀拉额尔齐斯河	巴利尔斯大桥	1986	2	17.90	0.35
克兰河	阿勒泰	1958.8	29	6.09	0.36
布尔津河	冲乎尔	1956.1	30	42.20	0.25
哈巴河	克拉塔什	1956.9	30	21.40	0.33
额尔齐斯河	南湾	1986	2	108.40	0.30

* 数据引自任慕莲等（2002）。全水系多年平均径流量为1.1109×10^{10}m^3。

额尔齐斯河流域山区降水量大，且冬季长达半年以上积雪深厚，故额尔齐斯河径流成因以融雪为主，降雨补给为辅（也有少量冰川融水和地下水补给）。

额尔齐斯河径流量在时空分布上存在着很大差异，具有如下特点：

一是年际间径流量波动幅度大，变异系数（C_v值）多在0.30以上（表1-3）。

二是年内月度分布悬殊，6月最大，2月最小，5～8月高度集中（约占全年的80.0%），枯水期长（表1-4）。

表1-4 额尔齐斯河干支流河段径流量季节分配*

Table 1-4 Seasonal distribution of flow in different reaches of the Irtysh River

河流/测站	径流量分配/%				最大水月水量			最小水月水量		
	春	夏	秋	冬	月	*P*	*M*	月	*P*	*M*
库依尔特河/富蕴	4.0	82.2	8.9	4.9	6	33.1	4	2	0.8	0.10
卡依尔特河/库威	5.2	79.7	9.2	5.9	6	32.5	4	2	0.9	0.12
喀拉额尔齐斯河/未建	4.9	79.4	9.8	5.9	6	32.3	3.9	2	1.1	0.13
克兰河/阿勒泰	6.3	79	8.1	6.6	6	32.7	4	2	1.2	0.15
布尔津河/冲乎尔	4.3	78.5	10.7	6.5	6	29.4	3.6	2	1.1	0.14
海流滩河/海流滩	26.0	57.1	8.8	8.1	6	34.2	4.1	2	1.6	0.2
哈巴河/克拉塔什	8.1	71.7	11	9.2	6	25.6	3.1	2	1.6	0.21
别列则克河/未建	10.7	69.9	11.1	8.3	5	33	4	2	1	0.12

* 数据引自任慕莲等（2002）。*P*：占全年水量的百分比；*M*：年均水量的倍数。

三是支流水量西多东少，西部占全水系总量的 68.8%，东部仅占 31.2%，相差一倍多。

四是额尔齐斯河每年 4 月初河道解冻后，约有 5d 的洪水期。主汛期在 5 月中旬至 6 月下旬，特点是来得快、消得快。高峰期 10～15d，并呈一月一峰的规律；河水径流以融雪为主，故汛期的长短、洪峰的大小取决于天气状况。根据对多年资料的分析，洪汛的形成以雪雨混合型频率最高，占 70.0%～80.0%；雪洪次之，占 20.0%；雨洪很少，且为局部性。

小　　结

1）额尔齐斯河发源于新疆维吾尔自治区北部的阿尔泰山，在哈巴河县南湾出境进入哈萨克斯坦。国内部分全长 633km，流域面积 $5.7\times10^4km^2$。流域地形地貌多样，分为高山带、亚高山带、中山带、低山带和山前倾斜平原区，垂直分带明显。

2）额尔齐斯河流域地区春秋相连，无明显夏季，冬季寒冷而漫长，流域极端最高及最低气温分别可达 40℃和 –40.8℃。无霜期 128～168d。年日照时数 2900h 左右，总辐射量达到 $544kJ/cm^2$ 以上。

3）径流成因以融雪为主，降雨补给为辅，具有明显的区域和季节变化，山区、西部降水多，平原、东部降水少。山区多年平均年降水量达 478mm，高山带可达 600～1000mm。平原地区多年平均年降水量为 142mm。降水主要集中在夏、秋两季，占全年降水量的 56%～60%；额尔齐斯河流域属干旱、半干旱地区，蒸发量相对较大，山区为 900mm，平原为 1000～1400mm。

4）额尔齐斯河沿途接纳阿尔泰山南坡多条支流，形成典型的梳状水系；干流上游为山区丘陵地带，河谷狭窄深切，中下游河面极为发育、宽阔，河谷变宽，多为辫状水系。

5）额尔齐斯河水系多年平均径流量为 $1.1109\times10^{10}m^3$。年际间径流量波动幅度大，变异系数多在 0.30 以上；年内季节分布悬殊，5～8 月约占全年径流量的 80.0%；西部支流水量占全水系总量的 68.8%；主汛期在 5 月中旬至 6 月下旬，约占全年径流量的 70.0%～80.0%。

主要参考文献

段震, 张新明, 杨丰云. 2019. 综合污染指数法在大汶河水质评价中的应用. 水文水资源, 4: 10-11
高建江. 2017. 新疆额尔齐斯河流域气温降水变化特征分析. 能源与节能, (2): 115-116, 125
国家环境保护部. 2007. 水质 硝酸盐氮的测定 紫外分光光度法(试行)(HJ/T 346—2007). 北京: 中国环境科学出版社
国家环境保护部. 2009. 水质 氨氮的测定 纳氏试剂分光光度法(HJ 535—2009). 北京: 中国环境科学出版社
国家环境保护部. 2009. 水质 挥发酚的测定 4-氨基安替比林分光光度法(HJ 503—2009). 北京: 中国环境科学出版社
国家环境保护部. 2009. 水质 氰化物的测定 容量法和分光光度法(HJ 484—2009). 北京: 中国环境科学出版社
国家环境保护部. 2009. 水质 溶解氧的测定 电化学探头法(HJ 506—2009). 北京: 中国环境科学出版社
国家环境保护部. 2011. 地表水环境质量评价办法(试行). 环办[2011] 22 号文
国家环境保护部. 2011. 水质 总汞的测定 冷原子吸收分光光度法(HJ 597—2011). 北京: 中国环境科学出版社
国家环境保护部. 2012. 水质 总氮的测定 碱性过硫酸钾消解紫外分光光度法(HJ 636—2012). 北京: 中国环境科学出版社
国家环境保护部. 2013. 水质 总磷的测定 流动注射-钼酸铵分光光度法(HJ 671—2013). 北京: 中国环境科学出版社
国家环境保护部. 2014. 水质65 种元素的测定电感耦合等离子体质谱法标准(HJ 700—2014). 北京: 中国环境科学出版社
国家环境保护局. 1986. 水质 pH 值的测定 玻璃电极法(GB 6920—86). 北京: 中国标准出版社
国家环境保护局. 1987. 水质 钙的测定 EDTA 滴定法(GB 7476—87). 北京: 中国标准出版社
国家环境保护局. 1987. 水质 钙和镁总量的测定 EDTA 滴定法(GB 7477—87). 北京: 中国标准出版社
国家环境保护局. 1987. 水质 六价铬的测定 二苯碳酰二肼分光光度法(GB 7467—87). 北京: 中国标准出版社
国家环境保护局. 1987. 水质 亚硝酸盐氮的测定 分光光度法(GB 7493—87). 北京: 中国标准出版社
国家环境保护局. 1989. 水质 高锰酸盐指数的测定(GB 11892—89). 北京: 中国标准出版社
国家环境保护局. 1989. 水质 悬浮物的测定 重量法(GB 11901—89). 北京: 中国标准出版社
国家环境保护局. 1989. 渔业水质标准(GB 11607—89). 北京: 中国标准出版社
国家环境保护总局, 国家质量环境监督检验检疫局. 2002. 地表水环境质量标准(GB 3838—2002). 北京: 中国标准出版社
国家环境保护总局《水和废水监测分析方法》编委会. 2002. 水和废水监测分析方法(第四版). 北京: 中国环境科学出版社
国家生态环境部. 2018. 环境影响评价技术导则 地表水环境(HJ 2. 3—2018). 北京: 中国环境科学出版社
鞠彬, 张帅挺, 胡丹. 2015. 额尔齐斯河流域气候变化特征分析. 长江科学院院报, 32(9): 21-25, 31
李博渊, 马宏君, 庄晓翠, 等. 2017. 2010～2016 年新疆阿勒泰地区暖季降水日变化特征. 干旱气象, 35(5): 797-805
李捷, 夏自强, 郭利丹, 等. 2008. 额尔齐斯河流域降水量变化特征及趋势分析. 人民黄河, 30(8): 33-35
李思忠. 1981. 中国淡水鱼类的分布区划. 北京: 科学出版社
刘开华, 潘旭, 谢立新. 2002. 额尔齐斯河水质现状. 西北水资源与水工程, (1): 46-50
穆桂金, 杨发相, 魏生贵, 等. 1981. 阿尔泰山现代地貌的几个问题. DOI: 10. 13826 /j . cnki. cn65 -1103 /x. 1981. 01. 003
努尔江・铁格斯. 2018. 阿勒泰地区近30 年气候特征分析. 南方农业, 12(3): 128-129
任慕莲, 郭焱, 张人铭, 等. 2002. 中国额尔齐斯河鱼类资源及渔业. 乌鲁木齐: 新疆科技卫生出版社
汤奇成, 李丽娟. 1999. 西北地区主要国际河流水资源特征与可持续发展. 地理学报, (S0): 21-29
王世江. 2010. 中国新疆河湖全书. 北京: 中国水利水电出版社
王双银, 宋孝玉. 2008. 水资源评价. 郑州: 黄河水利出版社: 180-181
新疆维吾尔自治区人民政府. 2002. 中国新疆水环境功能区划. 新政函[2002]194 号文
徐彬, 林灿尧, 毛新伟. 2014. 内梅罗污染指数法在太湖水质评价中的适用性分析. 水资源保护, 30(2): 38-40
朱德祥. 1993. 国际河流研究的意义与发展. 地理研究, (4): 93-104
庄晓翠, 郭城, 刘大锋, 等. 2005. 阿勒泰地区的降水变化特征分析. 新疆气象, 28(2): 4-6
庄晓翠, 杨森, 赵正波. 2012. 新疆阿勒泰地区降水变化特征分析. 干旱区研究, 29(3): 487-494
庄晓翠, 赵正波, 杨森, 等. 2010. 西北干旱区阿勒泰地区暖季干湿气候变化及R/S 分析. 干旱地区农业研究, 28(5): 259-265
张东良, 兰波, 杨运鹏. 2017. 不同时间尺度的阿尔泰山北部和南部降水对比研究. 地理学报, 72(9): 1569-1579
TIAN L D, YAO T D, MACCLUNE K, *et al*. 2007. Stable isotopic variations in west China: a consideration of moisture sources. *Journal of Geophysical Research Atmospheres*, 112: 185-194
WU X J, SHEN Y P, WANG N L, *et al*. 2016. Coupling the WRF model with a temperature index model based on remote sensing for snowmelt simulations in a river basin in the Altay Mountains, north-west China. *Hydrological Processes*, 30(21): 3967-3977

第二章　额尔齐斯河流域水体理化特性

李云峰[1]　茹辉军[1]　张　燕[1]　沈子伟[1]　李　荣[1]　吴湘香[1]　陈牧霞[2]　魏　念[1]　倪朝辉[1]

1. 中国水产科学研究院长江水产研究所，湖北 武汉，430223；

2. 新疆维吾尔自治区水产科学研究所，新疆 乌鲁木齐，830000

水体理化特性，即水体中水和其所含物质与环境相互作用共同表现出的物理和化学特性。水作为鱼类和其他经济水生生物的生活介质，其理化状况直接影响鱼类生存和渔业发展，因此，在考虑渔业环境对鱼类资源的影响时，查明水质状态是非常必要的。任慕莲等（2002）在《中国额尔齐斯河鱼类资源及渔业》中曾报道 1999 年额尔齐斯河流域水体理化特性。近十几年是额尔齐斯河流域经济建设最为活跃的时期，水利工程建设、采矿、工业、农牧业的发展等人类活动对额尔齐斯河水生态环境的影响，是值得关注的问题。

第一节　材料与方法

一、样本采集与检测方法

2012 年 7 月和 10 月，2013 年 5 月和 10 月，2015 年 5 月和 9 月，2016 年 7 月和 9 月，在额尔齐斯河干流及其支流库依尔特河、卡依尔特河、克兰河、阿拉哈克河、布尔津河、哈巴河、别列则克河等河流设置 23 个点位，其中额尔齐斯河干流 7 个点位，克兰河 5 个点位，布尔津河 3 个点位，库依尔特河、卡依尔特河、阿拉哈克河、哈巴河、别列则克河各 1 个点位，各点位地址见表 2-1。采样方法见《水和废水监测分析方法》（国家环境保护总局，2002）；检测指标和检测方法见表 2-2。

表2-1　额尔齐斯河采样断面信息

Table 2-1　Sampling section information of the Irtysh River

点位	河流	地址	经度（E）	纬度（N）
富蕴公园	额尔齐斯河	富蕴公园旁	89°29′47.39″	46°59′1.01″
喀腊塑克	额尔齐斯河	喀腊塑克坝下	88°52′46.69″	47°8′42.28″
635 水库	额尔齐斯河	635 水库坝下	88°28′44.16″	47°14′42.05″
北屯大桥	额尔齐斯河	北屯市	87°48′45.09″	47°22′12.94″
库尔吉拉村	额尔齐斯河	库尔吉拉村	86°56′59.64″	47°37′42.84″
额河大桥	额尔齐斯河	额河大桥	86°52′31.28″	47°41′25.28″
185 团（北湾）	额尔齐斯河	北湾	85°49′0.33″	47°58′1.44″
库依尔特河	库依尔特河	可可托海镇	89°52′5.39″	47°13′8.70″
卡依尔特河	卡依尔特河	大桥林场	89°39′13.15″	47°21′24.48″
阿拉哈克乡	阿拉哈克河	阿拉哈克乡	87°32′47.41″	47°48′9.38″
小东沟	克兰河	小东沟	88° 9′42.41″	47°56′37.88″
大东沟	克兰河	大东沟	88°7′24.68″	47°56′10.67″
诺改特村	克兰河	诺改特村	88° 6′29.78″	47°53′29.51″

续表

点位	河流	地址	经度（E）	纬度（N）
红墩乡	克兰河	红墩乡	88°14′1.75″	47°41′35.30″
克兰河桥	克兰河	克兰河桥	87°54′8.97″	47°32′38.81″
布尔津县桥	布尔津河	布尔津县大桥	86°50′27.61″	47°42′58.74″
冲乎尔乡	布尔津河	冲乎尔乡	87°6′59.95″	48°7′12.57″
山口电站	布尔津河	布尔津山口电站	87°9′37.49″	47°49′32.48″
哈巴河桥	哈巴河	哈巴河桥下	86°20′50.01″	48°4′7.68″
别列则克桥	别列则克河	别列则克桥	85°42′51.17″	48°0′35.93″

表2-2　水体理化指标与检测方法

Table 2-2　Physical and chemical indices of water quality and detection methods

指标	仪器	方法	指标	仪器	方法
水温	YSI550		氰化物	DR5000	HJ 484—2009
溶解氧	YSI550	HJ 506—2009	氨氮 NH_4^+-N	DR5000	HJ 535—2009
pH	梅特勒 pH 仪 SG2	GB 6920—86	硝酸盐氮 NO_3^--N	DR5000	HJ/T 346—2007
悬浮物（SS）	重量法	GB 11901—89	总氮	DR5000	HJ 636—2012
高锰酸盐指数（COD_{Mn}）	梅特勒电位滴定仪	GB 11892—89	总磷	DR5000	HJ 671—2013
钙镁总量（TCM）	梅特勒电位滴定仪	GB 7477—87	铜	ICP-MS	HJ 700—2014
钙	梅特勒电位滴定仪	GB 7476—87	锌	ICP-MS	HJ 700—2014
镁	梅特勒电位滴定仪	GB 7476—87	铅	ICP-MS	HJ 700—2014
挥发酚	DR5000	HJ 503—2009	镉	ICP-MS	HJ 700—2014
Cr^{6+}	DR5000	GB 7467—87	汞	ICP-MS	HJ 700—2014
亚硝酸盐氮（NO_2^--N）	DR5000	GB 7493—87	砷	ICP-MS	HJ 700—2014

二、水质评价依据与方法

（一）评价指标与标准

评价指标参考《渔业水质标准》（GB 11607—89）中规定的指标及限量，《渔业水质标准》中未规定的指标，则参照《地表水环境质量标准》（GB 3838—2002）中Ⅲ类水质评价限量标准。选取水温、溶解氧、pH、挥发酚、高锰酸盐指数、六价铬、总磷、氰化物、氨氮、铜、锌、铅、镉、汞、砷共 15 项指标对水质状况进行评价。

（二）评价方法

依据《地表水环境质量评价办法（试行）》，从断面、河流、流域（水系）等不同尺度确定主要污染指标，同时对断面水质、河流水质、流域水质进行定性评价。采用单项污染指数对水质监测项目进行量化评价；采用内梅尼水域质量综合指数对采样区域水质环境质量进行整体量化评价。

1. 断面水质评价

河流断面水质评价参照《渔业水质标准》采用单因子评价法进行评价。根据评价时段内该断面参评的指标中类别最高的一项来确定。

2. 主要污染指标的确定

（1）断面主要污染指标的确定方法

评价时段内，断面水质超过评价标准时，计算不同指标的超标倍数，将超标指标按其超标倍数从大到小排列，取超标倍数最大的前三项为主要污染指标。当氰化物或铅、铬等重金属超标时，将它们优先作为主要污染指标，并注明该指标超标倍数。水温、pH 和溶解氧等不计算超标倍数。

（2）河流、流域（水系）主要污染指标的确定方法

将水质超过评价标准的指标按其断面超标率从大到小排列，一般取断面超标率最大的前三项为主要污染指标。对于断面数少于 5 个的河流、流域（水系），按断面主要污染指标的确定方法确定每个断面的主要污染指标。断面超标率的计算方法：断面超标率＝某评价指标超过评价标准的断面（点位）个数/断面（点位）总数 ×100%。

3. 单项污染指数和断面综合污染指数计算

河流水质评价方法为水质指数法（即单项污染指数），参照《环境影响评价技术导则-地表水环境》（HJ 2.3—2018）附录 D（见表 2-3）；采样区域的水环境质量整体评价采用综合污染指数（composite pollution index，CPI），具体方法和水质评价分级参见文献（王双银等，2008）。

表2-3 水环境质量分级

Table 2-3 Water environment quality classification

分级	I 值	分级依据
清洁	＜0.2	多数项目未检出，个别检出值在标准之内
尚清洁	0.2～0.4	检出值均在标准之内，个别接近标准
轻污染	0.4～0.7	有 1 项检出值超过标准
中污染	0.7～1.0	有 1～2 项检出值超过标准
重污染	1.0～2.0	多数检出值超过标准
严重污染	＞2.0	全部检出值超过标准或个别检出值严重超标

4. 水质分类评价

依据《地表水环境质量标准》，对断面水质进行评价分类。将河流断面的水质综合污染指数与标准类别的综合特征值进行比较，根据公式（1）～公式（4）计算水质标准的特征值和污染指数，根据公式（5）求出评价样本综合污染指数对 K 类标准特征值的贴近度，根据最小贴近度所对应的类别，确定样本应属的水质类别（段震等，2019）。

第一种情况：污染物的危害程度随其浓度的增加而降低的评价参数（如溶解氧），计算式为

$$x_{im}=\frac{\overline{x_i'}-x_{im}}{\overline{x_i'}} \tag{1}$$

$$y_{im}=\frac{\overline{x_i'}-y_{im}'}{\overline{x_i'}} \tag{2}$$

第二种情况：污染物的危害程度随其浓度的增加而增加的评价参数，计算式为

$$x_{im} = \frac{x'_{im}}{x'_i} \tag{3}$$

$$y_{im} = \frac{y'_{im}}{x'_i} \tag{4}$$

式中，x_{im} 为K类水质标准污染物的特征值；y_{im} 为评价样本对K类标准的符合程度。

贴近度：

$$d_{ij} = |\Sigma x_{im} - \Sigma y_{jm}| \tag{5}$$

式中，d_{ij} 为某评价样本 j 对类别 i 的贴近度；Σx_{im} 为水质标准污染物的特征值之和；Σy_{jm} 为样本 j 的污染指数之和。

第二节　水质监测结果分析

一、基本理化指标

（一）水温

调查期间，额尔齐斯河流域各点位的水温范围为0.4～28.5℃，均值为12.8℃；干流各点位的水温范围为6.3～25.1℃，均值为14.9℃。支流水温范围为0.4～28.5℃，均值为10.6℃（表2-4，图2-1～图2-2）。5月、7月、9月和10月水温波动范围，干流分别为7.4～19.0℃、14.0～25.1℃、11.5～19.4℃和6.3～14.2℃，各月均值分别为11.1、21.7、16.8和9.9℃；支流水温范围分别为2.4～12.1℃、12.6～28.5℃、3.3～18.2℃和0.4～11.8℃，各月均值分别为7.7、18.0、11.0和5.9℃。根据以上水温数据发现，额尔齐斯河流域水温存在明显的季节性变化，干支流均呈现出5月水温较低，7月升高，9月开始下降，10月进一步下降的变化趋势；各月水温均值，支流略低于干流（图2-3）。任慕莲等（2002）认为阿尔泰山脉海拔较高，各支流因地势高、坡降大、水流湍急，从而出现支流水温通常较干流低的现象。

表2-4　额尔齐斯河流域水温波动范围和平均值（℃）

Table 2-4　Average and range of water temperature in the Irtysh River (℃)

点位	5月		7月		9月		10月		年均
	范围	平均	范围	平均	范围	平均	范围	平均	
干流									
富蕴公园	9.1～9.7	9.4	18.0～20.9	19.5	17.9～17.9	17.9	8.3～9.3	8.8	13.9
喀腊塑克		5.0	14.0～20.4	17.2	17.8～19.4	18.6	12.8～14.2	13.5	13.6
635水库	7.4～8.3	7.9	16.7～21.3	19.0	18.9～19.1	19.0	11.8～13.0	12.4	14.6
北屯大桥	14.0～15.9	14.9	24.1～24.5	24.3	13.5～19.2	16.4	9.4～10.1	9.8	16.3
库尔吉拉村	11.1～19.0	15.0	24.2～25.0	24.6	12.3～18.7	15.5		7.4	15.6
额河大桥	10.3～16.9	13.6	24.3～25.1	24.7	12.3～18.7	15.5	6.5～11.5	9.0	15.7
185团	9.3～14.6	11.9	21.5～23.4	22.5	11.5～18.2	14.9	6.3～10.6	8.5	14.4
平均	5.0～19.0	11.1	14.0～25.1	21.7	11.5～19.4	16.8	6.3～14.2	9.9	14.9

续表

点位	5月		7月		9月		10月		年均
	范围	平均	范围	平均	范围	平均	范围	平均	
支流									
库依尔特河	6.5～9.8	8.2	15.0～16.1	15.6	9.7～10.1	9.9	1.2～3.0	2.1	8.9
卡依尔特河	5.2～7.1	6.2	13.8～15.0	14.4	5.6～7.9	6.8	0.4～2.1	1.3	7.1
阿拉哈克乡		9.3		22.1	—	—		12.8	14.7
小东沟	2.4～4.6	3.5	12.6～16.5	14.6	3.3～5.4	4.4	0.8～2.8	1.8	6.1
大东沟	3.1～5.1	4.1	12.7～16.8	14.8	4.6～7.2	5.9	1.7～2.7	2.2	6.7
诺改特村	4.0～6.9	5.5	13.1～17.0	15.1	4.9～8.2	6.6	1.8～3.1	2.5	7.4
红墩乡	8.4～11.3	9.9	17.6～21.0	19.3	9.6～11.3	10.5	4.5～5.4	5.0	11.1
克兰河桥	10.7～11.9	11.3	21.0～28.5	24.8	13.3～14.1	13.7	8.2～8.2	8.2	14.5
冲乎尔乡	—	—	15.9～16.7	16.3	12.9～16.9	14.9		4.5	11.9
山口电站	6.1～8.9	7.5	16.3～17.0	16.7	14.7～17.8	16.3	8.4～11.8	10.1	12.6
布尔津县桥	6.4～11.7	9.0	17.0～19.2	18.1	14.7～18.2	16.5	7.6～9.6	8.6	13.0
哈巴河桥	4.9～9.7	7.3	16.8～21.4	19.1	11.2～17.7	14.5	8.5～10.1	9.3	12.5
别列则克河	9.5～12.1	10.8	20.0～26.0	23.0	9.5～15.8	12.7	6.0～10.6	8.3	13.7
平均	2.4～12.1	7.7	12.6～28.5	18.0	3.3～18.2	11.0	0.4～11.8	5.9	10.6
流域均值	2.4～19.0	9.41	12.6～28.5	19.82	3.3～19.4	13.92	0.4～14.2	7.89	12.8

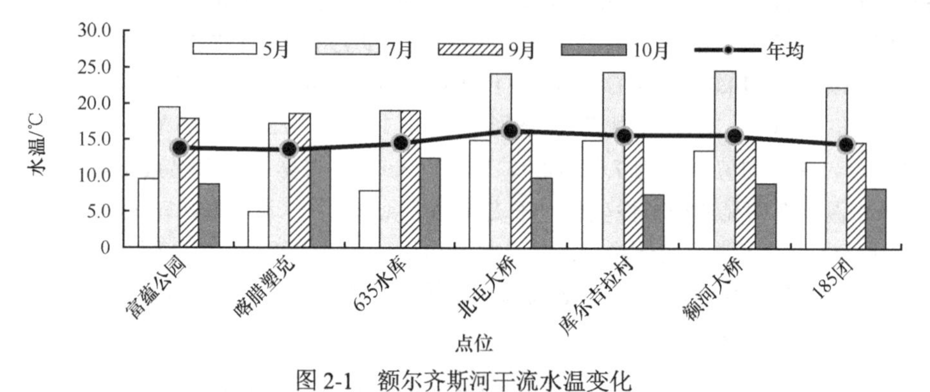

图 2-1　额尔齐斯河干流水温变化

Figure 2-1　Changes of water temperature in the Irtysh River main stream

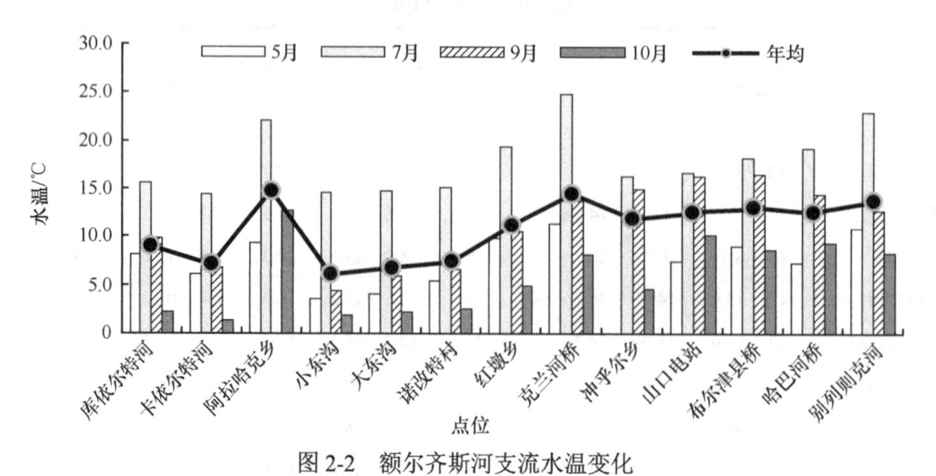

图 2-2　额尔齐斯河支流水温变化

Figure 2-2　Changes of water temperature in the Irtysh River branches

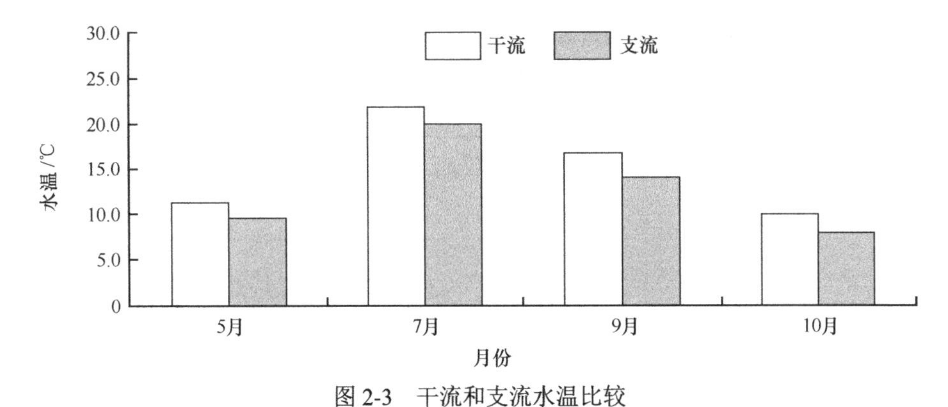

图 2-3　干流和支流水温比较

Figure 2-3　Comparison of water temperature between the main stream and branches

从上游可可托海到下游185团，沿途各点位的全年和各月平均水温逐渐升高，个别点位水温由于上游支流汇水的影响有小幅波动。如"布尔津河"和"哈巴河"5月水温分别为6.4℃和4.9℃，在汇入干流后，下游布尔津点位的水温由上游库尔吉拉点位的15.0℃下降到13.6℃，185团点位则继续下降到11.9℃。干流各点位水温的变化除受上述因素影响外，总体呈现出随着海拔的升高而下降的趋势。同时较少受外来水影响的克兰河的各点位的水温也呈现出相同的趋势（表2-5）。

表2-5　克兰河各点位平均水温（℃）

Table 2-5　Monthly average water temperature of monitoring sites in the Kelan River (℃)

点位	小东沟	大东沟	诺改特村	红墩乡	克兰河桥
海拔/m	1033	1002	893	653	493
5月	3.5	4.1	5.5	9.9	11.3
7月	14.6	14.8	15.1	15.1	24.8
9月	4.4	5.9	6.6	10.5	13.7
10月	1.8	2.2	2.5	5.0	8.2
全年平均	6.1	6.8	7.4	10.1	14.5

（二）溶解氧（DO）

额尔齐斯河流域溶解氧含量在6.31～14.92mg/L之间变化，均值为11.01mg/L；干流溶解氧含量范围为6.31～13.52mg/L，均值为10.52mg/L；各支流溶解氧含量范围为8.23～14.92mg/L，均值为11.50mg/L，额尔齐斯河流域各点位溶解氧含量均符合渔业水质标准（表2-6）。

干流5月、7月、9月和10月溶解氧含量波动范围分别为8.18～12.66mg/L、6.31～10.15mg/L、9.77～12.09mg/L和9.50～13.52mg/L，各月均值分别为11.19mg/L、8.89mg/L、10.86mg/L和11.16mg/L；支流5月、7月、9月和10月溶解氧含量波动范围分别为10.55～14.31mg/L、8.23～10.90mg/L、10.03～14.60mg/L和10.58～14.92mg/L，各月均值分别为12.01mg/L、9.42mg/L、12.17mg/L和12.41mg/L。结合水温变化分析发现，水中溶解氧含量随气温呈规律性变化，水温高时水体溶解氧含量略低，水温低时溶解氧含量较高，溶解氧含量在水温较高的7月均低于水温较低的5月、9月、10月。同时发现支流溶解氧含量略高于干流（表2-6，图2-4～图2-6）。

表2-6 额尔齐斯河流域溶解氧（DO）含量波动范围和平均值（mg/L）

Table2-6 Average and range of dissolved oxygen (DO) in the Irtysh River (mg/L)

点位	5月		7月		9月		10月		年均
	范围	平均	范围	平均	范围	平均	范围	平均	
干流									
富蕴公园	12.14～12.55	12.35		9.21	10.68～10.68	10.68	10.52～12.30	11.41	10.91
喀腊塑克		12.08		7.04	9.77～12.09	10.93	10.74～10.74	10.74	10.20
635 坝下	12.15～12.66	12.41		10.13	11.87～11.87	11.87	9.50～10.49	10.00	11.10
北屯大桥	10.78～11.03	10.91		9.56	10.79～11.13	10.96	10.44～13.52	11.98	10.85
库尔吉拉	10.19～10.25	10.22		6.31	10.12～10.49	10.31	11.28～11.28	11.28	9.53
额河大桥	8.18～11.33	9.76		9.82	11.34～11.34	11.34	10.83～11.45	11.14	10.51
185 团	9.85～11.38	10.62		10.15	9.95～9.95	9.95	11.52～11.60	11.56	10.57
平均	8.18～12.66	11.19	6.31～10.15	8.89	9.77～12.09	10.86	9.50～13.52	11.16	10.52
支流									
库依尔特河	10.66～12.03	11.35		9.40	14.60～14.60	14.60	11.21～14.60	12.91	12.06
卡依尔特河	11.27～12.58	11.93		9.75	14.52～14.52	14.52	11.45～14.92	13.19	12.35
阿拉哈克乡	11.55～11.55	11.55		8.23	—	—		10.79	10.19
小东沟	12.03～14.31	13.17		10.90	14.20～14.21	14.21	11.99～14.23	13.11	12.85
大东沟	11.71～13.57	12.64		10.57	13.17～13.47	13.32	12.05～14.80	13.43	12.49
诺改特村	11.49～13.33	12.41		10.68	12.03～12.03	12.03	11.98～14.20	13.09	12.05
红墩乡	10.72～12.15	11.44		8.93	10.45～11.45	10.95	12.05～14.35	13.20	11.13
克兰河桥	11.19～11.58	11.39		8.72	11.19～11.19	11.19	10.58～13.12	11.85	10.79
冲乎尔乡	—	—		9.71	10.89～10.89	10.89		12.28	10.96
山口电站	12.97～13.65	13.31		9.13	10.49～10.49	10.49	11.74～11.74	11.74	11.17
布尔津县桥	11.57～12.47	12.02		8.50	10.03～10.03	10.03	10.88～12.61	11.75	10.57
哈巴河桥	11.17～12.70	11.94		10.24	12.34～12.34	12.34	11.49～12.44	11.97	11.62
别列则克河	10.55～11.50	11.03		8.00	10.15～10.15	10.15	11.65～12.15	11.90	10.27
平均	10.55～14.31	12.01	8.23～10.90	9.42	10.03～14.60	12.17	10.58～14.92	12.41	11.50
流域均值	8.18～14.31	11.60	6.31～10.90	9.15	9.77～14.60	11.51	9.50～14.92	11.78	11.01

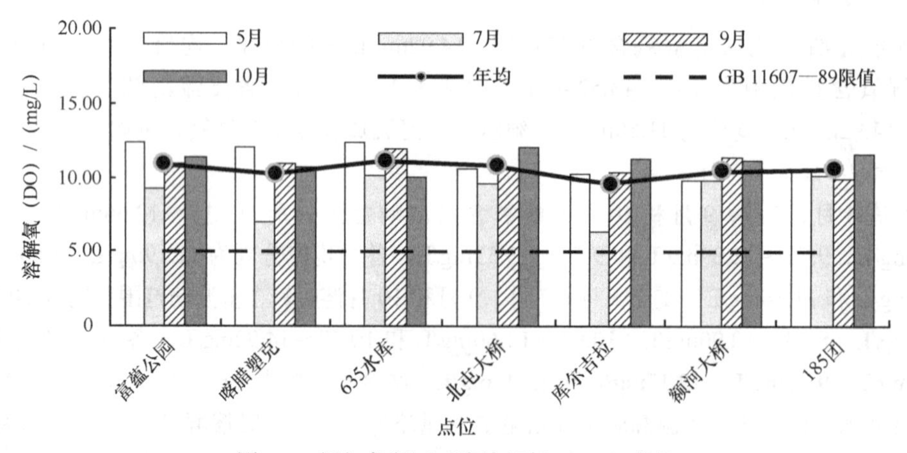

图 2-4 额尔齐斯河干流溶解氧（DO）变化

Figure 2-4 Changes of dissolved oxygen (DO) in the Irtysh River main stream

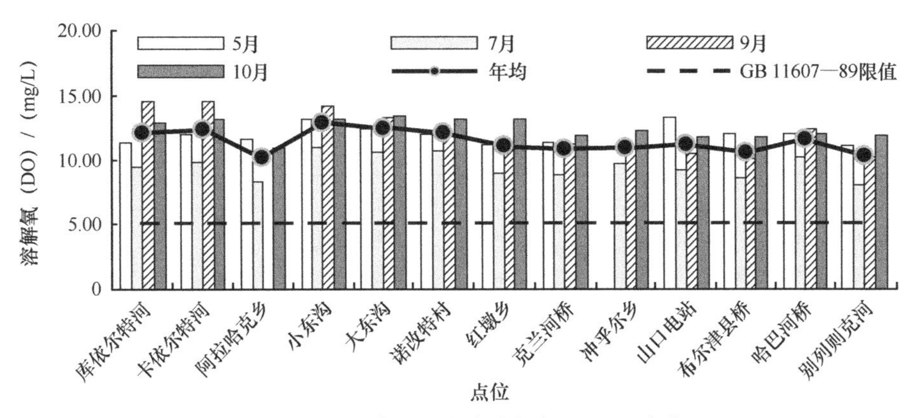

图 2-5 额尔齐斯河支流溶解氧（DO）变化

Figure 2-5 Changes of dissolved oxygen (DO) in the Irtysh River branches

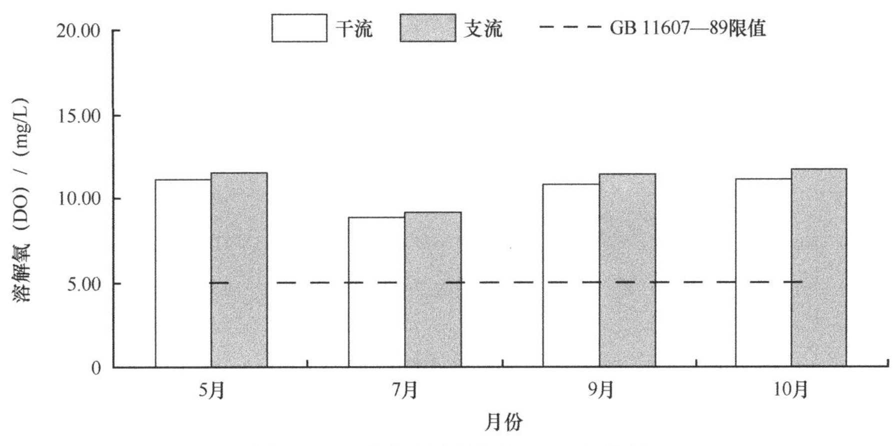

图 2-6 干流和支流溶解氧（DO）比较

Figure 2-6 Comparison of dissolved oxygen (DO) between the main stream and branches

（三）pH

额尔齐斯河流域 pH 在 6.60～8.51 之间变化，均值为 7.60。其中干流 pH 范围为 6.90～8.51，均值为 7.68；支流 pH 范围为 6.60～8.50，均值为 7.53，除额河大桥点位（2015 年 9 月，8.51mg/L）略超标外，其他点位均符合渔业水质标准（表 2-7）。

5 月、7 月、9 月、10 月的 pH 范围，干流分别为 7.52～8.41、6.90～7.79、7.08～8.51 和 6.90～7.96，各月的 pH 均值为 7.90、7.33、7.85 和 7.51；支流 pH 范围分别为 7.03～8.05、6.70～8.50、7.03～8.23 和 6.60～8.01，各月 pH 均值分别为 7.54、7.44、7.66 和 7.43。1999 年额尔齐斯河支流和干流 pH 在 7.2～8.5 之间变化（任慕莲等，2002），本次调查除 2012 年部分点位 pH 低于 7 以外（6.60～6.90），其他点位的测定值均在 7 以上，与 1999 年数据差异较小，说明额尔齐斯河流域水体略偏碱性（表 2-7，图 2-7～图 2-9）。

表2-7　额尔齐斯河流域pH波动范围和平均值

Table 2-7　Average and range of pH in the Irtysh River

点位	5月		7月		9月		10月		年均
	范围	平均	范围	平均	范围	平均	范围	平均	
干流									
富蕴公园	7.63～8.15	7.89	7.30～7.79	7.55	7.41～8.25	7.83	7.10～7.78	7.44	7.64
喀腊塑克	7.79～7.79	7.79	7.10～7.56	7.33	7.08～7.15	7.12	7.10～7.58	7.34	7.23
635 水库	7.63～8.19	7.91	7.20～7.72	7.46	7.41～7.63	7.52	7.40～7.65	7.53	7.52
北屯大桥	8.11～8.18	8.15	7.03～7.15	7.09	8.38～8.42	8.40	7.20～7.96	7.58	7.99
库尔吉拉村	7.69～8.41	8.05	6.90～7.42	7.16	8.11～8.23	8.17		7.90	8.04
额河大桥	7.77～7.86	7.82	7.22～7.30	7.26	7.52～8.51	8.02	6.90～7.73	7.32	7.67
185 团	7.52～7.82	7.67	7.40～7.53	7.47	7.45～8.38	7.92	7.00～7.91	7.46	7.69
平均	7.52～8.41	7.90	6.90～7.79	7.33	7.08～8.51	7.85	6.90～7.96	7.51	7.68
支流									
库依尔特河	7.03～7.66	7.35	6.70～7.83	7.27	7.03～7.09	7.06	6.70～7.75	7.23	7.14
卡依尔特河	7.24～8.03	7.64	6.80～8.01	7.41	7.24～7.42	7.33	6.60～7.85	7.23	7.28
阿拉哈克乡		7.63		8.10	—	—		7.80	7.80
小东沟	7.03～7.76	7.40	6.80～7.96	7.38	7.13～8.01	7.57	7.50～7.73	7.62	7.59
大东沟	7.15～7.58	7.37	6.80～7.38	7.09	7.17～8.03	7.60	7.00～7.64	7.32	7.46
诺改特村	7.15～7.61	7.38	7.10～7.79	7.45	7.15～7.92	7.54	6.90～7.75	7.33	7.43
红墩乡	7.60～7.84	7.72	7.30～7.45	7.38	7.60～8.23	7.92	7.10～7.84	7.47	7.69
克兰河桥	7.58～7.93	7.76	7.03～7.79	7.41	7.47～7.78	7.63	6.80～7.96	7.38	7.50
冲乎尔乡	—	—	6.70～7.57	7.14	7.88～8.15	8.02		7.73	7.63
山口电站	7.46～7.87	7.67	6.90～7.58	7.24	7.53～7.78	7.66	6.80～7.79	7.30	7.48
布尔津县桥	7.25～7.44	7.35	7.51～8.50	8.01	7.49～8.23	7.86	6.90～7.71	7.31	7.58
哈巴河桥	7.36～7.71	7.54	6.90～7.89	7.40	7.78～8.13	7.96	6.90～7.85	7.38	7.67
别列则克河	7.46～8.05	7.76	7.38～7.60	7.49	7.46～8.15	7.81	7.60～8.01	7.81	7.81
平均	7.03～8.05	7.54	6.70～8.50	7.44	7.03～8.23	7.66	6.60～8.01	7.43	7.53
流域均值	7.03～8.41	7.72	6.70～8.50	7.39	7.03～8.51	7.76	6.60～8.01	7.47	7.60

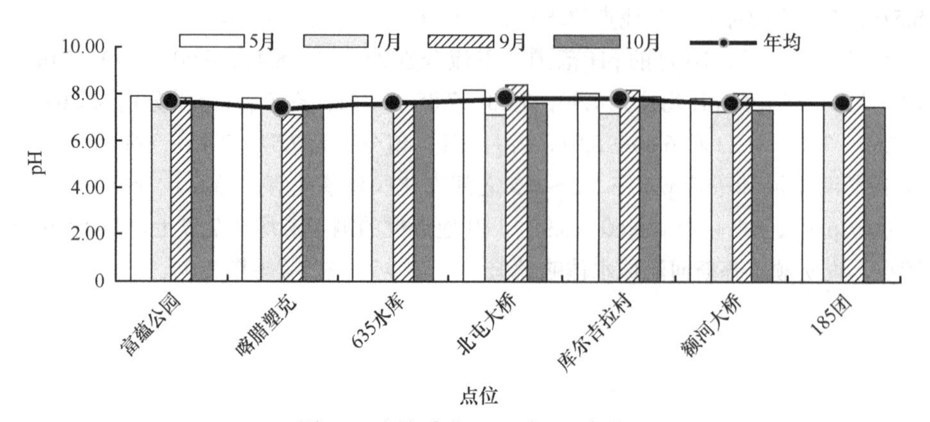

图 2-7　额尔齐斯河干流 pH 变化

Figure 2-7　Changes of pH in the Irtysh River main stream

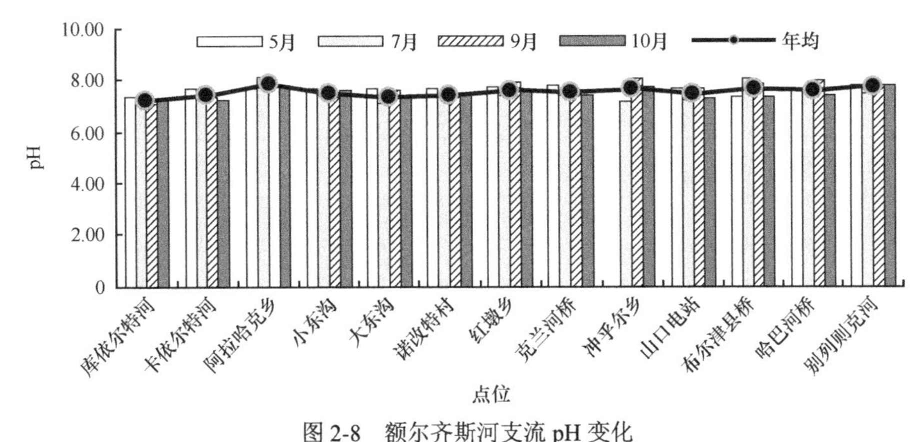

图 2-8 额尔齐斯河支流 pH 变化

Figure 2-8 Changes of pH in the Irtysh River branches

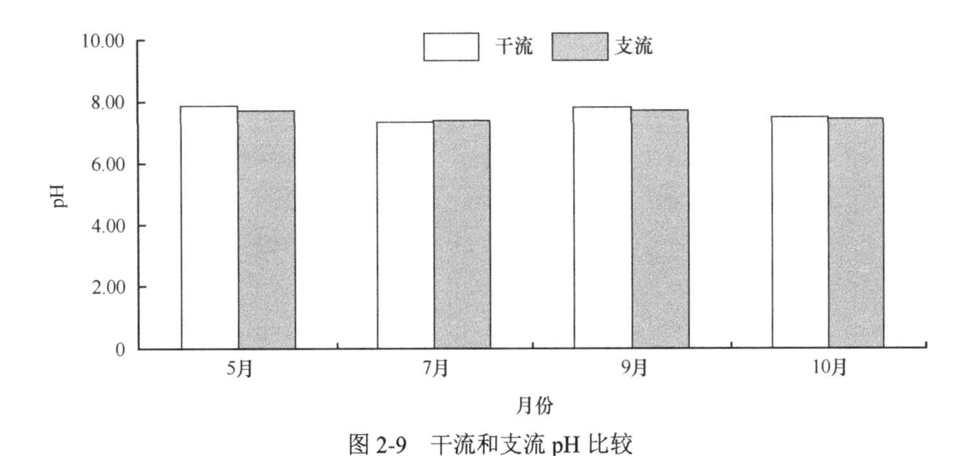

图 2-9 干流和支流 pH 比较

Figure 2-9 Comparison of pH between the main stream and branches

（四）悬浮物

额尔齐斯河流域悬浮物浓度在 0.6～798.0mg/L 之间变化，均值为 56.8mg/L。其中干流悬浮物浓度范围为 2.0 ～260mg/L，均值为 42.8mg/L，最大值出现在库尔吉拉村（2012 年 7 月，260.0mg/L）；支流范围为 0.6～798.0mg/L，均值为 70.8mg/L，最大值出现在阿拉哈克乡点位（2012 年 7 月，798.0mg/L）。支流悬浮物浓度波动范围、均值及最大值均明显大于干流（表 2-8，图 2-10～图 2-12）。

表2-8 额尔齐斯河流域悬浮物（SS）范围和平均值（mg/L）

Table 2-8 Average and range of suspended solids (SS) concentration in the Irtysh River (mg/L)

点位	5 月		7 月		9 月		10 月		年均
	范围	平均	范围	平均	范围	平均	范围	平均	
干流									
富蕴公园	4.5～27.5	16.0	4.0～42.5	23.2	19.5～38.0	28.8	10.5～150.0	80.2	37.1
喀腊塑克		16.0	18.0～35.5	26.8	15.4～41.5	28.5	11.5～21.0	16.3	21.9
635 水库	7.0～15.0	11.0	6.0～42.0	24.0	7.0～29.5	18.3	11.0～44.0	27.5	20.2

续表

点位	5月		7月		9月		10月		年均
	范围	平均	范围	平均	范围	平均	范围	平均	
北屯大桥	28.5～35.5	32.0	25.3～56.0	40.7		30.5	46.0～131.0	88.5	47.9
库尔吉拉村	13.0～89.0	51.0	33.5～260.0	146.8	3.7～50.0	26.9	29.0～29.0	29.0	63.4
额河大桥	9.0～140.0	74.5	67.0～68.0	67.5	16.7～43.0	29.8	13.5～158.0	85.7	64.4
185 团	45.0～148.0	96.5	11.0～15.0	13.0	2.0～48.5	25.3	33.0～56.5	44.8	44.9
平均	4.5～148.0	42.4	4.0～260.0	48.8	2.0～50.0	26.8	11.0～158.0	53.1	42.8
支流									
库依尔特河	7.5～23.0	15.3	6.0～80.5	43.3	7.0～33.0	20.0	8.5～43.5	26.0	26.1
卡依尔特河	5.5～22.5	14.0	3.5～46.5	25.0	6.6～20.5	13.5	6.5～43.0	24.7	19.3
阿拉哈克乡		98.0		798.0	—	—		253.0	383.0
小东沟	2.5～27.0	14.8	25.0～34.0	29.5	4.9～52.5	28.7	8.5～44.0	26.2	24.8
大东沟	15.0～28.0	21.5	27.5～247.3	137.4	0.6～41.0	20.8	10.0～46.0	28.0	51.9
诺改特村	19.5～26.5	23.0	10.0～427.0	218.5	12.0～54.0	33.0	14.5～40.5	27.5	75.5
红墩乡	56.0～176.0	116.0	122.5～453.0	287.8	11.1～114.0	62.6	43.5～60.5	52.0	129.6
克兰河桥	49.0～64.0	56.5	9.5～103.3	56.4	0.9～28.5	14.7	14.0～46.0	30.0	39.4
冲乎尔乡	—	—	6.5～8.0	7.2	4.3～24.0	14.1		102.0	41.1
山口电站	4.0～8.5	6.3	4.0～27.0	15.5	1.7～34.5	18.1	36.5～48.5	42.5	20.6
布尔津县桥	33.5～60.0	46.8	10.0～38.5	24.3	3.4～30.5	17.0	29.5～77.0	53.2	35.3
哈巴河桥	10.0～39.0	24.5	7.3～24.0	15.7	3.4～41.0	22.2	6.0～34.7	20.3	20.7
别列则克河	237.5～240.0	238.8	11.0～42.0	26.5	157.0～166.0	161.5	36.0～197.0	116.5	135.8
平均	2.5～240.0	56.3	3.5～798.0	129.6	0.6～166.0	35.5	6.5～253.0	61.7	70.8
流域均值	2.5～240.0	49.4	3.5～798.0	89.23	0.6～116.0	31.18	6.5～253.0	57.42	56.8

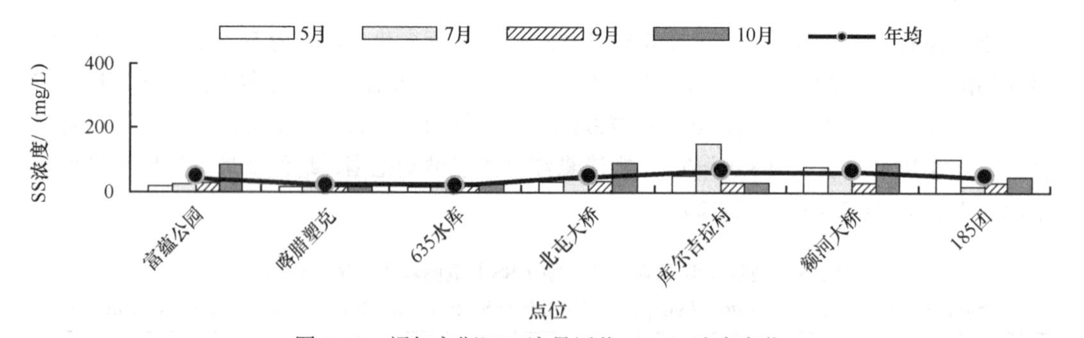

图 2-10　额尔齐斯河干流悬浮物（SS）浓度变化

Figure 2-10　Changes of suspended solids (SS) concentration in the Irtysh River main stream

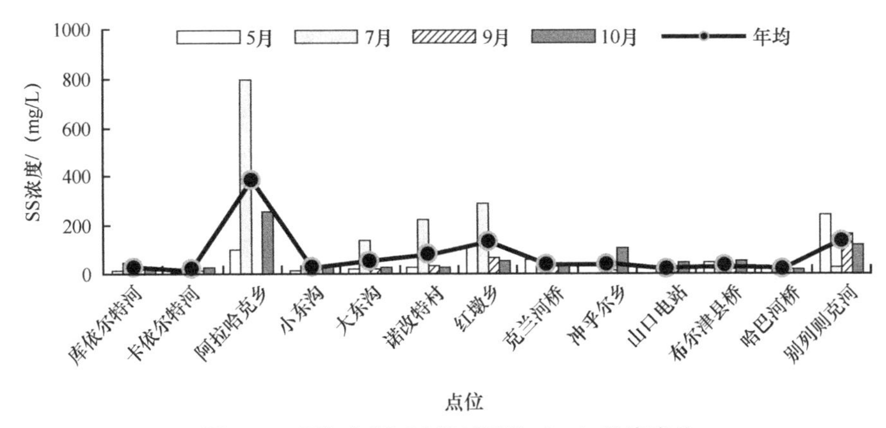

图 2-11　额尔齐斯河支流悬浮物（SS）浓度变化

Figure 2-11　Changes of suspended solids (SS) concentration in the Irtysh River branches

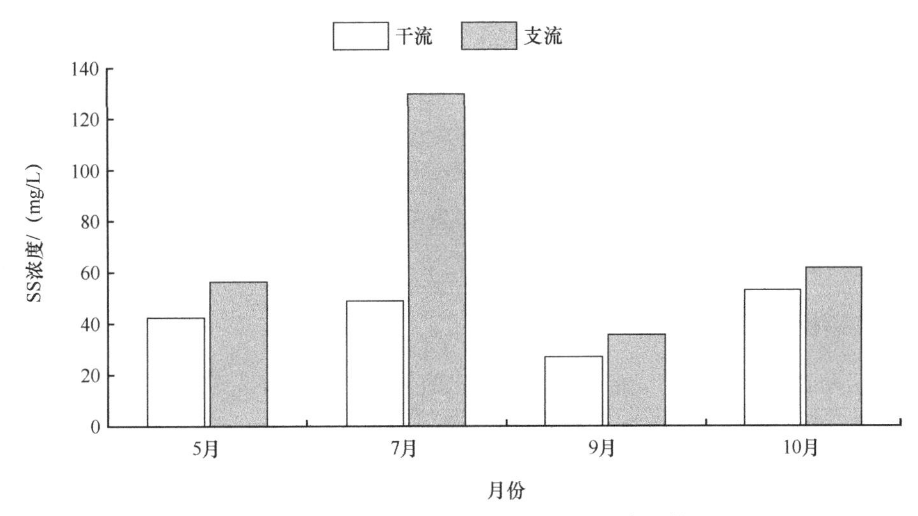

图 2-12　干流和支流悬浮物（SS）浓度比较

Figure 2-12　Comparison of suspended solids (SS) concentration between the main stream and branches

额尔齐斯河干流悬浮物浓度均值和波动范围：5 月分别为 42.4mg/L 和 4.5～148.0mg/L，7 月分别为 48.8mg/L 和 4.0～260.0mg/L，9 月分别为 26.8mg/L 和 2.0～50.0mg/L，10 月分别为 53.1mg/L 和 11.0～158.0mg/L。可以看出，干流悬浮物浓度均值和波动范围均是 7 月最大，9 月最小。干流悬浮物浓度大多在 100mg/L 以下，仅 5 个点位各有 1 次的悬浮物浓度超过 100mg/L，分别是 185 团（2013 年 5 月，148 mg/L）、富蕴公园（2012 年 10 月，150mg/L）、额河大桥（2012 年 10 月，158mg/L）、库尔吉拉村（2012 年 7 月，260mg/L）、北屯大桥（2016 年 10 月，131.0mg/L）。在其他监测时间段，库尔吉拉村、北湾（185 团）和富蕴公园低于 50.0mg/L，布尔津额河低于 70.0mg/L。这表明这些点位与其上游点位间河段可能存在偶发性外来悬浮物排入。从上游富蕴公园到下游 185 团，悬浮物浓度整体呈逐渐升高的趋势；喀腊塑克水电站和 635 水库两个点位，由于水库沉淀作用，悬浮物浓度稍有下降（表 2-8，图 2-10～图 2-12）。

额尔齐斯河支流悬浮物浓度均值和波动范围：5 月分别为 56.3mg/L 和 2.5～240.0mg/L，7 月分别为 129.6mg/L 和 3.5～798.0mg/L，9 月分别为 35.5 mg/L 和 0.6～166.0mg/L，10 月分

别为 61.7mg/L 和 6.5～253.0mg/L。多数支流的悬浮物浓度小于 250.0mg/L。2012 年 7 月阿拉哈克乡点位悬浮物浓度达 798.0mg/L，为记录到的全流域悬浮物浓度最高值。阿拉哈克乡 3 次检测的悬浮物平均浓度达 383.0mg/L，该点位为乡村，人口密集，生活污水和农业废水的无序排放造成了一定程度的点源污染。别列则克河悬浮物浓度范围为 11.0～240.0mg/L，均值为 135.8mg/L，8 次检测结果中有 6 次悬浮物浓度明显高于同期检测该项指标均值。

其次为克兰河红墩乡和克兰河诺改特村，悬浮物浓度分别为 453.0mg/L 和 427.0mg/L。下游克兰河桥点位悬浮物浓度为 103.3mg/L；而克兰河红墩乡点位在其他 7 次检测时间段的悬浮物浓度最高值为 176mg/L，前者是后者的 2.57 倍。因此认为红墩乡点位 2012 年 7 月悬浮物浓度高达 453.0mg/L 是由其上游河段自然灾害或人类强烈干扰引起的，且是短暂性的。

库依尔特河悬浮物浓度范围和均值分别为 6.0～80.5mg/L 和 26.1mg/L。卡依尔特河下游浓度范围和均值分别为 3.5～46.5mg/L 和 19.3mg/L。布尔津河 3 个点位的悬浮物平均浓度范围和均值为 3.4～102.0mg/L 和 32.3mg/L。哈巴河悬浮物浓度范围和均值分别为 3.4～41.0mg/L 和 20.7mg/L。上述河流悬浮物浓度均值低于 40mg/L，变化幅度较小（表 2-8，图 2-10～图 2-12）。

悬浮物是造成水体浑浊的主要原因。有机悬浮物在水体中沉积后易厌氧发酵，使水质恶化，对底栖生物产生有害影响；过多的悬浮物黏附在鱼的鳃上，使鱼的呼吸作用受到阻碍，导致鱼类窒息而死。水生生物通常能够适应各自长期生活水域的正常悬浮物浓度，额尔齐斯河一些河流出现的突发性悬浮物浓度急剧升高，将对水生生物产生严重影响，有必要查明其发生原因，采取有效预防措施。

二、营养指标

营养元素的浓度是评价河流是否富营养化的重要指标。本次调查的营养指标有总氮、总磷、氨氮、亚硝酸盐氮、硝酸盐氮和非离子氮。

（一）总氮（TN）

额尔齐斯河流域总氮浓度为 0.1～7.01mg/L。其中干流总氮浓度范围为 0.13～1.93mg/L，均值为 0.70mg/L，最大值出现在 185 团点位（2016 年 10 月 1.93mg/L）；支流总氮浓度范围为 0.10～7.01mg/L，均值为 0.92mg/L，最大值出现在布尔津县桥点位（2015 年 5 月 7.01mg/L）。支流总氮浓度波动范围、均值及最大值均明显大于干流（表 2-9，图 2-13～图 2-15）。

表2-9　额尔齐斯河流域总氮（TN）浓度范围和平均值（mg/L）

Table 2-9　Average and range of total nitrogen (TN) concentration in the Irtysh River (mg/L)

点位	5 月		7 月		9 月		10 月		年均
	范围	平均	范围	平均	范围	平均	范围	平均	
干流									
富蕴公园	0.76～1.86	1.31	0.17～0.21	0.19	0.36～0.38	0.37	0.92～0.97	0.95	0.70
喀腊塑克		0.62	0.39～0.97	0.68	0.47～0.58	0.53	0.54～0.93	0.74	0.64
635 水库	0.45～1.66	1.06	0.47～0.71	0.59	0.46～0.53	0.50	0.44～1.10	0.77	0.73
北屯大桥	0.24～1.02	0.63	0.13～0.49	0.31	0.41～0.46	0.44	0.31～1.62	0.97	0.59

续表

点位	5月		7月		9月		10月		年均
	范围	平均	范围	平均	范围	平均	范围	平均	
库尔吉拉村	0.39～1.21	0.80	0.48～0.52	0.50	0.33～0.50	0.42		1.62	0.83
额河大桥	1.05～1.17	1.11	0.26～0.31	0.29	0.37～0.67	0.52	0.47～1.70	1.09	0.75
185 团	0.79～1.32	1.06	0.16～0.23	0.20	0.27～0.50	0.39	0.25～1.93	1.09	0.68
平均	0.24～1.66	0.94	0.13～0.97	0.39	0.27～0.67	0.45	0.25～1.93	1.03	0.70
支流									
库依尔特河	0.58～1.61	1.10	0.17～0.52	0.35	0.31～0.43	0.37	0.28～0.66	0.47	0.57
卡依尔特河	0.64～1.56	1.10	0.32～0.45	0.39	0.48～0.49	0.49	0.68～1.55	1.12	0.77
阿拉哈克乡		4.14		1.19	—	—		1.66	2.33
小东沟	0.82～1.01	0.92	0.37～0.68	0.53	0.65～0.84	0.75	0.84～1.19	1.02	0.80
大东沟	1.01～1.31	1.16	0.46～0.59	0.53	0.64～0.67	0.66	0.89～1.06	0.98	0.83
诺改特村	0.94～1.17	1.06	0.31～0.55	0.43	0.68～0.69	0.69	0.78～0.97	0.88	0.76
红墩乡	1.04～1.36	1.20	0.78～1.64	1.21	1.02～1.62	1.32	1.43～1.66	1.55	1.32
克兰河桥	0.97～1.76	1.37	0.22～0.24	0.23	0.39～0.49	0.44	0.46～0.55	0.51	0.64
冲乎尔乡	—	—	0.17～0.24	0.21	0.40～0.41	0.41		1.74	0.79
山口电站	1.07～1.22	1.15	0.26～0.36	0.31	0.30～0.38	0.34	0.29～1.83	1.06	0.71
布尔津县桥	1.55～7.01	4.28	0.27～0.29	0.28	0.25～0.53	0.39	0.43～1.26	0.85	1.45
哈巴河桥	0.73～1.00	0.87	0.21～0.23	0.22	0.37～0.54	0.46	0.47～1.65	1.06	0.65
别列则克河	0.66～0.69	0.68	0.10～0.36	0.23	0.37～0.57	0.47	0.32～1.84	1.08	0.61
平均	0.58～7.01	1.58	0.10～1.64	0.47	0.25～1.62	0.56	0.28～1.84	1.07	0.92
流域均值	0.24～7.01	1.26	0.10～1.64	0.43	0.25～1.62	0.51	0.25～1.93	1.05	0.81

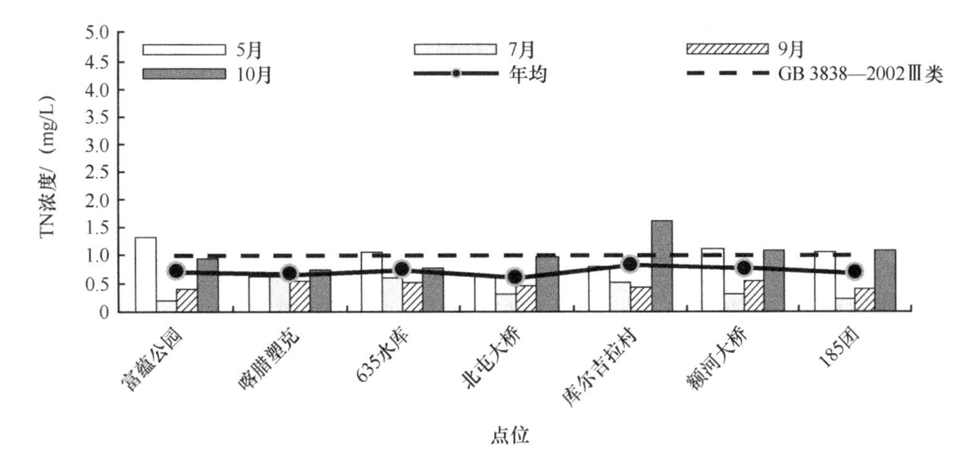

图 2-13　额尔齐斯河干流总氮（TN）浓度变化

Figure 2-13　Changes of total nitrogen (TN) concentration in the Irtysh River main stream

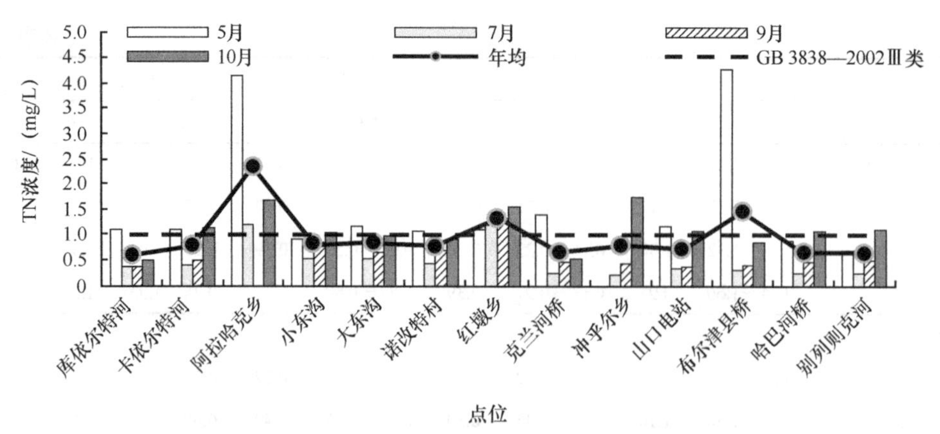

图 2-14　额尔齐斯河支流总氮（TN）浓度变化

Figure 2-14　Changes of total nitrogen (TN) concentration in the Irtysh River branches

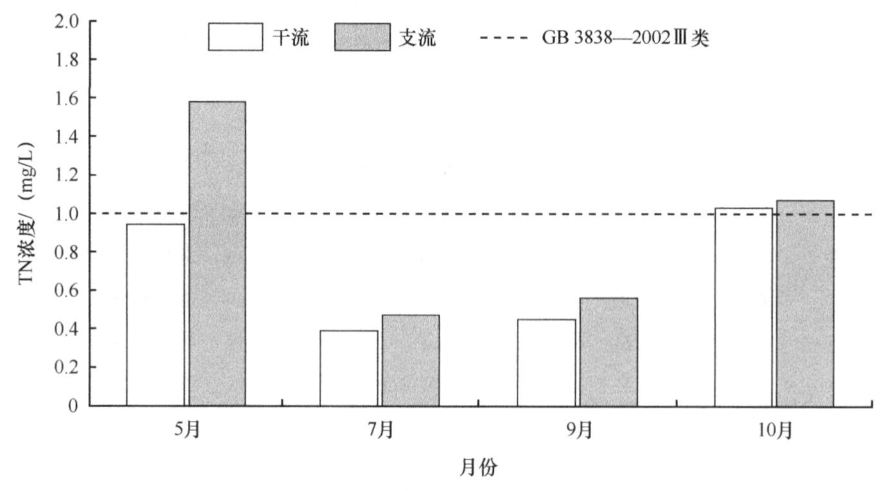

图 2-15　干流和支流总氮（TN）浓度比较

Figure 2-15　Comparison of total nitrogen (TN) concentration between the main stream and branches

以地表水Ⅲ类标准限值（1.0mg/L）作为参考依据，干支流均有点位超标且主要发生在2013年5月和2016年10月。其中干流监测点位在2013年5月均超标，范围为1.02～1.86mg/L；2016年10月，除富蕴公园和喀腊塑克点位外，其他点位均超标，范围为1.1～1.93 mg/L。其他时间段仅额河大桥点位（2015年5月1.05mg/L）有一次超标。支流监测点位在2013年5月，除别列则克河和哈巴河桥2个点位外，其他点位均出现超标（1.01～7.01mg/L）；2016年10月，除库依尔特河、大东沟、诺改特村、克兰河桥4个点位外，其他点位均超标（1.19～1.84mg/L）。红墩乡点位除2016年7月，其他时间均超标（1.02～1.66mg/L）；其他时间段，大东沟点位2次超标（2012年10月1.06mg/L、2015年5月1.01mg/L）、布尔津河山口电站和布尔津县桥各有1次超标（2015年5月1.07mg/L和2015年5月7.01mg/L），其他点位均未超标（表2-9）。额尔齐斯河干支流总氮浓度在各月间的变化趋势有一定的差异。干流为10月（1.03mg/L）＞5月（0.94mg/L）＞9月（0.45mg/L）＞7月（0.39mg/L）；支流为5月（1.58mg/L）＞10月（1.07mg/L）＞9月（0.56mg/L）＞7月（0.47mg/L）（表2-9，图2-13～图2-15）。

（二）总磷（TP）

额尔齐斯河流域总磷浓度范围为ND～0.500mg/L（ND表示未检出，下同），平均浓度为0.050mg/L，其中，干流总磷浓度范围为ND～0.303mg/L，平均浓度为0.047mg/L，最大值出现在库尔吉拉村点位（2012年7月，0.303mg/L）；支流总磷浓度范围为ND～0.500mg/L，平均浓度为0.053mg/L，最大值出现在红墩乡点位（2012年7月，0.500mg/L）。支流总磷波动范围、均值及最大值均明显大于干流（表2-10）。

表2-10　额尔齐斯河流域总磷（TP）范围和平均值（mg/L）

Table 2-10　Average and range of total phosphorus concentration (TP) in the Irtysh River (mg/L)

点位	5月		7月		9月		10月		年均
	范围	平均	范围	平均	范围	平均	范围	平均	
干流									
富蕴公园	0.043～0.057	0.050	0.027～0.057	0.042	0.017～0.020	0.018	0.013～0.020	0.017	0.032
喀腊塑克		0.053	ND～0.017	0.010	ND～0.010	0.006	0.007～0.027	0.017	0.022
635水库	0.057～0.143	0.100	0.037～0.047	0.042	ND	0.003	ND～0.027	0.015	0.040
北屯大桥	0.013～0.140	0.077	0.027～0.037	0.032	ND～0.037	0.020	0.007～0.113	0.060	0.047
库尔吉拉村	0.043～0.057	0.050	0.040～0.303	0.172	ND～0.050	0.026		0.047	0.074
额河大桥	0.050～0.107	0.078	0.083～0.133	0.108	ND～0.033	0.018	0.020～0.037	0.028	0.058
185团	0.047～0.103	0.075	0.041～0.150	0.096	ND～0.050	0.026	0.020～0.050	0.035	0.058
平均	0.013～0.143	0.069	ND～0.303	0.072	ND～0.050	0.017	ND～0.113	0.031	0.047
支流									
库依尔特河	0.020～0.067	0.044	0.010～0.030	0.020	0.020～0.040	0.030	ND～0.007	0.005	0.025
卡依尔特河	0.010～0.040	0.025	ND～0.047	0.025	0.037～0.037	0.037	ND	0.003	0.022
阿拉哈克乡		0.077		0.040	—	—		0.033	0.050
小东沟	0.067～0.093	0.080	0.033～0.050	0.042	0.020～0.053	0.037	0.007～0.017	0.012	0.042
大东沟	0.060～0.110	0.085	0.040～0.107	0.073	0.023～0.040	0.032	0.010～0.010	0.010	0.050
诺改特村	0.050～0.077	0.063	0.023～0.093	0.058	0.020～0.023	0.022	0.013～0.013	0.013	0.039
红墩乡	0.017～0.147	0.082	0.090～0.500	0.295	0.053～0.057	0.055	0.020～0.027	0.023	0.114
克兰河桥	0.027～0.240	0.133	0.047～0.063	0.055	0.013～0.020	0.017	0.007～0.010	0.008	0.053
冲乎尔乡	—	—	0.030～0.063	0.047	ND～0.007	0.050		0.047	0.048
山口电站	0.013～0.090	0.052	0.023～0.100	0.062	ND～0.030	0.016	0.017～0.037	0.027	0.039
布尔津县桥	0.110～0.173	0.142	0.025～0.263	0.144	0.047～0.047	0.047	0.007～0.013	0.010	0.086
哈巴河桥	0.087～0.130	0.109	0.037～0.040	0.039	0.027～0.033	0.030	0.017～0.020	0.018	0.049
别列则克河	0.090～0.117	0.103	0.053～0.053	0.053	0.033～0.073	0.053	0.033～0.093	0.063	0.068
平均	0.010～0.240	0.083	ND～0.500	0.073	ND～0.073	0.032	ND～0.093	0.021	0.053
流域均值	0.010～0.240	0.076	ND～0.500	0.072	ND～0.073	0.025	ND～0.113	0.026	0.050

注：ND表示未检出。

以地表水Ⅲ类标准限值（0.2mg/L）作为参考，监测期间干流除库尔吉拉村点位（2012年7月）各点位总磷浓度没有出现超标情况，支流少数点位出现总磷浓度超标，超标点位分别是克兰河红墩乡（2012 年 7 月，0.500mg/L）、克兰河桥（2013 年 5 月，0.240mg/L）和布尔津县桥（2012 年 7 月，0.263mg/L）（表 2-10）。

额尔齐斯河干流和支流总磷浓度在各月间的变化趋势存在一定的差异。干流为：7 月（0.072mg/L）＞5 月（0.069mg/L）＞10 月（0.031mg/L）＞9 月（0.017mg/L）；支流为：5 月（0.083mg/L）＞7 月（0.073mg/L）＞9 月（0.032mg/L）＞10 月（0.021mg/L）（图 2-16～图 2-18）。

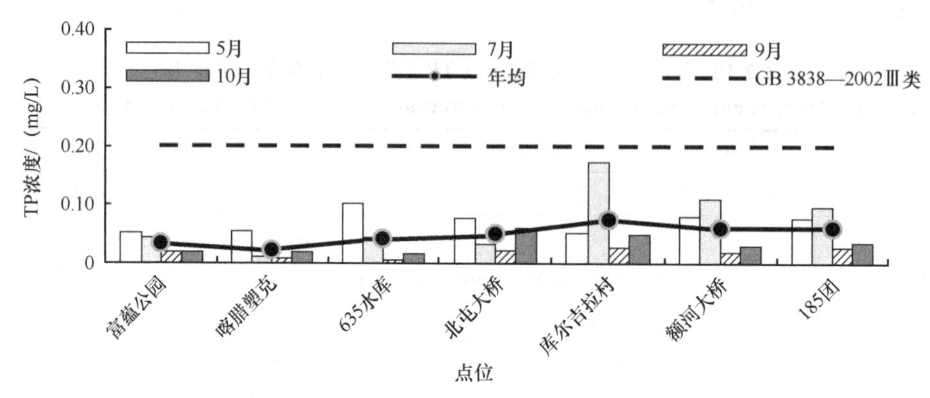

图 2-16　额尔齐斯河干流总磷（TP）浓度变化

Figure 2-16　Changes of total phosphorus (TP) concentration in the Irtysh River main stream

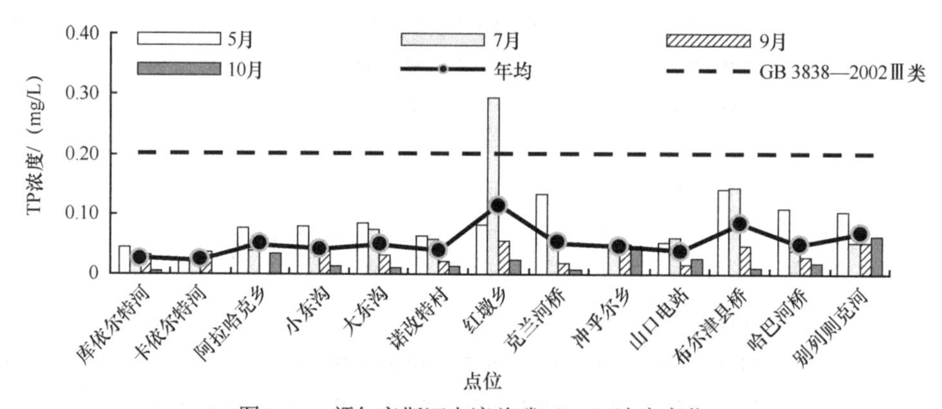

图 2-17　额尔齐斯河支流总磷（TP）浓度变化

Figure 2-17　Changes of total phosphorus (TP) concentration in the Irtysh River branches

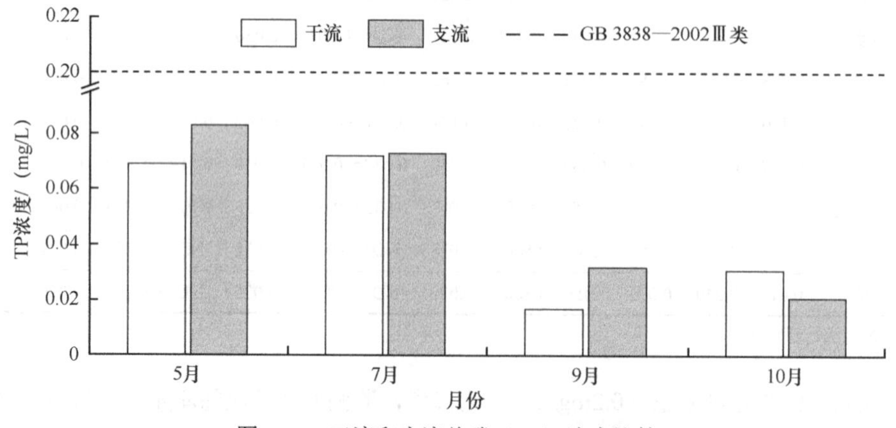

图 2-18　干流和支流总磷（TP）浓度比较

Figure 2-18　Comparison of total phosphorus (TP) concentration between the main stream and branches

（三）氨氮（NH_3-N）

额尔齐斯河流域氨氮浓度范围为ND～0.320mg/L，平均浓度为0.054mg/L。其中，干流浓度变化范围为ND～0.290mg/L，平均浓度为0.056mg/L，最大值出现在库尔吉拉村（2016年7月，0.290mg/L）；支流氨氮浓度范围为ND～0.320mg/L，平均浓度为0.052mg/L，最大值出现在别列则克河（2016年7月，0.320mg/L）。支流氨氮浓度变化范围及最大值均高于干流，均值低于干流，但整体差异不大。以地表水Ⅲ类标准限值（1.0mg/L）作为参考，监测期间额尔齐斯河流域氨氮浓度未出现超标情况（表2-11）。

表2-11　额尔齐斯河流域氨氮（NH_3-N）范围和平均值（mg/L）

Table 2-11　Average and range of ammonia nitrogen (NH_3-N) concentration in the Irtysh River (mg/L)

点位	5月		7月		9月		10月		年均
	范围	平均	范围	平均	范围	平均	范围	平均	
干流									
富蕴公园		0.060	0.030～0.160	0.095		0.040	0.010～0.150	0.080	0.069
喀腊塑克		0.010	0.010～0.140	0.075		0.010	ND～0.160	0.083	0.044
635水库		0.010	0.010～0.150	0.080		0.010	ND～0.150	0.078	0.044
北屯大桥		0.010	0.010～0.140	0.075		0.010	0.020～0.150	0.085	0.045
库尔吉拉村		0.020	0.080～0.290	0.185		0.005		0.005	0.054
额河大桥		0.070	0.020～0.230	0.125		0.005	0.030～0.180	0.105	0.076
185团		0.030	0.010～0.230	0.120		0.005	ND～0.150	0.078	0.058
平均	0.010～0.070	0.030	0.010～0.290	0.108	0.005～0.040	0.012	ND～0.180	0.073	0.056
支流									
库依尔特河		0.020	0.010～0.140	0.075		0.010	0.010～0.140	0.075	0.045
卡依尔特河		0.010	0.005～0.140	0.073		0.010	0.020～0.140	0.080	0.043
阿拉哈克乡			—	0.080			—	0.180	0.130
小东沟		0.010	0.005～0.140	0.073		0.020	ND～0.120	0.063	0.041
大东沟		0.030	0.005～0.140	0.073		0.010	ND～0.130	0.068	0.045
诺改特村		0.020	0.010～0.140	0.075		0.010	ND～0.100	0.053	0.039
红墩乡		0.010	0.140～0.160	0.150		0.020	0.010～0.120	0.065	0.061
克兰河桥		0.010	0.020～0.140	0.080		0.010	ND～0.110	0.058	0.039
冲乎尔乡			0.010～0.140	0.075		0.010	—	0.080	0.055
山口电站		0.000	0.020～0.140	0.080		0.020	0.110～0.120	0.115	0.054
布尔津县桥		0.060	0.040～0.140	0.090		0.010	0.020～0.160	0.090	0.063
哈巴河桥		0.020	0.005～0.270	0.138		0.005	ND～0.160	0.083	0.061
别列则克河		0.010	0.010～0.320	0.165		0.020	ND～0.140	0.073	0.067
平均	0.010～0.060	0.018	0.005～0.320	0.094	0.005～0.020	0.013	ND～0.160	0.083	0.052
流域均值	0.010～0.070	0.024	0.005～0.320	0.101	0.005～0.040	0.013	ND～0.180	0.078	0.054

注：ND表示未检出。

额尔齐斯河干支流氨氮浓度在各月间的变化趋势存在一定的差异。其中干流为7月（0.108mg/L）＞10月（0.073mg/L）＞5月（0.030mg/L）＞9月（0.012mg/L）；支流为7月

（0.094mg/L）＞10 月（0.083mg/L）＞5 月（0.018mg/L）＞9 月（0.013mg/L）（图 2-19～图 2-21）。

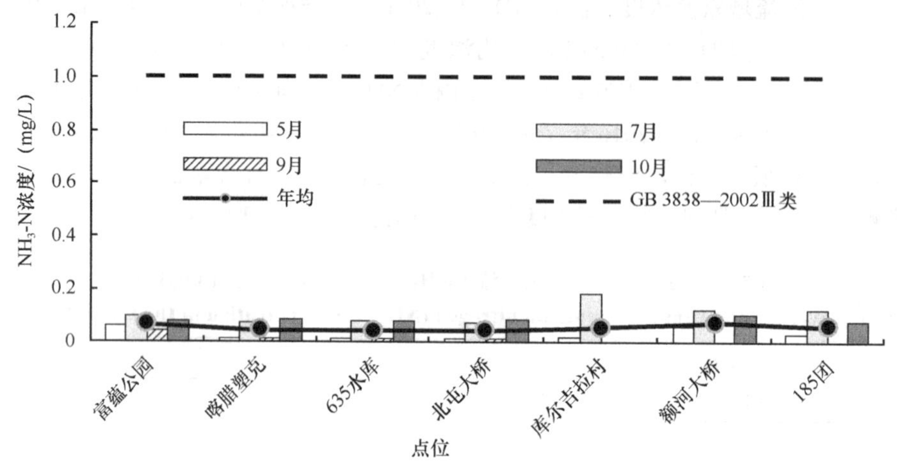

图 2-19　额尔齐斯河干流氨氮（NH_3-N）浓度变化

Figure 2-19　Changes of ammonia nitrogen (NH_3-N) concentration in the Irtysh River main stream

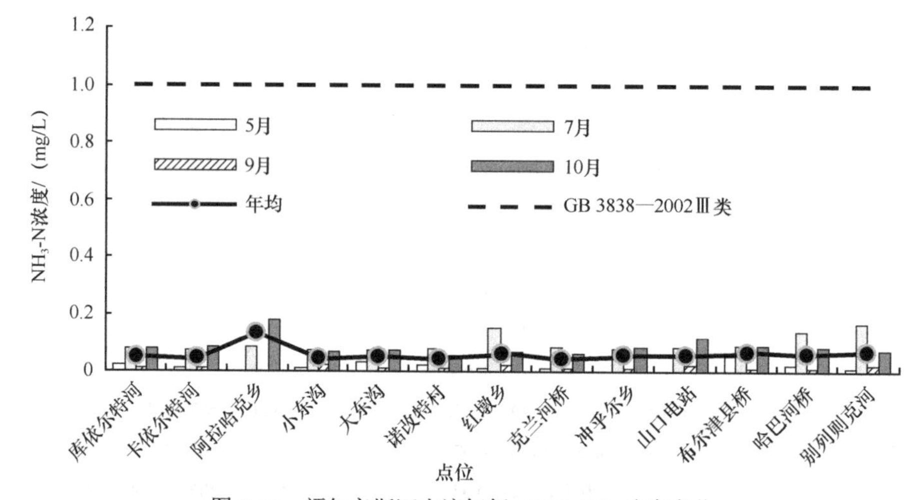

图 2-20　额尔齐斯河支流氨氮（NH_3-N）浓度变化

Figure 2-20　Changes of ammonia nitrogen (NH_3-N) concentration in the Irtysh River branches

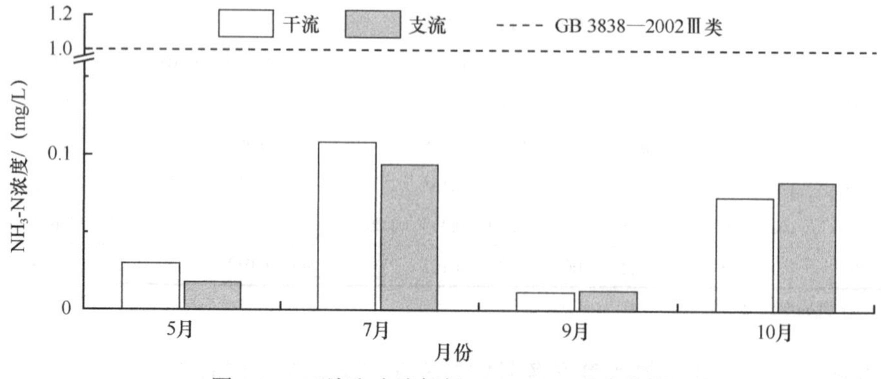

图 2-21　干流和支流氨氮（NH_3-N）浓度比较

Figure 2-21　Comparison of ammonia nitrogen (NH_3-N) concentration between the main stream and branches

（四）亚硝酸盐氮（NO_2-N）

额尔齐斯河流域亚硝酸盐氮浓度范围为ND～138.00μg/L，均值为4.54μg/L，多数点位低于5.00μg/L。其中干流亚硝酸盐氮浓度范围为ND～15.00μg/L，均值为3.37μg/L，最高值出现在额河大桥点位（2015年5月，15.00μg/L）；支流亚硝酸盐氮浓度范围为ND～138.00μg/L，均值为5.72μg/L，最高值出现在阿拉哈克乡点位（2017年7月，138.00μg/L）。支流波动范围、均值及最大值均大于干流（表2-12）。

额尔齐斯河干支流亚硝酸盐氮浓度在各月间的变化趋势存在一定的差异。其中干流为5月（4.18μg/L）＞7月（3.54μg/L）＞10月（3.04μg/L）＞9月（2.71μg/L）；支流为7月（14.52μg/L）＞9月（2.91μg/L）＞10月（2.75μg/L）＞5月（2.69μg/L）（表2-12，图2-22～图2-24）。

表2-12　额尔齐斯河流域亚硝酸盐氮浓度（NO_2-N）范围和平均值（μg/L）

Table 2-12　Average and range of nitrite (NO_2-N) concentration in the Irtysh River (μg/L)

点位	5月		7月		9月		10月		年均
	范围	平均	范围	平均	范围	平均	范围	平均	
干流									
富蕴公园	4.00～6.00	5.00	ND～3.00	2.25	ND～3.00	2.25	3.00～3.00	3.00	3.13
喀腊塑克		1.50	ND～3.00	2.25	ND～3.00	2.25	ND～5.00	3.25	2.31
635水库	ND～5.00	3.25	5.00～6.00	5.50	ND～4.00	2.75		1.50	3.25
北屯大桥	ND～5.00	3.25	ND～4.00	2.75	3.00～6.00	4.50	ND～3.00	2.25	3.19
库尔吉拉村	ND～3.00	2.25	ND～12.00	6.75	3.00～3.00	3.00		3.00	3.75
额河大桥	3.00～15.00	9.00	ND～6.00	3.75	ND～4.00	2.75	4.00～5.00	4.50	5.00
185团	4.00～6.00	5.00	ND	1.50	ND	1.50	ND～6.00	3.75	2.94
平均	ND～15.00	4.18	ND～12.00	3.54	ND～6.00	2.71	ND～6.00	3.04	3.37
支流									
库依尔特河		1.50	ND	1.50		1.50		1.50	1.50
卡依尔特河		1.50	ND	1.50		1.50		1.50	1.50
阿拉哈克乡		3.00		138.00	—	—		1.50	47.50
小东沟		1.50	ND	1.50		1.50		1.50	1.50
大东沟		1.50	ND	1.50		1.50		1.50	1.50
诺改特村		1.50	ND～3.00	2.25		1.50		1.50	1.69
红墩乡		1.50	7.00～34.00	20.50	4.00～26.00	15.00	5.00～7.00	6.00	10.75
克兰河桥	6.00～11.00	8.50	ND	1.50	3.00～4.00	3.50	3.00～3.00	3.00	4.13
冲乎尔乡	—	—	ND		ND		—	—	
山口电站	4.00～4.00	4.00		1.50		1.50	ND～14.00	7.75	3.69
布尔津县桥	ND～4.00	2.75		1.50		1.50	ND～7.00	4.25	2.50
哈巴河桥	ND～4.00	2.75		1.50		1.50		1.50	1.81
别列则克河	ND～3.00	2.25		1.50		1.50		1.50	1.69
平均	ND～11.00	2.69	ND～138.00	14.52	ND～26.00	2.91	ND～14.00	2.75	5.72
流域均值	ND～15.00	3.43	ND～138.00	9.03	ND～26.00	2.81	ND～14.00	2.89	4.54

注：ND表示未检出。

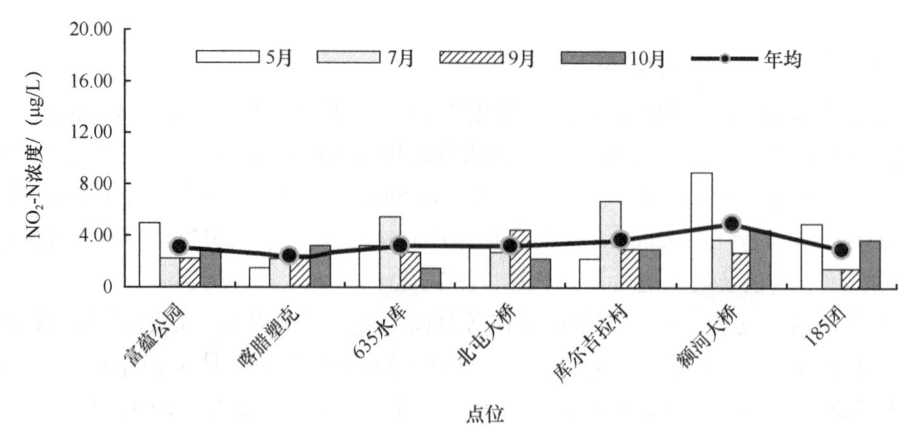

图 2-22　额尔齐斯河干流亚硝酸盐氮（NO_2-N）浓度变化

Figure 2-22　Changes of nitrite (NO_2-N) concentration in the Irtysh River main stream

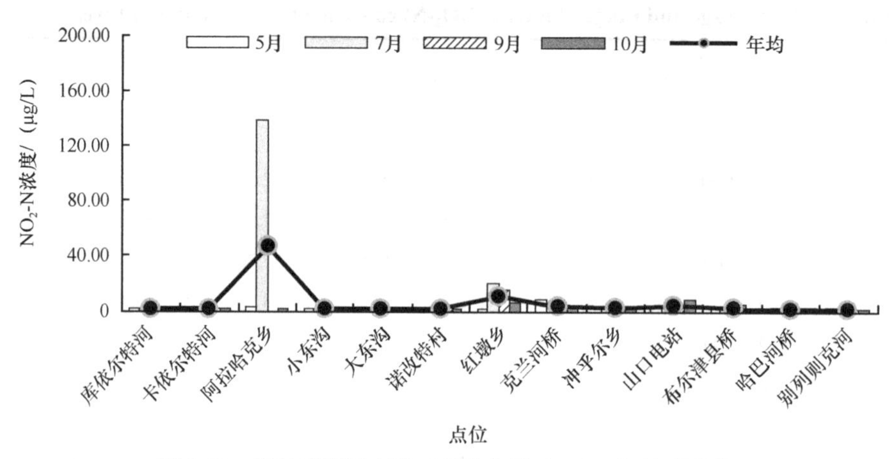

图 2-23　额尔齐斯河支流亚硝酸盐氮（NO_2-N）浓度变化

Figure 2-23　Changes of nitrite (NO_2-N) concentration in the Irtysh River branches

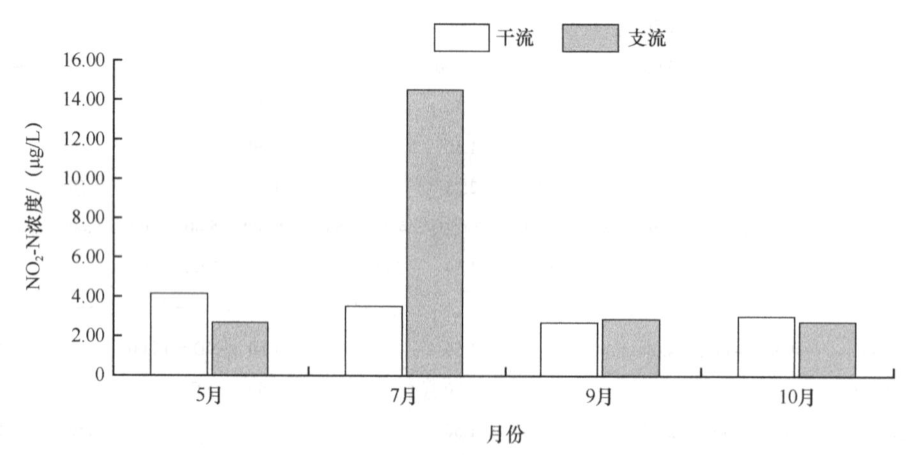

图 2-24　干流和支流亚硝酸盐氮（NO_2-N）浓度比较

Figure 2-24　Comparison of nitrite (NO_2-N) concentration between the main stream and branches

（五）硝酸盐氮（NO_3-N）

额尔齐斯河流域硝酸盐氮浓度范围为ND～6.41mg/L，平均值为0.56mg/L。其中，干流硝酸盐氮浓度范围为ND～1.30mg/L，平均值为0.42mg/L，最大值出现在185团点位（2016年10月），且185团点位，硝酸盐氮浓度大于1mg/L的频次较高；支流硝酸盐氮浓度范围为ND～6.41mg/L，均值为0.70mg/L，支流最高值出现在布尔津县桥点位（2015年5月，6.41mg/L），克兰河红墩乡和阿拉哈克乡点位硝酸盐氮浓度大于1mg/L的频次较高。支流硝酸盐氮浓度波动幅度、平均值及最大值均大于干流（表2-13）。

表2-13　额尔齐斯河流域硝酸盐氮（NO_3-N）浓度范围和平均值（mg/L）

Table 2-13　Average and range of nitrate nitrogen (NO_3-N) concentration in the Irtysh River (mg/L)

点位	5月		7月		9月		10月		年均
	范围	平均	范围	平均	范围	平均	范围	平均	
干流									
富蕴公园	0.53～0.86	0.70	0.15～0.22	0.19	0.20～0.33	0.27	0.29～0.56	0.43	0.39
喀腊塑克	0.54～0.54	0.54	0.28～0.69	0.49	0.40～0.41	0.41	0.29～0.57	0.43	0.47
635水库	0.34～0.74	0.54	0.17～0.51	0.34	0.35～0.42	0.39	0.36～0.58	0.47	0.43
北屯大桥	0.18～0.61	0.40	ND～0.52	0.28	0.24～0.30	0.27	0.20～0.56	0.38	0.33
库尔吉拉村	0.09～0.97	0.53	0.08～0.34	0.21	0.22～0.30	0.26		0.57	0.39
额河大桥	0.86～0.89	0.88	0.08～0.12	0.10	0.14～0.33	0.24	0.40～0.61	0.51	0.43
185团	0.81～1.02	0.92	ND～0.20	0.12	0.20～0.22	0.21	0.19～1.30	0.75	0.50
平均	0.09～1.02	0.64	ND～0.69	0.25	0.14～0.42	0.29	0.19～1.30	0.50	0.42
支流									
库依尔特河	0.36～0.67	0.52	0.24～0.27	0.26	0.35～0.35	0.35	0.48～0.58	0.53	0.41
卡依尔特河	0.45～0.55	0.50	0.23～0.31	0.27	0.38～0.44	0.41	0.56～0.59	0.58	0.44
阿拉哈克乡		4.00		1.05	—	—		1.37	2.14
小东沟	0.64～0.70	0.67	0.24～0.51	0.38	0.62～0.66	0.64	0.64～0.70	0.67	0.59
大东沟	0.88～1.05	0.97	0.38～0.52	0.45	0.52～0.65	0.59	0.71～0.74	0.73	0.68
诺改特村	0.82～0.96	0.89	0.33～0.50	0.42	0.59～0.65	0.62	0.73～0.79	0.76	0.67
红墩乡	0.95～1.18	1.07	0.61～0.89	0.75	1.01～1.04	1.03	1.10～1.29	1.20	1.01
克兰河桥	1.01～1.50	1.26	ND～0.27	0.16	0.21～0.32	0.27	0.36～0.47	0.42	0.52
冲乎尔乡	—	—	0.15～0.27	0.21	0.33～0.38	0.36		0.64	0.40
山口电站	0.79～0.95	0.87	0.18～0.26	0.22	0.32～0.35	0.34	0.10～0.50	0.30	0.43
布尔津县桥	1.17～6.41	3.79	0.17～0.24	0.21	0.23～0.24	0.24	0.31～0.38	0.35	1.14
哈巴河桥	0.67～0.71	0.69	ND～0.25	0.15	0.14～0.51	0.33	0.26～0.39	0.33	0.37
别列则克河	0.57～0.62	0.60	0.08～0.35	0.22	0.14～0.38	0.26	0.24～0.62	0.43	0.38
平均	0.36～6.41	1.32	ND～0.89	0.38	0.14～1.04	0.46	0.24～1.29	0.64	0.70
流域均值	0.09～6.41	0.98	ND～0.89	0.31	0.14～1.04	0.37	0.19～1.30	0.57	0.56

注：ND表示未检出。

额尔齐斯河干支流硝酸盐氮浓度在各月间的变化趋势一致。其中，干流为5月（0.64mg/L）＞10月（0.50mg/L）＞9月（0.29mg/L）＞7月（0.25mg/L）。支流为5月

（1.32mg/L）＞10 月（0.64mg/L）＞9 月（0.46mg/L）＞7 月（0.38mg/L）（表 2-13，图 2-25～图 2-27）。各月浓度均值均为干流低于支流（图 2-27）。

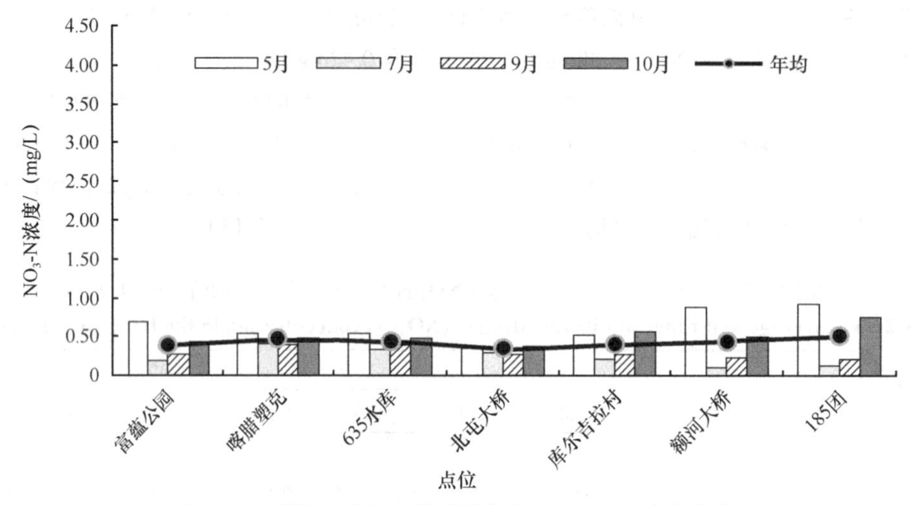

图 2-25　额尔齐斯河干流硝酸盐氮（NO_3-N）浓度变化

Figure 2-25　Changes of nitrate nitrogen (NO_3-N) concentration in the Irtysh River main stream

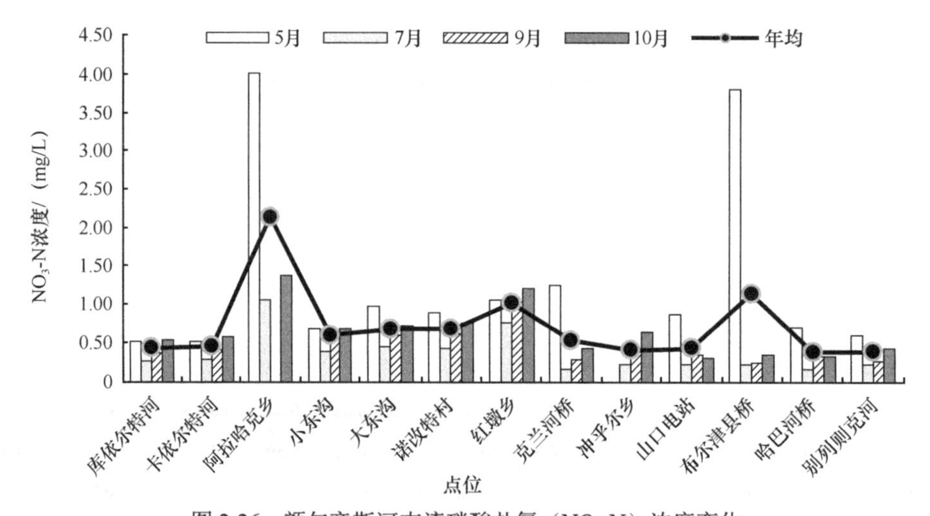

图 2-26　额尔齐斯河支流硝酸盐氮（NO_3-N）浓度变化

Figure 2-26　Changes of nitrate nitrogen (NO_3-N) concentration in the Irtysh River branches

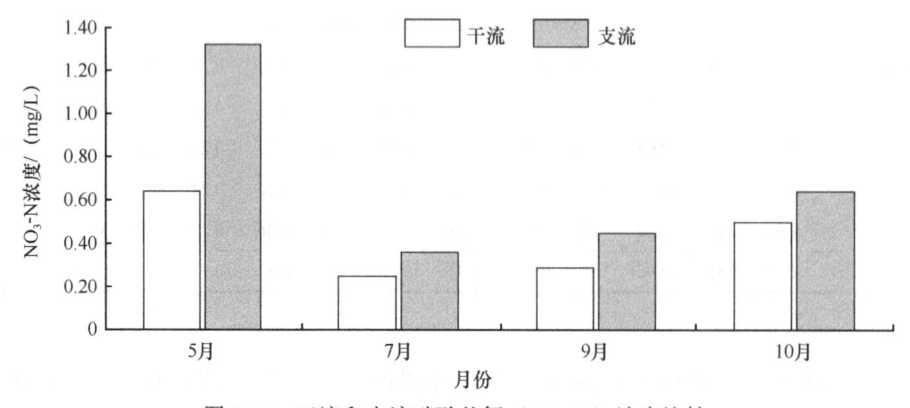

图 2-27　干流和支流硝酸盐氮（NO_3-N）浓度比较

Figure 2-27　Comparison of nitrate nitrogen (NO_3-N) concentration between the main stream and branches

（六）非离子氨（UIA）

额尔齐斯河流域非离子氨浓度范围为ND～7.77μg/L，平均浓度为0.77μg/L；干流非离子氨浓度为ND～4.12μg/L，均值为0.82μg/L，最大值出现在185团点位（2016年7月，4.12μg/L）；支流非离子氨的浓度范围为ND～7.77μg/L，均值为0.71μg/L，最大值出现在哈巴河桥点位（2016年7月，7.77μg/L）。支流非离子氨波动幅度和最大值均大于干流，但均值低于干流。以渔业水质标准限值（20μg/L）作为参考，额尔齐斯河流域非离子氨均未出现超标情况（表2-14）。

非离子氨浓度在时间上的变化：干流为7月（1.65μg/L）＞5月（0.82μg/L）＞10月（0.51μg/L）＞9月（0.31μg/L）；支流为7月（2.01μg/L）＞10月（0.46μg/L）＞9月（0.22μg/L）＞5月（0.17μg/L）（表2-14，图2-28～图2-30）。

表2-14 额尔齐斯河流域非离子氨（UIA）浓度范围和平均值（μg/L）

Table 2-14 Average and range of unionized ammonia (UIA) of water in the Irtysh River (μg/L)

点位	5月		7月		9月		10月		年均
	范围	平均	范围	平均	范围	平均	范围	平均	
干流									
富蕴公园		0.54	0.31～4.01	2.16		0.42	0.13～0.37	0.25	0.84
喀腊塑克		0.09	0.06～1.55	0.81		0.06		0.63	0.39
635水库		0.28	0.08～2.92	1.50		0.11		1.07	0.74
北屯大桥		0.45	0.07～1.31	0.69		0.67	0.41～0.51	0.46	0.57
库尔吉拉村		2.10	0.41～5.18	2.80		ND		ND	2.45
额河大桥		1.89	0.26～2.63	1.44		ND	0.27～0.36	0.32	1.22
185团		0.42	0.15～4.12	2.14		ND		0.35	0.97
平均	0.09～2.10	0.82	0.06～4.12	1.65	ND～0.67	0.31	0.13～1.30	0.51	0.82
支流									
库依尔特河		0.20	0.02～3.08	1.55		0.03	0.07～0.08	0.07	0.46
卡依尔特河		0.19	0.01～4.23	2.12		0.04	0.06～0.17	0.11	0.62
阿拉哈克乡	—	—		2.67		—	—	3.14	1.06
小东沟		0.08	0.01～4.61	2.31		0.27		0.41	0.77
大东沟		0.17	0.01～1.27	0.64		0.16		0.15	0.28
诺改特村		0.14	0.04～3.26	1.65		0.12		0.09	0.50
红墩乡		0.17	1.28～2.02	1.65		0.72	0.11～0.22	0.16	0.68
克兰河桥		0.20	0.19～4.35	2.27		0.17		0.14	0.69
冲乎尔乡	—		0.02～1.94	0.98		0.21		0.62	0.60
山口电站		ND	0.06～2.03	1.04		0.22	0.20～1.34	0.77	0.68
布尔津县桥		0.28	1.73～5.13	3.43		0.10	0.19～0.28	0.23	1.01
哈巴河桥		0.15	0.02～7.77	3.90		ND		0.29	1.45
别列则克河		0.24	0.29～3.66	1.97		0.60		1.31	1.03
平均	ND～0.28	0.17	0.01～7.77	2.01	ND～0.72	0.22	0.06～1.34	0.46	0.71
流域均值	ND～2.10	0.49	ND～7.77	1.83	ND～0.72	0.27	0.06～1.34	0.48	0.77

注：ND表示未检出。

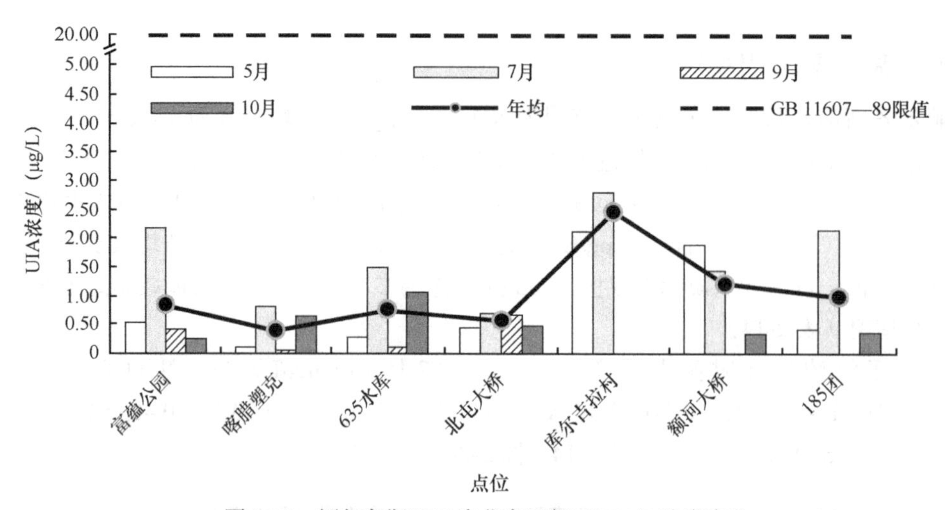

图 2-28　额尔齐斯河干流非离子氨（UIA）浓度变化

Figure 2-28　Changes of unionized ammonia (UIA) in the Irtysh River main stream

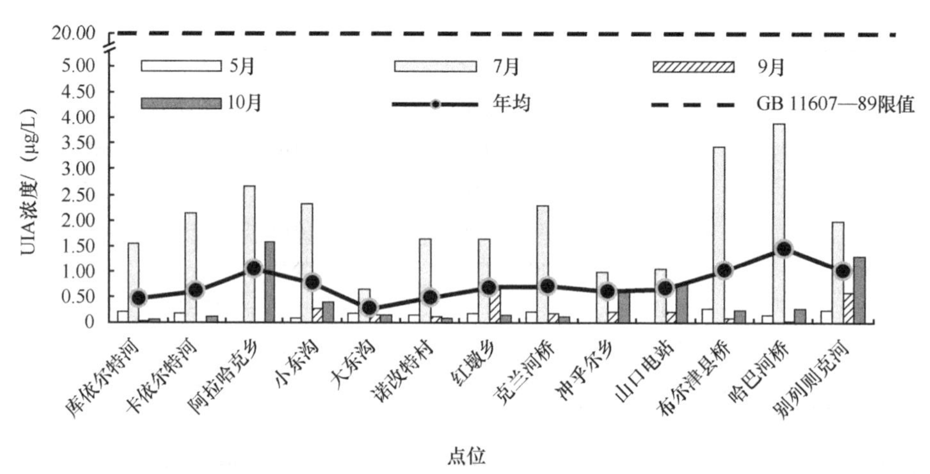

图 2-29　额尔齐斯河支流非离子氨（UIA）浓度变化

Figure 2-29　Changes of unionized ammonia (UIA) in the Irtysh River branches

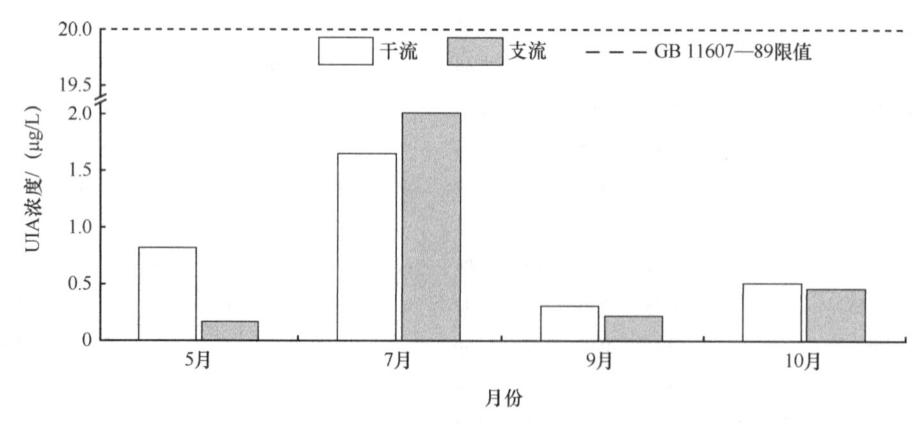

图 2-30　干流和支流非离子氨（UIA）浓度比较

Figure 2-30　Comparison of unionized ammonia (UIA) between the main stream and branches

三、钙离子、镁离子及钙镁总量

（一）钙离子（Ca^{2+}）

额尔齐斯河流域钙离子含量范围为3.52～74.00mg/L，均值为21.25mg/L。其中干流钙离子含量范围为6.72～59.84mg/L，均值为26.48mg/L，最大值出现在额河大桥点位（2015年5月，59.84mg/L）；支流钙离子含量范围为3.52～74.00mg/L，均值为16.03mg/L，最大值出现在克兰河桥点位（2012年7月，74.00mg/L），支流钙离子含量的波动幅度、均值及最大值均大于干流（表2-15，图2-31～图2-33）。

额尔齐斯河干支流钙离子含量在各月间的变化趋势有一定的差异。其中干流为：5月（32.51mg/L）＞10月（25.94mg/L）＞7月（24.57mg/L）＞9月（22.91mg/L）。而支流为：10月（18.21mg/L）＞7月（17.02mg/L）＞9月（15.37mg/L）＞5月（13.51mg/L）（表2-15，图2-31～图2-33）。

表2-15　额尔齐斯河流域水体钙离子（Ca^{2+}）含量范围和平均值（mg/L）

Table 2-15　Average and range of calciumion (Ca^{2+}) concentration in the Irtysh River (mg/L)

点位	5月		7月		9月		10月		年均
	范围	平均	范围	平均	范围	平均	范围	平均	
干流									
富蕴公园	7.68～11.68	9.68	6.72～7.12	6.92	10.56～10.88	10.72	11.20～15.92	13.56	10.22
喀腊塑克	29.04～29.04	29.04	18.24～26.56	22.40	18.56～20.80	19.68	15.76～25.20	20.48	22.90
635水库	28.00～28.48	28.24	20.56～30.64	25.60	19.04～20.96	20.00	17.12～33.28	25.20	24.76
北屯大桥	33.68～34.16	33.92	15.84～32.24	24.04	17.20～23.60	20.40	22.16～36.00	29.08	26.86
库尔吉拉村	42.16～54.56	48.36	39.84～42.32	41.08	21.36～40.88	31.12		27.36	36.98
额河大桥	57.44～59.84	58.64	35.60～39.44	37.52	30.88～44.80	37.84	32.88～46.80	39.84	43.46
185团	16.80～22.56	19.68	13.60～15.20	14.40	17.36～23.92	20.64	21.52～30.56	26.04	20.19
平均	7.68～59.84	32.51	6.72～43.32	24.57	10.56～44.88	22.91	11.20～46.80	25.94	26.48
支流									
库依尔特河	3.84～5.68	4.76	4.48～5.52	5.00	4.72～7.68	6.20	5.84～6.48	6.16	5.53
卡依尔特河	5.20～7.20	6.20	7.44～8.08	7.76	7.92～10.32	9.12	10.80～11.04	10.92	8.50
阿拉哈克乡		28.56		52.00	—	—		29.20	36.59
小东沟	4.24～4.80	4.52	3.52～3.84	3.68	7.44～8.72	8.08	5.28～5.60	5.44	5.43
大东沟	7.44～7.68	7.56	6.48～6.80	6.64	4.72～10.24	7.48	8.08～9.52	8.80	7.62
诺改特村	6.00～6.80	6.40	4.24～7.60	5.92	8.64～10.48	9.56	10.16～10.80	10.48	8.09
红墩乡	11.20～14.32	12.76	27.20～33.84	30.52	27.68～29.04	28.36	27.84～28.24	28.04	24.92
克兰河桥	33.68～58.16	45.92	10.24～74.00	42.12	32.16～55.20	43.68	47.20～54.72	50.96	45.67
冲乎尔乡	—	—	5.52～6.56	6.04	7.68～8.96	8.32		13.76	9.37
山口电站	7.20～8.24	7.72	5.36～6.64	6.00	7.12～11.20	9.16	10.08～12.00	11.04	8.48
布尔津县桥	8.80～9.68	9.24	6.80～7.60	7.20	7.28～10.88	9.08	8.72～12.48	10.60	9.03
哈巴河桥	12.48～13.60	13.04	13.92～14.64	14.28	16.48～16.64	16.56	15.68～18.32	17.00	15.22
别列则克河	15.44～15.52	15.48	33.60～34.64	34.12	25.36～32.40	28.88	31.52～37.20	34.36	28.21
平均	3.84～58.16	13.51	3.52～74.00	17.02	4.72～55.20	15.37	5.28～54.72	18.21	16.03
流域均值	3.84～59.84	23.01	3.52～74.00	20.79	4.72～55.20	19.14	5.28～54.72	22.07	21.25

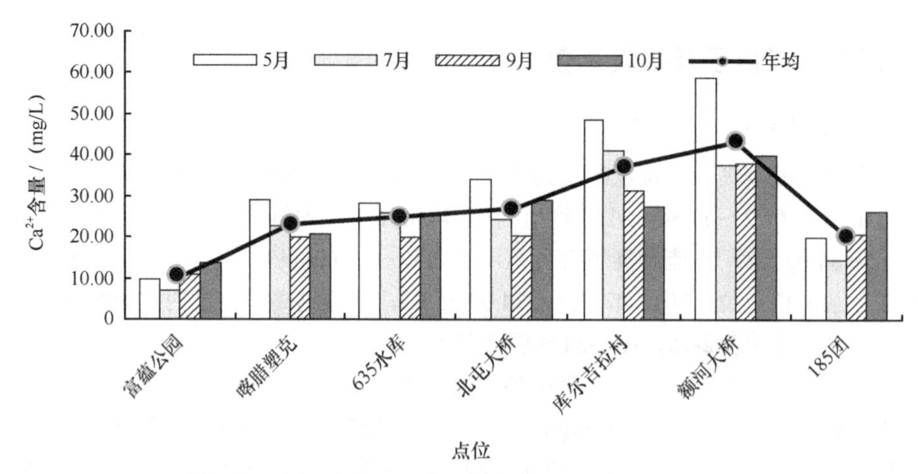

图 2-31　额尔齐斯河干流水体钙离子（Ca^{2+}）含量变化

Figure 2-31　Changes of calciumion (Ca^{2+}) concentration in the Irtysh River main stream

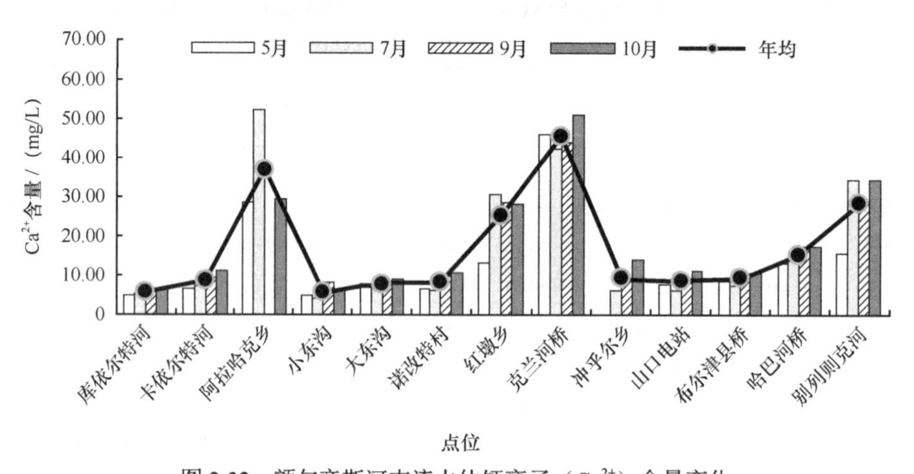

图 2-32　额尔齐斯河支流水体钙离子（Ca^{2+}）含量变化

Figure 2-32　Changes of calciumion (Ca^{2+}) concentration in the Irtysh River branches

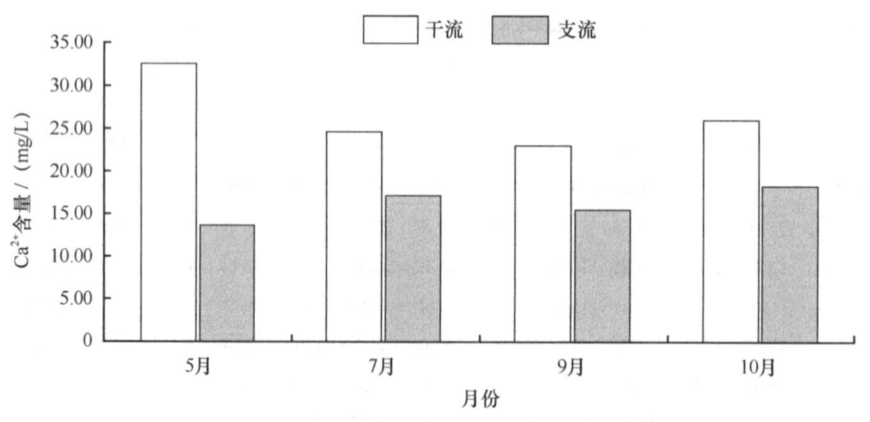

图 2-33　干流和支流钙离子（Ca^{2+}）含量比较

Figure 2-33　Comparison of calciumion (Ca^{2+}) concentration between the main stream and branches

（二）镁离子（Mg^{2+}）

额尔齐斯河流域镁离子含量范围为0.05～15.84mg/L，均值为2.78mg/L。其中，干流镁离子含量范围为0.38～15.84mg/L，均值为3.29mg/L，最大值出现在额河大桥（2015年9月，15.84 mg/L）；支流镁离子含量范围为0.05～10.66mg/L，均值为2.27mg/L，最大值出现在克兰河桥（2015年9月，10.66mg/L）。干流镁离子含量的波动幅度、均值及最大值均大于支流（表2-16，图2-34～图2-36）。

额尔齐斯河干支流镁离子含量在各月间的变化趋势一致。干流为9月（4.21mg/L）＞5月（3.97mg/L）＞10月（2.79mg/L）＞7月（2.20mg/L）；支流为9月（3.13mg/L）＞10月（2.18mg/L）＞5月（1.90mg/L）＞7月（1.86mg/L）（表2-16，图2-34～图2-36）。

表2-16　额尔齐斯河流域水体镁离子（Mg^{2+}）范围和平均值（mg/L）

Table 2-16　Average and range of magnesiumion (Mg^{2+}) concentration in the Irtysh River (mg/L)

点位	5月		7月		9月		10月		年均
	范围	平均	范围	平均	范围	平均	范围	平均	
干流									
富蕴公园		1.25	0.48～0.96	0.72	0.96～2.83	1.90	0.62～1.73	1.18	1.26
喀腊塑克	2.06～2.06	2.06	1.20～2.06	1.63	1.15～4.08	2.62	0.38～1.87	1.13	1.86
635水库	1.54～2.21	1.87	1.54～1.73	1.63	1.06～4.37	2.71	1.06～3.79	2.42	2.16
北屯大桥	2.74～4.32	3.53	1.39～3.46	2.42	1.10～3.12	2.11	2.74～4.94	3.84	2.98
库尔吉拉村	4.08～10.32	7.20	3.22～5.18	4.20	2.11～12.00	7.06	2.69～2.69	2.69	5.29
额河大桥	9.22～9.79	9.50	2.69～4.56	3.62	3.36～15.84	9.60	1.06～6.10	3.58	6.58
185团	1.82～2.93	2.38	1.10～1.20	1.15	2.26～4.75	3.50	2.54～6.86	4.70	2.93
平均	1.25～10.32	3.97	0.48～5.18	2.20	0.96～15.84	4.21	0.38～6.86	2.79	3.29
支流									
库依尔特河		0.14	0.53～1.01	0.77	0.38～2.98	1.68	0.10～0.38	0.24	0.71
卡依尔特河	0.14～1.20	0.67	0.05～0.48	0.26	1.06～2.45	1.75	0.29～2.69	1.49	1.04
阿拉哈克乡		5.42		6.00	—	—		4.37	5.26
小东沟		2.02	0.24～0.72	0.48	1.10～9.36	5.23	0.19～0.29	0.24	1.99
大东沟	0.05～0.62	0.34	0.14～0.72	0.43	0.05～3.79	1.92	0.24～0.77	0.50	0.80
诺改特村		0.24	0.19～0.86	0.53	0.58～5.09	2.83	0.38～0.67	0.53	1.03
红墩乡	0.82～1.58	1.20	3.98～4.37	4.18	2.59～3.22	2.90	3.22～5.42	4.32	3.15
克兰河桥	3.70～4.03	3.86	1.87～10.03	5.95	3.89～10.66	7.27	3.89～7.63	5.76	5.71
冲乎尔乡	—	—		0.29	0.91～3.07	1.99		2.98	1.75
山口电站	0.24～10.32	5.28	0.34～0.58	0.46	1.25～2.83	2.04	1.68～3.89	2.78	2.64
布尔津县桥	0.34～0.67	0.50		0.10	0.72～3.65	2.18	1.01～2.35	1.68	1.12
哈巴河桥	0.82～1.49	1.15	0.29～1.78	1.03	2.78～4.42	3.60	1.20～1.63	1.42	1.80
别列则克河	1.44～2.50	1.97	0.19～4.03	2.11	2.54～3.50	3.02	1.82～3.79	2.81	2.48
平均	0.05～10.32	1.90	0.05～10.03	1.86	0.05～10.66	3.13	0.10～7.63	2.18	2.27
流域均值	0.14～10.32	2.94	0.05～10.03	2.03	0.05～15.84	3.67	0.10～7.63	2.48	2.78

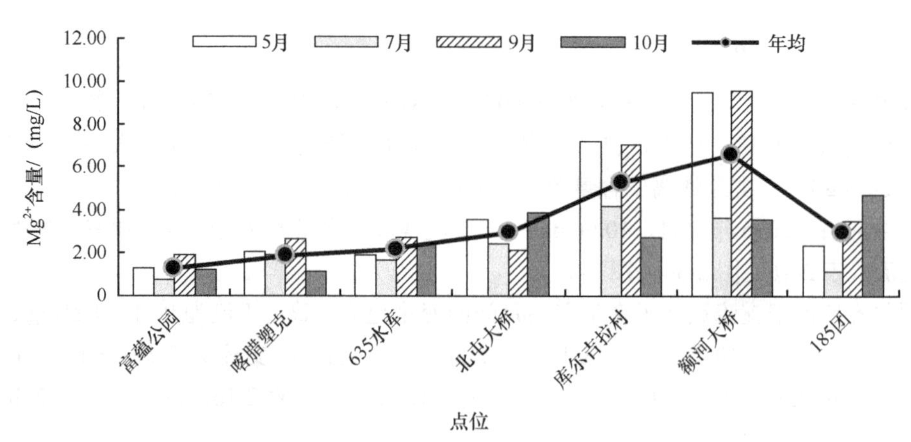

图 2-34　额尔齐斯河干流水体镁离子（Mg^{2+}）含量变化

Figure 2-34　Changes of magnesiumion (Mg^{2+}) concentration in the Irtysh River main stream

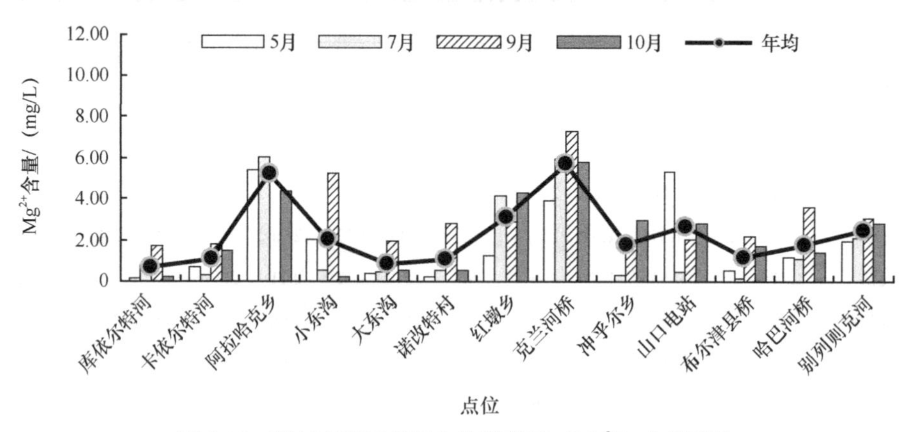

图 2-35　额尔齐斯河支流水体镁离子（Mg^{2+}）含量变化

Figure 2-35　Changes of magnesiumion (Mg^{2+}) concentration in the Irtysh River branches

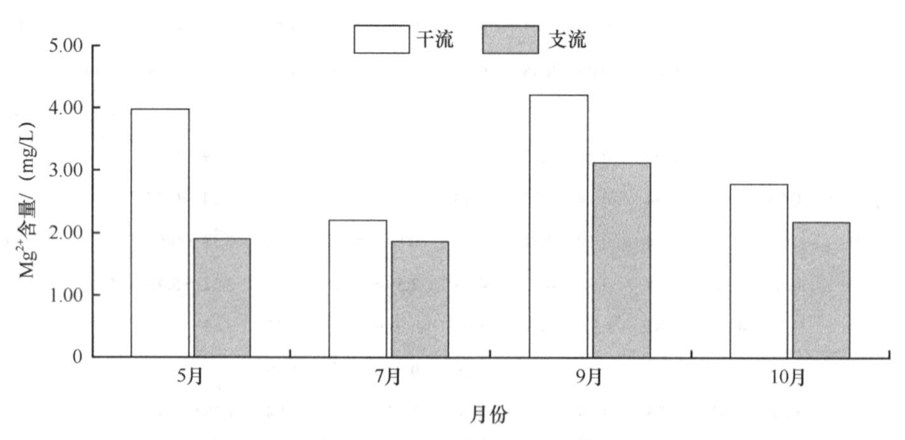

图 2-36　干流和支流水体镁离子（Mg^{2+}）含量比较

Figure 2-36　Comparison of magnesiumion (Mg^{2+}) concentration between the main stream and branches

（三）钙镁总量（TCM）

额尔齐斯河流域钙镁总量范围为0.08～2.27mmol/L，均值为0.65mmol/L。其中干流钙镁总量范围为0.18～1.88mmol/L，均值为0.80mmol/L，最大值出现在额河大桥点位（2015年5月，1.88mmol/L）；支流钙镁总量范围为0.08～2.27mmol/L，均值为0.50mmol/L，最大值出现在克兰河桥点位（2012年7月，2.27mmol/L）；支流钙镁总量的波动幅度及最大值均大于干流，但均值小于干流（表2-17，图2-37～图2-39）。

额尔齐斯河干支流钙镁总量在各月间的变化趋势不同。其中干流为5月（0.97mmol/L）＞10月（0.76mmol/L）＞9月（0.75mmol/L）＞7月（0.71mmol/L）；支流为10月（0.56mmol/L）＞9月（0.53mmol/L）＞7月（0.52mmol/L）＞5月（0.40mmol/L）（表2-17，图2-37～图2-39）。

表2-17　额尔齐斯河水体钙镁总量（TCM）范围和平均值（mmol/L）

Table 2-17　Average and range of total of calcium and magnesium (TCM) in the Irtysh River (mmol/L)

点位	5月		7月		9月		10月		年均
	范围	平均	范围	平均	范围	平均	范围	平均	
干流									
富蕴公园	0.18～0.34	0.26	0.19～0.22	0.20	0.30～0.39	0.35	0.31～0.47	0.39	0.30
喀腊塑克	0.81～0.81	0.81	0.54～0.71	0.63	0.57～0.63	0.60	0.41～0.71	0.56	0.65
635水库	0.78～0.79	0.78	0.59～0.83	0.71	0.52～0.71	0.61	0.47～0.99	0.73	0.71
北屯大桥	0.96～1.03	1.00	0.45～0.95	0.70	0.48～0.72	0.60	0.67～1.11	0.89	0.80
库尔吉拉村	1.22～1.79	1.51	1.13～1.27	1.20	0.62～1.52	1.07		0.80	1.14
额河大桥	1.84～1.88	1.86	1.08～1.10	1.09	0.91～1.78	1.35	0.87～1.42	1.15	1.36
185团	0.50～0.69	0.59	0.39～0.43	0.41	0.53～0.80	0.66	0.64～1.05	0.85	0.63
平均	0.18～1.88	0.97	0.19～1.27	0.71	0.30～1.78	0.75	0.31～1.42	0.76	0.80
支流									
库依尔特河	0.08～0.15	0.11	0.13～0.18	0.16	0.13～0.32	0.23	0.16～0.17	0.16	0.16
卡依尔特河	0.18～0.19	0.18	0.19～0.22	0.21	0.24～0.36	0.30	0.29～0.38	0.34	0.26
阿拉哈克乡		0.94		1.55	—	—		0.91	1.13
小东沟	0.11～0.19	0.15	0.10～0.13	0.11	0.26～0.58	0.42	0.14～0.15	0.15	0.21
大东沟	0.19～0.22	0.20	0.17～0.20	0.18	0.12～0.41	0.27	0.23～0.25	0.24	0.22
诺改特村	0.15～0.18	0.16	0.14～0.20	0.17	0.24～0.47	0.36	0.27～0.30	0.28	0.24
红墩乡	0.35～0.39	0.37	0.86～1.01	0.94	0.80～0.86	0.83	0.84～0.92	0.88	0.75
克兰河桥	1.00～1.62	1.31	0.33～2.27	1.30	0.97～1.82	1.40	1.34～1.69	1.51	1.38
冲乎尔乡	—	—	0.15～0.15	0.15	0.23～0.35	0.29		0.47	0.30
山口电站	0.19～0.24	0.22	0.15～0.19	0.17	0.23～0.40	0.31	0.37～0.41	0.39	0.27
布尔津县桥	0.25～0.26	0.25	0.16～0.17	0.17	0.21～0.42	0.32	0.32～0.35	0.34	0.27
哈巴河桥	0.35～0.40	0.37	0.38～0.42	0.40	0.53～0.60	0.56	0.46～0.51	0.48	0.46
别列则克河	0.45～0.49	0.47	0.85～1.03	0.94	0.78～0.92	0.85	0.86～1.09	0.98	0.81
平均	0.08～1.62	0.40	0.10～2.27	0.52	0.12～1.82	0.53	0.14～1.69	0.56	0.50
流域均值	0.08～1.88	0.68	0.10～2.27	0.62	0.12～1.82	0.64	0.14～1.69	0.66	0.65

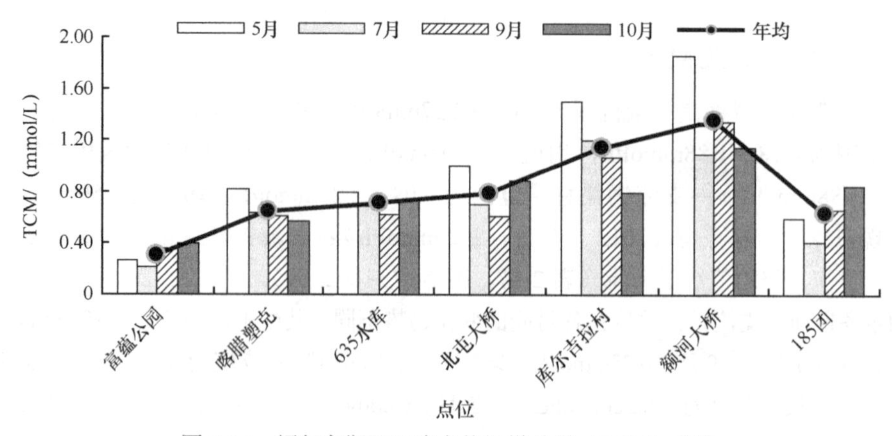

图 2-37　额尔齐斯河干流水体钙镁总量（TCM）变化

Figure 2-37　Changes of total of calcium and magnesium (TCM) in the Irtysh River main stream

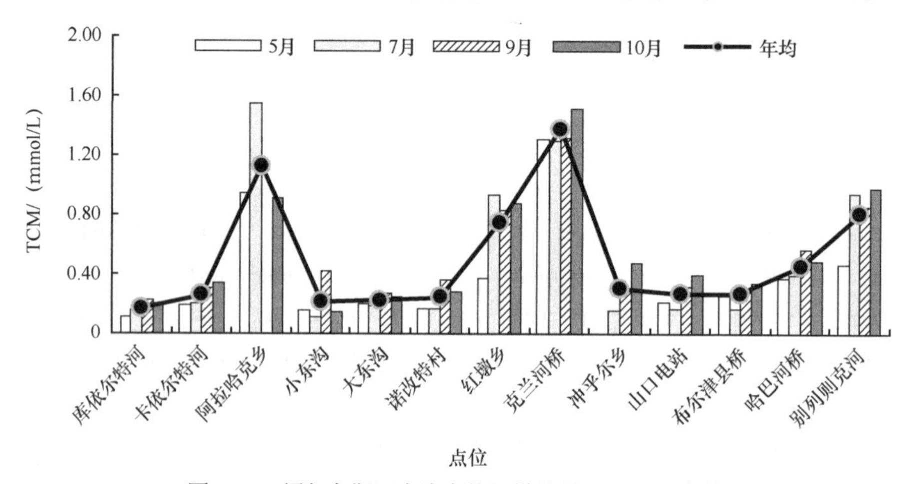

图 2-38　额尔齐斯河支流水体钙镁总量（TCM）变化

Figure 2-38　Changes of total of calcium and magnesium (TCM) in the Irtysh River branches

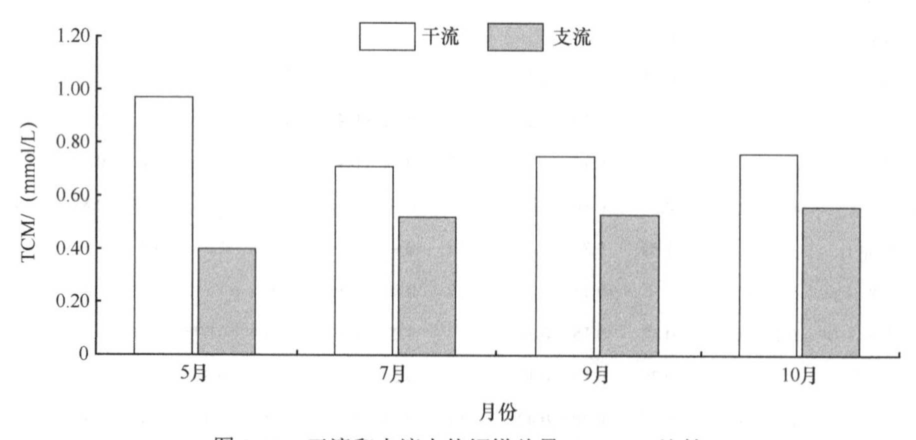

图 2-39　干流和支流水体钙镁总量（TCM）比较

Figure 2-39　Comparison of total of calcium and magnesium (TCM) between the main stream and branches

四、污染和有害物质

根据《渔业水质标准》及《地表水环境质量标准》，调查的水质污染指标包括：挥发酚、高锰酸盐指数（COD_{Mn}）、氰化物、六价铬、铅、砷、镉、铜、锌、汞等。

（一）挥发酚

额尔齐斯河流域挥发酚浓度范围为ND～0.0100mg/L，平均浓度为0.0026mg/L。其中，干流的浓度范围为ND～0.0100mg/L，平均浓度为0.0030mg/L；支流的浓度范围为ND～0.0090mg/L，平均浓度为0.0024mg/L。以渔业水质标准限值（≤0.005mg/L）为参考，监测期间干流和支流的多个点位出现挥发酚超标。超标点位和次数如下：干流库尔吉拉村4次（2013年5月、9月，2015年9月，2016年7月），北屯大桥2次（2015年9月，2016年7月），185团1次（2012年10月）；支流阿拉哈克乡2次（2012年7月，2012年10月），诺改特村1次（2012年10月），红墩乡1次（2012年10月），布尔津河山口电站1次（2013年9月），别列则克河2次（2012年7月，2012年10月）。其中最高超标浓度（0.01mg/L）和最多超标频次（4次）均出现在库尔吉拉村（表2-18）。

干流各点位多年平均值在0.0020～0.0055mg/L间波动，月平均值7月（0.0037mg/L）＞9月（0.0035mg/L）＞10月（0.0030mg/L）＞5月（0.0020mg/L）。支流各点位多年平均值在0.0014～0.0063mg/L间波动；月平均值10月（0.0038mg/L）＞7月（0.0028mg/L）＞9月（0.0015mg/L）＞5月（0.0008mg/L）（图2-40～图2-42）。

表2-18 额尔齐斯河流域挥发酚浓度范围和平均值（mg/L）

Table 2-18 Average and range of volatile phenol concentration in the Irtysh River (mg/L)

点位	5月		7月		9月		10月		年均
	范围	平均	范围	平均	范围	平均	范围	平均	
干流									
富蕴公园	ND～0.003	0.001 6	0.001～0.004	0.002 5	ND～0.001	0.000 6	0.002～0.005	0.003 5	0.002 0
喀腊塑克		0.002 0	0.003～0.004	0.003 5	0.001～0.005	0.003 0	0.001～0.002	0.001 5	0.002 5
635水库		0.000 2	0.001～0.005	0.003 0	0.001～0.004	0.002 5	0.002～0.004	0.003 0	0.002 2
北屯大桥	ND～0.001	0.000 6	0.005～0.008	0.006 5	ND～0.007	0.003 6	0.001～0.003	0.002 0	0.003 2
库尔吉拉村	0.005～0.006	0.005 5	0.005～0.006	0.005 5	0.006～0.010	0.008 0		0.003 0	0.005 5
额河大桥	0.002～0.004	0.003 0	0.002～0.004	0.003 0	0.001～0.004	0.004 0	0.004～0.004	0.004 0	0.003 5
185团	ND～0.002	0.001 1	ND～0.004	0.002 1	0.001～0.004	0.002 5	0.002～0.006	0.004 0	0.002 4
平均	ND～0.006	0.002 0	ND～0.008	0.003 7	ND～0.010	0.003 5	0.001～0.006	0.003 0	0.003 0
支流									
库依尔特河		0.000 15	0.001～0.003	0.002 00	ND～0.001	0.000 58	0.002～0.005	0.003 50	0.001 56
卡依尔特河	0.001～0.001	0.001 00	0.003～0.004	0.003 50	ND～0.001	0.000 58	0.003～0.004	0.003 50	0.002 14
阿拉哈克乡		0.001 00		0.009 00	—	—		0.009 00	0.006 33
小东沟	ND～0.001	0.000 58	ND～0.002	0.001 08	0.001～0.002	0.001 50	0.001～0.004	0.002 50	0.001 41
大东沟	0.001～0.001	0.001 00	ND～0.003	0.001 58	0.001～0.001	0.001 00	0.001～0.004	0.002 50	0.001 52
诺改特村	ND～0.001	0.000 58	ND～0.003	0.001 58	ND	0.000 15	0.001～0.006	0.003 50	0.001 45

续表

点位	5月		7月		9月		10月		年均
	范围	平均	范围	平均	范围	平均	范围	平均	
红墩乡	ND～0.001	0.000 58	0.003～0.004	0.003 50	ND～0.001	0.000 58	0.003～0.008	0.005 50	0.002 54
克兰河桥		0.000 15	0.001～0.001	0.001 00	0.002～0.003	0.002 50	0.004～0.004	0.004 00	0.001 91
冲乎尔乡	—	—	0.001～0.002	0.001 50	0.002～0.002	0.002 00		0.002 00	0.001 83
山口电站	0.002～0.003	0.002 50	0.003～0.004	0.003 50	0.002～0.009	0.005 50	0.002～0.004	0.003 00	0.003 63
布尔津县桥	ND～0.002	0.001 08	0.002～0.004	0.003 00	ND～0.001	0.000 58	0.002～0.04	0.003 00	0.001 91
哈巴河桥	ND～0.001	0.000 58	ND～0.004	0.002 08	ND～0.002	0.001 08	0.002～0.004	0.003 00	0.001 68
别列则克河	ND～0.001	0.000 58	ND～0.007	0.003 58	0.001～0.003	0.002 00	0.003～0.006	0.004 50	0.002 66
平均	ND～0.003	0.000 81	ND～0.007	0.002 84	ND～0.009	0.001 50	0.001～0.008	0.003 81	0.002 4
流域均值	ND～0.006	0.001 40	ND～0.008	0.003 28	ND～0.010	0.002 48	0.001～0.008	0.003 40	0.002 6

注：ND表示未检出。

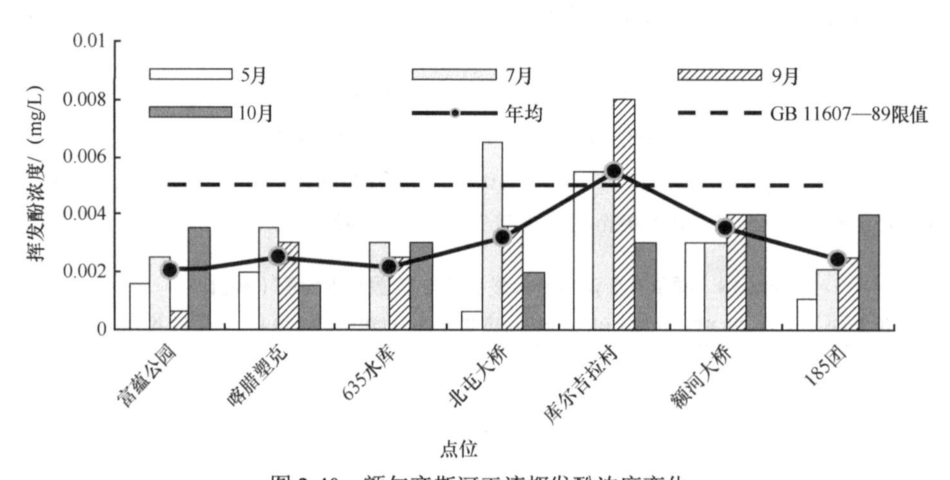

图 2-40　额尔齐斯河干流挥发酚浓度变化

Figure 2-40　Changes of volatile phenol concentration in the Irtysh River main stream

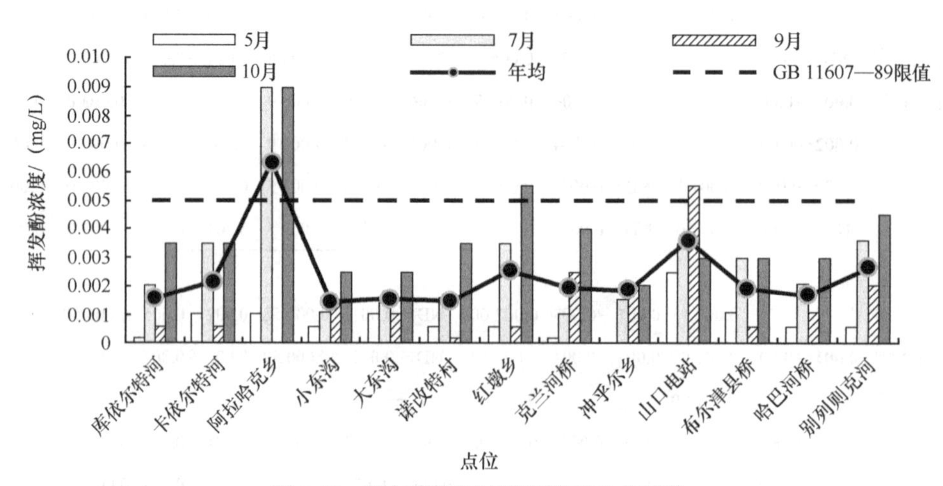

图 2-41　额尔齐斯河支流挥发酚浓度变化

Figure 2-41　Changes of volatile phenol concentration in the Irtysh River branches

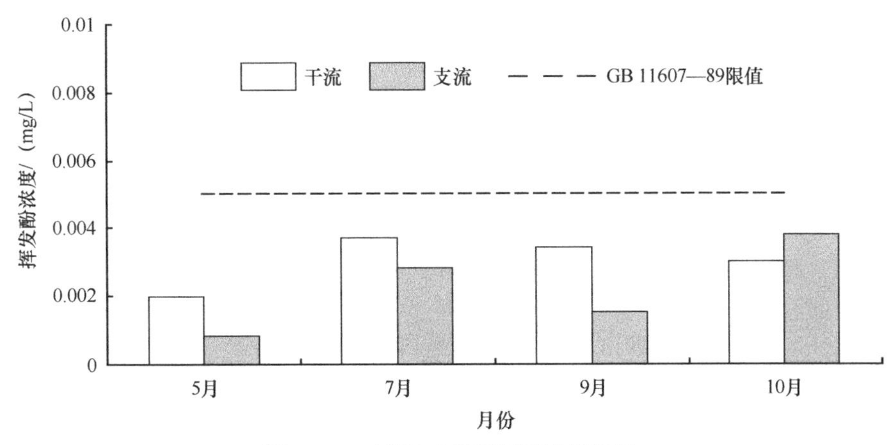

图 2-42　干流和支流挥发酚浓度比较

Figure 2-42　Comparison of volatile phenol concentration between the main stream and branches

（二）高锰酸盐指数（COD_{Mn}）

额尔齐斯河流域 COD_{Mn} 范围为 0.610～7.580mg/L，平均值为 2.872mg/L。其中，干流 COD_{Mn} 范围为 0.830～6.889mg/L，平均值为 3.193mg/L；支流 COD_{Mn} 范围为 0.610～7.580mg/L，平均值为 2.553mg/L。以地表水Ⅲ类标准限值（6mg/L）作为参考，监测期间高锰酸盐指数在多个点位出现超标情况，且干、支流均出现过。超标点位分别是干流库尔吉拉村（2013 年 5 月，2016 年 7 月）、额河大桥（2013 年 5 月，2016 年 7 月）；支流阿拉哈克乡（2012 年 7 月）、别列则克河（2013 年 5 月）。最高超标浓度（7.50mg/L）出现在阿拉哈克乡，额尔齐斯河干流累计超标频次最高（4 次）（表 2-19）。

干流和支流各点位高锰酸盐指数的多年平均值分别在 2.594～4.304mg/L 和 1.525～4.692mg/L 间波动。干流各点位高锰酸盐指数的月平均值均为 5 月＞ 7 月＞ 9 月＞ 10 月，支流是 5 月＞ 7 月＞ 9 月＞ 10 月（图 2-43～图 2-45）。

表2-19　额尔齐斯河流域高锰酸盐指数（COD_{Mn}）浓度范围和平均值（mg/L）

Table 2-19　Average and range of COD_{Mn} concentration in the Irtysh River (mg/L)

点位	5 月		7 月		9 月		10 月		年均
	范围	平均	范围	平均	范围	平均	范围	平均	
干流									
富蕴公园	4.000～4.486	4.243	1.510～3.660	2.585	2.028～2.845	2.437	1.150～1.920	1.533	2.700
喀腊塑克		2.416	3.790～4.350	4.07	2.603～4.283	3.443	0.980～2.720	1.852	2.945
635 水库	2.384～2.448	2.416	2.350～3.910	3.13	2.555～4.469	3.512	1.120～2.650	1.883	2.736
北屯大桥	2.541～2.651	2.596	2.200～3.060	2.63	2.531～3.830	3.181	1.160～2.770	1.965	2.594
库尔吉拉村	5.145～6.696	5.921	3.970～6.590	5.28	2.886～3.763	3.325		2.693	4.304
额河大桥	5.827～6.889	6.358	3.230～6.500	4.865	3.373～4.323	3.848	1.470～2.773	2.122	4.297
185 团	5.173～5.386	5.280	1.340～3.640	2.49	1.71～2.258	1.984	0.830～1.865	1.347	2.776
平均	2.384～6.889	4.176	1.510～6.590	3.579	1.71～4.469	3.104	0.830～2.773	1.914	3.193
支流									
库依尔特河	3.552～4.706	4.129	1.280～5.690	3.485	1.725～2.008	1.725	0.700～1.310	1.005	2.622
卡依尔特河	3.712～4.533	4.123	1.080～3.710	3.48	1.565～2.092	1.866	0.640～1.220	1.007	4.692

续表

点位	5月		7月		9月		10月		年均
	范围	平均	范围	平均	范围	平均	范围	平均	
阿拉哈克乡		4.974		7.58		1.828		1.52	4.692
小东沟	1.606～4.653	3.130	1.490～2.570	7.58	1.661～1.922	1.331	0.650～1.480	1.520	2.004
大东沟	2.795～3.420	3.108	1.890～1.940	2.03	1.125～1.710	1.792	0.830～1.228	1.065	1.867
诺改特村	3.100～3.132	3.116	2.200～2.500	1.91	1.391～1.677	1.417	0.750～1.197	1.029	1.994
红墩乡	3.133～3.209	3.171	5.130～5.560	2.35	1.719～2.452	1.534	1.020～1.654	0.973	2.984
克兰河桥	2.242～3.229	2.736	1.940～3.460	5.34	2.078～2.984	2.085	1.360～2.425	1.337	2.465
冲乎尔乡	—	—	1.220～2.060	2.70	1.505～1.533	2.531		1.893	1.525
山口电站	4.201～5.858	5.030	1.280～1.380	1.64	1.421～1.489	1.519	0.690～1.183	1.416	2.075
布尔津县桥	4.064～5.591	4.828	0.810～1.350	1.33	1.277～1.710	1.455	0.680～1.120	0.936	2.362
哈巴河桥	4.305～5.795	5.050	1.100～2.700	1.08	1.176～1.806	1.494	0.610～1.402	0.900	4.097
别列则克河	5.905～6.233	6.069	1.680～5.980	1.90	3.984～5.412	1.491	1.350～2.231	1.006	2.553
平均	1.606～6.233	4.122	0.810～7.580	2.89	1.125～2.984	1.976	0.610～2.425	1.216	2.872
流域均值	1.606～6.889	4.194	0.810～7.580	3.235	1.125～4.469	2.540	0.610～2.773	1.565	

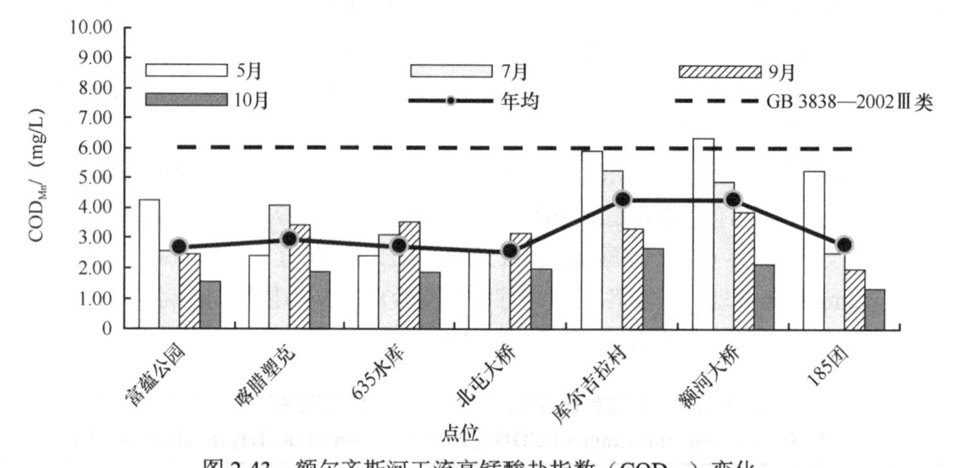

图 2-43　额尔齐斯河干流高锰酸盐指数（COD_{Mn}）变化

Figure 2-43　Changes of COD_{Mn} concentration in the Irtysh River main stream

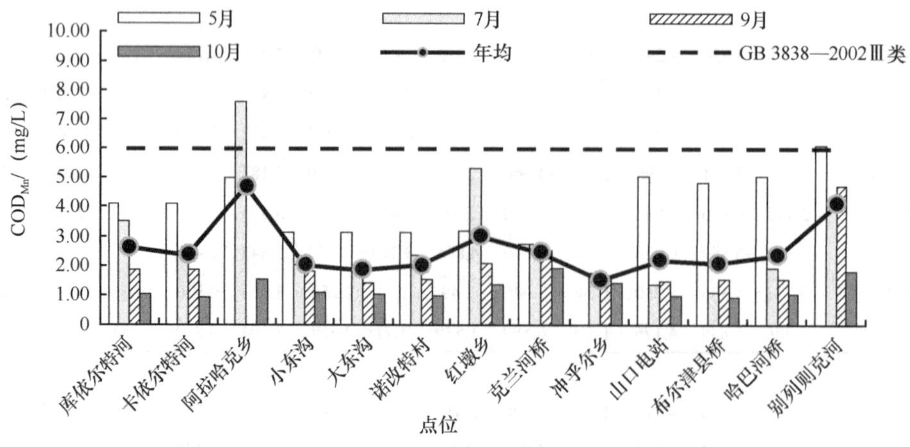

图 2-44　额尔齐斯河支流高锰酸盐指数（COD_{Mn}）变化

Figure 2-44　Changes of COD_{Mn} concentration in the Irtysh River branches

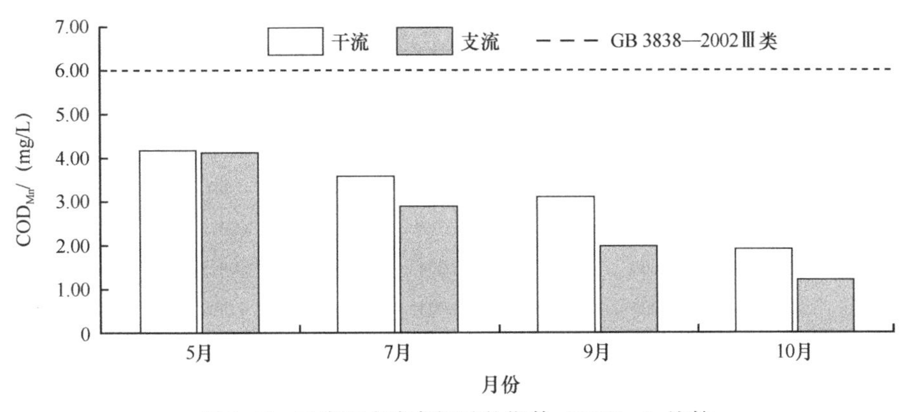

图 2-45　干流和支流高锰酸盐指数（COD_{Mn}）比较

Figure 2-45　Comparison of COD_{Mn} concentration between the main stream and branches

（三）氰化物

额尔齐斯河流域氰化物浓度范围为ND～0.008mg/L，平均浓度为0.002mg/L。其中，干流的浓度范围为ND～0.005mg/L，平均浓度为0.002mg/L；支流的浓度范围为ND～0.008mg/L，平均浓度为0.002mg/L。以《渔业水质标准》限值（≤ 0.005mg/L）作为参考，监测期间氰化物只在支流克兰河红墩乡出现1次超标情况（2012年7月，0.008mg/L）（表2-20）。

干流各点位氰化物浓度的多年平均值在0.0018～0.0025mg/L间波动，各点位氰化物浓度的月平均值为7月（0.0027mg/L）＞5月（0.0025mg/L）＞9月（0.0020mg/L）＞10月（0.0010mg/L）。支流各点位氰化物浓度的多年平均值在0.0014～0.0027mg/L间波动；各点位氰化物浓度的月平均值为5月（0.0025mg/L）≈7月（0.0025mg/L）＞9月（0.0017mg/L）＞10月（0.0010mg/L）（图2-46～图2-48）。

表2-20　额尔齐斯河流域氰化物浓度范围和平均值（mg/L）

Table 2-20　Average and range of cyanide concentration in the Irtysh River (mg/L)

点位	5月		7月		9月		10月		年均
	范围	平均	范围	平均	范围	平均	范围	平均	
干流									
富蕴公园	ND～0.003	0.002	0.002～0.003	0.0025	ND～0.002	0.0015		0.001	0.0018
喀腊塑克	ND	0.001	0.002～0.004	0.003	ND～0.003	0.002		0.001	0.0018
635水库	ND～0.002	0.0015	0.002～0.004	0.003	ND～0.003	0.002		0.001	0.0019
北屯大桥	ND～0.005	0.003	0.003～0.004	0.0035	ND～0.003	0.002		0.001	0.0024
库尔吉拉村	ND～0.005	0.003	ND～0.004	0.0025	ND～0.003	0.002	—	—	0.0025
额河大桥	0.003～0.004	0.0035	ND～0.004	0.0025	ND～0.003	0.002		0.001	0.0023
185团	0.003～0.004	0.0035	ND～0.003	0.002	0.002～0.003	0.0025	ND～0.002	0.001	0.0023
平均	ND～0.005	0.0025	ND～0.004	0.0027	ND～0.003	0.0020	ND～0.002	0.001	0.002
支流									
库依尔特河	ND～0.002	0.0015	0.002～0.003	0.0025	ND～0.002	0.0015		0.001	0.0016
卡依尔特河	ND～0.002	0.0015	0.002～0.004	0.003	ND～0.002	0.0015		0.001	0.0018
阿拉哈克乡		0.003		0.004	—	—		0.001	0.0027

续表

点位	5月		7月		9月		10月		年均
	范围	平均	范围	平均	范围	平均	范围	平均	
小东沟	ND～0.005	0.003	ND～0.002	0.0015	ND～0.002	0.0015		0.001	0.0018
大东沟	ND～0.003	0.002	ND～0.002	0.0015	ND	0.001		0.001	0.0014
诺改特村	0.002～0.003	0.0025	0.002～0.002	0.002	ND～0.002	0.0015		0.001	0.0018
红墩乡	0.003～0.003	0.003	ND～0.008	0.0045	ND～0.002	0.0015		0.001	0.0025
克兰河桥	0.002～004	0.003	0.002～0.005	0.0035	ND～0.003	0.002		0.001	0.0024
冲乎尔乡	—	—	0.002～0.002	0.002	ND～0.002	0.0015	—	—	0.0018
山口电站	0.002～0.002	0.002	ND～0.002	0.0015	ND～0.002	0.0015		0.001	0.0015
布尔津县桥	ND～0.003	0.002	0.002～0.002	0.002	ND～0.002	0.0015		0.001	0.0016
哈巴河桥	0.003～0.003	0.003	0.002～0.003	0.0025	ND～0.003	0.002		0.001	0.0021
别列则克河	0.003～0.005	0.004	0.002～0.003	0.0025	0.003～0.003	0.003		0.001	0.0026
平均	ND～0.005	0.0025	ND～0.008	0.0025	ND～0.003	0.0017		0.001	0.002
流域均值	ND～0.005	0.0025	ND～0.008	0.0026	ND～0.003	0.0018	ND～0.002	0.001	0.002

注：ND表示未检出。

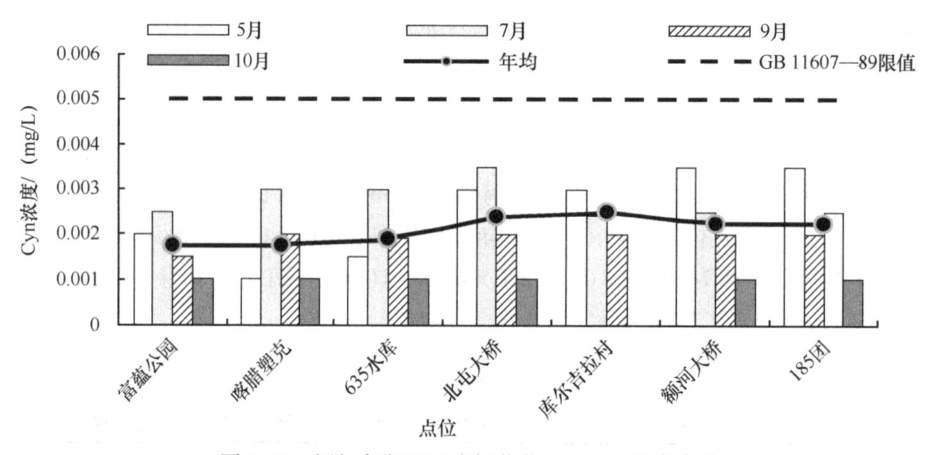

图2-46　额尔齐斯河干流氰化物（Cyn）浓度变化

Figure 2-46　Changes of cyanide (Cyn) concentration in the Irtysh River main stream

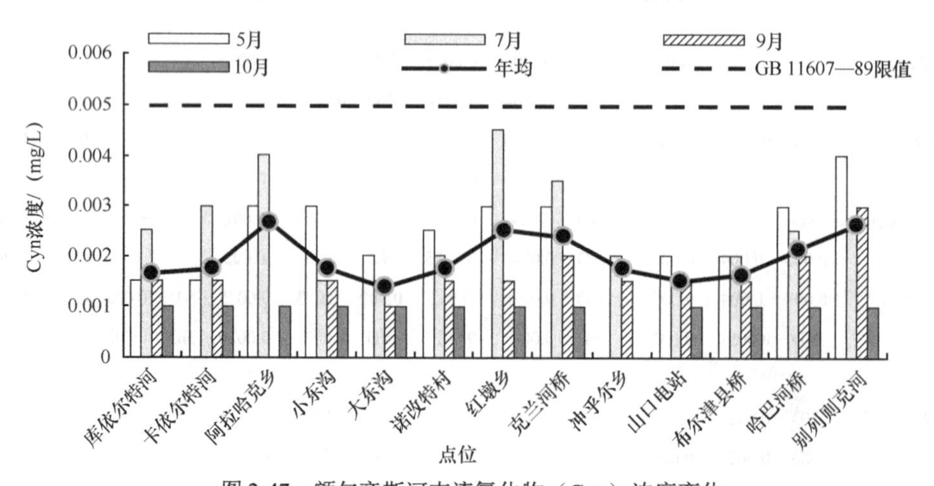

图2-47　额尔齐斯河支流氰化物（Cyn）浓度变化

Figure 2-47　Changes of cyanide (Cyn) concentration in the Irtysh River branches

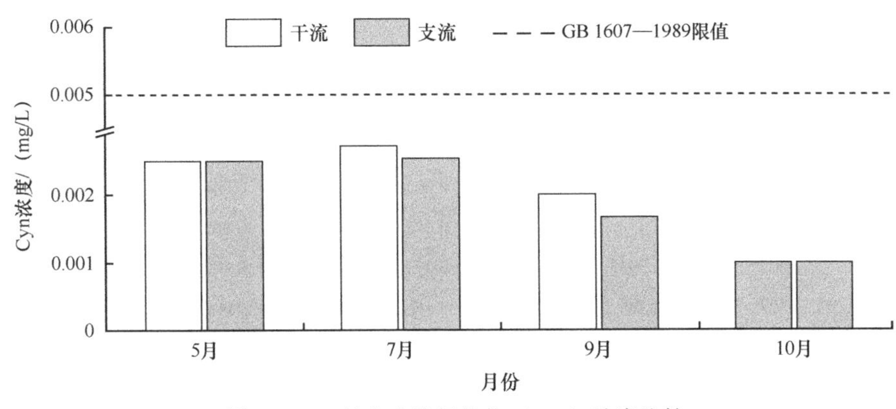

图 2-48　干流和支流氰化物（Cyn）浓度比较

Figure 2-48　Comparison of cyanide (Cyn) concentration between the main stream and branches

（四）重金属

监测的重金属指标为六价铬（Cr^{6+}）、铅、砷、镉、铜、锌、汞。

1. 六价铬（Cr^{6+}）

额尔齐斯河流域 Cr^{6+} 浓度范围为ND～0.080mg/L，平均浓度为0.0032mg/L。其中，干流浓度范围为ND～0.008mg/L，平均浓度为0.0028mg/L；支流浓度范围为ND～0.0800mg/L，平均浓度为0.0037mg/L。以《渔业水质标准》限值（≤ 0.1mg/L）作为参考，监测期间额尔齐斯河所有断面均未出现超标情况（表2-21）。

干流各点位 Cr^{6+} 浓度的多年平均值在0.0020～0.0034mg/L间波动，月平均值为7月（0.0038mg/L）＞5月（0.0032mg/L）＞9月（0.0020mg/L）≈10月（0.0020mg/L）。支流各点位 Cr^{6+} 浓度的多年平均值在0.0020～0.0039mg/L间波动，月平均值为7月（0.0071mg/L）＞5月（0.0033mg/L）＞9月（0.0023mg/L）＞10月（0.002mg/L）（图2-49～图2-51）。

表2-21　额尔齐斯河流域六价铬（Cr^{6+}）浓度范围和平均值（mg/L）

Table 2-21　Average and range of hexavalent chromiumcon (Cr^{6+}) concentration in the Irtysh River (mg/L)

点位	5月		7月		9月		10月		年均
	范围	平均	范围	平均	范围	平均	范围	平均	
干流									
富蕴公园	ND～0.005	0.002	ND～0.005	0.0035		0.002		0.002	0.0028
喀腊塑克		0.002	ND～0.007	0.0055		0.002		0.002	0.0029
635水库		0.002	ND～0.008	0.005		0.002		0.002	0.0028
北屯大桥		0.005	ND	0.002		0.002		0.002	0.0020
库尔吉拉村	ND～0.008	0.0045	ND～0.007	0.0045		0.002		0.002	0.0034
额河大桥	ND～0.007	0.0035	ND～0.006	0.004		0.002		0.002	0.0031
185团	ND～0.005	0.0035	ND	0.002		0.002		0.002	0.0024
平均	ND～0.008	0.0032	ND～0.008	0.0038		0.002		0.002	0.0028
支流									
库依尔特河		0.002	ND～0.005	0.0035		0.002		0.002	0.0024
卡依尔特河		0.002	ND～0.004	0.003		0.002		0.002	0.0023
阿拉哈克乡		0.011		0.01	—	—		0.002	0.0077

续表

点位	5月		7月		9月		10月		年均
	范围	平均	范围	平均	范围	平均	范围	平均	
小东沟		0.002		0.002		0.002		0.002	0.0020
大东沟		0.002	ND～0.005	0.0035	ND～0.006	0.004		0.002	0.0029
诺改特村		0.002	0.006～0.011	0.0085	ND～0.004	0.003		0.002	0.0039
红墩乡	ND～0.005	0.0035	0.005～0.080	0.0425		0.002		0.002	0.0125
克兰河桥	ND～0.004	0.003	ND～0.006	0.004		0.002		0.002	0.0028
冲乎尔乡	—	—		0.002		0.002		0.002	0.0020
山口电站	ND～0.004	0.003		0.002		0.002		0.002	0.0023
布尔津县桥	ND	0.002		0.002		0.002		0.002	0.0020
哈巴河桥	ND～0.005	0.0035		0.002		0.002		0.002	0.0024
别列则克河	0.005～0.007	0.006	ND～0.005	0.0035		0.002		0.002	0.0034
平均	ND～0.007	0.0035	ND～0.080	0.0068	ND～0.006	0.0023		0.002	0.0037
流域均值	ND～0.008	0.0034	ND～0.080	0.0053	ND～0.006	0.0021		0.002	0.0032

注：ND 表示未检出。

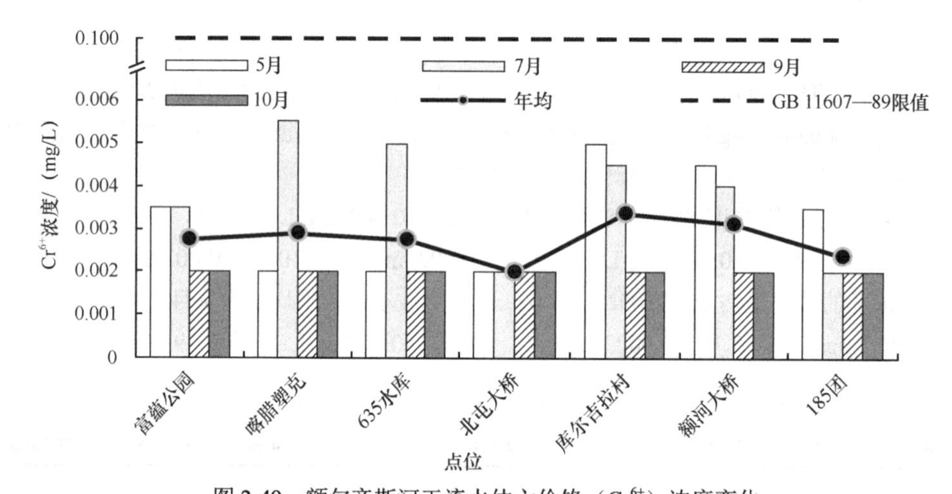

图 2-49　额尔齐斯河干流水体六价铬（Cr^{6+}）浓度变化

Figure 2-49　Changes of hexavalent chromiumcon (Cr^{6+}) concentration in the Irtysh River main stream

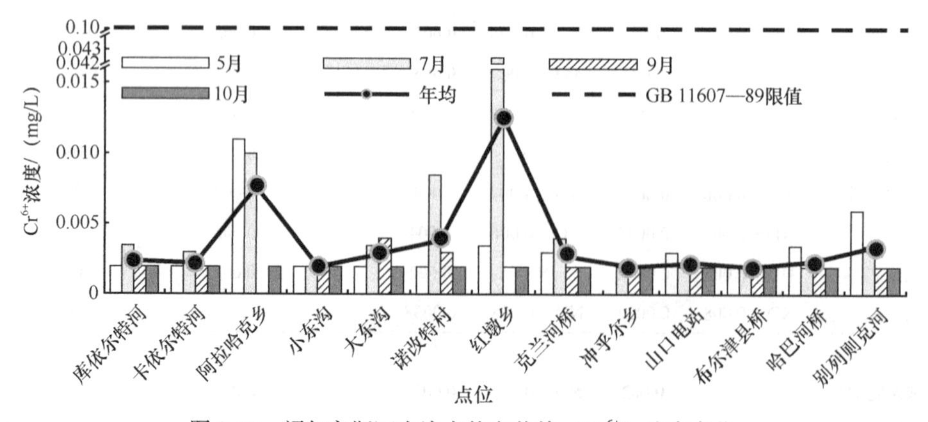

图 2-50　额尔齐斯河支流水体六价铬（Cr^{6+}）浓度变化

Figure 2-50　Changes of hexavalent chromiumcon (Cr^{6+}) concentration in the Irtysh River branches

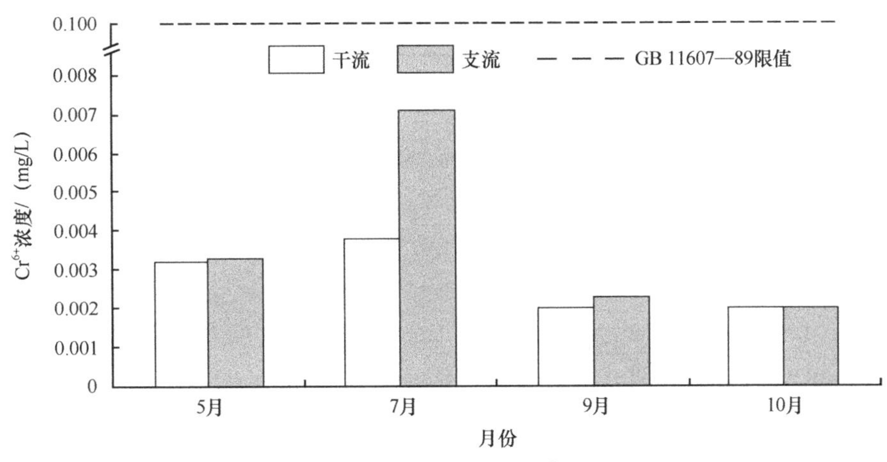

图 2-51　干流和支流六价铬（Cr^{6+}）浓度比较

Figure 2-51　Comparison of hexavalent chromiumcon (Cr^{6+}) concentration between the main stream and branches

2. 铜（Cu）

额尔齐斯河流域铜离子浓度为ND～14.3μg/L，均值为2.444μg/L。其中，干流浓度范围为ND～9.020μg/L，平均浓度为2.219μg/L；支流浓度范围为ND～14.300μg/L，平均值为2.697μg/L，阿拉哈克乡（2012年7月，10.285μg/L）和别列则克河（2013年5月，14.300μg/L；2013年9月，11.900μg/L）两个点位超过《渔业水质标准》限值（≤0.01mg/L）（表2-22）。

干流各点位铜浓度的多年平均值为1.514～3.422μg/L，月平均值为9月＞5月＞7月＞10月；支流各点位铜浓度的多年平均值在1.304～8.049mg/L间波动，月平均值9月＞5月＞7月＞10月（表2-22，图2-52～图2-54）。

3. 铅（Pb）

额尔齐斯河流域铅离子浓度为ND～10.180μg/L，平均浓度为1.663μg/L。其中干流浓度范围为ND～9.260μg/L，平均浓度为1.396μg/L；支流浓度范围为ND～10 180μg/L，平均浓度为1.894μg/L。以《渔业水质标准》限值（≤0.05mg/L）作为参考，监测期间所有断面铅离子浓度均未超标（表2-23）。

表2-22　额尔齐斯河流域铜（Cu）浓度范围和平均值（μg/L）

Table 2-22　Average and range of copper (Cu) concentration in the Irtysh River (μg/L)

点位	5月		7月		9月		10月		年均
	范围	平均	范围	平均	范围	平均	范围	平均	
干流									
富蕴公园	1.195～2.660	1.928	ND～0.960	0.550	3.970～8.720	6.350	ND～1.525	0.833	2.414
喀腊塑克		0.752	ND～0.604	0.372	2.810～4.530	3.670	ND～2.383	1.262	1.514
635 水库	1.161～2.800	1.981	ND～1.447	0.794	2.140～6.740	4.440	ND～1.382	0.761	1.994
北屯大桥	1.026～2.830	1.928	ND～1.342	0.741	3.350～3.730	3.540	ND～0.767	0.454	1.666
库尔吉拉村	1.130～4.950	3.040	ND～4.630	2.385	1.780～4.280	3.030		0.140	2.149
额河大桥	2.037～5.630	3.833	ND～2.687	1.414	4.580～9.020	6.800	ND～3.143	1.642	3.422

续表

点位	5 月		7 月		9 月		10 月		年均
	范围	平均	范围	平均	范围	平均	范围	平均	
185 团	2.176～5.610	3.893	ND～1.812	0.976	2.020～6.360	4.190	ND～0.749	0.445	2.376
平均	1.026～5.630	2.479	ND～4.630	1.033	1.780～9.020	4.574	ND～3.143	0.791	2.219
支流									
可可托海镇	1.075～2.240	1.658	ND～1.160	0.650	1.030～6.690	3.860	ND～3.383	1.762	1.982
大桥林场	1.139～4.160	2.650	ND～0.737	0.439	1.660～6.070	3.870	ND～0.580	0.360	1.828
阿拉哈克乡		9.430		10.285	—	—		4.432	8.049
小东沟	1.210～1.298	1.254	ND～2.055	1.098	1.300～3.760	2.530	ND～1.149	0.645	1.382
大东沟	1.268～1.660	1.464	ND～2.655	1.398	2.690～3.390	3.040	ND～0.481	0.311	1.553
诺改特村	1.311～2.020	1.666	ND～4.422	2.281	2.130～4.940	3.540	ND～1.000	0.570	2.013
红墩乡	1.265～9.450	5.357	ND～2.977	1.559	4.590～7.150	5.870	ND～1.718	0.929	3.429
克兰河桥	0.980～5.520	3.250	ND～1.228	0.684	3.880～4.080	3.980	ND～1.518	0.829	2.186
冲乎尔乡	—	—	ND～0.568	0.548	2.440～4.360	3.400		0.140	1.363
山口电站	1.712～2.820	2.266	ND～0.880	0.354	1.620～3.090	2.360	ND～0.340	0.240	1.304
布尔津县桥	1.813～3.390	2.602	ND～2.642	0.510	2.610～7.360	4.990	ND～2.749	1.445	2.385
哈巴河桥	2.656～4.150	3.403	ND～0.628	0.384	2.230～7.120	4.680	ND～0.665	0.398	2.215
别列则克河	2.774～14.300	8.537	ND～0.956	0.548	8.770～11.90	10.340	ND～4.008	2.074	5.374
平均	0.980～14.300	3.628	ND～10.285	1.595	1.030～11.90	4.369	ND～4.008	1.087	2.697
流域均值	0.980～14.300	3.054	ND～4.630	1.314	1.030～11.90	4.471	ND～4.008	0.939	2.444

注：ND 表示未检出。

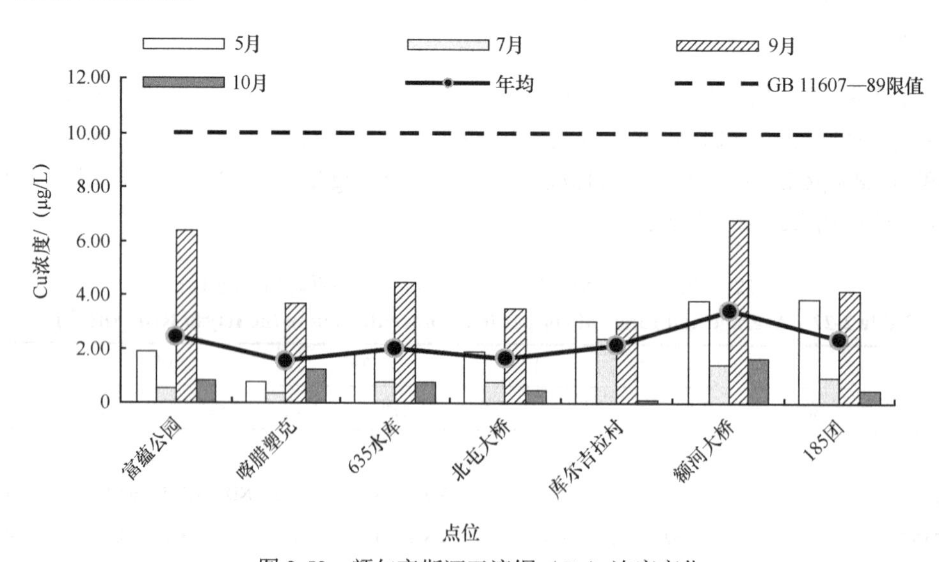

图 2-52　额尔齐斯河干流铜（Cu）浓度变化

Figure 2-52　Changes of copper (Cu) concentration in the Irtysh River main stream

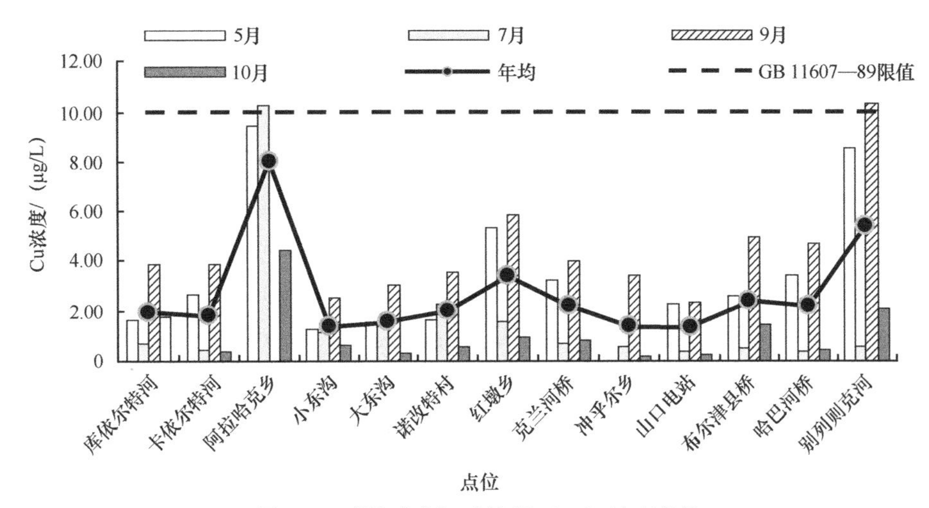

图 2-53 额尔齐斯河支流铜（Cu）浓度变化

Figure 2-53 Changes of copper (Cu) concentration in the Irtysh River branches

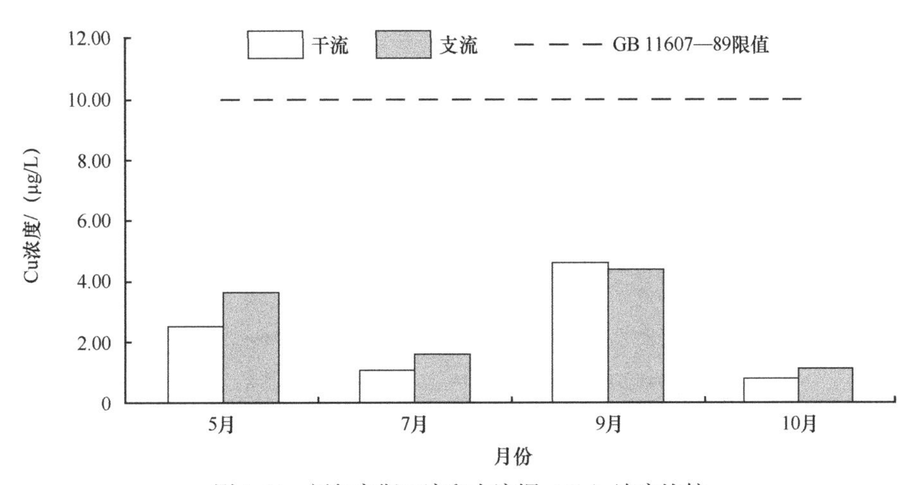

图 2-54 额尔齐斯干流和支流铜（Cu）浓度比较

Figure 2-54 Comparison of copper (Cu) concentration between the main stream and branches

干流各点位铅浓度的多年平均值在 0.794～1.884μg/L 间波动，月平均值为 9 月＞5 月＞10 月＞7 月；支流各点位铅浓度的多年平均值在 0.834～3.942μg/L 间波动，月平均值为 9 月＞5 月＞7 月＞10 月（表 2-23，图 2-55～图 2-57）。

表2-23 额尔齐斯河流域铅（Pb）浓度范围和平均值（μg/L）

Table 2-23 Average and range of lead (Pb) concentration in the Irtysh River (μg/L)

点位	5 月		7 月		9 月		10 月		年均
	范围	平均	范围	平均	范围	平均	范围	平均	
干流									
富蕴公园	ND～1.780	0.973	ND	0.165	3.880～6.030	4.95	ND～0.519	0.342	1.608
喀腊塑克		0.165	ND	0.165	1.220～3.660	2.44	ND～0.645	0.405	0.794
635 水库	ND～1.100	0.633	ND～0.38	0.2725	2.520～4.440	3.48	ND～0.420	0.293	1.169

续表

点位	5月		7月		9月		10月		年均
	范围	平均	范围	平均	范围	平均	范围	平均	
北屯大桥	ND～1.470	0.818		0.165	1.280～9.260	5.27	ND～0.876	0.521	1.694
库尔吉拉村	ND～2.000	1.083	ND～2.318	1.2415	1.350～2.120	1.73		0.165	1.056
额河大桥	ND～2.780	1.473	ND～1.348	0.7565	2.980～4.960	3.97	ND～2.511	1.338	1.884
185 团	0.383～3.880	2.132	ND～0.846	0.5055	2.050～4.150	3.10	ND～0.908	0.537	1.568
平均	ND～3.880	1.039	ND～2.318	0.4673	1.220～9.260	3.564	ND～2.511	0.514	1.396
支流									
库依尔特河	ND～1.780	0.973		0.165	4.940～3.860	4.40	ND～1.421	0.793	1.583
卡依尔特河	ND～1.140	0.653	ND～0.479	0.322	4.660～5.950	5.30	ND～1.228	0.697	1.744
阿拉哈克乡		4.080		4.542	—	—	ND～1.398	1.398	3.340
小东沟	ND～2.090	1.128	ND～3.326	1.7455	1.190～3.580	2.39	ND～0.458	0.312	1.393
大东沟	ND～1.210	0.688	ND～2.96	1.5625	1.150～9.110	5.13		0.165	1.886
诺改特村	ND～2.270	1.218	ND～5.714	2.9393	1.860～1.920	1.89	ND～0.447	0.306	1.588
红墩乡	ND～6.570	3.368	ND～2.409	1.287	1.870～9.490	5.68	ND～0.949	0.557	2.722
克兰河桥	ND～2.770	1.468		0.165	1.110～5.580	3.34	ND～0.52	0.343	1.330
冲乎尔乡	—	—		0.165	1.250～3.090	2.17		0.165	0.834
山口电站	ND～1.790	0.978		0.165	0.931～3.640	2.29	ND～0.786	0.476	0.976
布尔津县桥	0.352～2.660	1.506		0.165	4.720～5.290	5.00	ND～1.317	0.741	1.854
哈巴河桥	0.358～3.540	1.949		0.165	1.900～4.770	3.34	ND～0.322	0.249	1.425
别列则克河	0.465～10.100	5.282		0.165	8.0～10.180	9.09	ND～2.299	1.232	3.942
平均	ND～10.100	1.941	ND～5.714	1.043	0.931～10.180	4.168	ND～2.299	0.572	1.894
流域均值	ND～10.100	1.490	ND～5.714	0.755	0.931～10.180	3.866	ND～2.511	0.543	1.663

注：ND 表示未检出。

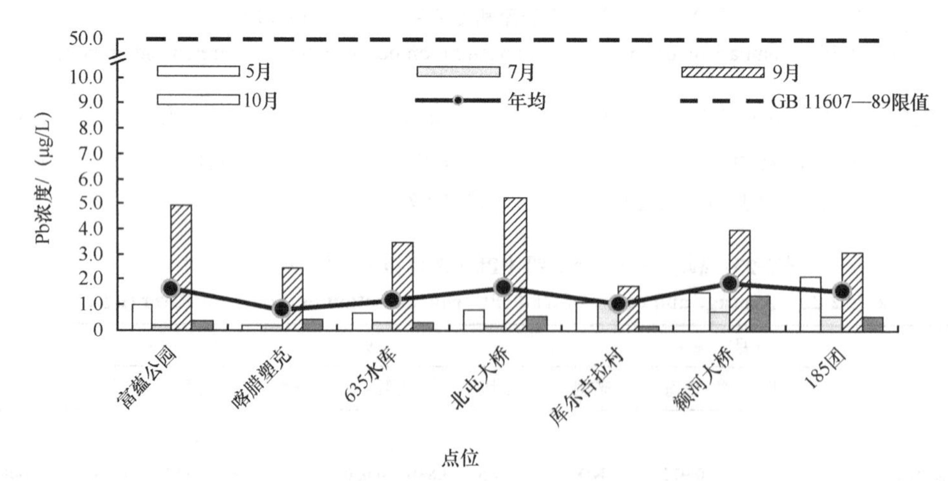

图 2-55　额尔齐斯河干流铅（Pb）浓度变化

Figure 2-55　Changes of lead (Pb) concentration in the Irtysh River main stream

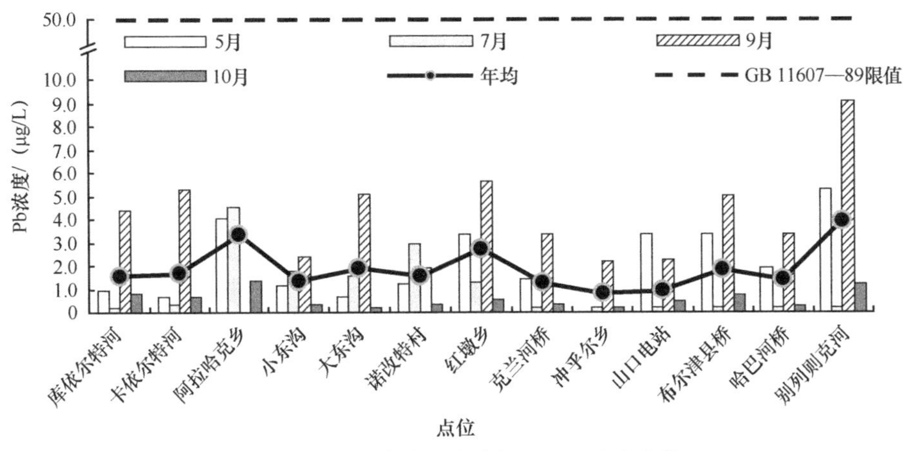

图 2-56　额尔齐斯河支流铅（Pb）浓度变化

Figure 2-56　Changes of lead (Pb) concentration in the Irtysh River branches

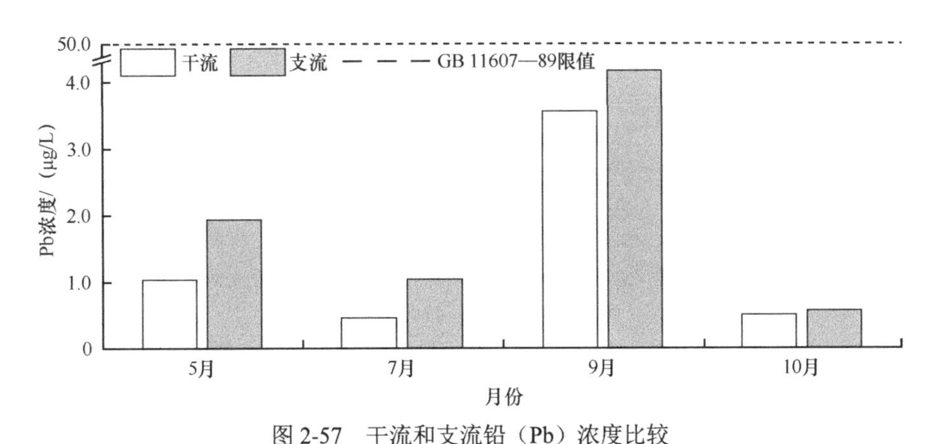

图 2-57　干流和支流铅（Pb）浓度比较

Figure 2-57　Comparison of lead (Pb) concentration between the main stream and branches

4. 砷（As）

额尔齐斯河流域砷浓度为 ND～4.496μg/L，平均浓度为 0.787μg/L。其中干流砷浓度为 ND～3.250μg/L，平均浓度为 0.775μg/L；支流砷浓度为 ND～4.496μg/L，平均浓度为 0.843μg/L。以《渔业水质标准》限值（≤ 0.05mg/L）作为参考，监测期间额尔齐斯河所有断面砷浓度均未出现超标情况。但监测期间库尔吉拉村和额河大桥点位多次高于 2.0μg/L 以上，平均浓度超过 1.0μg/L，高于干流平均浓度 0.775μg/L；阿拉哈克乡平均浓度达到 2.886μg/L，红墩乡和克兰河桥及别列则克河 3 个点位多次监测浓度在 1.000～3.844μg/L 之间，远高于各支流平均值 0.843μg/L（表 2-24）。

干流各点位砷浓度的多年平均值在 0.464～1.195μg/L 间波动，月平均值为 9 月（0.918μg/L）＞ 10 月（0.801μg/L）＞ 5 月（0.695μg/L）＞ 7 月（0.686μg/L）；支流各点位砷浓度的多年平均值在 0.231～2.886μg/L 间波动，月平均值为 7 月（0.991μg/L）＞ 10 月（0.978μg/L）＞ 9 月（0.787μg/L）＞ 5 月（0.442μg/L）（图 2-58～图 2-60）。

表2-24　额尔齐斯河流域砷（As）浓度范围和平均值（μg/L）

Table 2-24　Average and range of arsenic (As) concentration in the Irtysh River (μg/L)

点位	5月		7月		9月		10月		年均
	范围	平均	范围	平均	范围	平均	范围	平均	
干流									
富蕴公园		0.150	ND～0.812	0.481	ND～1.250	0.700	ND～1.582	0.866	0.549
喀腊塑克		0.150	ND～0.739	0.445	0.510～1.180	0.845	1.000～1.868	1.434	0.718
635 水库	ND～0.765	0.458	ND～1.377	0.764	0.370～1.330	0.851	0.471～1.200	0.836	0.727
北屯大桥	ND～3.250	1.700	ND～0.525	0.338	0.610～1.090	0.848	0.406～1.200	0.803	0.922
库尔吉拉村	ND～1.700	0.925	ND～2.225	1.188	1.050～1.210	1.132		0.150	0.849
额河大桥	ND～1.850	1.000	ND～2.154	1.152	0.930～2.030	1.480	ND～2.145	1.148	1.195
185 团	ND～0.808	0.479	ND～0.722	0.436	0.060～1.080	0.569	ND～0.59	0.371	0.464
平均	ND～3.250	0.695	ND～2.225	0.686	ND～2.030	0.918	ND～2.145	0.801	0.775
支流									
库依尔特河		0.150	ND～1.217	0.684	ND～0.773	0.462	ND～1.057	0.604	0.475
卡依尔特河		0.150	ND～0.293	0.222	ND～0.790	0.470	ND～0.326	0.238	0.270
阿拉哈克乡		0.886		4.496	—	—		3.275	2.886
小东沟		0.150	ND～1.233	0.692	ND～0.801	0.476	ND～0.518	0.334	0.413
大东沟		0.150	ND～1.839	0.995	ND～0.455	0.303	ND～0.463	0.307	0.438
诺改特村		0.150	ND～2.469	1.310	ND～0.929	0.540	ND～0.985	0.568	0.642
红墩乡	ND～1.950	1.050	ND～3.844	1.997	1.000～1.260	1.132	1.000～2.266	1.633	1.453
克兰河桥	ND～1.660	0.905	ND～1.299	0.725	1.210～2.180	1.693	1.543～1.800	1.672	1.249
冲乎尔乡	—	—		0.150	0.579～0.620	0.600		1.000	0.583
山口电站		0.150		0.150	ND～0.608	0.379	ND～0.338	0.244	0.231
布尔津县桥		0.150	ND～0.306	0.228	ND～0.810	0.480	ND～2.080	1.115	0.493
哈巴河桥	ND～0.365	0.258	ND～0.341	0.246	ND～0.791	0.471	ND～0.301	0.226	0.300
别列则克河	ND～2.170	1.160	ND～1.839	0.995	2.380～2.510	2.443	1.000～1.996	1.498	1.524
平均	ND～2.170	0.442	ND～4.496	0.991	ND～2.510	0.787	ND～2.266	0.978	0.843
流域均值	ND～3.250	0.568	ND～4.496	0.839	ND～2.510	0.852	ND～2.266	0.889	0.787

注：ND 表示未检出。

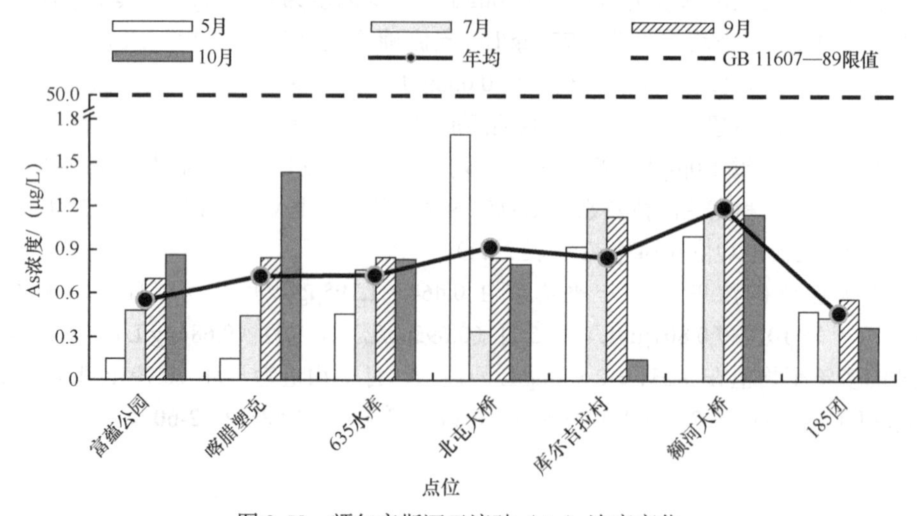

图 2-58　额尔齐斯河干流砷（As）浓度变化

Figure 2-58　Changes of arsenic (As) concentration in the Irtysh River main stream

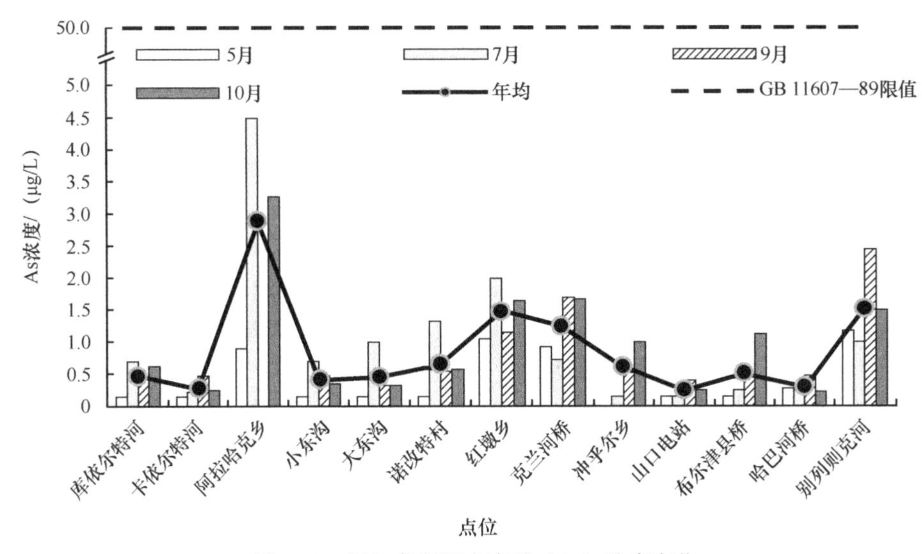

图 2-59　额尔齐斯河支流砷（As）浓度变化

Figure 2-59　Changes of arsenic (As) concentration in the Irtysh River branches

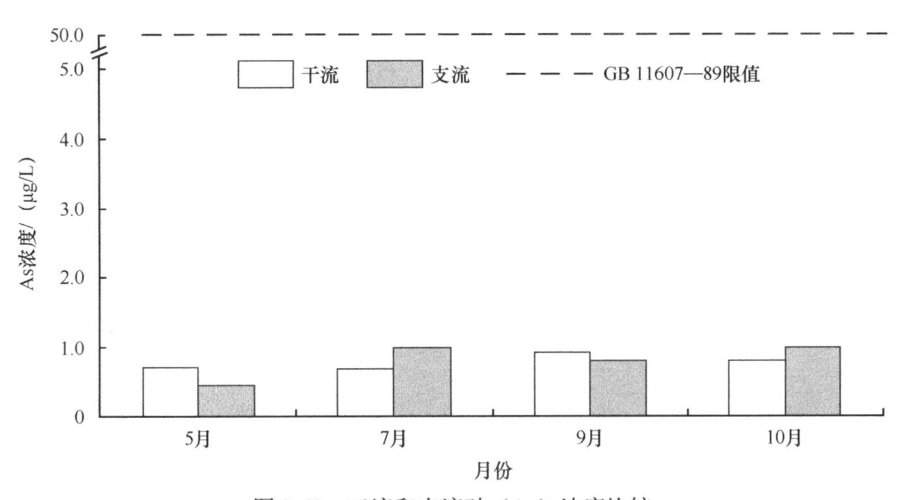

图 2-60　干流和支流砷（As）浓度比较

Figure 2-60　Comparison of Arsenic (As) concentration between the main stream and branches

5. 镉（Cd）

额尔齐斯河流域镉浓度波动范围为ND～1.090μg/L，平均浓度为0.126μg/L。其中干流镉浓度为ND～1.090μg/L，平均浓度为0.121μg/L；支流镉浓度为ND～1.030μg/L，平均浓度为0.126μg/L。以《渔业水质标准》限值（≤ 0.005mg/L）作为参考，监测期间额尔齐斯河所有断面镉浓度均未出现超标情况（表2-25）。

干流各点位镉浓度的多年平均值在0.058～0.163μg/L间波动，月平均值为9月＞5月＞7月≈10月；支流各点位镉浓度的多年平均值在0.065～0.202μg/L间波动，月平均值为9月＞5月＞7月＞10月（表2-25，图2-61～图2-63）。

表2-25　额尔齐斯河流域镉（Cd）浓度范围和平均值（μg/L）

Table 2-25　Average and range of cadmium (Cd) concentration in the Irtysh River (μg/L)

点位	5月		7月		9月		10月		年均
	范围	平均	范围	平均	范围	平均	范围	平均	
干流									
富蕴公园	ND～0.154	0.080		0.005	0.030～1.090	0.560	ND～0.011	0.008	0.163
喀腊塑克		0.005		0.005	0.029～0.394	0.212	ND～0.017	0.011	0.058
635 水库	ND～0.118	0.062		0.005	ND～0.905	0.455	ND～0.010	0.008	0.132
北屯大桥	ND～0.345	0.175		0.005	0.062～0.396	0.229		0.005	0.104
库尔吉拉村	ND～0.209	0.107	ND～0.044	0.025	ND～0.412	0.209		0.005	0.086
额河大桥	ND～0.160	0.083	ND～0.025	0.015	0.033～0.874	0.454	ND～0.031	0.018	0.142
185 团	ND～0.400	0.203		0.005	0.019～0.834	0.427		0.005	0.160
平均	ND～0.400	0.102	ND～0.044	0.009	ND～1.090	0.363	ND～0.031	0.009	0.121
支流									
库依尔特河	ND～0.208	0.107		0.005	0.025～0.981	0.503	ND～0.032	0.019	0.158
卡依尔特河	ND～0.199	0.102		0.005	0.057～0.964	0.511	ND～0.016	0.011	0.157
阿拉哈克乡		0.131		0.127	—	—		0.086	0.115
小东沟	ND～0.322	0.164	ND～0.029	0.017	ND～0.434	0.220	ND～0.013	0.009	0.102
大东沟	ND～0.259	0.132	ND～0.035	0.02	0.077～0.388	0.233		0.005	0.097
诺改特村	ND～0.271	0.138	ND～0.112	0.058 65	ND～0.487	0.246	ND～0.013	0.009	0.113
红墩乡	ND～0.297	0.151	ND～0.036	0.020 5	0.040～0.507	0.274	ND～0.019	0.012	0.114
克兰河桥	ND～0.271	0.138	ND～0.011	0.008	0.091～0.451	0.271	ND～0.023	0.014	0.108
冲乎尔乡	—	—		0.005	ND～0.364	0.185		0.005	0.065
山口电站	ND～0.185	0.095		0.005	0.031～0.378	0.205		0.005	0.077
布尔津县桥	ND～0.363	0.184		0.005	0.018～0.779	0.399	ND～0.025	0.015	0.151
哈巴河桥	ND～0.473	0.239		0.005	0.018～0.869	0.444		0.005	0.173
别列则克河	ND～0.479	0.242		0.005	0.057～1.030	0.544	ND～0.033	0.019	0.202
平均	ND～0.479	0.152	ND～0.112	0.022	ND～1.030	0.336	ND～0.033	0.016	0.126
流域均值	ND～0.479	0.127	ND～0.112	0.016	ND～1.090	0.350	ND～0.033	0.012	0.126

注：ND 表示未检出。

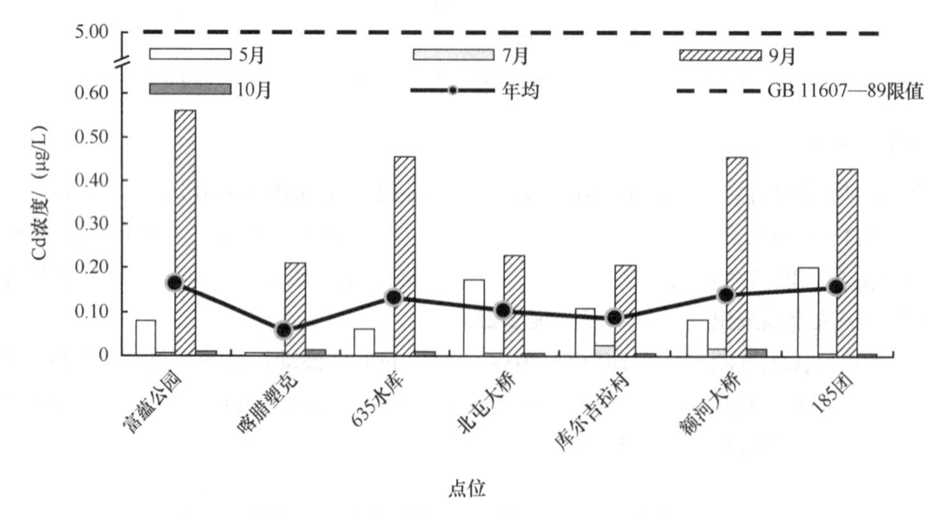

图 2-61　额尔齐斯河干流镉（Cd）浓度变化

Figure 2-61　Changes of cadmium (Cd) concentration in the Irtysh River main stream

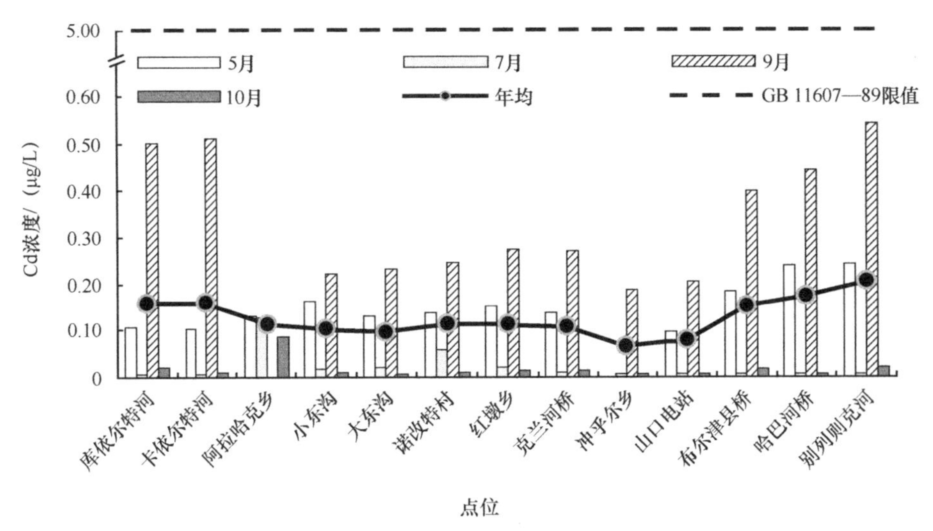

图 2-62　额尔齐斯河支流镉（Cd）浓度变化

Figure 2-62　Changes of cadmium (Cd) concentration in the Irtysh River branches

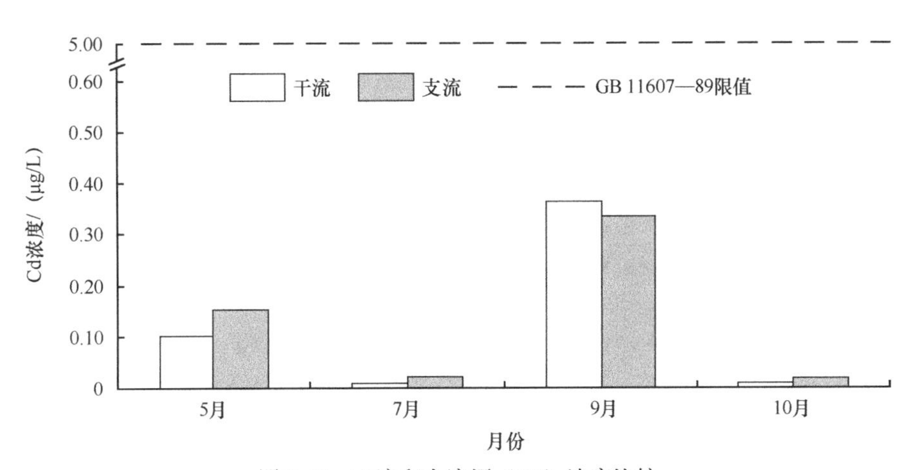

图 2-63　干流和支流镉（Cd）浓度比较

Figure 2-63　Comparison of cadmium (Cd) concentration between the main stream and branches

6. 锌（Zn）

额尔齐斯河流域锌浓度为ND～87.900μg/L，平均浓度为9.432μg/L。其中干流锌浓度为ND～38.500μg/L，平均浓度为8.373μg/L；支流锌浓度为ND～87.900μg/L，平均浓度为10.705μg/L。以《渔业水质标准》限值（≤ 0.1mg/L）作为参考，监测期间额尔齐斯河所有断面锌浓度均未出现超标情况。各点位中，喀腊塑克较低为9.92μg/L，额河大桥点位较高为30.40μg/L，监测期间最高浓度（87.900μg/L）和最高平均浓度（37.976μg/L）均出现在支流阿拉哈克河阿拉哈克乡点位（表2-26）。

干流各点位锌浓度的多年平均值在4.231～11.948μg/L间波动，各点位锌浓度的月平均值为：9月（13.317μg/L）＞5月（9.943μg/L）＞10月（5.431μg/L）＞7月（4.802μg/L）；支流各点位锌浓度的多年平均值在3.490～37.976μg/L间波动，各点位锌浓度的月平均值为：5月（19.129μg/L）＞9月（11.743μg/L）＞10月（5.877μg/L）＞7月（5.212μg/L）（图2-64～图2-66）。

表2-26 额尔齐斯河流域锌（Zn）浓度范围和平均值（μg/L）

Table 2-26 Average and range of zinc (Zn) concentration in the Irtysh River (μg/L)

点位	5月		7月		9月		10月		年均
	范围	平均	范围	平均	范围	平均	范围	平均	
干流									
富蕴公园	ND～10.90	6.038	ND～5.53	3.352	3.40～38.50	20.950	ND～17.33	9.250	9.897
喀腊塑克		1.175	ND～7.95	4.563	3.47～7.80	5.635	ND～9.92	5.549	4.231
635 水库	ND～18.80	9.988	ND～9.12	5.148	ND～28.10	14.638	ND～8.40	4.787	8.640
北屯大桥	ND～25.50	13.338	ND～1.96	1.175	5.93～19.50	12.715	ND～10.65	5.910	8.284
库尔吉拉村	ND～25.40	13.288	ND～13.50	7.338	5.00～9.56	7.280		1.175	7.270
额河大桥	ND～30.40	15.788	ND～13.96	7.566	8.60～25.90	17.250	ND～13.20	7.188	11.948
185 团	ND～18.80	9.988	ND～7.78	4.478	6.70～22.80	14.750	ND～7.14	4.159	8.344
平均	ND～30.40	9.943	ND～13.96	4.802	ND～38.50	13.317	ND～17.33	5.431	8.373
支流									
库依尔特河	ND～21.90	11.538	ND～4.09	2.634	2.90～32.50	17.700	ND～35.62	18.396	12.567
卡依尔特河	ND～16.60	8.888	ND～7.34	4.258	5.30～30.40	17.850	ND～8.45	4.812	8.952
阿拉哈克乡		87.900		16.038	—	—		9.991	37.976
小东沟	ND～18.90	10.038	ND～11.10	6.135	5.51～5.90	5.705	ND～8.81	4.993	6.718
大东沟	ND～7.98	4.578	ND～8.01	4.591	ND～4.49	2.833	ND～2.74	1.960	3.490
诺改特村	ND～18.60	9.888	ND～5.70	3.435	11.90～13.60	12.750	ND～7.57	4.372	7.611
红墩乡	ND～43.90	22.538	ND～18.01	9.593	8.35～15.20	11.775	ND～7.68	4.425	12.083
克兰河桥	ND～37.90	19.538	ND～4.71	2.940	2.81～16.00	9.405	ND～11.63	6.401	9.571
冲乎尔乡	—	—	ND～3.29	2.233	ND～16.30	8.738		1.175	4.049
山口电站	ND～33.60	17.388	ND～5.66	3.417		1.175	ND～4.37	2.770	6.187
布尔津县桥	ND～17.70	9.438	ND～10.78	5.977	ND～24.40	12.788	ND～4.84	3.006	7.802
哈巴河桥	ND～10.60	5.888	ND～2.85	2.012	8.00～25.20	16.600	ND～12.68	6.925	7.856
别列则克河	ND～42.70	21.938	ND～7.82	4.499	7.0～39.30	23.600	ND～13.19	7.181	14.304
平均	ND～87.90	19.129	ND～18.01	5.212	ND～39.30	11.743	ND～35.62	5.877	10.705
流域均值	ND～87.90	14.536	ND～18.01	5.007	ND～39.30	12.530	ND～35.62	5.654	9.432

注：ND 表示未检出。

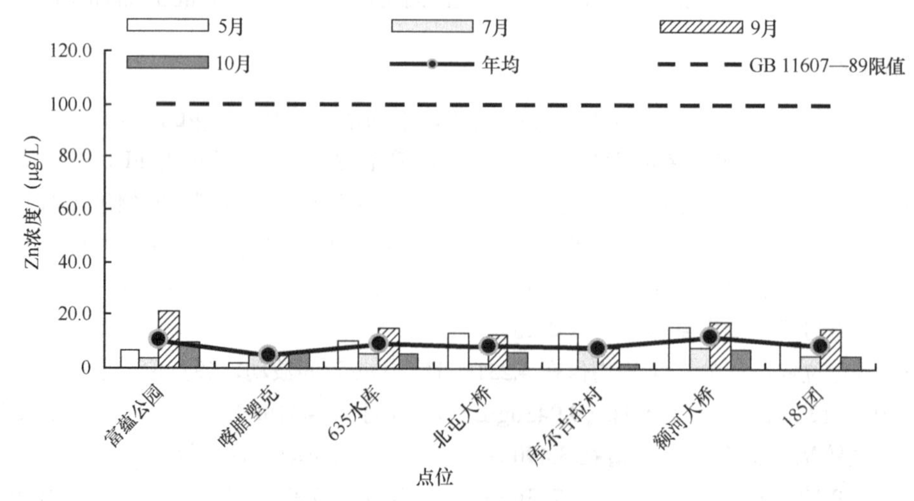

图 2-64 额尔齐斯河干流锌（Zn）浓度变化

Figure 2-64 Changes of zinc (Zn) concentration in the Irtysh River main stream

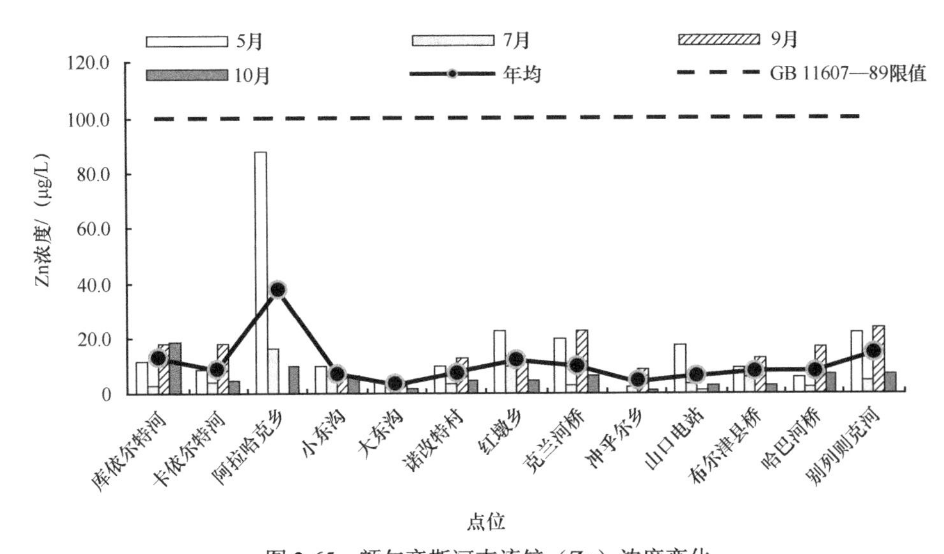

图 2-65　额尔齐斯河支流锌（Zn）浓度变化

Figure 2-65　Changes of zinc (Zn) concentration in the Irtysh River branches

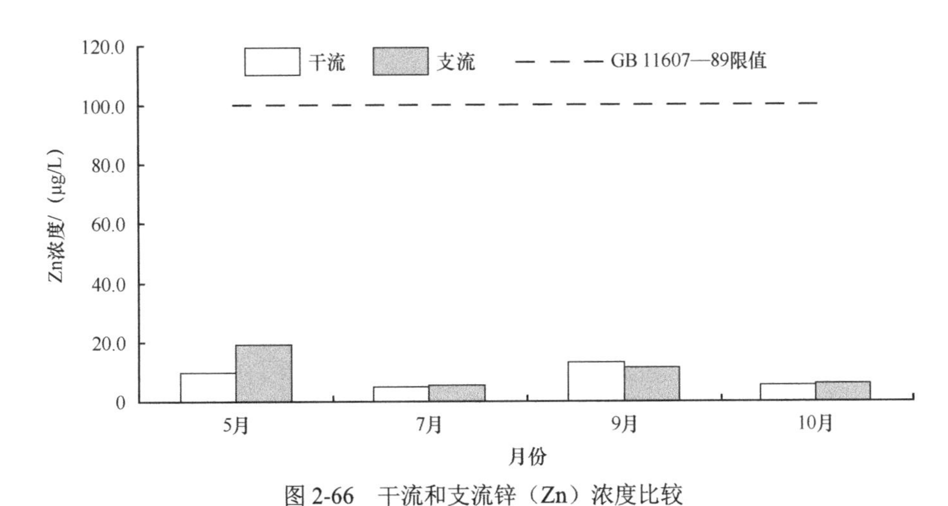

图 2-66　干流和支流锌（Zn）浓度比较

Figure 2-66　Comparison of zinc (Zn) concentration between the main stream and branches

7. 汞（Hg）

额尔齐斯河流域汞浓度为ND～0.614μg/L，平均浓度为0.052μg/L。其中干流为ND～0.614μg/L，平均浓度为0.064μg/L；支流为ND～0.296μg/L，平均浓度为0.041μg/L。以《渔业水质标准》限值（≤ 0.0005mg/L）为参考，干流185团点位汞浓度出现1次超标（2015年9月，0.614μg/L）（表2-27）。

干流各点位汞浓度的多年平均值在0.039～0.122μg/L间波动，月平均值为9月＞7月＞10月＞5月；支流各点位汞浓度的多年平均值在0.011～0.104μg/L间波动，月平均值为7月＞9月＞5月＞10月（图2-67～图2-69）。

表2-27　额尔齐斯河流域汞（Hg）浓度范围和平均值（μg/L）

Table 2-27　Average and range of hydrargyrum (Hg) concentration in the Irtysh River (μg/L)

点位	5月		7月		9月		10月		年均
	范围	平均	范围	平均	范围	平均	范围	平均	
干流									
富蕴公园	ND～0.064	0.032	ND～0.180	0.090	ND～0.084	0.042	ND～0.110	0.055	0.055
喀腊塑克		0.063	ND～0.190	0.095	ND～0.132	0.066	ND～0.130	0.065	0.073
635 水库	ND～0.055	0.028	0.004～0.180	0.092	ND～0.101	0.051		0.001	0.043
北屯大桥	ND～0.057	0.029	ND～0.180	0.090	ND～0.205	0.103	ND～0.100	0.050	0.068
库尔吉拉村	ND～0.054	0.027	ND～0.170	0.085	ND～0.084	0.042		0.001	0.039
额河大桥	ND～0.047	0.024	ND～0.110	0.055	ND～0.080	0.040	ND～0.130	0.065	0.046
185 团	ND～0.040	0.020	ND ～0.220	0.110	ND～0.614	0.307	ND～0.100	0.050	0.122
平均	ND～0.064	0.032	ND ～0.220	0.088	ND～0.614	0.093	ND～0.130	0.041	0.064
支流									
可可托海镇	ND～0.063	0.032	0.004～0.160	0.082	ND～0.070	0.035		0.0005	0.037
大桥林场	ND～0.086	0.043	ND～0.160	0.080	ND～0.093	0.047		0.0005	0.043
阿拉哈克乡		0.001		0.091	—	—		0.0005	0.031
小东沟	ND～0.012	0.006		0.001	ND～0.076	0.038		0.0005	0.011
大东沟	ND～0.015	0.008	ND～0.160	0.080	ND～0.065	0.033		0.0005	0.030
诺改特村	ND～0.030	0.015	ND～0.150	0.075	ND～0.065	0.033		0.0005	0.031
红墩乡	ND～0.047	0.024	ND～0.200	0.100	ND～0.114	0.057		0.0005	0.045
克兰河桥	ND～0.036	0.018		0.001	ND～0.095	0.048		0.0005	0.017
冲乎尔乡	—	—	0.147～0.180	0.164	ND～0.296	0.148		0.0005	0.104
山口电站	ND～0.053	0.027	0.120～0.127	0.124	ND～0.066	0.033		0.0005	0.046
布尔津县桥	ND～0.056	0.028	0.078～0.180	0.129	ND～0.057	0.029		0.0005	0.047
哈巴河桥	ND～0.051	0.026	ND～0.180	0.090	ND～0.104	0.052		0.0005	0.042
别列则克河	ND～0.049	0.025	ND～0.170	0.085	ND～0.103	0.052	ND～0.100	0.0005	0.053
平均	ND～0.086	0.021	ND～0.200	0.085	ND～0.296	0.050	ND～0.100	0.004	0.041
流域均值	ND～0.086	0.026	ND ～0.220	0.087	ND～0.614	0.072	ND～0.130	0.023	0.052

注：ND 表示未检出。

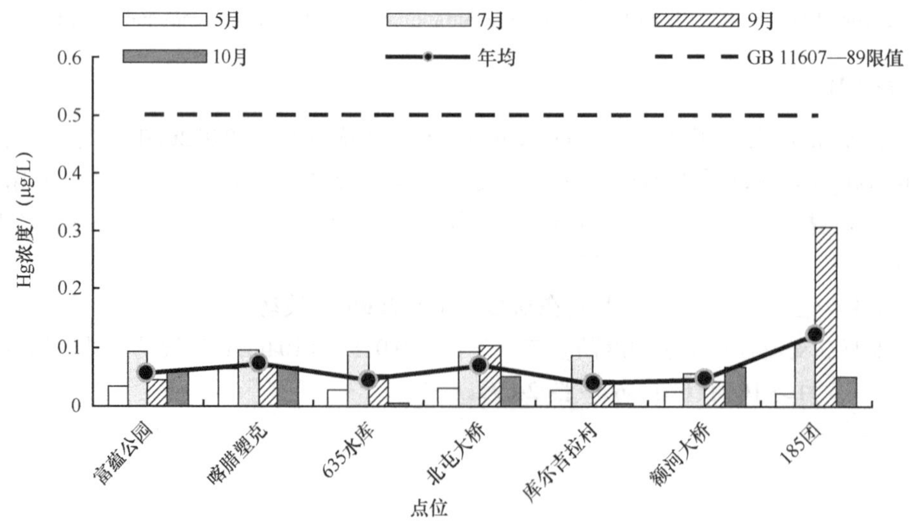

图 2-67　额尔齐斯河干流汞（Hg）浓度变化

Figure 2-67　Changes of hydrargyrum (Hg) concentration in the Irtysh River main stream

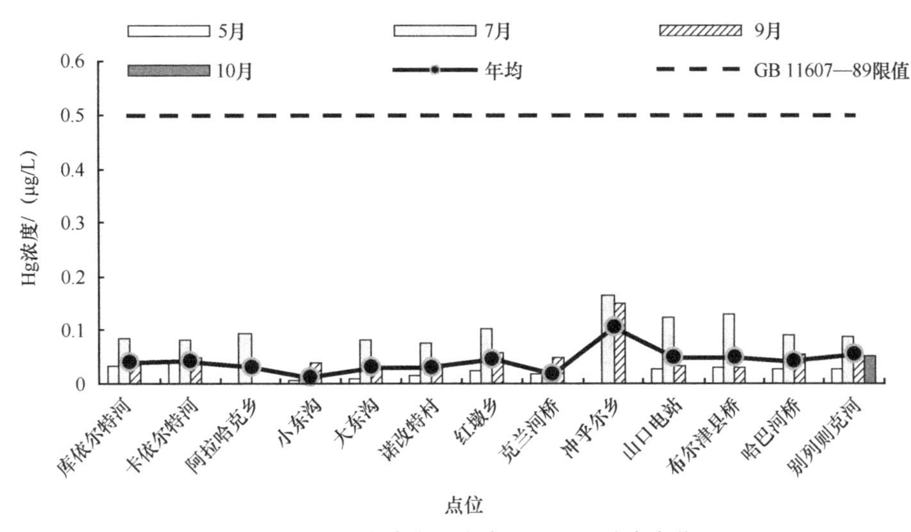

图 2-68　额尔齐斯河支流汞（Hg）浓度变化

Figure 2-68　Changes of hydrargyrum (Hg) concentration in the Irtysh River branches

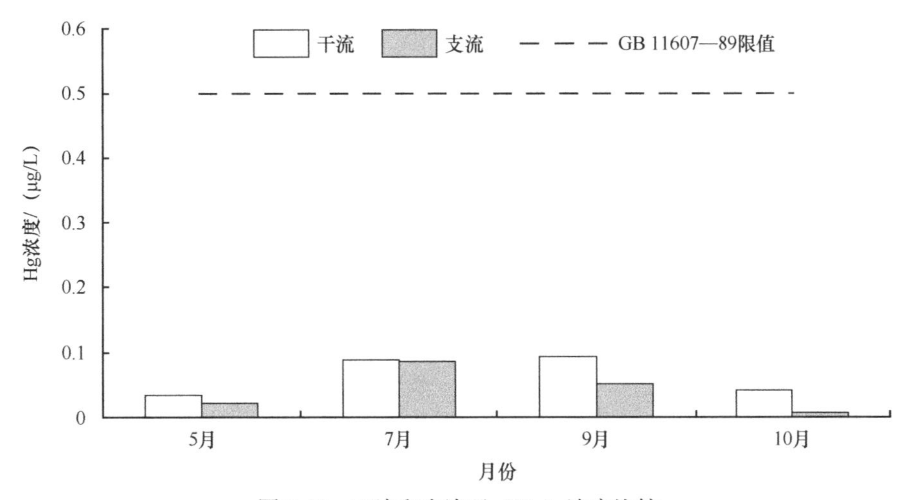

图 2-69　干流和支流汞（Hg）浓度比较

Figure 2-69　Comparison of hydrargyrum (Hg) concentration between the main stream and branches

据 1999 年监测数据（任慕莲等，2002），额尔齐斯河氰化物、六价铬、铅、砷、镉、铜、锌、汞均为未检出，说明当时额尔齐斯河还未受到严重的工业污染，仍保持着良好的生态环境。但在本次检测中，以上水质指标均有检出，且挥发酚、氰化物、铜还存在超标情况，说明额尔齐斯河流域人类活动的加剧，对河流造成的污染积累问题日益凸显。

第三节　流域水质评价

以《渔业水质标准》及《地表水环境质量标准》Ⅲ类水质标准，对额尔齐斯河流域及其主要河流 2012～2016 年间 8 次调查的断面水质情况进行分析。

一、超标指标分析

选取水温、溶解氧、pH、挥发酚、高锰酸盐指数、六价铬、总磷、氰化物、氨氮、铜、锌、铅、镉、汞、砷等15项指标，以《渔业水质标准》中的限量值作为评价标准进行水质评价，《渔业水质标准》中未规定限量的指标以《地表水环境质量标准》中Ⅲ类水质标准进行评价。评价结果见表2-28和图2-70。

表2-28　2012～2016年额尔齐斯河水质超标情况

Table 2-28　Standard-exceeding of water quality for the Irtysh River during 2012～2016

年度	指标/点位数	超标指标	超标倍数	超标点位数/超标率/%
2012	15/38	总磷	0.32～1.50	4/10.5
		挥发酚	0.20～0.80	7/18.4
		铜	0.03	1/2.63
		高锰酸钾指数	0.26	1/2.63
2013	15/37	总磷	0.20	1/2.7
		挥发酚	0.20～1.00	4/10.8
		铜	0.19～0.43	2/5.41
		高锰酸钾指数	0.04～0.15	3/8.1
2015	15/37	挥发酚	0.20	1/2.7
		汞	0.23	1/2.7
2016	15/38	挥发酚	0.20～0.60	2/5.3
		高锰酸钾指数	0.08～0.10	2/5.3

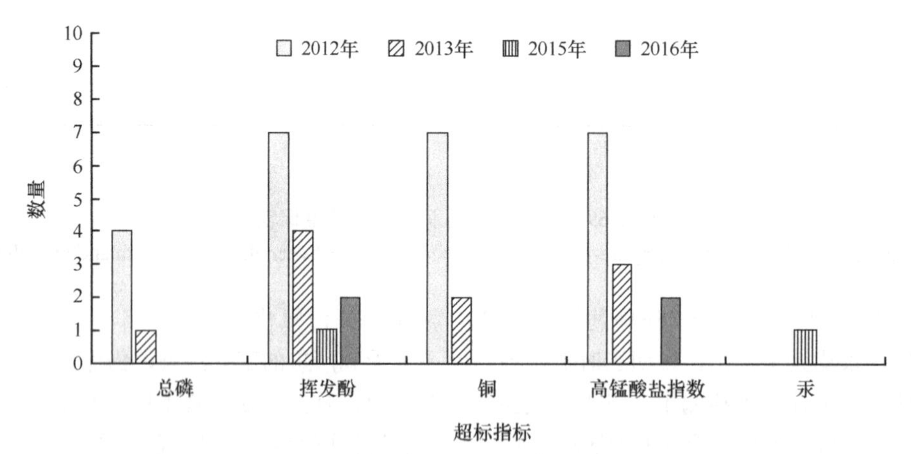

图2-70　额尔齐斯河水质超标指标比较

Figure 2-70　Comparison of standard-exceeding indicators of water quality in the Irtysh River

2012年度额尔齐斯河流域水体的超标指标包括总磷、挥发酚、铜、高锰酸盐指数。其中，总磷超标倍数为0.32～1.50，超标断面4个，超标率为10.5%；挥发酚超标倍数为0.20～0.80，超标断面7个，超标率为18.4%；铜超标倍数为0.03，超标断面1个，超标率为2.63%；高锰酸盐指数超标倍数为0.26，超标断面1个，超标率为2.63%（表2-28）。

2013年度额尔齐斯河流域水体的超标指标包括高锰酸盐指数、总磷、挥发酚和铜。其中，高锰酸盐指数超标倍数为0.04～0.15，超标断面3个，超标率为8.1%；总磷超标倍数为0.20，超标断面1个，超标率为2.7%；挥发酚超标倍数为0.20～1.00，超标断面4个，超标率为10.8%，铜超标倍数为0.19～0.43，超标断面2个，超标率为5.41%（表2-28）。

2015年度额尔齐斯河流域水体的超标指标包括汞和挥发酚。其中，汞超标倍数为0.23，超标断面1个，超标率为2.7%；挥发酚超标倍数为0.20，超标断面1个，超标率为2.7%（表2-28）。

2016年度额尔齐斯河流域水体的超标指标包括挥发酚和高锰酸盐指数。其中，挥发酚超标倍数为0.20～0.60，超标断面为2个，超标率为5.3%；高锰酸盐指数超标倍数为0.08～0.10，超标断面为2个，超标率为5.3%（表2-28）。

综上所述，2012～2016年额尔齐斯河流域主要超标指标为铜、总磷、挥发酚、高锰酸盐指数，个别年份在单个点位出现六价铬超标。其中总磷、挥发酚在年度监测中超标点位数逐年变少，说明总磷、挥发酚在水中的污染状况逐渐向好。2015年9月在额尔齐斯河干流185团断面出现汞超标，虽超标次数仅为1次，应引起注意（图2-70，表2-28）。高锰酸盐指数、总磷超标或与当地农业及生活排放造成污染有关。挥发酚主要在阿拉哈克乡、别列则克河和干流库尔吉拉村，或与区域焦化或合成氨类工业污染有关。

二、流域水质总体评价

对额尔齐斯河水系各点位进行综合污染指数计算（表2-29）。总体来看，额尔齐斯河除干流185团点位，支流的阿拉哈克乡、红墩乡、布尔津县桥等点位出现1～2次轻度污染（$0.4 \leqslant p < 0.7$）外，干支流其他点位水质状况良好，均处于清洁和尚清洁状态。

表2-29　额尔齐斯河流域各点位综合污染指数（*p*）

Table 2-29　The water quality comprehensive index (*p*) of each point in the Irtysh River

河流	点位	时间（年月）								均值（范围）
		1207	1210	1305	1309	1505	1509	1607	1610	
干流										
额尔齐斯河	富蕴公园	0.08	0.18	0.28	0.19	0.26	0.15	0.32	0.26	0.21（0.08～0.32）
	喀腊塑克	0.15	0.11		0.19	0.21	0.20	0.35	0.27	0.21（0.11～0.35）
	635水库	0.11	0.14	0.26	0.22	0.18	0.18	0.37	0.2	0.20（0.11～0.37）
	北屯大桥	0.12	0.11	0.26	0.28	0.16	0.31	0.35	0.35	0.24（0.11～0.35）
	库尔吉拉村	0.29		0.35	**0.30**	0.29	0.30	0.38	0.27	0.31（0.27～0.38）
	额河大桥	0.17	0.14	0.32	0.23	0.30	0.28	0.30	**0.39**	0.26（0.14～0.39）
	185团	0.17	0.14	0.26	0.12	0.24	**0.64**	0.28	0.35	0.27（0.12～0.64）
支流										
库依尔特河	可可托海	0.09	0.16	0.21	0.10	0.19	0.14	0.31	0.12	0.16（0.09～0.31）
卡依尔特河	大桥林场	0.14	0.15	0.21	0.12	0.24	0.18	0.29	0.23	0.19（0.12～0.29）
阿拉哈克河	阿拉哈克乡	**0.47**	0.34	**0.50**						0.43（0.34～0.5）
克兰河	小东沟	0.13	0.17	0.17	0.14	0.19	0.22	0.14	0.17	0.16（0.13～0.22）
	大东沟	0.16	0.16	0.21	0.13	0.19	0.20	0.23	0.14	0.17（0.13～0.23）
	诺改特村	0.16	0.19	0.19	0.11	0.19	0.18	0.25	0.14	0.17（0.11～0.25）
	红墩乡	**0.56**	0.26	0.26	0.23	0.22	0.29	0.39	0.25	0.30（0.22～0.56）
	克兰河桥	0.11	0.13	0.32	0.15	0.19	0.22	0.12	0.2	0.18（0.11～0.32）

续表

河流	点位	时间（年月）								均值（范围）
		1207	1210	1305	1309	1505	1509	1607	1610	
克兰河	冲乎尔乡	0.20			0.16		0.34	0.24	0.25	0.23（0.16～0.34）
布尔津河	山口电站	0.24	0.12	0.24	0.23	0.32	0.17	0.21	0.25	0.22（0.12～0.32）
	布尔津县桥	0.32	0.13	0.27	0.19	**0.70**	0.13	0.24	0.19	0.27（0.13～0.7）
哈巴河	哈巴河桥	0.11	0.13	0.22	0.17	0.25	0.19	0.26	0.23	0.19（0.11～0.26）
别列则克河	别列则克桥	0.18	0.21	0.25	0.2	0.26	0.3	0.29	0.36	0.25（0.18～0.36）

注：粗体字表示该指标超标。

依据《地表水环境质量标准》，将河流断面的水质综合污染指数与标准类别的综合特征值比较，计算各断面与标准类别的贴近度，对断面水质进行评价分类（表 2-30），结果显示，所有水域水质质量良好，均贴近Ⅰ～Ⅱ类水质，且大部分水域均贴近Ⅰ类水质，支流阿拉哈克乡、红墩乡和布尔津县大桥点位偶尔出现贴近Ⅱ类水质现象，干流 185 团点位则出现贴近Ⅱ类水质频率最高，表明相对于其他水体，其水质最差，分析与人类生产、生活及水流循环较慢有关。

表2-30　额尔齐斯河流域各断面质量分类

Table 2-30　The water quality classification of each sampling section in the Irtysh River

河流	点位	时间（年月）								范围
		1207	1210	1305	1309	1505	1509	1607	1610	
干流										
额尔齐斯河	富蕴公园	Ⅰ	Ⅰ	Ⅰ	Ⅰ	Ⅰ	Ⅰ	Ⅰ	Ⅰ	Ⅰ
	喀腊塑克	Ⅰ	Ⅰ		Ⅰ	Ⅰ	Ⅰ	Ⅰ	Ⅰ	Ⅰ
	635 水库	Ⅰ	Ⅰ	Ⅰ	Ⅰ	Ⅰ	Ⅰ	Ⅰ	Ⅰ	Ⅰ
	北屯大桥	Ⅰ	Ⅰ	Ⅰ	Ⅰ	Ⅰ	Ⅰ	Ⅰ	Ⅰ	Ⅰ
	库尔吉拉村	Ⅰ		Ⅰ	Ⅰ	Ⅰ	Ⅰ	Ⅰ	Ⅰ	Ⅰ
	额河大桥	Ⅰ	Ⅰ	Ⅰ	Ⅰ	Ⅰ	Ⅰ	Ⅰ	Ⅰ	Ⅰ
	185 团	Ⅰ	Ⅱ	Ⅰ	Ⅱ	Ⅱ	Ⅰ	Ⅱ	Ⅱ	Ⅰ～Ⅱ
支流										
库依尔特河	可可托海	Ⅰ	Ⅰ	Ⅰ	Ⅰ	Ⅰ	Ⅰ	Ⅰ	Ⅰ	Ⅰ
卡依尔特河	大桥林场	Ⅰ	Ⅰ	Ⅰ	Ⅰ	Ⅰ	Ⅰ	Ⅰ	Ⅰ	Ⅰ
阿拉哈克河	阿拉哈克乡	Ⅰ	Ⅰ	Ⅱ						Ⅰ～Ⅱ
	小东沟	Ⅰ	Ⅰ	Ⅰ	Ⅰ	Ⅰ	Ⅰ	Ⅰ	Ⅰ	Ⅰ
	大东沟	Ⅰ	Ⅰ	Ⅰ	Ⅰ	Ⅰ	Ⅰ	Ⅰ	Ⅰ	Ⅰ
克兰河	诺改特村	Ⅰ	Ⅰ	Ⅰ	Ⅰ	Ⅰ	Ⅰ	Ⅰ	Ⅰ	Ⅰ
	红墩乡	Ⅱ	Ⅰ	Ⅰ	Ⅰ	Ⅰ	Ⅰ	Ⅱ	Ⅰ	Ⅰ～Ⅱ
	克兰河桥	Ⅰ	Ⅰ	Ⅰ	Ⅰ	Ⅰ	Ⅰ	Ⅰ	Ⅰ	Ⅰ
布尔津河	冲乎尔乡	Ⅰ			Ⅰ		Ⅰ	Ⅰ	Ⅰ	Ⅰ
	山口电站	Ⅰ	Ⅰ	Ⅰ	Ⅰ	Ⅰ	Ⅰ	Ⅰ	Ⅰ	Ⅰ
	布尔津县桥	Ⅰ	Ⅰ	Ⅰ	Ⅰ	Ⅱ	Ⅰ	Ⅰ	Ⅰ	Ⅰ～Ⅱ

续表

河流	点位	时间（年月）								范围
		1207	1210	1305	1309	1505	1509	1607	1610	
哈巴河	哈巴河桥	I	I	I	I	I	I	I	I	I
别列则克河	别列则克桥	I	I	I	I	I	I	I	I	I

三、水质污染的时空变化分析

（一）空间变化

通过计算2012～2016年额尔齐斯河及各支流河口各点位的水域年度综合污染指数，对额尔齐斯河及其支流克兰河进行空间分析（图2-71）。

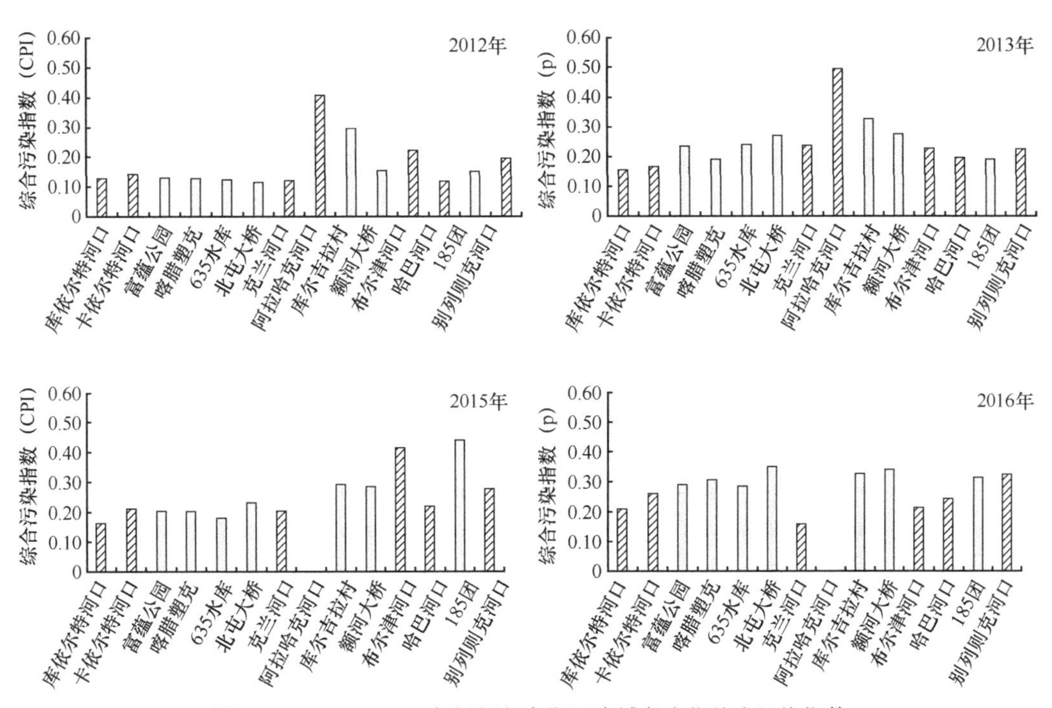

图2-71 2012～2016年间额尔齐斯河流域各点位综合污染指数

Figure 2-71 Water quality comprehensive index of each point in the Irtysh River during 2012～2016

2012年额尔齐斯河干流从上游至出境口在空间上无明显变化趋势（$p > 0.05$），支流仅阿拉哈克河对干流水质表现出一定的影响，即阿拉哈克河汇入后，干流库尔吉拉断面综合污染指数略有升高，但干流综合污染指数$p < 0.4$，总体处于清洁状态。

2013年额尔齐斯河干流从上游至出境口在空间上无明显变化趋势（$p > 0.05$），支流阿拉哈克河对干流水质表现出一定的影响，即阿拉哈克河汇入后，干流库尔吉拉断面综合污染指数略有升高，但干流总体处于尚清洁状态（$0.2 \leqslant p < 0.4$）。

2015年额尔齐斯河干流从上游至出境口综合污染指数有明显升高趋势（$p < 0.05$），阿拉哈克河汇入口下游干流各断面综合污染指数均有升高，整体处于尚清洁－轻污染状态（$0.4 \leqslant p < 0.7$）。

2016年额尔齐斯河干流从上游至出境口在空间上无明显变化趋势（$p > 0.05$），且干流均未受到支流的明显影响，整体处于尚清洁状态（$0.2 \leqslant p < 0.4$）。

总体而言，2012～2016 年，额尔齐斯河流域综合污染指数较高值主要出现在支流阿拉哈克河汇入口以下，阿拉哈克河水质对干流水质产生了一定影响，且下游人类活动明显较上游多，对水质产生一定的不利影响，但干流和支流水质均在清洁 – 轻污染状态，对鱼类生长和繁殖产生的影响较小。

（二）时间变化

通过对各点位在 2012～2016 年的水域质量综合指数进行分析，我们发现干流喀腊塑克电站、北屯大桥、185 团和支流哈巴河桥（哈巴河）综合污染指数随时间呈现出显著升高趋势，支流别列则克桥点位综合污染指数随时间呈现出极显著的升高趋势，其他断面未出现明显的变化趋势（图 2-72）。

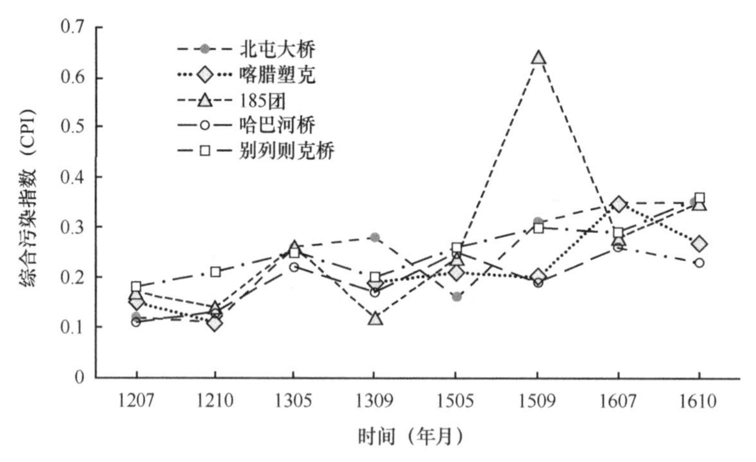

图 2-72　额尔齐斯河流域水域综合污染指数（CPI）变化趋势

Figure 2-72　Monthly changes of the water quality comprehensive pollution index (CPI) in the Irtysh River

干流喀腊塑克、北屯大桥及支流哈巴河桥（哈巴河）、别列则克桥（别列则克河）综合污染指数最高值均出现在 2016 年，4 个点位的综合污染指数分别为 0.35、0.35、0.26 和 0.36，但水质均处于清洁和尚清洁状态，水体未出现明显污染指标。

185 团在 2015 年 9 月综合污染指数出现极高值 0.64，属于轻污染状态，且该水体人类生产、生活活动较多，应密切关注水体质量变化趋势。

小　结

1）额尔齐斯河流域 pH 在 6.6～8.51 之间变化，多数监测点位的 pH 在 7 以上，水质整体略偏碱性。额尔齐斯河流域钙镁总量为 0.08～2.27mmol/L，介于软水与中硬水间。

2）2012～2016 年度额尔齐斯河流域主要超标指标为铜、总磷、挥发酚、高锰酸盐指数。其中总磷、挥发酚在年度监测中超标个数逐年变少，说明总磷和挥发酚在水中的污染状况在逐渐改善。

3）干流和支流均有部分断面综合污染指数随时间呈现出显著或极显著的升高趋势，但水质均处于清洁和尚清洁状态，水体未出现明显污染指标。仅 185 团在 2015 年 9 月综合污染指数出现极高值 0.64，属于轻污染状态，且该水体人类生产、生活活动较多，应密切关注水体质量变化趋势。

4）额尔齐斯河流域综合污染指数较高值主要出现在支流阿拉哈克河汇入口以下，阿拉哈克河水质对干流水质产生了一定影响，且下游人类活动明显较上游多，对水质产生一定的不利影响，但干支流均在清洁－轻污染状态。

5）支流的pH、悬浮物、氨氮、硝酸盐、亚硝酸盐、总氮、总磷、钙、镁、钙镁总量、高锰酸盐指数、氰化物、六价铬、铜、锌等水质指标的波动范围高于干流。监测的8条支流分布范围广，地理上有阻隔，地质地貌及沿岸的人为活动等影响因素不尽相同，而干流本身为一个连贯相通的体系，流量大，水体缓冲及稀释能力强，是其各水质指标波动幅度小于支流的主要原因。

6）7月汛期的污染水平较高，且pH、悬浮物、氨氮、硝酸盐、亚硝酸盐、总磷、钙、高锰酸盐指数、六价铬等水质指标在7月波动范围最大。雪水融化，再加上雨水冲刷地面，将堆积的残存污物都推入河道是导致水质指标波动范围大的主要原因。

7）目前额尔齐斯河流域水质总体情况良好，能满足鱼类等水生生物的生长、繁殖需要，但部分水域有缓慢恶化的趋势，应对额尔齐斯河流域水质继续进行跟踪调查研究，及时掌握水生生物环境质量变化趋势。

主要参考文献

段震, 张新明, 杨丰云. 2019. 综合污染指数法在大汶河水质评价中的应用. 水文水资源, 4: 10-11

国家环境保护局. 1986. GB 6920—86 水质 pH 值的测定 玻璃电极法. 北京: 中国标准出版社

国家环境保护局. 1987. GB/T 7475—87 水质 铜、锌、铅、镉的测定 原子吸收分光光度法. 北京: 中国标准出版社

国家环境保护局. 1987. GB/T 7485—87 水质 总砷的测定 二乙基二硫代氨基甲酸银分光光度法. 北京: 中国标准出版社

国家环境保护局. 1987. HJ 597—2011. 水质 总汞的测定 冷原子吸收分光光度法. 北京: 中国标准出版社

国家环境保护局标准处. 2009. HJ 506—2009 水质 溶解氧的测定 电化学探头法. 北京: 中国标准出版社

国家环境保护局标准处. 1989. GB 11892—89 水质 高锰酸盐指数的测定. 北京: 中国标准出版社

国家环境保护局标准处. 1989. GB 11893—89 水质 总磷的测定 钼酸铵分光光度法. 北京: 中国标准出版社

国家环境保护局标准处. 1989. GB 11901—89 水质 悬浮物的测定 重量法. 北京: 中国标准出版社

国家环境保护局标准处. 1989. GB 11607—89 渔业水质标准. 北京: 中国标准出版社

国家环境保护局标准处. 2012. HJ 636—2012 水质 总氮的测定 碱性过硫酸钾消解紫外分光光度法. 北京: 中国标准出版社

国家环境保护局规划标准处. 1987. GB 7476—87 水质 钙的测定 EDTA 滴定法. 北京: 中国标准出版社

国家环境保护局规划标准处. 1987. GB 7477—87 水质 钙和镁总量的测定 EDTA 滴定法. 北京: 中国标准出版社

国家环境保护局规划标准处. 1987. GB 7493—87 水质 亚硝酸盐氮的测定 分光光度法. 北京: 中国标准出版社

国家环境保护局规划标准处. 1989. GB/T 11901—89 水质 悬浮物的测定 重量法. 北京: 中国标准出版社

国家环境保护总局《水和废水监测分析方法》编委会. 2002. 水和废水监测分析方法. 4 版. 北京: 中国环境科学出版社: 35

国家环境保护总局科技标准司. 2002. GB 3838—2002 地表水环境质量标准. 北京: 中国环境科学出版社

环境保护部. 地表水环境质量评价办法(试行). 环办[2011] 22 号文, 2011

任慕莲, 郭焱, 张人铭, 等. 2002. 中国额尔齐斯河鱼类资源及渔业. 乌鲁木齐: 新疆科技卫生出版社

沈阳市环境监测中心站. 2009. HJ 484—2009 水质 氰化物的测定 容量法和分光光度法. 北京: 中国环境科学出版社

沈阳市环境监测中心站. 2009. HJ 503—2009 水质 挥发酚的测定 4-氨基安替比林分光光度法. 北京: 中国环境科学出版社

沈阳市环境监测中心站. 2009. HJ 535—2009 水质 氨氮的测定 纳氏试剂分光光度法. 北京: 中国环境科学出版社

沈阳市环境监测中心站. 2014. HJ 700—2014 水质 65 种元素的测定电感耦合等离子体质谱法标准. 北京: 中国环境科学出版社

王双银, 宋孝玉. 2008. 水资源评价. 郑州: 黄河水利出版社: 180-181

新疆维吾尔自治区人民政府. 2002. 中国新疆水环境功能区划. 新政函[2002]194 号文, 2002 年11 月16 日

徐彬, 林灿尧, 毛新伟. 2014. 内梅罗污染指数法在太湖水质评价中的适用性分析. 水资源保护, 30(2): 38-40

第三章　额尔齐斯河的水生生物资源

周　琼　王　军　夏成星　鲍明明　葛奕豪　桑　翀　马吉顺
华中农业大学，湖北武汉，430070

水生生物是水生生态系统的重要组成部分，在水生生态系统物质循环和能量流动中发挥着关键作用（戴纪翠和倪晋仁，2008）。水生生物对环境的变化非常敏感（王晓清等，2013），其群落结构、优势种群和生物多样性是评价水质与水体营养水平的主要指标，对水环境的保护具有重要作用。几乎所有的水生生物都可以作为鱼类的饵料资源，因而了解水域中水生生物种类及丰度有助于分析鱼类资源变动趋势的原因。曾有学者对额尔齐斯河流域局部水域的浮游植物和大型底栖动物种群结构及生物多样性进行了研究（姜作发等，2009；薛俊增等，2011；谭一粒，2010），《中国额尔齐斯河鱼类资源及渔业》较全面地介绍了额尔齐斯河的水生生态状况（任慕莲等，2002）。我们对额尔齐斯河水生生物种群结构、优势种类、密度、生物量及生物多样性等进行了调查研究，运用生物多样性指数评价额尔齐斯河水生生物种群结构特征和水环境现状，以期为额尔齐斯河水环境保护和渔业资源管理提供依据。

第一节　材料与方法

2012～2016年共14次（2012年7月、8月和10月，2013年5月、7月、8月和10月，2015年5月、7月、8月和10月，2016年5月、7月和8月），在额尔齐斯河干流185团、盐池、635水库和富蕴，主要支流别列则克河（铜矿）、哈巴河（哈巴河大桥）、布尔津河口和冲乎尔大桥，克兰河上游（小东沟）、可可托海（卡依尔特河和库依尔特河汇合处）和托洪台水库等采样点，采集浮游植物、浮游动物、周丛藻类、底栖无脊椎动物的定性与定量样本，分析了各生物类群的物种数、优势类群、密度、生物量及其季节与空间变化。水生维管束植物采样地点为铁热克提、布尔津、布尔津河口、别列则克铜矿、冲乎尔大桥、冲乎尔电站、托洪台水库、富蕴、铁买克乡和可可托海。

样品采集、保存、处理和分析方法主要参照文献（张觉民和何志辉，1991；章宗涉和黄祥飞，1991；沈韫芬等，1990；胡鸿钧和魏印心，2006；刘建康，1999）。物种鉴定主要参照文献（中国科学院中国植物志编辑委员会，1990；沈嘉瑞，1979；蒋燮治和堵南山，1979；王家楫，1961）。

第二节　水生生物种类组成、密度与生物量

一、浮游植物

（一）种类组成与优势种

研究期间共鉴定浮游植物8门71属194种（附表3-1），其中硅藻门（Bacillariophyta）的种类最多，为111种（57.2%），其次是绿藻门（Chlorophyta），47种（24.3%），蓝藻门（Cyanophyta）22种（11.3%），裸藻门（Euglenophyta）8种（4.2%），隐藻门（Cryptophyta）

和金藻门（Chrysophyta）各2种（1.0%），黄藻门（Xanthopyta）和甲藻门（Pyrrophyta）各1种（0.5%）（图3-1）。

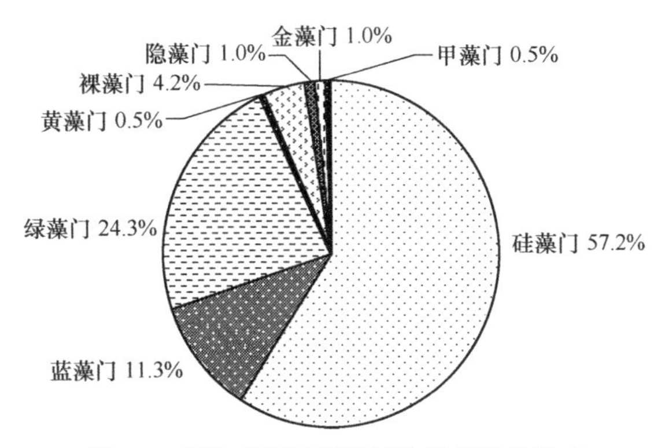

图3-1 额尔齐斯河浮游植物各门种类组成

Figure 3-1 Species abundance composition of phytoplankton according to phylum in the Irtysh River

5月的优势种为硅藻门弧形峨眉藻、美丽星杆藻、梅尼小环藻、偏肿桥弯藻、双头菱形藻和极小桥弯藻。7月的优势种为硅藻门弧形峨眉藻、尖针杆藻、肘状针杆藻、偏肿桥弯藻、梅尼小环藻、美丽星杆藻、普通等片藻以及隐藻门的啮蚀隐藻。8月的优势种为硅藻门弧形峨眉藻、尖针杆藻、梅尼小环藻、系带舟形藻、橄榄形异极藻、小头菱形藻、偏肿桥弯藻、线性菱形藻和扁圆卵形藻。9月优势种为硅藻门弧形峨眉藻、巴豆叶脆杆藻、尖针杆藻、偏肿桥弯藻、橄榄形异极藻、扁圆卵形藻、小头菱形藻和隐藻门的啮蚀隐藻。四个月均出现的优势种为硅藻门的弧形峨眉藻和偏肿桥弯藻，且硅藻门在研究期间一直占据绝对优势。

（二）密度与生物量

额尔齐斯河5月、7月、8月和10月浮游植物密度分别为0.44×10^6cells/L、0.53×10^6cells/L、0.50×10^6cells/L和0.74×10^6cells/L，年平均密度为0.55×10^6cells/L；5月、8月、10月生物量分别为0.83mg/L、0.84mg/L和1.96mg/L，年平均生物量为0.94mg/L。整体上浮游植物的密度与生物量表现为平水期＞丰水期＞枯水期，干流＞支流（图3-2和图3-3）。

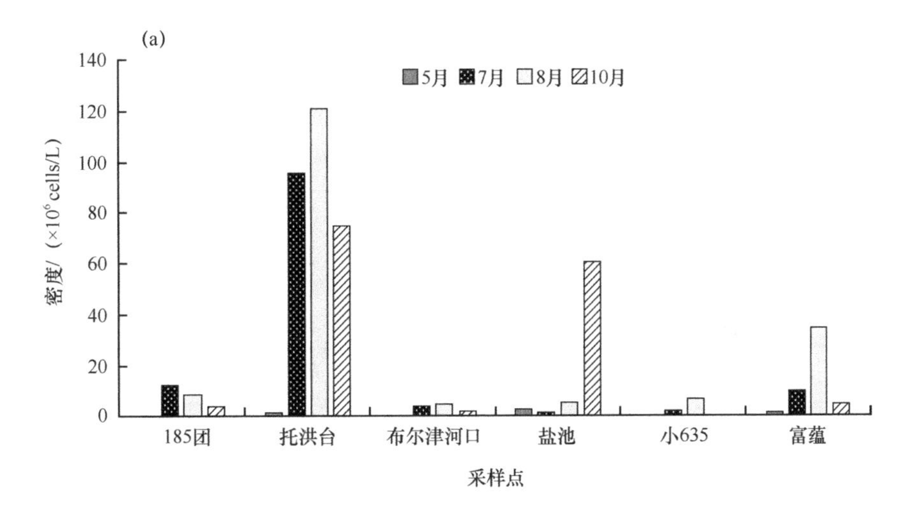

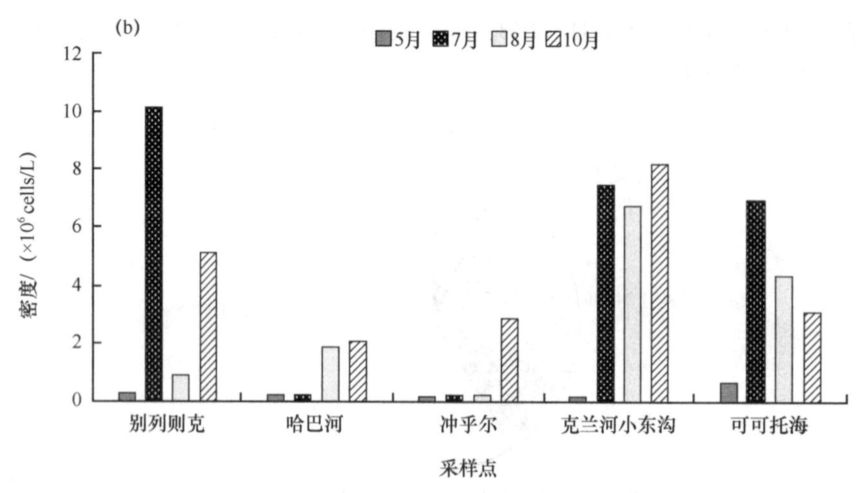

图 3-2　额尔齐斯河干流（a）与支流（b）浮游植物密度

Figure 3-2　Density of phytoplankton in the main stream (a) and branches (b) of the Irtysh River

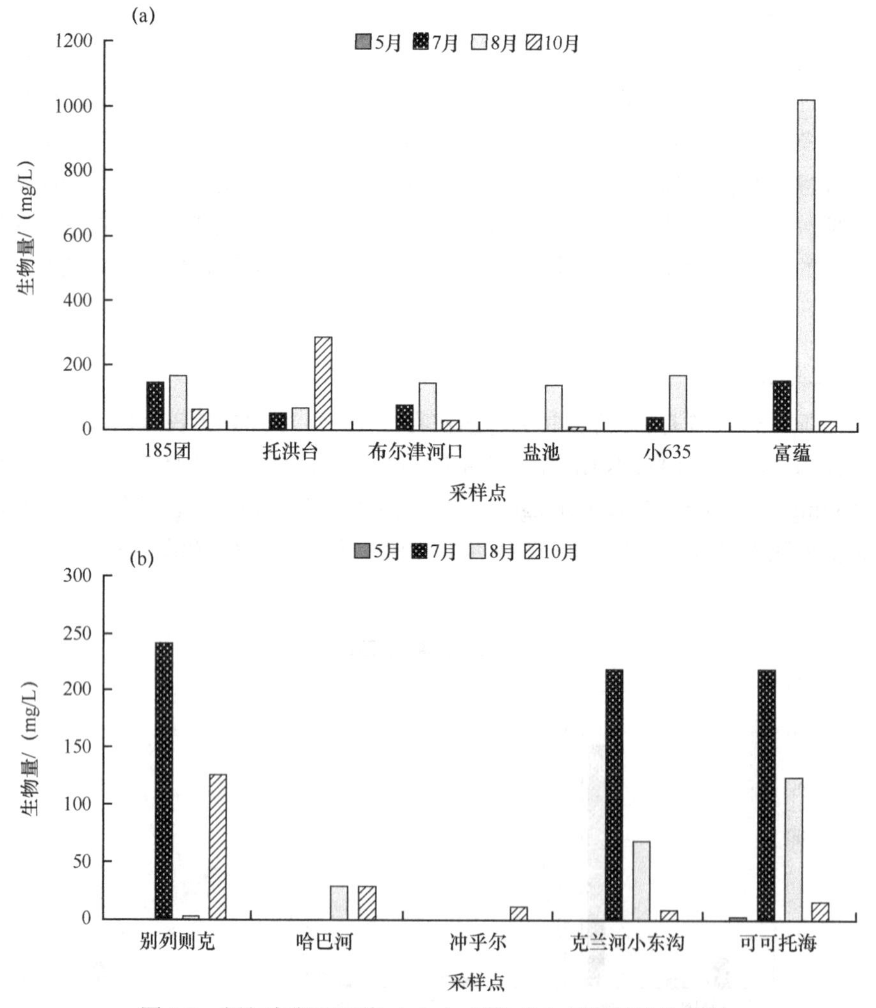

图 3-3　额尔齐斯河干流（a）与支流（b）浮游植物生物量

Figure 3-3　Biomass of phytoplankton in the main stream (a) and branches (b) of the Irtysh River

二、浮游动物

(一)种类组成与优势种

研究期间额尔齐斯河共鉴定浮游动物136种(附表3-2)。其中,原生动物37种,占种类总数的27.21%;轮虫78种,占种类总数的57.35%;枝角类15种,占种类总数的11.03%;桡足类6种,占种类总数的4.41%(图3-4)。额尔齐斯河浮游动物5月的优势种为轮虫的螺形龟甲轮虫、盖氏晶囊轮虫及桡足类无节幼体。7月的优势种为原生动物的冠冕砂壳虫,轮虫的螺形龟甲轮虫、转轮虫、前节晶囊轮虫,枝角类的长额象鼻溞及桡足类的无节幼体。8月的优势种为原生动物的冠砂壳虫,轮虫的螺形龟甲轮虫、枝角类的长额象鼻溞及桡足类的无节幼体。10月的优势种为轮虫的螺形龟甲轮虫、矩形龟甲轮虫,前节晶囊轮虫,枝角类的长额象鼻溞及桡足类的无节幼体。5月、7月、8月、10月四个月份均出现的优势种为轮虫的螺形龟甲轮虫和桡足类的无节幼体。

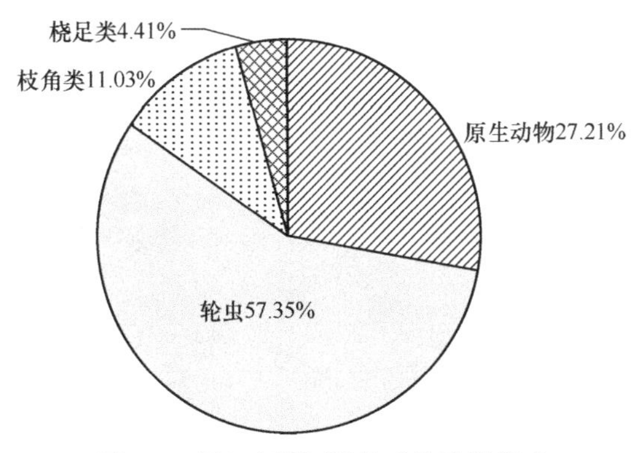

图3-4 额尔齐斯河浮游动物种类组成

Figure 3-4 Species abundance composition of zooplankton in the Irtysh River

(二)密度与生物量

额尔齐斯河5月、7月、8月和10月浮游动物密度分别为28.17ind./L、33.72ind./L、36.32ind./L和10.38ind./L,年平均密度为27.10ind./L。5月、7月、8月和10月生物量分别为0.104mg/L、0.042mg/L、0.088mg/L和0.115mg/L,年平均生物量为0.086mg/L。整体上浮游动物的密度与生物量表现为平水期>丰水期>枯水期,干流>支流(图3-5和图3-6)。

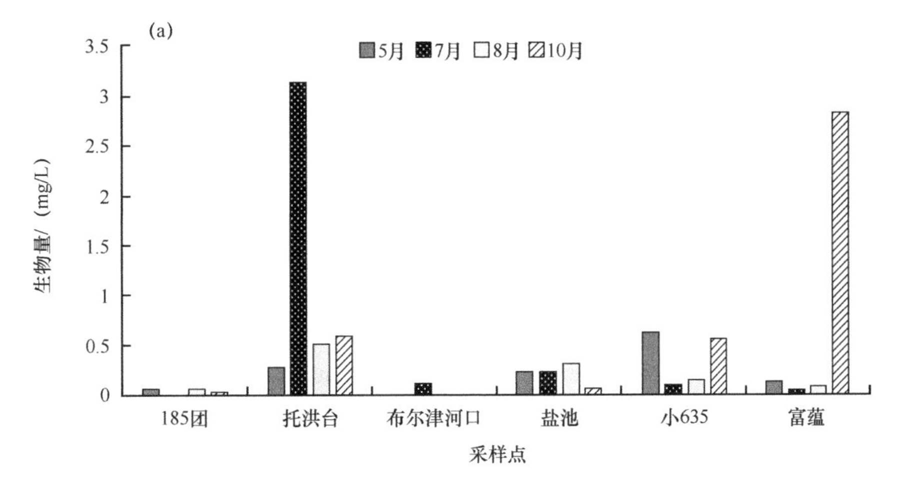

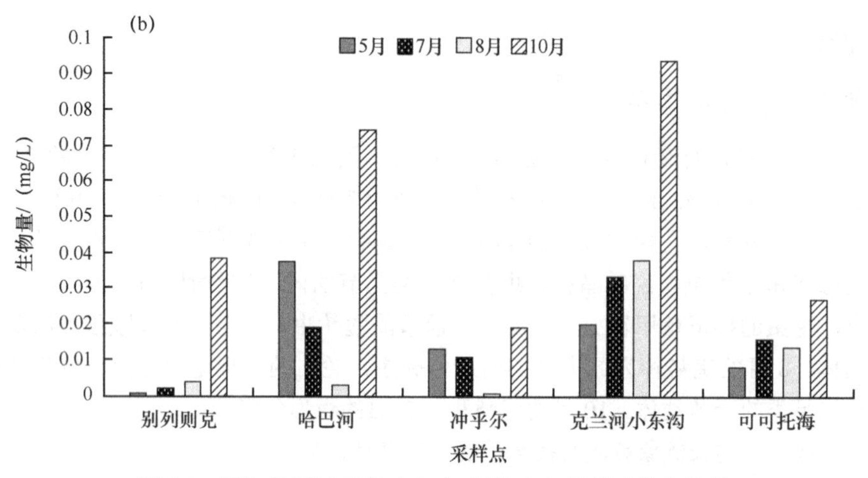

图 3-5 额尔齐斯河干流（a）与支流（b）浮游动物生物量

Figure 3-5 Density of zooplankton in the main stream (a) and branches (b) of the Irtysh River

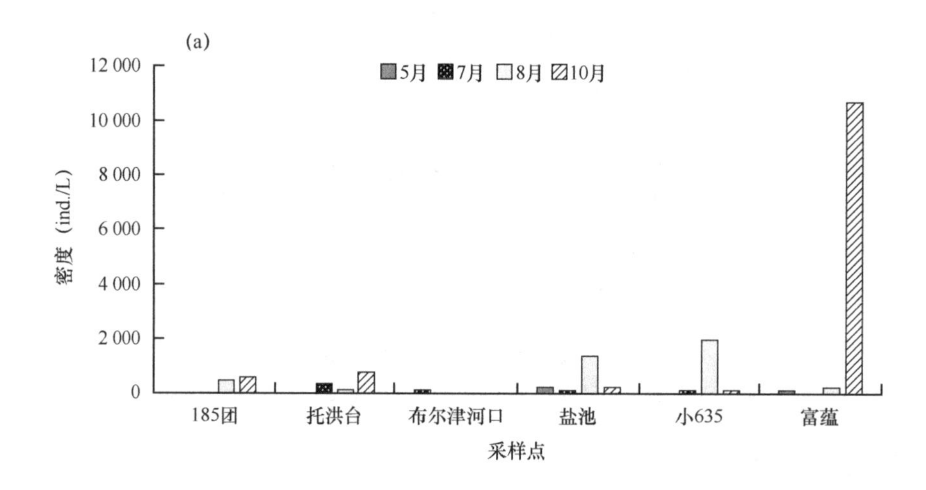

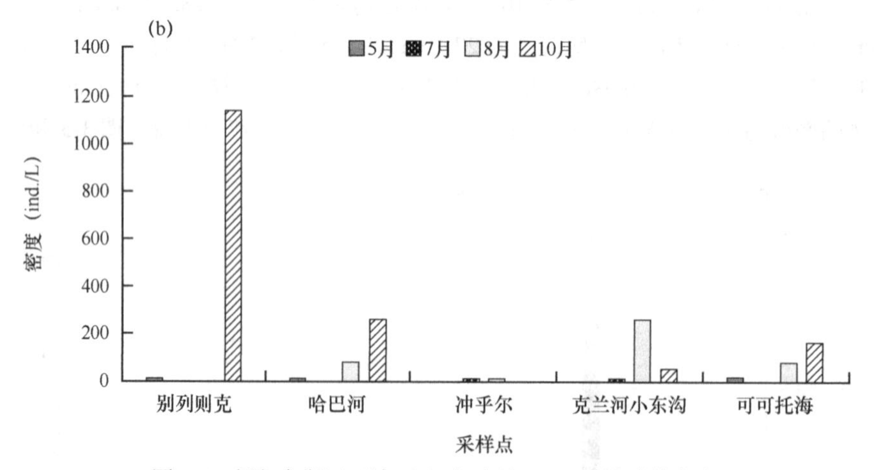

图 3-6 额尔齐斯河干流（a）与支流（b）浮游动物密度

Figure 3-6 Biomass of zooplankton in the main stream (a) and branches (b) of the Irtysh River

三、周丛藻类

（一）种类组成与优势种

在额尔齐斯河10个采样点采集周丛藻类样品，鉴定到硅藻门、蓝藻门、绿藻门、黄藻门、裸藻门、甲藻门、金藻门和轮藻门等8个门类，共计73属190种（附表3-3）。其中，硅藻门的种类最多为104种（54.74%）；其次是绿藻门51种（26.84%）；蓝藻门22种（11.58%）；黄藻门3种（1.58%），裸藻门6种（3.16%），金藻门2种（1.05%），甲藻门和轮藻门各1种（1.05%）（图3-7）。

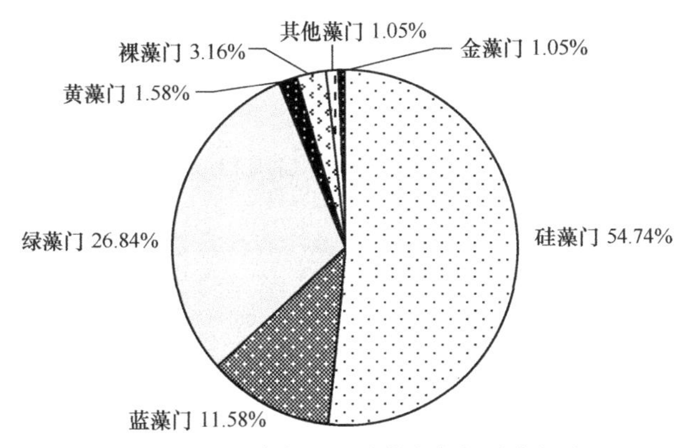

图3-7　额尔齐斯河周丛藻类各门种类组成

Figure 3-7　Species abundance composition of periphytic algae in the Irtysh River

从周丛藻类种数的季节分布来看，8月份最多，为95种，其次为10月份（65种）和7月份（50种），三个季节之间的种数差异极其显著（$P < 0.01$）。从各采样点的空间分布来看，7月份以富蕴、克兰河、布尔津、小635最多，分别为26个种属、18个种属、17个种属、17个种属；8月份以185团、冲乎尔和克兰河最多，分别为35个种属、35个种属、30个种属；10月份185团、富蕴、别列则克最多，分别为29种属、26种属和22种属。10月份相比于8月份有所下降。

调查期间，7月份的优势种为硅藻门的嗜盐舟形藻、椭圆舟形藻、短小舟形藻、极小舟形藻、弧形峨眉藻、双头菱形藻及蓝藻门两栖颤藻。8月份的优势种为硅藻门的嗜盐舟形藻、近缘桥弯藻、胡斯特桥弯藻、扁圆卵形藻、钝脆杆藻和蓝藻门皮状席藻。10月份优势种为硅藻门的弧形峨眉藻、钝脆杆藻、嗜盐舟形藻、极小桥弯藻和蓝藻门的阿式颤藻，3个月份均出现的优势种为嗜盐舟形藻。7月份的优势种中硅藻门种类数量占85.7%，硅藻中的椭圆舟形藻出现频率为86%，8月份和10月份优势种中蓝藻门的比例虽有所增加，但硅藻仍占据绝对优势。

（二）密度与生物量

5月、7月、8月和10月份额尔齐斯河周丛藻类密度分别为7.181×10^8cells/m^2、1.6154×10^9cells/m^2、1.794×10^9cells/m^{2}和2.1605×10^9cells/m^2，年平均密度为$1.572.0\times10^9$cells/m^2。额尔齐斯河周丛藻类密度的主要贡献来自于硅藻门，各月份硅藻的密度差异显著（$P < 0.05$），整体上额尔齐斯河周丛藻类密度的空间分布表现为丰水期＞平水期＞枯水期，干流＞支流工（图3-8）。

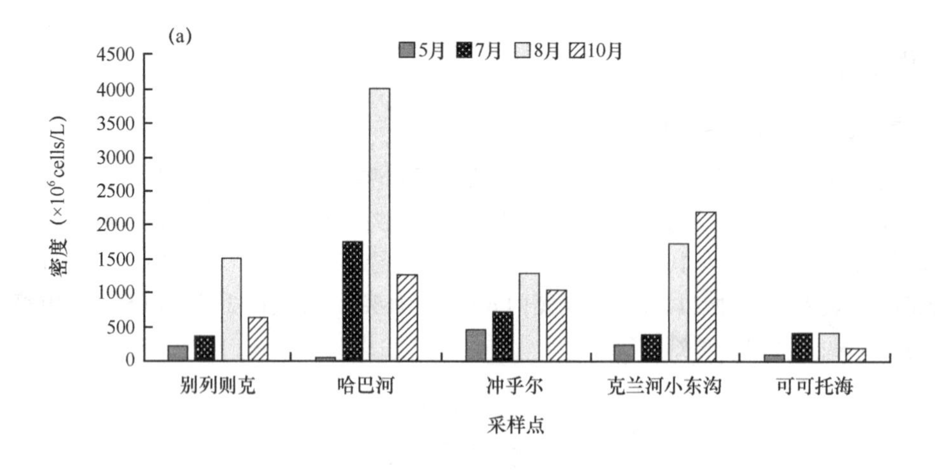

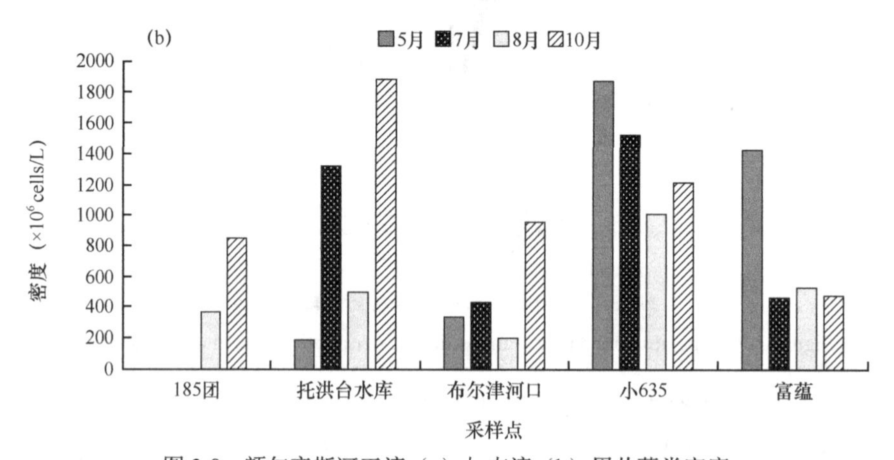

图 3-8　额尔齐斯河干流（a）与支流（b）周丛藻类密度

Figure 3-8　Density of periphytic algae in the main stream (a) and branches (b) of the Irtysh River

从周丛藻类的生物量来看，5 月、7 月、8 月和 10 月份额尔齐斯河流域周丛藻类生物量分别为 1164.2mg/m^2、2923.1mg/m^2、3048.1mg/m^2 和 4005.8mg/m^2，年平均生物量为 2785.3mg/m^2。整体上，额尔齐斯河周丛藻类生物量的空间分布表现为丰水期＞平水期＞枯水期，干流＞支流（图 3-9）。

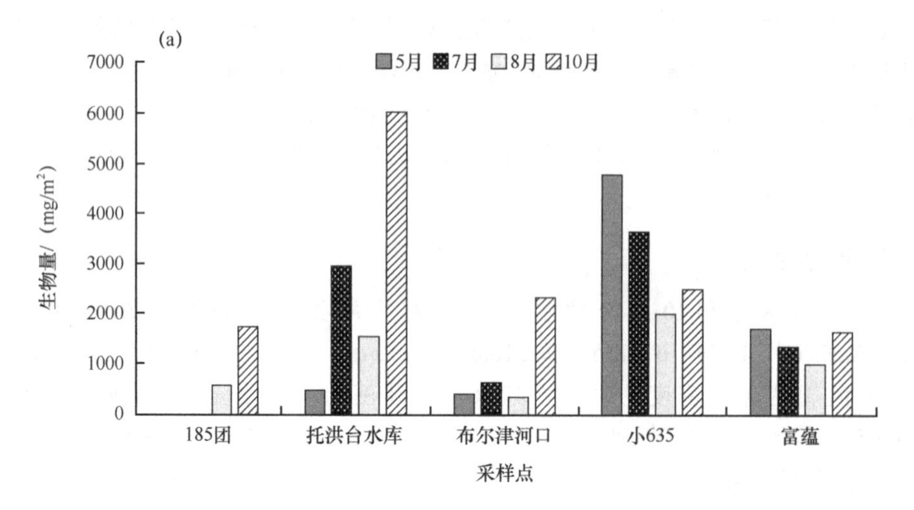

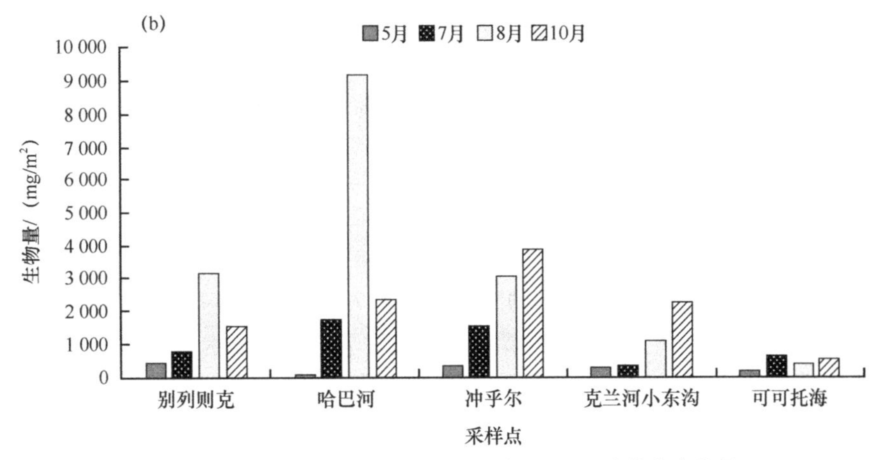

图 3-9 额尔齐斯河干流（a）与支流（b）周丛藻类生物量

Figure 3-9 Biomass of periphytic algae in the main stream (a) and branches (b) of the Irtysh River

四、底栖动物

（一）种类组成与优势种

研究期间，额尔齐斯河共鉴定大型底栖动物 124 种（附表 3-4），其中水生昆虫种数最多，为 113 种，占种类总数的 91.2%；软体动物 6 种，占种类总数的 4.8%；寡毛类（3 种）与其他底栖动物（2 种）分别占种类总数的 2.4% 和 1.6%。水生昆虫在全流域均有分布，其中以双翅目的种数最多（图 3-10），而软体动物在额尔齐斯河主要分布于托洪台水库和 635 工程下游。额尔齐斯河优势种在平水期（7、8 月）为似动蜉、四节蜉、直突摇蚊、鲜艳多足摇蚊一种、直突摇蚊、霍普水丝蚓。丰水期（5 月）主要以小蜉、鲜艳多足摇蚊、直突摇蚊、寡角摇蚊 C 种、霍普水丝蚓为主。枯水期（10 月）优势种为扁蜉属、短脉纹石蛾、霍普水丝蚓。从优势种的组成上看，蜉蝣和摇蚊幼虫是额尔齐斯河的优势类群。捕食者和收集者在各个采样季节均占较大比例，其次为刮食者，撕食者的比例最少。额尔齐斯河大型底栖动物的生物量和水生昆虫的分布均与水体透明度呈显著的正相关（$P < 0.05$），而大型底栖动物的密度和寡毛类的分布与盐度、电导率和矿化度呈显著的正相关（$P < 0.05$），与电阻呈显著的负相关，软体动物的分布与环境因子的相关性不显著。

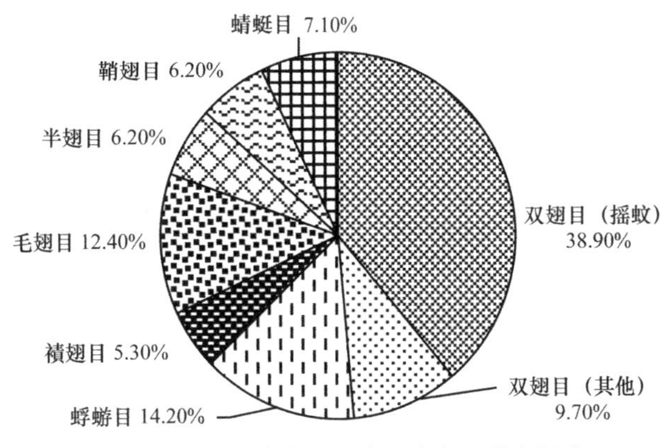

图 3-10 额尔齐斯河水生昆虫各目种类组成

Figure 3-10 Species abundance composition of zoobenthos according to order in the Irtysh River

额尔齐斯河大型底栖动物的物种组成存在着一定的时空变化，总体上趋势为平水期>丰水期>枯水期。在额尔齐斯河干流的盐池，大型底栖动物种类最少，仅 6 种，其次为干流的 185 团北湾，为 14 种；在其五条支流中，以布尔津河上游较多，其余支流差距不大。

（二）密度与生物量

额尔齐斯河大型底栖动物的年平均密度和生物量分别为 518.55ind./m^2 和 4.94g/m^2。水生昆虫对底栖动物密度和生物量贡献较大，额尔齐斯河水生昆虫的密度和生物量分别为 380.28ind./m^2 和 4.33g/m^2，占总数的 73.33% 和 87.65%。额尔齐斯河丰水期的密度最高，枯水期的密度最低。生物量的季节变化表现为平水期>丰水期，枯水期存在一定的波动。额尔齐斯河底栖动物密度表现为干流>支流（图 3-11），其中支流中克兰河上游的密度最高（487.57ind./m^2）；在生物量上支流>干流（图 3-12），其中卡依尔特河最高（15.52g/m^2）。

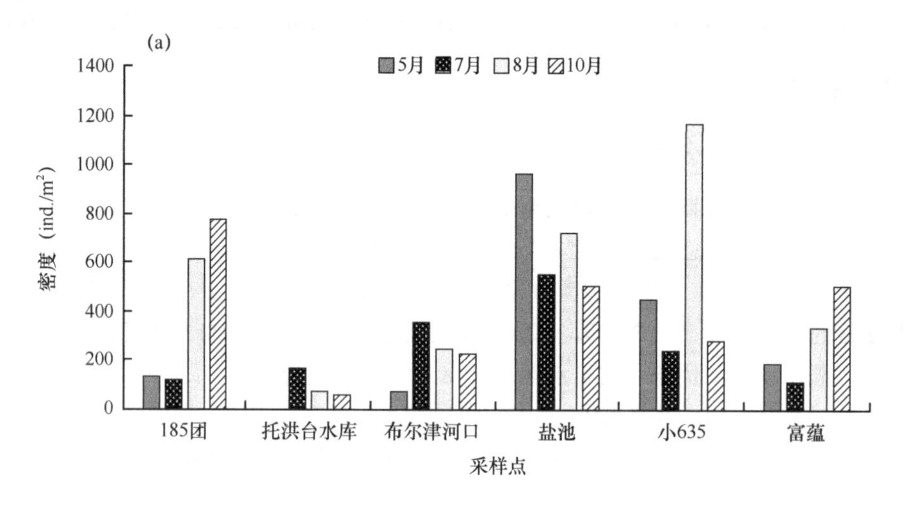

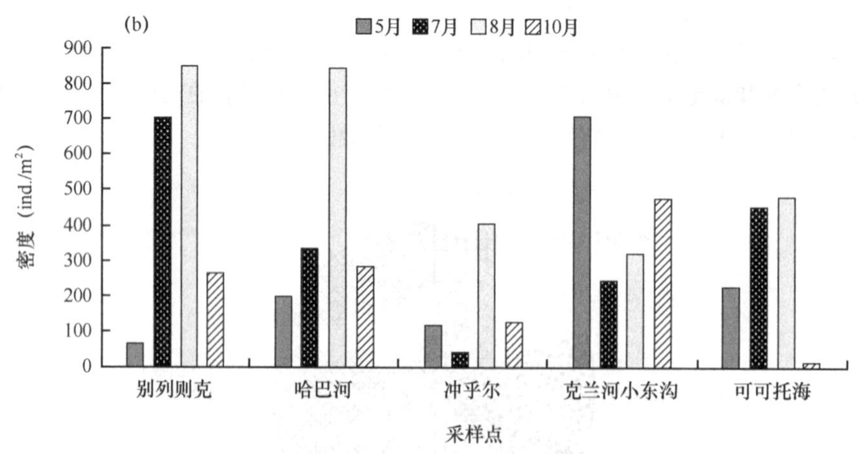

图 3-11 额尔齐斯河干流（a）与支流（b）底栖动物密度

Figure 3-11 Density of zoobenthos in the main stream (a) and branches (b) of the Irtysh River

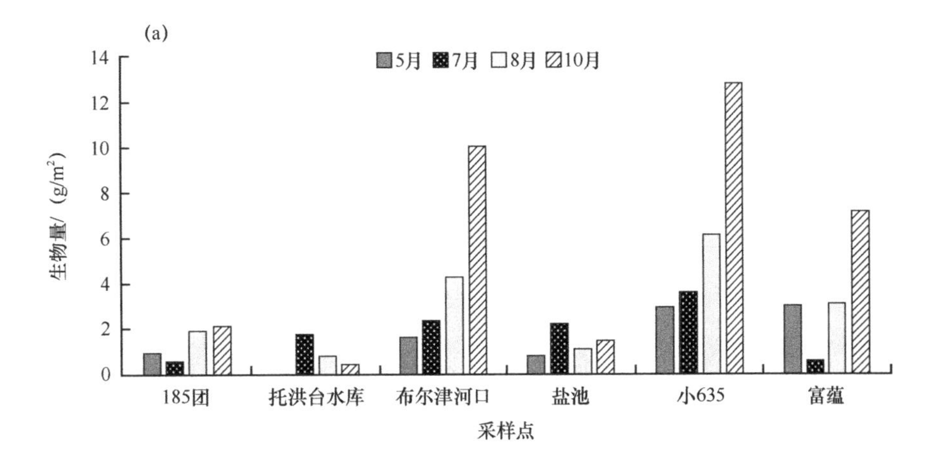

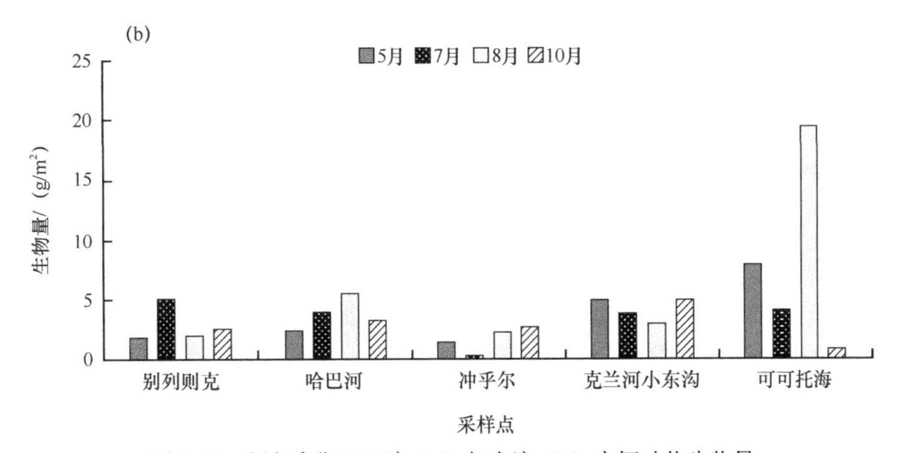

图 3-12　额尔齐斯河干流（a）与支流（b）底栖动物生物量

Figure 3-12　Biomass of zoobenthos in the main stream (a) and branches (b) of the Irtysh River

五、水生高等植物

（一）种类组成与优势类群

2015～2016 年（主要是夏季 7～8 月）对额尔齐斯河的水生维管束植物进行了物种调查，其中 2015 年采集 8 个样点，共鉴定水生维管束植物 22 科 32 属 65 种（附表 3-5），2016 年采集 4 个点位，鉴定水生维管束植物 23 科 31 属 47 种。两年的额尔齐斯河调查共收集流域水生维管束植物 27 科 38 属 80 种，包括茨藻科、灯心草科、禾本科、黑三棱科、花蔺科、槐叶苹科、金鱼藻科、菊科、狸藻科、蓼科、柳叶菜科、轮藻科、毛茛科、木贼科、千屈菜科、伞形科、莎草科、杉叶藻科、水马齿科、香蒲科、小二仙草科、玄参科、眼子菜科和泽泻科，其中主要以眼子菜科（12 种）、莎草科（9 种）、蓼科（7 种）和禾本科（6 种）为主（图 3-13）；从生活型来看，主要以挺水植物（56 种）为主，沉水植物（21 种）次之，浮叶植物（2 种）和漂浮植物（1 种）比较少见。

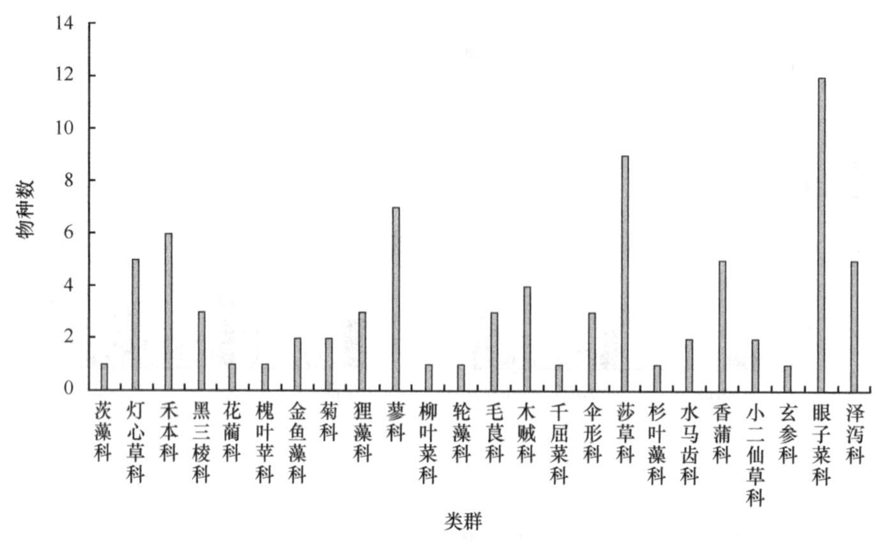

图 3-13　额尔齐斯河水生维管束植物各科种类组成

Figure 3-13　Species abundance composition of macrophytes according to family in the Irtysh River

（二）优势群落分布

额尔齐斯河流域水生维管束植物的群落类型主要以挺水植物和沉水植物群落为主，其中，挺水植物群落主要包括香蒲群落、芦苇群落、黑三棱群落、野慈姑群落、水葱群落、藨草群落、荸荠群落、灯心草群落、水麦冬群落、水蓼群落、问荆群落、水苦荬群落、泽泻群落、水生酸模群落和圆叶碱毛茛群落等。

挺水植物群落广泛分布于额尔齐斯河干流和各个主要支流的河岸沼泽地带、浅滩及坑塘中。沉水植物群落包括篦齿眼子菜群落、穿叶眼子菜群落、穗状狐尾藻群落、金鱼藻群落、菹草群落、狸藻群落等，主要分布于岸边的沼泽、坑塘、沟渠及洪泛区的水坑等流速相对较低的水体中。漂浮植物群落主要有浮萍群落，主要分布于河岸边的沼泽、坑塘及其支流河岸边相对静止的区域等静水水体中。

总体来看，额尔齐斯河的水生植物生物多样性相对较高，以广布种和挺水植物为主，挺水植物对群落生物量的贡献最高。

第三节　基于四种生物类群的水质评价

一、浮游植物

（一）多样性指数

2012～2016 年额尔齐斯河干流浮游植物 Shannon-Wiener 多样性指数（H'）、Simpson 多样性指数（D）、Pielou 均匀度指数（J）和 Margalef 丰富度指数（d）的均值分别为 3.11、0.80、0.77 和 2.68，其变化范围依次为 2.43～3.81、0.68～0.94、0.65～0.91 和 2.07～3.07。支流浮游植物 Shannon-Wiener 多样性指数（H'）、Simpson 多样性指数（D）、Pielou 均匀度指数（J）和 Margalef 丰富度指数（d）的均值分别为 3.11、0.86、1.06 和 2.25，其变化范围依次为 2.92～3.31、0.83～0.89、0.81～1.91 和 2.13～2.49。各年份平均生物多样性指数变化趋势如图 3-14 所示。整体上，额尔齐斯河干流与支流水域中 Shannon-Wiener 多样性指

数（H'）、Simpson 多样性指数（D）、Pielou 均匀度指数（J）和 Margalef 丰富度指数（d）数值的变化规律为：自上游至下游均先降低、后升高。通过比较干流与支流的生物多样性指数数值发现，干流的 Simpson 多样性指数（D）、Pielou 均匀度指数（J）的数值低于支流，而 Margalef 丰富度指数（d）的数值高于支流，说明额尔齐斯河干流浮游植物生物多样性与物种丰富度高于其支流，但是物种均一性偏低。

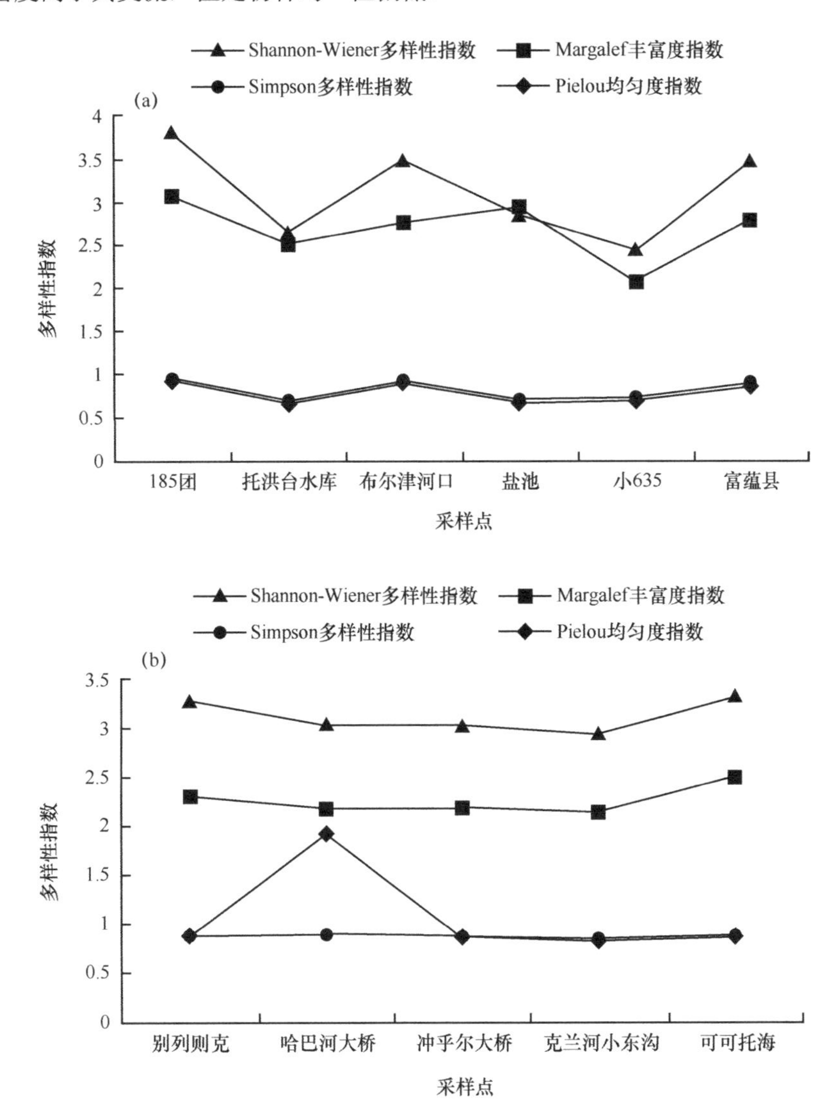

图 3-14　额尔齐斯河干流（a）与支流（b）的浮游植物多样性指数

Figure 3-14　Phytoplankton biodiversity index in the main stream (a) and branches (b) of the Irtysh River

（二）水质评价

2012～2016 年基于浮游植物生物多样性指数的额尔齐斯河各采样点水质综合评价结果如表 3-1 所示。额尔齐斯河 2012 年水质污染主要集中在中游河段，上游和下游水质整体较好；2013 年水质污染在整个河段均有分布；2015 年整体水质较为健康；2016 年在河流的上、中、下游均出现局部污染，整体水质较为健康。

表3-1　基于浮游植物生物多样性指数的额尔齐斯河各采样点水质评价

Table 3-1　The water quality assessment of different sampling sites in the Irtysh River based on the biodiversity index of phytoplankton

采样点	时间			
	2012 年	2013 年	2015 年	2016 年
185 团	寡污	寡污	寡污	寡污
别列则克	β-中污型	寡污	寡污	寡污
哈巴河大桥	寡污	α-中污型	寡污	寡污
冲乎尔大桥	β-中污型	β-中污型	寡污	β-中污型
托洪台水库	重污染	β-中污型	寡污	寡污
布尔津河口	寡污	寡污	寡污	寡污
克兰河上游	α-中污型	β-中污型	寡污	寡污
盐池	重污染	寡污	寡污	寡污
小 635	β-中污型	β-中污型	寡污	β-中污型
富蕴县	寡污	β-中污型	寡污	寡污
可可托海	寡污	β-中污型	寡污	寡污

二、浮游动物

（一）多样性指数

2012～2016 年额尔齐斯河干流水域中浮游动物 Shannon-Wiener 多样性指数（H'）、Simpson 多样性指数（D）、Pielou 均匀度指数（J）和 Margalef 丰富度指数（d）的均值分别为 2.31、0.85、0.69 和 1.46，其变化范围依次为 1.78～2.94、0.60～1.51、0.56～0.84 和 1.01～1.91。支流水域浮游动物 Shannon-Wiener 多样性指数（H'）、Simpson 多样性指数（D）、Pielou 均匀度指数（J）和 Margalef 丰富度指数（d）的均值分别为 1.74、0.71、0.75 和 1.05，其变化范围依次为 1.41～2.22、0.58～1.03、0.70～0.81 和 0.75～1.25。各年份平均生物多样性指数变化趋势如图 3-15 所示。整体上，2012～2016 年间额尔齐斯河干流与

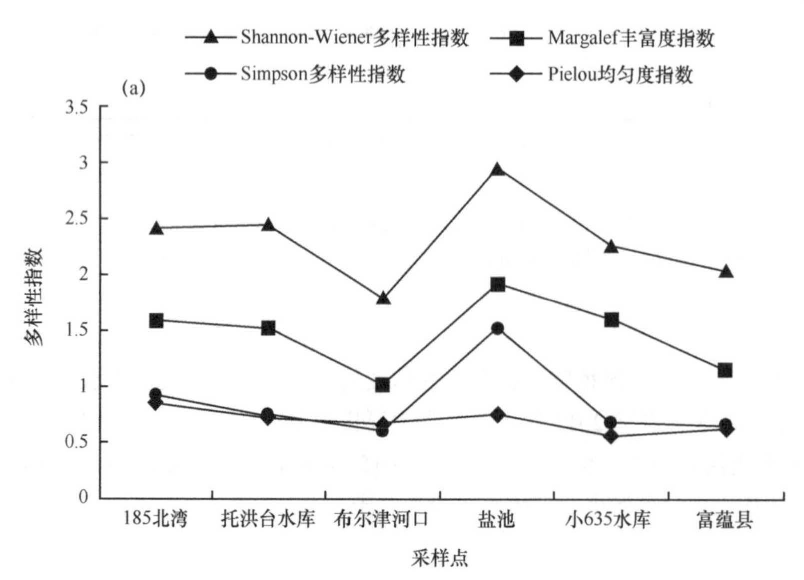

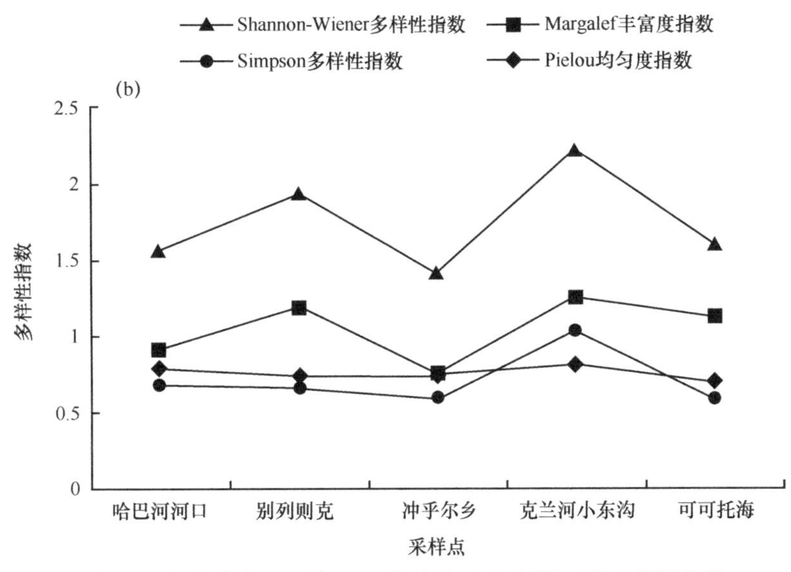

图 3-15 额尔齐斯河干流（a）与支流（b）浮游动物多样性指数

Figure 3-15 Zooplankton biodiversity index in the main stream (a) and branches (b) of the Irtysh River

支流 Shannon-Wiener 多样性指数（H'）、Simpson 多样性指数（D）、Pielou 均匀度指数（J）和 Margalef 丰富度指数（d）数值的变化规律为：自上游至下游均先升高、后降低、再升高。比较干流与支流的生物多样性指数数值可知，干流 Shannon-Wiener 多样性指数（H'）、Simpson 多样性指数（D）、Margalef 丰富度指数（d）数值均高于支流，而其 Pielou 均匀度指数（J）数值则低于支流，说明额尔齐斯河干流水域中浮游动物的生物多样性和物种丰富度要高于支流，但是物种均一性要低于支流。

（二）水质评价

2012～2016 年基于浮游动物生物多样性指数的额尔齐斯河各采样点水质综合评价结果如表 3-2 所示。2012 年额尔齐斯河全流域水质均受到不同程度的污染，整体水质较差；2015 年水质污染主要分布于中、下游河段，上游水质较为健康；2016 年水质均受到不同程度的污染，整体水质较差。

表3-2 基于浮游动物生物多样性指数的额尔齐斯河各采样点水质评价

Table 3-2 The water quality assessment of different sampling sites in the Irtysh River based on the biodiversity index of zooplankton

采样点	时间		
	2012 年	2015 年	2016 年
185 团	β-中污型	寡污	β-中污型
别列则克	α-中污型	寡污	α-中污型
哈巴河大桥	α-中污型	β-中污型	β-中污型
冲乎尔大桥	重污型	β-中污型	β-中污型
托洪台水库	β-中污型	β-中污型	β-中污型
布尔津河口	α-中污型	β-中污型	β-中污型
克兰河上游	α-中污型	寡污	β-中污型

续表

采样点	时间		
	2012 年	2015 年	2016 年
盐池	寡污	寡污	寡污
小 635	β-中污型	寡污	β-中污型
富蕴县	α-中污型	寡污	β-中污型
可可托海	重污型	寡污	α-中污型

三、周丛藻类

（一）多样性指数

额尔齐斯河干流水域中周丛藻类 Shannon-Wiener 多样性指数（H'）、Simpson 多样性指数（D）、Pielou 均匀度指数（J）和 Margalef 丰富度指数（d）的平均值分别为 3.32、0.84、0.74 和 2.76，其变化范围依次为 3.15～3.69、0.80～0.87、0.71～0.76 和 2.35～3.63。支流水域周丛藻类 Shannon-Wiener 多样性指数（H'）、Simpson 多样性指数（D）、Pielou 均匀度指数（J）和 Margalef 丰富度指数（d）的平均值分别为 3.12、0.80、0.72 和 2.63，其变化范围依次为 2.77～3.36、0.74～0.83、0.66～0.76 和 2.24～2.96。各采样点年平均生物多样性指数变化趋势如图 3-16 所示。整体上，额尔齐斯河干流 Shannon-Wiener 多样性指数（H'）、Simpson 多样性指数（D）、Pielou 均匀度指数（J）和 Margalef 丰富度指数（d）数值的变化规律均为自上游至下游先降低，后升高。除别列则克多样性指数较低外，其他支流样点多样性指数相差不大。比较干流与支流多样性指数可知，额尔齐斯河干流多样性指数平均值均高于支流，说明额尔齐斯河干流周丛藻类的生物多样性、丰富度和均一性均高于支流。

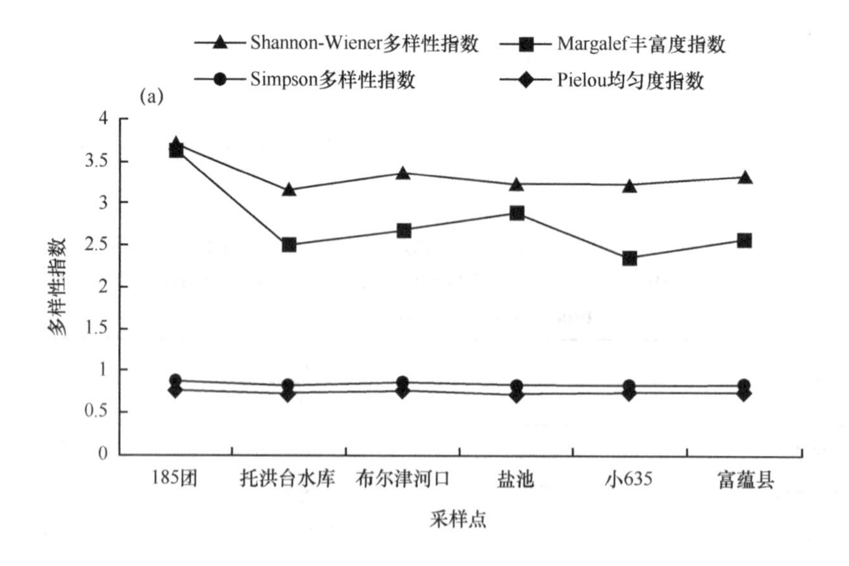

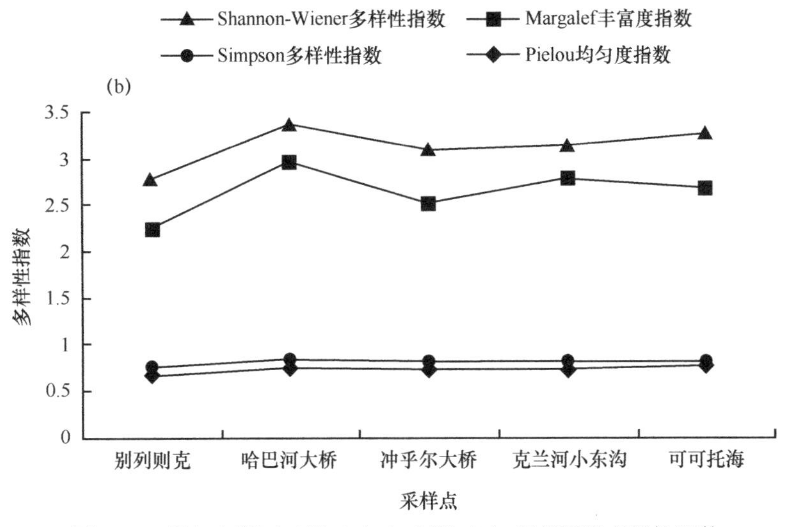

图 3-16　额尔齐斯河干流（a）与支流（b）周丛藻类多样性指数

Figure 3-16　Periphyton biodiversity index in the main stream (a) and branches (b) of the Irtysh River

（二）水质评价

2012～2016 年基于周丛藻类生物多样性指数的额尔齐斯河各采样点水质综合评价结果如表 3-3 所示。额尔齐斯河 2012 年水质污染主要集中在中游河段，上游和下游水质整体较好；2013 年水质污染在整个河段均有分布；2015 年中游出现少量污染，整体水质较为健康；2016 年在河流的上、中、下游均出现少量污染，整体水质较为健康。

表3-3　基于周丛藻类生物多样性指数的额尔齐斯河各采样点水质评价

Table 3-3　The water quality assessment of different sampling sites in the Irtysh River based on the biodiversity index of periphyton

采样点	时间			
	2012 年	2013 年	2015 年	2016 年
185 团	寡污	寡污	寡污	—
别列则克	寡污	β-中污型	寡污	β-中污型
哈巴河大桥	β-中污型	β-中污型	寡污	寡污
冲乎尔大桥	β-中污型	寡污	β-中污型	寡污
托洪台水库	β-中污型	β-中污型	寡污	寡污
布尔津河口	β-中污型	β-中污型	寡污	寡污
克兰河上游	寡污	寡污	寡污	β-中污型
小 635	寡污	β-中污型	寡污	寡污
富蕴县	寡污	寡污	寡污	寡污
可可托海	α-中污型	—	寡污	β-中污型

注：“—”代表没有数据。

四、底栖动物

（一）多样性指数

如图 3-17 所示，额尔齐斯河干流水域中大型底栖动物 Margalef 丰富度指数（d）、Shannon-Wiener 多样性指数（H'）、Simpson 多样性指数（D）、Pielou 均匀度指数（J）年平均数值分别为 0.95、1.08、0.70、0.74，其变化范围为：Margalef 丰富度指数 0.69～1.12，Shannon-Wiener 多样性指数 0.71～1.21，Simpson 多样性指数 0.37～0.85，Pielou 均匀度指数 0.46～0.87。支流水域底栖动物 Margalef 丰富度指数（d）、Shannon-Wiener 多样性指数（H'）、Simpson 多样性指数（D）、Pielou 均匀度指数（J）年平均数值分别为 1.48、1.55、0.92、0.94，其变化范围为：Margalef 丰富度指数 1.24～1.83，Shannon-Wiener 多样性指数 1.18～1.82，Simpson 多样性指数 0.73～1.17，Pielou 均匀度指数 0.75～1.12。整体上，干流水体中 4 种多样性指数自上游至下游呈下降趋势，支流中 4 种多样性指数自上游至下游呈上升趋势。比较干流与支流生物多样性指数数值可知，干流多样性指数数值均低于支流，说明底栖动物在干流的生物多样性、物种丰富度及物种均一性均低于支流。

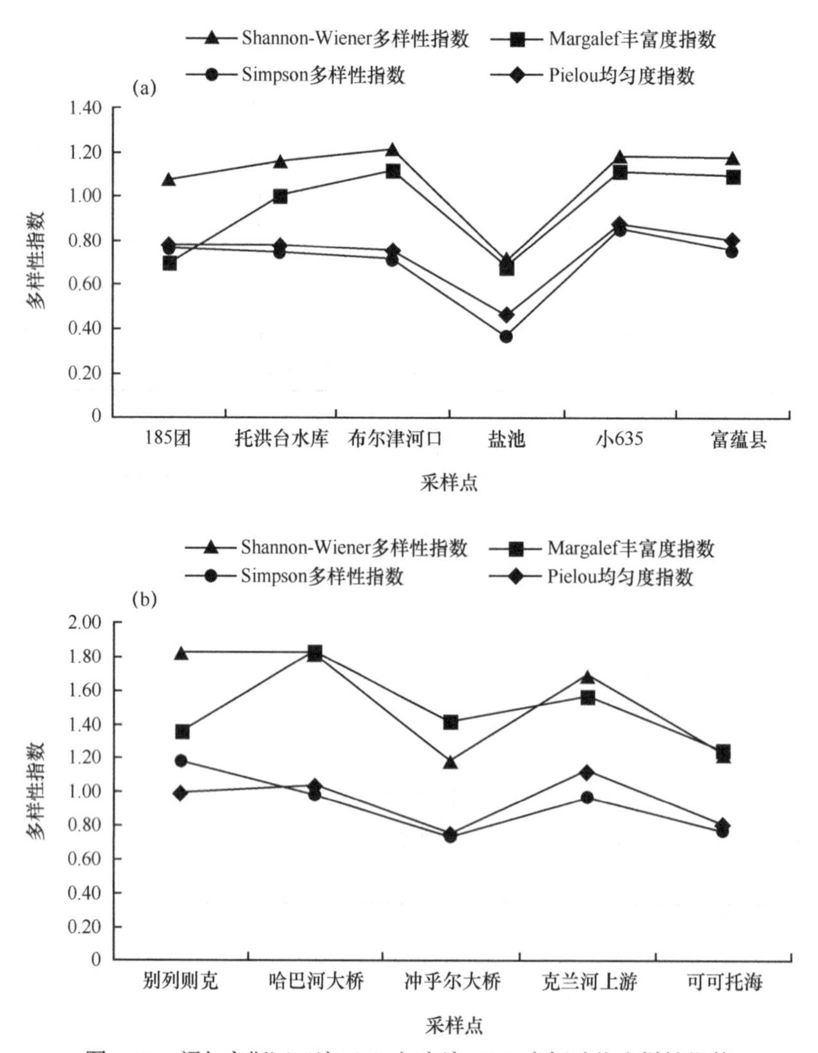

图 3-17　额尔齐斯河干流（a）与支流（b）底栖动物多样性指数

Figure 3-17　Zoobenthos biodiversity index in the main stream (a) and branches (b) of the Irtysh River

（二）水质评价

2012～2016年基于底栖动物生物多样性指数的额尔齐斯河各采样点水质综合评价结果如表3-4所示。额尔齐斯河2012年水质污染主要集中在中下游河段，上游水质总体较好；2013年和2015年水质污染在整个河段均有分布；2016年河流的上、中、下游均出现一定程度的污染，总体水质较为健康。

表3-4　基于底栖动物生物多样性指数的额尔齐斯河各采样点水质评价

Table 3-4　The water quality assessment of different sampling sites in the Irtysh River based on the biodiversity index of zoobenthos

采样点	时间			
	2012年	2013年	2015年	2016年
185团北湾	重污	重污	α-中污型	α-中污型
别列则克	寡污	重污	α-中污型	α-中污型
哈巴河	寡污	寡污	寡污	寡污
冲乎尔大桥	寡污	α-中污型	—	α-中污型
托洪台水库	寡污	α-中污型	—	—
布尔津河口	重污	α-中污型	重污	α-中污型
克兰河上游	寡污	α-中污型	α-中污型	α-中污型
盐池	—	寡污	α-中污型	—
小635	α-中污型	α-中污型	α-中污型	α-中污型
富蕴	寡污	寡污	寡污	寡污
可可托海	寡污	寡污	重污	α-中污型

注：“—”代表没有数据。

五、基于四种生物类群的综合水质评价

基于浮游植物Shannon-Wiener多样性指数（H'）、Margalef丰富度指数（d）与Pielou均匀度指数（J）的额尔齐斯河综合水质评价结果如表3-5所示。2012年与2013年综合水质评价为β-中污型，2015年与2016年综合水质评价为寡污型。

表3-5　基于浮游植物生物多样性指数的综合水质评价

Table 3-5　The comprehensive assessment of water quality based on the biodiversity index of phytoplankton

采样时间	H'	d	J	综合评价
2012年	β-中污型	α-中污型	寡污	β-中污型
2013年	β-中污型	β-中污型	寡污	β-中污型
2015年	寡污	寡污	寡污	寡污
2016年	寡污	β-中污型	寡污	寡污

基于浮游动物Shannon-Wiener多样性指数、Margalef丰富度指数与Pielou均匀度指数的额尔齐斯河综合水质评价结果如表3-6所示。2012年综合水质评价为α-中污型，2015年与2016年综合水质评价为β-中污型。

表3-6　基于浮游动物生物多样性指数的综合水质评价

Table 3-6　The comprehensive assessment of water quality based on the biodiversity index of zooplankton

采样时间	H'	d	J	综合评价
2012 年	α-中污型	重污型	寡污	α-中污型
2015 年	β-中污型	α-中污型	寡污	β-中污型
2016 年	β-中污型	α-中污型	寡污	β-中污型

基于周丛藻类 Shannon-Wiener 多样性指数、Margalef 丰富度指数与 Pielou 均匀度指数的额尔齐斯河综合水质评价结果如表3-7所示。2012年与2013年综合水质评价为β-中污型，2015 年与 2016 年综合水质评价为寡污型。

表3-7　基于周丛藻类生物多样性指数的综合水质评价

Table 3-7　The comprehensive assessment of water quality based on the biodiversity index of periphyton

采样时间	H'	d	J	综合评价
2012 年	β-中污型	β-中污型	寡污	β-中污型
2013 年	β-中污型	β-中污型	寡污	β-中污型
2015 年	寡污	寡污	寡污	寡污
2016 年	寡污	β-中污型	寡污	寡污

基于底栖动物 Shannon-Wiener 多样性指数、Margalef 丰富度指数与 Pielou 均匀度指数的额尔齐斯河综合水质评价结果如表 3-8 所示。2012～2016 年综合水质评价均为α-中污型。

表3-8　基于底栖动物生物多样性指数的综合水质评价

Table 3-8　The comprehensive assessment of water quality based on the biodiversity index of zoobenthos

采样时间	H'	d	J	综合评价
2012 年	α-中污型	α-中污型	寡污	α-中污型
2013 年	α-中污型	α-中污型	寡污	α-中污型
2015 年	α-中污型	重污	寡污	α-中污型
2016 年	α-中污型	α-中污型	寡污	α-中污型

小　　结

我们于 2012～2016 年调查了新疆额尔齐斯河干、支流浮游植物、浮游动物、周丛藻类、底栖动物及水生高等植物的群落结构及其时空分布特征。调查设置了枯水期、丰水期和平水期三个水文期，以及 185 团、别列则克、哈巴河大桥、635 枢纽等 11 个采样位置。本研究调查了 4 种生物类群的种类组成、优势种、密度和生物量，并基于 3 种生物多样性指数对额尔齐斯河水质健康进行了 5 年的综合评价。

1）共采集鉴定浮游植物 8 门 70 属 194 种，其中硅藻门占据绝对优势，其次是绿藻门和蓝藻门。浮游植物的平均密度和生物量在空间上表现为干流＞支流、上游＞下游；平均密度和生物量在季节上呈现：丰水期＞平水期＞枯水期。调查期间共鉴定浮游动物 137 种，其中轮虫占据绝对优势，其次是原生动物，浮游动物的平均密度和生物量在空间上表现为干流＞支流、上游＞下游，平均密度和生物量在季节上呈现平水期＞丰水期＞枯水期。周丛藻类共鉴定7门70属190种，其中硅藻门占据绝对优势，其次是绿藻门和蓝藻门，周丛藻类的平均密度和生物量在空间上表现为干流＞支流、下游＞上游，在季节上表现为干流：丰水期＞平水期＞枯水期，支流：枯水期＞平水期＞丰水期。底栖动物共鉴定125种，其中水生昆虫占据绝对优势，其平均密度和生物量在空间上表现为干流＞支流、上游＞下游，在季节上表现为丰水期＞平水期＞枯水期。水生高等植物的调查主要于2015年和2016年夏季开展，共采集到水生维管束植物27科38属80种，其中挺水植物是主要优势种，其次为沉水植物。

2）浮游植物生物多样性指数分析显示，干/支流4种多样性指数数值自上游至下游均先降低、后升高，干流浮游植物生物多样性与物种丰富度相对更高，但物种均一性偏低。对浮游动物的调查显示，干/支流4种多样性指数数值自上游至下游均先升高、后降低、再升高，干流浮游动物的生物多样性和物种丰富度相对更高，但物种均一性偏低。干流周丛藻类4种多样性指数数值均自上游至下游先降低、后升高，支流各指数值均自上游至下游逐渐降低。额尔齐斯河干流周丛藻类的生物多样性、丰富度和均一性均高于支流。干流底栖动物4种多样性指数自上游至下游呈下降趋势，支流底栖动物4种多样性指数自上游至下游呈上升趋势。底栖动物在干流的生物多样性、物种丰富度及物种均一性均低于支流。

3）基于4种生物类群的Shannon-Wiener多样性指数（H'）、Margalef丰富度指数（d）和Pielou均匀度指数（J）对额尔齐斯河水质进行了综合评价。其中，浮游植物的综合水质评价，2012年和2013年为β-中污型，2015年和2016年为寡污型；浮游动物的综合水质评价，2012年为α-中污型，2015年与2016年为β-中污型；周丛藻类的水质评价，2012年与2013年为β-中污型，2015年和2016年为寡污型；2012～2016年基于底栖动物的综合水质评价结果均为α-中污型。通过对2012～2016年的水质评价分析发现：小635水库的水质污染总体上处于α-中污型与β-中污型之间，且年际间变化不显著，可能上游的635大坝对人为调控水文产生了影响。布尔津河口、冲乎尔大桥及托洪台水库等采样点的总体污染水平均处于β-中污型，可能是附近城镇的生活污水排放所致。克兰河上游与别列则克的总体污染水平处于α-中污型，这与当地日益增长的放牧活动有关。其他采样点整体上水质较为健康。总体上，额尔齐斯河水质较差的河段位于中下游，且支流的污染状况较干流更严重，这可能与沿河流两岸的城镇以及相关的农牧业、旅游等活动有关。

主要参考文献

戴纪翠, 倪晋仁. 2008. 底栖动物在水生生态系统健康评价中的作用分析. 生态环境, 17(6): 2107-2111

胡鸿钧, 魏印心. 2006. 中国淡水藻类: 系统、分类及生态. 北京: 科学出版社: 27-915

姜作发, 霍堂斌. 2014. 新疆额尔齐斯河、塔里木河、乌伦古湖水生生物物种资源调查与研究. 北京: 中国环境出版社

姜作发, 张丽荣, 赵文, 等. 2009. 新疆额尔齐斯河支流浮游植物种群结构特征. 水产学杂志, 22(4): 36-41

蒋燮治, 堵南山. 1979. 中国动物志: 节肢动物门 甲壳纲: 淡水枝角类. 北京: 科学出版社

李君, 周琼, 谢从新, 等. 2014. 新疆额尔齐斯河周丛藻类群落结构特征研究. 水生生物学报, 38(6): 1033-1039

刘建康. 1999. 高级水生生物学. 北京: 科学出版社

任慕莲, 郭焱, 张人铭, 等. 2002. 中国额尔齐斯河鱼类资源及渔业. 乌鲁木齐: 新疆科技卫生出版社

沈嘉瑞. 1979. 中国动物志 节肢动物门 甲壳纲 淡水桡足类. 北京: 科学出版社

沈韫芬, 章宗涉, 龚循矩, 等. 1990. 微型生物监测新技术. 北京: 中国建筑工业出版社

谭一粒. 2010. 额尔齐斯河及邻近内陆河流域底栖动物生态学研究. 上海: 上海海洋大学硕士学位论文

王备新, 杨莲芳, 胡本进. 2005. 应用底栖动物完整性指数B-IBI评价溪流健康. 生态学报, 25(6): 1481-1490
王备新, 杨莲芳, 刘正文. 2006. 生物完整性指数与水生态系统健康评价. 生态学杂志, 25(6): 707-710
王家楫. 1961. 中国淡水轮虫志. 北京: 科学出版社
王军. 2015. 新疆伊犁河与额尔齐斯河大型底栖动物的群落结构及其水体健康评价. 武汉: 华中农业大学硕士学位论文
王军, 周琼, 谢从新, 等. 2015. 基于大型底栖动物完整性指数的新疆额尔齐斯河健康评价. 环境科学研究, 28(6): 122-129
王世江. 2010. 中国新疆河湖大全. 北京: 中国水利水电出版社: 24
王晓清, 曾亚英, 吴含含, 等. 2013. 湘江干流浮游生物群落结构及水质状况分析. 水生生物学报, 37(3): 488-494
薛俊增, 王宝强, 吴惠仙, 等. 2011. 额尔齐斯河上游河段大型底栖动物的多样性研究. 上海环境科学, 3(3): 98-104
张觉民, 何志辉. 1991. 内陆水域渔业自然资源调查手册. 北京: 中国农业出版社
章宗涉, 黄祥飞. 1991. 淡水浮游生物研究方法. 北京: 科学出版社
中国科学院中国植物志编辑委员会. 1990. 中国植物志. 北京: 科学出版社

第四章　额尔齐斯河的鱼类资源

郭　焱[1]　谢从新[2]

1. 新疆维吾尔自治区水产科学研究所，新疆 乌鲁木齐，830000；

2. 华中农业大学 湖北 武汉，430070

额尔齐斯河流域地处亚欧大陆腹地，为典型的大陆性寒温带气候。由于该河地理地貌、气候和河流水文特点，以及下游水系的繁杂性，孕育着一些独特的鱼类（任慕莲等，2002a），这些珍贵的鱼类资源一直备受人们关注，有关单位和科技工作者曾多次开展过额尔齐斯河流域的渔业生态环境和渔业资源调查工作。但自2000年以来，对额尔齐斯河渔业生态环境和渔业资源尚无进行系统调查。在此期间又是额尔齐斯河流域社会经济建设最为活跃的时期，人类活动的干扰、水利水电工程建设、工农业社会发展等对额尔齐斯河水生态环境和渔业资源产生什么样的影响，是值得关注的问题。我们于2012～2018年对额尔齐斯河鱼类资源进行了较为系统的调查，现将调查结果总结成文，旨在为该流域鱼类种质资源保护和开发利用提供科学依据。

第一节　鱼类组成与鱼类区系

一、鱼类组成

样本主要在2012～2016年采集，2017～2018年又补充采集样本，在额尔齐斯河水系共采集到鱼类标本5857号。2018年5月25日，新疆维吾尔自治区水产科学研究所的科技人员在对克兰河下游科克苏湿地监测时采集到1尾七鳃鳗，经鉴定为凯氏七鳃鳗 *Lampetra kessleri*；近年来还获得垂钓爱好者提供的虹鳟 *Oncorhynchus mykiss*、褐鳟 *Salmo trutta fario* 等新引进鱼类的信息与图片。依据相关文献（成庆泰和郑葆珊，1987；朱松泉，1989；陈宜瑜等，1998；乐佩琦等，2000；任慕莲等，2002b；郭焱等，2012）对标本进行鉴定。鉴定结果表明额尔齐斯河现有鱼类，不包括湖拟鲤 *Rutilus rutilus lacustris* 和东方欧鳊 *Abramis brama orientalis* 的自然杂交种，包括圆口纲的凯氏七鳃鳗在内共8目13科32属37种（表4-1）。其中土著鱼类8目10科18属19种［不包括新疆高原鳅 *Triphophysa*（*Triplophysa*）*strauchii* 和小体高原鳅 *Triphophysa*（*Hedinichthys*）*minuta*］，鲤科鱼类8种，占土著鱼类的42.1%；外来鱼类，包括2个黑龙江品系在内，共3目7科16属18种，鲤科鱼类8种占外来鱼类的44.4%。与历次调查比较，土著鱼类减少了小体鲟 *Acipenser ruthenus*、北鲑 *Stenodus leucichthys nelma* 和金鲫 *Carassius carassius* 3种，新增土著鱼类凯氏七鳃鳗1种；外来鱼类新增虹鳟 *Oncorhynchus mykiss*、褐鳟 *Salmo trutta fario* 及哲罗鱼黑龙江品系和细鳞鱼黑龙江品系4种（品系）。

关于新疆高原鳅和小体高原鳅，任慕莲等（2002a）于1999～2000年在额尔齐斯河水系的富蕴县、阿勒泰市、哈巴河县等水域采集到新疆高原鳅和小体高原鳅，根据“额尔齐斯河在历史上曾与准噶尔区的玛纳斯河相汇合共流西伯利亚，故这次调查发现新疆高原鳅和小体高原鳅在额尔齐斯河生存”，认为这两种鱼类是额尔齐斯河的土著鱼类新记录（任慕莲等，2002a），这一结果将高原鳅上推到北纬47°（青藏高原-天山山脉纬度）。但通过新疆维吾尔自治区水产科学研究所科技人员多年对新疆天山南北坡河流，吐鲁番白杨河水系鱼类调查研究以及查阅有关文献资料，认为小体高原鳅仅分布在吐鲁番白杨河水系，额尔齐斯河不应有高原鳅属鱼类的分布，额尔齐斯河的高原鳅有可能是20世纪90年代哈巴河渔场等单位从吐鲁番渔场等地引进鲤、鲢、鳙等经济鱼类苗种带入扩散所致，故暂将新疆高原鳅和小体高原鳅归为额尔齐斯河的外来鱼类。

表4-1　额尔齐斯河不同年份的鱼类名录

Table 4-1　Temporal variation of fish list in the Irtysh River

	鱼类	1964年[①]	1982～1983年[②]	1999～2000年[③]	2012年[④]	2012～2018年
土著鱼类						
1	凯氏七鳃鳗 *Lampetra kessleri*					●
2	小体鲟 *Acipenser ruthenus*	●	○	○	○	○
3	西伯利亚鲟 *Acipenser baeri*	●	▲	▲	▲	▲
4	哲罗鱼 *Hucho taimen*	●	●	●	●	●
5	细鳞鱼 *Brachymystax lenok*	●	●	●	●	●
6	北鲑 *Stenodus leucichthys nelma*	●	●	○	○	○
7	北极茴鱼 *Thymallas arcticus arcticus*	●	○	●	●	●
8	白斑狗鱼 *Esox lucius*	●	●	●	●	●
9	丁鱥 *Tinca tinca*	●	●	●	●	●
10	湖拟鲤 *Rutilus rutilus lacustris*	●	●	●	●	●
11	阿勒泰鱥 *Phoxinus phoxinus ujmonesis*	●	●	●	●	●
12	贝加尔雅罗鱼 *Leuciscus baicalensis*	●	●	●	●	●
13	高体雅罗鱼 *Leuciscus idus*	●	●	●	●	●
14	尖鳍鮈 *Gobio acutipinnatus*	●	●	●	●	●
15	金鲫 *Carassius carassius*	●	●	●	●	○
16	银鲫 *C.auratus gibelio*	●	●	●	●	●
17	北方须鳅 *Barbatula barbatula nuda*	●	●	●	●	●
18	北方花鳅 *Cobitis granoei*	●	●	●	●	●
19	江鳕 *Lota lota*	●	●	●	●	●
20	河鲈 *Perca fluviatilis*	●	●	●	●	●
21	粘鲈 *Acerina cernua*	●	●	●	●	●
22	阿勒泰杜父鱼 *Cottus sibiriea altaicus*	●	○	●	●	●
外来鱼类						
1	虹鳟 *Oncorhynchus mykiss*					●
2	褐鳟 *Salmo trutta fario*					●
3	哲罗鱼 *Hucho taimen*（黑龙江品系 Heilongjiang strain）					●

续表

	鱼类	1964 年[①]	1982～1983 年[②]	1999～2000 年[③]	2012 年[④]	2012～2018 年
4	细鳞鱼 *Brachymystax lenok*（黑龙江品系 Heilongjiang strain）					•
5	池沼公鱼 *Hypomesus olidus*			•	•	•
6	大银鱼 *Protosalanx hyalocranius*			•		•
7	东方欧鳊 *Abramis brama orientalis*	•	•	•	•	•
8	草鱼 *Ctenopharyngodon idellus*			•		•
9	麦穗鱼 *Pseudorasbora parva*			•	•	•
10	棒花鱼 *Abbottina rivularis*			•	•	•
11	鲤 *Cyprinus carpio*	•	•	•	•	•
12	鲫 *Carassius carassius*		•			•
13	鲢 *Hypophthalmichthys molitrix*			•		•
14	鳙 *Aristichthys nobilis*			•		•
15	新疆高原鳅 *Triphophysa*（*Triplophysa*）*strauchii*			•	•	•
16	小体高原鳅 *Triphophysa*（*Hedinichthys*）*minuta*			•	•	•
17	梭鲈 *Lucioperca lucioperca*		•	•	•	•
18	小黄黝鱼 *Hypseleotris swinhonis*			•	•	•
	土著鱼类种类数	21	18	19	19	19
	外来鱼类种类数	2	4	13	9	18
	总数	23	22	32	28	37

注：• 表示采集到标本，○ 表示没有采集到标本，▲ 调查组没有采集到标本，查实渔民捕到标本，资料来源：① 李思忠等（1966），② 廖文林和潘育英（1990），③ 任慕莲等（2002a，b），④ 郭焱等（2012）。

二、土著鱼类区系

额尔齐斯河发源于中国新疆维吾尔自治区富蕴县阿尔泰山南坡，沿阿尔泰山南麓向西北流入哈萨克斯坦，注入现称布赫塔尔马水库（斋桑泊）后继续向西北进入俄罗斯，在西伯利亚汉特曼西斯克汇入鄂毕河，最后注入北冰洋。额尔齐斯河上游位于中亚山区与欧洲平原的过渡地带，中、下游穿行于西伯利亚平原，它既有北极淡水鱼类区系种类（如江鳕），又有北方平原鱼类和北方山麓鱼类等（如河鲈、拟鲤、丁鱥、细鳞鱼和北极茴鱼等）。额尔齐斯河鱼类在世界淡水鱼类区划中，属于北界、全北区、围极亚区中的西伯利亚分区，而我国淡水鱼类分布区划将其划为北方区的额尔齐斯河亚区（李思忠，1981）。其土著鱼类由 4 个复合体组成。

1）北方平原鱼类复合体：起源于北半球北部亚寒带平原地区的鱼类，有凯氏七鳃鳗、银鲫、金鲫、贝加尔雅罗鱼、高体雅罗鱼、尖鳍鮈、丁鱥、白斑狗鱼、河鲈、粘鲈、湖拟鲤和北方花鳅 12 种，占 54.5 %。

2）北方山麓鱼类复合体：起源于北半球亚寒带区的鱼类，有哲罗鱼、细鳞鱼、北极茴鱼、阿勒泰鱥、北方须鳅、阿勒泰杜父鱼 6 种，占 27.3%。

3）北极淡水鱼类：起源于寒原带北冰洋沿岸耐严寒的冷水性鱼类，有北鲑和江鳕 2

种，占 9.1%。

4）上第三纪鱼类复合体：为第三纪早期在北半球北部温带地区形成，在第四纪冰川期后残留下来的鱼类，有西伯利亚鲟、小体鲟 2 种，占 9.1%。

三、鱼类空间分布

额尔齐斯河鱼类分布具有一定的地域性，分布范围大体上可以分为三类：一是全河分布的鱼类，其分布范围较广，从上游到下游均有分布，但主要分布区有所不同，阿勒泰鱥、尖鳍𬶋、北方须鳅、北方花鳅、阿勒泰杜父鱼等鱼类主要分布在干流和各支流的中下游河段；北极茴鱼、江鳕等鱼类虽然在干流也有分布，但主要分布在各支流的中上游河段。二是主要分布在支流上游的鱼类，如哲罗鱼和细鳞鱼，干流虽有分布，但数量极少；三是主要分布在下游的鱼类，种类较多，包括银鲫、贝加尔雅罗鱼、高体雅罗鱼、白斑狗鱼、河鲈、湖拟鲤、粘鲈等土著鱼类及东方欧鳊、鲤和梭鲈等外来鱼类，主要分布在干流下游及附属水体。

从表 4-2 可以看出，一些鱼类在其原有分布记录的河流中未能采到标本，如此次调查在库依尔特河没有采集到哲罗鱼和细鳞鱼标本。虽然鱼类标本采集存在一定的偶然性，但在反复多次调查后，仍未采到标本，在一定程度上反映了这些鱼类的分布范围发生了变化，或者说它们在这些河流中数量较为稀少。分布在下游的东方欧鳊、银鲫等鱼类，虽然面临捕捞等诸多人类活动的干扰，因为有生活在哈萨克斯坦河段种群不断上溯补充，其种群数量仍相对丰富。而那些生活在国界禁区河流水域的鱼类，因鲜有人类活动干扰，种群保持较为原始状态。

表4-2　额尔齐斯河现有鱼类的分布

Table 4-2　Fish distribution in the Irtysh River

鱼类	河流编号								
	0	1	2	3	4	5	6	7	8
土著鱼类									
1　日本七鳃鳗 *Lampetra japonica*						●			
2　西伯利亚鲟 *Acipenser baeri*	●								
3　小体鲟 *Acipenser ruthenus*	○								
4　哲罗鱼 *Hucho taimen*	●			●	●		●	○	○
5　细鳞鱼 *Brachymystax lenok*	●			●	●		●	●	○
6　北鲑 *Stenodus leucichthys nelma*	○								
7　北极茴鱼 *Thymallas arcticus arcticus*	●		●	●	●		●	●	●
8　白斑狗鱼 *Esox lucius*	●	●		●	●	○	○		
9　丁鱥 *Tinca tinca*	●			○	●				
10　湖拟鲤 *Rutilus rutilus lacustris*	●	●		●	○	●			
11　阿勒泰鱥 *Phoxinus phoxinus ujmonesis*	●	●	●	●	●	●	●	●	●
12　贝加尔雅罗鱼 *Leuciscus leuciscus baicalensis*	●	●	●	●	●	●			
13　高体雅罗鱼 *Leuciscus idus*	●	●		●	●	●			
14　尖鳍𬶋 *Gobio acutipinnatus*	●	●	●	●	●	●	●	○	●

续表

	鱼类	河流编号								
		0	1	2	3	4	5	6	7	8
15	金鲫 *Carassius carassius*	○			○		○			
16	银鲫 *C.auratus gibelio*	●	●	●	●	●				●
17	北方须鳅 *Barbatul barbatula nuda*	●	●	●	●	●	●	●	●	●
18	北方花鳅 *Cobitis granoei* Rendahl	●		●	●	●	●	●	○	●
19	江鳕 *Lota lota* Linnaeus	●	○	●	●	●	●	●	●	●
20	河鲈 *Perca fluviatilis* Linnaeus	●	●	●	●	●	●	●		
21	粘鲈 *Acerina cernua*	●		○	○	●				
22	阿勒泰杜父鱼 *Cottus sibiriea altaicus*	●		○	●	●	●	●	●	●
	合计	18	9	9	15	16	11	10	6	8
外来鱼类										
1	虹鳟 *Oncorhynchus mykiss*	●								
2	褐鳟 *Salmo trutta fario*	●								
3	哲罗鱼黑龙江品系 Heilongjiang strain of *H. taimen*	●								
4	细鳞鱼黑龙江品系 Heilongjiang strain of *B. lenok*	●								
5	池沼公鱼 *Hypomesus olidus*	●								
6	大银鱼 *Protosalanx hyalocranius*	●								
7	东方欧鳊 *Abramis brama orientalis*	●	●	●	●	●	●			●
8	草鱼 *Ctenopharyngodon idellus*	●				●				
9	麦穗鱼 *Pseudorasbora parva*	●		●	●	●	●			
10	棒花鱼 *Abbottina rivularis*				●					
11	鲤 *Cyprinus carpio*	●	●			●				
12	鲫 *Carassius carassius*	●								
13	鲢 *Hypophthalmichthys molitrix*	●					●			
14	鳙 *Aristichthys nobilis*	●					●			
15	新疆高原鳅 *Triphophysa strauchii*				●					
16	小体高原鳅 *Triphophysa minuta*				●	○	●			
17	梭鲈 *Lucioperca lucioperca*	●	●							
18	小黄黝鱼 *Hypseleotris swinhonis*	●		○		●	○			
	合计	15	3	2	5	5	5	0	0	1

注：0. 干流，1. 阿拉克别克河，2. 别列则克河，3. 哈巴河，4. 布尔津河，5. 克兰河，6. 喀拉额尔齐斯河，7. 卡依尔特河，8. 库依尔特河；● 表示采集到标本，○ 表示没有采集到标本。

第二节　鱼类组成变化及原因

一、鱼类组成的变化

关于额尔齐斯河鱼类，20 世纪 60 年代初，伍献文等（1963，1964）先后记述了额尔齐斯河的丁鱥、拟鲤、贝加尔雅罗鱼、高体雅罗鱼和河鲈 5 种鱼类。严安生等（1964）曾报道额尔齐斯河的 10 种鱼类，其中包括长颌白鲑（= 北鲑 *Stenodus leucichthys nelma*）和一种鲟鱼 *Acipenser* sp.，未能确定其种类。

李思忠等（1966）于 1964 年对新疆北部鱼类进行调查。这是第一次对额尔齐斯河鱼类的全面调查，发现 1 新亚种（阿勒泰杜父鱼）和北极茴鱼、黑鲫、阿勒泰鱥、西伯利亚花鳅（= 北方花鳅）和粘鲈 5 个国内新记录种（亚种）；采集到西伯利亚鲟和北鲑。所报道的额尔齐斯河水系鱼类 22 种中，小体鲟没有采集到标本，包括东方欧鳊和鲤 2 种外来鱼类，并将在乌尔禾河采到的准噶尔雅罗鱼归入额尔齐斯河鱼类，但根据新疆维吾尔自治区水产科学研究所多年调查，准噶尔雅罗鱼仅分布在玛纳斯湖水系和艾比湖水系（郭焱等，2012）。故实际采集到的额尔齐斯河鱼类共 20 种，其中土著鱼类有 18 种。基于此次调查成果，在 1979 年出版了《新疆鱼类志》（李思忠等，1979）。

廖文林和潘育英（1990）基于 1982～1983 年调查资料，报道额尔齐斯河鱼类 5 目 9 科 27 种，名录中包括没有采集到标本的西伯利亚鲟、小体鲟、准噶尔雅罗鱼、北极茴鱼和阿勒泰杜父鱼，以及在额尔齐斯河并无分布的裸腹鲟，实际采集到 22 种鱼类，其中土著鱼类 18 种，外来鱼类有东方欧鳊、鲤、鲫和梭鲈 4 种。

冯敏等（1990）报道哈纳斯湖哲罗鱼、细鳞鱼、北极茴鱼等 7 种鱼类。

任慕莲等（2002a）记述了额尔齐斯河的鱼类 34 种（不含湖拟鲤 × 东方欧鳊自然杂交种），其中，土著鱼类 23 种（包括没有采集到标本的小体鲟、西伯利亚鲟和北鲑），名录中的阿勒泰须鳅 *Barbatulus altayensis* 实为北方须鳅（朱松泉，1989）。外来鱼类 11 种。实际采集到的土著鱼类有 20 种，包括渔民反映存在的西伯利亚鲟共 21 种。

郭焱等（2012）根据多年的调查结果，结合前人的研究成果，记录额尔齐斯河土著鱼类 23 种，外来鱼类 7 种，共 30 种。23 种土著鱼类包括历史上曾有记录但没有采集到标本的小体鲟和北鲑，采集到实物标本的土著鱼类有 21 种。

与任慕莲等在 1999～2000 年的调查结果比较，本次调查采集到的多数鱼类与其调查结果相同（表 4-1）。但没有采集到历史上曾有记录的小体鲟、北鲑和金鲫 3 种鱼类。

关于西伯利亚鲟，中国科学院动物研究所等单位（李思忠，1966）在 1964 年的调查中，采集到西伯利亚鲟的实物标本。此后至今，几乎每年都有当地渔民捕获到少量西伯利亚鲟。项目组成员于 2004 年曾见过 1 尾 10kg 左右的西伯利亚鲟，2018 年垂钓爱好者在布尔津河段捕获到 2 尾西伯利亚鲟，表明额尔齐斯河还有西伯利亚鲟，但数量极为稀少。

额尔齐斯河存在小体鲟的主要依据为 Берг（1932）曾报道小体鲟自鄂毕河河口至我国境内的额尔齐斯河均有分布（任慕莲等，2002a）。但自 1966 年以来我国渔业科技人员在历次鱼类资源调查中，均未采集到小体鲟实物标本。项目组成员于 2016 年 10 月实地考察哈萨克斯坦额尔齐斯河段渔业资源状况期间，据哈萨克斯坦国渔业官员介绍，在巴浦洛达河段（额尔齐斯河中游）分布有小体鲟，斋桑泊由于受到水库大坝阻隔，下游鱼类难以上溯进入，但斋桑泊水域尚残存少量鲟鱼。可能因为哈萨克斯坦国在其境内额尔齐斯河干流兴建的拦河梯级水电站造成小体鲟洄游迁移受阻，致使我国境内额尔齐斯河小体鲟很难寻匿。

1982 年 4 月新疆维吾尔自治区水产资源考察队开展额尔齐斯河渔业资源调查，在哈巴河内采集到 1 尾 4kg 的北鲑，并制作成骨架标本，这也是最后 1 次在我国境内额尔齐斯河采集到北鲑的记录。

凯氏七鳃鳗隶属于圆口纲（Cyclostomata），七鳃鳗目（Petromyzoniformes），七鳃鳗科（Petromyzonidae），七鳃鳗属（*Lampetra*），主要分布于鄂毕河（Ob River）和俄罗斯东北部的阿纳德尔河（Anadyr River）之间的地区以及库页岛（Sakhalin，亚欧大陆的东北部，黑龙江入海口的东南部）（Berg，1931，1948—1949；Yamazaki & Iwata，1997；Iwata *et al.*，1985；Yuji & Akihisa，1997）。2018年向哈萨克斯坦国家渔业科学研究院同行咨询，了解到洄游性的日本七鳃鳗 *Lampetra jap onica*（Martens）仅分布在鄂毕河河口（北冰洋的喀拉海）附近，在哈萨克斯坦境内的额尔齐斯河流域（斋桑泊）仅分布有定居性的凯氏七鳃鳗。在科克苏湿地发现的凯氏七鳃鳗应是沿额尔齐斯河上溯进入。在此之前，我国的七鳃鳗属仅日本七鳃鳗 *L. japonica*、东北七鳃鳗 *L. marri* 和雷氏七鳃鳗 *L.a reissneri* 3种（朱元鼎等，2001）。2018年5月在额尔齐斯河发现凯氏七鳃鳗，为我国首次记录。

二、土著鱼类组成变化的主要原因

（一）额尔齐斯河下游哈萨克斯坦水电工程对鱼类的影响

哈萨克斯坦境内额尔齐斯河干流，苏联在20世纪50年代兴建了乌斯季卡缅诺戈尔斯克水电站，该水电站总装机容量 3.32×10^5kW，有4台机组，第一台机组于1952年发电，年平均发电 1.58×10^9kW·h。该水电站建有通航船闸，水库坝高43m，库容 6.5×10^8m^3，水库长约80km，面积37km^2，平均水深17.7m。

1953年在距乌斯季卡缅诺戈尔斯克水电站上游100km处兴建了布赫塔尔马水电站。该电站有9台机组，总装机容量 6.75×10^5kW，1960年第一台机组投入运行，1969年全部建成投产。水库坝高87m，年平均发电量 2.5×10^9kW·h。水库建成后回水上溯直达斋桑泊，形成了一个巨大水库（实际将斋桑泊淹没了，如今在哈萨克斯坦称这一水域为布赫塔尔马水库，而不是斋桑泊）。该水库长500余千米，最宽35km，面积5500km^2（原斋桑泊面积为1800km^2），库容 5.30×10^{10}m^3，其中有效库容 3.10×10^{10}m^3。该电站建有通航船闸。水库建成后，使斋桑泊水位升高7～10m。

此后在20世纪70年代，在谢米巴拉金斯克市上游80km处兴建了舒列宾斯克水电站。该电站是苏联在额尔齐斯河干流梯级开发中的关键性水利枢纽，它可对境外额尔齐斯河干流90%的水量进行调控。该电站总装机容量 1.35×10^6kW，年发电量约 3.0×10^9kW·h，库容达 2.50×10^{10}m^3。但该电站建设缓慢，至今仍未完工。

20世纪50年代苏联就提出要在额尔齐斯河干流兴建13座大中型梯级电站，规划总装机容量为 4.50×10^6kW，年发电量 1.57×10^{10}kW·h，由于1991年苏联解体，规划没有落实。到目前为止，在额尔齐斯河干流上苏联仅兴建了上述3座水电工程，也正因为这些工程的建设阻隔了鱼类的洄游，导致北鲑、小体鲟和西伯利亚鲟等鱼类逐渐在我国境内水域消失。

（二）苏联鱼类引种移植活动对我国额尔齐斯河鱼类组成的影响

18世纪，俄罗斯渔民就有将一些鱼类从某些水域移入另一些水域的自发活动，18世纪60年代，他们将分布于里海和咸海的东方欧鳊移入卡斯里诸湖泊及伊塞特河水系的坑塘中，东方欧鳊又从那里向更东的区域自然扩散到鄂毕河流域及额尔齐斯河。苏联成立后，尤其是在1929～1940年有计划地开展了以驯化为目的的大规模鱼类移植及湖泊养殖容量等相关研究。1959～1964年苏联向斋桑泊移植3800尾东方欧鳊，到1967年东方欧鳊形成群体，20世纪60年代后已扩散至我国境内额尔齐斯河，在20世纪70～80年代形成捕捞产量，并成为额尔齐斯河河道中渔获产量最高的经济鱼类。据1982年调查，东方欧鳊的产量占河道中经济鱼类产量的84.0%～94.0%（潘育英和廖文林，1989）。1999年东方欧鳊产量占渔获物的80.1%（任慕莲等，2002b）。

（三）我国鱼类移植增殖活动对额尔齐斯河鱼类组成的影响

本次调查共采集到鲤、东方欧鳊、梭鲈、池沼公鱼、大银鱼、鲢、鳙、草鱼、麦穗鱼、棒花鱼、小黄黝鱼、虹鳟、褐鳟、哲罗鱼和细鳞鱼等18种外来鱼类，约占现有鱼类总数的48.6%（表4-1）。外来鱼类入侵额尔齐斯河的历史由来已久。根据外来鱼类入侵时间和入侵途径，大体上可以分为三个阶段。

第一阶段为20世纪50～60年代，入侵途径主要是国外引种导致的自然扩散。苏联为发展渔业，自20世纪30年代开始向斋桑泊移植鲤鱼，60年代初又移植了东方欧鳊和梭鲈。这些鱼类相继溯河而上，自然扩散到我国境内。50年代，我国境内已出现鲤鱼，60年代达到了高峰。东方欧鳊于70年代形成一定产量，80年代至21世纪初东方欧鳊成为额尔齐斯河最主要的捕捞鱼类，产量占80.0 %以上（潘育英和廖文林，1989；郭焱等，2003）。

第二阶段为20世纪70年代末至2000年，经济鱼类引种移殖导致外来鱼类入侵。80年代初随着我国大力发展渔业，额尔齐斯河流域的一些附属湖泊和坑塘相继移植和养殖鲤、鲢、鳙、草鱼、池沼公鱼、大银鱼等经济鱼类。例如，池沼公鱼在1989年由吉林省引入新疆乌鲁木齐市柴窝堡湖，经过两年的自然增殖和人工繁殖，在该湖形成了较大的群体，1991年成为该湖的主要经济鱼类，此后移殖到乌伦古湖、塘巴湖水库等多处水体，并进入额尔齐斯河。1996年从内蒙古引进大银鱼放入阿苇滩水库。在引进鲤、草鱼、鲢、鳙等经济鱼类时，无意间带入了麦穗鱼、棒花鱼和小黄黝鱼等小型鱼类，使得这些鱼类进入河流。草鱼、鲢和鳙3种产漂流性卵的鱼类，因不具备完成生命周期的环境条件，未形成自然种群；麦穗鱼、棒花鱼和小黄黝鱼等广适性鱼类，在额尔齐斯河具备自然繁殖的条件，已成功建群，在河流沿岸浅水带和河汊等水流缓慢水域中种群数量较为丰富。有些种类已扩散到下游哈萨克斯坦境内水域。

第三阶段为进入21世纪后，新疆为发展名特优水产品和进一步利用冷水资源发展特色渔业，多地都开展了冷水性鱼类的引种与养殖工作，阿勒泰市水利局于2003～2004年从俄罗斯西西伯利亚水产研究中心引进5种白鲑属鱼类（高白鲑 *Coregonus peled*、图贡白鲑 *C. tugun*、目笋白鲑 *C. muksum*、齐尔白鲑 *C. nasus* 和西伯利亚白鲑 *C. saribinella*）发眼卵410万粒，孵化后投放入阿拉哈克河的齐背岭水库，克兰河的塘巴湖水库和阿苇滩水库，2006年还向布尔津河下游的托洪台水库投放过高白鲑，还从乌鲁木齐引进了虹鳟进行养殖。为了保护额尔齐斯河濒危鱼类（如哲罗鱼和细鳞鱼），在黑龙江水产研究所的建议下，有关单位于2012～2016年从该所引进黑龙江水系哲罗鱼、细鳞鱼发眼卵，将其孵化后向额尔齐斯河干流累计投放哲罗鱼19.7万尾、细鳞鱼6.0万尾（当地行政主管部门于2017年停止了黑龙江哲罗鱼、细鳞鱼的放流工作）。2015年从新疆维吾尔自治区水产科学研究所引进褐鳟（从巴基斯坦引进）1万粒发眼卵，孵化后在当地进行养殖；另外一些养殖单位还引进了鲟鱼开展养殖。这些鱼类有的是人为投放到额尔齐斯河的，有的是逃逸进入该河的，目前在额尔齐斯河一些河段除白鲑属鱼类外，其他引入的鱼类均能采集到。

第三节　主要鱼类的形态特征及检索

一、额尔齐斯河鱼类检索

1（2）头部前端有一吸盘状口漏斗；鳃孔 7 对……………………… 凯氏七鳃鳗 *L. kessleri*

2（1）头部前端无吸盘状口漏斗；鳃孔 1 对

3（6）背中线、体侧和腹部两侧有 5 行骨板；歪形尾

4（5）侧骨板少于 50 枚，须面上无小穗状或轻微 …………………… 西伯利亚鲟 *A.baeri*

5（4）侧骨板多于 50 枚，须面上呈小穗状 ………………………………小体鲟 *A.ruthenus*

6（3）体表无成行骨板，被鳞或裸露无鳞；正形尾

7（18）具脂鳍

8（17）体表被鳞，肛门和臀鳍基部两侧无臀鳞

9（14）侧线鳞 100 枚以上

10（13）齿发达；侧线上鳞 34～39 枚；体侧有黑斑

11（12）颌骨至少伸达眼后缘；体侧密布细十字形小黑斑…………… 哲罗鱼 *H. taimen*

12（11）上颌骨伸达眼中央下方；体侧有椭圆形黑斑……………………细鳞鲑 *B. lenok*

13（10）齿弱小或不明显；侧线上鳞 12～13 枚；体侧无黑斑 … 北鲑 *S. leucichthys nelma*

14（9）侧线鳞 100 枚以下

15（16）侧线鳞 70 枚以上；背鳍分枝鳍条 14 枚以上……　北极茴鱼 *T. arcticus arcticus*

16（15）侧线鳞 60 枚以下；背鳍分枝鳍条 8～9 枚 ………………　池沼公鱼 *H. olidus*

17（8）体表光滑无鳞，肛门和臀鳍基部两侧具臀鳞 …………… 大银鱼 *P. hyalocranius*

18（7）无脂鳍

19（20）背鳍后位与臀鳍相对；吻部扁平似鸭嘴状…………………　白斑狗鱼 *E. lucius*

20（19）背鳍位于体背中部；吻部形态多样，决非鸭嘴状

21（57）第 1～4 脊椎骨形成韦伯氏器；腹鳍腹位

22（50）须 0～2 对；鳔游离，不被骨质囊包裹

23（39）臀鳍分枝鳍条一般 7 枚以上；无须或具 1 对须

24（36）无鳃上器官；腹部无腹棱，如有腹棱则臀鳍分枝鳍条超过 20 枚

25（35）体侧扁，如体不侧扁，则体表具斑纹

26（31）下咽齿 2 行

27（30）体表无斑纹

28（29）体较高，体长通常为体高的 3.6 倍以下 ……………………　高体雅罗鱼 *L. idus*

29（28）体较低，体长为体高的 3.7 倍以上 ……… 贝加尔雅罗鱼 *L.leuciscus baicalensis*

30（27）体表具斑纹……………………………………………　阿勒泰鱥 *P. phoxinus ujmonesis*

31（26）下咽齿 1 行；无腹棱

32（33）尾鳍深分叉；无须……………………………………湖拟鲤 *R. rutilus lacustris*

33（32）尾鳍浅内凹；须 1 对……………………………………………………　丁鱥 *T. tinca*

34（30）下咽齿 1 行；腹鳍基至肛门间具有腹棱……………东方欧鳊 *A. brama orientali*

35（26）体圆筒形；下咽齿 2 行…………………………………………………　草鱼 *C. idellus*

36（24）具鳃上器官；腹部具腹棱

37（38）腹棱见于腹鳍基至肛门；头大，头长约为体长的 1/3 …………… 鳙 *A. nobilis*
38（37）腹棱见于胸部至肛门；头较小，体长不及体长的 1/3 ……………鲢 *H. molitrix*
39（23）臀鳍分枝鳍条一般为 5 枚或 6 枚
40（45）臀鳍分枝鳍条一般为 6 枚，臀鳍末根不分枝鳍条柔软，后缘无锯齿；须 0～1 对
41（42）口上位；无须…………………………………………………………麦穗鱼 *P. parva*
42（41）口下位；须 1 对
43（44）下咽齿 2 行………………………………………… 尖鳍鮈 *G. acutipinnatus*
44（43）下咽齿 1 行…………………………………………………… 棒花鱼 *A. rivularis*
45（40）臀鳍分枝鳍条一般为 5 枚，臀鳍末根不分枝鳍条后缘特化为带锯齿的硬刺
46（47）须 2 对………………………………………………………… 鲤 *Cyprinus carpio*
47（46）无须
48（49）背鳍第三枚硬刺较弱，后缘锯齿细而密；外侧鳃耙 31 枚以下
………………………………………………………………………… 金鲫 *C. carassius*
49（48）背鳍第三枚硬刺较强，后缘锯齿粗而稀；外侧鳃耙 35 枚以上
……………………………………………………………………银鲫 *C. auratus gibelio*
50（22）须 3 对，鳔前室包在骨质囊内，后鳔退化或甚小
51（56）无眼下刺；体侧黑色斑块分布散乱无规则
52（53）体表（至少尾柄处）具有小鳞………………………北方须鳅 *B. barbatula nuda*
53（52）体裸露无鳞
54（55）腹鳍后伸可达肛门或臀鳍起点……………………… 新疆高原鳅 *T.*（*T.*）*strauchii*
55（54）腹鳍后伸远不达肛门…………………………………小体高原鳅 *T.*（*H.*）*minuta*
56（51）具眼下刺；体侧中线有一列较规则大黑斑…………………北方花鳅 *C. granoei*
57（21）第 1～4 脊椎骨正常，无韦伯氏器；腹鳍胸位或喉位
58（59）颏部正中具 1 枚颏须；各鳍无棘…………………………………… 江鳕 *L. lota*
59（58）无须；背鳍、臀鳍、胸鳍和腹鳍由棘和分枝鳍条组成
60（67）体被栉鳞
61（66）尾鳍叉形
62（65）背鳍 2 个，分离或基部几乎相连；头部无黏液腺；体侧具横斑纹
63（64）第一背鳍基与第二背鳍基明显分离；体侧具 7～9 条横纹；第一背鳍后部有一大黑斑………………………………………………………… 河鲈 *P. fluviatilis*
64（63）第一背鳍基与第二背鳍基几乎相连；体侧具 12～13 条横斑；第一背鳍后部无黑斑………………………………………………………………梭鲈 *L. lucioperca*
65（62）背鳍一个，棘部与鳍条部相连；头部黏液腺发达；体侧斑纹分布无规则
…………………………………………………………………………… 粘鲈 *A. cernua*
66（61）尾鳍圆形……………………………………………………小黄黝鱼 *H. swinhonis*
67（60）体表裸露无鳞…………………………… 阿勒泰杜父鱼 *C. sibiriea altaicus*

二、主要鱼类的形态

（一）凯氏七鳃鳗 *Lampetra kessleri* Anikin, 1905

标本1尾，采自克兰河河口科克苏湿地。

体呈鳗形。头部前端有一吸盘状口漏斗。鳃孔7对。背鳍2个，尾鳍矛形。眼径较大。口漏斗边缘具穗状突起，内生角质齿，分离；后齿为单尖齿，单排；上颌板两侧各有三颗内侧齿，均为二尖齿。除上颌板齿外，其他齿较钝且角质化程度较低。凯氏七鳃鳗体色变化很大，通常背部和体侧呈褐色，腹部呈白色，尾鳍为深褐色，个别尾膜无色素沉着。第二背鳍的末端无黑点（图4-1）。

图4-1 凯氏七鳃鳗 *Lampetra kessleri*

（二）小体鲟 *Acipenser ruthenus* Linnaeus, 1758

本次调查没有采集到标本。描述摘自《中国额尔齐斯河鱼类资源及渔业》（任慕莲等，2002b）。

背鳍39～49，臀鳍20～30。背骨板12～16，侧骨板58～71，腹骨板12～16。第一鳃弓鳃耙数15～23。

体长为全长的15.0%～28.0%，平均19.7%；吻长为头长的29.0%～50.0%，平均38.6%；软骨颅顶下至唇端为头长的36.0%～61.0%，平均47.9%；自须基至唇端为头长的17.0%～44.0%，平均282%；眼后距为头长的38.0%～65.0%，平均53.1%；口裂宽为头长的11.0%～31.0%，平均23.8%。

（三）西伯利亚鲟 *Acipenser baeri* Brandt, 1869

本次调查未采集到标本。描述摘自《中国额尔齐斯河鱼类资源及渔业》（任慕莲等，2002b）。

背鳍44～47，臀鳍28～30，腹鳍28～29，尾鳍下叶72～82。背骨板14～16，侧骨板46～49，腹骨板10～11。

全长为头长的5.08～5.87倍，为背鳍前距的1.50～1.57倍；头长为吻长的2.13～2.20倍，为眼径的12.23～13.41倍，为眼间距的2.64～2.84倍，为外侧须的3.74～5.38倍。

体长筒形，向后渐细尖。头尖形，吻突出，平扁。眼小，侧位，眼间距宽，中央凹。口腹位，横裂状。两下唇叶间距较宽。吻腹侧有须2对，距口较距吻端较近。鳃孔大，侧位。鳃盖膜连于峡部。体被5行骨板，在吻腹侧和身体各纵行骨板间，分布有许多发达的星状小鳞突粒。背鳍1个，后位。臀鳍约始于背鳍基中部下方，腹鳍腹位，歪形尾。体侧灰褐色，腹侧银白色。

（四）哲罗鱼 *Hucho taimen* Pallas, 1773

采集标本20尾，体长185～330mm。采自哈巴河山口电站坝下（13尾）、铁热克提（2尾）和冲乎尔电站坝下（5尾）。

背鳍 3～4-9～11；臀鳍 3～4-8～9。第一鳃弓外侧鳃耙数 11～14。侧线鳞 189 $\frac{31\sim36}{20\sim26}$ 217，有管鳞 129～140。幽门盲囊 214～261。脊椎骨 65～66。

体长为头长的 3.77～4.00 倍，为体高的 4.52～5.54 倍，为尾柄长的 7.58～8.85 倍；头长为吻长的 3.12～3.72 倍，为眼径的 6.62～7.20 倍，为眼间距的 3.32～3.75 倍；尾柄长为尾柄高的 1.56～1.93 倍。

体延长，稍侧扁。口端位，上颌略较下颌突出，口裂大。上颌骨游离，后延超过眼后缘，眼侧上位，眼间距较宽。上下颌和口腔具弧形排列的尖齿。鳃耙较长，排列稀疏。鳃盖膜于峡部不相连。体被圆鳞，侧线完全。背鳍起点位于体中部稍前。具脂鳍。胸鳍侧下位，腹鳍位于背鳍基后端下方。腹鳍腹位，腹鳍基具腋鳞。臀鳍与脂鳍相对应。尾鳍深叉形。鳔 1 室，鳔长为鳔宽的 7～14 倍。肠长约与体长等长。腹膜银白色。成鱼体背青褐色，体侧淡紫褐色，腹部白色，胸鳍、腹鳍和臀鳍颜色淡。幼体体侧具 8～9 条黑色横纹（图 4-2）。

图 4-2　哲罗鱼（幼鱼）*Hucho taimen* (Young fish)

（五）细鳞鲑 *Brachymystax lenok* (Pallas), 1773

采集标本 44 尾，体长 165～353mm。采自卡依尔特河（2 尾）、哈巴河山口电站（23 尾）和铁热克提（19 尾）。

背鳍 3～4-10～12，臀鳍 4-9～11。第一鳃弓外侧鳃耙数 19～24。侧线鳞 112 $\frac{19\sim35}{19\sim32\text{–}V}$ 160。脊椎骨 56～63 枚。幽门盲囊 68～107 个。

体长为体高的 3.8～5.9（5.1±0.35）倍，为头长的 3.1～5.1（4.6±0.25）倍；头长为吻长的 4.0～6.6（4.8±0.47）倍，为眼径的 5.1～7. 6（6.0±0.53）倍，为眼间距的 3.4～5.3（3.9±0.32）倍。

体长而侧扁。口亚下位，横裂。上颌骨后缘达眼中央垂直线下方。眼较大。左右鳃盖膜分离，不与峡部相连。体被细小圆鳞，头部无鳞。侧线稍呈侧上位。上下颌均具锥状齿；口腔的犁骨、腭骨、尾舌骨也具锥状细齿。舌前端游离。背鳍外缘向后倾斜，平直或微凹。具脂鳍，脂鳍与臀鳍相对。胸鳍下位。腹鳍腹位。腹鳍基有一长形腋鳞。尾鳍浅凹形。体色为暗紫红色，背部深灰，腹部向下渐呈浅白色。身体和背鳍、脂鳍上散布许多黑斑点。体侧有黑、红相间的横纹。鳔一室。腹膜白色，密布细小灰色斑点（图 4-3）。

（六）北鲑 *Stenodus leucichthys nelma* (Pallas), 1773

本次调查未采集到标本。描述摘自《中国额尔齐斯河鱼类资源及渔业》（任慕莲等，2002b）。

图 4-3 细鳞鲑 *Brachymystax lenok*

背鳍 3-8～11，臀鳍 3-14～17，胸鳍 1-15～16，腹鳍 2-10～11。103 $\frac{12\sim13}{12}$ 111，鳃耙 21～22。脊椎骨 66 枚。

体长为体高的 4.15～4.27 倍，为头长的 3.87～4.15 倍，为背鳍前距的 1.92～1.94 倍，为背鳍后距的 2.54～2.81 倍；头长为吻长的 5.90～6.18 倍，为眼径的 8.55～9.80 倍，为眼间距的 4.60～5.05 倍，为尾柄长的 2.32～2.73 倍；尾柄长为尾柄高的 1.04～1.34 倍。

体长，侧扁。尾柄短小，吻不突出。眼侧位而稍高。眼前缘有脂眼睑。眼间隔宽。口端位，下颌略长于上颌，上颌骨后端达眼后缘的下方。上下颌、犁骨、腭骨及舌上的牙齿均很细小。鳃耙外行较发达，最长鳃耙约为鳃丝的 2/3；鳃盖膜不连于峡部。体被圆鳞。侧线平直。臀鳍基末端与脂鳍基末端相对，下缘微凹；腹鳍起点与背鳍起点约相对。尾鳍叉形。体背部灰色，体侧较淡，腹部银白色。

（七）北极茴鱼 *Thymallas arcticus arcticus* Dybowskii, 1869

本次调查采集标本 308 尾，体长 99～259mm。采自 185 河段（8 尾）、哈巴河山口电站（138 尾）、铁热克提（153 尾）、冲乎尔电站坝下（3 尾）和可可托海（6 尾）。

背鳍 5～7-14～15；臀鳍 3～4-10～11；胸鳍 1-13～15；腹鳍 1-8～10。侧线鳞 76 $\frac{7\sim8}{8\sim9}$ 92。第一鳃弓鳃耙数，外侧 17～19，内侧 13～15；鳃耙细尖。幽门盲囊 14～15 个。脊椎骨 59。

体长为体高的 3.4～5.4 倍，为头长的 3.8～5.49 倍，为尾柄长的 4.8～6.9 倍；头长为吻长的 3.5～4.7 倍，为眼径的 3.5～4.4 倍，尾柄长为尾柄高的 1.5～2.4 倍。

体延长侧扁。头长小于体高。吻钝。眼大，眼径与吻部约等长。口端位，口裂斜。上下颌骨和舌骨具有绒毛状细齿。鳃盖膜不与峡部相连。侧线完全，平直，中位。背鳍基长，背鳍高大，上缘圆凸，展开呈旗状；背鳍膜上有数条赤褐色斑点形成的纹带，后部末端有 2 行赤褐色和深绿色的卵形斑块。雌鱼和雄鱼背鳍的形态与颜色有明显区别：雄体背鳍高大于头长，雌体背鳍高小于头长；繁殖期雄鱼背鳍的色斑和纹带较雌鱼明显、鲜艳。具脂鳍。胸鳍侧下位。腹鳍起点约位于背鳍基的 1/2 处下方。尾鳍深凹形。体背部紫灰色，体侧渐淡，腹部银灰色。1 龄以下的幼鱼体侧有 8～10 个椭圆形暗斑，1 龄以上个体的暗斑逐渐消失。成鱼体前侧有数个黑色小斑点。鳔 1 室。鳔长为鳔宽的 4.07～10.48 倍（7.04±1.55）。胃呈“U”形，肠直管状。腹膜银白色（图 4-4）。

图 4-4　北极茴鱼 *Thymallas arcticus arcticus*

（八）白斑狗鱼 *Esox lucius* Linnaeus, 1758

本次调查采集标本 138 尾，体长 190～683mm。采自 185 团河段（76 尾）和界河（62 尾）。

背鳍 6～7-13～15；臀鳍 5～7-12～14。侧线鳞 $117\frac{13\sim17}{14\sim15\text{–V}}138$。第一鳃弓外侧鳃耙数 35～42；内侧 30～36。脊椎骨 61。

体长为体高的 5.0～6.7 倍，为头长的 2.9～3.5 倍；头长为吻长的 2.3～2.5 倍，为眼径的 7.5～9.9 倍，尾柄长为尾柄高的 1.3～2.2 倍。

体长形，体厚稍侧扁。吻长且平扁，似鸭嘴状。眼大，侧上位。口亚上位，下颌稍长于上颌。前颌骨、下颌骨、犁骨与腭骨均有尖齿，腭骨齿 6 纵行。舌游离，前端略凹，中央有一窄带状齿群。鳃盖膜分离，不连于峡部。鳃耙内外行均呈瘤结状。体被小圆鳞，峡部和鳃盖上部具细鳞。背鳍后位，始于肛门的稍前上方。臀鳍第一至三分枝鳍条最长，鳍基后端与背鳍相对。胸鳍位低。腹鳍腹位。尾鳍叉形。背鳍黄褐色，有黑色细纵纹，体侧有许多白色斑，腹部白色。各鳍红黄色。鳔 1 室。肠粗短，肠长略长于体长。腹膜银白色（图 4-5）。

图 4-5　白斑狗鱼 *Esox lucius*

（九）高体雅罗鱼 *Leuciscus idus* (Linnaeus), 1758

本次调查采集标本 250 尾，体长 225～328mm。采自 185 团北湾、界河和哈巴河电站坝下。测量标本 24 尾。

背鳍 3-7～8；臀鳍 3-9～11；胸鳍 1-14～17；腹鳍 1-8。第一鳃弓外侧鳃耙数 9～13，内侧 13～17。侧线鳞 $54\frac{8\sim9}{5\sim7\text{–V}}60$。下咽齿 2 行，5 · 3/3 · 5。脊椎骨数 4+40～43。

体长为体高的 2.7～3.6 倍，为头长的 3.6～4.4 倍，为尾柄长的 5.9～6.6 倍，为尾柄高的 7.9～8.4 倍。头长为吻长的 3.2～4.4 倍，为眼径的 4.2～5.4 倍，为眼间距的 2.2～2.7 倍，为尾柄长的 1.3～1.7 倍。尾柄长为尾柄高的 1.2～1.8 倍。

体长，较高，侧扁，头后部稍隆起。头短小。吻钝圆。口端位，口裂斜，上下颌约等长。眼中等大，眼后头长等于或大于眼后缘至吻端距离。两眼间上部隆起。体被圆鳞，鳞中等大，腹鳍基有腋鳞。侧线完全，略呈弧形。背鳍基短，起点后于腹鳍起点。臀鳍下缘微凹。胸鳍亚胸位，末端后延不达肛门。尾鳍深叉形，上下叶末端尖。体背为灰黑色，体侧为银灰色，鳞后缘黑色，腹部白色。胸鳍、腹鳍和臀鳍为褐红色（图 4-6）。

鳃耙短小，排列稀疏。鳃膜与峡部相连。咽齿细长，稍侧扁，锥形，末端钩状。鳔 2 室，前室较后室粗大，后室长为前室长的 1.4～1.9 倍。肠长为体长的 0.96～1.76 倍。腹腔膜银白色。

图 4-6 高体雅罗鱼 *Leuciscus idus*

（十）贝加尔雅罗鱼 *Leuciscus baicalensis* (Dybowsky), 1874

本次调查采集标本 421 尾，体长 48～330mm。采自 185 团北湾、界河、别列则克河、库卫、盐池、哈巴河山口水电站坝下。

背鳍 3-7～8（多数为 7）；臀鳍 3-8～11（多数为 10）；胸鳍 1-11～17；腹鳍 1-8～9。侧线鳞 $45\frac{8\sim9}{3\sim5\text{–V}}52$。第一鳃弓外侧鳃耙数 7～21，内侧 10～29。咽齿 2 行，5 · 2/2 · 5 或 5 · 2/3 · 5。脊椎骨数 4+38。

体长为体高的 3.7～4.4 倍，为头长的 3.5～4.2 倍，为尾柄长的 4.7～5.8 倍，为尾柄高的 9.0～10.0 倍。头长为吻长的 3.3～4.2 倍，为眼径的 3.5～5.4 倍，为眼间距的 2.6～3.4 倍，为尾柄长的 1.1～1.3 倍，为尾柄高的 2.0～2.6 倍。尾柄长为尾柄高的 1.4～2.0 倍。

体长侧扁，腹圆。口裂小，端位，口上颌较下颌稍突出，口角后缘不及眼前缘下方。

眼中等大，位于头侧上方。鳃盖膜与峡部相连。鳞中等大，腹部至峡部被鳞，腹鳍基有腋鳞。侧线完全，较平直。背鳍起点位于体中点，稍后于腹鳍起点。各鳍无硬刺。腹鳍长略大于胸鳍基至腹鳍基距离的 1/2，腹鳍不达肛门。尾鳍深叉形。体为银白色。

鳃耙短小，排列稀疏。咽齿侧扁，齿端呈小钩状。鳔 2 室，后室长为前室长的 1.50～1.83 倍。肠长为体长的 1.09±0.05 倍。腹膜白色，具有黑色斑点（图 4-7）。

图 4-7　贝加尔雅罗鱼 *Leuciscus baicalensis*

（十一）阿勒泰鱥 *Phoxinus phoxinus ujmonesis* Kaschtschenko, 1899

本次调查采集标本 856 尾，体长 21～80mm。采自哈巴河山口水电站（72 尾）、冲乎尔电站坝下（336 尾）、冲乎尔乡大桥（121 尾）、布尔津河口（65 尾）、克兰河红敦乡（130 尾）、富蕴县城（17 尾）和可可托海（100 尾）。

背鳍 3-7；臀鳍 3-6～7；胸鳍 1-14；腹鳍 2-7。第一鳃弓外侧鳃耙数 7～9。侧线鳞 77～96。咽齿 2 行，4 · 2/2 · 4～5。脊椎骨 4+35～36。

体长为体高的 4.0～4.9，为头长的 3.5～4.2。头长为吻长的 3.0～4.2，为眼径的 3.2～4.3 倍，为眼间距的 2.8～3.1 倍，为尾柄长的 1.1～1.2 倍，为尾柄高的 2.6～3.0 倍；尾柄长为尾柄高的 2.0～2.9 倍。

体梭形，稍侧扁，躯干部浑圆，尾柄细长。吻圆钝。口亚下位，口裂小，半圆形，口角后延至眼前缘下方。眼中等大小，位于头侧上方。鳃盖膜于峡部相连。背鳍位于体背中部稍后。胸鳍位低。体被圆鳞。侧线通常不完全或出现间断。背部灰褐色，背脊具一黑色带纹。体侧有两条由褐色斑纹组成的横纹。腹部淡黄白色，背鳍和尾鳍浅灰色，胸鳍、腹鳍和臀鳍淡白色或淡黄色。臀鳍和尾鳍上具灰黑色小斑。尾鳍基下方具一较大黑色斑点。

雄鱼胸鳍末端可伸达腹鳍基；雌鱼胸鳍长约为胸鳍腹鳍距的 2/3。腹鳍起点位于背鳍起点的前下方。雄鱼腹鳍后延伸达肛门或臀鳍起点，雌鱼腹鳍后延不及肛门。繁殖季节，雄鱼头部、体侧及鳍条上出现较多白色珠星，体色变深，斑纹更为明显。鳃耙短小，排列稀疏。咽齿柱状，稍侧扁，齿端尖钩状。鳔 2 室，后室较前室长，腹膜银白色，具褐色小斑（图 4-8）。

图 4-8　阿勒泰鱥 *Phoxinus phoxinus ujmonesis*

（十二）湖拟鲤 *Rutilus rutilus lacustris* (Pallas), 1811

本次调查采集标本 500 尾，体长 52～227mm。采自 185 团北湾、界河、克兰河 181 团和哈巴河山口水电站坝下等地。

背鳍 3-9～10；臀鳍 3-9～12；胸鳍 1-12～17；腹鳍 1-8～9。侧线鳞 $41\frac{7\sim8}{3\sim4\text{–V}}46$。第一鳃弓外侧鳃耙数 10～16。下咽齿 1 行，6/5 或 5/6（少数 6/6）。脊椎骨数 4+36～38。

体长为体高的 2.75±0.14 倍，为头长的 4.53±0.19 倍，为背鳍起点至吻端距离的 1.86±0.05 倍，为背鳍起点至尾鳍基部的 1.97±0.07 倍；头长为吻长的 3.58±0.24 倍，为眼径的 4.55±0.40 倍，为眼间隔的 2.26±0.19 倍，为眼后头长的 1.99±0.12 倍，为尾柄高的 2.03 倍，为尾柄长的 1.37 ±0.20 倍，为背鳍基部长的 1.34±0.07 倍；体高为头长的 1.65±0.15 倍，背鳍起点至吻端距离为背鳍起点至尾鳍基部的 1.07±0.03 倍，尾柄长为尾柄高的 1.50±0.19 倍。

体侧扁，体较高，背缘弧形。吻短而钝。口端位，上下颌约等长，稍能伸屈上颌骨后伸达下方。眼中等大，头侧中位。唇后沟中断，间距较宽。鳃盖膜与峡部相连。体被中大圆鳞。侧线完全，与腹缘成同一弧度延至尾鳍基中央。腹鳍至肛门具腹棱。背鳍起点稍后于腹鳍起点，臀鳍较小，后缘略凹。胸鳍小，下位。腹鳍腹位。尾鳍叉形，末端稍尖。背部、头顶部为灰黑色，向腹部逐渐变成黄白色，背鳍浅黑色，胸、腹、臀鳍及尾鳍下叶为橘红色。眼球虹膜上具金红色素沉淀，俗称“小红眼”。鳔 2 室，前室短小，呈圆柱状，后室长，呈圆锥形，为前室长的 2 倍。银白色的腹膜上布满细小的黑点，向腹缘逐渐加深成灰黑色。鳃耙短而稀，第一鳃弓外侧鳃耙柱状，末端分叉。咽齿侧扁，齿面内斜，中间有一纵向凹槽，齿端尖而弯曲成勾状（图 4-9）。

图 4-9　湖拟鲤 *Rutilus rutilus lacustris*

（十三）丁鱥 *Tinca tinca* (Linnaeus), 1758

本次调查采集标本 36 尾，体长 21～321mm。采自 185 河段。

背鳍 3-8，臀鳍 1-7，侧线鳞 $86\frac{29\sim33}{20\sim25}103$。第一鳃弓外侧鳃耙数 12～15，内侧 17～24。咽齿 1 行，4/5 或 5/4。脊椎骨数 4+35。

体长为头长的 3.0～4.0 倍，为体高的 2.9～3.4 倍，为尾柄长的 5.5～6.0 倍，为尾柄高的 5.8～6.5 倍。头长为吻长的 2.8～3.7 倍，为眼径的 6.5～7.8 倍，为眼间距的 2.1～2.8 倍；为尾柄长的 1.4～1.9 倍，为尾柄高的 1.4～2.1 倍。尾柄长为尾柄高的 1.0～1.2 倍。

体侧扁，较厚，头中等大，头后背部稍隆起。口端位，口裂小。口角须 1 对，短小。眼较小，侧上位。鳃盖膜与峡部相连。体被细小圆鳞，排列致密。侧线完全。各鳍无硬刺。

背鳍起点后于腹鳍起点后，胸鳍短，下侧位，末端不达腹鳍起点。腹鳍腹位，起点与背鳍起点相对，末端达到或超过肛门，雄鱼腹鳍第二不分枝鳍条较粗大。尾鳍微凹。体背为青黑色，体侧为黄褐色，腹部色淡，各鳍多为灰黑色（图 4-10）。

鳃耙短，侧扁，排列稀疏。咽齿较宽大，侧扁，冠面斜，中间有一凹槽，末端钩状。鳔 2 室，后室为前室的 1.3～2 倍，肠长约与体长等长，腹膜灰黑色。

图 4-10　丁鱥 *Tinca tinca*

（十四）东方欧鳊 *Abramis brama orientalis* Berg, 1949

本次调查采集标本 798 尾，体长 62～336mm。采自 185 团、界河、185 河段干流、别列则克河、喀腊塑克水库。

背鳍 3-8～10，臀鳍 3-24～27，胸鳍 1-13～16，侧线鳞 $52\frac{11\sim15}{6\sim8}57$。第一鳃弓外侧鳃耙数 23～28。咽齿 1 行，5/5。脊椎骨数 4+17～23。

体长为体高的 2.1～2.7 倍，为头长的 3.8～4.6 倍，为尾柄长的 6.5～10.9 倍。头长为吻长的 3.0～4.2 倍，为眼径的 3.7～5.2 倍，为眼间距的 2.4～3.0 倍。尾柄长为尾柄高的 0.8～1.4 倍。

体高而侧扁，菱形，背部窄，背前部隆起。腹鳍至肛门具腹棱。头短小，吻钝，吻长大于眼径。口端位，口裂小，呈马蹄形，上下颌约等长，上颌骨伸达鼻孔下方。眼中等大，侧上位。鳃盖膜与峡部相连。唇后沟中断，间距宽。无须。鳞中等大。侧线完全，前部弧形，后部平直。尾柄短而高。背鳍起点位于腹鳍基后上方，距尾鳍基距离较距吻端距离短，鳍缘微凹，无硬刺，最后一枚分枝鳍条约等于头长。胸鳍末端伸达或接近腹鳍基。腹鳍基具腋鳞。臀鳍基部长，外缘微凹入。腹鳍位于背鳍前下方，末端伸达臀鳍起点。尾鳍叉形，末端尖，下叶稍长于上叶。体背部青灰色，体侧银灰色，腹部银白色，背鳍与尾鳍深灰色，臀鳍、腹鳍灰黑色（图 4-11）。

鳃耙短而密。咽齿宽而侧扁，冠面斜，顶端钩状。鳔 2 室，后室长约为前室的 2 倍。肠短，肠长为体长的 1.0～1.5 倍。腹膜灰黑色。

图 4-11　东方欧鳊 *Abramis brama orientalis*

（十五）尖鳍鮈 *Gobio acutipinnatus* Men'schikov, 1939

本次调查采集标本461尾，体长72～210mm。采自北湾、别列则克河、喀腊塑克水库、哈巴河、布尔津河、盐池、克兰河红敦乡、富蕴和可可托海。

背鳍3-7；臀鳍3-5，胸鳍1-14～15；侧线鳞$41\frac{4\sim6}{4\sim5\text{-V}}43$。第一鳃弓外侧鳃耙数4～6，内侧9～12。咽齿2行，2·5/5·2。脊椎骨数4+36。

体长为体高的4.1～5.2倍，为头长的3.3～4.3倍，为尾柄长的4.3～5.3倍，为尾柄高的10.2～11.5倍。头长为吻长的2.2～2.8倍，为眼径的4.0～5.2倍，为眼间距的3.0～4.4倍，为尾柄长的1.0～1.3倍，为尾柄高的2.3～2.9倍。尾柄长为尾柄高的1.8～2.6倍。

体细长，躯干部近似圆筒状，尾柄稍侧扁。头背部稍隆起。吻突出。眼中等大，侧上位。口下位，口裂呈弧形。上颌须1对，向后延伸达眼后缘。鳃盖膜连于峡部。体被圆鳞，峡部和胸部裸露无鳞。侧线完全，平直。各鳍无硬棘。背鳍高小于头长，起点距吻端较距尾鳍基近。胸鳍侧下位，第一和第二分枝鳍条较长。腹鳍腹位，起点位于背鳍起点后，尾鳍深叉形。体背具7～9个黑色小斑，沿侧线上方具10～14个较大椭圆形黑色斑点，体侧具较多不规则小黑斑。背鳍和尾鳍具小黑点组成的横纹。胸鳍、背鳍和腹鳍淡黄色或灰白色。鳃耙少而长。鳔2室，细长，后室长约为前室的1.5倍，肠粗短，不及体长，约为体长的0.7倍。腹膜银白色（图4-12）。

图 4-12　尖鳍鮈 *Gobio acutipinnatus*

（十六）银鲫 *Carassius auratus gibelio* (Bloch), 1783

本次调查采集标本 611 尾，体长 181～261mm。采自托洪台水库（36 尾）、185 团北湾（268 尾）、界河（280 尾）、别列则克河（4 尾）、盐池（16 尾）和可可托海（7 尾）。

背鳍 iii -16～19，臀鳍Ⅲ -6，腹鳍 i -8。侧线鳞 $31\frac{7\sim8}{6\sim8\text{–V}}33$。第一鳃弓外侧鳃耙数 43～54，鳃耙排列紧密，其长度为鳃丝的一半以上；下咽齿 4/4，第一枚下咽齿呈圆锥形，其余齿侧扁，铲形，齿冠面具 1 道沟纹。脊椎骨数 4+28～30。鳔 2 室，后室长为前室长的 1.4～1.7 倍。

体长为体高的 2.14（1.85～2.36）倍，为头长的 3.42（3.03～3.66）倍，为尾柄长的 5.37（4.83～6.16）倍，为尾柄高的 5.35（4.71～5.74）倍。头长为吻长的 3.74（3.05～4.75）倍，为眼径的 5.24（4.67～5.90）倍，为眼间距的 2.10（1.60～2.85）倍，为眼后头长的 1.82（1.69～2.06）倍，为尾柄长的 1.58（1.37～1.86）倍，为尾柄高的 1.57（1.39～1.81）倍，尾柄长为尾柄高的 1.00（0.86～1.14）倍。

体侧扁，短而高，腹圆，尾柄宽短。头小，吻短圆钝，口小，端位，呈弧形，下颌稍向上倾斜。下唇较上唇厚，唇后沟中断。无须。眼小，侧上位。鳞较大，侧线平直，位于体侧中央。背鳍外缘平直，末根不分枝鳍条粗壮，后缘锯齿较粗且稀，起点位于体长的中点，至吻端与至尾鳍基部距离相等。臀鳍末根不分枝鳍条为粗壮硬刺，后缘带锯齿，鳍条末端不达尾鳍基部。胸鳍末端圆钝，一般不达腹鳍起点。腹鳍起点稍前于背鳍起点。尾鳍浅分叉，上下叶端稍圆钝。体银灰色，背部呈灰黑色，腹部白色，各鳍均为灰色（图 4-13）。

图 4-13　额河银鲫 *Carassius auratus gibelio*

任慕莲等（2002a）报道，额尔齐斯河干流、水库、沼泽坑塘等不同水域中银鲫的可数和可量性状存在不同程度变异。托洪台水库银鲫的体型明显存在两种类型：高体型，体长为体高的 2.07～2.44 倍，平均为 2.24+0.10 倍（n=14）；矮体型，体长为体高的 2.35～2.62 倍，平均 2.52+0.13 倍（n =16），t 检验结果为两者间差异显著。

孟玮等（2010）发现生活在 185 团额尔齐斯河主河道和附近支流中的银鲫在体色和个体大小上有明显差异，主河道银鲫体色为黑色，个体相对较大，支流河道银鲫体色为金黄色，个体相对较小。对两个群体的形态学比较研究显示，两个种群形态差异，主要为鱼体头部和尾部的纵向变化以及与背腹轴有关性状的变化。

马波等（2013）报道额尔齐斯河干流185团河段的银鲫群体也存在高背型银鲫（high-dorsal silver crucian carp）和低背型银鲫（low-dorsal silver crucian carp）两种形态类型。高背型的侧线鳞为31枚，侧线上鳞和侧线下鳞均为7枚，体长为体高的1.78～2.14倍；低背型的侧线鳞为30枚，侧线上鳞和侧线下鳞均为6枚，体长为体高的2.18～2.39倍。与低背型相比，高背型的头后部明显隆起，头高、体高、尾柄高和体宽、头宽性状均显著高于低背型，此外，吻长、眼后头长、眼径、背鳍基长等比例性状存在显著性差异（$P < 0.05$）。同龄鱼的平均体质量，高背型为低背型的1.3～1.9倍。

（十七）金鲫 *Carassius carassius* (Linnaeus), 1758

本次调查未采集到标本。描述摘自《中国额尔齐斯河鱼类资源及渔业》（任慕莲等，2002b）。

背鳍Ⅲ-15～18，臀鳍Ⅲ-5-7，胸鳍i-13～15，腹鳍i-7～8。侧线鳞$31\frac{6\sim8}{5\sim7\text{–V}}33$。第一鳃弓外侧鳃耙数27～30。下咽齿4/4，齿形斜截，臼状。

体长为体高的1.87～2.57倍，为头长的3.21～3.96倍，为尾柄长的6.06～7.47倍；头长为体高的0.94～1.07倍，为头宽的1.41～1.76倍，为吻长的2.82～3.87倍，为眼径的4.13～5.28倍，为眼间距的2.21～2.58倍。尾柄长为尾柄高的0.79～0.97倍。

体侧扁，短而高，略呈卵圆形。腹圆，尾柄宽短。头小，吻短，口端位，口裂小，不超过眼前缘。眼较大，侧上位，眼间距大。背鳍起点与腹鳍基起点相对或稍前，张开的背鳍呈外弓形（此为与银鲫较为明显的外形区别），背鳍第三枚不分枝鳍条后缘具较密的细齿。臀鳍基短，第一枚不分枝鳍条最长。胸鳍胸位，腹鳍腹位。尾鳍浅叉形，上下叶等长。体被圆鳞，侧线完全。新鲜标本体背和侧面金黄色，腹部白色。福尔马林浸泡标本背部青黑色，体侧黑色，腹部白色。各鳍条布满黑色斑点。

（十八）北方须鳅 *Barbatula barbatula nuda* (Bleeker), 1865

本次调查采集标本234尾，体长47～79mm。采自冲乎尔电站坝下（17尾）、哈巴河山口水电站（4尾）、盐池（1尾）、克兰河红墩乡（24尾）、富蕴（54尾）、铁热克提（15尾）和可可托海（119尾）。

背鳍3-7；臀鳍3-5；第一鳃弓内侧鳃耙数9～11，脊椎骨数4+40～43。

体长为头长的3.94～4.88倍，为体高的5.28～8.59倍，为尾柄长的5.22～6.20倍。头长为吻长的1.33～2.37倍，为眼径的5.60～8.64倍，为眼间距的3.33～4.25倍；尾柄长为尾柄高的1.60～2.37倍。

体细长，头稍扁平。吻钝，吻长大于眼后头长。口弧形，下位。眼小，侧上位。唇较厚，上唇之间呈“V”缺刻，下唇中部断裂，两侧各有两排乳突。下颌外露，须3对，内吻须后延至口角处，外吻须约与口角须等长，口角须后延可达眼后缘下方。体被细圆鳞，胸部无鳞。侧线完全，平直。背鳍鳍缘平直。胸鳍侧低位，雄鱼胸鳍较大，第4～6分枝鳍条增厚变粗。腹鳍起点与背鳍起点相对，腹鳍基部具腋鳞。臀鳍鳍缘平截。尾鳍微凹，一般上叶稍长。体色变化较大。通常体侧为灰褐色，分布有不规则的黑色小斑块。腹部为白色。各鳍具小斑点组成的横带纹。鳔前室包于骨质囊内，后室退化。肠长为体长的1.5～2倍。

腹膜灰白色，上有小黑点（图 4-14）。

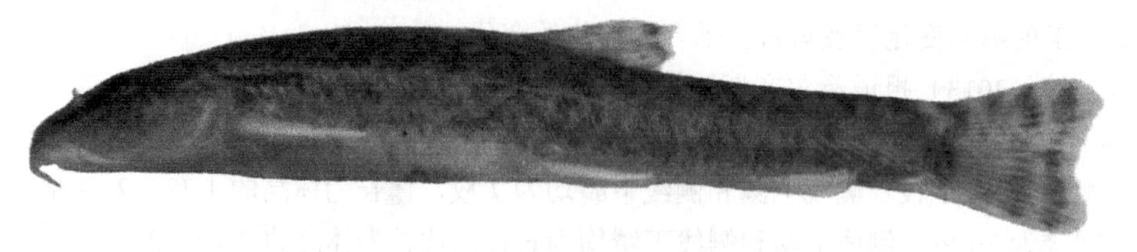

图 4-14 北方须鳅 *Barbatula barbatula nuda*

（十九）新疆高原鳅 *Triphophysa* (*Triphophysa*) *strauchii* (Kessler), 1874

额尔齐斯河曾有新疆高原鳅分布记录（任慕莲等，2002a；郭焱等，2012），本次调查在额尔齐斯河流域没有采集到标本。描述依据郭焱等（2012）。

背鳍 3-7；臀鳍 3-5；第一鳃弓内侧鳃耙数 13～16。脊椎骨数 42。

体长为头长的 4.17～4.55 倍，为体高的 5.71～648 倍，为尾柄长的 4.13～4.50 倍。头长为吻长的 2.38～2.88 倍，为眼径的 4.60～7.40 倍，为眼间距的 2.75～3.70 倍，为第一对吻须长的 3.88～5.22 倍。尾柄长为尾柄高的 3.11～4.04 倍。

体延长，胸腹部平直，体前部圆粗，尾柄细长。吻钝，吻长等于或稍大于眼后头长。口下位，口裂浅弧状。上唇唇缘分布有小乳突，前缘为 1 列，两侧接近口角处为 2 列或 3 列；下唇中沟深长，达峡部，沟两侧各有一扁乳突和游离的唇叶，在口角处与上唇相连，唇面有粒状小乳突。下颌匙状，不突出唇外，下唇口角处有一向后延伸的唇突。须 3 对，较长，内吻须后延达口角或超过口角，外吻须后延达眼下方；颌须后延达到或超过眼后缘。眼侧上位。前后鼻孔间有一皮突相隔，位于眼前方。背鳍位于体背中部，鳍缘微凹，第一分枝鳍条最长。胸鳍位低，第四分枝鳍条最长，性成熟雄鱼，第 1～4 分枝鳍条的外侧变宽变硬，表面有绒毛状结节。腹鳍位于背鳍起点之后，第 2 分枝鳍条最长，可伸达肛门或臀鳍起点。尾鳍浅凹形。背部及体侧为灰褐色或黄褐色，分布有不规则的黑色斑纹，腹部浅黄色或浅灰色。背鳍和尾鳍具排列成行的斑纹，其他鳍为黄色，具晕斑。鳔前室为左右两室，包于骨质囊内；后室退化，残留部分包于椭圆形膜质囊内。肠长稍长于体长。腹膜土黄色（图 4-15）。

图 4-15 新疆高原鳅 *Triphophysa* (*Triphophysa*) *strauchii*

（二十）小体高原鳅 *Triphophysa* (*Hedinichthys*) *minuta* (Li), 1966

本次调查采集标本 60 尾，体长 46～85mm。采自铁热克提。

背鳍 3-6；臀鳍 3-5；胸鳍 1-10～11；腹鳍 1-5～7。第一鳃弓内侧鳃耙数 10～11。脊椎骨数 4+35～37。

体长为头长的 4.12～5.10 倍，为体高的 5.31～7.63 倍，为尾柄长的 4.09～5.86 倍。头长为吻长的 2.30～3.60 倍，为眼径的 5.00～7.50 倍，为眼间距的 2.16～3.40 倍，为前吻须长的 3.33～5.33 倍。尾柄长为尾柄高的 2.00～2.89 倍。

体延长，粗圆，后部侧扁。头似三角形，平扁，头宽大于头高。吻长小于眼后头长，约与眼间距相等。眼侧上位。前后鼻孔稍分开，前鼻孔有一管状皮突。雄鱼在眼与鼻孔间的下方有一三角形隆起，表面有绒毛状结节。口下位，弧形。下唇中断，两侧呈“八”字状乳突，突表面具2～3条浅褶沟。须3对，前颌须后延超过口角，后颌须后延伸达眼后缘下方，口角须后延达到主鳃盖骨前缘。鳃孔小。体表光滑无鳞。背鳍起点位于体中部稍偏后，鳍缘平截或微凹。胸鳍第3分枝鳍条最长，成年雄鱼前4枚分枝鳍条有结膜，手感粗糙。腹鳍后延达腹鳍基至臀鳍基的1/2～2/3处。尾鳍平截或微凹，上叶稍长。鳃耙短小。鳔前室为左右两室，包于骨质囊内；后室退化，残留部分包于椭圆形膜质囊内。腹膜白色，分布有小黑点（图4-16）。

图4-16　小体高原鳅 *Triphophysa (Hedinichthys) minuta*

（二十一）北方花鳅 *Cobitis granoei* Rendahl, 1935

本次调查采集标本107尾，体长37～74mm。采自别列则克河（99尾）、冲乎尔乡大桥（1尾）、布尔津河（1尾）、克兰河红墩乡（4尾）和富蕴（2尾）。

背鳍3-7；臀鳍3-5；第一鳃弓内侧鳃耙数10，脊椎骨数4+39～44。

体长为头长的4.78～5.84倍，为体高的6.25～8.28倍，为尾柄长的5.77～6.44倍。头长为吻长的2.29～2.88倍，为眼径的6.39～7.90倍，为眼间距的5.54～6.87倍。尾柄长为尾柄高的2.00～2.54倍。

体细长，较侧扁。头小，侧扁。口小，下位。上唇游离，下唇中部左右分离，唇较肥大，呈穗状。眼小，侧上位，两眼间微隆起，眼间距略大于眼径。前后鼻孔相邻。眼下刺分叉。须3对，前吻须后延达下唇叶的后缘，后吻须后延达眼前缘下方。鳃耙短小，分叉。体被细小圆鳞，侧线完整，位于体侧中部。背鳍第一分枝鳍条最长，鳍缘微圆。胸鳍侧低位。腹鳍起点与背鳍起点相对，或有前后移动。尾鳍圆截形。

背部与体侧灰黄色，背部有20余枚圆形、椭圆形或中部断裂的斑环，体侧中线有一列14～21枚黑色斑纹，其上方有2～3列由小云状斑纹组成的带状细纹。腹部白色。尾柄基部上下方各有一条状黑斑。背鳍和尾鳍各有6～7条由黑褐色斑点组成的条纹。其他各鳍白色透明。腹膜灰白色，具小黑点（图4-17）。

图4-17　北方花鳅 *Cobitis granoei*

（二十二）江鳕 *Lota lota* (Linnaeus), 1758

本次调查采集标本331尾，体长295～395mm。采自可可托海（166尾）、卡依尔特河（106尾）、哈巴河山口水电站（58尾）和喀腊塑克水库（1尾）。

前背鳍1-11～12，后背鳍1-70～78，臀鳍0-62～68。第一鳃弓外侧鳃耙数9～10，内侧10～12。幽门盲囊81～105。脊椎骨数64～67。

体长为体高的6.82～8.1（7.36±0.40）倍，为头长的4.57～5.11（4.77±0.15）倍，为头高的9.59～10.45（9.98±0.31）倍。头长为头高的1.94～2.22（2.10±0.07）倍，为头宽的1.49～1.7（1.60±0.05）倍，为吻长的3.09～4.10（3.54±0.24）倍，为眼径的6.59～8.5（7.63±0.52）倍，为眼间距的2.61～3.59（2.98±0.28）倍。

体长圆形，后部侧扁。头稍扁平。眼小，眼间隔较宽。吻短。口亚下位，上颌稍长于下颌。口裂不超过眼前缘。上颌齿带2行，下颌齿带1行。颏部正中具颏须1枚。两鼻孔分离，前鼻孔管状突出。鳃膜不与峡部相连。体被小圆鳞，埋于皮下。侧线完全。前背鳍基短，后背鳍基长，与尾鳍基相接或稍分离。背吻距大于背尾距。腹鳍喉位，第二鳍条最长。胸鳍扇形。臀鳍基起点稍后于后背鳍起点，后端与尾鳍相接或稍分离。尾鳍圆形。背部及体侧上部灰褐色，腹部白色，体侧与鳍条上均具不规则的白色斑块，体色随水域不同略有差异（图4-18）。

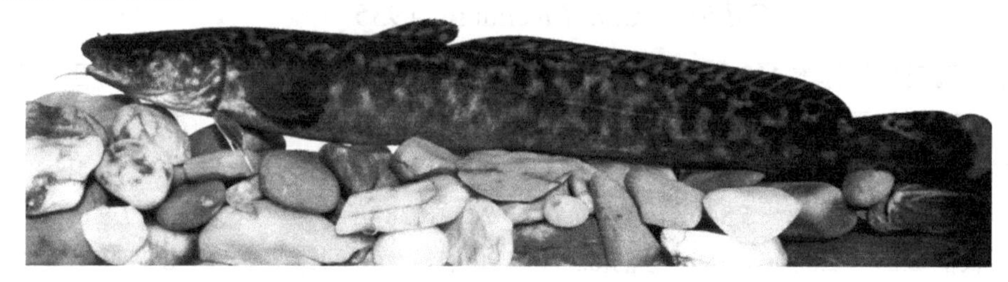

图4-18　江鳕 *Lota lota*

（二十三）河鲈 *Perca fluviatilis* Linnaeus, 1758

本次调查采集标本752尾，体长38～321mm。采自185北湾（131尾）、界河（161尾）、别列则克河（1尾）、哈巴河山口电站（7尾）和喀腊塑克水库（452尾）。

第一背鳍XIII～XV，第二背鳍III～IV-13～15；臀鳍II-7～9。侧线鳞$62\frac{7\sim10}{14\sim18}76$。第一鳃弓鳃耙数，外侧20～24，内侧16～18。脊椎骨数41。

体长为体高的3.28～4.19倍，为头长的3.04～3.41倍，为尾柄长的3.95～6.28倍。头长为吻长的3.22～4.18倍，为眼径的3.92～6.40倍，为眼间距的3.31～3.92倍。尾柄长为尾柄高的1.83～3.14倍。

体长，椭圆形，侧扁，背略隆起。头小，吻钝。口端位。下颌较上颌稍突出。上颌骨后端达眼后缘下方。上下颌具锥状齿，口腔内犁骨等骨片上具绒毛状细齿。眼中等大，侧上位。前鳃盖骨后缘呈锯齿状，主鳃盖骨后缘有1枚棘。左右鳃盖膜分离。体表及头部被细小栉鳞。侧线完全。

背鳍两个，分离，第一背鳍鳍条全部为棘，第四棘最长；第二背鳍由棘和分枝鳍条组成。臀鳍起点位于第二背鳍起点之后。胸鳍侧位较高，腹鳍亚胸位。尾鳍深叉形。体背草绿色或浅黄褐色。体侧有7～9条黑褐色横纹，腹部白色。第一背鳍后部有一个大黑斑。第二背鳍、臀鳍和尾鳍桔黄色。鳔1室，长囊形，无鳔管。幽门盲囊3枚。腹膜银白色，带有小黑点（图4-19）。

图4-19　河鲈 *Perca fluviatilis*

（二十四）梭鲈 *Lucioperca lucioperca* (Linnaeus), 1758

本次调查采集标本225尾，体长126～453mm。采自185团北湾（221尾）和界河（4尾）。观察和测量标本21尾，体长126～450mm。

第一背鳍XII～XV，第二背鳍I～II -12～13，臀鳍II～III -9～14。侧线鳞$88\frac{13\sim18}{22\sim31\text{-A}}94$。第一鳃弓外侧鳃耙数12。脊椎骨数42～48。

体长为体高的4.11～5.44倍，为头长的3.16～4.97倍，为尾柄长的3.86～4.49倍。头长为吻长的2.94～4.43倍，为眼径的4.62～8.12倍，为眼间距的4.55～6.09倍，为口裂长的2.02～3.23倍，为口裂宽的2.39～4.00倍。尾柄长为尾柄高的2.40～3.10倍。

体呈梭形。头小，吻尖。口端位，口裂大，略向上倾斜，上下颌具发达锥状齿。上颌骨后端越过眼后缘。眼较大，侧上位。鳃孔大，鳃盖膜不与峡部相连。鳃盖条骨7～8枚。背鳍两个，分离，第一背鳍完全由棘组成，第二背鳍由棘和分枝鳍条组成。腹鳍亚胸位，左右腹鳍基部相互靠近。臀鳍起点稍后于第二背鳍起点。尾鳍为分叉的正形尾。体被栉鳞，颊下部无鳞。侧线完全，伸达尾鳍基中部。成鱼鳃耙为块状，顶端有小刺；幼鱼鳃耙为棒状，顶端具小刺。成鱼背部和体侧灰绿色，体侧具12～13条褐色横斑。背鳍浅黄色，具由黑色小斑点构成的纵纹；胸鳍、腹鳍和臀鳍淡黄色（图4-20）。

图4-20　梭鲈 *Lucioperca lucioperca*

（二十五）粘鲈 *Acerina cernua* Кесслер, 1864

本次调查采集标本 8 尾，体长 65～86mm。采自 185 团北湾。

背鳍 XIV～XV -11～12；臀鳍 II -5。侧线鳞 34 $\frac{5\sim7}{12\sim14}$ 37。第一鳃弓鳃耙数，外侧 2+8～11，内侧 2+9。脊椎骨数 36。

体长为体高的 3.31～3.75 倍，为头长的 2.66～3.34 倍，为尾柄长的 4.80～5.43 倍。头长为吻长的 2.62～3.15 倍，为眼径的 3.00～3.70 倍，为眼间距的 3.45～5.09 倍。尾柄长为尾柄高的 1.66～2.66 倍。

体延长，侧扁。头小，头部黏液腺发达。眼大，侧上位。口小，亚下位。上下颌具锥状齿，口腔内犁骨等骨片上具绒毛状细齿。前鳃盖骨下方有 4 个棘，上方有 4～6 个锯齿状棘。鳃盖膜不与峡部相连。侧线完全，体被细小栉鳞。背鳍 1 个，由棘和分枝鳍条组成，臀鳍与背鳍鳍条相对。胸鳍位较高，腹鳍亚胸位。尾鳍浅叉形。体侧暗灰色，背部有不规则黑斑，腹部体色较淡。各鳍淡黄色，背鳍和尾鳍有明显条状斑纹。鳔 1 室，无鳔管。具胃。肠长短于体长。幽门盲囊 3 个。腹膜银白色（图 4-21）。

图 4-21　粘鲈 *Acerina cernua*

（二十六）阿勒泰杜父鱼 *Cottus sibiriea altaicus* Li & Ho, 1966

本次调查采集标本 92 尾，体长 32～122mm。采自哈巴河电站（63 尾）、可可托海（22 尾）、铁热克提（6 尾）和冲乎尔电站坝下（1 尾）。观察和测量标本 22 尾，体长 81～101mm。

第一背鳍 VIII～IX，第二背鳍 17～19；臀鳍 12～14；腹鳍 I-4。侧线孔数 34～37。幽门盲囊 5～7 个。第一鳃弓鳃耙数，外侧 4～5，内侧 4～6。脊椎骨数 33～34。

体长为体高的 4.47～5.60 倍，为头长的 3.23～3.83 倍，为尾柄长的 5.77～6.92 倍。头长为吻长的 3.20～3.51 倍，为眼径的 4.70～5.14 倍，为眼间距的 5.52～6.54 倍。尾柄长为尾柄高的 2.01～2.88 倍。上述比值与郭焱等（2012）和任慕莲等（2002b）报道的数据接近，其中，体长/尾柄长与霍堂斌等（2011）报道的（8.20～10.81）相差较大。

体长，近圆锥形。头扁平，宽大。吻短。眼小，上位，眼间距小于眼径，眼间中间微凹。两鼻孔呈管状突起，分离。口端位，口角不达眼前缘。上下颌骨上各具一列细齿。前鳃盖骨外缘具一钩状棘，后鳃盖骨上具一向前弯曲的小钩状棘。鳃盖膜连于峡部。背鳍两个，鳍基靠近，前背鳍短小，由棘组成；第二背鳍基长，由分枝鳍条组成。胸鳍长而宽大，后延超过肛门。腹鳍胸位。尾鳍圆形。全身裸露无鳞。侧线完全。体背和体侧灰褐色，头部和体侧前部分布有黑色小斑点；体侧自第二背鳍至尾柄末端具有由小黑斑组成的4个不规则黑色大斑块；腹部白色；背鳍、胸鳍和尾鳍有由黑色斑点组成的带纹。无鳔。具胃，幽门盲囊5～6个。肠短，为体长的一半左右（图4-22）。

图4-22　阿勒泰杜父鱼 *Cottus sibiriea altaicus*

小　　结

额尔齐斯河现有鱼类，包括圆口纲的凯氏七鳃鳗在内共8目13科32属37种。其中土著鱼类8目10科18属19种，由北方平原鱼类复合体、北方山麓鱼类复合体、北极淡水鱼类和上第三纪鱼类复合体组成；外来鱼类3目7科16属18种。与历次调查比较，土著鱼类新增凯氏七鳃鳗1种，减少了小体鲟、北鲑和金鲫3种；外来鱼类增加虹鳟、褐鳟和哲罗鱼黑龙江品系和细鳞鱼黑龙江品系4种（品系）。鲤科鱼类为优势类群，分别占土著鱼类和外来鱼类的42.1%和44.4%。

额尔齐斯河鱼类分布具有一定的地域性，人类活动的干扰缩小了鱼类活动空间。下游鱼类因有境外种群的补充，其种群数量仍相对丰富，支流上游因为鲜有人类活动干扰，种群保持较为原始的状态。

额尔齐斯河外来鱼类约占现有鱼类总数的48.6%。早期由境外自然扩散到我国额尔齐斯河的东方欧鳊和鲤等已成为重要经济鱼类；后期入侵的池沼公鱼、麦穗鱼等适应性强的鱼类，已在额尔齐斯河成功建群，对这些外来鱼类产生的影响应重视。

主要参考文献

陈丽. 2012. 新疆外来入侵种现状研究. 新疆环境保护, 34(1): 21-27
陈宜瑜, 等. 1998. 中国动物志・硬骨鱼・鲤形目(中卷). 北京: 科学出版社
成庆泰, 郑葆珊. 1987. 中国鱼类系统检索(上册). 北京: 科学出版社
冯敏, 任慕莲, 等. 1990. 新疆哈纳斯湖科学考察. 北京: 科学出版社: 101-185
郭炎, 张人铭, 李红. 2003. 额尔齐斯河土著鱼类资源衰退原因与保护措施. 干旱区研究, 20(2): 152-155
郭焱, 张人铭, 蔡林钢, 等. 2012. 新疆鱼类志. 乌鲁木齐: 新疆科学出版社
何春林. 2008. 四川省高原鳅属鱼类分类整理. 成都: 四川大学硕士学位论文
何春林, 宋昭彬, 张鹗. 2011. 中国高原鳅属鱼类及其分类研究现状. 四川动物, 30(1): 150-155
霍堂斌, 蔡林钢, 阿达可白克・可尔江, 等. 2011. 阿勒泰杜父鱼生物学初步研究. 淡水渔业, 41(1): 16-20

霍堂斌, 姜作发, 阿达可白克 · 可尔江, 等. 2010. 额尔齐斯河流域(中国境内) 鱼类分布及物种多样性现状研究. 水生态学杂志, 31(4): 16-22

乐佩琦, 等. 2000. 中国动物志 · 硬骨鱼 · 鲤形目(下卷). 北京: 科学出版社

李思忠. 1966. 新疆北部鱼类的调查研究. 动物学报, 18: 41-56

李思忠. 1981. 中国淡水鱼类的分布区划. 北京: 科学出版社: 32-40

李思忠, 等. 1979. 新疆鱼类志. 乌鲁木齐: 新疆人民出版社

廖文林, 潘育英. 1990. 额尔齐斯河鱼类资源调查, 新疆渔业, (1-2): 32-36

马波, 霍堂斌, 李喆, 等. 2013. 额尔齐斯河2 种类型雌性银鲫的形态特征及 D-loop 基因序列比较. 中国水产科学, 20(1): 157-165

孟玮, 郭焱, 海萨, 等. 2010. 额尔齐斯河银鲫形态学及COI 基因序列分析. 淡水渔业, 40(5):22-31

潘育英, 廖文林. 1989. 额尔齐斯河渔业概况调查. 新疆渔业, (1-2): 31-35

任慕莲, 郭焱, 张人铭, 等. 2002a. 我国额尔齐斯河的鱼类及鱼类区系组成. 干旱区研究, 19 (2): 62-66

任慕莲, 郭焱, 张人铭, 等. 2002b. 中国额尔齐斯河鱼类资源及渔业. 乌鲁木齐: 新疆科技卫生出版社

伍献文, 曹文宣, 易伯鲁, 等. 1964. 中国鲤科鱼类志(上卷). 上海: 上海科学技术出版社

伍献文, 杨干荣, 乐佩琦, 等. 1963. 中国经济动物志: 淡水鱼类. 北京: 科学出版社

严安生, 等. 1964. 额尔齐斯河、乌伦古湖与博斯腾湖的主要经济鱼类. 新疆动物学会论文选集: 1-20

中国科学院动物研究所等. 1979. 新疆鱼类志. 乌鲁木齐: 新疆人民出版社

朱松泉. 1989. 中国条鳅志. 南京: 江苏科学技术出版社: 29-31

朱松泉. 1992. 中国条鳅亚科鱼类三新种(鲤形目: 鳅科). 动物分类学报, 17(2): 241-247

朱元鼎, 孟庆闻, 等. 2001. 中国动物志 圆口纲 软骨鱼类. 北京: 科学出版社: 21-26

BERG L S. 1931. A review of the lampreys of the Northern Hemisphere. *Ann Mus Zool Acad Sci* USSR, 31: 87-116

BERG L S. 1948-1949. Freshwater fishes of the U.S.R. and adjacent countries: Guide to the fauna of the U.S.S.R., Academy of Sciences of the U.S.S.R. Zoological Institute Nos. 27-30. 4th ed. Israel Program. Sci. Transl. Ltd., Jerusalem. Vol. 1 (1962), vi +504

IWATA A, GOTO A, HAMADA K. 1985. A Review of the Siberian Lamprey, *Lethenteron kessleri*, in Hokkaido, Japan. *Bulletin of Faculty of Fisheries, Hokkaido University*, 36(4): 182-190

YAMAZAKI Y, NAGAI T, IWATA A, *et al*. 2001. Histological comparisons of intestines in parasitic and nonparasitic lampreys, with reference to the speciation hypothesis. *Zoological Science,* 18: 1129-1135

YAMAZAKI Y, IWATA A. 1997. First record of the Siberian lamprey, *Lethenteron kessleri,* from Honshu Island, Japan. *Japanese Journal of Ichthyology,* 44(1): 51-55

第二篇　种群结构：生物学特性

第五章　北极茴鱼的生物学

谢　鹏　高　萌　马徐发　霍　斌　谢从新
华中农业大学，湖北 武汉，430070

北极茴鱼（*Thymallus arcticus arcticus*）隶属于鲑形目（Salmoniformes），茴鱼科（Thymalidae），茴鱼属（*Thymallus*）。茴鱼属鱼类广泛分布于北美洲、欧洲以及亚洲北部，在额尔齐斯河水系分布的为北极茴鱼指名亚种，为额尔齐斯河土著鱼类，当地俗称花翅子、花棒子，主要分布在额尔齐斯河的支流别列则克河、哈巴河、布尔津河、库依尔特河和卡依尔特河等河流及喀纳斯湖中。其由于肉质鲜美，为当地人所喜食。受人类活动和外界环境变化的影响，额尔齐斯河的北极茴鱼资源严重衰退。牛建功等（2012）运用濒危系数、遗传价值系数和物种价值系数对哈巴河 15 种土著特有鱼类进行优先保护顺序的定量研究，表明北极茴鱼为达到二级急切保护鱼类。北极茴鱼现为新疆维吾尔自治区Ⅱ级重点保护水生野生动物。①

关于北极茴鱼的生物学，向伟等（2009，2011）对其摄食行为和繁殖进行了初步研究。我们在 2012～2016 年对额尔齐斯河北极茴鱼的生物学进行了调查，在对北极茴鱼生长特性进行初步研究的基础上（高萌，2018），对原始数据重新进行分析整理，形成本章，旨在为北极茴鱼种质资源保护和合理开发利用提供参考。

第一节　渔获物组成

渔获物样本主要采集自 2014～2015 年 5～7 月，2016 年 7 月和 10 月补充采集部分样本，采集地点为哈巴河及其支流铁热克提河、布尔津河冲乎尔电站坝下、卡依尔特河、库依尔特河等河流，采用拉网和定置刺网等方式，共采集北极茴鱼样本 329 尾，其中，雌鱼 121 尾，雄鱼 122 尾，无法识别性别的幼鱼和没有鉴定性别的个体（性别未辨样本）86 尾。

一、年龄结构

采用耳石磨片成功鉴定年龄样本 254 尾。其中雌鱼 94 尾，雄鱼 97 尾，性别无法辨认的样本 63 尾。渔获物中除 1 尾雄鱼为 10^+ 龄外，其余 253 尾样本由 2^+～7^+ 龄鱼组成，群体平均年龄为 3.17 龄。其中 3^+ 龄组比例最高，为 69.29%；其次为 4^+ 龄，占 14.17%，5^+ 龄及以上个体数量较少，仅占 5.11%（图 5-1）。雌鱼最大年龄为 7 龄，平均年龄为 3.31 龄；雄鱼最大年龄为 10 龄，平均年龄 3.27 龄；性别未辨个体最大年龄为 6 龄，平均年龄为 2.81 龄。雌鱼、雄鱼和未辨性别个体均以 3^+ 龄组占优势，但雌鱼中 2^+ 龄鱼比例小于雄鱼，4^+ 龄鱼的比例则大于雄鱼。雌雄间年龄组成差异不显著（t 检验，$P > 0.05$）。

任慕莲等（2002）用鳞片鉴定额尔齐斯河北极茴鱼的年龄，渔获物由 1^+～4^+ 龄组成，与本次调查渔获物主要由 2^+～7^+ 龄个体组成，个别个体达 10^+ 龄存在较大差异。差异可能来自年龄鉴定材料的不同。因为耳石轮纹一旦形成便保持不变，即使在遭遇不良环境条件

① 《新疆维吾尔自治区重点保护水生野生动物名录》. 新政发〔2004〕67 号。

时也不会被吸收，成为生活史事件的永久记录（Marshall & Parker，1982；宋昭彬和曹文宣，2001）。耳石年龄读数通常更为准确（Kruse *et al.*，1993）。对生长缓慢、寿命长的鱼类，耳石被认为是估测年龄的最佳材料（Beamish & Mcfarlane，1983）。生活在西藏雅鲁藏布江中游的裂腹鱼类，耳石鉴定的年龄通常高于其他硬组织鉴定的年龄，这种误差随着鱼类年龄的增长而增大，耳石鉴定的年龄在总体上要高于脊椎骨和鳃盖骨鉴定的年龄，具有较高的准确性（谢从新，2019）。

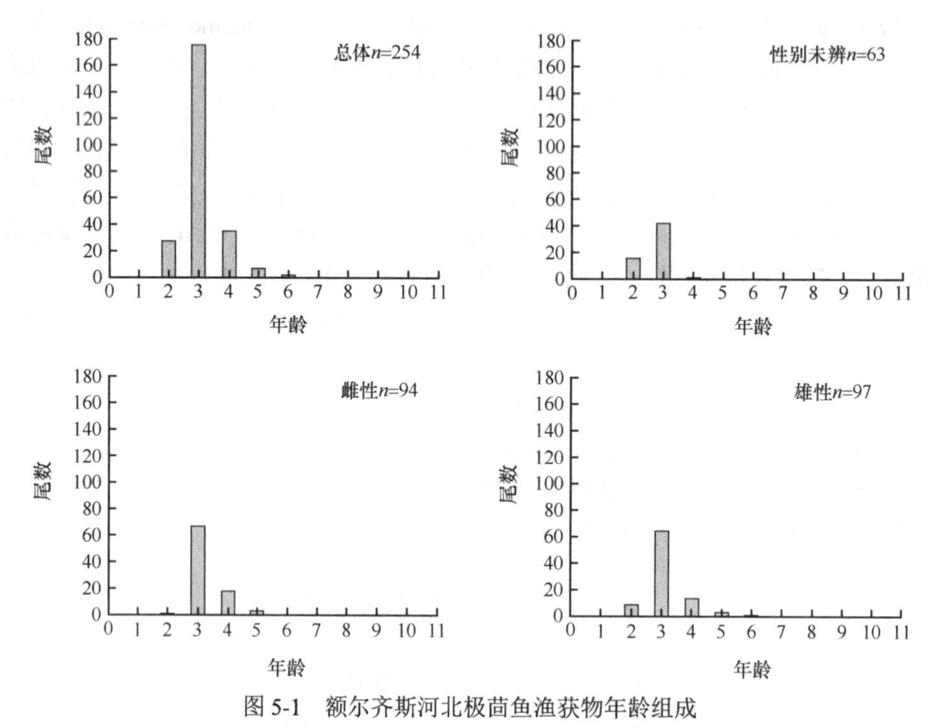

图 5-1　额尔齐斯河北极茴鱼渔获物年龄组成

Figure 5-1　Age frequency composition of *T. arcticus arcticus* in the Irtysh River

二、体长分布

329 尾样本的体长范围为 99～313mm，平均 173.5±32.6mm。121～210mm 的个体占总渔获尾数的 84.17%。雌鱼 121 尾，体长范围为 113～259mm，平均 179.8±28.3mm，优势体长为 151～210mm，占雌鱼总数的 69.65%，其次为 121～150mm 和 211～240mm 体长组，分别占 14.29% 和 12.50%。雄鱼 122 尾，体长范围为 185～313mm，平均 215.6±33.8mm，体长 151～210mm 的个体占 65.39%。121～150mm 和 211～240mm 体长组分别占 18.27% 和 12.50%。未识别性别个体 86 尾，体长范围为 99～214mm，平均 148.8±24.7mm，体长 121～180mm 的个体占 88.89%（图 5-2）。雌雄个体间体长分布无显著性差异（t 检验，$P>0.05$）。

三、体重分布

329 尾样本的体重范围为 13.4～448g，平均 91.8±61.5g。雌鱼 121 尾，体重范围为 20.7～391.0g，平均 101.7±62.4g，体重 100.0g 以下的个体占总数的 65.05%。雄鱼 122 尾，体重范围为 26.1～448g，平均 104.2±73.8g。渔获物总样本、雌鱼和雄鱼均以 150g 以下个体占优势，分别达到各自样本数的 80% 以上，其中 51～100g 体重组达各自样本数的 40%

以上。未识别性别的 86 尾样本，体重范围为 13.4～160.4g，平均 53.5±28.7g，100g 以下个体占 93.55%（图 5-3）。雌雄个体间体重分布无显著性差异（t 检验，$P > 0.05$）。

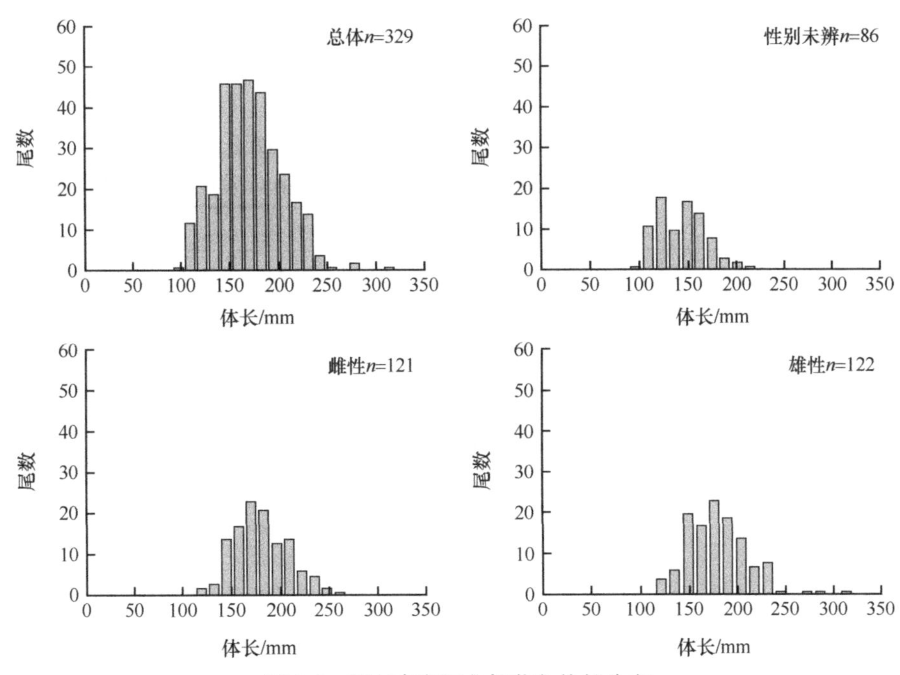

图 5-2　额尔齐斯河北极茴鱼体长分布

Figure 5-2　Distributions of the Standard length frequency of *T. arcticus arcticus* in the Irtysh River

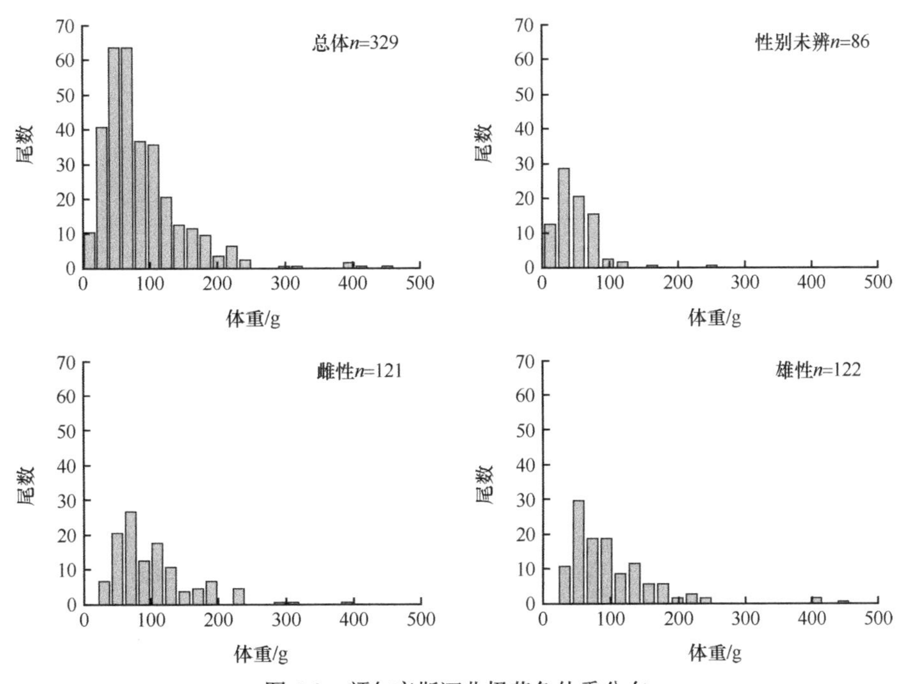

图 5-3　额尔齐斯河北极茴鱼体重分布

Figure 5-3　Distributions of the body weight frequency of *T. arcticus arcticus* in the Irtysh River

第二节　生长特性

一、实测体长和体重

根据微耳石鉴定的年龄结果，对各龄组平均体长进行统计分析（表 5-1）。

表5-1　额尔齐斯河北极茴鱼不同年龄的体长和体重

Table 5-1　Standard length and body weight at different ages of *T. arcticus arcticus* in the Irtysh River

年龄	雌鱼			雄鱼			总体*		
	n	范围	均值 ±S.D.	n	范围	均值 ±S.D.	n	范围	均值 ±S.D.
体长/mm									
2^+	2	113～122	117.5±4.20	10	113～155	132.0±11.94	29	99～155	123.8±12.31
3^+	68	136～202	168.0±16.27	65	130～202	166.3±16.73	176	121～202	164.2±16.79
4^+	19	170～215	200.0±13.40	15	182～215	201.5±9.11	36	170～215	200.5±11.54
5^+	4	223～234	227.8±4.87	4	220～224	222.0±1.56	8	220～234	224.9±4.62
6^+				2	235～241	238.0±3.00	3	232～241	236.0±3.71
7^+	1		259.0				1		259.0
10^+				1		313.0	1		313.0
体重/g									
2^+	2	20.7～21.0	20.8±0.17	10	26.0～53.4	37.2±9.92	29	13.4～53.4	27.8±9.92
3^+	69	28.9～134.0	72.7±24.90	64	40.1～132.0	71.7±22.61	176	27.0～134.0	68.8±23.18
4^+	16	67.1～181.5	129.0±32.82	18	85.9～157.6	129.7±18.05	36	67.1～181.5	128.7±25.60
5^+	4	183.0～227.0	196.8±17.76	4	156.0～185.0	1720±11.34	8	156.0～227.0	184.4±19.39
6^+				2	222.0～245.5	233.8±11.75	3	222.0～245.5	235.5±9.91
7^+	1		391.0				1		391.0
10^+						448.0	1		448.0

* 数据包括性别未辨样本。

任慕莲等（2002）报道额尔齐斯河北极茴鱼 1^+～4^+ 龄（鳞片年龄）的平均体长分别为 152mm、211mm、236mm 和 262mm，生长速度显著快于本次调查结果，2^+ 龄鱼平均体长超过本次 4^+ 龄鱼，3^+ 龄鱼的平均体长接近本次调查中 6^+ 龄鱼体长（表 5-1）。这种差异可能是由鳞片对年龄低估引起的，虽然对于同一地理种群来讲，环境条件的年间变化可能会对不同世代的生长产生影响。

二、体长与体重的关系

将北极茴鱼分雌鱼、雄鱼和种群总体拟合体长与体重的关系（图 5-4），关系式如下。

雌鱼：$W=1.175\times10^{-6}L^{3.500}$　（$R=0.961$，$n=121$）

雄鱼：$W=4.692\times10^{-6}L^{3.229}$　（$R^2=0.951$，$n=122$）

总体：$W=2.476\times10^{-6}L^{3.353}$　（$R^2=0.961$，$n=329$）

估算的雌鱼 b 值（3.500）和雄鱼 b 值（3.229）与理论值 3 之间均存在显著性差异（t 检验，$P<0.05$；t 检验，$P<0.001$），因此，北极茴鱼群体为异速生长。协方差

分析（ANCOVA）表明，北极茴鱼雌鱼和雄鱼体长与体重的关系方程存在显著性差异（ANCOVA，$P < 0.001$），故应分雌雄分析生长特性。

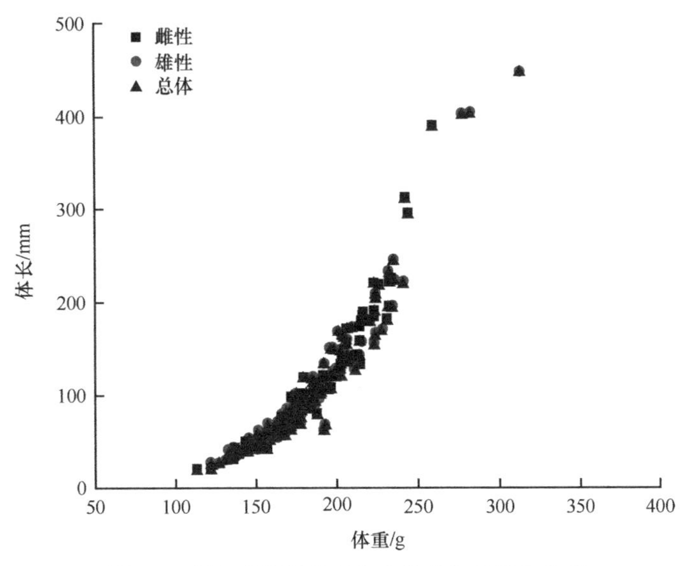

图 5-4　额尔齐斯河北极茴鱼体长与体重的关系

Figure 5-4　Standard length-body weight relationships of *T. arcticus arcticus* in the Irtysh River

三、生长方程

根据各龄组体长数据（表 5-1），采用 von Bertalanffy 生长方程描述体长年间生长（图 5-5）。通过体长生长方程以及体长与体重的关系式，获得体重生长方程。北极茴鱼雌鱼和雄鱼的体长和体重生长方程分别如下。

体长生长方程：

雌鱼 L_t=307.6 $[1-e^{-0.277(t-0.269)}]$

雄鱼 L_t=370.2 $[1-e^{-0.173(t+0.352)}]$

体重生长方程：

雌鱼 W_t=599.8 $[1-e^{-0.277(t-0.269)}]^{3.500}$

雄鱼 W_t=922.2 $[1-e^{-0.173(t+0.352)}]^{3.229}$

雌鱼和雄鱼的表观生长指数（$\varnothing$）分别为 4.4185 和 4.3749。

体长生长曲线随年龄增长，趋向于渐近体长；体重生长呈不对称的“S”形曲线，具有拐点，在生长拐点前体重快速增长，在生长拐点后，体重生长速度逐渐减小，趋向于渐近体重。

四、生长速度和加速度

对北极茴鱼雌鱼和雄鱼的体长、体重生长方程分别进行一阶求导和二阶求导，获得体长、体重生长速度和加速度方程。

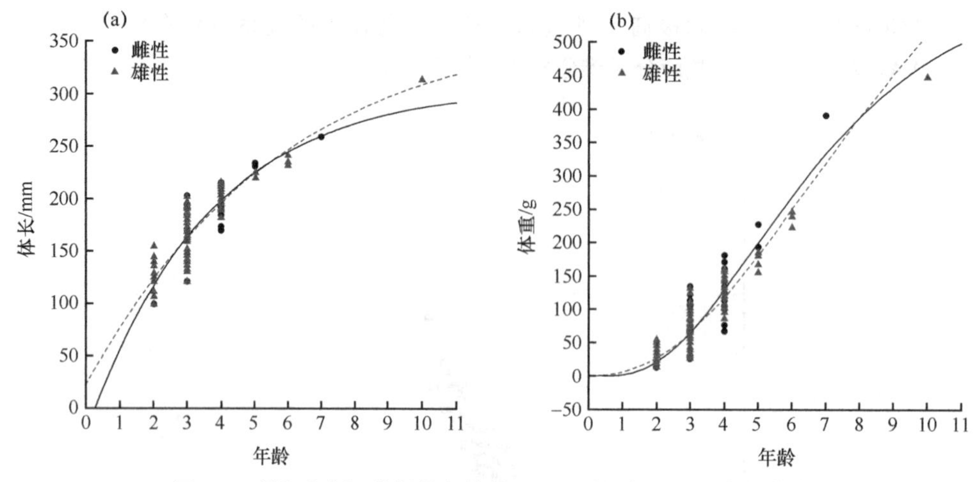

图 5-5　额尔齐斯河北极茴鱼体长（a）和体重（b）的生长曲线

Figure 5-5　Standard length (a) and body weight (b) growth curves of *T. arcticus arcticus* in the Irtysh River

雌鱼：

$dL/dt=85.21e^{-0.277(t-0.269)}$

$d^2L/dt^2=-23.60e^{-0.277(t-0.269)}$

$dW/dt=581.48e^{-0.277(t-0.269)}[1-e^{-0.277(t-0.269)}]^{2.500}$

$d^2W/dt^2=161.07e^{-0.277(t-0.269)}[1-e^{-0.277(t-0.269)}]^{1.500}[3.500e^{-0.277(t-0.269)}-1]$

雄鱼：

$dL/dt=64.04e^{-0.173(t+0.352)}$

$d^2L/dt^2=-11.08e^{-0.173(t+0.352)}$

$dW/dt=515.17e^{-0.173(t+0.352)}[1-e^{-0.173(t+0.352)}]^{2.229}$

$d^2W/dt^2=89.12e^{-0.173(t+0.352)}[1-e^{-0.173(t+0.352)}]^{1.229}[3.229e^{-0.173(t+0.352)}-1]$

图 5-6 显示，北极茴鱼的体长生长没有拐点。体长生长速度随年龄增长逐渐下降，最终趋于 0；体长生长加速度则随年龄的增长逐渐变缓，最终趋于 0，且一直小于 0，说明北极茴鱼体长生长速率在开始时最高，随年龄增长逐渐下降，当达到一定年龄之后趋于停止生长。体重生长速度曲线先上升后下降，具有生长拐点，雌鱼的拐点年龄（t_i）为 4.24 龄，对应体长和体重分别为 205.1mm 和 145.1g；雄鱼的拐点年龄（t_i）为 6.00 龄，拐点处对应体长和体重分别为 246.8mm 和 249.0g。渔获物中雌鱼和雄鱼未达到拐点年龄的个体分别约占 94.68% 和 98.97%，即绝大部分北极茴鱼在体重绝对生长速度未达到最大时就被捕获，不利于鱼体生长潜能的发挥。

Cailliet & Goldman（2004）研究发现，采集样本中缺乏低龄鱼或者高龄鱼时，得到的鱼类生长参数往往缺乏可靠性。低龄鱼的缺乏会影响 t_0 值的大小，适当增加低龄鱼的样本量，能够增加生长参数 t_0 的准确性（Paul & Horn，2009）。而样本中高龄鱼数量稀少或低估高龄鱼年龄时，由于过高评估高龄鱼生长速度，容易高估 L_∞。研究鱼类的生长时收集到足够的低龄鱼和高龄鱼样本是非常必要的。

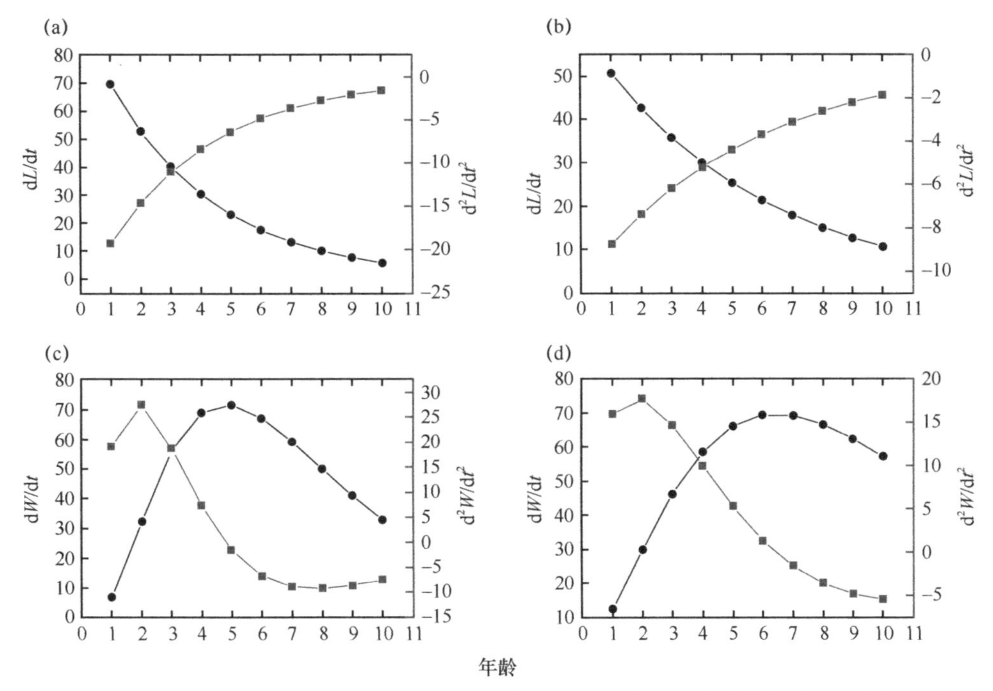

图 5-6　额尔齐斯河北极茴鱼雌鱼（a，c）和雄鱼（b，d）体长、体重生长速度和生长加速度

Figure 5-6　Growth rate and growth acceleration of the Standard length and body weight of female (a, c) and male (b, d) for *Thymallus arcticus arcticus* in the Irtysh River

第三节　性腺发育与繁殖习性

一、性腺发育周期与副性征

（一）性腺发育

北极茴鱼各月Ⅱ期～Ⅵ期性腺比例见表 5-2。5 月 2 日采集的样本中，雌鱼性腺以Ⅱ期和Ⅲ期为主，占 81.3%，Ⅳ期和Ⅴ期卵巢共占 18.8%，6 月Ⅲ期占 66.7%，Ⅳ期和Ⅵ期占 33.4%；7 月Ⅲ期卵巢占 22.9%，Ⅳ期占 21.4%，Ⅴ期和Ⅵ期共占 34.3%；8 月仍有雌鱼的性腺处于Ⅳ期和Ⅵ期，10 月则仅见Ⅱ期和Ⅲ期性腺。雄鱼自 5 月至 7 月均有较大比例的Ⅳ期性腺。10 月以Ⅱ期和Ⅲ期性腺为主，个别个体性腺为Ⅳ期。不同发育期的性体指数见表 5-3。向伟等（2009）报道，9 月初在依尔特斯河钟山至温泉河段采集的 33 尾能够分辨性别的野生北极茴鱼中，Ⅱ期和Ⅲ期性腺分别占 51.5% 和 27.3%，但有 2 尾雄鱼性腺为Ⅳ期。由于缺少冬季冰封期样本，没有越冬期性腺发育状况的直接证据。根据额尔齐斯河通常在 4 月开始解冻，北极茴鱼在河流解冻后就开始繁殖，推测额尔齐斯河的北极茴鱼以Ⅳ期性腺越冬。

（二）副性征

雌雄个体间有明显区别，雄体背鳍高大，颜色艳丽，背鳍高大于头长，雌体背鳍高小于头长，达到性成熟的个体，雌鱼腹部膨大松软，卵巢轮廓明显，生殖孔椭圆红润，轻挤腹部两侧，卵粒即可流出；雄鱼腹部不膨大也不松软，生殖孔狭长状，轻挤腹部有精液流出。

表5-2　额尔齐斯河北极茴鱼不同月份发育期比例（%）

Table 5-2　Monthly proportions of gonadal stages of *T. arcticus arcticus* in the Irtysh River (%)

性腺发育期	雌鱼					雄鱼				
	5月	6月	7月	8月	10月	5月	6月	7月	8月	10月
Ⅱ	37.5		21.4	42.9	41.7	23.1	25.0	57.0	66.7	28.6
Ⅲ	43.8	66.6	22.9	14.3	58.3	30.7		21.5	33.3	57.1
Ⅳ	12.5	16.7	21.4	28.6		46.2	75.0	21.5		14.3
Ⅴ	6.3		5.7							
Ⅵ		16.7	28.6	14.3						
n	16	6	70	7	12	13	4	79	3	7

表5-3　额尔齐斯河北极茴鱼不同发育期的性体指数

Table 5-3　*GIS* at gonadal stages of *T. arcticus arcticus* in the Irtysh River

性腺发育期	Ⅰ	雌鱼			雄鱼		
		Ⅱ	Ⅲ	Ⅳ	Ⅱ	Ⅲ	Ⅳ
n	38	27	42	9	39	20	21
范围	0.05～0.14	0.02～0.75	0.16～1.31	4.11～19.52	0.03～1.49	0.16～1.93	0.54～2.40
平均	0.09±0.04	0.35±0.16	0.65±0.25	11.12±4.38	0.38±0.35	0.67±0.42	1.18±0.43

二、繁殖群体的年龄结构

根据5～7月在哈巴河和铁热克提采集到的样本，雌鱼和雄鱼的最小性成熟个体均为3^+龄。雌鱼体长136mm，体重31.6g；雄鱼体长122mm，体重26.1g。

雌鱼3^+龄性腺为Ⅳ～Ⅵ期的个体占38.2%，4^+龄性腺为Ⅳ～Ⅵ期的个体占87.9%；雄鱼3^+龄性腺为Ⅳ～Ⅵ期的个体占20.0%，4^+龄性腺为Ⅳ～Ⅵ期的个体占60.0%，5^+龄的雌鱼和雄鱼性腺均达性成熟（表5-4）。渔获物中4^+龄及以下个体超过90%，对种群的繁衍极为不利。

表5-4　额尔齐斯河北极茴鱼不同年龄发育期比例（%）

Table 5-4　Proportions of gonadal stages at different ages of *T. arcticus arcticus* in the Irtysh River (%)

年龄	雌鱼					雄鱼				
	n	Ⅰ	Ⅱ	Ⅲ	Ⅳ～Ⅵ	*n*	Ⅰ	Ⅱ	Ⅲ	Ⅳ～Ⅵ
2^+	2	100				10	10.0	90.0		
3^+	68		35.3	26.5	38.2	65		56.9	23.1	20.0
4^+	19			21.1	87.9	15		20.0	20.0	60.0
5^+	4				100.0	4			100.0	

将性成熟个体比例对体长数据和年龄数据分别进行逻辑斯蒂回归，得到的方程如下：

体长：

雌鱼：$P=1/[1+e^{-0.049(SL\text{mid}-157)}]$　　（n=121，R^2=0.886）

雄鱼：$P=1/[1+e^{-0.049(SL\text{mid}-176)}]$　　（n=122，R^2=0.969）

年龄：

雌鱼：$P=1/[1+e^{-1.702(A-3.1)}]$　　　　（n=94，R^2=0.920）

雄鱼：$P=1/[1+e^{-1.419(A-3.3)}]$　　　　（n=97，R^2=0.869）

估算的雌鱼初次性成熟体长和初次性成熟年龄分别为157mm和3.1龄，雄鱼初次性成熟体长和初次性成熟年龄分别为176mm和3.3龄（图5-7）。

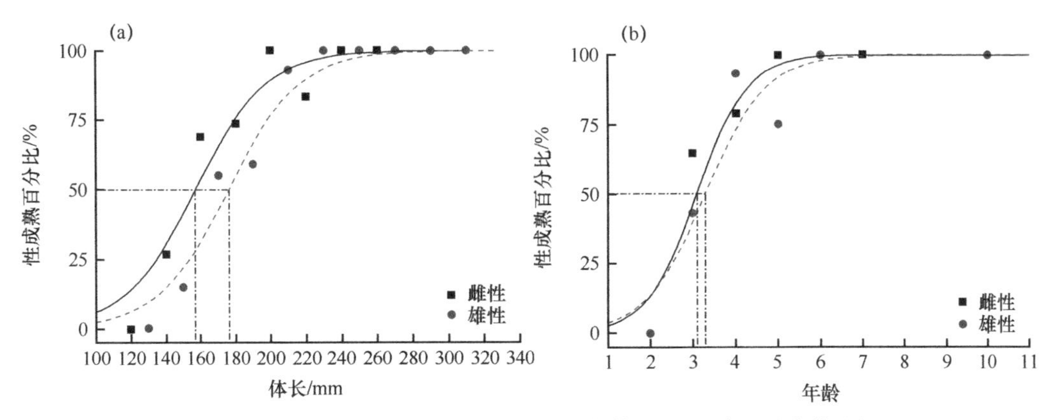

图5-7　北极茴鱼20mm体长组（a）和年龄组（b）内成熟个体比例

Figure 5-7　Logistic functions fitted to percent mature by 20mm standard length (a) and one year intervals (b) of *Thymallus arcticus arcticus*

郭焱等（2012）报道额尔齐斯河北极茴鱼的最小性成熟个体，雄鱼体长为184mm，体重为108g，性体指数为1.30，年龄为2^+～3龄（鳞片年龄）；雌鱼体长为180mm，体重为112g，性体指数为2.86（8月标本），年龄为2^+～3龄，但大多数个体的性成熟年龄为3^+～4龄。任慕莲等（2002）报道，北极茴鱼性成熟年龄为4^+龄（鳞片年龄）。不同学者所报道的成熟年龄不同，除可能与所研究样本的代表性有关外，还可能与年龄鉴定方法有密切关系，用鳞片鉴定北极茴鱼的年龄，可能会漏掉第一个年轮，而高龄鱼因鳞片增长量小，会造成年龄鉴定的困难（Craig & Poulin，1975）。

三、繁殖习性

（一）繁殖期

对性腺发育周期的研究结果表明，5月2日采集的样本中，Ⅳ期和Ⅴ期卵巢共占18.8%，6月和7月样本中，Ⅳ期和Ⅴ期卵巢约占1/3。向伟等（2011）在5月中旬模拟天然环境，成功进行北极茴鱼的人工繁殖。根据当地土著鱼类繁育场多年的实践经验，5月是北极茴鱼人工繁殖的最佳时期。郭焱等（2012）和向伟等（2009）报道北极茴鱼4～6月集群洄游到清澈湍急的水流中产卵。综上所述，额尔齐斯河北极茴鱼的繁殖期为4月下旬至7月。

（二）产卵类型

解剖观察显示，北极茴鱼成熟卵巢中卵粒大小较为均匀，Ⅳ期卵巢中卵粒的卵径为1.66～2.73mm，卵径频数分布为单峰型（图5-8）。向伟（2011）报道，从野外捕捞的北极茴鱼亲鱼，在模拟天然环境条件下，待亲鱼自然发育成熟后进行人工干法授精。发现亲鱼每3～4d排一次卵，大约3次即可排完。在当地进行北极茴鱼人工繁殖，经注射外源性催产激素，卵巢中的成熟卵粒可以一次性全部产出。由此判断额尔齐斯河北极茴鱼为一次性产卵鱼类。

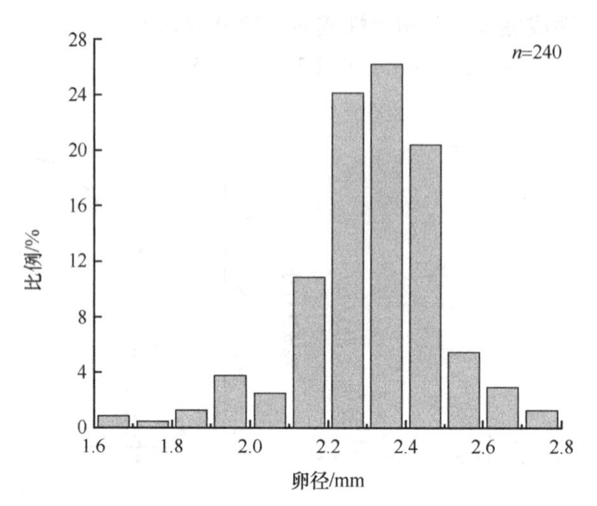

图 5-8　北极茴鱼Ⅳ卵巢的卵粒直径分布图

Figure 5-8　Frequency distribution of egg diameters for stage Ⅳ ovaries of *T. arcticus arcticus*

（三）生殖洄游

北极茴鱼主要分布在额尔齐斯河下游支流哈巴河上游、布尔津河，以及上游卡依尔特河和库依尔特河等水域。根据实地调查，在哈巴河山口电站下游河段和铁热克提河段以及卡依尔特河和库依尔特河上游均发现北极茴鱼集群产卵。哈巴河山口电站下游河段，河水清澈，水深在0.3～1.5m之间。河床之间布满大小不一的石块，河流流态紊乱，两岸浅水带为大小不一的卵石和石块相间的底质，近岸处生长有稀疏的植物。5月水温为9.7℃，溶氧量11.55mg/L，pH 7.63，悬浮物浓度39.0 mg/L。铁热克提产卵场自然环境与哈巴河产卵场大体相似。

郭焱等（2012）和向伟等（2009）报道，北极茴鱼为冷水性底层鱼类，喜生活于水质清澈、水流湍急、溶氧丰富、河底多砾石的山涧溪流中。该鱼主要以水生昆虫为食，多在夜间摄食，在山溪深水处越冬，一年四季都有摄食。每年有短距离的生殖和索饵的春季洄游，以及为躲避干旱和冰冻的秋季洄游。4～6月集群洄游到清澈湍急的水流中产卵，产卵适宜水温为6～8℃，卵橙黄色，刚产出未吸水的卵径为2.18～3.32mm，平均2.50±0.19mm，充分吸水后最大卵径达3.18～3.89mm，平均3.52±0.17mm。卵具黏性，常黏在砾石上。他们对北极茴鱼产卵条件的描述与哈巴河产卵场的环境条件基本相似。

四、繁殖力

我们统计了23个Ⅳ期卵巢，样本的体长范围为167～244mm，体重范围为57.0～312.8g。其中一尾鱼的繁殖力异常高，绝对繁殖力达7073egg，相对繁殖力为22.6egg/g *BW*（体重）；其余22尾的绝对繁殖力范围为406～3666egg，平均1556±711.10egg。相对繁殖力范围为6.1～27.88egg/g *BW*（体重），平均11.7±5.02egg/g *BW*（体重）。

表5-5　额尔齐斯河北极茴鱼不同年龄的繁殖力
Table 5-5　Fecundity at age for *T. arcticus arcticus* in the Irtysh River

年龄	n	绝对繁殖力/egg		相对繁殖力 egg/g *BW*	
		范围	均值±标准差	范围	均值±标准差
3^+	11	406～1992	968.4±501.05	6.0～14.3	10.0±2.50
4^+	8	577～3666	1455.0±940.67	6.7～27.9	11.0±21.34
5^+	2	1739～2890	2314.5±575.50	7.9～13.0	10.5±2.55
7^+	1		1715.0		9.2
合计	22	406～3666	1555.6±711.10	6.1～27.88	11.7±5.02

任慕莲等（2002）报道，额尔齐斯河北极茴鱼的平均绝对繁殖力为2450egg，波动范围在939～3600egg之间，平均相对繁殖力为11egg/g *BW*，波动范围在7～17egg/g *BW*之间。郭焱等（2012）报道额尔齐斯河北极茴鱼怀卵量为1000～4000egg。由表5-5可以看出不同世代的绝对繁殖力范围颇为接近。北极茴鱼的卵较大，平均卵径为2.5～2.6mm（郭焱等，2012；向伟等，2009），故单位体重拥有的卵粒数较少。

北极茴鱼平均绝对繁殖力随年龄的增长而增大。不同年龄间的平均相对繁殖力则无显著差异（表5-5）。平均绝对繁殖力随体长或体重的增长而增加，平均相对繁殖力则随体长或体重的增长而下降（表5-6～表5-7）。

表5-6　额尔齐斯河北极茴鱼繁殖力与体长的关系
Table 5-6　Relationship between standard length and fecundity of *T. arcticus arcticus* in the Irtysh River

体长组/mm	n	绝对繁殖力/egg		相对繁殖力 egg/g *BW*	
		范围	平均±标准差	范围	平均±标准差
161～190	8	705～2034	1340.6±393.6	7.1～27.9	14.4±7.0
191～220	7	1280～3666	1999.1±761.4	7.8～21.3	12.4±4.8
221～250	7	1685～2890	2305.4±505.3	7.4～13.6	10.4±2.5

表5-7　额尔齐斯河北极茴鱼繁殖力与体重的关系
Table 5-7　Relationship between body weight and fecundity of *T. arcticus arcticus* in the Irtysh River

体重组/g	n	绝对繁殖力/egg		相对繁殖力egg/g *BW*	
		范围	平均±标准差	范围	平均±标准差
51～100	2	705～1589	1147.0	7.1～27.9	17.5
101～150	8	889～2340	1557.0±435.4	8.6～19.6	13.8±3.4
151～200	7	1280～3666	1557.0±435.4	7.8～21.3	11.4±4.4
201～250	4	1685～2890	2060.6±784.7	7.4～13.0	10.3±2.6
251～300	1	2526	2289.3±577.8	8.5	

第四节　摄食强度与食物组成

一、摄食率与摄食强度

我们统计了280个样本，28个样本的消化道中无食物，摄食率为90.0%（表5-8）。

180尾消化道具有食物的样本平均充塞度为2.89±1.41，其中92尾雌鱼的平均饱满指数为2.82±1.52，88尾雄鱼的平均饱满指数2.98±1.29（表5-9）。雌鱼性腺Ⅱ期和Ⅲ期的平均饱满指数显著高于Ⅴ期和Ⅵ期个体的平均饱满指数，表明北极茴鱼在产卵前后均摄食，但摄食强度明显下降。

表5-8　北极茴鱼胃充塞度的频数

Table 5-8　Frequency distribution of stomach fullness of *T. arcticus arcticus* in the Irtysh River

胃充塞度	0	1	2	3	4	5	合计
n	28	32	49	64	65	42	280
%	10.0	11.4	17.5	22.9	23.2	15.0	100.0

表5-9　北极茴鱼不同发育期消化道平均饱满指数

Table 5-9　Mean fullness index of different maturity stages of *T. arcticus arcticus* in the Irtysh River

性腺发育期	雌鱼		雄鱼	
	n	均值±标准差	*n*	均值±标准差
Ⅱ	23	3.04±1.08	42	3.21±1.23
Ⅲ	24	3.33±1.34	18	3.00±1.29
Ⅳ	20	3.10±1.37	28	2.61±1.29
Ⅴ	7	1.18±0.95		
Ⅵ	18	1.88±1.70		
合计	92	2.82±1.52	88	2.98±1.29

二、食物组成

样品中共检测出藻类4门47属，其中硅藻门28属，绿藻门14属，蓝藻门4属，裸藻门1属；原生动物门4属，轮虫6属，枝角类3属，桡足类1目，昆虫纲5目7科。此外，肠道中还检测出轮虫卵、泥沙、鳞片、植物碎屑等。

植物碎屑的出现率（*O*%）最高，达100%，其次为藻类。从个数百分比（*N*%）来看，藻类最高，为69.96%，其次为植物碎屑，达27.59%，再次为微型动物，为0.92%，水生昆虫幼虫仅占0.41%。但水生昆虫幼虫重量百分比（*W*%）和相对重要性指数百分比（*IRI*%）最高，分别达98.01%和56.76%，其中，摇蚊幼虫的*W*%和*IRI*%分别占88.71%和54.94%；植物碎屑的重量百分比（*W*%）和相对重要性指数百分比（*IRI*%）分别占0.64%和18.89%。水生昆虫幼虫的优势度指数（*IP*%）达98.24%，其中摇蚊幼虫达95.06%，可以看出北极茴鱼的主要饵料是底栖无脊椎动物，特别是摇蚊幼虫。

北极茴鱼的胃呈“U”形，肠直管状，肠长约为体长的1/2；鳃耙10～20枚，鳃耙细长，排列稀疏，并无滤食藻类的功能，摄食消化器官的特征形态功能也表明北极茴鱼的主要食物为底栖无脊椎动物，消化道中出现的藻类等微型食物，可能是在摄食无脊椎动物时带入的。

表5-10　额尔齐斯河北极茴鱼的食物组成

Table 5-10　Diet composition of *T. arcticus arcticus* in the Irtysh River

食物组成	*O%*	*N%*	*W%*	*IRI%*	*IP%*
藻类	**100.00**	**69.96**	**0.00**	**23.47**	**0.00**
蓝藻门 Cyanophyta	54.55	1.11	0.00	0.27	0.00
颤藻属 *Oscillatoria*	54.55	0.21	+	0.08	+
席藻属 *Phormidium*	31.82	0.90	+	0.19	+
色球藻属 *Chroococcus*	9.09	+	+	+	+
腔球藻属 *Coelosphaerium*	9.09	+	+	+	+
绿藻门 Chlorophyta	27.27	7.39	0.00	0.98	0.00
卵囊藻属 *Oocystis*	4.55	+	+	+	+
纤维藻属 *Ankistrodesmus*	18.18	0.21	+	0.03	+
盘星藻属 *Pediastrum*	4.55	0.55	+	0.02	+
集星藻属 *Actinastrum*	4.55	0.14	+	+	+
月牙藻属 *Selenastrum*	4.55	0.07	+	+	+
十字藻属 *Crucigenia*	4.55	+	+	+	+
新月藻属 *Closterium*	4.55	+	+	+	+
丝藻属 *Ulothrix*	18.18	4.07	+	0.50	+
微孢藻属 *Microspora*	4.55	+	+	+	+
水绵属 *Spirogyra*	27.27	2.35	+	0.43	+
鼓藻属 *Cosmarium*	4.55	+	+	+	+
鞘藻属 *Oedogonium*	13.64	+	+	+	+
根枝藻属 *Rhizoclonium*	18.18	+	+	+	+
小箍藻属 *Trochiscia*	9.09	+	+	+	+
硅藻门 Bacillariophyta	100.00	61.39	0.00	22.22	0.00
小环藻属 *Cyclotella*	81.82	1.66	+	0.91	+
三角藻属 *Triceratium*	9.09	0.21	+	0.01	+
圆筛藻属 *Coscinodiscus*	9.09	23.24	+	1.41	+
双壁藻属 *Diploneis*	4.55	+	+	+	+
平板藻属 *Tabellaria*	40.91	0.41	+	0.11	+
直链藻属 *Melosira*	45.45	4.83	+	1.47	+
针杆藻属 *Synedra*	100	3.24	+	2.17	+
星杆藻属 *Asterionella*	4.55	0.14	+	+	+
菱形藻属 *Nitzschia*	27.27	0.48	+	0.09	+
菱板藻属 *Hantzschia*	27.27	+	+	+	+
舟形藻属 *Navicula*	100.00	10.35	+	6.92	+
羽纹藻属 *Pinnularia*	40.91	0.55	+	0.15	+
曲壳藻属 *Achnanthes*	68.18	2	+	0.91	+
扇形藻属 *Merifion*	13.64	+	+	+	+

续表

食物组成	O%	N%	W%	IRI%	IP%
短缝藻属 *Eunotia*	31.82	0.07	+	0.01	+
肋缝藻属 *Frustulia*	4.55	+	+	+	+
辐节藻属 *Stauroneis*	36.36	0.62	+	0.15	+
脆杆藻属 *Fragilaria*	68.18	+	+	+	+
波缘藻属 *Cymatopleura*	27.27	0.21	+	0.04	+
等片藻属 *Diatoma*	86.36	3.03	+	1.75	+
卵形藻属 *Cocconeis*	54.55	0.28	+	0.1	+
双眉藻属 *Amphora*	13.64	0.07	+	+	+
桥弯藻属 *Cymbella*	95.45	1.93	+	1.23	+
异极藻属 *Gomphonema*	90.91	2.83	+	1.72	+
双菱藻属 *Surirella*	9.09	0.21	+	0.01	+
双楔藻属 *Didymosphenia*	68.18	+	+	+	+
峨眉藻属 *Ceratoneis*	90.91	5.03	+	3.06	+
长篦藻属 *Neidium*	4.55	+	+	+	+
裸藻门 Euglenophyta	4.55	0.07	+	+	+
囊裸藻属 *Trachelomonas*	4.55	0.07	+	+	+
微型动物	**95.45**	**0.92**	**0.46**	**0.25**	**0.02**
原生动物 Protozoan		0.83	+	0.24	0
表壳虫属 *Arcella*	54.55	0.07	+	0.03	+
钟虫属 *Vorticella*	54.55	0.21	+	0.08	+
拟铃壳虫属 *Tintinnopsis*	18.18	0.07	+	+	+
砂壳虫属 *Difflugia*	40.91	0.48	+	0.13	+
轮虫 Rotifer	27.27	0.01	0.21	0.01	0.02
转轮虫 *Rotaria rotatoria*	9.09	+	+	+	+
截头皱甲轮虫 *Pleosoma truncatum*	4.55	+	0.18	+	+
前节晶囊轮虫 *Asplanchna priodonta*	27.27	+	0.01	+	+
针簇多肢轮虫 *Polyarthra trigla*	13.64	+	+	+	+
独角聚花轮虫 *Conochilus unicornis*	4.55	0.01	+	+	+
腹棘管轮虫 *Mytilina ventralis*	4.55	+	+	+	+
轮虫卵 Rotifer eggs		+	0.02	0.01	0.02
枝角类 Cladocera	4.55	0.00	0.07	0.00	0.00
长肢秀体溞 *Diaphanosoma leuchtenbergianum*	4.55	0.01	0.07	+	+
圆形盘肠溞 *Chydorus sphaericus*	4.55	0.01	0.04	+	+
近亲裸腹溞 *Moina affinis*	4.55	+	0.07	+	+
桡足类 Copepoda	9.1	0.03	0.07	0.00	0.00
无节幼体 Nauplius	4.55	0.01	+	+	+

续表

食物组成	*O*%	*N*%	*W*%	*IRI*%	*IP*%
剑水蚤科 Cyclopidae	4.55	0.02	0.07	+	+
微型动物残肢 Unidentified arthropod	95.45	0.01	0.86	0.55	0.95
水生昆虫幼虫	**90.91**	**0.41**	**98.01**	**56.76**	**98.24**
蜉蝣目 Ephemeroptera					
蜉蝣科一种 Ephemeridae sp.	22.73	+	3.5	0.53	0.92
二尾蜉科一种 Siphlonuridae sp.	31.82	+	1.47	0.31	0.54
鞘翅目一种 Coleoptera sp.	90.91	+	0.9	0.55	0.96
襀翅目蛹 Plecoptera pupa	81.82	+	0.46	0.25	0.44
蜻蜓目一种 Odonata sp.	4.55	+	2.09	0.06	0.11
双翅目蛹 Diptera pupa	13.64	+	0.01	+	+
半翅目一种 Hemiptera sp.	4.55	+	0.43	0.01	0.02
潜水蝽科一种 Naucoridae sp.	36.36	+	0.44	0.11	0.19
摇蚊科 Chironomidae	95.54	0.41	88.71	54.94	95.06
摇蚊亚科一种 Chironominae sp.	72.73	0.03	8.1	3.95	6.85
齿斑摇蚊属 *Stictochironomus*	95.45	0.37	77.77	49.9	86.31
多足摇蚊属 *Ploypedilum*	9.09	+	0.4	0.02	0.04
拟枝角摇蚊属 *Paracladopelma*	18.18	+	0.6	0.07	0.13
间摇蚊属 *Paratendipes*	27.27	+	0.02	+	+
直突摇蚊属 *Orthocladius*	81.82	0.01	1.82	1	1.73
植物碎屑	**100.00**	**27.59**	**0.64**	**18.89**	**0.74**
其他	**86.36**	+	**0.01**	+	**0.01**

注：“+”表示某饵料所占的百分比＜0.01%。

小　结

1）渔获物耳石年龄主要为2^+～7^+龄，个别个体达10^+龄。其中3^+龄组占69.17%；4^+龄占14.23%，5^+～7^+龄仅占总体的4.75%；渔获物体长范围为99～313mm。

2）雌鱼和雄鱼生长存在显著差异，雌鱼和雄鱼的体长-体重关系式分别为$W=1.175\times10^{-6}L^{3.500}$和$W=4.692\times10^{-6}L^{3.229}$，雌雄鱼均为异速生长；von Bertalanffy生长方程各参数：雌鱼L_∞=307.6mm，W_∞=599.8g，t_0=0.269，k=0.277；雄鱼L_∞=370.2mm，W_∞=922.2g，t_0=0.352，k=0.173；雌鱼和雄鱼的表观生长指数（$\varnothing$）分别为4.4185和4.3749，雌鱼的拐点年龄（t_i）为4.24龄，对应的体长和体重分别为205.1mm和145.1g；雄鱼的拐点年龄（t_i）为6.00龄，对应的体长和体重分别为246.8mm和249.0g。

3）北极茴鱼中雌鱼和雄鱼的最小性成熟年龄均为3^+龄，雌鱼体长136mm，体重31.6g；雄鱼体长122mm，体重26.1g。全部性成熟年龄均为5^+龄。估算的雌鱼初次性成熟体长和初次性成熟年龄分别为157mm和3.1龄，雄鱼初次性成熟体长和初次性成熟年龄分别为176mm和3.3龄。具明显副性征。繁殖期为5～6月，一些个体可延续到8月，4～6月集群洄游到清澈湍急的水流中产卵，卵具黏性，繁殖适宜水温为6～8℃。绝对繁殖力范围为406～3666egg，平均1555.6±711.10egg。相对繁殖力范围为6.1～27.9egg/g *BW*，平均12.9±5.10egg/g *BW*。绝对繁殖力随年龄、体长和体重的增长而增加；相对繁殖力与年龄的关系不显著，随着体长和体重的增长而下降。

4）北极茴鱼的常年摄食率为90.0%，平均充塞度为2.89±1.41；在产卵前后均摄食，但摄食强度明显下降；消化道中检测出藻类4门47属，原生动物门4属，轮虫6属，枝角类3属，桡足类1目，昆虫纲5目7科。根据重量百分比（*W*%）、相对重要性指数（*IRI*）和优势度指数（*IP*%）判断，水生底栖无脊椎动物为北极茴鱼的主要食物，其食物组成与摄食消化器官的形态相适应。

主要参考文献

高萌. 2018. 新疆北极茴鱼的年龄生长及遗传多样性研究. 武汉: 华中农业大学硕士学位论文

郭焱, 张人铭, 蔡林钢, 等. 2012. 新疆鱼类志. 乌鲁木齐: 新疆科学技术出版社

牛建功, 蔡林钢, 刘建, 等. 2012. 哈巴河土著特有鱼类优先保护等级的定量研究. 干旱区资源与环境, 26: 172-176

任慕莲, 郭焱, 张人铭, 等. 2002. 中国额尔齐斯河鱼类资源及渔业. 乌鲁木齐: 新疆科技卫生出版社

宋昭彬, 曹文宣. 2001. 鱼类耳石微结构特征的研究与应用. 水生生物学报, 25(6): 613-618

向伟, 范镇明, 殷建国, 等. 2009. 叶尔特斯河野生北极茴鱼生物学研究. 水生态学杂志, 30: 75-78

向伟. 2011. 北极茴鱼人繁技术初步研究. 科学养鱼, (11): 11

谢从新, 霍斌, 魏开建, 等. 2019. 雅鲁藏布江中游裂腹鱼类生物学与资源养护技术. 北京: 科学出版社: 18-42

BEAMISH R J, MCFARLANE G A. 1983. The forgotten requirement for age validation in fisheries biology. *Transactions of the American Fisheries Society*, 112: 735-743

CAILLIET G M, GOLDMAN K J. 2004. Age determination and validation in chondrichthyan fishes. In Carrier J C, Musick JA, Heithaus MR eds., Biology of sharks and their relatives. Boca Raton: CRC press, 399-447

CRAIG P C, POULIN V A. 1975 Movements and Growth of Arctic Grayling (*Thymallus arcticus*) and Juvenile Arctic Char (*Salvelinus alpinus*) in a Small Arctic Stream, Alaska. *Journal of the Fisheries Research Board of Canada,* 32(5):689-695

KRUSE C G, GUY C S, WILLIS D W. 1993. Comparison of otolith and scale age characteristics for black crappies collected from Dakota waters. *North Aamerican Journal of Fsheries Mmanagement.* 13: 858

MARSHALL S L, PARKER S S. 1982. Pattern identification in the microstructure of sockeye salmon (*Oncorhynchus nerka*) otoliths. *Canadian Journal of Fisheries and Aquatic Sciences*, 39: 542-547

PAUL L, HORN P. 2009. Age and growth of sea perch (*Helicolenus percoides*) from two adjacent areas off the east coast of South Island, New Zealand. *Fisheries Rresearch*, 95: 169-180

第六章　白斑狗鱼的生物学

谢从新[1]　谢　鹏[1]　马徐发[1]　郭　焱[2]　张志明[1]　陈牧霞[2]

1. 华中农业大学，湖北 武汉，430070；

2. 新疆维吾尔自治区水产科学研究所，新疆 乌鲁木齐，830000

白斑狗鱼（*Esox lucius* Linnaeus，1758）属鲑形目（Salmoniformes），狗鱼亚目（Esocoidei），狗鱼科（Esocoidae），狗鱼属（*Esox*），新疆主要土著经济鱼类之一。额尔齐斯河流域是白斑狗鱼在我国境内的自然分布区，20 世纪 60 年代前白斑狗鱼产量占额尔齐斯河水系渔获物总量的 20% 左右，年产量可达 120t（任慕莲等，2002a、2002b）。20 世纪 70 年代后，白斑狗鱼随“引额济海”引水渠扩散到乌伦古湖及吉力湖，并形成一定数量的种群，从 1995 年开始，乌伦古湖白斑狗鱼的数量迅速上升，成为该湖主要经济鱼类（阿达可白克·可尔江等，2006）。1999～2001 年，白斑狗鱼约占乌伦古湖年产量的 18%，目前，白斑狗鱼约占乌伦古湖单层挂网渔获量的 25.5%。而在额尔齐斯河，近年来由于水位下降、繁殖条件恶化以及人为过度捕捞，额尔齐斯河白斑狗鱼的种群数量急剧下降（霍堂斌等，2009a）。

白斑狗鱼作为北半球广泛分布的鱼类，在维持水体生态体系平衡中扮演着重要的角色。国外对其生物学的研究一直保持着较高的兴趣（Frost & Kipling，1967；Griffths *et al.*，2004；Mann，1976；Paukert & Willis，2003；Çubuk *et al.*，2005；Clark，1950；Lorenzoni *et al.*，2002）。国内学者曾先后研究了白斑狗鱼的资源（中国科学院动物研究所，1979）、生物学特性（霍堂斌等，2009a，2009b；张桂蓉等，2004；苏德学和阿达可白克·可尔江，2002；王炬光，2011）、养殖（郑善坚等，2004）、人工繁殖（韩叙，2010）、种群遗传多样性（邹曙明和李思发，2006）。本章采用常规生物学方法（谢从新等，2019）研究额尔齐斯河白斑狗鱼种群结构及生物学特性，旨在为白斑狗鱼种质资源保护和合理利用提供科学依据。

第一节　渔获物组成

2013 年 4～10 月在额尔齐斯河干流北湾和 185 大桥河段，支流阿拉克别克河，采用拉网和定置刺网等渔具，采集白斑狗鱼样本共 138 尾，其中，雌鱼 61 尾，雄鱼 61 尾，无法分辨性别的个体 16 尾。

一、年龄结构

渔获物年龄（耳石年龄）为 1^{+}～6^{+} 龄。2^{+} 龄和 3^{+} 龄个体居多，共占 86.2%，其次为 4^{+} 龄鱼，占 8.0%，5^{+} 龄和 6^{+} 龄鱼仅占 5.0%（表 6-1）。雌鱼和雄鱼的渔获物年龄构成存在较大差异，雌鱼渔获物为 2^{+}～6^{+} 龄，3^{+} 龄最多，占 45.9%，其次为 2^{+} 龄和 4^{+} 龄，分别占 29.5% 和 13.1%；雄鱼为 2^{+}～4^{+} 龄，2^{+}～3^{+} 龄共占 95.1%。

表6-1　额尔齐斯河白斑狗鱼渔获物年龄组成

Table 6-1　Age structure of the *E. lucius* in the Irtysh River

年龄	雌鱼		雄鱼		性别未辨		总体	
	n	%	*n*	%	*n*	%	*n*	%
1+					1	6.25	1	0.72
2^+	18	29.51	28	45.90	15	93.75	61	44.20
3^+	28	45.90	30	49.18			58	42.03
4^+	8	13.11	3	4.92			11	7.97
5^+	5	8.20					5	3.62
6^+	2	3.28					2	1.45
合计	61	100.00	61	100.00	16	100	138	100.00

据报道，英国Windermere湖的白斑狗鱼，最大年龄达17龄（Frost & Kipling，1967）。2007年额尔齐斯河白斑狗鱼渔获物中最大年龄（鳞片年龄）为11^+龄，其中1^+～3^+龄占69.2%；4^+～6^+龄占27.0%；7^+龄及以上个体仅占总样本的3.8%（霍堂斌等，2009a）。本次调查额尔齐斯河白斑狗鱼渔获物最大年龄为6^+龄，较2007年渔获物最大年龄相差5龄。高龄鱼在水体中数量稀少，在渔获物中出现存在较大偶然性。由于捕捞网具、地址、持续时间等方面均存在不同，用渔获物最大年龄评估资源是否衰退缺少说服力。但与霍堂斌等（2009a）在2007年的调查结果相比，本次调查渔获物中低龄鱼（1^+～3^+龄）的比例上升了17.72%，高龄鱼（4^+～6^+龄）的比例则下降了14%，说明额尔齐斯河白斑狗鱼种群确实存在低龄化趋势。

二、体长分布

额尔齐斯河白斑狗鱼渔获物体长范围为207～683mm，平均体长为357.9±103.80mm。体长201～400mm的个体占74.6%，其次为401～600mm的个体，占23.2%，601mm以上个体仅占2.2%（表6-2）。

表6-2　额尔齐斯河渔获物体长分布

Table 6-2　Distributions of standard length of *E. lucius* in the Irtysh River

体长组/mm	雌鱼		雄鱼		性别未辨		总体	
	n	%	*n*	%	*n*	%	*n*	%
201～300	14	23.0	23	37.7	16	100.0	53	38.4
301～400	25	41.0	25	41.0			50	36.2
401～500	5	8.2	10	16.4			15	10.9
501～600	14	23.0	3	4.9			17	12.3
601～700	3	4.9					3	2.2
合计	61	100.0	61	100.0	16	100.0	138	100.0

三、体重分布

渔获物体重范围为86.0～3211.80g，平均体重为634.4g±597.25g。渔获物体重在

600g 以下的个体占 68.9%，其次为 601～900g、901～1200g 和 1501～1800g，占比在 7.2%～9.4%（表 6-3）。

表6-3 额尔齐斯河渔获物体重分布

Table 6-3 Distributions of the weight of *E. lucius* in the Irtysh River

体重组/g	雌鱼		雄鱼		性别未辨		总体	
	n	%	*n*	%	*n*	%	*n*	%
＜300	14	23.0	22	36.1	16	100.0	52	37.7
301～600	20	32.8	23	37.7			43	31.2
601～900	6	9.8	6	9.8			12	8.7
901～1200	3	4.9	7	11.5			10	7.2
1201～1500	1	1.6		0.0			1	0.7
1501～1800	11	18.0	2	3.3			13	9.4
1801～2100	4	6.6	1	1.6			5	3.6
＞2101	2	3.3		0.0			2	1.4
合计	61	100.0	61	100.0	16	100.0	138	100.0

第二节 生长特性

一、实测体长和体重

138 尾样本各年龄组的体长和体重的实测值见表 6-4。雌鱼和雄鱼 2^+～4^+ 龄平均体长之间无显著性差异（2 龄：t=0.738，P=0.466；3 龄：t=0.463，P=0.645；4 龄：t=1.962，P=0.081），样本中 1 龄只有 1 尾性腺 I 期个体，5 龄和 6 龄样本均为雌鱼，故可将雌鱼和雄鱼合并进行相关生长分析。

表6-4 额尔齐斯河白斑狗鱼体长和体重实测值

Table 6-4 Observed standard length and body weight at ages of *E. lucius* in the Irtysh River

年龄	雌鱼			雄鱼			总体		
	n	范围	均值±标准差	*n*	范围	均值±标准差	*n*	范围	均值±标准差
体长/mm									
1^+							1		207.0
2^+	18	243～372	283.7±33.51	34	213～333	278.6±30.67	61^*	213～372	269.8±33.35
3^+	28	336～517	395.4±52.30	30	334～491	389.3±46.66	58	334～517	392.3±49.56
4^+	8	505～537	520.3±8.88	3	501～517	508.0±6.68	11	501～537	516.9±9.97
5^+	5	547～603	572.4±19.10				5	547～603	572.4±19.10
6^+	2	660～683	671.5±11.50				2	660～683	671.5±11.50
体重/g									
1^+							1		86
2^+	18	154～561	257.8±96.87	34	111～387	222.5±70.08	61	111～561	221.6±84.08
3^+	28	407～1808	718.6±378.81	30	364～1135	651.0±224.56	58	364～1808	683.8±310.63

续表

年龄	雌鱼			雄鱼			总体		
	n	范围	均值±标准差	n	范围	均值±标准差	n	范围	均值±标准差
4^+	8	1434～1874	1699.2±134.79	3	1688～1863	1753.1±78.68	11	1434～1874	1713.9±124.41
5^+	5	1604～1854	1721.3±81.60				5	1604～1854	1721.3±81.60
6^+	2	3218～3199	3208.5±9.48				2	3218～3199	3208.5±9.48

* 数据包括性别未辨样本。

二、体长与体重的关系

对白斑狗鱼的体长与体重的关系分别进行线性、指数、对数、幂函数拟合，其中幂函数拟合度最高（图 6-1），关系式如下：

$W=3.092\times10^{-5}L^{2.894}$　（$R^2=0.961$，$n=138$）

白斑狗鱼体长与体重关系式的 b 值显著小于理论值 3（$t=2.08 > t_{0.05}=1.96$），说明白斑狗鱼的生长为异速生长。

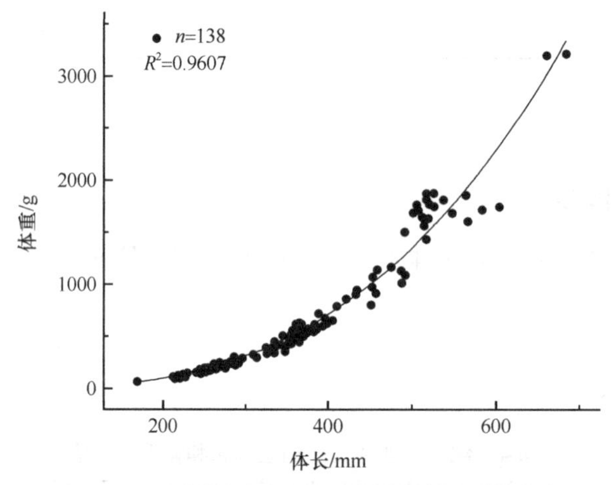

图 6-1　额尔齐斯河白斑狗鱼的体长与体重的关系

Figure 6-1　Relationship of standard length and body weight of *E. lucius* in the Irtysh River

三、生长方程

根据各龄组体长数据（表 6-4），采用 von Bertalanffy 生长方程拟合白斑狗鱼的生长，并通过体长与体重的关系式，获得体重生长方程，拟合的体长和体重生长方程分别如下：

$L_t=1214.8\,[1-e^{-0.138\,(t-0.179)}]$　　（$n=138$，$R^2=0.848$）

$W_t=17\,668\,[1-e^{-0.138\,(t-0.179)}]^{2.894}$

表观生长指数（$\varnothing$）$=\lg k+2\lg L_\infty=5.31$。

图 6-2 显示，体长生长曲线随年龄增长，斜率逐渐减小，即高龄鱼体长趋近于渐近体长（L_∞）；体重生长曲线为一条不对称的 S 形曲线，具有拐点，在拐点年龄处体重生长速度达到最大，经生长拐点后体重生长变得缓慢，体重逐渐趋向于体重（W_∞）。

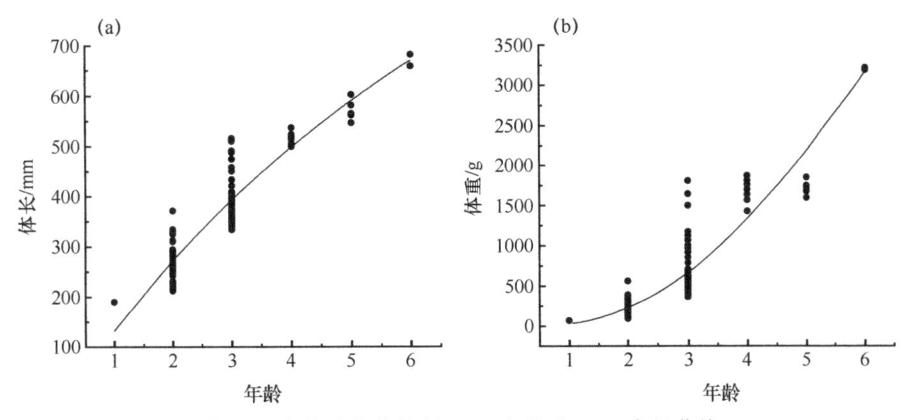

图 6-2　白斑狗鱼的体长（a）和体重（b）生长曲线

Figure 6-2　Standard length (a) and body weight (b) growth curves of *E. lucius*

四、生长速度和加速度

对白斑狗鱼体长生长方程和体重生长方程进行一阶求导和二阶求导，得到体长、体重生长速度和生长加速度方程分别如下：

生长速度：

体长：$dL/dt=172.80\times e^{-0.138(t-0.179)}$

体重：$dW/dt=6703.04\times e^{-0.138(t-0.179)}[1-e^{-0.138(t-0.179)}]^{1.984}$

生长加速度：

体长：$d^2L/dt^2=-25.67\times e^{-0.138(t-0.179)}$

体重：$d^2W/dt^2=995.27\times e^{-0.138(t-0.179)}[1-e^{-0.138(t-0.179)}]^{0.984}[2.894e^{-0.138(t-0.179)}-1]$

图 6-3a 显示，白斑狗鱼体长生长无拐点，生长速度逐年递减，趋近于 0；体长生长加速度逐年增加且趋近于 0。图 6-3（b）显示，白斑狗鱼的体重生长存在拐点。当体重生长加速度为 0 时，体重生长速度达到最大。计算得白斑狗鱼的拐点年龄为 7.85 龄，对应的体长和体重分别为 795.03mm 和 5180.25g。额尔齐斯河白斑狗鱼渔获物的年龄均小于拐点年龄，不仅造成鱼类生长潜能的损失，还降低了其补充群体的数量，最终可能导致其种群数量的衰减。因此有必要限制捕捞规格，增大捕捞工具网目，以防止生长型和补充型过度捕捞现象的出现。

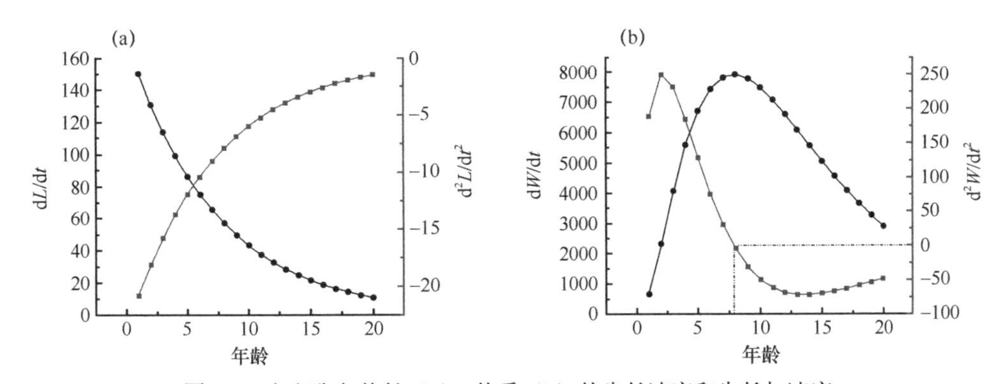

图 6-3　白斑狗鱼体长（a）、体重（b）的生长速度和生长加速度

Figure 6-3　Growth rate and growth acceleration of standard length (a) and body weight (b) of *E. lucius*

额尔齐斯河白斑狗鱼，本次调查获得的 L_∞=1214.8mm，k=0.138，$Ø$=5.31，t_i=7.85 龄，2007 年的 L_∞=1085.5mm，k=0.137，$Ø$=5.21，t_i=7.42 龄（霍堂斌等，2009a）；乌伦古湖白斑狗鱼 2009 年的 L_∞=1202mm（全长），k=0.194，$Ø$=3.45，t_i=4.4 龄（王炬光，2011）。额尔齐斯河两个群体的各参数存在一定差异，但差异较小；乌伦古湖种群的 L_∞、k 和 $Ø$ 值均大于额尔齐斯河种群。

为了进一步分析生长特征与环境的关系，表 6-5 列出了白斑狗鱼不同地理种群的生长特征参数。有学者认为，采用特征参数 $Ø$ 值，较 L_∞ 或者 k 能够更准确地评价鱼类种群的生长（Pauly & Munro，1984）。从表 6-5 可以看出，高纬度地区立陶宛 Rubikiai 湖白斑狗鱼种群的 $Ø$ 值高于低纬度地区土耳其 Dam 湖、Karamık 湖和意大利 Trasimeno 湖种群的 $Ø$ 值，而高纬度地区波兰 Ner 河和 Liswarta 河种群的 $Ø$ 值则是所有种群中最低的，同一纬度额尔齐斯河种群的 $Ø$ 值低于乌伦古湖种群。不同地区种群 $Ø$ 值的比较，提示 $Ø$ 值的大小与种群生活的水体类型的关系更为密切。环境的差异应是乌伦古湖种群的 $Ø$ 值大于额尔齐斯河种群的原因之一。

表6-5　白斑狗鱼不同种群生长特征参数的比较

Table 6-5　Comparison of growth parameters of northern pike in different water bodies

地点	生态学参数				数据来源
	L_∞/cm	k	t_0	$Ø$	
Dam Lake（土耳其）	136.5	0.060	–3.392	3.05	Altindağ *et al.*, 1999
Karamık Lake（土耳其）	121.6	0.092	–0.075	3.13	Çubuk, 2005
Trasimeno Lake（意大利）	162.8	0.089	0.291	3.37	Lorenzoni *et al.*, 2002
Ner River（波兰）	59.7	0.165	–0.265	2.77	Kostrzewa *et al.*, 2003
Liswarta River（波兰）	67.2	0.154	–0.29	2.84	Kostrzewa *et al.*, 2003
Rubikiai Lake（立陶宛）	131.7	0.153	–0.04	3.42	Žiliukienė & Žiliukas, 2010
乌伦古湖 Ulungur Lake	120.2*	0.194	–0.086	3.45	王炬光 , 2011
额尔齐斯河 Irtysh Rive, 2007	108.6	0.137	–0.603	3.21	霍堂斌等 , 2009a
额尔齐斯河 Irtysh Rive，2013	121.5	0.138	–0.179	3.31	本研究

* 乌伦古湖为全长，其他水体为体长。

额尔齐斯河白斑狗鱼的拐点年龄（t_i）为 7.42 龄（霍堂斌等，2009a）和 7.85 龄（本研究），显著高于乌伦古湖种群的拐点年龄——（4.4 龄），两个种群全部个体性成熟年龄为 3～4 龄，表明额尔齐斯河白斑狗鱼种群在达到性成熟后的一段时间内，体重仍然保持快速生长，而乌伦古湖种群则几乎在达到性成熟的同时，体重转入慢速生长阶段，将更多营养物质用于性腺发育，有利于提高种群的增殖能力，应是种群长期遭受高强度捕捞的一种补偿机制。

第三节　性腺发育与繁殖习性

一、性腺发育周期与繁殖期

129 尾性腺Ⅱ期及以上个体性腺发育期逐月分布情况见表 6-6，月平均性腺指数变化如图 6-4 所示。4 月和 5 月雌鱼和雄鱼的性腺均处于Ⅳ期及以上，雌鱼和雄鱼的月平均性腺指数分别为 9.35% 和 9.52% 以及 1.56% 和 1.47%；6 月和 7 月样本较少，共 16 尾样本，性腺均处于Ⅱ期，雌鱼性腺指数分别为 0.19% 和 0.14%，雄鱼性腺指数分别为 0.09% 和 0.06%；8 月和 9 月雌鱼和雄鱼的性腺以Ⅱ期为主，占比均在 75% 以上，少数样本的性腺发育到Ⅲ期，雌鱼和雄鱼平均性腺指数分别为 0.21% 和 0.20% 以及 0.11% 和 0.35%；10 月雌鱼全部为Ⅲ期，雄鱼多数为Ⅲ期，个别样本性腺进入Ⅳ期，雌鱼和雄鱼平均性腺指数分别为 0.59% 和 1.50%。

表6-6 额尔齐斯河白斑狗鱼不同月份发育期比例（%）

Table 6-6 Monthly changes of gonadal stage proportions of *E. lucius* in the Irtysh River (%)

月份	雌鱼						雄鱼					
	n	Ⅱ	Ⅲ	Ⅳ	Ⅴ	Ⅵ	*n*	Ⅱ	Ⅲ	Ⅳ	Ⅴ	Ⅵ
4 月	4			75.0	25.0		2			50.0	50.0	
5 月	12			91.7		8.3	1			100.0		
6 月	3	100.0					3	100.0				
7 月	3	100.0					7	100.0				
8 月	21	95.2	4.8				26	92.3	7.7			
9 月	3	100.0					4	75.0	25.0			
10 月	22		100.0				18	5.6	88.8	5.6		

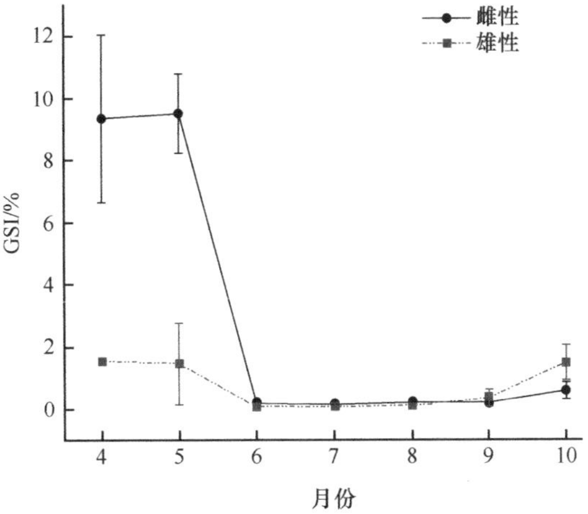

图 6-4 额尔齐斯河白斑狗鱼性腺指数的月变化

Figure 6-4 Monthly variation of mean gonadosomatic index of *E. lucius* in the Irtysh River

额尔齐斯河流域的乌伦古湖的白斑狗鱼，1 月绝大部分个体性腺为Ⅳ期，4 月多数个体的性腺为Ⅳ期，个别个体的性腺为产后Ⅵ期；5 月样本性腺为Ⅳ期、Ⅴ期和Ⅵ～Ⅱ期，7 月和 8 月大部分个体性腺为Ⅱ期，个别个体有明显产过卵或性腺被重新吸收的痕迹。自 10 月至翌年 1 月，雌鱼和雄鱼的平均 *GSI* 一直上升，在 1 月达到最高，且一直维持至 5 月。7 月和 8 月 *GSI* 均处于最低水平（王炬光，2011）。额尔齐斯河白斑狗鱼繁殖期为 4 月下旬至 5 月中旬，水温为 8～15℃（任慕莲等，2002b）。本次调查 4 月样本的采集日期为 4 月 15 日，已出现产卵个体，提示产卵期至少不迟于 4 月中旬。综上所述，额尔齐斯河流域的白斑狗鱼在 4～5 月产卵，6 月大部分个体的性腺恢复到Ⅱ期，8 月部分个体性腺发育到Ⅲ期，10

月绝大部分个体性腺发育到Ⅲ期，并继续发育，以Ⅳ期性腺越冬。

二、繁殖群体的年龄结构

渔获样本中的最小性成熟个体，雄鱼体长254mm，体重172g，年龄2^+龄；雌鱼体长334mm，体重396g，年龄2^+龄。雌鱼和雄鱼性成熟年龄（耳石年龄）均为2^+龄，成熟比例为17%左右，4^+龄均全部达性成熟（表6-7）。

表6-7　额尔齐斯河白斑狗鱼各龄的性成熟比例（%）

Table 6-7　Mature percentage at age of *E. lucius* in the Irtysh River (%)

年龄	雌鱼			雄鱼		
	n	性成熟个体数	%	*n*	性成熟个体数	%
2^+	18	3	16.67	28	5	17.86
3^+	28	24	85.71	30	22	73.33
4^+	8	8	100.00	3	3	100.00
5^+	5	5	100.00			
6^+	2	2	100.00			

经逻辑斯蒂回归分析，白斑狗鱼雌鱼初次性成熟的年龄为2.47龄，雄鱼初次性成熟年龄为2.60龄（图6-5）。

雌鱼：$P=1/[1+e^{-3.14(A-2.47)}]$　　$R^2=0.99$

雄鱼：$P=1/[1+e^{-2.63(A-2.60)}]$　　$R^2=0.99$

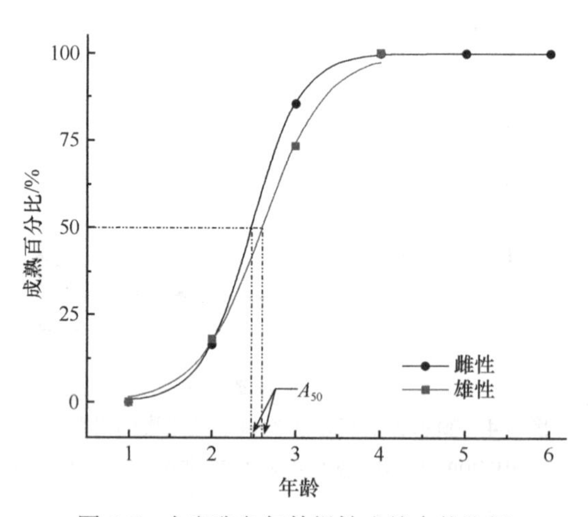

图6-5　白斑狗鱼年龄组性成熟个体比例

Figure 6-5　Logistic functions fitted to percent mature by one-year intervals of *E. lucius*

A_{50}：性成熟比例达50%的年龄

2000～2001年乌伦古湖白斑狗鱼最小性成熟年龄，雌鱼为3^+～4龄，体长428mm，体重800g；雄鱼为2^+～3龄，体长360mm，体重500g（苏德学和阿达可白克·可尔江，2002）。2007～2008年乌伦古湖白斑狗鱼雌鱼和雄鱼的最小性成熟年龄均为1龄，雄鱼2龄性成熟比例达96.3%，3龄全部达到性成熟。雌鱼2龄性成熟的比例达64.2%，3龄为85.0%，4龄全部达到性成熟（王炬光，2011）。2000～2001年种群的性成熟年龄明显大于乌伦古湖 2007～2008 年种群。本次调查白斑狗鱼性成熟年龄与 2000～2001 年种群的性成熟年龄基本一致，且均较乌伦古湖 2007～2008 年种群大约 1 龄。

性成熟年龄是鱼类种群特征，但诸多因素可以影响鱼类性成熟。白斑狗鱼通常性成熟年龄为 2 龄或 3 龄（Mann，1976；Diana，1983；Kosc，2001；Randall & Nikolai，2000），也有高达 6 龄的（Frost & Kipling，1967）。Diana（1983）报道美国密歇根州毗邻的 Houghton、Murray 和 Lac Vieux 的 3 个湖泊，白斑狗鱼雄鱼 1 龄性成熟比例分别达到了 71%、80% 和 100%；Houghton 湖和 Lac Vieux 雌鱼全部性成熟年龄均为 2 龄，Murray 湖雌鱼全部性成熟年龄则为 3 龄。作者认为过度捕捞是导致 Houghton 湖和 Lac Vieux 种群提前性成熟的主要原因。van Weerd 和 Richter（1991）认为低龄白斑狗鱼提前性成熟受到种群内高龄个体的抑制，在视觉和化学感知以及性信息素的联合作用下出现性早熟现象。白斑狗鱼的性成熟年龄与生长关系更为密切，往往同龄鱼中长度较大者先达到性成熟（Frost & Kipling，1967；Mann，1976）。

三、繁殖习性

测量Ⅳ期开始沉积卵黄的卵粒的卵径，卵径频数分布如图 6-6 所示。卵径主要集中在 1.9～2.5mm 之间，平均 2.15±0.461mm。卵径范围为 2.1～2.4mm 的卵粒占 69.53%。卵径频数分布为单峰型。

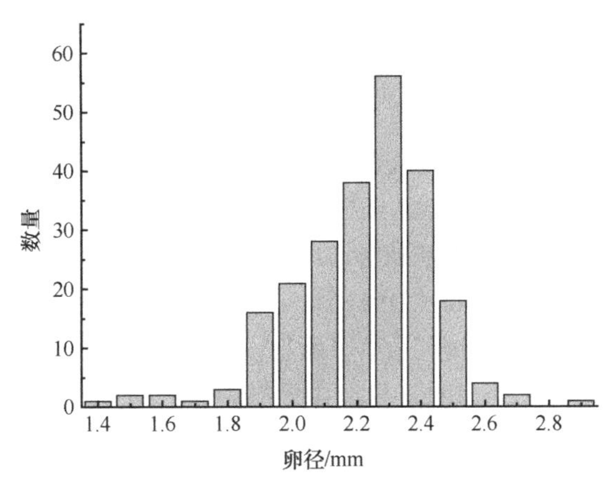

图 6-6　额尔齐斯河白斑狗鱼Ⅳ期卵巢内卵径频数分布

Figure 6-6　Distribution of egg diameter in ovary at stage Ⅳ of *E. lucius* in the Irtysh River

张桂蓉等（2004）报道额尔齐斯河白斑狗鱼Ⅳ期卵巢中卵粒的卵径范围为 1.476～2.857mm，平均 2.260±0.212mm，卵径为 2.029～2.443mm 的卵粒占 80%，卵径频数呈单峰型分布。王炬光（2011）报道乌伦古湖白斑狗鱼Ⅳ期卵巢的卵径范围为 1.4～2.5mm，平均卵径为 1.98±0.19mm，卵径为 1.9～2.1mm 的占 58.1%。卵径频数分布也呈单峰型。根据当地土著鱼类繁殖场多年人工繁殖实践，成熟良好的亲鱼在人工注射外源性激素后，顺产亲鱼可以一次性将卵巢中 90% 以上卵粒产出。由此可以判断白斑狗鱼为一次产卵类型。

白斑狗鱼的繁殖地点多为水生植被较为茂盛的湖沼沿岸带（Frost & Kipling，1967；Paukert & Willis，2003）。白斑狗鱼卵粒具黏性，多黏附于水生植被，直至孵化出仔鱼。在额尔齐斯河，白斑狗鱼通常产卵于枯草或水草的根须上。产卵场为河口泛水处（任慕莲等，2002b）。

四、繁殖力

统计14尾样本Ⅳ期卵巢的繁殖力，样本的体长范围为389～754mm，体重范围为510～4321g，绝对繁殖力范围为5460～120 104egg，平均35 942±31 519egg；相对繁殖力为2.71～27.80egg/g *BW*，平均14.8±5.89egg/g *BW*。各龄鱼的性腺指数、平均绝对繁殖力和相对繁殖力，除5^+龄鱼外，均呈现出随年龄增长而上升的趋势（表6-8）。

表6-8　额尔齐斯河白斑狗鱼不同年龄的个体繁殖力

Table 6-8　Individual fecundity at different ages in *E. lucius* in the Irtysh River

年龄	n	性腺指数 GSI		绝对繁殖力/egg		相对繁殖力/(egg/g BW)	
		范围	均值±标准差	范围	均值±标准差	范围	均值±标准差
3^+	2	6.67～8.52	7.59±0.93	5 460～12 870	9 165±3 705	10.7～15.6	13.20±2.47
4^+	3	7.94～10.27	9.29±0.98	19 160～33 210	26 358±5 740	13.4～19.0	16.94±2.54
5^+	5	5.51～16.11	9.06±3.88	10 312～38 214	20 715±8 268	2.2～14.1	10.20±3.88
6^+	4	8.19～14.82	11.22±3.06	44 197～120 104	75 427±32 646	13.7～27.8	19.80±6.21
合计	14	5.51～16.11	9.84±3.25	5 460～120 104	35 942±31 519	2.2～27.8	14.80±5.89

乌伦古湖白斑狗鱼的平均绝对繁殖力为37 354.4egg，平均相对繁殖力为19.4egg/g *BW*（王炬光，2011）。张桂蓉等（2004）报道额尔齐斯河白斑狗鱼的绝对繁殖力范围为1917～118 110egg，相对繁殖力范围为6.9～34.7egg/g *BW*。个体绝对繁殖力随着年龄的增长而显著增大，6^+龄鱼的绝对繁殖力为2^+龄鱼的22倍，而平均相对繁殖力从2^+龄到6^+龄仅增加约1倍。个体绝对繁殖力与体长、体重、空壳重、卵巢重、性腺指数、年龄等各生物学指标间均呈正相关，且相关关系均以幂函数相关性为最好，均在1%水平达到极显著。鱼类的繁殖力大小除与环境中食物基础密切相关外，还与种群对环境变化和捕捞压力的适应性调控机制有关（Frost & Kipling，1967）。王炬光（2011）比较了白斑狗鱼不同地理种群的繁殖力，认为乌伦古湖白斑狗鱼虽然也面临较大的捕捞压力，但是饵料丰度、水温等环境因素都有利于其快速生长，该种群将摄食所获能量更多地用于生长。

第四节　摄食强度与食物组成

一、摄食率与摄食强度

额尔齐斯河白斑狗鱼129个样本的平均摄食率为54.49%。摄食个体胃充塞度范围为0～5级，平均充塞度为2.17±0.93。繁殖季节（4～6月）的摄食率50.0%，摄食个体的胃充塞度范围为0～5级，平均充塞度3.4±1.36。非繁殖季节（7～10月）的摄食率54.6%，摄食个体的胃充塞度范围为0～4级，平均充塞度2.1±0.84。繁殖季节的摄食率略低于非繁殖季节，而繁殖季节的平均充塞度则高于非繁殖季节（表6-9）。

较高的空胃率是掠食性鱼类的特征（Allen，1939）。白斑狗鱼为鱼食性鱼类，食物个体相对较大，消化时间较长，两次摄食间存在间歇期，摄食率和充塞度较低可能与采样时机有关。繁殖季节Ⅴ期性腺个体的充塞度反映了它们在繁殖前的摄食情况，提示繁殖个体在繁殖前有强烈的摄食行为。霍堂斌等（2009b）报道，乌伦古湖白斑狗鱼非繁殖期的摄食率达到60%以上。繁殖期性成熟亲鱼出现短暂的停食现象；在冬季冰下生活期间摄食率仍达到66.7%。这提示额尔齐斯河和乌伦古湖白斑狗鱼的摄食率和摄食强度的季节变化基本一致。

表6-9　额尔齐斯河白斑狗鱼不同季节的摄食率和充塞度

Table 6-9　Feeding rate and fullness in different seasons of *E. lucius* in the Irtysh River

月份	*n*	摄食率	充塞度	
			范围	均值±标准差
4～6月	10	50.0	1～5	3.4±1.36
7～10月	119	54.6	1～4	2.1±0.84

二、食物组成

额尔齐斯河北湾河段白斑狗鱼45个胃肠中食物种类鉴定结果见表6-10。从表6-10可以看出，额尔齐斯河白斑狗鱼主要以鱼类为食，兼食水生昆虫。水体中种群数量较多的东方欧鳊、湖拟鲤、银鲫和贝加尔雅罗鱼等在白斑狗鱼消化道中的出现率和出现次数相对较高。

根据白斑狗鱼胃肠内容物中保留较为完整的和消化后残留硬组织鉴定食物种类，由于没有建立食物鱼重量与其某一硬组织的关系，难以准确评估食物重量，故仅统计食物出现率和出现次数百分比。此外，一些被食的小型鱼类，仅凭残留在消化道中的硬组织难以鉴定种类，这是无法辨认的鱼类出现率较高的原因。

食物中最大个体的体长为捕食者体长的比例，尖鳍鮈为32.7%，贝加尔雅罗鱼为18.4%，银鲫为15.7%，食物个体的大小与其体型具有一定关系，那些体型修长的鱼类更易被捕食。

表6-10　额尔齐斯河白斑狗鱼的食物组成

Table 6-10　Diet compostion of *E. lucius* in the Irtysh River

食物组成	*O%*	*N%*	*W%*	*IRI%*	*IP%*
鱼类	**82.22**	**94.52**	**98.13**	**99.39**	**99.72**
东方欧鳊 *R. rutilus lacustris*	82.22	50.68	67.97	91.31	94.01
银鲫 *C.auratus gibelio*	13.33	8.22	7.66	1.98	1.72
湖拟鲤 *R. rutilus lacustris*	15.56	9.59	6.62	2.36	1.73
贝加尔雅罗鱼 *L. baicalensis*	11.11	6.85	9.17	1.67	1.71
尖鳍鮈 *G. gobio acutipinnatus*	4.44	2.74	1.08	0.16	0.08
粘鲈 *A. cernua*	2.22	1.37	1.19	0.05	0.04
白斑狗鱼 *E. lucius*	4.44	2.74	1.89	0.19	0.14
丁鱥 *Tinca tinca*	4.44	2.74	2.07	0.20	0.15
无法辨认的小鱼 Unidentifiable fishes	15.56	9.59	0.47	1.47	0.12
水生昆虫	**8.89**	**5.48**	**1.86**	**0.61**	**0.28**

任慕莲等（2002a）报道白斑狗鱼属于肉食性鱼类，以银鲫、高体雅罗鱼、尖鳍鮈等鱼类为食，为典型的攻击性掠食者。霍堂斌等（2009b）报道，乌伦古湖白斑狗鱼的食物包括

池沼公鱼、湖拟鲤、东方欧鳊、银鲫、粘鲈、麦穗鱼、尖鳍鮈、北方花鳅、北方须鳅、中华绒螯蟹（*Eriocheir sinensis*）、摇蚊幼虫和水生昆虫共12种饵料生物。食物中鱼类的出现频率为96.94%。其中，池沼公鱼是最主要的食物，其出现率为62.24%，*IRI*%为88.44%，其次为湖拟鲤（*IRI*%=6.66%）和银鲫（*IRI*%=2.57%）。乌伦古湖池沼公鱼的种群数量远远超过其他鱼类，约占所有鱼类的90%，是其成为白斑狗鱼主要食物的原因。食物中麦穗鱼、尖鳍鮈、北方花鳅、北方须鳅和中华绒螯蟹等出现率极低，则与环境中这些食物种群数量极低吻合。英格兰南部Stour河和Frome河的白斑狗鱼各自以其所在河流的多数鱼类为食，鲤科鱼类则成为它们各自食物的主要成分（Mann，1976），也说明食物基础与鱼类食物组成存在相关性。鱼类的食物还与摄食和消化器官的形态特征及摄食习性有关。白斑狗鱼吻长似鸭嘴，口亚上位，口裂大，具有较为发达的颌齿；鳃耙较少，变异为瘤结状；具胃，肠粗短，略长于体长。这些特征表明其以大型生物为食。白斑狗鱼通常采用伏击方式摄取食物。与其生活在同一环境中的鱼类更易成为其食物。

小　结

1）额尔齐斯河白斑狗鱼渔获物由1^+～6^+龄个体组成。雌鱼渔获物由2^+～6^+龄5个年龄组组成，2^+龄和3^+龄个体占75.41%；雄鱼由2^+～4^+龄3个年龄组组成，2^+～3^+龄组共占95.08%。与2007年渔获物比较，1^+～3^+龄个体的比例上升17.72%，4^+～6^+龄个体的比例则下降14%，显示种群的年龄结构出现低龄化。渔获物体长范围为207～683mm，平均体长为357.9±103.80mm；体重范围为86.0～3211.80g，平均634.4g±597.25g。

2）白斑狗鱼雌雄鱼体长的年间生长无显著差异，体长与体重的关系为$W=3.092\times 10^{-5}L^{2.894}$。von Bertalanffy生长方程各参数为：L_∞=1214.78mm，W_∞=17 667.99g，k=0.138，t_0=0.179龄，$Ø$=5.31，t_i=7.85龄，对应的体长和体重分别为795.03mm和5180.25g。渔获个体均未达到拐点年龄，不利于鱼体生长潜能的发挥。

3）雌鱼和雄鱼样本中最小成熟年龄均为2^+龄，成熟比例为17%左右，4^+龄全部达性成熟。成熟个体以Ⅳ期性腺越冬。额尔齐斯河白斑狗鱼的繁殖期为3～5月，为一次产卵类型。个体绝对繁殖力范围为5460～120 104egg，平均35 942±31 519egg；个体相对繁殖力为2.71～27.80egg/g *BW*，平均14.8±5.89egg/g *BW*。

4）额尔齐斯河白斑狗鱼繁殖期（4～6月）摄食率为50.0%，平均充塞度3.4±1.36；非繁殖期（7～10月）的摄食率为54.6%；胃平均充塞度2.11±0.84。以水体中常见的鱼类为食，摄食和消化器官的形态特征与其食物相适应。

主要参考文献

韩叙. 2010. 白斑狗鱼人工繁育技术研究. 保定: 河北农业大学硕士学位论文
霍堂斌, 马波, 唐富江, 等. 2009a. 额尔齐斯河白斑狗鱼的生长模型和生活史类型. 中国水产科学: 316-323
霍堂斌, 马波, 阿达可白克・可尔江, 等. 2009b. 乌伦古湖白斑狗鱼摄食生态的初步研究. 水产学杂志, 22(3): 6-9
任慕莲, 郭焱, 张人铭, 等. 2002b. 中国额尔齐斯河鱼类资源及渔业. 乌鲁木齐: 新疆科技卫生出版社, 80-87
任慕莲, 郭焱, 张人铭. 2002a. 我国额尔齐斯河流鱼类及名类区系组成. 干旱区研究, 19(2): 62-66
苏德学, 阿达可白克・可尔江. 2002. 乌伦古湖白斑狗鱼的生物学研究. 新疆农业科学, 39(5): 259-263
王炬光. 2011. 乌伦古湖白斑狗鱼年龄、生长和繁殖生物学研究. 武汉: 华中农业大学硕士学位论文
谢从新, 霍斌, 魏开建, 等. 2019. 雅鲁藏布江中游裂腹鱼类生物学与资源养护技术. 北京: 科学出版社, 18-42
张桂蓉, 杜劲松, 严安生, 等. 2004. 额尔齐斯河白斑狗鱼的个体繁殖力. 华中农业大学学报, 23: 335-337

郑善坚, 姜国平, 施振宁. 2004. 江浙地区白斑狗鱼养殖技术探讨. 科学养鱼, 12: 20-21

中国科学院动物研究所. 1979. 新疆鱼类志. 乌鲁木齐: 新疆人民出版社: 23

邹曙明, 李思发. 2006. 新疆额尔齐斯河流域白斑狗鱼的染色体核型分析. 上海水产大学学报, 15: 136-139

ALLEN K R. 1939. A note on the food of the pike (*Esox lucius*) in Windermere. *Journal of Animals Ecology*, 8: 72-75

ALTINDAĞ A, Yiğit S, Ahiska S, *et al.* 1999. The Growth Features of Pike (*Esox lucius* L., 1758) in Dam Lake Kesikköprü. *Turkish Journal of Zoology*, 23: 901-910

CLARK C F. 1950. Observations on the spawning habits of the northern pike, *Esox lucius* Linnaeus, in Northwestern Ohio. *Copeia*, 4: 285-288

ÇUBUK H, BALIK I, UYSAL R, *et al.* 2005. Some Biological Characteristics and the Stock Size of the Pike (*Esox lucius* L.,1758) Population in Lake Karamık (Afyon, Turkey). *Turkish Journal of Veterinary & Animal Sciences*, 29: 1025-1031

DIANA S J. 1983. Growth, maturation and production of northern pike in three Michigan lakes. *Transactions of the American Fisheries Society*, 112: 38-46

FROST E W, KIPLING C A. 1967. study of reproduction, early life, weight-length relationship and growth of pike, *Esox lucius* L. in Windermere. *Journal of Animal Ecology*, 36: 651-693

GRIFFTHS R W, NEWLANDS N K, NOAKES D L G. 2004. Northern pike (*Esox lucius*) growth and mortality in a northern Ontario river compared with that in lakes: influence of flow. *Ecology of Freshwater Fish*, 13: 136-144

KOSC J. 2001. Age and growth of pike (*Esox lucius* L.) in irrigationcanals of the Est Slovakian Lowland Czech. *Journal of Animal Science*, 46(1): 34-40

LORENZONI M, CORBOLI M, DORR M A J, *et al.* 2002. The growth of pike (*Esox lucius* Linnaeus,1798) in Lake Trasimeno (Umbria, Italy). *Fisheries research*, 59: 239-246

MANN R H K. 1976. Observations on the age, growth, reproduction and food of the pike *Esox lucius* (L.) in two rivers in southern England. *Journal of Fish Biology*, 8: 179-197

PAUKERT P C, WILLIS W D. 2003. Population characteristics and ecological role of northern pike in shallow natural lakes in Nebraska. *North Aamerican Journal of Fsheries Mmanagement*, 23: 313-322

PAULY D, MUNRO J L. 1984. Once more on the comparison of growth in fish and invertebrates. *ICLARM Fishbyte,* 2(1):21-22

RANDALL W O, NIKOLAI M P. 2000. Age and growth of pike (*Esox lucius*) in Chivyrkui Bay, Lake Baikal. *Great Lakes Research*, 26 (2): 164-173

VAN WEERD J H, RICHTER C J J. 1991. Sex pheromones and ovarian development in teleost fish. *Comparative Biochemistry and Physiology*, 110A: 517-527

ŽILIUKIENĖ V, ŽILIUKAS V. 2010. Growth of pike *Esox lucius* L. in Lake Rubikiai (Lithuania). *Journal of Applied Ichthyology*, 26(6): 898-903

第七章　湖拟鲤的生物学

谢　鹏[1]　马徐发[1]　李　可[1]　胡思帆[1]　陈牧霞[2]
1. 华中农业大学，湖北 武汉，430070
2. 新疆维吾尔自治区水产科学研究所，新疆 乌鲁木齐，830000

湖拟鲤（*Rutilus rutilus lacustris*）隶属于鲤形目（Cypriniformes），鲤科（Cyprinidae），雅罗鱼亚科（Leuciscinae），拟鲤属（*Rutilus*），为北欧各水域广布种，我国原来仅分布于新疆额尔齐斯河水域，是中国境内额尔齐斯河水域土著鱼类之一（任慕莲等，2002a），后来被引种到乌伦古湖、博斯腾湖和赛里木湖等水域。20 世纪 50 年代，湖拟鲤是额尔齐斯河干流渔获物的主要鱼类之一，20 世纪 80 年代，引入的欧鳊逐渐成为绝对优势种，包括湖拟鲤在内的土著鱼类渔获量占比下降至 15% 左右（郭焱等，2003）。受滥捕滥捞、涉水工程等人类活动的持续影响，额尔齐斯河水域水生态环境发生变化，湖拟鲤等土著鱼类生存环境受到持续破坏，资源呈现持续下降趋势。

国外对湖拟鲤生物学做过许多研究（Hellawell，1972；Mann，1973；Linfield，1979；Burrough，1979；Papageorgiou，1979；Naddafi，2005）。国内也有学者曾对赛里木湖（廖文林等，1992）和乌伦古湖（左昌培，2001；李鸿，2009）湖拟鲤的生物学特性进行了研究。根据我们在 2012～2016 年的调查，李可（2018）曾对额尔齐斯河干流湖拟鲤的生长和食性进行了初步分析，本章对此期间采集的样本和数据重新进行了分析整理，以期为该物种的资源保护和合理利用提供依据。

第一节　渔获物组成

渔获物样本于 2013 年和 2015 年，采自额尔齐斯河干流北湾河段及其支流哈巴河，采集网具为刺网和流刺网（网目 $2n$：50mm）。共获取样本 423 尾，其中雄鱼 140 尾，雌鱼 176 尾，未识别性别的样本 107 尾。

一、年龄结构

423 尾样本均采用微耳石鉴定年龄，渔获物年龄结构如图 7-1 所示。渔获物中年龄组成为 1^+～6^+龄，平均年龄为 2.43 龄，其中 2^+龄鱼为优势年龄组，占渔获总数的 67.94%，其他各龄比例均不到 10%。雌鱼最大年龄为 6^+龄，平均年龄为 2.87 龄，2^+龄个体占比为 61.36%，3^+～5^+龄组共占 35.66%。雄鱼的最大年龄为 6^+龄，平均年龄为 2.27 龄，2^+龄鱼占 75.00%，其他各龄鱼占比均不到 10%。雌鱼平均年龄显著高于雄鱼（t 检验，$P < 0.001$）；性别未辨的最大年龄为 5^+龄，平均年龄为 1.92 龄，2^+龄鱼占 76.64%。

李鸿（2009）曾报道乌伦古湖湖拟鲤 2008 年渔获物最大年龄（耳石＋鳞片结合鉴定年龄）为 6^+龄，平均年龄为 2.90 龄，两者结果较为接近。

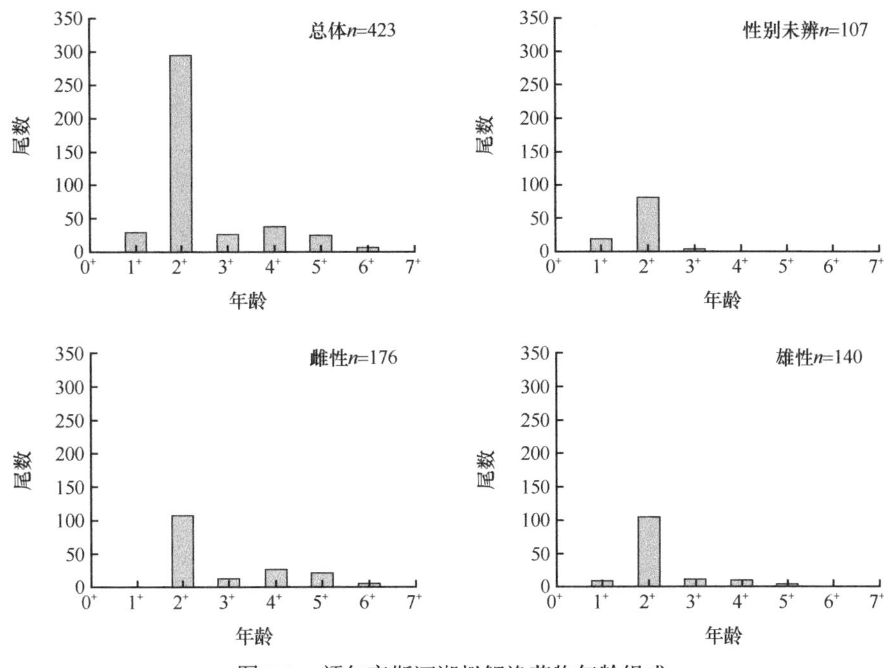

图 7-1 额尔齐斯河湖拟鲤渔获物年龄组成

Figure 7-1 Age frequency composition of *R. rutilus lacustris* in the Irtysh River

二、体长分布

湖拟鲤渔获物的体长分布如图 7-2 所示，体长分布范围为 58～227mm，其中 90～150mm 组占比 72.81%。雌鱼 176 尾，体长分布范围为 89～226mm，其中 110～150mm 组占比最高，为 59.65%。雄鱼 140 尾，体长分布范围为 79～227mm，其中

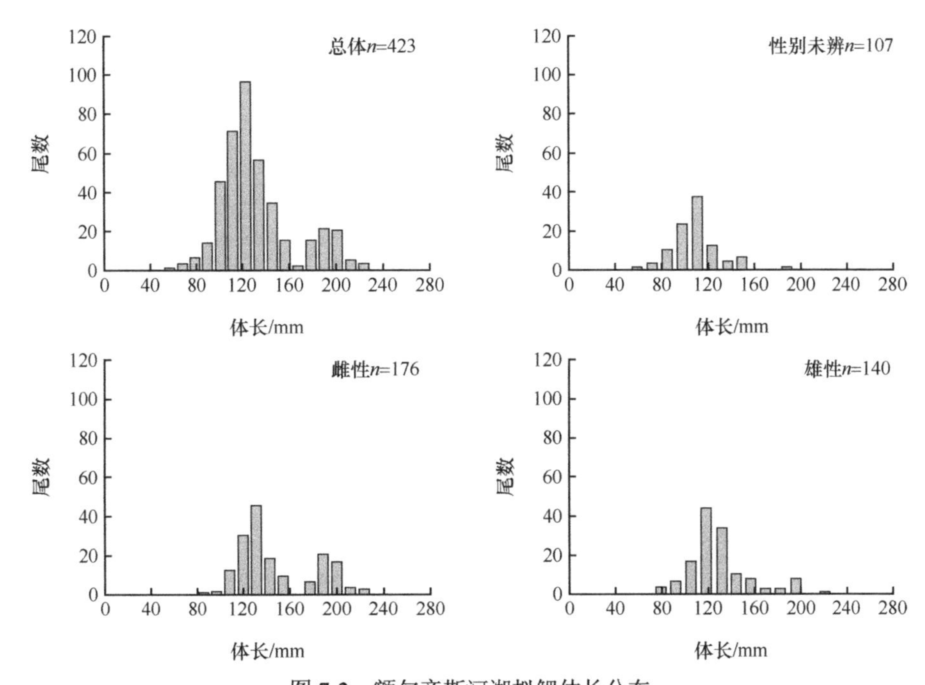

图 7-2 额尔齐斯河湖拟鲤体长分布

Figure 7-2 Distributions of the standard length frequency of *R. rutilus lacustris* in the Irtysh River

90～150mm 组占比最高，为 77.85%。性别未辨个体 107 尾，体长分布范围为 58～212mm，其中 70～150mm 组的个体占 91.59%。雌鱼体长均值显著性大于雄鱼（t 检验，$P < 0.001$）。

三、体重分布

湖拟鲤渔获物的体重分布如图 7-3 所示。体重分布范围为 3.2～284.0g，体重 80g 以下的个体占 80.15%；雌鱼 176 尾，体重范围为 15.2～253.0g，优势体重为 21～80g，占 64.20%；雄鱼 140 尾，体重范围为 10.3～284.0g，80g 以下个体占 86.43%；性别未辨个体 107 尾，体重为 3.2～183.0g，60g 以下个体占 90.65%。雌鱼体重均值显著性大于雄鱼（t 检验，$P < 0.001$）。

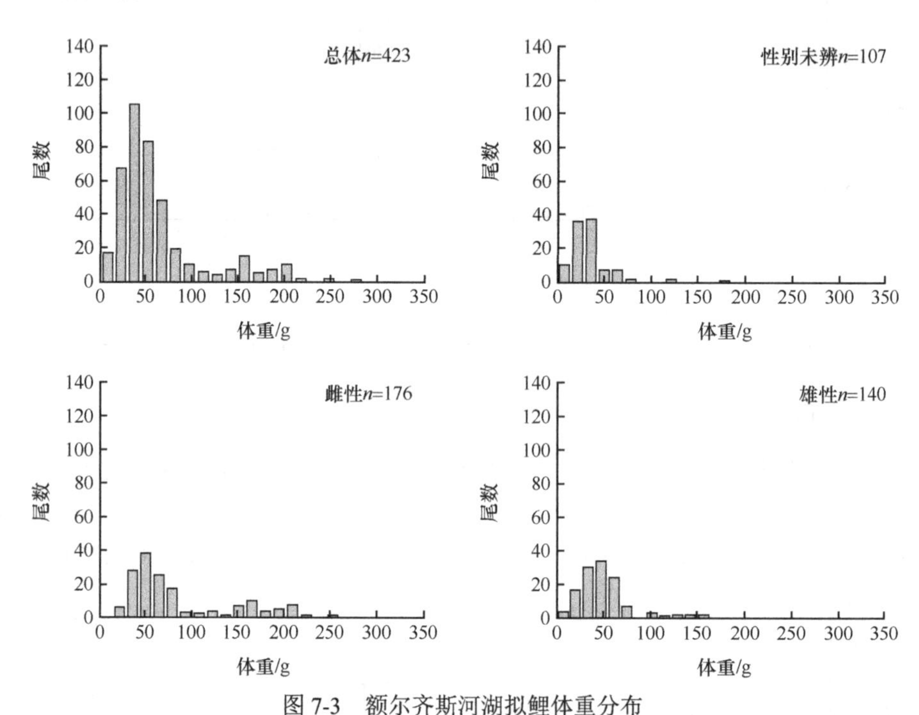

图 7-3　额尔齐斯河湖拟鲤体重分布

Figure 7-3　Distributions of the body weight frequency of *R. rutilus lacustris* in the Irtysh River

第二节　生长特性

一、实测体长和体重

423 尾样本各年龄组的实测体长和体重范围及平均值见表 7-1。

表7-1　额尔齐斯河湖拟鲤不同年龄组实测体长和体重范围及平均值

Table 7-1　Standard length and body weight at age of *R. rutilus lacustris* in the Irtysh River

年龄	雌鱼			雄鱼			总体*		
	n	范围	均值±标准差	n	范围	均值±标准差	n	范围	均值±标准差
体长/mm									
1^+	1		89.0	9	79.0～90.0	86.0±3.84	29	58.0～96.0	82.7±10.09
2^+	108	96.0～145.0	126.7±10.78	105	96.0～145/0	121.9±11.40	295	96.0～146.0	121.3±12.60

续表

年龄	雌鱼			雄鱼			总体*		
	n	范围	均值±标准差	*n*	范围	均值±标准差	*n*	范围	均值±标准差
3+	13	144.0～162.0	151.7±3.45	11	146.0～156.0	152.5±5.32	27	144.0～162.0	152.1±4.19
4+	27	171.0～194.0	185.0±6.64	10	172.0～192.0	181.6±7.34	39	171.0～194.0	184.1±6.72
5+	21	193.0～211.0	200.9±4.47	4	196.0～200.0	197.8±2.06	26	193.0～212.0	201.1±4.80
6+	6	216.0～226.0	220.2±4.40	1		277.0	7	216.0～227.0	221.1±4.78
合计	176	96.0～226.0	149.9±32.85	140	79.0～277.0	130.4±27.03	423	58.0～227.0	133.0±32.71
体重/mm									
1+	1		15.2	9	10.3～16.7	13.6±2.03	29	3.2～20.0	12.4±4.43
2+	108	18.3～791	508±13.79	105	17.5～78.7	44.4±13.38	295	16.0～79.1	44.1±14.55
3+	13	66.0～103.2	82.6±9.77	11	60.0～100.0	77.9±13.13	27	60.0～103.2	79.7±11.54
4+	27	99.4～198.0	146.2±26.85	10	104.8～151.0	127.6±18.45	39	99.4～198.0	140.1±25.99
5+	21	154.0～217.0	185.3±19.25	4	136.0～197.0	161.0±22.26	26	136.0～217.0	181.5±21.26
6+	6	203.0～253.0	229.5±19.62	1		284	7	203.0～284.0	237.3±26.34
合计	176	15.2～253.0	89.7±59.13	140	10.3～284.0	56.0±38.6	423	3.2～284.0	64.7±51.10

* 数据包括性别未辨样本。

二、体长与体重的关系

对雌鱼、雄鱼和种群总体分别拟合体长与体重的关系（图 7-4），关系式如下。

雌鱼：$W=6.152\times10^{-5}L^{2.811}$　（$R^2=0.966$，$n=176$）

雄鱼：$W=4.562\times10^{-5}L^{2.861}$　（$R^2=0.959$，$n=140$）

总体：$W=4.433\times10^{-5}L^{2.870}$　（$R^2=0.969$，$n=423$）

估算的雌鱼和雄鱼 b 值与理论值 3 之间均存在显著性差异（t 检验，$P<0.001$），因此，额尔齐斯河湖拟鲤群体为异速生长。

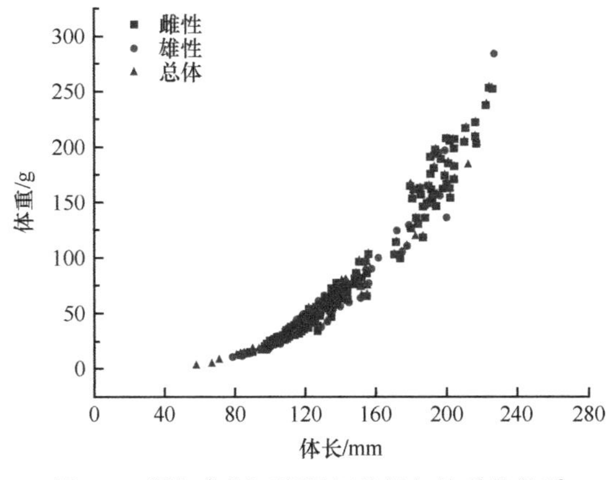

图 7-4　额尔齐斯河湖拟鲤体长与体重的关系

Figure 7-4　Length-weight relationships of *R. rutilus lacustris* in the Irtysh River

三、生长方程

采用 von Bertalanffy 生长方程描述体长和体重的生长特性（图 7-5）。湖拟鲤雌鱼和雄鱼的体长和体重生长方程分别如下。

体长生长方程：

雌鱼：L_t=313.8 $[1-e^{-0.177(t+0.860)}]$（n=176，R^2=0.870）

雄鱼：L_t=297.4 $[1-e^{-0.196(t+0.729)}]$（n=139，R^2=0.865）

体重生长方程：

雌鱼：W_t=641.4 $[1-e^{-0.177(t+0.860)}]^{2.811}$

雄鱼：W_t=543.7 $[1-e^{-0.196(t+0.729)}]^{2.861}$

雌鱼和雄鱼的表观生长指数（$\varnothing$）分别为 4.2413 和 4.2389。

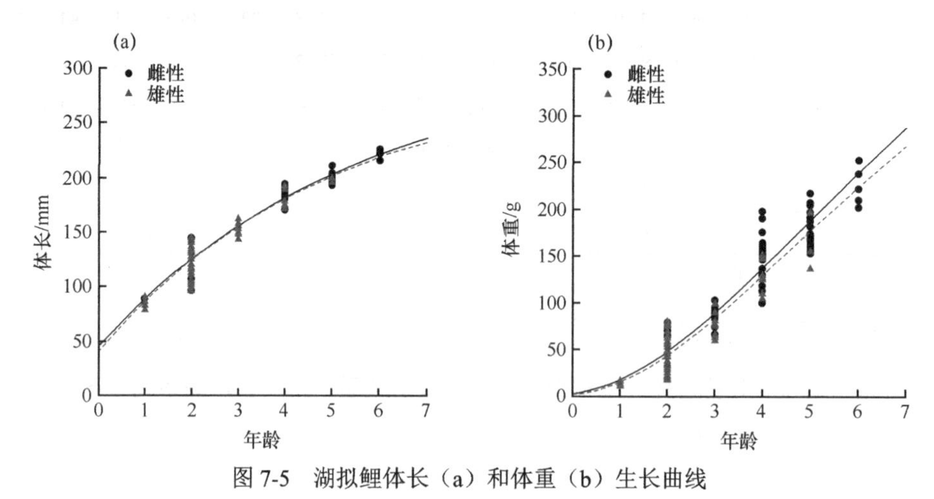

图 7-5　湖拟鲤体长（a）和体重（b）生长曲线

Figure 7-5　Standard length (a) and body weight (b) growth curves of *R. rutilus*

四、生长速度和加速度

将湖拟鲤雌鱼和雄鱼的体长和体重生长方程分别进行一阶求导和二阶求导，获得体长和体重生长的速度和加速度方程。

雌鱼：

$dL/dt=55.54e^{-0.177(t+0.860)}$

$d^2L/dt^2=-9.83e^{-0.177(t+0.860)}$

$dW/dt=319.12e^{-0.177(t+0.860)}[1-e^{-0.177(t+0.860)}]^{1.811}$

$d^2W/dt^2=56.49e^{-0.177(t+0.860)}\ [1-e^{-0.177(t+0.860)}]^{0.811}\ [2.811e^{-0.177(t+0.860)}-1]$

雄鱼：

$dL/dt=58.29e^{-0.196\ (t+0.729)}$

$d^2L/dt^2=-11.42e^{-0.196\ (t+0.729)}$

$dW/dt=304.90e^{-0.196(t+0.729)}[1-e^{-0.196(t+0.729)}]^{1.861}$

$d^2W/dt^2=59.76e^{-0.196(t+0.729)}[1-e^{-0.196(t+0.729)}]^{0.861}[2.861e^{-0.196(t+0.729)}-1]$

图 7-6 显示，湖拟鲤的体长生长没有拐点。体长生长速度随年龄增长逐渐下降，最终趋于 0；体长生长加速度则随年龄的增长逐渐变缓，最终趋于 0，且一直小于 0，说明湖拟

鲤体长生长速率在生长开始时最高，随年龄增长逐渐下降，当达到一定年龄之后趋近于停止生长。体重生长速度曲线先上升后下降，具有生长拐点，雌鱼的拐点年龄（t_i）为5.35龄，对应的体长和体重分别为209.2mm和205.2g；雄鱼的拐点年龄（t_i）为4.88龄，拐点处对应的体长和体重分别为198.3mm和170.4g。拐点年龄为体重绝对生长速度达到最大时的年龄，渔获物中雌鱼和雄鱼未达到拐点年龄的个体分别约占96.59%和96.43%，即绝大部分湖拟鲤在体重绝对生长速度未达到最大时就被捕获，不利于鱼体生长潜能的发挥。

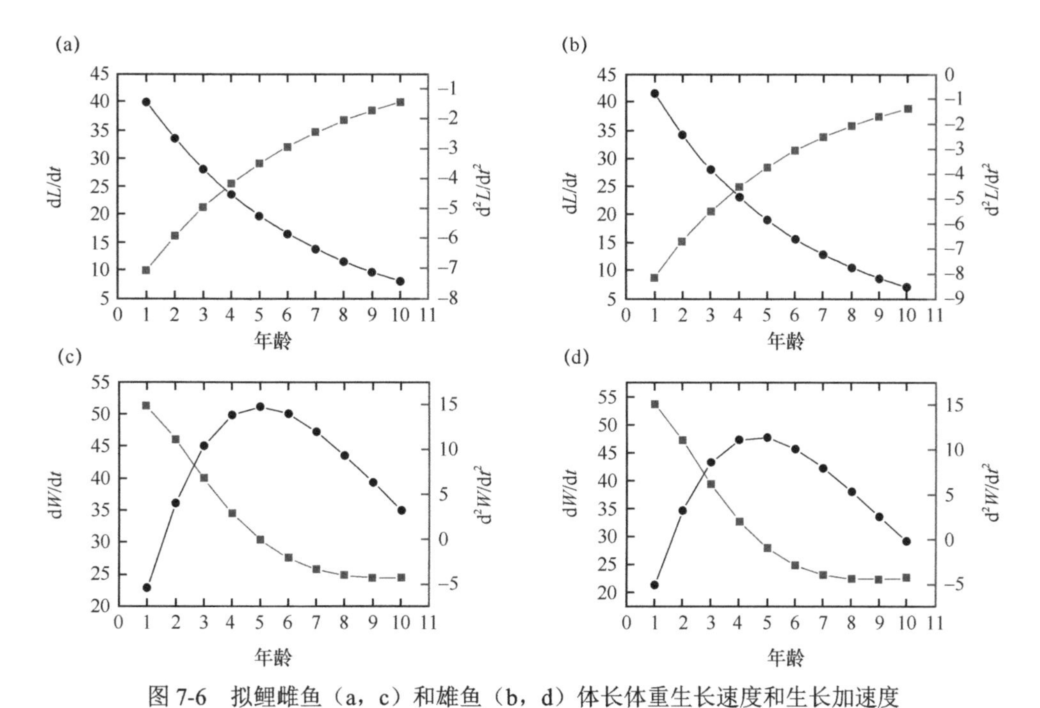

图7-6　拟鲤雌鱼（a，c）和雄鱼（b，d）体长体重生长速度和生长加速度

Figure7-6　Growth rate and growth acceleration of the standard length and weight of female (a, c) and male (b, d) for *R. rutilus*

第三节　性腺发育与繁殖习性

一、性腺发育与副性征

（一）性腺发育的逐月变化

我们统计分析了性腺为Ⅱ～Ⅵ期的样本各月不同发育期的比例（表7-2）、平均性腺指数（表7-3）和不同发育期的性腺指数（表7-4）。从表7-2～表7-4可看出，5月初（采集日期为1～5日）雌鱼群体的性腺由Ⅱ～Ⅵ期组成，平均性腺指数为11.48±4.90，其中Ⅳ期性腺占比最高，为38.2%，其次为Ⅴ期（23.6%）和Ⅲ期（20.0%）。在样本较少的6月（n=3），雌鱼的性腺均为Ⅱ期。7月则以雌鱼Ⅱ期卵巢为主，占76%，8月仍以Ⅱ期卵巢为主，但比例下降，Ⅲ期卵巢比例上升。雄鱼5月性腺由Ⅲ～Ⅴ期组成，其中Ⅲ期性腺占比最高，为64.3%，Ⅳ期和Ⅴ期占35.7%。6月和7月全部为Ⅱ期精巢，8月已有40.5%的精巢发育至Ⅲ期，而9月份精巢已全部发育至Ⅲ期。对样本体长的分析表明，雄鱼8月平均体长为122.4±8.92mm，9月样本的平均体长为99.9±13.12mm，根据雄鱼最小性成熟个体体长为90mm判断，8月样本多为成熟个体，9月样本则以未成熟的个体为主。

表7-2　额尔齐斯河湖拟鲤性腺发育期比例的月变化（%）

Table 7-2　Monthly variation in the proportions of macroscopic maturity stages of *R. rutilus lacustris* in the Irtysh River (%)

性腺发育期	雌鱼					雄鱼				
	5月	6月	7月	8月	9月	5月	6月	7月	8月	9月
n	55	3	25	95	20	14	9	19	74	4
Ⅱ	1.8	100.0	76.0	63.2	100.0		100.0	100.0	59.5	
Ⅲ	20.0		24.0	36.8		64.3			40.5	100.0
Ⅳ	38.2					21.4				
Ⅴ	23.6					14.3				
Ⅵ	12.7									

表7-3　额尔齐斯河湖拟鲤性腺指数（*GSI*）月变化

Table 7-3　Monthly variations of gonado-somatic index (*GSI*) of *R. rutilus lacustris* in the Irtysh River

月份	雌鱼			雄鱼		
	n	范围	均值±标准差	*n*	范围	均值±标准差
5月	53	0.83～19.15	11.48±4.90			
7月	5	0.47～0.93	0.65±0.17	17	0.14～1.37	0.37±0.33
8月	93	0.38～4.87	1.44±0.73	72	0.17～4.02	0.67±0.52
9月	4	0.10～1.91	1.48±0.29	22	0.37～1.55	0.92±0.35

表7-4　额尔齐斯河湖拟鲤性腺各发育期性腺指数范围及平均值

Table 7-4　*GSI* values at different stages of *R. rutilus lacustris* in the Irtysh River

性腺发育期	雌鱼			雄鱼		
	n	范围	均值±标准差	*n*	范围	均值±标准差
I	13	0.14～0.36	0.24±0.068			
Ⅱ	66	0.38～2.34	1.05±0.390	64	0.17～1.55	0.71±0.39
Ⅲ	45	0.88～17.02	4.74±4.930	43	0.30～2.60	0.98±0.65
Ⅳ	35	9.72～19.15	13.32±2.400	4	1.39～3.87	2.15±1.02
Ⅵ	17	0.83～1.61	1.23±0.270	9	0.17～0.79	0.37±10.19

（二）副性征

在非生殖季节，湖拟鲤的雌雄个体在外部形态上没有明显差异。在繁殖季节，雄鱼头部、腹部以外的鳞片上布满白色锥状“珠星”，触摸起来有明显粗糙感。雌鱼少数个体在头部有不明显的“珠星”，大多数个体无“珠星”，产卵结束后“珠星”消失。未达性成熟的雌雄个体在外形上没有明显区别。

二、繁殖群体

（一）性比

额尔齐斯河湖拟鲤渔获物中雄鱼与雌鱼的总体比例接近1 ∶ 1（1.05 ∶ 1）。繁殖期5

月雌鱼和雄鱼的比例达到 1 ∶ 3.93。性比在不同体长组间呈无规律的跳跃式变化，显示两者间无显著关系（表 7-5），同样的情况也见于乌伦古湖湖拟鲤（李鸿，2009）。

表7-5　额尔齐斯河湖拟鲤性比与体长的关系

Table 7-5　The relationship between the sex ratio and standard length of *R. rutilus lacustris*

体长组/mm	雌鱼	雄鱼	雌鱼∶雄鱼
81～100	1	14	0.07
101～120	27	37	0.73
121～140	69	28	2.46
141～160	27	56	0.48
161～180	6	26	0.23
181～200	31	10	3.10
＞201	19	1	19.00
合计	180	172	1.05

（二）成熟年龄

渔获物中雌鱼最小性成熟个体体长 96.0mm（全长约 115mm），体重 18.3g，出现在 8 月渔获物中，年龄为 2（1^+）龄，Ⅲ期卵巢，性腺重 0.35g，性腺指数 1.92。雄鱼最小成熟个体体长 90mm（全长约 108mm），体重 14.6g，出现在 9 月渔获物中，年龄为 2^+ 龄，Ⅲ期精巢，性腺重 0.16g，性腺指数 1.09。正常情况下，在次年 5～6 月的繁殖期间应可参与繁殖，故雌鱼和雄鱼的最小性成熟年龄均为 2 龄。

额尔齐斯河湖拟鲤雄鱼 1^+ 龄个别个体达到性成熟，随着年龄增长，性成熟比例逐渐增加，到 4^+ 龄全部达到性成熟；雌鱼 2^+ 龄性成熟比例达到 45.7%，3^+ 龄达到 93.6%，4^+ 龄全部性成熟（表 7-6）。

表7-6　额尔齐斯河湖拟鲤各龄性成熟比例

Table 7-6　Mature proportion at age of *R. rutilus lacustris* in the Irtysh River

性别	1^+ 龄		2^+ 龄		3^+ 龄		4^+ 龄	
	n	%	*n*	%	*n*	%	*n*	%
雌鱼	1	0.0	108	32.4	14	78.6	27	100.0
雄鱼	10	10.0	105	45.7	16	93.6	10	100.0
总体	10	10.0	213	61.0	30	13.3	37	100.0

将性成熟个体比例对体长数据和年龄数据分别进行逻辑斯蒂回归，获得如下方程：

体长：

雌鱼：$P=1/[1+e^{-0.036(SL_{mid}-142)}]$ （n=176，R^2=0.954）

雄鱼：$P=1/[1+e^{-0.034(SL_{mid}-134)}]$ （n=123，R^2=0.938）

年龄：

雌鱼：$P=1/[1+e^{-1.336(A-2.8)}]$ （n=176，R^2=0.976）

雄鱼：$P=1/[1+e^{-1.023(A-2.4)}]$ （n=129，R^2=0.988）

估算的雌鱼 50% 个体达到性成熟，体长和年龄分别为 142 mm 和 2.8 龄，雄鱼 50% 个体达到性成熟，体长和年龄分别为 134 mm 和 2.4 龄（图 7-7）。

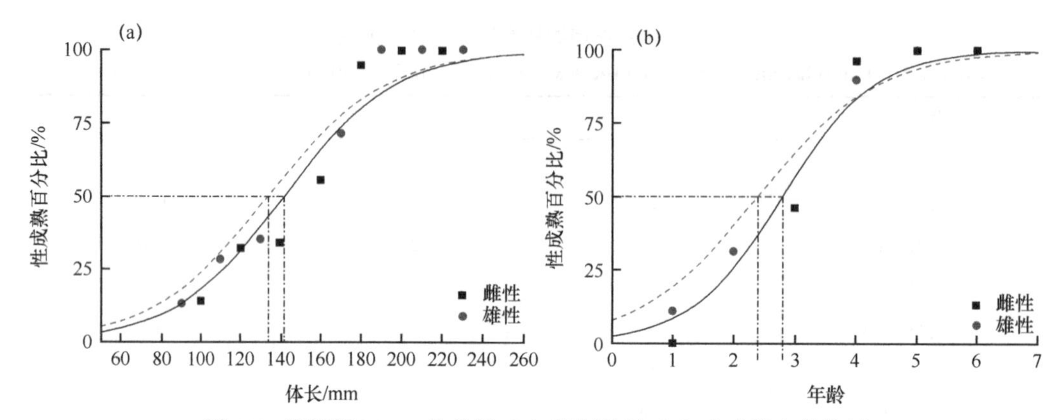

图 7-7　湖拟鲤 20mm 体长组（a）和年龄组（b）内成熟个体比例

Figure7-7　Logistic functions fitted to percent mature by 20mm standard length (a) and one year intervals (b) of *R. rutilus*

李鸿（2009）报道乌伦古湖湖拟鲤雄鱼 1^{+} 龄 60% 以上达到性成熟，2^{+} 龄约 91% 的个体达性成熟；雌鱼个体 1^{+} 龄有 70% 以上达到性成熟，2^{+} 龄约 98% 个体达性成熟，雌鱼和雄鱼均要 3^{+} 龄后才能完全成熟。除各龄性成熟比例不同外，两个种群开始性成熟和全部性成熟的年龄基本相同。

额尔齐斯河流域的乌伦古湖，湖拟鲤 1995～1996 种群（左昌培等，2001）的最小性成熟个体，雄鱼全长 153mm，体重 33.4g，雌鱼全长 167mm，体重 52.6g；2009 年种群的最小性成熟个体，雌鱼全长 104mm（体长约 83mm），体重 9.5g；雄鱼全长 87mm（体长约 70mm），体重 4.8g，额尔齐斯河干流种群的最小性成熟个体的体长和体重均大于乌伦古湖湖拟鲤 2009 年种群，体重几乎为乌伦古湖种群的两倍。乌伦古湖湖拟鲤 2009 年种群最小性成熟规格显著小于 1995～1996 世代种群（表 7-7）。

湖拟鲤自引入乌伦古湖后，迅速成为该湖主要捕捞对象，20 世纪 90 年代渔获物鳞片年龄为 0^{+}～8^{+} 龄（左昌培等，2001），2007～2008 年渔获物年龄组成为 0^{+}～6^{+} 龄，刺网渔获物中 2^{+}～4^{+} 龄个体占总数的 94.9%（李鸿，2009），认为长期高强度的捕捞压力导致种群结构低龄化和个体小型化，可能是种群性成熟规格变小的主要原因。

表7-7　不同水体湖拟鲤最小性成熟个体体长和体重的比较

Table 7-7　Comparison of the minimum mature individuls of *R. rutilus lacustris* in the Irtysh River

地点	全长 */mm		体重/g		数据来源
	雌鱼	雄鱼	雌鱼	雄鱼	
赛里木湖	134（112）	157（131）	30	54	廖文林等，1992
乌伦古湖（1995～1996 年）	167	153	52.6	33.4	左昌培等，2001
乌伦古湖（2009 年）	104	87	9.5	4.8	李鸿，2009
额尔齐斯河	115（96）	108（90）	18.3	14.6	本章

* 全长（体长）。

三、繁殖习性

（一）繁殖期

根据对不同月份性腺发育期的分析（表 7-2），5 月初采自哈巴河山口水库坝下河段的样本中，雌鱼性腺为Ⅳ期和Ⅴ期的个体分别占 38.2% 和 23.6%，雄鱼性腺为Ⅳ期、Ⅴ期和产后Ⅵ期的个体分别占 21.4%、14.3% 和 12.7%，由此推算应是在 4 月底或 5 月初产卵。5 月初的Ⅲ期卵巢和精巢分别占 20% 和 64.3%，可能在 5 月或 6 月产卵。2016 年 7 月 24 日仍发现个别雌鱼的性腺处于Ⅳ期。综合上述分析结果，认为额尔齐斯河湖拟鲤的主要繁殖期为 4～6 月，个别个体可能推迟到 7 月繁殖。李鸿（2009）报道乌伦古湖湖拟鲤的繁殖期为 5 月初至 7 月底，左昌培等（2001）报道，1995 年乌伦古湖布伦托海湖区的湖拟鲤 5 月 23 日开始产卵，6 月 13 日产卵结束，产卵盛期为 5 月 31 日至 6 月 6 日。这表明湖拟鲤种群在上述湖泊的繁殖期与额尔齐斯河湖拟鲤种群的繁殖期基本一致。

（二）产卵类型

湖拟鲤 5 月Ⅳ期卵巢中卵粒的卵径频数分布如图 7-8 所示。由图 7-8 可以看出，额尔齐斯河湖拟鲤卵径主要分布在 1.2～1.5mm 之间，卵径频数分布为单峰型，表明额尔齐斯河湖拟鲤为同步（一次性）产卵鱼类。

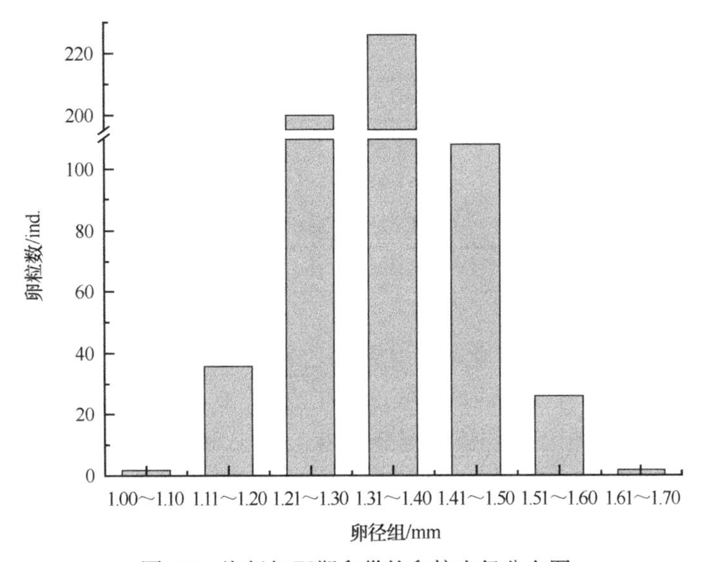

图 7-8 湖拟鲤Ⅳ期卵巢的卵粒直径分布图

Figure 7-8 Frequency distribution of egg diameters in ovary at stage Ⅳ of *R. rutilus lacustris*

（三）产卵条件

根据 2012～2016 年对额尔齐斯河北湾至布尔津河段的调查，哈巴河山口水库大坝至额尔齐斯河河口河水清澈，近岸带水深在 0.3～1.5m 之间，5 月水温为 9.7℃，溶氧 11.55mg/L，pH7.63，悬浮物浓度为 39.0mg/L。这里具有不同的底质环境，为多种鱼类的产卵场。上游河段河床之间布满大小不一的石块，河岸浅水带为砂砾石底质，砂砾石间生长的植物较为茂盛，是北极茴鱼等在砾石上产沉/黏性卵鱼类的理想繁殖场所；下游河段河床底质多为泥沙，河岸浅水带生长的沉水植物和挺水植物茂密，适宜湖拟鲤等草上产卵鱼类的繁殖。

布伦托海湖拟鲤在5月中下旬集群进入产卵场，首批进入产卵场的都是3^+龄以上重复产卵个体，到产卵末期则以补充群体占优势。卵黏性，黏附在沉水植物及其他底基上孵化。孵化期在表层水温12～23℃时，长达8～9d。进入产卵场的雌雄个体摄食强度都很低，产卵结束后，离开近岸的产卵场，进入较深的水层中觅食（左昌培等，2001）。赛里木湖湖拟鲤在5月中下旬集群进入产卵场，5～7月为繁殖期，6月为繁殖盛期，繁殖期水温为9～13℃。产卵场透明度较大，沉水植物较丰富，静水或微流水。产卵活动一般在晴天的白天进行，产卵时亲鱼有追逐行为（廖文林等，1993）。

四、繁殖力

我们统计了30尾Ⅳ期卵巢卵粒数，绝对繁殖力范围为10 044～40 799egg，平均21 612.2±7313.44egg；相对繁殖力范围为72.7～177.5egg/g *BW*，平均114.7±26.32egg/g *BW*。

（一）繁殖力与年龄的关系

湖拟鲤同龄个体的绝对繁殖力和相对繁殖力范围变化幅度较大，最小值与最大值相差约一倍，不同年龄的繁殖力重叠范围较大，但平均绝对繁殖力和平均相对繁殖力均随着年龄的增长而增加（表7-8）。

表7-8 额尔齐斯河湖拟鲤不同年龄的繁殖力

Table 7-8 Fecundity for different age of *R. rutilus lacustris* in the Irtysh River

年龄	*n*	绝对繁殖力/egg		相对繁殖力/(egg/g *BW*)	
		范围	平均 ±S.D.	范围	平均 ±S.D.
4^+	14	10 044～27 193	17 456.5±4 483.77	79.7～142.4	105.4±17.70
5^+	12	15 580～30 358	22 200.8±5 242.08	72.7～177.5	115.6±30.40
6^+	4	27 125～40 799	34 391.3±4 853.58	133.6～161.3	144.8±11.35

（二）繁殖力与体长的关系

绝对繁殖力和相对繁殖力变化的总体趋势随着体长的增长而增加（表7-9）。不同体长组间绝对繁殖力和相对繁殖力的增长幅度存在差异，如191～200mm组和181～190mm组绝对繁殖力和相对繁殖力的增长幅度分别为42.26%和19.35%，而201～210mm组和191～200mm组的增长幅度分别为10.00%和3.63%。

表7-9 额尔齐斯河湖拟鲤不同体长组繁殖力

Table 7-9 Fecundity for different standard length groups of *R. rutilus lacustris* in the Irtysh River

体长组/mm	*n*	绝对繁殖力/egg		相对繁殖力/(egg/g *BW*)	
		范围	平均 ±S.D.	范围	平均 ±S.D.
181～190	8	10 044～18 776	15 164.6±2 382.71	79.7～115.2	99.2±11.5
191～200	10	13 807～29 487	21 573.0±4 982.49	89.1～156.0	118.4±22.4
201～210	6	17 253～30 358	23 732.3±4 717.13	87.1～177.5	122.7±28.8
211～220	3	15 580～27 125	19 494.7±5 396.07	72.7～133.6	94.2±27.9
221～230	3	34 782～40 799	36 813.0±2 818.47	138.3～161.3	148.6±9.52

（三）繁殖力与体重的关系

各体重组绝对繁殖力变化的总体趋势随着体重的增长而增加（表7-10）。但绝对繁殖力和相对繁殖力在不同体重组间的增长幅度不同，相邻体重组间绝对繁殖力的增长幅度为8.06%～64.08%。各体重组相对繁殖力变化的总体趋势也随着体重的增长而增加，201～240g体重组的相对繁殖力增长幅度为负值，可能是样本数较少的原因。

表7-10 额尔齐斯河湖拟鲤不同体重组繁殖力

Table 7-10 Fecundity for different body weight groups of *R. rutilus lacustris* in the Irtysh River

体重组/g	*n*	绝对繁殖力/egg		相对繁殖力/（egg/g *BW*）	
		范围	平均 ±S.D.	范围	平均 ±S.D.
121～160	5	10 044～16 587	14 227.0±2 273.96	79.7～111.3	97.6±11.6
161～200	16	13 737～30 358	20 761.1±5 125.59	85.9～177.5	116.1±26.0
201～240	6	15 580～27 579	22 435.5±5 049.30	72.7～133.6	108.6±25.4
239～280	3	34 782～40 799	36 813.3±2 818.47	138.3～161.3	148.6±9.52

湖拟鲤不同种群的繁殖力见表7-11。除布伦托海1995～1996年种群的繁殖力较高外，赛里木湖和乌伦古湖2009年种群和额尔齐斯河种群的绝对繁殖力较为接近。李鸿（2009）曾报道的乌伦古湖湖拟鲤4^+龄和5^+龄的绝对繁殖力分别为13 554.3±4407.7egg和21 289.0±6243.8egg，相对繁殖力分别为66.5±17.9egg/g *BW*和97.6±28.6egg/g *BW*。额尔齐斯河湖拟鲤同龄鱼的平均绝对繁殖力高于乌伦古湖湖拟鲤，而相对繁殖力则低于乌伦古湖种群。同种鱼类的不同种群或同一种群的不同世代的繁殖力不同，反映了环境因子和人类干扰对鱼类繁殖力的影响。在环境因素中，食物保障程度应是最为重要的。环境中食物的丰欠可直接影响种群的性成熟年龄（Reznick，1990；Fox & Keast，1991），栖息水域食物丰富，鱼类生长快，肥满度提高，卵细胞发育迅速，繁殖力高；反之则低（殷名称，1995）。食物不足可能通过增加竞争来构成巨大压力，并导致鱼体内分泌活动发生变化而降低鱼类繁殖力（Wootton，1990）。湖拟鲤是乌伦古湖主要捕捞对象之一，捕捞压力较大；额尔齐斯河湖拟鲤捕捞压力较小，种群密度较低，食物竞争压力小可能是其繁殖力较高的主要原因之一。过度捕捞通常可导致鱼类提前成熟，种群繁殖力增强（曹文宣，1991；Schaffer & Elson，1975）。

表7-11 湖拟鲤不同种群繁殖力比较

Table 7-11 Comparison of the fecundity of *R. rutilus lacustris* in different populations

种群	绝对繁殖力/egg		相对繁殖力/（egg/g *BW*）		数据来源
	平均	范围	平均	范围	
赛里木湖1983～1984年	19 561	10 185～38 760	200.2	115.1～291.4	廖文林等（1993）
布伦托海1995～1996年	58 298	10 523～78 112	255.0	154.0～363.1	左昌培等（2001）
乌伦古湖2009年	10 989	1 392～36 586	150.8	96.2～265.4	李鸿（2009）
额尔齐斯河	21 612	10 044～40 799	114.7	72.7～177.5	本文

第四节　摄食强度与食物组成

一、摄食强度

我们解剖观察了290尾鱼，197尾消化道中有食物，摄食率为67.9%（表7-12）。197尾摄食鱼的平均充塞度为2.82±1.13，充塞指数范围为0.13～5.36，平均1.69±1.40。总体来讲，额尔齐斯河湖拟鲤摄食率和摄食强度较低。不同月份的摄食率和以充塞度表达的摄食强度有所不同。6月摄食率和充塞度最高，分别为100%和4.33±1.05，与食物丰富度以及产后大量摄食有关。摄食率最低值出现在8月，仅59.8%；充塞度最低值则出现在5月（1.33±1.03），8月次低（1.59±1.57）。没有采集冬季样本，据文献介绍布伦托海的湖拟鲤在冬季冰下水体中，仍照常取食，其肠道充塞度均在1～2级之间，极少空肠；5月中旬至6月初产卵期间，空肠率达68.4%，据此认为布伦托海的湖拟鲤在产卵时是停止摄食的（左昌培等，2001）。

表7-12　额尔齐斯河湖拟鲤不同月份摄食率和平均充塞度

Table 7-12　Monthly variation in feeding rate and mean fullness of *R. rutilus lacustris* in the Irtysh River

月份	5月	6月	7月	8月	9月	总体
摄食率/%	88.9	100.0	80.0	59.8	91.4	67.9
充塞度	1.33±1.03	4.33±1.05	2.76±1.71	1.59±1.57	3.37±1.17	2.82±1.13
充塞指数	0.55±0.37	2.06±1.19	2.53±1.14	1.51±1.12	3.21±1.22	1.69±1.40

额尔齐斯河湖拟鲤在繁殖期（5～6月）的平均充塞度和平均充塞指数见表7-13。从表7-13可以看出，Ⅱ期和Ⅲ期性腺的雌鱼，平均充塞度（2.50±0.50）和平均充塞指数（1.18±0.49），分别约为Ⅴ期性腺雌鱼平均充塞度（1.67±0.75）和平均充塞指数（0.63±0.35）的1.5倍和2倍。Ⅱ期和Ⅲ期性腺雄鱼平均充塞度（3.80±1.64）和平均充塞指数（2.18±1.48）分别约为Ⅴ期性腺雄鱼平均充塞度（1.50±1.64）和平均充塞指数（0.39±0.45）的2.5倍和5.6倍。这提示湖拟鲤在繁殖期是摄食的，但摄食强度显著降低。

表7-13　额尔齐斯河不同发育期湖拟鲤在繁殖期的平均充塞度和平均充塞指数

Table 7-13　Mean value of fullness and fillness index of each gonadal stage of *R. rutilus lacustris* in the Irtysh River during spawning season

性腺发育期	雌鱼		雄鱼	
	平均充塞度	平均充塞指数	平均充塞度	平均充塞指数
Ⅱ～Ⅲ	2.50±0.50	1.18±0.49	3.80±1.64	2.18±1.48
Ⅴ	1.67±0.75	0.63±0.35	1.50±1.64	0.39±0.45

二、食物组成

额尔齐斯河湖拟鲤肠内含物镜检结果见表7-14。从表7-14可以看出，湖拟鲤的食物包括藻类、微型动物、水生昆虫幼虫、水生植物和植物碎屑，此外，肠道中还检测出泥沙、鳞片等。各类食物的出现率（*O*%）、个数百分比（*N*%）、重量百分比（*W*%）、相对重要性指数百分比（*IRI*%）和优势度指数（*IP*%）均为藻类最高。其他4类食物中，出现率较高的为水生昆虫幼虫和植物碎屑（80%），个数百分比（*N*%）和重量百分比（*W*%）较高的均为微型动物（分别为 22.87% 和 42.67%）及水生植物（分别为 19.59% 和 15.56%）；相对重要性指数百分比（*IRI*%）和优势度指数（*IP*%）较高的为微型动物，分别为 30.54% 和 40.33%。湖拟鲤肠内含物检出的藻类包括 5 门 38 属，硅藻门 17 属，蓝藻门 7 属，绿藻门 12 属，隐藻门 1 属，裸藻门 1 属。硅藻门在藻类中无论是数量还是重量均占绝对优势。

表7-14　额尔齐斯河湖拟鲤食物组成

Table 7-14　Diet composition of *R. rutilus lacustris* in the Irtysh River

食物类别	*O*%	*N*%	*W*%	*IRI*%	*IP*%
藻类	**100.00**	**56.76**	**37.34**	**62.38**	**50.84**
蓝藻门 Cyanophyta	80.00	0.69	0.04	0.19	0.04
颤藻属 *Oscillatoria*	20.00	+	+		
席藻属 *Phormidium*	40.00	0.05	0.01	0.02	0.01
鞘丝藻属 *Lyngbya*	20.00	+	+	0.00	0.00
尖头藻属 *Raphidiopsis*	80.00	0.37	+	0.00	0.00
蓝纤维藻属 *Dactylococcopsis*	40.00	+	+	0.00	0.00
鱼腥藻属 *Anabaena*	20.00	+	+	0.00	0.00
色球藻属 *Chroococcus*	80.00	0.27	0.03	0.17	0.03
绿藻门 Chlorophyta	80.00	1.10	0.14	0.46	0.09
栅藻属 *Scenedesmus*	40.00	0.18		0.05	0.00
纤维藻属 *Ankistrodesmus*	80.00	0.64	0.05	0.40	0.06
盘星藻属 *Pediastrum*	20.00	+	+	0.00	0.00
蹄形藻属 *Kirchneeriella*	20.00	+	+	0.00	0.00
月牙藻属 *Selenastrum*	60.00	0.02	+	0.00	0.00
韦氏藻属 *Westella*	20.00	+	+	0.00	0.00
新月藻属 *Closterium*	20.00	0.02	0.09	0.02	0.03
丝藻属 *Ulothrix*	60.00	0.09	+	0.00	0.00
微孢藻属 *Microspora*	20.00	+	+	0.00	0.00
鼓藻属 *Cosmarium*	80.00	0.15	+	0.00	0.00
毛枝藻属 *Stigeoclonium*	20.00	+	+	0.00	0.00
绿球藻属 *Chlorococcum*	20.00	+	+	0.00	0.00
硅藻门 Bacillariophyta	100.00	54.97	37.16	61.73	50.72
小环藻属 *Cyclotella*	100.00	0.74	0.21	0.68	0.31
双壁藻属 *Diploneis*	40.00	0.09	0.05	0.04	0.03
平板藻属 *Tabellaria*	40.00	0.09	0.10	0.05	0.06
直链藻属 *Melosira*	80.00	8.89	1.79	6.13	2.09
针杆藻属 *Synedra*	80.00	2.20	5.30	4.31	6.17
舟形藻属 *Navicula*	100.00	8.31	10.02	13.16	14.59
羽纹藻属 *Pinnularia*	100.00	7.79	8.80	11.91	12.81
曲壳藻属 *Achnanthes*	80.00	3.22	0.39	2.07	0.45

续表

食物类别	*O*%	*N*%	*W*%	*IRI*%	*IP*%
扇形藻属 *Meridion.*	20.00	+	+		0.00
脆杆藻属 *Fragilaria*	80.00	0.36	0.01	0.21	0.01
等片藻属 *Diatoma*	40.00	0.48	0.59	0.31	0.34
卵形藻属 *Cocconeis*	80.00	0.33	0.08	0.24	0.09
双眉藻属 *Amphora*	80.00	0.11	0.06	0.10	0.07
桥弯藻属 *Cymbella*	80.00	1.72	1.38	1.78	1.61
异极藻属 *Gomphonema*	100.00	20.53	8.24	20.66	12.00
峨眉藻属 *Ceratoneis*	40.00	0.11	0.14	0.07	0.08
弯楔藻属 *Rhoicosphenia*	20.00	+	+		0.00
裸藻门 Euglenophyta	20.00		0.00		
囊裸藻属 *Trachelomonas*	20.00	+	+	0.00	0.00
隐藻门 Cryptophyta	20.00	+	+	0.00	0.00
蓝隐藻属 *Chroomonas*	20.00	+	+		0.00
微型动物	**64.90**	**22.87**	**42.67**	**30.54**	**40.33**
水生昆虫幼虫	**80.00**	**0.03**	**2.68**	**1.56**	**3.12**
水生植物	**16.20**	**19.59**	**15.56**	**4.09**	**3.67**
植物碎屑	**80.00**	**0.03**	**2.68**	**1.56**	**3.12**

注：各大类的总和用加粗字体表示，某饵料所占的百分比＜0.01%用“+”表示。

鱼类的食物类型通常与其摄食器官的形态特征所匹配。摄食和消化器官的形态特征与其食性之间具有较强的相关性（Xie *et al.*，2001；Pouilly *et al.*，2003；Ward-Campbell *et al.*，2005）。从鱼类摄食与消化器官的形态特征，可以推测其大体的食物类型。湖拟鲤口端位，口裂中大，呈新月形向下弯曲，稍能伸缩。咽齿1行，侧扁，齿端尖削弯成勾状，齿面倾斜，中间有1纵向凹槽。鳃耙稀而短，第1鳃弓外方鳃耙柱状，末端分枝，滤食功能较弱。成鱼消化道稍长于体长，约为体长的1.26倍。根据湖拟鲤摄食和消化器官的形态学特征，其应摄食较为大型的食物。左昌培等（2001）报道布伦托海湖拟鲤9月以吃动物性饲料为主，出现频率顺次为小型螺类、摇蚊类幼虫，掉入水中的蚊类，其他水生昆虫幼虫；次之为桡足类、枝角类。部分个体肠内含物中发现水生高等植物的碎屑及丝状藻、硅藻类和轮虫等。任慕莲等（2002b）报道，湖拟鲤为杂食性鱼类，以水生高等植物为主，其次为藻类和水生昆虫，有时还摄食螺类、鱼类等。上述分析结果反映湖拟鲤的食物组成与摄食器官的形态功能相适应。本章的结果显示，额尔齐斯河湖拟鲤是以摄食周丛生物、碎屑和高等水生植物为食物的杂食性鱼类，食物中的硅藻多为底栖附着生活种类，是在摄食底栖生物、碎屑和高等水生植物时带入的。

小 结

1）额尔齐斯河湖拟鲤渔获物年龄由1^+～6^+龄6个年龄组成，其中2^+龄鱼是优势年龄组，占渔获总数的67.94%，其他各龄比例不到10%。体长范围为58～227mm，优势体长范围为 91～150mm，占比 72.81%。体重范围为 3.2～284g，体重 80g 以下个体占 80.15%。

2）湖拟鲤雌鱼和雄鱼生长存在显著差异，雌鱼和雄鱼的体长与体重的关系式分别为 $W=6.152\times10^{-5}L^{2.811}$ 和 $W=4.562\times10^{-5}L^{2.861}$，雌鱼和雄鱼均为异速生长；von Bertalanffy 生长方程各参数为，雌鱼 L_∞=313.8mm，W_∞=641.4g，k=0.177，t_0=0.860 龄，$\varnothing$=4.2413；雄鱼 L_∞=297.4mm，W_∞=543.7g，k=0.196，t_0=0.729 龄，$\varnothing$=4.2389。雌鱼和雄鱼的拐点年龄（t_i）分别为 5.35 龄和 4.88 龄，对应的体长分别为 209.2mm 和 198.3mm，对应的体重分别为 205.2g 和 170.4g。渔获物中雌鱼和雄鱼未达到拐点年龄的个体分别约占 96.59% 和 96.43%，不利于鱼体生长潜能的发挥。

3）湖拟鲤渔获物中雌鱼最小性成熟年龄为 1^+ 龄，体长 96.0mm，体重为 18.3g；雄鱼最小成熟个体年龄为 2^+ 龄，体长 90mm，体重为 14.6g。估算的雌鱼 50% 个体达到性成熟，体长和年龄分别为 142mm 和 2.8 龄，雄鱼 50% 个体达到性成熟，体长和年龄分别为 134mm 和 2.4 龄。主要繁殖期为 4～6 月，一次产卵类型，产黏性卵。绝对繁殖力为 10 044～40 799egg，平均值为 21 612.2±7313.44egg；相对繁殖力范围为 72.7～177.5egg/g *BW*，平均值为 114.7±26.32egg/g *BW*。绝对繁殖力和相对繁殖力随着体长和体重的增长而增加。

4）全年平均摄食率为 67.9%，平均充塞度为 2.82±1.13，繁殖期摄食，但摄食强度显著降低。消化道中的食物主要包括藻类和植物碎屑两类。食物质量百分比、相对重要性指数百分比和优势度指数表明硅藻是湖拟鲤的主要食物。湖拟鲤摄食和消化器官的形态不适宜滤食微小食物颗粒，其食物类型是底栖生物，大量藻类应是在特定情况下摄食碎屑和底栖生物时带入的。

主要参考文献

曹文宣, 张国华, 马骏, 等. 1991. 洪湖鱼类资源小型化现象的初步探讨//中国科学院水生生物研究所洪湖课题研究组, 洪湖水体生物生产力综合开发及湖泊湖泊生态环境优化研究. 北京: 海洋出版社

郭焱, 张人铭, 蔡林钢, 等. 2012. 新疆鱼类志. 乌鲁木齐: 新疆科学技术出版社: 66-67

郭焱, 张人铭, 李红. 2003. 额尔齐斯河土著鱼类资源衰退原因与保护措施. 干旱区研究, 20(2): 152-155

姜志强, 秦克静. 1996. 达里湖鲫的年龄和生长. 水产学报, 20(3): 216-222

李鸿. 2009. 新疆乌伦古湖湖拟鲤的年龄、生长与繁殖. 武汉: 华中农业大学硕士学位论文

李可. 2018. 新疆湖拟鲤的年龄生长、食性及遗传多样性研究. 武汉: 华中农业大学硕士学位论文

廖文林, 迟文康, 范喜顺, 等. 1992. 湖拟鲤年龄和生长研究. 石河子大学学报, (4): 57-66

廖文林, 范喜顺, 迟文康, 等. 1993. 湖拟鲤繁殖生物学研究. 石河子大学学报, (1): 51-55

任慕莲, 郭焱, 张人铭, 等. 2002a. 我国额尔齐斯河的鱼类及鱼类区系组成. 干旱区研究, 19(2): 62-66

任慕莲, 郭焱, 张人铭, 等. 2002b. 中国额尔齐斯河鱼类资源及渔业. 乌鲁木齐: 新疆科技卫生出版社

殷名称. 1995. 鱼类生态学. 北京: 中国农业出版社

左昌培, 姜正炎, 李胜忠. 2001. 布伦托海湖拟鲤的生物学研究. 淡水渔业, 31(2): 53-57

BURROUGH R J, KENNEDY C R. 1979. The occurrence and natural alleviation of stunted in a population of roach, *Rutilus rutilus* (L.). *Journal of Fish Biology*, 15: 93-109

FOX M G, KEAST A. 1991. Effects of over-winter mortality on reproductive life history traits of pumpkinseed (*Lepomis gibbosus*) populations. *Canadian journal of fisheries and aquatic sciences*, 49: 1792-1799

HELLAWELL J M. 1972. The growth, reproduction and food of the roach *Rutilus rutilus* (L.) of the River Lugg, Herefordshire. *Journal of Fish Biology*, 4: 469-486

LINFIELD R S J. 1979. Age determination and year class structure in a stunted roach. *Rutilus rutilus* population. *Journal of Fish Biology*, 14: 73-87

MANN R H K. 1973. Observations on the age, growth, reproduction and food of the roach *Rutilus rutilus* in two rivers in southern England. *Journal of Fish Biology*, 5: 707-736

NADDAFI R, ABDOLI A. 2005. Age, growth and reproduction of the Caspian roach (*Rutilus rutilus caspicus*) in the Anzali and Gomishan wetlands, North Iran. *Journal of Applied Ichthyology*, 21(6): 492-497

PAPAGEORGIOU N K. 1979. The length weight relationship, age, growth and reproduction of the roach *Rutilus rutilus* (L.) in Lake Volvi. *Journal of Fish Biology*,14(6): 529-538

POUILLY M, LINO F, Bretenoux J G, *et al*. 2003. Dietary-morphological relationships in a fish assemblage of the Bolivian Amazonian floodplain. *Journal of Fish Biology*, 62: 1137-1158

REZNICK D N. 1990. Plasticity in age and size at maturity in male guppies (*Poecilia reticulata*): an experimental evaluation of alternative models of development. *Journal of Evolutionary Biology*, 3: 185-203

SCHAFFER W M, ELSON P F. 1975. The adaptive significance of variations in life history among local populations of Atlantic salmon in North America. *Ecology*, 56: 577-590

WARD-CAMPBELL B M S, BEAMISH F W H, KONGCHAIYA C. 2005. Morphological characteristics in relation to diet in five coexisting Thai fish species. *Journal of Fish Biology*, 67: 1266-1279

WOOTTON R J. 1990. *Ecology of Teleost Fishes*. Netherlands, Springer: 191-194

XIE S, CUI Y, LI Z. 2001. Dietary-morphological relationships of fishes in Liangzi Lake, China. *Journal of Fish Biology*, 58: 1714-1729

第八章　贝加尔雅罗鱼的生物学

谢从新[1]　谢　鹏[1]　马徐发[1]　郭　焱[2]　阿达可白克·可尔江[2]

1. 华中农业大学，湖北 武汉，430070；

2. 新疆维吾尔自治区水产科学研究所，新疆 乌鲁木齐，830000

贝加尔雅罗鱼（*Leuciscus baicalensis*）隶属鲤形目（Cypriniformes），鲤亚目（Cyprinoidei），鲤科（Cyprinidae），雅罗鱼亚科（Leuciscinae），雅罗鱼属（*Leuciscus*），国内俗称小白鱼、小白条，国外俗称西伯利亚鲦。该鱼主要分布于俄罗斯的鄂毕河至科累马河水系以及我国的新疆额尔齐斯河和乌伦古河水系，是我国新疆特有的土著鱼类。20 世纪 60 年代末和 80 年代，先后被引入博斯腾湖和赛里木湖，成为新疆的重要经济鱼类。然而，贝加尔雅罗鱼在我国原产地的资源状况不容乐观，在额尔齐斯河下游哈巴河，贝加尔雅罗鱼成为需急切保护的 9 种鱼类之一（牛建功等，2012）。

关于贝加尔雅罗鱼的生物学方面的研究，郭焱等（2003）对赛里木湖贝加尔雅罗鱼的生物学进行了研究，霍堂斌等（2008）进行了新疆 3 种雅罗鱼的生长模型的比较。本章研究额尔齐斯河贝加尔雅罗鱼渔获物结构和生物学特征，旨在为该鱼渔业资源保护及合理利用提供科学依据。

第一节　渔获物组成

2013 年 5～9 月在额尔齐斯河北湾河段和支流别列则克河，用拉网和刺网（网目为 10mm 和 20mm），采集贝加尔雅罗鱼 246 尾，作为渔获物分析样本。另用地笼捕获的 5 尾当年幼鱼（体长 20～31mm，体重 0.31～0.59g），仅用于生长分析。

一、年龄结构

渔获物的耳石年龄为 0^+～4^+ 龄。2^+ 龄和 3^+ 龄为优势龄组，共占 74.7%，1^+ 龄次之，占 18.78%。雌鱼和雄鱼均以 2^+ 龄和 3^+ 龄为优势龄组，但雌鱼所占比例（73.39%）小于雄鱼（90.35%），雌鱼和雄鱼的 4^+ 龄鱼比例接近，雌鱼 1^+ 龄鱼比例则远大于雄鱼（图 8-1）。

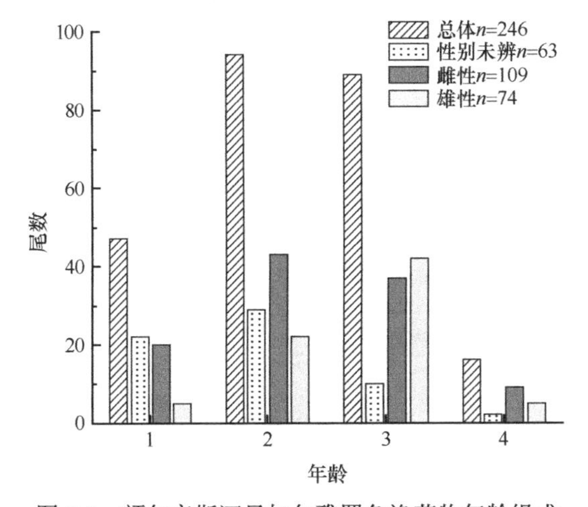

图 8-1　额尔齐斯河贝加尔雅罗鱼渔获物年龄组成

Figure 8-1　Age structure of the *L. baicalensis* in the Irtysh River

二、体长分布

渔获物体长范围为82.0～160.0mm，平均122.5±14.19mm。其中，雌鱼体长范围为95.0～160.0mm，平均123.8±11.83mm；雄鱼体长范围为97.0～147mm，平均128.87±10.01mm；未辨性别个体的体长范围为82.0～140.0mm，平均115.6±12.76mm。渔获物优势体长为121～140mm。体长为101～149mm的个体分别占渔获物总体、雌鱼和雄鱼各自总数的85.77%、88.07%和89.13%（图8-2）。

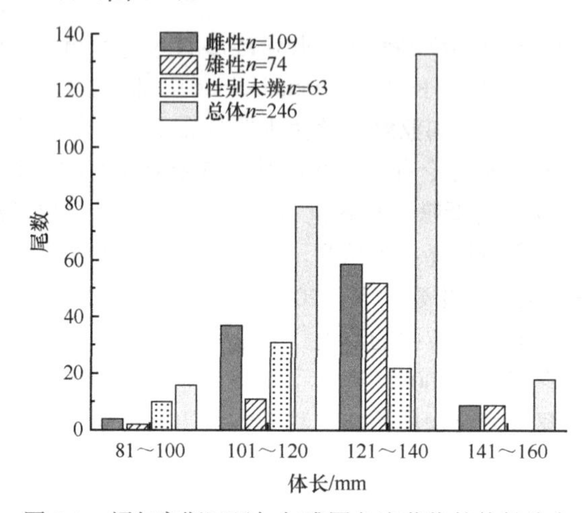

图8-2　额尔齐斯河贝加尔雅罗鱼渔获物的体长分布

Figure 8-2　Distributions of the standard length of *L. baicalensis* in the Irtysh River

三、体重分布

渔获物体重范围为11.3～88.0g，平均39.7±12.5g。雌鱼的体重范围为15.1～88.0g，平均41.2±12.8g；雄鱼的体重范围为19.9～70.2g，平均44.3±10.44g；未辨性别个体体重范围为11.3～58.2g，平均32.7±11.48g。渔获物总体、雌鱼和雄鱼的体重在30～50g间的个体分别占各自总数的59.18%、64.87%和59.97%（图8-3）。

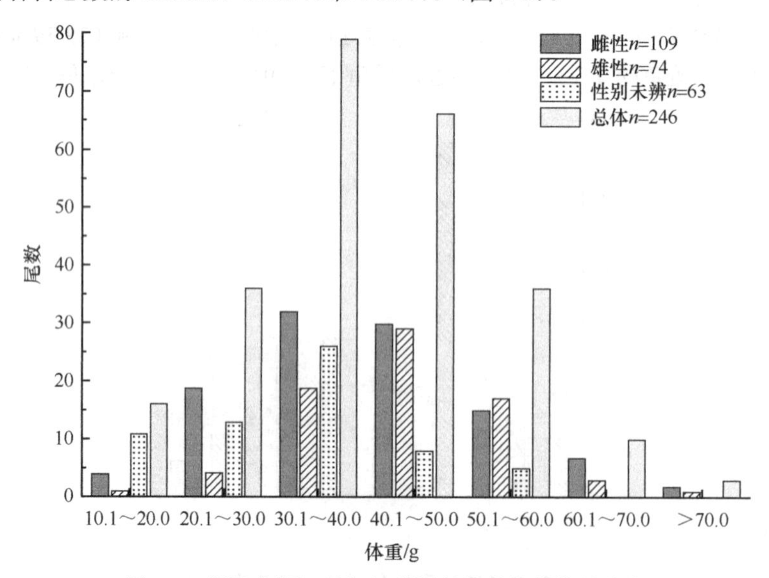

图8-3　额尔齐斯河贝加尔雅罗鱼渔获物的体重分布

Figure 8-3　Distributions of the body weight of *L. baicalensis* in the Irtysh River

第二节　生长特性

一、实测体长和体重

包括当年幼鱼在内的251尾样本的年龄组成、体长和体重范围及平均值见表8-1。

表8-1　贝加尔雅罗鱼各年龄组实测平均体长和体重

Table 8-1　Observed standard length and body weight at ages of *L. baicalensis* in the Irtysh River

年龄	雌鱼			雄鱼			总体*		
	n	范围	均值 ± S.D.	*n*	范围	均值 ±S.D.	*n*	范围	均值 ±S.D.
体长/mm									
0^+							5	23.0～31.0	27.6±2.87
1^+	20	95.0～120.0	108.7±6.80	5	97.0～116.0	109.8±7.36	47	82.0～120.0	105.9±9.13
2^+	43	105.0～132.0	119.9±6.00	22	98.0～136.0	122.7±7.25	94	98.0～132.0	120.3±5.96
3^+	37	121.0～145.0	131.8±5.57	42	115.0～146.0	133.1±6.75	89	109.0～146.0	132.0±6.52
4^+	9	132.0～160.0	143.8±7.33	5	132.0～147.0	139.2±5.81	16	132.0～160.0	141.8±6.77
合计	109	95.0～160.0	123.8±11.83	74	97.0～147.0	128.8±10.07	251	13.6～160.0	120.8±19.48
体重/g									
0^+							5	0.31～0.59	0.41±0.10
1^+	20	15.1～64.0	28.2±10.18	5	20.2～32.2	27.7±4.68	47	11.3～64.0	24.6±9.12
2^+	43	20.2～50.9	36.0±6.08	22	19.9～55.3	38.2±7.25	94	19.7～50.9	36.0±5.76
3^+	37	37.7～61.6	48.7±6.66	42	30.5～64.1	48.0±7.41	89	24.7～64.1	47.9±7.48
4^+	9	49.4～88.0	64.3±11.33	5	45.4～70.2	56.6±8.79	16	45.2～88.0	60.1±11.12
合计	109	15.1～88.0	41.2±12.80	74	19.9～70.2	44.3±10.04	251	0.31～88.0	39.0±13.59

* 总体样本包括未辨性别样本。

二、体长与体重的关系

将贝加尔雅罗鱼分雌鱼、雄鱼和种群总体拟合体长与体重的关系（图8-4），关系式如下。

雌鱼：$W=1.185\times10^{-5}L^{3.118}$　（$R^2=0.942$，$n=109$）

雄鱼：$W=3.146\times10^{-5}L^{2.910}$　（$R^2=0.902$，$n=73$）

总体：$W=1.256\times10^{-5}L^{3.102}$　（$R^2=0.946$，$n=250$）

估算的雌鱼和雄鱼 b 值分别为3.118和2.910，分别与理论值3之间存在极显著性差异（t 检验，$P<0.01$）和显著性差异（t 检验，$P<0.05$）。因此，贝加尔雅罗鱼群体为异速生长。协方差分析（ANCOVA）表明，贝加尔雅罗鱼雌鱼和雄鱼的体长与体重关系方程存在显著性差异（ANCOVA，$P<0.05$），故应分雌雄分析生长特性。

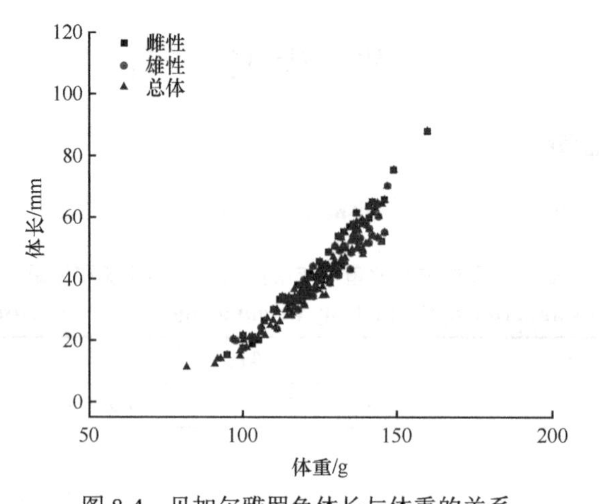

图 8-4　贝加尔雅罗鱼体长与体重的关系

Figure 8-4　Length-weight relationships of *L. baicalensis*

三、生长方程

1^+～4^+ 龄贝加尔雅罗鱼，同龄组的平均实测体长无显著性差异（独立样本 t 检验，所有 $P > 0.05$）。因此，将性别未辨个体的实测体长数据分别加入雌鱼和雄鱼数据中，采用 von Bertalanffy 生长方程描述体长和体重的生长特性（图 8-5）。通过体长生长方程以及体长与体重的关系式，可以获得体重生长方程。雌鱼和雄鱼的体长和体重生长方程分别如下。

体长生长方程：

雌鱼：$L_t=184.6\ [1-e^{-0.206(t+3.025)}]$

雄鱼：$L_t=156.3\ [1-e^{-0.384(t+1.873)}]$

体重生长方程：

雌鱼：$W_t=138.0\ [1-e^{-0.206(t+3.025)}]^{3.118}$

雄鱼：$W_t=76.2\ [1-e^{-0.384(t+1.873)}]^{2.910}$

雌鱼和雄鱼的表观生长指数（$Ø$）分别为 3.8463 和 3.9722。

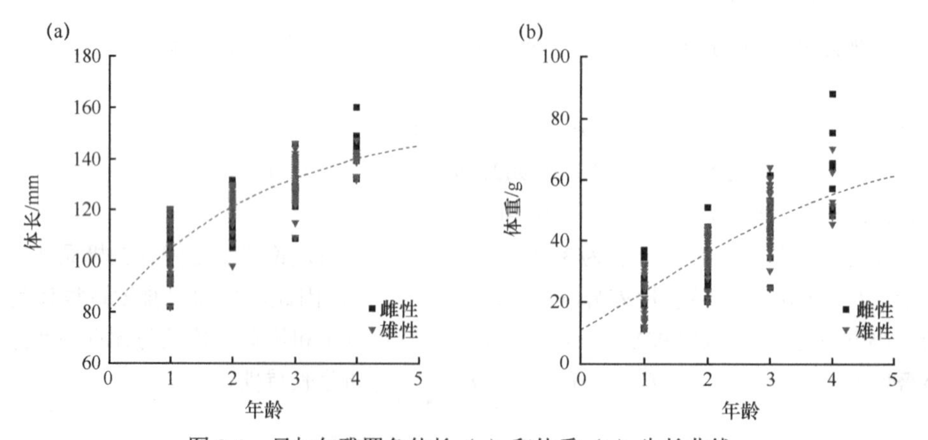

图 8-5　贝加尔雅罗鱼体长（a）和体重（b）生长曲线

Figure 8-5　Standard length (a) and body weight (b) growth curves of *L. baicalensis*

四、生长速度和加速度

将贝加尔雅罗鱼雌鱼和雄鱼的体长和体重生长方程分别进行一阶求导和二阶求导，获得体长和体重生长的速度和加速度方程。

雌鱼：

$dL/dt=38.03e^{-0.206(t+3.025)}$

$d^2L/dt^2=-7.83e^{-0.206(t+3.025)}$

$dW/dt=88.63e^{-0.206(t+3.025)}[1-e^{-0.206(t+3.025)}]^{2.118}$

$d^2W/dt^2=18.26e^{-0.206(t+3.025)}[1-e^{-0.206(t+3.025)}]^{1.118}\ [3.118e^{-0.206(t+3.025)}-1]$

雄鱼：

$dL/dt=60.02e^{-0.384(t+1.873)}$

$d^2L/dt^2=-23.05e^{-0.384(t+1.873)}$

$dW/dt=85.19e^{-0.384(t+1.873)}[1-e^{-0.384(t+1.873)}]^{1.910}$

$d^2W/dt^2=32.71e^{-0.384(t+1.873)}[1-e^{-0.384(t+1.873)}]^{0.910}\ [2.910e^{-0.384(t+1.873)}-1]$

图 8-6 显示，贝加尔雅罗鱼的体长生长没有拐点。体长生长速度随年龄增长逐渐下降，最终趋于 0；体长生长加速度则随年龄的增长逐渐变缓，最终趋于 0，且一直小于 0，说明贝加尔雅罗鱼体长生长速率随年龄增长逐渐下降，当达到一定年龄之后趋于停止生长。体重生长速度曲线先上升后下降，具有生长拐点，雌鱼的拐点年龄（t_i）为 2.31 龄，对应体长和体重分别为 123.1mm 和 39.0g；雄鱼的拐点年龄（t_i）为 0.99 龄，拐点处对应的体长和体重分别为 104.2mm 和 23.4g。拐点年龄为体重绝对生长速度达到最大时的年龄，渔获物中雌鱼和雄鱼未达到拐点年龄的个体分别约占 57.80% 和 6.85%，即大部分贝加尔雅罗鱼在体重绝对生长速度未达到最大时就被捕获，不利于鱼体生长潜能的发挥。

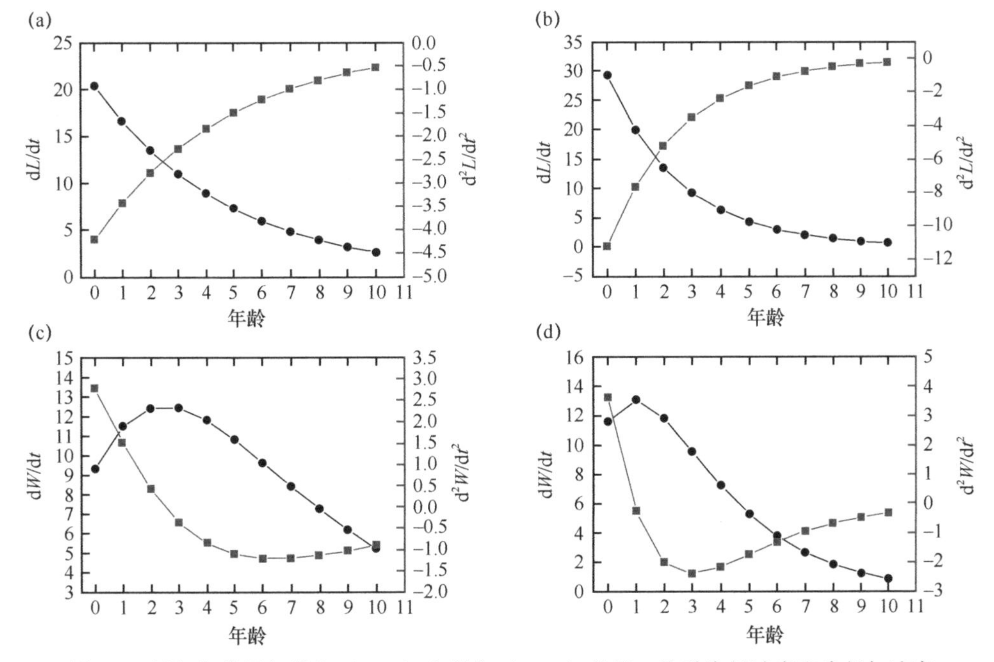

图 8-6 贝加尔雅罗鱼雌鱼（a，c）和雄鱼（b，d）体长、体重生长速度和生长加速度

Figure 8-6 Growth rate and growth acceleration of the standard length and weight of female (a, c) and male (b, d) for *L. baicalensis*

第三节　性腺发育与繁殖习性

一、繁殖群体的年龄结构

5～7 月仅采集到少量性腺Ⅲ期及以上的样本。8～9 月渔获物中的最小性成熟个体，雌鱼 1^+ 龄，体长 95mm，体重 15.1g，性腺Ⅲ期，性腺指数 4.44；雄鱼 1^+ 龄，体长 115mm，体重 30.4g，性腺Ⅲ期，性腺指数 0.40。因样本采自繁殖期后的 9 月，性腺Ⅲ期的鱼，推测在翌年春夏季的繁殖期应可参与繁殖，故最小性成熟年龄应为 2 龄或 2^+ 龄。

8～9 月样本中不同年龄的鱼性腺发育期比例见表 8-2。根据鱼类性腺发育周年变化的一般规律，表 8-2 中性腺Ⅲ期和Ⅳ期的个体在次年应可参与繁殖，实际繁殖年龄应是表中年龄 +1，表中雌鱼 1^+ 龄Ⅲ期和Ⅳ期比例达 85.0%，即 2^+ 龄雌鱼参与繁殖的比例达 85.0%，以此类推，3^+～5^+ 龄雌鱼参与繁殖的比例分别达 55.8%、97.2% 和 100.0%；雄鱼 2^+～5^+ 龄参与繁殖的比例分别达 20.0%、15.0%、21.4% 和 20.0%。根据不同年龄雌鱼性腺发育状况，其开始性成熟的年龄为 2^+ 龄，4 龄基本全部性成熟。结合表 8-3 中不同发育期的性腺指数可以看出，雌鱼从 8～9 月Ⅲ期性腺发育到翌年繁殖期Ⅴ期性腺，性腺指数迅速从 3.35% 上升到 12.06%，表明在此期间鱼体营养迅速转化为性腺物质。通常雄鱼性腺发育进程要比雌鱼快，表 8-2 中雄鱼成熟比例远低于雌鱼的原因可能与样本较少有关。

表8-2　额尔齐斯河贝加尔雅罗鱼不同年龄性腺发育比例

Table 8-2　Proportions of gonadal stage at different age groups of *L. baicalensis* in the Irtysh River

性腺发育期	雌鱼				雄鱼			
	1^+	2^+	3^+	4^+	1^+	2^+	3^+	4^+
Ⅱ	15.0	44.2	2.8		80.0	85.0	78.6	80.0
Ⅲ	55.0	55.8	13.9		20.0	15.0	19.0	20.0
Ⅳ	30.0		83.3	100.0			2.4	
n	20	43	36	9	5	20	42	5

表8-3　额尔齐斯河贝加尔雅罗鱼不同发育期的性腺指数

Table 8-3　Gonadosomatic index at different stages of *L. baicalensis* in the Irtysh River

性腺发育期	雌鱼			雄鱼		
	n	范围	均值±标准差	*n*	范围	均值±标准差
Ⅰ	13	0.12～0.27	0.19±0.05			
Ⅱ	4	0.22～1.47	0.78±0.49	58	0.07～1.36	0.40±0.14
Ⅲ	35	1.04～8.37	3.35±1.83	13	0.40～0.97	0.60±0.14
Ⅳ	64	2.10～12.83	6.85±2.62	1		0.72
Ⅴ	5	10.87～14.34	12.06±1.26			
Ⅳ～Ⅴ	69	2.10～14.34	7.23±2.88	1		0.72

将性成熟个体比例对体长数据和年龄数据分别进行逻辑斯蒂回归，获得如下方程：

体长：

雌鱼：$P=1/[1+e^{-0.069(SL_{mid}-118)}]$　　　（n=109，R^2=0.896）

雄鱼：$P=1/[1+e^{-0.096(SL_{mid}-114)}]$　　　（n=65，R^2=0.961）

年龄：

雌鱼：$P=1/[1+e^{-0.988(A-1.7)}]$　　　（n=109，R^2=0.939）

雄鱼：$P=1/[1+e^{-2.064(A-1.4)}]$　　　（n=73，R^2=0.984）

估算的雌鱼中50%个体达到性成熟时，体长和年龄分别为118mm和1.7龄；雄鱼中50%个体达到性成熟时体长和初次性成熟年龄分别为114mm和1.4龄（图8-7）。

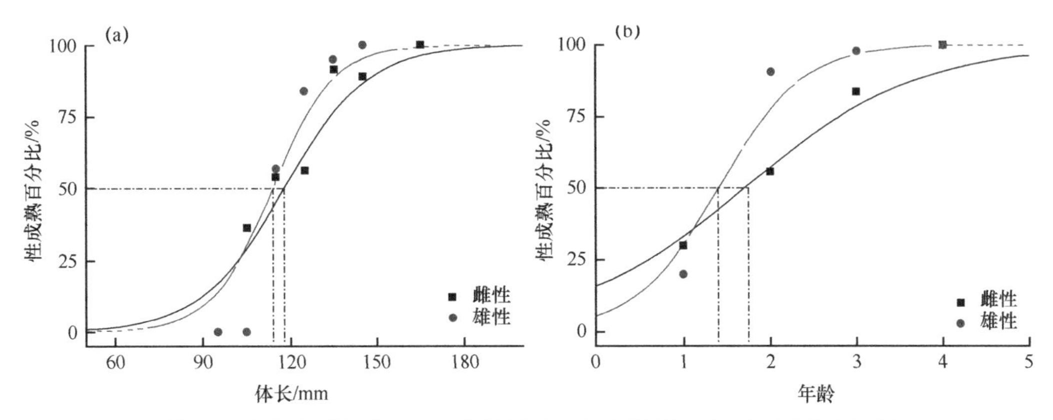

图8-7　贝加尔雅罗鱼10mm体长组（a）和年龄组（b）内成熟个体比例

Figure 8-7　Logistic functions fitted to percent mature by 10mm standard length (a) and one year intervals (b) of *L. baicalensis*

二、繁殖习性

贝加尔雅罗鱼为小型鱼类，主要生活在平原河谷地带湖泊和江河水质清新的中上层，在水温较高的春季和夏季，喜欢群聚浅水处觅食，冬天由于水温下降，主要在深水处越冬。生殖洄游期间基本上暂停摄食行为。4月中下旬溯河产卵，繁殖期雄鱼具有“珠星”（郭焱等，2012）。任慕莲等（2002）根据4月和5月的调查结果，认为额尔齐斯河贝加尔雅罗鱼4月中下旬溯河产卵，持续15d左右；又根据8月采集的雌鱼性腺指数、怀卵量和卵径，推测额尔齐斯河贝加尔雅罗鱼以Ⅳ期性腺越冬，这也是产卵期较早的主要原因。贝加尔雅罗鱼雌鱼在8～9月已有大量个体的性腺发育到Ⅲ～Ⅳ期（表8-3），推测其以Ⅳ期性腺越冬，在早春产卵。

三、繁殖力

我们统计了70尾Ⅳ期卵巢样本的繁殖力，样本的体长范围为103～160mm，体重范围为18.7～88.0g。个体绝对繁殖力范围为941～14 475egg，平均3998.6±2471.24egg；个体相对繁殖力范围为30～201egg/g *BW*，平均101.4±45.64egg/g *BW*。

（一）繁殖力与年龄的关系

贝加尔雅罗鱼各龄鱼的平均绝对繁殖力和相对繁殖力见表8-4。两者均值均呈现出随着年龄增长而增加的趋势，但不同年龄间增长率差异明显，2^+～4^+龄鱼的增长率分别为1.2%、77.6%和64.6%。这表明高龄鱼对种群繁殖力贡献较大，高龄鱼参与繁殖将有利于种群的补充。

表8-4　额尔齐斯河贝加尔雅罗鱼不同年龄的个体繁殖力

Table 8-4　Individual fecundity at various ages of *L. baicalensis* in the Irtysh River

年龄	n	绝对繁殖力/egg		相对繁殖力/(egg/g BW)	
		范围	均值±标准差	范围	均值±标准差
1^+	6	941～4 240	2 485.1±977.74	57～146	97.9±30.24
2^+	24	1 179～4 788	2 514.3±1 034.61	35～146	81.1±30.54
3^+	31	1 502～7 975	4 466.5±1 661.42	30～180	108.4±38.49
4^+	9	3 075～14 475	7 353.5±3 364.43	56～201	134.1±44.46
总体	70	941～14 475	3 998.6±2 471.24	30～201	101.4±45.64

（二）繁殖力与体长的关系

贝加尔雅罗鱼各体长组的平均绝对繁殖力和相对繁殖力见表 8-5。两者的均值均呈现出随体长的增长而增加的趋势。各体长组的平均绝对繁殖力增长率为 35.8%～48.3%，对于平均绝对繁殖力，100.1～110.0mm 与 110.1～120.0mm 组间差异较小，120mm 以上各体长组平均绝对繁殖力差异较大，各体长组增长率为 11.5%～12.4%。

表8-5　额尔齐斯河贝加尔雅罗鱼不同体长组的繁殖力

Table 8-5　Fecundity for different standard length groups of *L. baicalensis* in the Irtysh River

体长组/mm	n	绝对繁殖力/egg		相对繁殖力/(egg/g BW)	
		范围	均值±标准差	范围	均值±标准差
100.1～110.0	4	941～2 317	1 674.3±490.63	57～121	85.1±22.99
110.1～120.0	15	1 179～4 240	2 483.2±850.89	43～146	86.8±29.24
120.1～130.0	23	1 221～5 616	3 482.5±1 368.74	35～172	96.9±37.86
130.1～140.0	20	1 502～7 919	4 728.0±1 742.68	30～180	108.8±40.75
140.1～150.0	7	3 075～10 263	6 689.1±2 526.77	56～166	121.6±42.95
150.1～160.0	1		14 475		201.4

（三）繁殖力与体重的关系

贝加尔雅罗鱼各体重组的平均绝对繁殖力和相对繁殖力见表 8-6。除 55.1～65.0g 体重组略有下降外，平均绝对繁殖力和相对繁殖力增长率分别为 –1.3% 和 –18.3%；体重 55g 以下各体重组的平均绝对繁殖力增长率范围为 36.1%～54.3%，平均相对繁殖力增长率范围为 1.2%～28.0%，贝加尔雅罗鱼的平均绝对繁殖力和相对繁殖力总的变化趋势是随体重的增加而增加。

表8-6　额尔齐斯河贝加尔雅罗鱼不同体重组的繁殖力

Table 8-6　Fecundity for different body weight groups of *L. baicalensis* in the Irtysh River

体重组/g	n	绝对繁殖力/egg		相对繁殖力/(egg/g BW)	
		范围	均值±标准差	范围	均值±标准差
15.1～25.0	3	941～2317	1 638.0±561.87	57～121	85.5±26.54
25.1～35.0	12	1 179～3 889	2 361.1±754.20	43～137	87.0±24.46

续表

体重组/g	n	绝对繁殖力/egg		相对繁殖力/(egg/g BW)	
		范围	均值±标准差	范围	均值±标准差
35.1～45.0	25	1 221～5 616	3 212.9±1 292.95	35～172	92.7±38.30
45.1～55.0	16	2 303～7 919	4 957.9±1 373.34	49～180	118.5±31.71
55.1～65.0	11	1 502～8 185	4 894.9±2 283.82	30～156	96.8±46.45
＞65.1	3	8 424～14 475	11 054.2±2 532.92	154～201	173.6±20.27

第四节　摄食强度与食物组成

一、摄食强度

242 个消化道中，171 个消化道中有食物，摄食率为 73.48%（表 8-7）。其中，雌鱼的摄食率为 70.64%，雄鱼的摄食率为 77.78%，略高于雌鱼。摄食个体的充塞度范围为 1～4，平均充塞度为 2.0±1.08；总体样本的饱满指数范围为 0.73～3.68，平均 1.48±0.90，雄鱼平均充塞指数 1.74±1.17 显著大于雌鱼的平均充塞指数（1.22±0.31）。

表8-7　额尔齐斯河贝加尔雅罗鱼的摄食率、充塞度和充塞指数

Table 8-7　Feeding rate, fullness and fullness index of *L. baicalensis* in the Irtysh River

指标	雌鱼 n=109		雄鱼 n=72		总体 n=181	
	范围	平均	范围	平均	范围	平均
摄食率/%		70.64		77.78		73.48
充塞度	1～4	2.0±1.13	1～4	2.0±1.12	1～4	2.0±1.12
充塞指数	0.94～1.93	1.22±0.31	0.73～3.68	1.74±1.17	0.73～3.68	1.48±0.90

二、食物组成

贝加尔雅罗鱼消化道中共检测出藻类 8 门 68 属，其中硅藻门 26 属，绿藻门 25 属，蓝藻门 12 属，裸藻门、隐藻门、甲藻门、黄藻门、金藻门各 1 属。此外，肠道中还检测出大量植物碎屑、动物残肢，以及轮虫卵、泥沙、鳞片等（表 8-8）。

各类食物中，硅藻门出现率（*O*%，100.00%）和个数百分比（*N*%，86.63%）最高，但植物碎屑的质量百分比（*W*%）最高（58.63%），其次是硅藻门（40.21%）。从相对重要性指数百分比（*IRI*%）来看，硅藻门的占比最高（61.30%），其次是植物碎屑（35.63%），绿藻门、蓝藻门、裸藻门、隐藻门、甲藻门、黄藻门、金藻门等都是偶见种类。通过优势度指数（*IP*%）可以看出贝加尔雅罗鱼的主要饵料是植物碎屑（64.11%），其次是硅藻（35.70%），其他种类都是偶然食物（表 8-8）。

贝加尔雅罗鱼鳃耙短小，排列稀疏；咽齿侧扁，齿端呈小钩状，适宜摄食颗粒较大的底栖生物和碎屑。所摄食的藻类应是摄食碎屑时带入的。

表8-8　额尔齐斯河贝加尔雅罗鱼的食物组成

Table 8-8　Diet composition of *L. baicalensis* in the Irtysh River

食物类别	*O*%	*N*%	*W*%	*IRI*	*IRI*%	*IP*%
藻类	**100.00**	**98.66**	**41.22**	**10 337.27**	**64.36**	**35.87**
蓝藻门 Cyanophyta	77.27	7.47	0.09	288.06	1.79	0.02
颤藻属 *Oscillatoria*	54.55	0.18	0.04	12.03	0.07	0.02
螺旋藻属 *Spirulina*	13.64	0.10	0.02	1.65	0.01	+
席藻属 *Phormidium*	50.00	0.06	0.01	3.86	0.02	+
鞘丝藻属 *Lyngbya*	9.09	+	+	+	+	+
尖头藻属 *Raphidiopsis*	77.27	0.98	+	76.14	0.47	+
念珠藻属 *Nostoc*	4.55	+	+	+	+	+
蓝纤维藻属 *Dactylococcopsis*	45.45	+	+	+	+	+
鱼腥藻属 *Anabaena*	13.64	0.02	+	0.32	+	+
平裂藻属 *Merismopedia*	31.82	6.07	0.01	193.54	1.20	+
色球藻属 *Chroococcus*	9.09	0.05	+	0.51	+	+
棒条藻属 *Rhabdoderma*	4.55	+	+	+	+	+
粘杆藻属 *Gloethece*	4.55	+	+	+	+	+
绿藻门 Chlorophyta	86.36	4.56	0.87	201.71	1.25	0.12
衣藻属 *Chlamydomonas*	4.55	+	+	+	+	+
卵囊藻属 *Oocystis*	31.82	+	+	+	+	+
空球藻属 *Eudorina*	9.09	+	+	+	+	+
小球藻属 *Chlorella*	27.27	+	+	+	+	+
栅藻属 *Scenedesmus*	50.00	0.83	+	42.00	0.26	+
纤维藻属 *Ankistrodesmus*	72.73	0.82	0.04	62.41	0.39	0.03
弓形藻属 *Schroederia*	45.45	0.07	+	3.28	0.02	+
盘星藻属 *Pediastrum*	18.18	+	+	+	+	+
月牙藻属 *Selenastrum*	45.45	0.07	+	3.15	0.02	+
十字藻属 *Crucigenia*	4.55	+	+	+	+	+
韦氏藻属 *Westella*	9.09	+	+	+	+	+
新月藻属 *Closterium*	9.09	+	+	+	+	+
丝藻属 *Ulothrix*	59.09	0.11	+	6.82	0.04	+
尾丝藻属 *Uronema*	18.18	+	+	+	+	+
微孢藻属 *Microspora*	45.45	+	+	+	+	+
水绵属 *Spirogyra*	9.09	1.90	0.84	24.86	0.15	0.09
角星鼓藻属 *Staurastrum*	4.55	+	+	+	+	+
鼓藻属 *Cosmarium*	86.36	0.67	+	58.75	0.37	+
多突藻属 *Poledriopsis*	4.55	0.05	+	0.22	+	+
顶棘藻属 *Chodatella*	4.55	0.05	+	0.22	+	+
柱形鼓藻属 *Penium*	13.64	+	+	+	+	+

续表

食物类别	O%	N%	W%	IRI	IRI%	IP%
胶星藻属 *Gloeoactinium*	22.73	+	+	+	+	+
绿球藻属 *Chlorococcum*	27.27	+	+	+	+	+
胶毛藻属 *Chaetophora*	4.55	+	+	+	+	+
刚毛藻属 *Cladophora*	4.55	+	+	+	+	+
硅藻门 Bacillariophyta	100.00	86.63	40.21	9 847.50	61.30	35.70
小环藻属 *Cyclotella*	100.00	7.60	1.18	878.02	5.47	1.35
布纹藻属 *Gyrosigma*	45.45	0.09	0.30	17.70	0.11	0.16
双壁藻属 *Diploneis*	45.45	+	+	+	+	+
平板藻属 *Tabellaria*	18.18	0.02	0.01	0.68	+	+
直链藻属 *Melosira*	68.18	25.83	2.85	1 955.30	12.17	2.23
针杆藻属 *Synedra*	77.27	0.98	1.30	176.85	1.10	1.15
菱形藻属 *Nitzschia*	27.27	+	+	+	+	+
舟形藻属 *Navicula*	81.82	12.64	8.37	1 719.23	10.70	7.85
羽纹藻属 *Pinnularia*	72.73	1.71	11.34	949.01	5.91	9.45
曲壳藻属 *Achnanthes*	68.18	1.87	0.12	136.24	0.85	0.10
扇形藻属 *Merifion*	45.45	0.36	0.24	26.96	0.17	0.12
肋缝藻属 *Frustulia*	4.55	+	+	+	+	+
辐节藻属 *Stauroneis*	9.09	+	+	+	+	+
脆杆藻属 *Fragilaria*	63.64	0.23	+	14.69	0.09	+
等片藻属 *Diatoma*	72.73	0.42	0.28	50.78	0.32	0.23
卵形藻属 *Cocconeis*	59.09	0.27	0.04	18.13	0.11	0.02
双眉藻属 *Amphora*	59.09	0.23	0.08	18.12	0.11	0.05
桥弯藻属 *Cymbella*	81.82	28.64	12.65	3 378.06	21.03	11.85
异极藻属 *Gomphonema*	72.73	5.27	1.16	467.50	2.91	0.97
双菱藻属 *Surirella*	54.55	0.09	0.04	7.46	0.05	0.03
双楔藻属 *Didymosphenia*	4.55	0.05	0.03	0.34	+	+
峨眉藻属 *Ceratoneis*	59.09	0.33	0.22	32.38	0.20	0.15
弯楔藻属 *Rhoicosphenia*	18.18	+	+	+	+	+
长篦藻属 *Neidium*	4.55	+	+	0.04	+	+
异菱藻属 *Anomoeoneis*	4.55	+	+	+	+	+
窗纹藻属 *Epithemiaceae*	9.09	+	+	+	+	+
裸藻门 Euglenophyta	9.09					
囊裸藻属 *Trachelomonas*	9.09	+	+	+	+	+
隐藻门 Cryptophyta	4.55	+	+	+	+	+
隐藻属 *Cryptomonas*	4.55	+	+	+	+	+
甲藻门 Pyrrophyta	13.64					+
多甲藻属 *Peridinium*	13.64	+	+	+	+	+

续表

食物类别	O%	N%	W%	IRI	IRI%	IP%
黄藻门	4.55					+
管藻属 *Ophiocytium*	4.55	+	+	+	+	+
金藻门	9.09					+
锥囊藻属 *Dinobryon*	9.09	+	+	+	+	+
植物碎屑	**95.45**	**1.33**	**58.63**	**5 723.34**	**35.63**	**64.11**
其他	**13.64**					+
动物残肢	13.64	+	0.15	2.10	0.01	0.02

注：各大类的总和用加粗字体表示，某饵料所占的百分比＜0.01% 用“+”表示。

小　结

1）额尔齐斯河贝加尔雅罗鱼的渔获物年龄为 0^+～4^+ 龄，雌雄混合、雌鱼和雄鱼均以 2^+ 龄和 3^+ 龄为优势龄组，分别占 74.7%、73.39% 和 90.35%。雌鱼和雄鱼 4^+ 龄鱼比例接近，而雌鱼 1^+ 龄鱼比例则远大于雄鱼。渔获物体长范围 82.0～160.0mm，平均 122.5±14.19mm；体重范围为 11.3～88.0 g，平均 39.7±12.5 g。

2）额尔齐斯河贝加尔雅罗鱼雌鱼和雄鱼年间生长无显著差异，雌鱼和雄鱼的体长与体重的关系分别为 $W=1.185\times10^{-5}L^{3.118}$ 和 $W=3.146\times10^{-5}L^{2.910}$；von Bertalanffy 生长方程各参数，雌鱼为 L_∞=184.6mm，W_∞=138.0g，k=0.206，t_0=−3.025；雄鱼为 L=156.3mm，W_∞=76.2g，k=0.384，t_0=−1.873。雌鱼的表观生长指数（$\varnothing$）为 3.8463，拐点年龄（t_i）为 2.31 龄，对应的体长和体重分别为 123.1mm 和 39.0g；雄鱼的表观生长指数（$\varnothing$）为 3.9722，拐点年龄（t_i）为 0.99 龄，对应的体长和体重分别为 104.2mm 和 23.4g。渔获物中雌鱼和雄鱼未达拐点年龄的个体分别约占 57.80% 和 6.85%，不利于鱼体生长潜能的发挥。

3）最小性成熟个体为 2^+ 龄，全部性成熟年龄为 4^+ 龄。估算的雌鱼中 50% 个体达到性成熟时体长和年龄分别为 118mm 和 1.7 龄，雄鱼中 50% 个体达到性成熟时体长和初次性成熟年龄分别为 114mm 和 1.4 龄。以Ⅳ期性腺越冬，4 月中下旬溯河产卵。个体绝对繁殖力范围为 941～14 475egg，平均 3998.6±2471.24egg；个体相对繁殖力范围为 30～201egg/g *BW*，平均 101.4±45.64egg/g *BW*；绝对繁殖力和相对繁殖力随年龄、体长和体重增长而增加。

4）贝加尔雅罗鱼全年摄食率为 73.48%，平均充塞度为 2.0±1.08。消化道内含物检出藻类 8 门 68 属和大量植物碎屑、动物残肢等，植物碎屑和硅藻的优势度指数（*IP*%）分别为 64.11% 和 35.70%，结合摄食消化器官形态分析，贝加尔雅罗鱼适宜摄食颗粒较大的底栖生物和碎屑，所摄食的藻类应是摄食碎屑时带入的。

主要参考文献

高攀, 韩小丽, 胡建勇. 2015. 高体雅罗鱼大规格鱼种培育试验. 黑龙江水产, 4: 37-38

郭焱, 吐尔逊, 蔡林钢, 等. 2003. 赛里木湖贝加尔雅罗鱼(*Leuciscus leuciscus baicalensis*) 生长研究. 新疆大学学报(自然科学版), 20(3): 272-276

郭焱, 张仁铭, 蔡林钢, 等. 2012. 新疆鱼类志. 乌鲁木齐: 新疆科学出版社

霍堂斌, 马波, 唐富江, 等. 2008. 新疆3 种雅罗鱼生长模型的比较研究. 水产学杂志, 21(2): 9-13

金万昆, 高永平, 杨建新, 等. 2009. 圆腹雅罗鱼的人工繁殖试验. 齐鲁渔业, 26(4): 23-24

李国芳, 周国海, 崔喜顺. 2004. 乌苏里江下游海青江段瓦氏雅罗鱼渔业生物学研究. 水产学杂志, 17(1): 53-56
李延松, 董崇智, 赵春刚. 2004. 黑龙江上游黑河江段瓦氏雅罗鱼渔业生物学研究. 黑龙江水产, (2): 36-38
孟和平, 王保文, 韩国苍. 2006. 达里湖瓦氏雅罗鱼(华子鱼) 增殖技术. 内蒙古农业科技, (2): 242-243
苗晶晶, 呼晨, 卢英磊, 等. 2012. 额尔齐斯河高体雅罗鱼寄生虫种类季节动态研究．新疆农业科学, 49 (3): 571-575
牛建功, 蔡林钢, 刘建, 等. 2012. 哈巴河土著特有鱼类优先保护等级的定量研究. 干旱区资源与环境, 26: 172-176
任慕莲, 郭焱, 张人铭, 等. 2002. 中国额尔齐斯河鱼类资源及渔业. 乌鲁木齐: 新疆科技卫生出版社
张涛, 李胜忠, 牛建功, 等. 2017. Na^+、K^+、葡萄糖及甘油对高体雅罗鱼精子活力的影响. 南方农业学报, 48(4): 734-738

第九章　高体雅罗鱼的生物学

谢从新　谢　鹏　马徐发　王　枫
华中农业大学，湖北 武汉，430070

高体雅罗鱼（*Leuciscus idus*）属鲤形目（Cypriniformes），鲤科（Cyprinidae），雅罗鱼亚科（Leuciscinae），雅罗鱼属（*Leuciscus*），又名圆腹雅罗鱼，地方名“中白鱼”。高体雅罗鱼是一种适应在冷水生活的中上层鱼类，主要分布于北欧至西伯利亚水系，我国仅分布于额尔齐斯河干流，20 世纪 80 年代移入赛里木湖，现乌伦古湖也有分布（任慕莲等，2002）。该鱼个体较大，具有特殊清香味，肉质鲜美，生长较快，为俄罗斯西伯利亚地区主要渔捞对象。20 世纪 90 年代前曾为我国新疆阿勒泰地区的重要经济鱼类之一。近年来，受过度捕捞和水利工程建设等人类活动的影响，高体雅罗鱼原产地额尔齐斯河的种群数量急剧下降。高体雅罗鱼于 2004 年被列为新疆维吾尔自治区二级保护动物。

有关高体雅罗鱼的相关研究，国外研究主要集中在苗种繁育技术、生理、病理和种群特征等方面（Harzevili *et al.*，2012；Rafael *et al.*，1988；Witeska *et al.*，2014；Neukirch *et al.*，1999；Gomulka *et al.*，2014；Krejszeff *et al.*，2009）。国内范喜顺和全仁哲（2008）曾报道新疆赛里木湖高体雅罗鱼的生物学，霍堂斌等（2008）对新疆 3 种雅罗鱼的生长模型进行了比较研究，有学者对高体雅罗鱼人工繁殖和养殖技术进行了研究（金万昆等，2009；张涛等，2017；高攀等，2015），《新疆鱼类志》介绍了该鱼的形态特征和生活习性（郭焱等，2012）。本章采用常规生物学方法（谢从新等，2019），研究额尔齐斯河高体雅罗鱼渔获物的结构特征和生物学特性，旨在为该鱼资源保护和可持续利用提供科学依据。

第一节　渔获物组成

在额尔齐斯河北湾干流和阿拉克别克河采集到高体雅罗鱼 255 尾，其中雌鱼 106 尾，雄鱼 57 尾，性别未辨个体 75 尾。性别未辨个体包括性腺 I 期幼鱼 32 尾（体长 136～217mm）和 33 尾没有记录性别的成熟个体。采用微耳石，成功鉴定了 238 尾个体的年龄。

一、年龄结构

渔获物的年龄范围为 1^+～8^+ 龄，其中 2^+～3^+ 龄的个体占 89.4%。雌鱼的优势年龄组为 3^+ 龄和 4^+ 龄，分别占 28.% 和 36.0%，其次为 2^+ 龄和 5^+ 龄，分别占 19.0% 和 16.0%，6^+ 龄鱼仅 1 尾。雄鱼的优势年龄为 4^+ 龄（占比 58.0%），其次为 3^+ 龄（占比 30.0%）。未辨性别个体主要为 2^+ 龄和 3^+ 龄鱼，占 87.7%（图 9-1）。额尔齐斯河高体雅罗鱼渔获物最大年龄为 8^+ 龄，而波罗的海高体雅罗鱼的最大年龄为 29 龄（Mehis *et al.*，2015）。

二、体长分布

渔获物的体长范围为 136～402mm，均值为 257.1±51.98mm。雌鱼体长范围为 167～402mm，160～310mm 范围内，各体长组比例随着体长的增长而升高，体长超过

310mm 后开始下降。雄鱼体长范围为 161～362mm，251～310mm 体长组占比较高，达 77.27%。性别未辨组包括幼鱼和成鱼，其体长主要为 161～250mm，占 75.00%（图 9-2）。

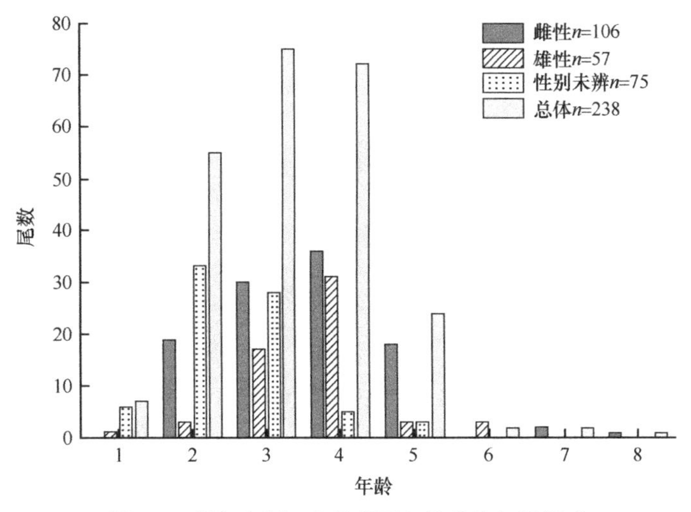

图 9-1　额尔齐斯河高体雅罗鱼渔获物年龄组成

Figure 9-1　Age Composition of catch of *L. idus* in the Irtysh River

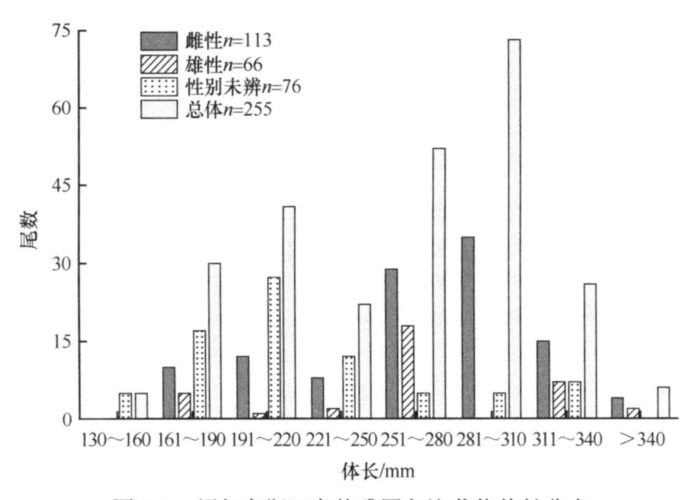

图 9-2　额尔齐斯河高体雅罗鱼渔获物体长分布

Figure 9-2　Distributions of the standard length in the catch of *L. idus* in the Irtysh River

三、体重分布

渔获物体重范围为 53.0～1950.5g，平均为 507.81±307.13g。体重在 400～1000g 的个体占 87.5%，超过 1000g 的样本仅占渔获物总数的 3.91%。雌鱼体重 1000g 以下各体重组所占比例为 11.71%～27.93%。性别未辨个体分布在 400g 以下的占 89.09%（图 9-3）。

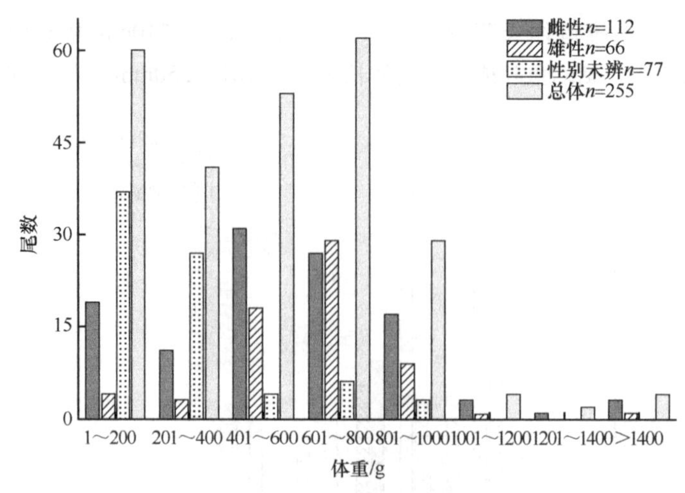

图 9-3　额尔齐斯河高体雅罗鱼渔获物体重分布

Figure 9-3　Distributions of the body weight in the catch of *L. idus* in the Irtysh River

第二节　生长特性

一、实测体长和体重

额尔齐斯河高体雅罗鱼各年龄组的平均体长和体重见表 9-1。雌雄混合群体体长年间增长值随年龄增长而下降，从 3^+ 龄后每年增长 40～20mm，雌鱼体长增长值略小于雌鱼。2^+～5^+ 龄体重年间增长值随年龄增长而增加。各龄的平均体长与赛里木湖种群的平均体长较为接近（范喜顺和全仁哲，2008）。

表9-1　高体雅罗鱼各年龄组实测体长和体重

Table 9-1　Observed standard length and body weight at age of *L. idus* in the Irtysh River

年龄	雌鱼			雄鱼			总体*		
	n	范围	平均值 ±S.D.	*n*	范围	平均值 ±S.D.	*n*	范围	平均值 ±S.D.
体长/mm									
1^+				1		161.0	7	136～171	150.9±12.19
2^+	19	167～205	189.4±10.02	3	175～194	186.3±10.02	55	167～219	190.7±10.40
3^+	30	188～319	260.2±28.72	17	232～295	271.0±16.74	75	188～319	251.7±30.25
4^+	36	258～314	286.0±14.97	31	256～321	293.5±14.47	72	256～321	289.6±15.47
5^+	18	298～355	316.8±14.03	3	314～331	321.7±8.62	24	298～355	317.29±12.51
6^+				2	354～362	358.0±5.66	2	354～362	358.0±5.66
7^+	2	371～388	379.5±12.02				2	371～388	379.5±12.02
8^+	1		402.0				1		402.0
体重组/g									
1^+				1		68.6	7	53.0～102.3	68.2±16.65
2^+	19	108.4～215.4	173.2±27.40	3	129.6～175.3	159.9±26.20	55	108.4～242.8	175.2±30.55
3^+	30	159.2～801.0	482.9±166.61	17	299.1～740.4	525.3±119.57	75	158.5～801.0	429.2±166.54
4^+	36	404.6～870.4	643.0±126.52	31	444.0～922.6	672.3±115.11	72	404.6～922.6	655.7±120.70

续表

年龄	雌鱼			雄鱼			总体*		
	n	范围	平均值 ±S.D.	n	范围	平均值 ±S.D.	n	范围	平均值 ±S.D.
5^+	16	744.3～1354.6	939.2±132.45	3	827.6～1032.2	936.4±102.94	24	686.0～1354.6	915.9±143.24
6^+				2	1364.7～1445.1	1404.9±56.85	2	1364.7～1445.1	1404.9±56.85
7^+	2	1421.6～1756.3	1589.0±236.67				2	1421.6～1756.3	1589.0±236.67
8^+	1		1950.5				1		1950.5

* 数据包括性别未辨样本。

二、体长与体重的关系

将高体雅罗鱼分雌鱼、雄鱼和种群总体分别拟合体长与体重的关系（图 9-4），关系式如下。

雌鱼：$W=5.978\times10^{-6}L^{3.267}$　（$R^2=0.959$，$n=113$）

雄鱼：$W=2.137\times10^{-6}L^{3.444}$　（$R^2=0.920$，$n=66$）

总体：$W=4.770\times10^{-6}L^{3.307}$　（$R^2=0.965$，$n=255$）

估算的雌鱼 b 值（3.267）与理论值 3 之间存在显著性差异（t 检验，$P < 0.001$），雄鱼 b 值（3.444）与理论值 3 之间同样存在显著性差异（t 检验，$P < 0.001$）。因此，高体雅罗鱼群体为异速生长。协方差分析（ANCOVA）表明，高体雅罗鱼雌鱼和雄鱼体长与体重关系方程存在显著性差异（ANCOVA，$P < 0.05$），故应分雌雄分析生长特性。

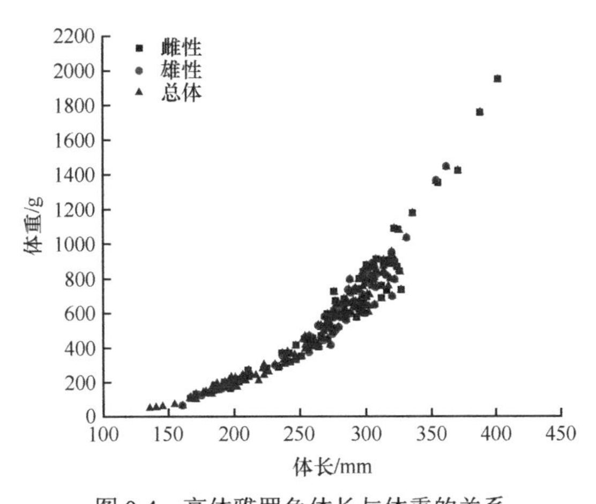

图 9-4　高体雅罗鱼体长与体重的关系

Figure 9-4　Length-weight relationships of *L. idus*

三、生长方程

2 龄组雌鱼和雄鱼平均实测体长无显著性差异（t 检验，$P > 0.05$），故将 2 龄性别未辨个体的实测体长数据加入雌鱼和雄鱼数据，采用 von Bertalanffy 生长方程描述体长和体重生长特性（图 9-5）。通过体长生长方程以及体长与体重的关系式，获得高体雅罗鱼雌鱼和雄鱼的体长和体重生长方程如下。

体长生长方程：

雌鱼：$L_t=444.5\,[1-e^{-0.239(t+0.419)}]$　（$R^2=0.893$，$n=130$）

雄鱼：L_t=363.7 $[1-e^{-0.476(t-0.395)}]$　（R^2=0.914，n=80）

体重生长方程：

雌鱼：W_t=2673.9 $[1-e^{-0.239(t+0.419)}]^{3.267}$

雄鱼：W_t=1409.3 $[1-e^{-0.476(t-0.395)}]^{3.444}$

雌鱼和雄鱼的表观生长指数（$Ø$）分别为4.6741和4.7991。

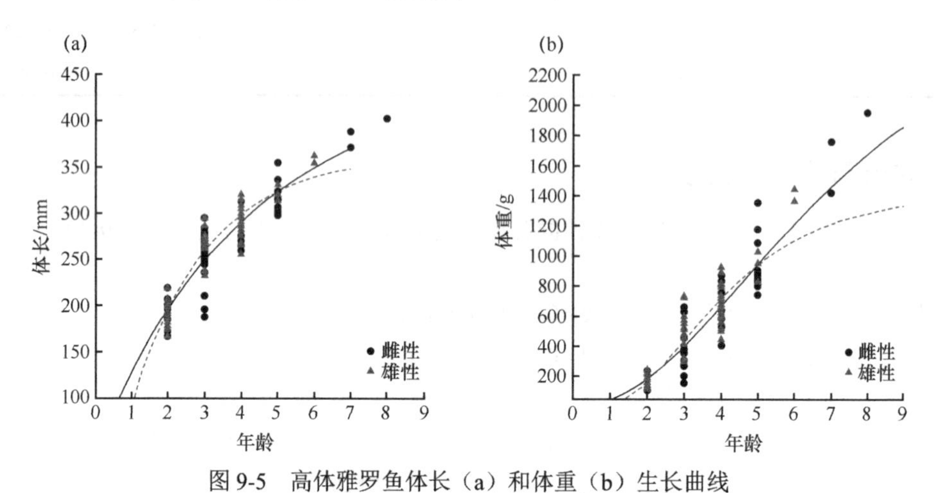

图9-5　高体雅罗鱼体长（a）和体重（b）生长曲线

Figure 9-5　Standard length (a) and body weight (b) growth curves of *L. idus*

四、生长速度和加速度

对高体雅罗鱼雌鱼和雄鱼的体长、体重生长方程分别进行一阶求导和二阶求导，获得体长、体重生长的速度和加速度方程。

雌鱼：

$dL/dt=06.24e^{-0.239(t+0.419)}$

$d^2L/dt^2=-25.39e^{-0.239(t+0.419)}$

$dW/dt=2087.85e^{-0.239(t+0.419)}\ [1-e^{-0.239(t+0.419)}]^{2.267}$

$d^2W/dt^2=499.00e^{-0.239(t+0.419)}\ [1-e^{-0.239(t+0.419)}]^{1.267}\ [3.267e^{-0.239(t+0.419)}-1]$

雄鱼：

$dL/dt=173.12e^{-0.476(t-0.395)}$

$d^2L/dt^2=-82.41e^{-0.476(t-0.395)}$

$dW/dt=2310.33e^{-0.476(t-0.395)}\ [1-e^{-0.476(t-0.395)}]^{2.444}$

$d^2W/dt^2=1099.72e^{-0.476(t-0.395)}\ [1-e^{-0.476(t-0.395)}]^{1.444}\ [3.444e^{-0.476(t-0.395)}-1]$

图9-6显示，高体雅罗鱼的体长生长没有拐点。体长生长速度随年龄增长逐渐下降，最终趋于0；体长生长加速度则随年龄的增长而增长，但增速逐渐变缓，最终趋于0，且一直小于0，说明高体雅罗鱼体长生长速率开始时候最高，随年龄增长逐渐下降，当达到一定年龄后趋于停止生长。体重生长速度曲线先上升后下降，具有生长拐点，雌鱼的拐点年龄（t_i）为4.18龄，对应的体长和体重分别为296.3mm和711.0g；雄鱼的拐点年龄（t_i）为2.70龄，拐点处对应的体长和体重分别为242.5mm和348.8g。拐点年龄为体重绝对生长速度达到最大时的年龄，渔获物中雌鱼和雄鱼未达到拐点年龄的个体分别约占81.37%和

34.62%，即大部分高体雅罗鱼在体重绝对生长速度未达到最大时就被捕获，不利于鱼体生长潜能的发挥。

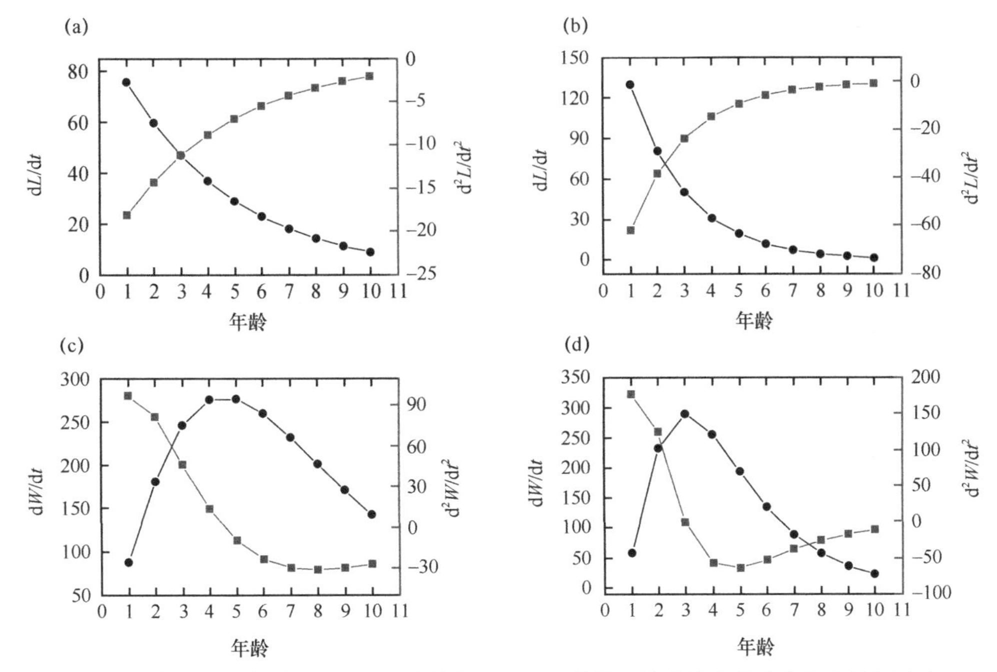

图 9-6　高体雅罗鱼雌鱼（a，c）和雄鱼（b，d）体长、体重的生长速度和生长加速度

Figure 9-6　Growth rate and growth acceleration of the standard length and weight of female (a, c) and male (b, d) for *L. idus*

第三节　性腺发育与繁殖习性

一、性腺发育

额尔齐斯河高体雅罗鱼主要生长期各月性腺发育期比例和性腺指数见表 9-2 和表 9-3。

4 月中旬采集到的样本，雌鱼性腺全部为Ⅳ期和Ⅴ期，比例分别为 88.9% 和 11.1%；5 月雌鱼仅 1 尾性腺为Ⅳ期，其余全部为Ⅱ期，占 94.4%；6 月Ⅱ期性腺个体占 33.3%，Ⅳ期和产后Ⅵ期占 48.6%；7 月Ⅲ期和Ⅳ期性腺个体各占 33.3%，个别为Ⅵ期；8 月Ⅱ期性腺个体占 63.6%，Ⅳ期、Ⅴ期和Ⅵ期性腺个体仍占 33.3%。4 月雄鱼全部为Ⅳ期和Ⅴ期性腺个体，分别占 30.8% 和 69.2%，5～8 月雄鱼主要由Ⅱ期和Ⅲ期性腺个体组成，5、7 和 8 月均有个别个体的性腺处于Ⅴ期或Ⅵ期（表 9-2）。

表9-2　额尔齐斯河高体雅罗鱼4～8月不同性腺发育期比例（%）

Table 9-2　Percentage of gonad maturity stages of *L. idus* during Apr. to Aug. in the Irtysh River (%)

性腺发育期	雌鱼					雄鱼				
	4 月	5 月	6 月	7 月	8 月	4 月	5 月	6 月	7 月	8 月
Ⅱ		94.4	33.3	25.0	63.6		42.9	62.5	62.5	60.0
Ⅲ			5.6	33.3	3.0		50.0	43.8	25.0	20.0
Ⅳ	88.9	5.6	11.1	33.3	3.0	30.8				

续表

性腺发育期	雌鱼					雄鱼				
	4月	5月	6月	7月	8月	4月	5月	6月	7月	8月
Ⅴ	11.1			0.0	21.2	69.2	7.1			
Ⅵ			37.5	8.3	9.1				12.5	20.0
n	27	18	24	12	33	13	14	17	8	10

性腺指数的逐月变化反映出性腺周年发育节律。额尔齐斯河高体雅罗鱼雌鱼性腺指数4月最高，达到17.19±3.26，5月急速下降，6月达到最低值，7～8月缓慢上升，8月有个别个体性腺指数达到7.18；雄鱼性腺指数4月最高，月平均性腺指数为0.84±0.19，自5月开始持续下降直至8月（表9-3）。

表9-3　额尔齐斯河高体雅罗鱼性腺指数

Table 9-3　Mean gonadosomatic index varied in month of *L. idus* in the Irtysh River

月份	雌鱼			雄鱼		
	n	范围	均值±标准差	*n*	范围	均值±标准差
4月	27	12.00～22.28	17.19±3.26	13	0.55～1.17	0.84±0.19
5月	18	0.19～18.11	1.64±4.00	13	0.01～1.27	0.43±0.34
6月	16	0.02～2.45	0.42±0.64	3	0.05～1.65	0.65±0.71
7月	14	0.07～2.64	1.13±0.81	5	0.04～0.33	0.18±0.10
8月	33	0.18～7.18	1.54±1.92	10	0.05～0.32	0.17±0.08

繁殖季节雄鱼体色呈深黄色，胸鳍、腹鳍、臀鳍和体侧鳞片上出现“珠星”；雌鱼“珠星”不明显或无“珠星”，腹部明显膨大。

二、繁殖群体

（一）成熟年龄

渔获物中年龄范围为2^+～8^+龄。雄鱼最小性成熟个体年龄为3^+龄，体长262mm，体重427g，性腺指数0.42；雌鱼最小性成熟个体年龄为3^+龄，体长181mm，体重145.6g，性腺Ⅲ期，性腺指数2.25。任慕莲等（2002）报道，额尔齐斯河高体雅罗鱼的最小性成熟年龄，雌鱼和雄鱼均为3^+龄，体长分别为225mm和258mm，体重分别为300g和400g。

2^+龄个体中，雌鱼性腺全部为Ⅱ期，雄鱼性腺绝大多数为Ⅱ期，仅个别个体的性腺为Ⅲ期。3^+龄个体中，雌鱼性腺Ⅴ期的个体占20%，雄鱼Ⅳ～Ⅵ期性腺个体占39.3%。4^+龄个体中，性腺为Ⅳ～Ⅵ期的雌鱼和雄鱼分别占75.0%和48.2%。此外，3尾5^+龄雌鱼中2尾性腺为Ⅵ期，雄鱼则全部个体均达性成熟，5^+龄以上的雌鱼和雄鱼均达到性成熟（表9-4）。

将性成熟个体比例对体长和年龄数据分别进行逻辑斯蒂回归，获得如下方程：

体长：

雌鱼：$P=1/([1+e^{-0.046(SL_{mid}-269)}]$（$n$=113，$R^2$=0.964）

雄鱼：$P=1/[1+e^{-0.037(SL_{mid}-277)}]$（$n$=66，$R^2$=0.812）

年龄：

雌鱼：$P=1/[1+e^{-1.696(A-3.1)}]$　　（n=102，R^2=0.997）

雄鱼：$P=1/[1+e^{-1.658(A-3.5)}]$　　（n=52，R^2=0.966）

表9-4　额尔齐斯河高体雅罗鱼不同年龄的性腺发育期比例（%）

Table 9-4　Percentage of gonad maturity stages of *L. idus* at different ages in the Irtysh River (%)

性腺发育期	雌鱼						雄鱼				
	2^+	3^+	4^+	5^+	7^+	8^+	2^+	3^+	4^+	5^+	6^+
Ⅱ	100	66.7	25.0				94.7	57.2	31.1		
Ⅲ		13.3		33.3			5.3	3.6	20.7		100.0
Ⅳ			50.0					21.4	13.8	47.1	
Ⅴ		20.0	5.6					7.1	24.1	35.3	
Ⅵ			19.4	66.7	100.0	100.0		10.7	10.3	17.6	
n	3	15	36	3	2	1	19	28	29	17	2

渔获物中雌鱼最小性成熟年龄为3^+龄，体长为181mm，体重为145.6g；雄鱼最小性成熟年龄为3^+龄，体长为262mm，体重为427.2g。估算的雌鱼初次性成熟体长和初次性成熟年龄分别为269mm和3.1龄，雄鱼初次性成熟体长和初次性成熟年龄分别为277mm和3.5龄（图9-7）。

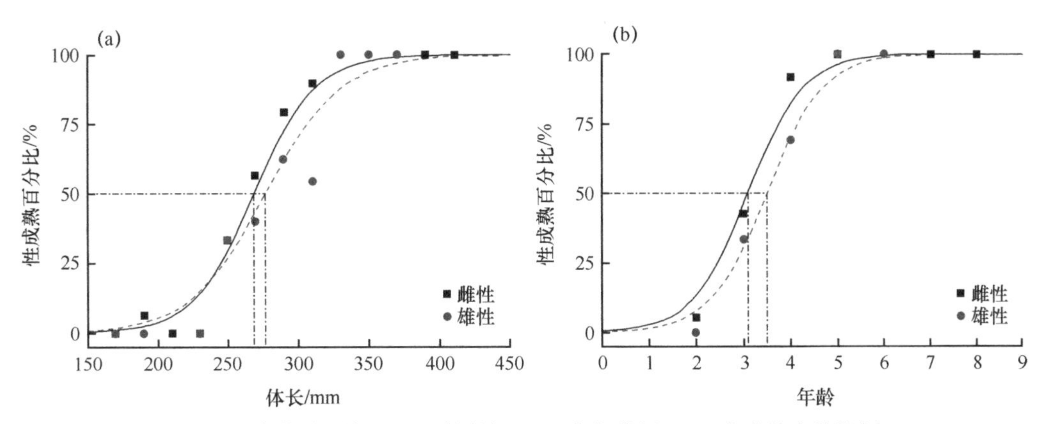

图9-7　高体雅罗鱼20mm体长组（a）和年龄组（b）内成熟个体比例

Figure 9-7　Logistic functions fitted to percent mature by 20mm standard length (a) and one year intervals (b) of *L. idus*

（二）性比

额尔齐斯河高体雅罗鱼非繁殖季节，雌鱼∶雄鱼约为1∶1.2。繁殖季节4月在产卵场附近水域，雌鱼数量远大于雄鱼，雌鱼∶雄鱼约为2.1∶1。繁殖季节雌鱼数量占优势有利于增加种群补充量。

三、繁殖习性

（一）产卵期

本次调查分析结果显示，4月中旬高体雅罗鱼雌鱼和雄鱼均为Ⅳ和Ⅴ期性腺，性腺指数为最大值，分别为 17.19±3.26 和 0.84±0.19。5 月上中旬仅个别个体的性腺为Ⅳ期和Ⅴ期，雌鱼和雄鱼的平均性腺指数急剧下降至 1.64±4.00 和 0.43±0.34（表 9-2 和表 9-3）。由此可以确定 4 月中旬前后是额尔齐斯河高体雅罗鱼集中产卵期。有研究表明，布伦托海的高体雅罗鱼产卵期为 4～5 月（任慕莲等，2002；郭焱等，2012），这与额尔齐斯河种群的繁殖期基本相同。赛里木湖高体雅罗鱼 5 月性腺指数最大，6 月次之，繁殖期为 5～6 月（范喜顺和全仁哲，2008），繁殖期比额尔齐斯河高体雅罗鱼繁殖群体推迟约 1 个月。赛里木湖为高山冷水湖，4～6 月平均水温分别为 3.05℃、5.84℃和 10.54℃，额尔齐斯河 1982 年 4～6 月平均水温分别为 7.2℃、14.6℃和 19.0℃（廖文林和黄梅生，1988）。水温应是决定高体雅罗鱼繁殖期的重要原因之一。

（二）产卵类型

对 4 月采集的 5 尾Ⅳ期卵巢样本进行了卵径测量，频数分布如图 9-8 所示。可以看出，高体雅罗鱼的卵径频数分布呈现 2 个明显分离的峰，第一个峰的平均卵径约 1.5mm，卵径范围为 1.3～1.7mm，卵径与任慕莲等（2002）报道的 8 月下旬卵径 1.4mm 较为接近，该批卵可在当年产出。第二个峰的卵径范围为 0.9～1.2mm，平均卵径约 1.1mm，该批卵为初级卵母细胞，当年不能产出。当地人工繁育实践证明，高体雅罗鱼在注射外源性激素后，卵巢中的成熟卵粒可以一次性全部排出。这表明高体雅罗鱼为一次性产卵鱼类。

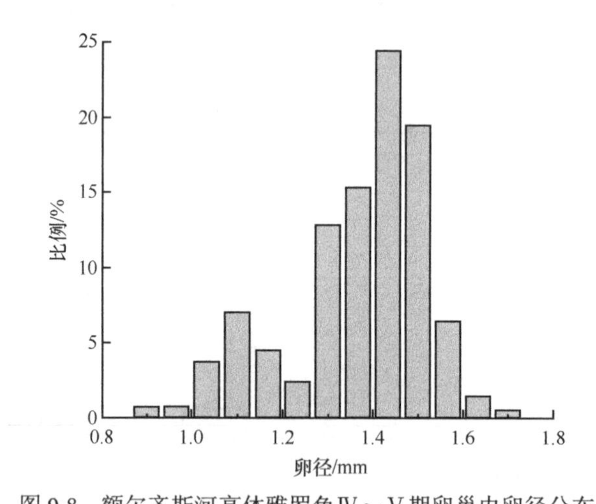

图 9-8　额尔齐斯河高体雅罗鱼Ⅳ～Ⅴ期卵巢内卵径分布

Figure 9-8　Distribution of egg diameter in ovary at stage Ⅳ of *L. idus* in the Irtysh River

（三）产卵洄游和产卵条件

郭焱等（2012）曾报道高体雅罗鱼具有溯河产卵习性，每年 3 月底至 4 月初解冻时，布伦托海的高体雅罗鱼成群上溯至乌伦古河中产卵，卵产在沿岸水草上，卵稍带黏性，卵粒金黄色。生活在额尔齐斯河的高体雅罗鱼冰封期在河道及附属水体的深水处越冬，3 月底至 4 月初河水解冻时，沿河上溯寻找产卵场，在此过程中，繁殖群体大量摄食以补充营养，促进性腺发育，即使进入产卵场，摄食活动一直持续到产卵前夕。表 9-9 中数据表明，性腺处于Ⅳ～Ⅵ期雌鱼和雄鱼的平均充塞度约为Ⅱ～Ⅲ期的 40% 和 46%，支持上述亲鱼在繁殖期摄食的结论，且摄食强度明显下降。

四、繁殖力

统计了40个Ⅳ期卵巢的卵粒数。样本鱼的体长范围为258～355mm，体重范围为431.8～1354.6g。绝对繁殖力范围为11 085～129 082egg，平均58 931±29 016.5egg，相对繁殖力范围为14.6～221.4egg/g *BW*，平均107.7±58.3egg/g *BW*。赛里木湖高体雅罗鱼的绝对繁殖力为12 147～125 100egg，相对繁殖力为30.3～136.3egg/g *BW*（范喜顺和全仁哲，2008）与本研究结果较为接近。郭焱等（2012）报道高体雅罗鱼绝对怀卵量为16 568～82 159egg，平均为40 416egg；相对怀卵量为28～117egg/g *BW*，平均为68egg/g *BW*，绝对繁殖力和相对繁殖力均小于本研究结果，绝对繁殖力的差异可能与样本量及样本的个体大小有关，而相对繁殖力间的差异还与计算方法有关。

（一）繁殖力与年龄的关系

繁殖力与年龄的关系见表9-5。不同年龄鱼的平均绝对繁殖力存在一定差异，3^+龄平均绝对繁殖力最大为62 396±16 362.0egg，4^+龄平均绝对繁殖力最小为51 482±24 305.0egg。相对繁殖力则随着年龄的增长而下降。

表9-5　高体雅罗鱼的繁殖力与年龄的关系

Table 9-5　Relationship between fecundity and age of *L. idus* in the Irtysh River

年龄	*n*	绝对繁殖力/egg		相对繁殖力/(egg/g *BW*)	
		范围	平均±标准差	范围	平均±标准差
3^+	9	45 441～99 296	62 396±16 362.0	81.3～154.1	108.6±23.0
4^+	19	11 085～90 551	51 482±24 305.0	12.8～132.5	83.8±39.33
5^+	12	14 900～129 082	59 760±39 711.8	12.7～173.4	67.1±50.99

（二）繁殖力与体长的关系

繁殖力与体长的关系见表9-6。总体上绝对繁殖力呈现出随着体长的增长而增加的趋势，但291～310mm组的绝对繁殖力出现下降趋势；各体长组的相对繁殖力呈现跳跃性波动。

表9-6　高体雅罗鱼繁殖力与体长的关系

Table 9-6　Relationship between fecundity and standard length of *L. idus* in the Irtysh River

体长组/mm	*n*	绝对繁殖力/egg		相对繁殖力/(egg/g *BW*)	
		范围	平均±标准差	范围	平均±标准差
251～270	4	35 474～57 347	45 018±9 225	81.5～135.0	112.7±22.1
271～290	16	32 774～99 296	64 963±16 083	76.9～189.1	130.1±28.5
291～310	12	11 085～129 082	52 390±35 808	14.6～221.4	90.2±67.4
311～330	6	28 124～121 102	75 381±35 461	29.6～171.3	106.9±58.9
331～350	2	14 900～41 891	28 396	15.0～35.7	25.4
总体	40	11 085～129 082	58 931±29 016.5	14.6～221.4	107.7±53.8

（三）繁殖力与体重的关系

繁殖力与体重的关系见表 9-7，可以看出，除 601～800g 组较高外，各体重组的平均绝对繁殖力和平均相对繁殖力均随着体重的增加而下降。绝对繁殖力和相对繁殖力范围在组内变化较大，最大值与最小值相差数倍，相差最大的 801～1000g 组，最大值与最小值相差约 10 倍。这种差异可能与繁殖亲鱼来自不同环境，特别是食物条件不同的水域有关。不同鱼类的繁殖力除由其遗传型决定外，是鱼类在进化过程中长期适应自然环境的结果，同种鱼类繁殖力的变动，还与食物条件、摄食时间长短、外界水温变化等环境因子有着密切关系。

表9-7　高体雅罗鱼繁殖力与体重的关系

Table 9-7　Relationship between fecundity and body weight of *L. idus* in the Irtysh River

体重组/g	*n*	绝对繁殖力/egg		相对繁殖力/（egg/g *BW*）	
		范围	平均±标准差	范围	平均±标准差
401～600	15	32 774～77 116	54 154±14 118	69.9～161.4	118.7±26.9
601～800	13	15 354～129 082	77 553±26 246	21.9～221.4	141.6±47.3
801～1000	8	11 085～121 102	47 472±38 630	14.6～171.0	65.3±55.2
1001～1200	3	14 900～72 040	38 355±24 423	15.0～83.6	42.8±29.5
1201～1400	1	41 891		35.7	
总体	40	11 085～129 082	58 931±29 017	14.6～221.4	107.7±53.8

第四节　摄食强度和食物组成

一、摄食强度

我们解剖观察了 202 尾鱼的消化道，其中 120 尾鱼消化道中有食物，摄食率为 59.4%（表 9-8）。摄食个体的食物充塞指数范围为 0.11～2.03，平均 0.69±0.60。4 月摄食率最低仅 30%，平均充塞度最高为 2.7±1.18；5 月摄食率为 46.4%，平均充塞度仅 1.1±0.36；6 月摄食率达到最高值，为 80.9%，平均充塞度仅次于 4 月，达 2.6±1.41；7 月和 8 月摄食率逐渐下降。进一步分析表明，性腺处于Ⅱ～Ⅲ期的雌鱼和雄鱼摄食强度远大于那些性腺处于Ⅳ～Ⅴ期的个体（表 9-9）。高体雅罗鱼的繁殖期为 4～5 月，上述数据说明高体雅罗鱼成熟亲鱼在繁殖期间是摄食的，但摄食强度明显降低，性成熟个体消化道平均充塞度不及未成熟个体的一半。

表9-8　额尔齐斯河高体雅罗鱼摄食率和充塞度的逐月变化

Table 9-8　Feeding rate and fullness of *L. idus* in the Irtysh River

月份	4 月	5 月	6 月	7 月	8 月	总体
摄食率/%	30.0	46.4	80.9	75.0	62.7	59.4
平均充塞度 ±S.D.	2.7±1.18	1.1±0.36	2.6±1.41	2.5±1.31	2.2±1.42	2.3±1.38
样本数 *n*	40	28	47	20	67	202

表9-9　不同发育期的高体雅罗鱼繁殖期（4～5月）的充塞度

Table 9-9　Fullness of *L. idus* at different gonadal stages in April and May

发育期	雌鱼			雄鱼		
	n	范围	平均±标准差	*n*	范围	平均±标准差
Ⅱ～Ⅲ	17	3～4	3.7±0.45	13	1～4	3.3±0.82
Ⅳ～Ⅵ	28	1～3	1.5±0.57	14	1～4	1.5±0.63

二、食物组成

渔获物消化道中共检测出藻类5门54属，其中硅藻门28属（占51.85%），绿藻门16属（占29.63%），蓝藻门5属（占9.26%），裸藻门4属（占7.41%），隐藻门1属（占1.85%）。鉴定出原生动物4属，轮虫4属，昆虫纲3目4科。此外，肠道中还检测出轮虫卵、泥沙、鳞片、植物碎屑等（表9-10）。

表9-10　额尔齐斯河高体雅罗鱼食物组成

Table 9-10　Diet compositions of *L. idus* in the Irtysh River

食物类别	*O%*	*N%*	*W%*	*IRI%*	*IP%*
藻类	100.00	88.43	1.64	63.47	2.91
蓝藻门 Cyanophyta	75.00	1.84	0.01	0.26	0.01
颤藻属 *Oscillatoria*	33.33	0.84	0.01	0.26	0.01
席藻属 *Phormidium*	25.00	0.17	+	+	+
蓝纤维藻属 *Dactylococcopsis*	8.33	0.03	+	+	+
鱼腥藻属 *Anabaena*	8.33	0.11	+	+	+
色球藻属 *Chroococcus*	75.00	0.69	+	+	+
绿藻门 Chlorophyta	58.33	6.62	0.10	1.97	0.11
卵囊藻属 *Oocystis*	16.67	0.28	+	+	+
盘藻属 *Gonium*	8.33	0.11	+	+	+
实球藻属 *Pandorina*	16.67	0.44	0.02	0.07	0.01
小球藻属 *Chlorella*	16.67	+	+	+	+
栅藻属 *Scenedesmus*	33.33	0.33	+	+	+
纤维藻属 *Ankistrodesmus*	33.33	0.23	+	+	+
盘星藻属 *Pediastrum*	8.33	0.11	+	+	+
蹄形藻属 *Kirchneeriella*	41.67	0.04	+	+	+
月牙藻属 *Selenastrum*	8.33	0.03	+	+	+
十字藻属 *Crucigenia*	33.33	0.22	+	+	+
韦氏藻属 *Westella*	8.33	+	+	+	+
新月藻属 *Closterium*	8.33	0.04	+	+	+
丝藻属 *Ulothrix*	41.67	0.66	+	+	+
微孢藻属 *Microspora*	16.67	0.48	+	+	+
水绵属 *Spirogyra*	58.33	3.43	0.08	1.90	0.10
鼓藻属 *Cosmarium*	50.00	0.22	+	+	+

续表

食物类别	O%	N%	W%	IRI%	IP%
硅藻门 Bacillariophyta	100.00	79.29	1.51	61.15	2.78
小环藻属 *Cyclotella*	66.67	0.48	+	+	+
圆筛藻属 *Coscinodiscus*	8.33	0.85	0.03	0.07	0.01
布纹藻属 *Gyrosigma*	8.33	0.01	+	+	+
平板藻属 *Tabellaria*	8.33	0.25	0.01	0.02	+
直链藻属 *Melosira*	41.67	2.34	0.01	0.91	0.01
针杆藻属 *Synedra*	91.67	1.35	0.09	1.23	0.18
星杆藻属 *Asterionella*	8.33	0.03	+	+	+
菱形藻属 *Nitzschia*	33.33	0.12	+	+	+
舟形藻属 *Navicula*	91.67	5.57	0.19	4.90	0.39
羽纹藻属 *Pinnularia*	83.33	1.79	0.61	1.86	1.14
曲壳藻属 *Achnanthes*	75.00	1.44	+	+	+
扇形藻属 *Merifion Ag.*	8.33	0.01	+	+	+
短缝藻属 *Eunotia*	25.00	0.44	+	+	+
辐节藻属 *Stauroneis*	33.33	0.11	+	+	+
脆杆藻属 *Fragilaria*	100.00	0.14	+	+	+
等片藻属 *Diatoma*	50.00	0.32	0.01	0.15	0.01
卵形藻属 *Cocconeis*	91.67	43.21	0.29	37.02	0.60
双眉藻属 *Amphora*	58.33	0.18	+	+	+
桥弯藻属 *Cymbella*	58.33	2.00	0.05	1.11	0.07
异极藻属 *Gomphonema*	83.33	17.6	0.20	13.77	0.37
双菱藻属 *Surirella*	16.67	0.34	0.01	0.05	+
双楔藻属 *Didymosphenia*	8.33	0.03	+	+	+
峨眉藻属 *Ceratoneis*	25.00	0.10	+	+	+
弯楔藻属 *Rhoicosphenia*	8.33	0.03	+	+	+
窗纹藻属 *Epithemia*	50.00	0.12	+	+	+
棒杆藻属 *Rhopalodia*	16.67	0.41	0.01	0.06	+
美壁藻属 *Caloneis*	41.67	0.01	+	+	+
细齿藻属 *Denticula*	16.67	0.01	+	+	+
裸藻门 Euglenophyta	20.00	0.67	0.02	0.09	0.01
裸藻属 *Euglena*	8.33	0.04	+	+	+
扁裸藻属 *Phacus*	8.33	0.06	+	+	+
鳞孔藻属 *Lepocinclis*	8.33	0.01	+	+	+
囊裸藻属 *Trachelomonas*	16.67	0.56	0.02	0.09	0.01
隐藻门 Cryptophyta	16.67	0.01	+	+	+
隐藻属 *Cryptomonas*	16.67	0.01	+	+	+

续表

食物类别	*O*%	*N*%	*W*%	*IRI*%	*IP*%
微型动物	66.67	0.16	3.56	2.18	5.26
原生动物 Protozoan					
表壳虫属 *Arcella* sp.	25.00	0.01	+	+	+
钟虫 *Vorticella* sp.	8.33	0.12	0.03	0.01	0.01
拟铃壳虫 *Tintinnopsis* sp.	16.67	0.01	+	+	+
砂壳虫 *Difflugia* sp.	33.33	0.01	+	+	+
轮虫 Rotifer					
长足轮虫 *R. neptunia*	25.00	+	0.02	+	0.01
角突臂尾轮虫 *B. angularis*	8.33	+	+	+	+
尖趾单趾轮虫 *M. closterocerca*	8.33	+	+	+	+
轮虫卵 Rotifer eggs	41.67	+	0.01	+	0.01
动物残肢 Unidentified arthropod	66.67	0.01	3.5	2.17	5.23
水生昆虫幼虫	58.33	0.07	69.11	2.84	39.07
蜉蝣目 Ephemeroptera					
蜉蝣目一种 *Ephemeroptera* sp.	33.33	0.02	5.55	1.72	4.15
四节蜉科一种 *Baetidae* sp.	8.33	+	29.72	+	5.55
鞘翅目一种 *Coleoptera* sp.	50.00	+	22.25	+	24.94
半翅目 Hemiptera	58.33	0.05	11.59	1.12	4.43
齿斑摇蚊属 *Stictochironomus* sp.	58.33	0.05	2.02	1.12	2.64
五脉摇蚊属 *Pentaneura* sp.	8.33	+	2.72	+	0.51
直突摇蚊属 *Orthocladius* sp.	8.33	+	6.85	+	1.28
植物碎屑	91.67	11.34	25.68	31.50	52.76
其他	41.67	+	0.01	+	+

注：某饵料所占的百分比< 0.01% 用“+”表示。

从出现率（*O*%）、个数百分比（*N*%）和相对重要性指数百分比（*IRI*%）来看，硅藻门都是占比最高的，但各类生物的质量百分比（*W*%），则是昆虫纲的占比最高（69.11%），其次是植物碎屑（25.68%）。硅藻门的相对重要性指数最高（61.15%），植物碎屑次之（31.50%），再次为昆虫纲（2.84%），绿藻门、蓝藻门、裸藻门、隐藻门、原生动物、轮虫、枝角类、桡足类等都是偶见种类。通过优势度指数（*IP*%）可以看出高体雅罗鱼的主要食物是植物碎屑（52.76%），其次是鞘翅目（24.94%），其他种类为偶然食物。高体雅罗鱼的鳃耙短小，排列稀疏；咽齿细长，稍侧扁，锥形，末端钩状；肠长/体长范围为0.96～1.76，其摄食和消化器官的形态特征适宜摄食底栖无脊椎动物和植物碎屑等。结合额尔齐斯河高体雅罗鱼的生活水层，可推断其摄食的高等水生植物以沉水植物为主，而本次食物组成鉴定结果中显示硅藻的出现率和百分比均最高，其可能原因是大部分硅藻为底栖附着生活尤以沉水植物体上居多，因此在高体雅罗鱼摄食高等水生植物时大量的硅藻也被摄入。

小　　结

1）额尔齐斯河高体雅罗鱼的渔获物年龄为 1^+～8^+ 龄，2^+～3^+ 龄的个体占 89.4%；雌鱼 3^+ 龄和 4^+ 龄个体，分别占雌鱼样本数的 28.3% 和 34.0%；雄鱼 3^+ 龄和 4^+ 龄个体共占雄鱼样本数的 84.2%，未辨性别个体主要为 2^+ 龄和 3^+ 龄鱼，共占 80.3%。渔获物的体长范围为 136～402mm，体重范围为 53.0～1950.5g。

2）额尔齐斯河高体雅罗鱼雌鱼和雄鱼年间生长无显著差异，雌鱼和雄鱼的体长与体重的关系分别为 $W=5.978\times10^{-6}L^{3.267}$ 和 $W=2.137\times10^{-6}L^{3.444}$；von Bertalanffy 生长方程参数，雌鱼为 L_∞=444.5mm，W_∞=2673.9g，k=0.239，t_0=−0.419；雄鱼为 L_∞=363.7mm，W_∞=1409.3g，k=0.476，t_0=0.395。表观生长指数（$\varnothing$）分别为 4.6741 和 4.7991。雌鱼拐点年龄（t_i）为 4.18 龄，对应的体长和体重分别为 296.3mm 和 711.0g；雄鱼的拐点年龄（t_i）为 2.70 龄，对应的体长和体重分别为 242.5mm 和 348.8g。

3）渔获物中雌鱼最小性成熟个体年龄为 3^+ 龄，体长为 181mm，体重为 145.6g；雌鱼最小性成熟年龄为 2^+ 龄，体长为 90mm，体重为 14.6g。估算的雌鱼 50% 个体达到性成熟的体长和年龄分别为 269mm 和 3.1 龄，雄鱼 50% 个体达到性成熟的体长和年龄分别为 277mm 和 3.5 龄。繁殖期为 4 月。以Ⅳ期性腺越冬。绝对繁殖力范围为 11 085～129 082egg，平均 58 931±29 016.5egg；相对繁殖力范围为 14.6～221.4egg/g 体重，平均 107.7±58.3egg/g 体重。

4）主要生长期 4～8 月的摄食率为 59.4%。成熟亲鱼在繁殖期摄食强度明显降低。消化道中的食物种类包括藻类、原生动物、轮虫、水生昆虫幼体和植物碎屑等。水生昆虫幼体的重量百分比（*W*%）最高达 69.11%，植物碎屑次之，为 25.68%；针对重要指数百分比（*IRI*%）硅藻门最高，为 61.15%，植物碎屑次之，为 31.50%，水生昆虫幼虫仅为 2.84%，优势度指数（*IP*%）植物碎屑最高，为 52.76%，其次为水生昆虫幼虫，达 34.64%。表明高体雅罗鱼是以植物碎屑和底栖无脊椎动物为主要食物的杂食性鱼类，大量出现的藻类应是摄食植物碎屑时带入的。

主要参考文献

范喜顺, 全仁哲. 2008. 新疆赛里木湖高体雅罗鱼生物学研究. 兵团教育学院学报, 18(4): 51-52

郭焱, 张仁铭, 蔡林钢, 等. 2012. 新疆鱼类志. 乌鲁木齐: 新疆科学出版社

霍堂斌, 马波, 唐富江, 等. 2008. 新疆3 种雅罗鱼生长模型的比较研究. 水产学杂志, 21(2): 9-13

廖文林, 黄梅生. 1988. 新疆赛里木湖移入鱼类仔鱼生长调查. 淡水渔业, (3): 3-38

任慕莲, 郭焱, 张人铭, 等. 2002. 中国额尔齐斯河鱼类资源及渔业. 乌鲁木齐: 新疆科技卫生出版社: 124-131

谢从新, 霍斌, 魏开建, 等. 2019. 雅鲁藏布江中游裂腹鱼类生物学与资源养护技术. 北京: 科学出版社: 18-42

GOMULKA P, ŻARSKI D, KUPREN K, *et al.* 2014. Acute ammonia toxicity during early ontogeny of ide *Leuciscus idus* (Cyprinidae). *Aquaculture International*, 22(1): 225-233

HARZEVILI A S, VUGHT I, AUWERX J, *et al.* 2012. Larval rearing of ide (*Leuciscus idus* (L.)) using decapsulated Artemia. *Archives of Polish Fisheries,* 20 (3): 219-222

KREJSZEFF S, TARGOŃSKA K, ŻARSKI D, *et al.* 2009. Domestication affects spawning of the ide (*Leuciscus idus*)-preliminary study. *Aquaculture,* 295 (1-2): 145-147

MEHIS R, IMRE T, ROLAND S, *et al.* 2015. Old timers from the Baltic Sea: Revisiting the population structure and maximum recorded age of ide Leuciscus idus. *Fisheries Research*, 165: 74-78

NEUKIRCH M, HAAS L, LEHMANN H, *et al.* 1999. Preliminary characterization of a reovirus isolated from golden ide *Leuciscus idus* melanotus. *Diseases of Aquatic Organisms*, 35(3): 159-164

RAFAEL J, BRAUNBECK T. 1988. Interacting effects of diet and environmental temperature on biochemical parameters in the liver of *Leuciscus idus* melanotus (Cyprinidae: Teleostei). *Fish Physiology and Biochemistry*, 5 (1): 9-19

WITESKA M, SARNOWSKI P, ŁUGOWSKA K, *et al.* 2014. The effects of cadmium and copper on embryonic and larval development of ide *Leuciscus idus* L. *Fish Physiology and Biochemistry*, 40(1): 151-163

第十章　东方欧鳊的生物学

张志明　刘成杰　丁慧萍　谢从新
华中农业大学 湖北 武汉，430070

东方欧鳊（*Abramis brama orientalis*），曾用名东方真鳊，俗称鳊鱼、鳊花、欧鳊，隶属于鲤形目（Cypriniformes），鲤科（Cyprinidae），雅罗鱼亚科（Leuciscinae），欧鳊属（*Abramis*）。东方欧鳊原分布于欧洲比利牛斯山脉以东、阿尔卑斯山脉以北、巴尔干半岛、爱尔兰北部、黑海、亚速海、波罗的海、白海和巴伦支海东部等水域，1924年被移殖到西伯利亚地区，1949年被移殖到现哈萨克斯坦巴尔喀什湖，20世纪60年代被移殖到俄罗斯卡斯里诸湖及伊塞特河水系，后逐步向东扩散进入鄂毕河水系，继而溯河而上进入我国额尔齐斯河和伊犁河，1968年被移殖到乌伦古湖，1971年"引额济海渠道"修建后，从额尔齐斯河大量进入乌伦古湖。目前，东方欧鳊广泛分布于新疆的额尔齐斯河、伊犁河、乌伦古湖、博斯腾湖、乔什哈力湖、柴窝堡湖和红雁池水库等水体，成为新疆的主要经济鱼类之一（潘育英等，1992；郭焱等，2012），并相继引种到全国各地。

受人类活动的干扰，额尔齐斯河的东方欧鳊自然种群正呈现出逐渐衰退的趋势（张安国，2002；阿达可白克·可尔江，2003；郭焱等，2012）。本章采用常规生物学方法（谢从新等，2019），对新疆额尔齐斯河东方欧鳊的基础生物学特性进行了研究，旨在探索东方欧鳊的生物学特性与环境适应性，为更加充分合理地利用这一资源，开展东方欧鳊种质资源保护提供科学依据和理论基础。

第一节　渔获物组成

2013年4～10月和2014年5月在新疆额尔齐斯河中国段下游，采用的渔具包括三层流刺网（内层网目10cm，外层网目23cm）、定置刺网（网目6cm、2.5cm）以及围网（网目1cm）。每月样本不少于30尾，共采集样本656尾，其中，雌鱼201尾，雄鱼235尾，未鉴定性别的个体220尾。

一、年龄结构

依据微耳石磨片鉴定了656尾鱼的年龄。东方欧鳊渔获物年龄组成较为复杂，年龄范围为1^+～15^+龄，其中3^+～9^+龄占86%。雄鱼235尾，年龄为3^+～13^+龄，雌鱼201尾，年龄为3^+～15^+龄，雄鱼和雌鱼7^+～9^+龄个体分别占各自渔获物总数的70.2%和64.0%；性别未辨个体220尾，年龄为1^+～8^+龄，2^+～4^+龄个体占83.79%（图10-1）。

二、体长分布

渔获物的体长分布如图10-2所示。656尾样本的体长分布为62～344mm，平均182.7±66.57mm。雄鱼235尾，体长为102～333mm，平均体长为212.4±40.22mm，优势体长范围为150～300mm，占90.645%。雌鱼201尾，体长为105～344mm，平均体长为227.4±50.62mm，优势体长范围为150～300mm，占85.0%。性别未辨个体220尾，体长为

62～237mm，平均体长为 111.3±34.11mm，体长 50～150mm 的个体占 96.84%。雌鱼体长均值显著性大于雄鱼（t 检验，$P < 0.001$）。

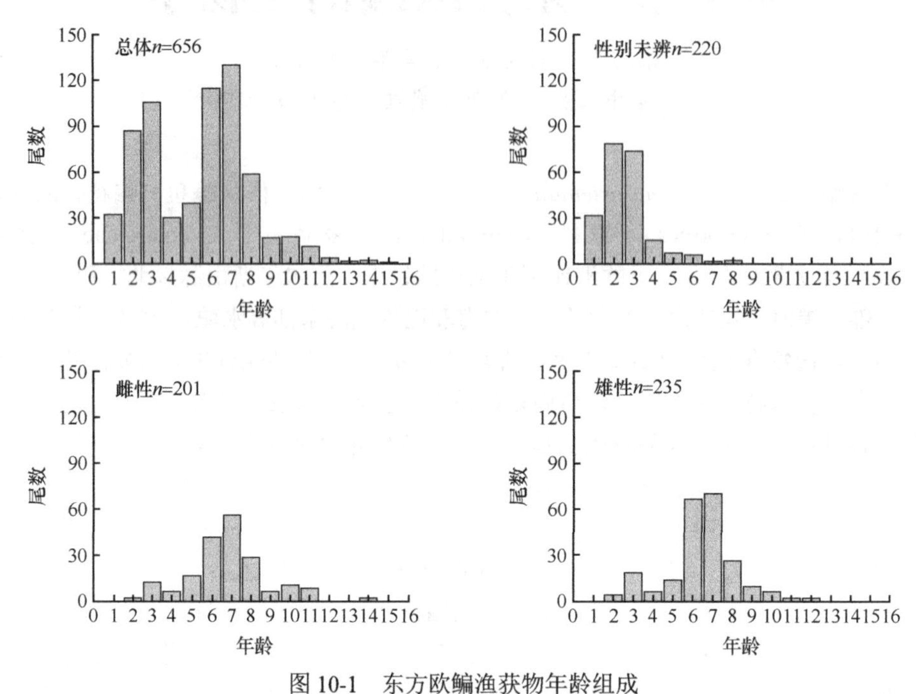

图 10-1　东方欧鳊渔获物年龄组成

Figure 10-1　Age frequency composition of *A. brama orientalis* in the Irtysh River

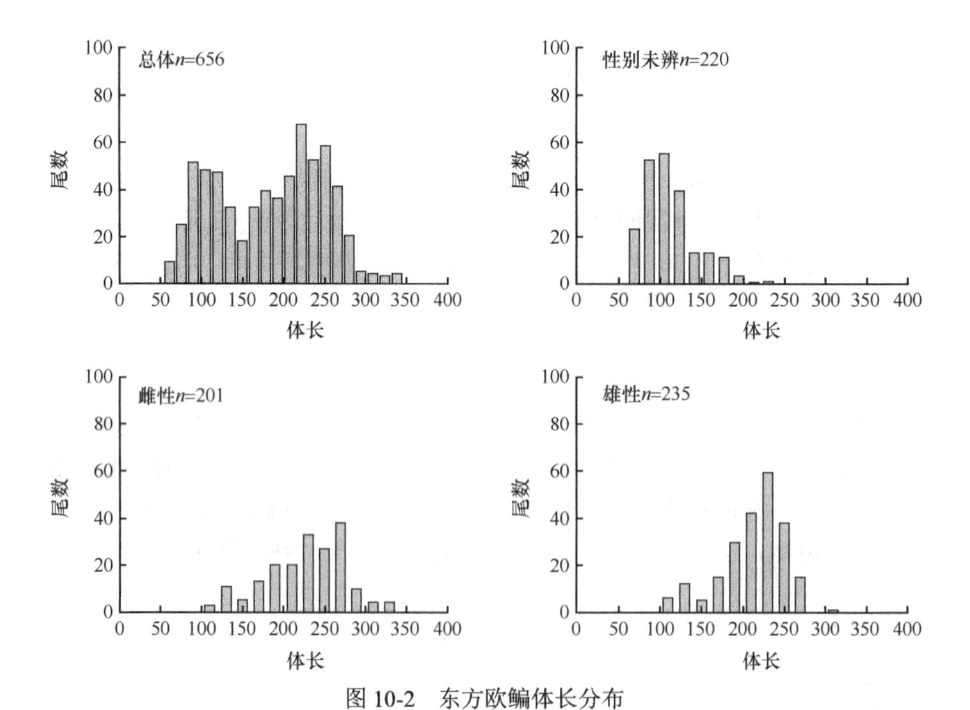

图 10-2　东方欧鳊体长分布

Figure 10-2　Distributions of the standard length frequency of *A. brama orientalis* in the Irtysh River

三、体重分布

渔获物的体重分布如图10-3所示。656尾样本的体重分布为4.5～988.5g，平均201.8±184.04g，400g以下个体占84.17%。雄鱼235尾，体重为22.0～855.8g，平均体重为249.6g，400g以下个体占88.51%；雌鱼201尾，体重为20.7～988.5g，平均体重为327.2±197.7g，500g以下个体占84.42%；性别未辨个体220尾，体重为4.5～383.5g，平均体重为38.19±46.49g，100g以下个体占90.54%。雌鱼体重均值显著性大于雄鱼（t检验，$P < 0.001$）。

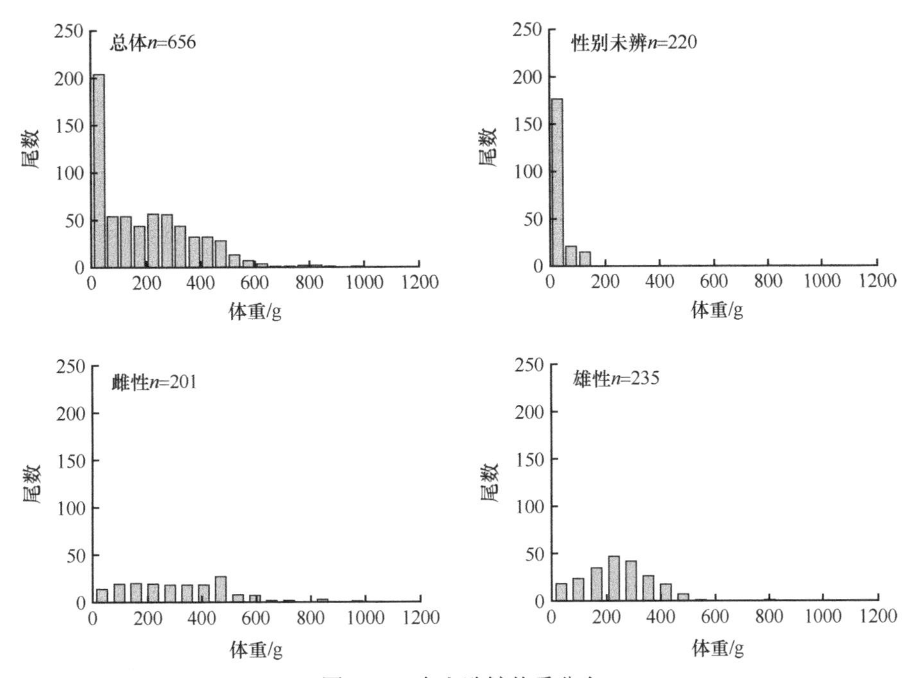

图10-3　东方欧鳊体重分布

Figure 10-3　Distributions of the body weight frequency of *A. brama orientalis* in the Irtysh River

第二节　生长特性

一、实测体长和体长退算

（一）实测体长

根据620尾样本实测的体长数据，不同性别各龄组的体长和体重均值及范围见表10-1。

表10-1　东方欧鳊不同年龄组平均体长和体重范围

Table 10-1　Mean and range of standard length-at-age and standard length at age of *A. brama orientalis*

年龄	雌鱼			雄鱼			总体*		
	n	范围	平均±标准差	n	范围	平均±标准差	n	范围	平均±标准差
体长/mm									
0^+							4	29～36	31.8±3.0
1^+							32	62～95	74.7±8.4

续表

年龄	雌鱼			雄鱼			总体*		
	n	范围	平均±标准差	*n*	范围	平均±标准差	*n*	范围	平均±标准差
2^+	3	121～136	127.0±7.9	5	102～132	115.6±14.3	87	75～136	99.1±14.2
3^+	13	105～143	126.6±12.2	19	105～156	135.4±15.1	107	93～156	122.3±15.9
4^+	7	131～216	167.9±32.3	7	125～201	163.7±26.4	29	118～216	159.0±22.8
5^+	17	157～266	196.2±36.5	15	162～249	205.3±26.5	40	155～266	198.1±31.3
6^+	42	170～322	234.3±29.7	67	164～266	219.0±23.7	116	162～322	221.7±28.0
7^+	57	159～307	240.3±36.4	71	166～286	227.9±28.3	129	158～307	232.5±33.3
8^+	29	177～334	237.2±43.6	27	178～315	220.9±32.7	56	177～334	227.4±39.3
9^+	7	193～261	231.9±26.5	10	187～263	222.3±24.5	17	187～263	226.2±25.0
10^+	10	181～317	222.8±45.7	8	201～299	239.1±30.8	18	181～317	252.2±40.8
11^+	8	236～336	285.6±35.5	2	245～276	260.5±21.9	11	236～336	285.3±35.8
12^+	1		229.0	3	261～317	280.3±31.8	4	229～317	267.5±36.5
13^+	1		276.0	1		212.0	2	212～276	244.0±45.3
14^+	3	229～286	263.5±30.3				3	229～286	301.7±38.7
15^+	1		275.0				1		275.0
体重/g									
0^+							4	0.4～0.6	0.5±0.12
1^+							32	4.5～16.5	7.4±2.65
2^+	3	35.4～60.3	46.1±10.48	5	22.0～49.7	33.6±11.25	87	6.5～60.351	20.1±11.28
3^+	13	20.7～71.1	44.6±14.44	19	22.7～93.2	57.1±19.73	107	13.8～93.2	40.5±19.05
4^+	7	49.3～217.9	118.1±64.46	7	40.1～205.6	104.8±49.53	29	31.0～217.9	95.3±46.56
5^+	17	82.8～530.6	204.9±137.20	15	91.8～351.2	213.0±79.24	40	82.8～630.6	202.6±110.89
6^+	42	105.1～594.7	324.8±116.63	67	94.6～446.9	253.1±83.19	116	85.7～594.7	271.5±107.59
7^+	57	92.1～713.4	363.4±158.34	71	90.6～531.8	295.7±114.11	129	73.3～713.4	322.5±141.29
8^+	29	121.7～838.9	347.0±188.71	27	112.6～755.4	273.4±136.47	56	112.6～838.9	304.1±168.77
9^+	7	174.3～462.2	332.7±106.07	10	143.8～454.4	268.3±89.99	17	143.8～462.2	294.8±10198
10^+	10	119.7～851.5	487.2±228.30	8	181.9～599.5	329.0±129.68	18	119.7～851.5	416.9±206.42
11^+	8	385.0～950.9	594.0±204.53	2	334.9～855.8	566.3±216.56	11	334.9～950.9	587.1±208.0
12^+	1		295.0	3	381.9～778.0	538.7±171.88	4	295.0～778.0	477.8±182.48
13^+	1		499.1	1		231.6	2	231.6～499.1	365.3±133.77
14^+	3	443.6～988.5	691.2±225.17				3	443.6～988.5	691.2±225.17
15^+	1						1		568.80

* 数据包括性别未辨样本。

（二）体长退算

比较不同关系式拟合的耳石半径与鱼体体长的关系发现，幂函数的相关性最高，关系式为：

雄鱼：$L=255.5R^{1.668}$　（$R^2=0.908$）

雌鱼：$L=258.6R^{1.698}$　（$R^2=0.913$）

总体：$L=257.5R^{1.674}$　（$R^2=0.900$）

同一龄组雌鱼和雄鱼平均体长无显著差异（独立样本t检验，全部$P>0.05$），故采用总体相关式退算出各龄的退算平均体长及年增长率，见表10-2。各龄退算平均体长与实测体长间无显著性差异（独立样本t检验，全部$P>0.05$）。从表10-2中可以看出，体长的年增长率随年龄增大而逐渐下降。

表10-2　东方欧鳊退算体长及年增长率

Table 10-2　Back-calculated mean standard length-at-age and annual length increment of *A. brama orientalis* from the Irtysh River in China

年龄	n	SL_1	SL_2	SL_3	SL_4	SL_5	SL_6	SL_7	SL_8	SL_9
2^+	32	47.9								
3^+	87	46.2	81.3							
4^+	107	45.9	81.1	108.6						
5^+	29	44.6	80.2	108.8	132.0					
6^+	40	49.1	85.9	116.9	145.0	171.5				
7^+	116	48.3	85.5	117.9	142.2	166.8	192.6			
8^+	130	48.7	85.7	116.2	141.8	163.5	185.5	207.7		
9^+	56	47.5	85.6	116.2	142.5	163.6	181.7	200.7	220.4	
10^+	17	47.6	87.0	118.8	147.0	168.0	186.8	203.0	218.4	234.3
加权平均值 a		47.4	84.0	114.7	141.8	165.7	187.5	205.4	220.0	234.3
年增长率 ΔL		47.4	36.6	30.7	27.1	23.9	21.8	17.9	14.6	14.3

二、体长与体重的关系

将东方欧鳊分雌鱼、雄鱼和种群总体拟合体长与体重的关系（图10-4），关系式如下。

雌鱼：$W=3.075\times10^{-5}L^{2.958}$　（$R^2=0.969$，$n=201$）

雄鱼：$W=1.424\times10^{-5}L^{3.093}$　（$R^2=0.974$，$n=235$）

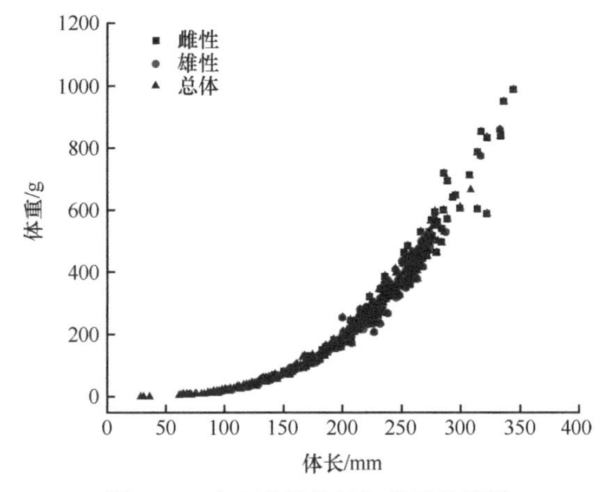

图10-4　东方欧鳊体长与体重的关系

Figure 10-4　Length-weight relationships of *A. brama orientalis*

总体：$W=1.771\times10^{-5}L^{3.055}$ （$R^2=0.983$，$n=660$）

估算的雌鱼 b 值（2.958）与理论 b 值之间无显著性差异（t 检验，$P=0.11$），为匀速生长；雄鱼 b 值（3.093）显著性大于理论 b 值（t 检验，$P<0.001$），为异速生长。

三、生长方程

由于 $2^+\sim5^+$ 龄雌鱼和雄鱼同一年龄组的平均体长没有显著性差异（t 检验，所有 $P>0.05$），我们将性别未辨的个体（2～5 龄）都加入雌鱼和雄鱼的数据中分别拟合 von Bertalanffy 生长方程（图 10-5）。通过体长生长方程以及体长与体重关系式，获得体重生长方程。东方欧鳊雌鱼和雄鱼的体长与体重生长方程分别如下。

体长生长方程：

雌鱼：$L_t=475.1\,[1-e^{-0.074\,(t+1.049)}]$

雄鱼：$L_t=402.3\,[1-e^{-0.094\,(t+0.957)}]$

体重生长方程：

雌鱼：$W_t=2545.5\,[1-e^{-0.074\,(t+1.049)}]^{2.958}$

雄鱼：$W_t=1619.5\,[1-e^{-0.094\,(t+0.957)}]^{3.093}$

雌鱼和雄鱼的表观生长指数（$\varnothing$）分别为 4.2228 和 4.1822。

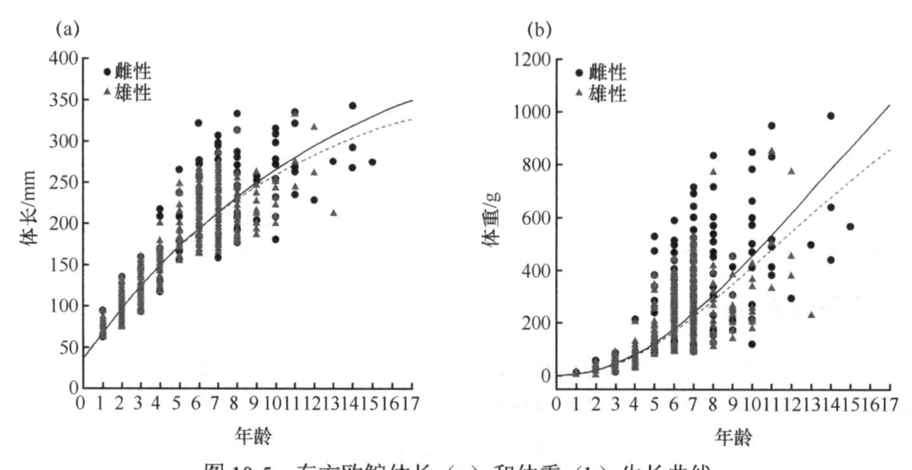

图 10-5 东方欧鳊体长（a）和体重（b）生长曲线

Figure 10-5 Standard length（a）and body weight（b）growth curves of *A. brama orientalis*

四、生长速度和加速度

对东方欧鳊雌鱼和雄鱼的体长、体重生长方程分别进行一阶求导和二阶求导，获得体长、体重生长的速度和加速度方程，如下：

雌鱼：

$dL/dt=35.16e^{-0.074(t+1.049)}$

$d^2L/dt^2=-2.60e^{-0.074(t+1.049)}$

$dW/dt=557.19e^{-0.074(t+1.049)}[1-e^{-0.074(t+1.049)}]^{1.958}$

$d^2W/dt^2=41.23e^{-0.074(t+1.049)}[1-e^{-0.074(t+1.049)}]^{0.958}[2.958e^{-0.074(t+1.049)}-1]$

雄鱼：

$dL/dt=37.82e^{-0.094(t+0.957)}$

$d^2L/dt^2=-3.55e^{-0.094\,(t+0.957)}$

$dW/dt=470.86e^{-0.094(t+0.957)}[1-e^{-0.094(t+0.957)}]^{2.093}$

$d^2W/dt^2=44.26e^{-0.094(t+0.957)}[1-e^{-0.094(t+0.957)}]^{2.093}[3.093e^{-0.094(t+0.957)}-1]$

图 10-6 显示，东方欧鳊的体长生长没有拐点。体长生长速度随年龄增长逐渐下降，最终趋于 0；体长生长加速度则随年龄的增长而增加，但增速逐渐变缓，最终趋于 0，且一直小于 0，说明东方欧鳊体长生长速率在出生时最高，随着年龄增长而逐渐下降，当达到一定年龄之后趋于停止生长。体重生长速度曲线先上升后下降，具有生长拐点，雌鱼的拐点年龄（t_i）为 13.80 龄，对应的体长和体重分别为 316.7mm 和 767.2g；雄鱼的拐点年龄（t_i）为 10.73 龄，拐点处对应的体长和体重分别为 268.2mm 和 462.1g。拐点年龄为体重绝对生长速度达到最大时的年龄，渔获物中雌鱼和雄鱼未达到拐点年龄的个体分别约占 98.01% 和 97.02%，即绝大部分东方欧鳊在体重绝对生长速度未达到最大时就被捕获，不利于鱼体生长潜能的发挥。

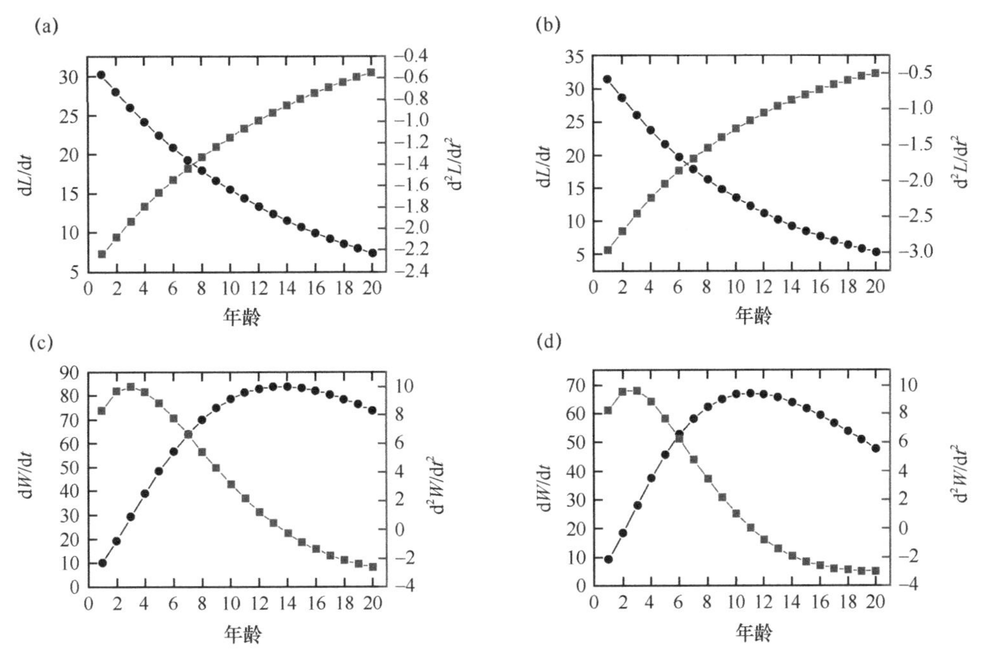

图 10-6　东方欧鳊雌鱼（a，c）和雄鱼（b，d）体长、体重生长速度和生长加速度

Figure 10-6　Growth rate and growth acceleration of the standard length and weight of female (a, c) and male (b, d) for *A. brama orientalis*

东方欧鳊的生长速率通常随纬度的降低而升高（Stankus，2006），但不同维度地区东方欧鳊的生长速率并不完全遵循这一规律（表 10-3）。Kakareko（2001）和 Stankus（2006）指出东方欧鳊的生长速率主要取决于水体中底栖动物，尤其是摇蚊幼虫的多少。Kangur（1996）报道在高纬度的爱沙尼亚佩普西湖，东方欧鳊的生长速率非常高，该湖的底栖动物生物量达 15.56g/m^2，说明作为东方欧鳊主要食物的底栖动物生物量对生长速率的影响可能较纬度高低更为明显。额尔齐斯河干流与其附属水体乌伦古湖处于同一纬度，额尔齐斯河干流东方欧鳊雌雄种群的表观生长指数分别为 4.2228 和 4.1822，低于乌伦古湖种群的表观

生长指数（4.591），可能与额尔齐斯河干流中的底栖动物丰度相对较低有关。额尔齐斯河下游底栖动物生物量仅 3.6g/m^2（王军等，2014），而乌伦古湖底栖动物生物量达到 9.83g/m^2（赵永晶等，2011），说明食物丰度对鱼类生长的重要性。

表10-3　东方欧鳊不同种群的生长特性比较

Table 10-3　Comparison of growth characters of *A. brama orientalis* in different studies

地区	年龄材料	性别	生长参数				参考文献
			L_∞	k	t_0	Ø	
Lake Tatton Mere（英国）	鳃盖骨	M+F	476	0.114	–0.056	4.412	Goldspink，1981
Lake Cole Mere（英国）		M+F	394	0.119	–0.097	4.266	
Lake Ellesmere（英国）		M+F	494	0.118	–0.107	4.459	
Lake Dabie（波兰）	鳞片	M+F	544	0.113	–0.033	4.524	Kompowski，1982
River Regalica（波兰）	鳞片	M+F	515	0.108	–0.059	4.457	
Lake Volvi（希腊）	鳞片	M	397	0.102	–0.351	4.207	Valoukas & Economidis，1996
	鳞片	F	446	0.094	–0.406	4.272	
Wloclawek reservoir（波兰）	鳞片	M+F	546	0.185	0.015	4.742	Kakareko，2001
Międzyodrze waters（波兰）	鳞片	M+F	593	0.100	–0.037	4.546	Neja & Kompowski，2001
乌伦古湖（中国）	鳞片	M+F	566	0.122	–0.131	4.592	阿达可白克·可尔江等，2003
Danube（克罗地亚）	鳞片	M+F	577	0.087	–0.885	4.462	Treer *et al.*，2003
乌伦古湖（中国）	耳石	M+F	449	0.054	–0.590	4.037	胡少迪，2014
额尔齐斯河（中国）	耳石	M+F	349	0.123	–0.205	4.176	张志明，2016

第三节　性腺发育与繁殖习性

一、性腺发育

（一）性腺发育特征

卵巢和精巢发育分期及形态学特征见表 10-4。组织切片显示，相同发育期的卵巢和精巢中同时存在处于不同发育期的生殖细胞（图 10-7 和图 10-8）。

表10-4　东方欧鳊性腺发育分期及形态学特征

Table 10-4　Macroscopic characteristics for the determination of gonad developmental stages of *A. brama orientalis*

发育期	形态学特征	性腺指数 *GSI* 平均±S.E.(*n*)
雌鱼		
Ⅰ 未成熟	形态学：肉眼无法分辨雌雄，性腺呈细线状，白色且透明。 组织学：卵巢中充满处于染色质-核仁和核仁时相的卵母细胞［图 10-7（a）］	0.28±0.02（21）
Ⅱ 早期发育	形态学：卵巢呈细带状，体积小于腹腔的 1/5；颜色为淡黄色，半透明；血管化不明显；肉眼无法分辨卵母细胞。 组织学：卵巢中充满处于卵黄泡时相的卵母细胞，同时存在一些核仁周围时相和染色质-核仁时相的卵母细胞［图 10-7（b）］	0.99±0.06（45）

续表

发育期	形态学特征	性腺指数 *GSI* 平均±S.E.(*n*)
Ⅲ 后期发育	形态学：卵巢变大，约占腹腔体积的 1/4；黄色，不透明；血管化明显；肉眼可见卵母细胞；卵母细胞相互粘连，无法剥离。 组织学：卵巢以初级卵黄时相的卵母细胞为主，同时存在卵黄泡时相和核仁周围时相的卵母细胞［图 10-7（c）］	2.74±0.29（21）
Ⅳ 成熟前期	形态学：卵巢体积明显膨胀，约占腹腔体积的 1/2；橘黄色，血管化较明显；卵黄开始沉积，卵母细胞变大；卵巢膜薄而富有弹性。 组织学：卵巢以次级卵黄时相卵母细胞为主，仍能观察到少量的初级卵黄时相和卵黄泡时相的卵母细胞［图 10-7（d）］	8.6±0.61（66）
Ⅴ 成熟	形态学：卵巢体积达到最大，大于腹腔体积的 1/2；呈淡红色，血管化非常明显；卵黄大量沉积，卵粒直径达到最大；卵粒在卵巢中彼此分离，可以自由流动，轻压腹部，有卵粒排除；卵巢膜薄而有弹性。 组织学：卵巢以第三时相的卵母细胞为主，仍有次级卵黄及少量初级卵黄时相的卵母细胞存在［图 10-7（e）］	11.22±0.09（20）
Ⅵ 产后	形态学：腹腔松软；卵巢体积明显减小，卵巢膜增厚，呈暗红色；血管明显；未产出的卵母细胞开始退化吸收。 组织学：卵巢中出现空滤泡，少数未产出的成熟卵母细胞退化并被重吸收，卵母细胞处于初级生长时相和卵黄泡时相［图 10-7（f）］	1.31±0.09（21）
雄鱼		
Ⅰ 未成熟	形态学：肉眼无法分辨雌雄，性腺呈细线状，白色且透明。 组织学：精小叶充满了被结缔组织包裹的椭圆形精原细胞［图 10-8（a）］	
Ⅱ 早期发育	形态学：精巢呈细带状；灰白色，半透明；表面血管不可见。 组织学：以精原细胞和精母细胞为主，可见少量的精细胞［图 10-8（b）］	0.51±0.07(18)
Ⅲ 后期发育	形态学：精巢圆杆状，体积约占腹腔的 1/5；白色，半透明；血管不明显。 组织学：精小叶中含有几乎等量的精母细胞和精子细胞，少量精原细胞附着在精小叶的内壁上［图 10-8（c）］	1.06±0.06 (79)
Ⅳ 成熟前期	形态学：精巢扁带状，体积约占腹腔的 1/4；乳白色，不透明；血管明显。 组织学：大量精细胞和精子充斥于精小管空腔内，精小叶中可观察到少量的精母细胞［图 10-8（d）］	1.81±0.07 (59)
Ⅴ 成熟	形态学：精巢体积达到最大，约占腹腔的 1/3；乳白色；血管非常明显；轻压腹部会有精子流出。 组织学：精小叶和输精管中充满了成熟的精子，同时有少量的精母细胞和精细胞［图 10-8（e）］	2.06±0.20 (12)
Ⅵ 产后	形态学：精巢体积明显减小，腹腔松软；暗红色，血管化极其明显。 组织学：精巢中以精原细胞为主，可见少量残留精子［图 10-8（f）］	0.36±0.06 (16)

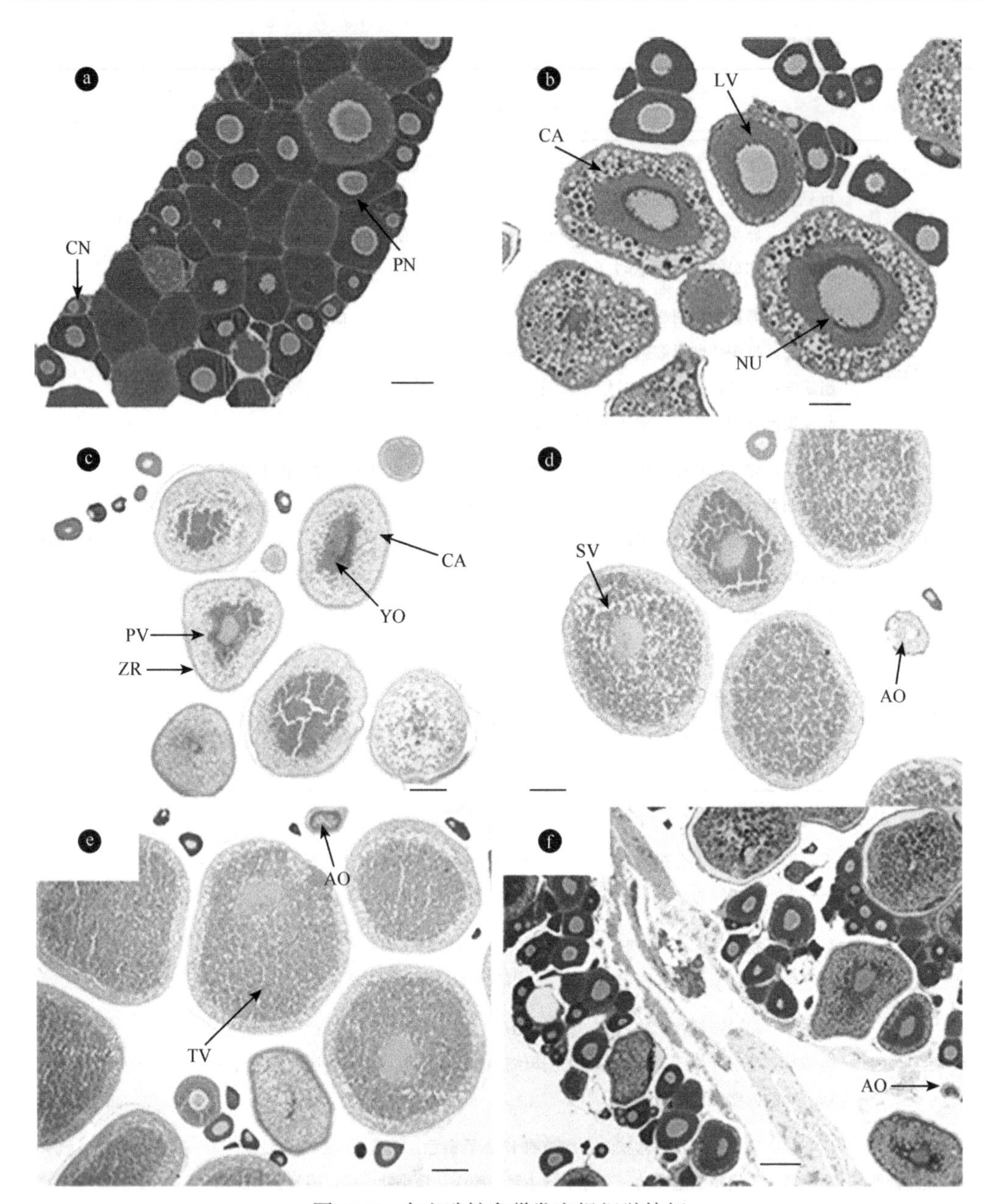

图 10-7　东方欧鳊卵巢发育组织学特征

Figure 10-7　Histological features of ovaries in different developmental stages of *A. brama orientalis*

（a）未成熟期；（b）早期发育期；（c）后期发育期；（d）成熟中期；（e）成熟期；（f）产后期。CN，染色质-核仁时相；PN，核仁周围时相；LV，卵黄泡时相；PV，初级卵黄时相；SV，次级卵黄时相；TV，第三时相卵黄时相；CA，卵黄泡；NU，核仁；ZR，透明带；AO，闭锁卵母细胞。标尺：（a），（b）和（f）为100μm，（c），（d）和（e）为200μm

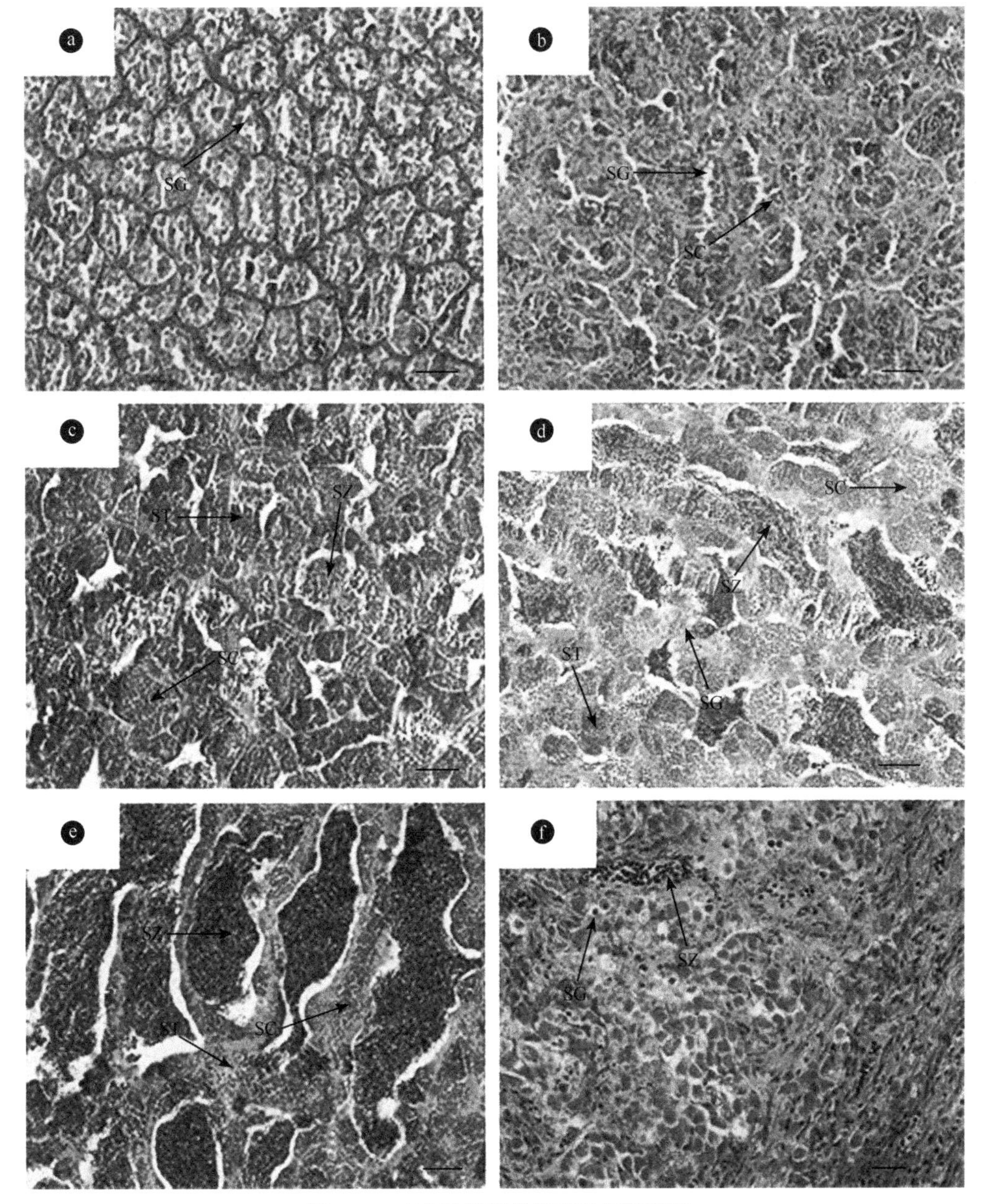

图 10-8　东方欧鳊精巢发育组织学观察

Figure 10-8　Histological features of testes in different developmental stages of *A. brama orientalis*

（a）未成熟期；（b）早期发育期；（c）后期发育期；（d）成熟中期；（e）成熟期；（f）产后期。SG，精原细胞；SC，精母细胞；ST，精细胞；SZ，精子。标尺：（a），（b），（c），（d）和（e）为 50μm，（f）为 20μm

（二）副性征

非繁殖季节，东方欧鳊雌雄成鱼个体之间在外部形态上无明显差异。繁殖季节，成熟雌鱼腹部较雄鱼膨大，身体任何部位不具"珠星"；成熟雄鱼体型相对瘦长，腹部膨大程度不明显，在头后背部、眼眶周围、尾柄处以及各鳍鳍条均出现白色坚硬的粒状突起（珠星），头背部最为明显。

二、繁殖群体

（一）性比

对2013年采集的546尾东方欧鳊样本进行了统计，其中雌鱼173尾，雄鱼184尾，性别未辨个体189尾，雄鱼∶雌鱼为1.06∶1，与理论值1之间无明显差异（χ^2=0.17，d.f.=1，$P>0.05$）。但在繁殖季节前后出现了明显的变化（表10-5）：繁殖期前雄鱼数量较多（4月）；繁殖初期（5月），雌鱼数量逐渐增加，雌、雄鱼数量接近；而到了繁殖后期（6月），雌鱼数量则明显多于雄鱼；非繁殖季节（7～10月），雌雄鱼在数量上无显著差异。性比是种群生态学研究的一个重要参数，是决定种群繁殖力的重要因素之一（Cao *et al.*，2009；殷名称，1995）。繁殖季节雄鱼过剩有利于保护雌鱼或促使其卵巢尽快恢复（Türkmen *et al.*，2002）。

表10-5　不同月份东方欧鳊的性别比例

Table 10-5　Sex ratio of *A. brama orientalis* in the Irtysh River from Mar. to Oct. 2013

月份	数量		性比 *M/F*	卡方检验
	雄鱼	雌鱼		
3月	20	15	1.33	$P<0.05$
4月	25	16	1.56	$P<0.05$
5月	34	34	1.00	$P>0.05$
6月	22	25	0.88	$P<0.05$
7月	25	26	0.96	$P>0.05$
8月	21	21	1.00	$P>0.05$
9月	23	23	1.00	$P>0.05$
10月	14	13	1.08	$P>0.05$
合计	184	173	1.06	$P>0.05$

（二）成熟年龄

渔获物中雌鱼最小性成熟体长和年龄分别为166mm和5龄；雄鱼最小性成熟体长和年龄分别为156mm和4龄。所有雌鱼体长大于235mm和年龄大于9龄，以及所有雄鱼体长大于195mm和年龄大于7龄可全部达到性成熟（表10-6）。雌鱼和雄鱼的最小性成熟个体的年龄与全部性成熟时年龄分别相差4龄和3龄。

表10-6　额尔齐斯河东方欧鳊不同年龄性成熟比例

Table 10-6　Proportions mature at ages of *A. brama orientalis* in the Irtysh River

年龄	雌鱼			雄鱼			总体		
	尾数	成熟尾数	比例/%	尾数	成熟尾数	比例/%	尾数	成熟尾数	比例/%
1^+	0	0	0.00			0.00	0	0	0.00
2^+	3	0	0.00	5	0	0.00	8	0	0.00
3^+	13	0	0.00	13	0	0.00	26	0	0.00
4^+	7	0	0.00	7	0	0.00	14	0	1.00

续表

年龄	雌鱼			雄鱼			总体		
	尾数	成熟尾数	比例/%	尾数	成熟尾数	比例/%	尾数	成熟尾数	比例/%
5+	14	1	7.14	15	5	33.33	29	6	20.69
6+	35	9	25.71	45	25	55.56	80	34	42.50
7+	45	27	60.00	54	49	90.74	99	76	76.77
8+	25	20	80.00	25	25	100.00	50	45	90.00
9+	8	8	100.00	10	10	100.00	18	18	100.00
10+	10	10	100.00	6	6	100.00	16	16	100.00
11+	7	7	100.00	2	2	100.00	9	9	100.00
12+	1	1	100.00	1	1	100.00	2	2	100.00
13+	1	1	100.00	1	1	100.00	2	2	100.00
14+	3	3	100.00				3	3	100.00
15+	1	1	100.00				1	1	100.00
合计	173	88	50.87	184	124	67.39	357	212	59.38

将性成熟个体比例对体长和年龄分别进行逻辑斯蒂回归，50% 个体初次性成熟的体长和年龄的回归方程如下：

体长：雌鱼：$P=100/[1+e^{-0.10(L\text{mid}-203.5)}]$（$n=173$，$R^2=0.998$）

雄鱼：$P=100/[1+e^{-0.12(L\text{mid}-177.7)}]$（$n=184$，$R^2=0.998$）

年龄：雌鱼：$P=100/[1+e^{-1.37(A-6.8)}]$（$n=173$，$R^2=0.998$）

雄鱼：$P=100/[1+e^{-1.47(A-5.6)}]$（$n=184$，$R^2=0.992$）

雌鱼和雄鱼 50% 个体性成熟年龄分别为 6.8 龄和 5.6 龄，体长分别为 203.5mm 和 177.7mm（图 10-9）。

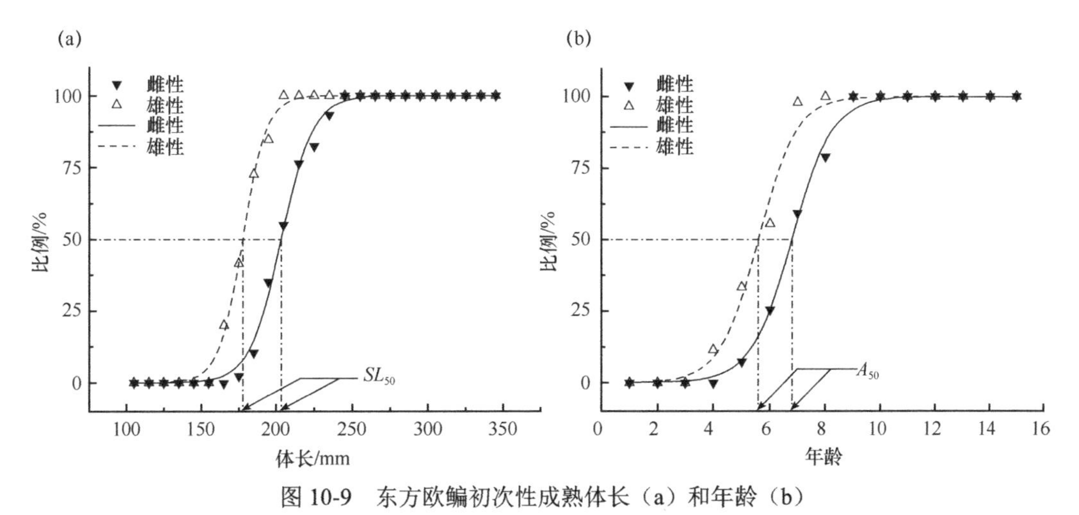

图 10-9　东方欧鳊初次性成熟体长（a）和年龄（b）

Figure 10-9　Logistic functions fitted to proportion mature by 10mm standard length (a) and 1 year (b) intervals of male (n=184) and female (n=173) *A. brama orientalis*

乌伦古湖东方欧鳊的最小性成熟体长和年龄分别为178mm和4龄（阿达可白克·可尔江等，2003）。希腊沃尔维湖的东方欧鳊雌鱼和雄鱼的最小性成熟年龄分别为4龄和3龄（Valoukas & Economidis，1996）。欧洲一些水体中东方欧鳊初次性成熟叉长在229～265mm之间（Neja & Kompowski，2001；Kompowski，1988；Lammens，1982），由此可知，不同种群的性成熟年龄和体长存在差异。鱼类初次性成熟大小及年龄与其生存环境条件密切相关。虽然鱼类性成熟时间是种的属性，在正常环境条件下，大多数个体初次性成熟年龄是相对稳定的，但由于环境条件中营养条件的变化，个体营养差异，会引起生长速度和生殖生理的差异（Pawson *et al.*，2000）。因此不同个体间初次性成熟年龄会有所变动，那些生活在食物匮乏水体中的鱼类，因食物竞争的原因，初次性成熟年龄的变化幅度更大。鱼类的初次性成熟年龄在一定范围内还受到最初几年的生长速度的影响，即鱼类到达性成熟时间的迟早与一定的体长有关。那些早期生长快的个体，具有更强的食物竞争优势，获得的食物多，生长快，性腺发育良好，且随着时间推移，优势更为明显。额尔齐斯河东方欧鳊雌鱼和雄鱼的最小性成熟个体的年龄与全部性成熟时年龄分别相差4龄和3龄，应与环境中食物较为匮乏有关。

三、繁殖习性

（一）产卵期

从图10-10可以看出，雌鱼和雄鱼性体指数（*GSI*）最高值出现在5月，分别为11.73%和2.24%。4月雌鱼和雄鱼的性体指数低于5月，但差异不显著（ANOVA，Tukey's post hoc，$P > 0.05$）；性体指数在6月明显下降，直至8月保持在一个较低的水平，9月雌鱼和雄鱼的性体指数均开始急速升高。

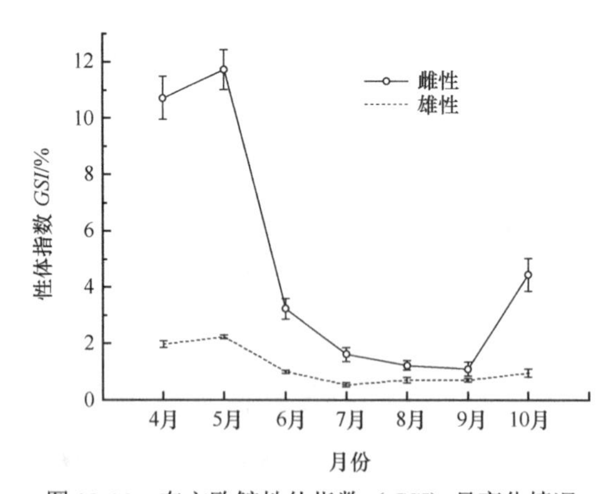

图10-10 东方欧鳊性体指数（*GSI*）月变化情况

Figure 10-10 Monthly variations of gonado-somatic index (*GSI*) of *A. brama orientalis* in the Irtysh River

成熟雌鱼和雄鱼的最高比值，分别为58.8 %和6.6%，均出现在5月。5月下旬至7月上旬发现有产后雌鱼和雄鱼，其中6月比例最高，分别为雌鱼37.5%和雄鱼48.0%（图10-11）。6～8月，雌鱼和雄鱼的性腺多为Ⅱ期和Ⅲ期，可见少数Ⅵ期。9月的性腺仍为Ⅱ期和Ⅲ期，但Ⅲ期的比例较6～8月高。

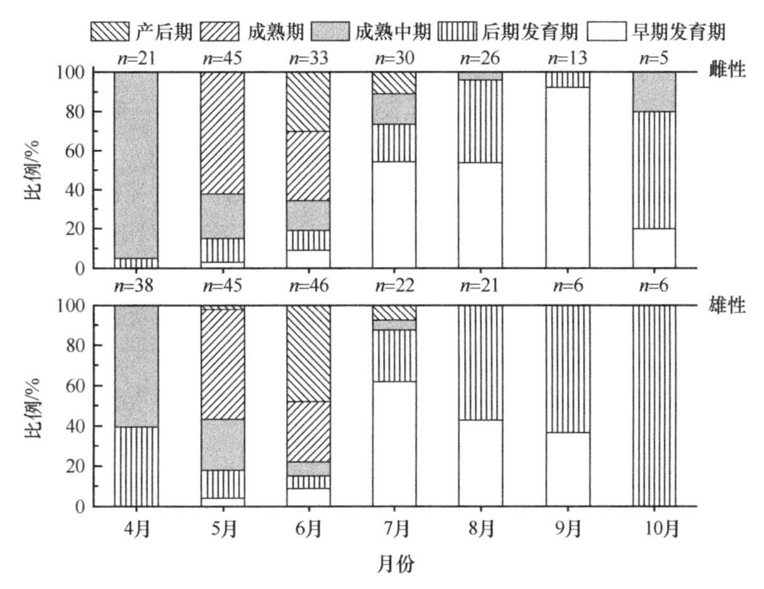

图 10-11　东方欧鳊不同性腺发育期比例的月变化

Figure 10-11　Monthly variation in the proportions of macroscopic maturity stages of *A. brama orientalis*

根据以上结果得出，额尔齐斯河东方欧鳊以Ⅲ期性腺越冬，3 月下旬到 4 月上旬，随着气温升高，河水解冻，大量成熟的东方欧鳊从下游越冬场（包括哈萨克斯坦境内河段）上溯进行生殖洄游，5～6 月为繁殖期。繁殖期相应的水温为 12～15℃（图 10-12）。此时产卵，其后代在早期发育过程中能够获得好的环境条件，特别是食物条件，从而获得最高的成活率。

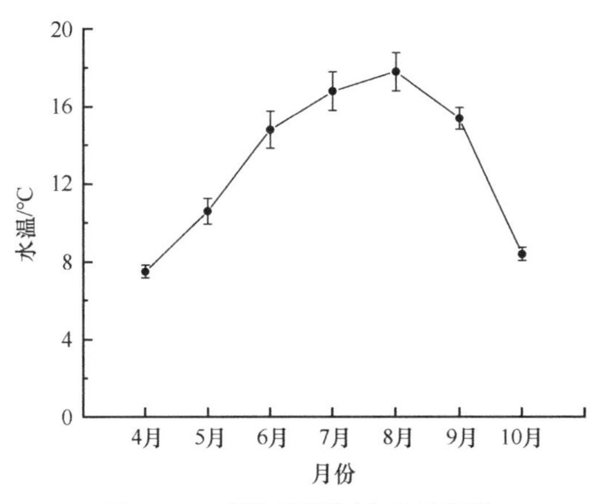

图 10-12　额尔齐斯河水温月变化

Figure 10-12　Monthly variations in the water temperature in the Irtysh River

鱼类的繁殖与其内源性的繁殖周期相关，并通过内源性繁殖周期和一定的外源环境刺激的同步反应，在特定季节进行繁殖。内源性繁殖周期是鱼类的固有属性，因种类不同而异；外界环境条件是鱼类对环境条件长期适应的结果。外界环境条件中，水温是影响鱼类繁殖的重要因素之一。额尔齐斯河东方欧鳊的繁殖期在 5 月下旬至 6 月，水温为 12℃以上。

（二）产卵类型

东方欧鳊卵径频率分布如图 10-13 所示。3 月和 4 月卵径频率分布均为单峰，卵径分别为 0.6～1.1mm 和 0.7～1.2mm。5 月和 6 月，卵径频率分布为双峰，主高峰的卵径达到全年最大值（0.8～1.3mm），次高峰卵径为 0.2～0.5mm。7～10 月卵径频率分布恢复到单峰，其中，7 月卵径显著下降到 0.2～0.6mm；此后逐渐增大，至 10 月卵径为 0.5～1.1mm。5 月和 6 月为东方欧鳊的繁殖季节，位于主高峰范围的成熟卵子因产出而消失，显然 7 月这群卵母细胞是由 6 月位于次高峰的卵母细胞发展而来的，将在次年成熟产出。

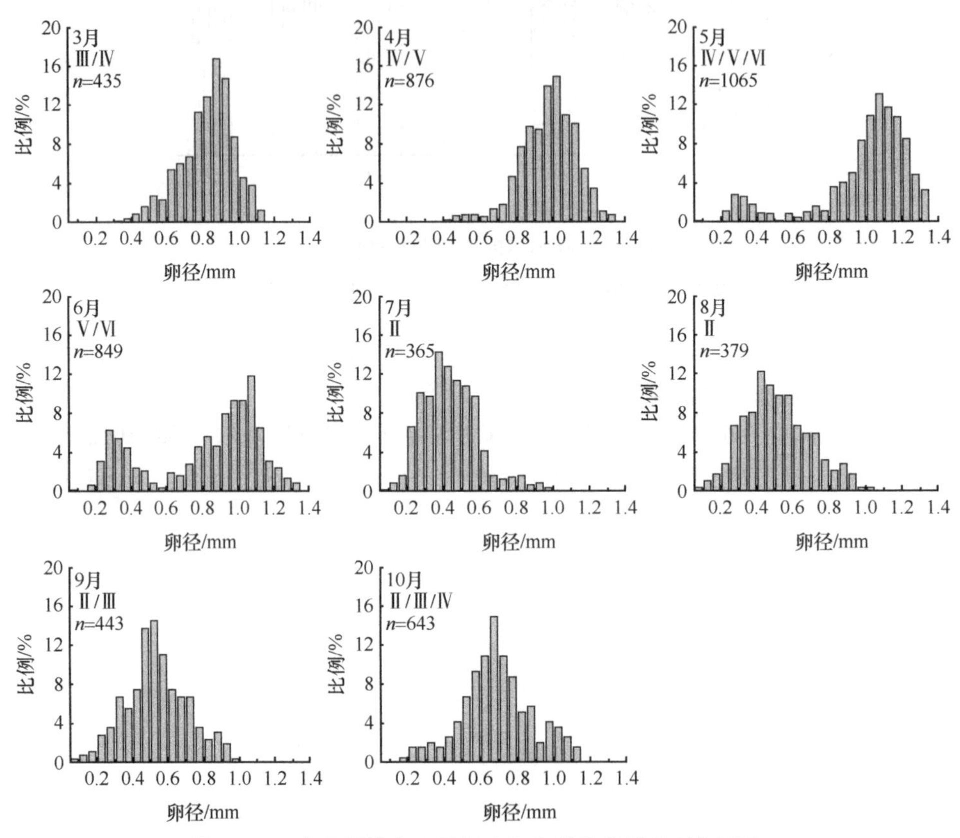

图 10-13　卵径频率分布及相应的卵巢发育期月变化情况

Figure 10-13　Monthly oocyte size-frequency distributions and corresponding mature stage of ovaries of mature female *A. brama orientalis*

从图 10-13 可以看出，3～6 月，主高峰卵径分布范围较宽，大卵径约为小卵径的 1.6 倍。差异如此之大的卵粒是否会一次性产出是值得怀疑的，结合前面卵母细胞非同步发育的研究结果，东方欧鳊的产卵类型应为分批非同步型（施琅芳，1991）。

（三）生殖洄游

根据调查，额尔齐斯河东方欧鳊具有溯河产卵习性，肥育期喜在水面开阔、水流缓慢以及泥沙底质的沿岸水域环境中栖息摄食。每年 3 月下旬到 4 月上旬，随着气温升高，河水解冻，大量成熟的东方欧鳊从下游越冬场（包括哈萨克斯坦境内河段）上溯洄游。东方欧鳊以Ⅲ期性腺越冬，在洄游的过程中，摄食是一种普遍行为，以摄食补充能量和营养，促进性腺进一步发育。此期间，上游雪山融水以及降雨量的增加，河流水位上涨淹没沿岸大片草场、湿地和低凹地带，淹没区的植物和树木的根须不仅为东方欧鳊提供了良好的产卵基质，也为仔稚鱼提供了良好摄食场所。产后亲鱼重新回到下游河道生活和摄食。

东方欧鳊为产沉黏性卵鱼类，喜欢选择在水浅流缓的砾石、砂砾、卵石或水草丰富的水域产卵，受精卵或黏附在石砾、卵石及水草上发育，或落入石缝中，在流水的不断冲刷下孵化。河道中浅水的心滩、边滩、支流汇口、河漫滩及与河流联通的小型湖泊、水塘等是此类鱼比较理想的产卵场所。产卵时一般需要一定的涨水刺激，额尔齐斯河中下游河段（北屯至185团）该种生境类型的河段较多，通过现场生境调查，符合该生境类型的河段较为分散，规模较大的主要有科克苏湿地、布尔津汇口下、五彩滩、哈巴河汇口下以及各支流的下游等河段（图10-14）。

图10-14　东方欧鳊产卵场

Figure 10-14　Spawning site of *A. brama orientalis*

四、繁殖力

对62尾Ⅳ期雌鱼的怀卵量进行了统计，体长范围为203～344mm，绝对繁殖力范围为19 598～199 747egg，平均77 133±42 404egg；相对繁殖力为60.53～263.78egg/g *BW*，平均相对繁殖力为163.58±53.68egg/g *BW*（表10-7）。绝对繁殖力与性腺重（*GW*）、空壳重（*EW*）及体长（*SL*）均呈线性相关，但与年龄无显著相关性（图10-15）。在进行繁殖力比较时应排除个体大小的影响而采用相对繁殖力更为妥当（Wootton，1990）。

绝对繁殖力与性腺重：$F=1411.1GW+1.5\times10^4$　（$n=64$，$R^2=0.85$）

绝对繁殖力与空壳重：$F=233.1EW-1.4\times10^4$　（$n=64$，$R^2=0.67$）

绝对繁殖力与体长：$F=163.2SL+1.5\times10^4$ （$n=64$，$R^2=0.68$）

表10-7 额尔齐斯河东方欧鳊的繁殖力

Table 10-7 Fecundity of *A. brama orientalis* in the Irtysh River

年龄	*n*	体长/mm	体重/g	绝对繁殖力/egg		相对繁殖力/(egg/g *BW*)	
				范围	平均±标准差	范围	平均±标准差
7	19	216～322	241.2～594.7	21 908～98 299	55 528±21 852	60.53～234.75	156.08±52.96
8	21	203～334	185.5～838.9	20 092～150 431	78 216±37 120	61.40～252.90	169.26±56.46
9	4	262～288	416.8～572.8	34 584～142 178	96 765±42 536	82.98～263.78	186.02±67.92
10	1	227	308.78		21 030		68.11
11	5	208～317	217.3～851.5	19 598～155 438	89 868±53934	88.42～198.07	138.69±43.72
12	5	236～322	352.8～832.8	63 495～155 512	89 410±34 098	152.27～211.24	180.04±19.47
13	2	229～336	245～951	55 680～183 225	119 453±63 772	188.78～192.69	190.7±1.93
14	1	276	499.1		70 872		142.1
15	4	268～344	443.6～988.5	52 743～199 747	11 7601±55 738	92.73～209.91	173.09±47.08
总体	62	203～344	185.5～988.5	19 598～199 747	77 133±42 404	60.53～263.78	163.58±53.68

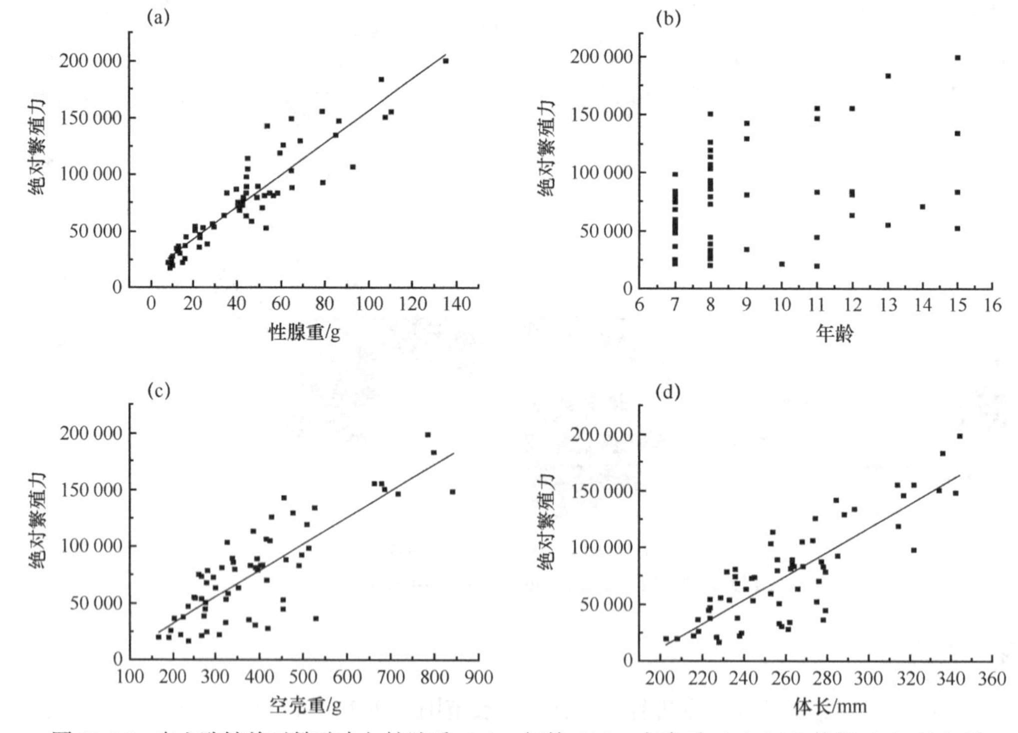

图 10-15 东方欧鳊绝对繁殖力与性腺重（a）、年龄（b）、空壳重（c）以及体长（d）的关系

Figure 10-15 Relationships between gonad weight (a), age (b), eviscerated weight (c), standard length (d) and absolute fecundity (*F*) of *A. brama orientalis*

第四节　食性组成与摄食策略

一、摄食率

东方欧鳊的摄食情况（表 10-8），体长为 62.0～344.0mm，平均 185.1±69.12mm。从表 10-8 可以看出，550 尾样本中，消化道中有食物的 389 尾，总体摄食率 70.73%；自 4 月至 9 月的摄食率呈逐月升高趋势，10 月摄食率下降。肠充塞度变化幅度较大，平均充塞度较小。由于部分样本来自定置刺网等被动渔具，会造成对摄食率和消化道充塞度的低估，其渔获物并不适宜用来分析鱼类的摄食情况，但能够反映摄食季节变化的基本情况。

表10-8　额尔齐斯河东方欧鳊摄食率和充塞度月变化

Table 10-8　Feeding rate and fillness in different month of *A. brama orientalis* in the Irtysh River

月份	样本数 *n*	体长/mm		摄食率/%	肠充塞度	
		范围	平均±标准差		范围	平均±标准差
4 月	59	216.0～344.0	264.3±33.5	62.70	0～4	1.20±1.31
5 月	210	162.0～333.0	236.4±32.21	68.87	0～5	2.10±1.23
6 月	85	98.0～315.0	219.1±34.38	70.58	0～4	1.58±1.20
7 月	53	62.0～295.0	186.9±73.13	83.00	0～4	1.19±0.89
8 月	88	80.0～299.0	159.6±54.56	71.59	0～3	1.01±0.83
9 月	131	68.0～208.0	107.06±29.53	93.08	0～4	1.86±0.86
10 月	19	119.0～233.0	179.11±34.60	89.47	0～3	1.47±0.75
合计	550	62.0～344.0	185.10±69.12	70.73	0～5	1.31±1.08

东方欧鳊 4 月开始生殖洄游，5～6 月为繁殖期，每年 3 月下旬到 4 月上旬，随着气温升高，河水解冻，大量成熟的东方欧鳊从下游越冬场上溯进行生殖洄游。从表 10-9 可以看出，东方欧鳊在洄游的过程中以及繁殖期摄食是一种较为普遍的行为。

表10-9　额尔齐斯河东方欧鳊繁殖期（4～6月）Ⅳ～Ⅴ期性腺个体的摄食率和充塞度

Table 10-9　Feeding rate and fillness of *A. brama orientalis* for gonadal stage at Ⅳ～Ⅴ during breeding season (Apr.～Jun.) in the Irtysh River

月份	雌鱼			雄鱼		
	n	摄食率/%	平均充塞度	*n*	摄食率/%	平均充塞度
4 月	20	65.0	2.23±1.25	23	65.2	2.33±0.58
5 月	39	20.5	1.38±0.70	37	56.8	1.71±1.12
6 月	24	79.2	2.05±1.32	14	92.9	1.46±0.82

二、食物组成

选择肠充塞度较高的 31 尾样本（体长为 115～240mm，平均 180.7±37.46mm）研究东方欧鳊的食物组成。从东方欧鳊的肠道中检出浮游植物 7 门 58 属，其中硅藻门 26 属，绿藻门 20 属，蓝藻门 6 属，裸藻门 3 属，甲藻门、金藻门、隐藻门各 1 属；检出原生动物 2 属，轮虫 1 属，枝角类 2 属，桡足类 1 目，水生昆虫 1 科；此外，还有线虫、植物碎屑、少量的鱼卵和鳞片以及大量泥沙。以不同指数描述的东方欧鳊食物组成见表 10-10。

表10-10　额尔齐斯河东方欧鳊的食物组成

Table 10-10　Diet composition of *A. brama orientalis* in the Irtysh River (*n*=31)

食物类群	*O*%	*N*%	*W*%	*IRI*%	*IP*%
藻类	**100.00**	**99.67**	**0.17**	**48.13**	**0.16**
硅藻门 Bacillariophyta	100.00	73.09	0.14	39.89	0.15
棒杆藻属 *Rhopalodia*	6.45	+	+	+	+
波缘藻属 *Cymatopleura*	25.81	0.01	+	+	+
长篦藻属 *Neidiun*	12.90	0.02	+	+	+
窗纹藻属 *Epithemia*	35.48	0.08	+	0.02	+
脆杆藻属 *Fragilaria*	32.26	0.38	+	0.07	+
等片藻属 *Diatoma*	100.00	2.28	+	1.30	+
辐节藻属 *Stauroneis*	3.23	+	+	+	+
菱形藻属 *Nitzschia*	100.00	22.33	0.05	12.76	0.06
美壁藻属 *Caloneis*	16.13	0.03	+	+	+
桥弯藻属 *Cymbella*	100.00	6.38	0.02	3.64	0.02
曲壳藻属 *Achnanthes*	93.55	6.52	+	3.48	+
双壁藻属 *Diploneis*	19.35	0.06	+	0.01	+
双菱藻属 *Surirella*	70.97	0.31	+	0.13	+
双眉藻属 *Amphora*	45.16	0.13	+	0.03	+
小环藻属 *Cyclotella*	32.26	0.13	+	0.02	+
异极藻属 *Gomphonema*	93.55	6.43	+	3.43	+
羽纹藻属 *Pinnularia*	64.52	0.20	+	0.07	+
针杆藻属 *Synedra*	64.52	0.64	+	0.24	+
舟形藻属 *Navicula*	100.00	22.98	0.02	13.11	0.02
卵形藻属 *Cocconeis*	90.32	1.47	0.05	0.78	0.05
直链藻属 *Melosira*	35.48	0.25	+	0.05	+
菱板藻属 *Hantzschia*	22.58	0.05	+	0.01	+
布纹藻属 *Gyrosigma*	38.71	0.11	+	0.02	+
星杆藻属 *Asterionella*	41.94	0.41	+	0.10	+
峨眉藻属 *Ceratoneis*	58.06	1.89	+	0.63	+
双楔藻属 *Didymosphenia*	12.90	+	+	+	+
蓝藻门 Cyanophyta	77.42	23.01	+	7.82	+
颤藻属 *Oscollatoria*	67.74	17.50	+	6.76	+
平裂藻属 *Merismopedia*	35.48	4.99	+	1.01	+
尖头藻属 *Raphidiopsis*	3.23	0.03	+	+	+
席藻属 *Phormidium*	3.23	0.09	+	+	+
拟鱼腥藻属 *Anabaenopsis*	6.45	0.02	+	+	+
念珠藻属 *Nostoc*	22.58	0.38	+	0.05	+

续表

食物类群	O%	N%	W%	IRI%	IP%
绿藻门 Chlorophyta	87.10	3.39	0.02	0.38	+
顶接鼓藻 *Spondylosium*	3.23	0.01	+	+	+
鼓藻属 *Cosmarium*	25.81	0.08	+	0.01	+
绿球藻属 *Chlorococcum*	3.23	0.01	+	+	+
纤维藻属 *Ankistrodesmus*	12.90	0.06	+	+	+
小球藻属 *Chlorella*	6.45	0.02	+	+	+
栅藻属 *Scenedesmus*	38.71	0.53	+	0.12	+
转板藻属 *Mougeotia*	25.81	0.21	+	0.03	+
四角藻属 *Tetraedron*	3.23	+	+	+	+
盘星藻属 *Pediastrum*	3.23	+	+	+	+
集星藻属 *Actinastrum*	6.45	0.05	+	+	+
水绵属 *Spirogyra*	9.68	1.24	0.02	0.07	+
丝藻属 *Ulothrix*	22.58	1.04	+	0.13	+
鞘藻属 *Oedogonium*	3.23	0.02	+	+	+
微孢藻属 *Microspora*	3.23	0.01	+	+	+
空星藻属 *Coelastrum*	6.45	0.01	+	+	+
新月藻属 *Closterium*	12.90	0.01	+	+	+
拟新月藻属 *Closteriopsis*	19.35	0.07	+	0.01	+
球囊藻属 *Sphaerocystis*	3.23	0.02	+	+	+
浮球藻属 *Planktosphaeria*	3.23	0.01	+	+	+
衣藻属 *Chlamydomonas*	3.23	+	+	+	+
裸藻门 Euglenophyta	48.39	0.17	+	0.04	+
裸藻属 *Euglena*	16.13	0.01	+	+	+
扁裸藻属 *Phacus*	16.13	0.02	+	+	+
囊裸藻属 *Trachelomonas*	41.94	0.15	+	+	+
甲藻门 Pyrrophyta	3.23	+	+	+	+
拟多甲藻属 *Peridiniopsis*	3.23	+	+	+	+
金藻门 Chrysophyta	6.45	0.06	+	+	+
锥囊藻属 *Dinobryon*	6.45	0.06	+	+	+
隐藻门 Cryptophyta	19.35	0.09	+	0.01	+
隐藻属 *Cryptomonas*	19.35	0.09	+	0.01	+
微型动物	**100.00**	**0.15**	**0.06**	**0.03**	**0.03**
原生动物门 Protozoa	9.68	+	+	+	+
砂壳虫属 *Difflugia*	6.45	+	+	+	+
表壳虫属 *Arcella*	3.23	+	+	+	+
轮虫动物门 Rotifera	6.45	+	+	+	+
轮虫属 *Rotaria*	6.45	+	+	+	+

续表

食物类群	O%	N%	W%	IRI%	IP%
蛭态目未定种 Unidentified Bdelloidea	3.23	+	+	+	+
枝角类 Cladocera	6.45	+	+	+	+
尖额溞属 *Alona*	6.45	+	+	+	+
盘肠溞属 *Chyolorus*	3.23	+	+	+	+
桡足类 Copepods	48.39	+		0.02	+
剑水蚤目 Cyclopoida	48.39	+	0.06	0.02	0.03
水生昆虫幼虫	**100.00**	**0.15**	**99.76**	**51.83**	**99.81**
水生昆虫幼虫残体 Unidentified arthropod	41.94	0.06	15.06	3.61	6.94
摇蚊科 Chironomidae	100.00	0.09	84.70	48.22	92.87
摇蚊幼虫 Chironomidae larvae	100.00	0.09	84.08	47.98	92.41
摇蚊蛹 Chironomida pupae	67.74	+	0.62	0.24	0.46
植物碎屑	**35.48**	**0.03**	**0.01**	**0.01**	+
其他	**19.36**				+
线虫	12.90	+	+	+	+
卵	3.23	+	+	+	+
鱼鳞	3.23	+	+	+	+

注："+"表示所占百分比＜0.01%。

从出现率（*O*%）来看，东方欧鳊主要摄食硅藻和摇蚊幼虫，二者的出现率均为100%。硅藻主要以等片藻属、菱形藻属、桥弯藻属及舟形藻属为主，出现率也均为100%，其次为曲壳藻属和异极藻属，出现率为93.55%。摄食的主要动物性饵料除摇蚊幼虫外，还包括摇蚊蛹（67.74%）和桡足类（48.39%），植物碎屑在食物组成中同样占有一定比例（35.48%）。从个数百分比（*N*%）来看，藻类在东方欧鳊食物组成中占绝对优势（99.67%），其中硅藻门比例最高（73.09%），蓝藻门其次（23.01%）。硅藻门中以菱形藻属和舟形藻属的比例较大，分别为22.33%和22.98%；蓝藻门以颤藻的比例较大，为17.50%；摇蚊幼虫的个数比仅为0.09%。从重量百分比（*W*%）来看，东方欧鳊主要摄食水生昆虫幼虫（99.76%），其中摇蚊幼虫占84.08%，水生昆虫幼虫残体占15.06%，摇蚊蛹占0.62%；藻类的重量百分比仅为0.17%。从相对重要性指数百分比（*IRI*%）来看，摇蚊幼虫是东方欧鳊的主要食物，其比例为47.98%，其次为菱形藻属和舟形藻属，二者的比例分别为12.76%和13.11%。从优势度指数（*IP*%）来看，水生昆虫幼虫在东方欧鳊食物组成中占绝对优势（99.81%），摇蚊幼虫是东方欧鳊的主要食物（92.41%），其次为水生昆虫幼虫残体，比例为6.94%。

综合几种指数来看，额尔齐斯河东方欧鳊主要摄食水生昆虫幼虫，以摇蚊幼虫为主，藻类的比例极小，可能为摄食水生昆虫幼虫时附带摄入。

三、摄食策略

采用Amundsen *et al.*（1996）图示法（图10-16）描述东方欧鳊的摄食策略。如图10-16所示，绿藻、蓝藻以及浮游动物等饵料分布在图的左下角，为东方欧鳊的稀有饵料或者不重要饵料；摇蚊幼虫分布在图的右上角，其出现率为100%，特定饵料丰度为84.08%，是东方欧鳊的重要饵料；节肢动物（水生昆虫幼虫）残体分布在图的中部，是较重要饵料。东方欧鳊摄食的饵料种类较多，且大部分沿x轴分布在图的下方，表明东方欧鳊为广食性鱼类；不同饵料生物在图中的分布位置说明东方欧鳊种群内不同个体的食物组成存在一定的差异，这种差异主要表现在对稀有或不重要饵料的摄取方面，食物重叠主要表现在对摇蚊幼虫等主要饵料的摄食上。该图示法表明摇蚊幼虫是额尔齐斯河东方欧鳊的主要食物。

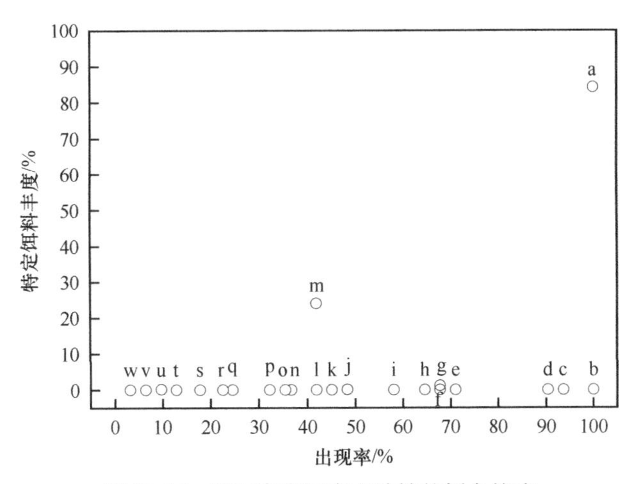

图 10-16　额尔齐斯河东方欧鳊的摄食策略

Figure 10-16　Feeding strategy of *A. brama orientalis* in the Irtysh River

a. 摇蚊幼虫 Chironomidae larvae；b. 菱形藻属 *Nitzschia*，舟形藻属 *Navicula*，桥弯藻属 *Cymbella*，等片藻属 *Diatoma*；c. 曲壳藻属 *Achnanthes*，异极藻属 *Gomphonema*；d. 卵形藻属 *Cocconeis*；e. 双菱藻属 *Surirella*；f. 颤藻属 *Oscollatoria*；g. 摇蚊蛹 Chironomida pupae；h. 羽纹藻属 *Pinnularia*，针杆藻属 *Synedra*；i. 峨眉藻属 *Ceratoneis*；j. 剑水蚤 Cyclopoida；k. 双眉藻属 *Amphora*；l. 星杆藻属 *Asterionella*，囊裸藻属 *Trachelomonas*；m. 节肢动物残体 Unidentified arthropod；n. 布纹藻属 *Gyrosigma*，栅藻属 *Scenedesmus*，窗纹藻属 *Epithemia*，直链藻属 *Melosira*，平裂藻属 *Merismopedia*；o. 植物碎屑 Plant debris；p. 脆杆藻属 *Fragilaria*，小环藻属 *Cyclotella*；q. 波缘藻属 *Cymatopleura*，鼓藻属 *Cosmarium*，转板藻属 *Mougeotia*，菱板藻属 *Hantzschia*，念珠藻属 *Nostoc*；r. 丝藻属 *Ulothrix*；s. 双壁藻属 *Diploneis*，拟新月藻属 *Closteriopsis*，隐藻属 *Cryptomonas*，美壁藻属 *Caloneis*，裸藻属 *Euglena*，扁裸藻属 *Phacus*；t. 新月藻属 *Closterium*，双楔藻属 *Didymosphenia*，长篦藻属 *Neidiun*，线虫 Nematode，纤维藻属 *Ankistrodesmus*；u. 水绵属 *Spirogyra*；v. 尖额溞属 *Alona*，锥囊藻属 *Dinobryon*，棒杆藻属 *Rhopalodia*，轮虫属 *Rotaria*，小球藻属 *Chlorella*，拟鱼腥藻属 *Anabaenopsis*，集星藻属 *Actinastrum*，砂壳虫属 *Difflugia*，空星藻属 *Coelastrum*；w. 微胞藻属 *Microspora*，鞘藻属 *Oedogonium*，绿球藻属 *Chlorococcum*，球囊藻属 *Sphaerocystis*，盘肠溞属 *Chyolorus*，卵 Egg，鱼鳞 Fish scale，盘星藻属 *Pediastrum*，咀嚼器 Unidentified Bdelloidea，浮球藻属 *Planktosphaeria*，拟多甲藻属 *Peridiniopsis*，衣藻属 *Chlamydomonas*，尖头藻属 *Raphidiopsis*，四角藻属 *Tetraedron*，顶接鼓藻属 *Spondylosium*，辐节藻属 *Stauroneis*，席藻属 *Phormidium*，表壳虫属 *Arcella*

四、摄食消化器官形态

我们解剖观察了32尾东方欧鳊样本（体长为126～267mm，平均体长为191.64±45.38mm）的摄食和消化器官的形态特征（表10-11和图10-17）。东方欧鳊口裂小，口可伸缩。鳃耙排列稀疏，外侧和内侧鳃耙数分别为23～28和22～29。下咽骨前段狭细，后端较粗，呈弧形弯曲，下咽齿为5/5。肠长/体长为1.14±0.11。

表10-11　东方欧鳊摄食消化器官的形态指标

Table 10-11　Morphological measurements of feeding and digested organs for *A. brama orientalis*

性状	范围	均值±标准差
体长	126～267	191.64±45.38
体长/头长	0.21～0.27	0.25±0.01

续表

性状	范围	均值±标准差
吻长/头长	0.26～0.35	0.29±0.05
口裂高/头长	0.20～0.35	0.25±0.03
口裂宽/头长	0.22～0.32	0.26±0.02
肠长/体长	0.98～1.49	1.14±0.11
外鳃耙数	23～28	25.94±1.41
内鳃耙数	22～29	26.27±1.53

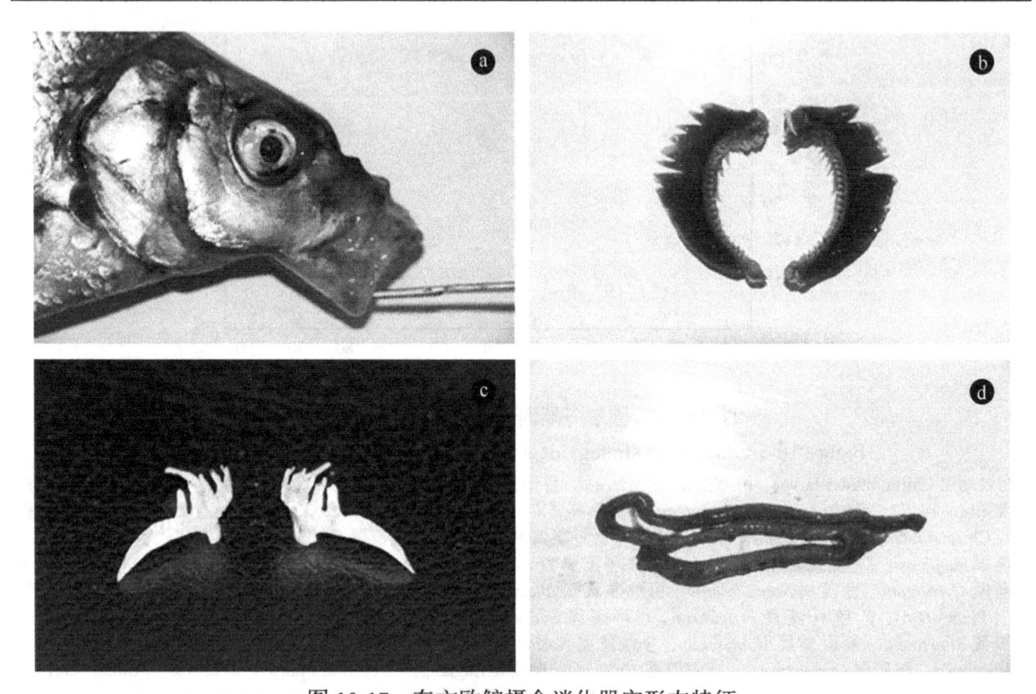

图 10-17　东方欧鳊摄食消化器官形态特征

Figure 10-17　Feeding and digestive organs of *A. brama orientalis*

a. 头部侧面观；b. 鳃耙；c. 下咽齿；d. 肠道

鱼类的摄食器官在长期的演化过程中形成了与其栖息环境、食性类型及捕食方式的适应性（季强，2008）。东方欧鳊口裂小，口可伸缩，不适宜捕食体型较大、行动敏捷的游泳生物，适于掘食体型较小的水生昆虫幼虫等底栖生物。下咽骨前段狭细，咽齿冠面斜切、末端尖锐，也适于捕食小型动物。鳃耙短小，排列稀疏，不适宜滤食藻类等个体细微的食物颗粒。肠长与体长之比接近 1 ∶ 1，介于植食性与鱼食性鱼类之间。东方欧鳊应属于以底栖动物为主要食物的鱼类，其消化道中出现的藻类应是在摄食底栖动物和碎屑时带入的。一些学者的研究表明，东方欧鳊为偏动物食性的广食性鱼类，以水生昆虫幼虫（摇蚊幼虫）为主要食物，同时摄食少量浮游植物（Giles *et al.*，1990；Biró *et al.*，1991；Kakareko，2001）。鱼类的食物由鱼类对饵料生物的喜好性和饵料生物的易得性共同决定（Grabowska *et al.*，2009）。根据李君等（2014）和王军等（2014）的调查和研究，额尔齐斯河水体中生物群落主要由浮游植物、底栖动物（摇蚊幼虫为主）、原生动物、枝角类和桡足类等构成。额尔齐斯河东方欧鳊以摇蚊幼虫为主要食物与水体中摇蚊幼虫生物量相对较高有关。

小　结

1）渔获物年龄组成较为复杂。雄鱼年龄范围为3^+～13^+龄，雌鱼年龄范围为3^+～15^+龄。雌鱼和雄鱼7^+～9^+龄个体分别占各自渔获物总数的70.2%和64.0%。体长范围为62～344mm，雌鱼优势体长范围为150～300mm（85.0%），雄鱼优势体长范围为150～300mm（90.65%），体重范围为4.5～988.5g，平均体重为201.8±184.04g，400g以下个体占84.17%。

2）东方欧鳊雌雄鱼生长差异显著。体长与体重关系式：雌鱼$W=3.075\times10^{-5}L^{2.958}$，雄鱼$W=1.424\times10^{-5}L^{3.093}$，雌雄鱼均为异速生长；von Bertalanffy生长方程参数：雌鱼$L_\infty=475.1$mm，$W_\infty=2545.5$g，$k=0.074$，$t_0=-1.049$；雄鱼$L_\infty=402.3$mm，$W_\infty=1619.5$g，$k=0.094$，$t_0=-0.957$；雌鱼和雄鱼的表观生长指数（$\varnothing$）分别为4.2228和4.1822。雌鱼的拐点年龄（t_i）为13.80龄，对应的体长和体重分别为316.7mm和767.2g；雄鱼的拐点年龄（t_i）为10.73龄，拐点处对应的体长和体重分别为268.2mm和462.1g。

3）最小性成熟体长和年龄，雌鱼分别为166mm和5龄；雄鱼分别为156mm和4龄；全部达到性成熟的体长和年龄，雌鱼为235mm和9龄，雄鱼为195mm和7龄；雌鱼和雄鱼50%个体性成熟年龄分别为6.8龄和5.6龄，体长分别为203.5mm和177.7mm。以Ⅲ期性腺越冬，5～6月为繁殖期。繁殖期相应的水温为12～15℃；产卵类型为分批非同步型，产黏性卵；绝对繁殖力为19 598～199 747egg（77 133±42 404egg），相对繁殖力为60.5～263.8egg/g体重，平均163.58±53.68egg/g体重。

4）4～9月的摄食率呈逐月升高趋势，10月摄食率下降；平均充塞度较小；洄游的过程中以及繁殖期摄食是一种较为普遍的行为。东方欧鳊的肠道中检出浮游植物7门58属，其中硅藻门26属，绿藻门20属，原生动物2属，轮虫1属，枝角类2属，桡足类1目，水生昆虫1科和大量植物碎屑等。硅藻和摇蚊幼虫出现率（O%）达到100%，植物碎屑在食物组成中同样占有一定比例（35.48%）。东方欧鳊食物中藻类个数百分比（N%）占绝对优势，达99.67%，其中硅藻门比例最高（73.09%），蓝藻门其次（23.01%），但藻类的质量百分比仅为0.17%。摇蚊幼虫的个数比仅为0.09%，质量百分比（W%）达84.08%。相对重要性指数百分比（IRI%）和优势度指数（IP%）表明摇蚊幼虫是东方欧鳊的主要食物，其比例分别为47.98%和92.41%。因此认为，额尔齐斯河东方欧鳊主要摄食水生昆虫幼虫，以摇蚊幼虫为主，藻类的比例极小，可能为摄食水生昆虫幼虫时附带摄入。

主要参考文献

阿达可白克·可尔江, 刘军, 陈钦勇. 2003. 乌伦古湖东方欧鳊的生物学及开发利用研究. 上海水产大学学报, 12: 366-370
郭焱, 张人铭, 蔡林钢, 等. 2012. 新疆鱼类志. 乌鲁木齐: 新疆科学出版社
胡少迪. 2014. 乌伦古湖欧鳊年龄、生长和繁殖. 武汉: 华中农业大学硕士学位论文
季强. 2008. 六种裂腹鱼类摄食消化器官形态学与食性的研究. 武汉: 华中农业大学硕士学位论文
李君, 周琼, 谢从新, 等. 2014. 新疆额尔齐斯河周丛藻类群落结构特征研究. 水生生物学报, 38: 1033-1039
潘育英, 张美芳, 黄人鑫. 1992. 红雁池水库东方欧鳊*Abramis brama orientalis* Berg形态-生态学特征的研究. 新疆大学学报(自然科学版), 3: 87-92
施琅芳. 1991. 鱼类生理学. 北京: 农业出版社
王军, 周琼, 谢从新, 等. 2014. 新疆额尔齐斯河大型底栖动物的群落结构及水质生物学评价. 生态学杂志, 33: 2420-2428
谢从新, 霍斌, 魏开建, 等. 2019. 雅鲁藏布江中游裂腹鱼类生物学与资源养护技术. 北京: 科学出版社, 18-42
殷名称. 1995. 鱼类生态学. 北京: 中国农业出版社

张安国. 2002. 关于额尔齐斯河、乌伦古河渔业资源现状与思考. 中共伊犁州委党校学报, 4: 47-48

张志明. 2016. 额尔齐斯河东方欧鳊个体生物学和种群动态研究. 武汉: 华中农业大学博士学位论文

赵永晶. 李鸿, 王腾, 等. 2011. 新疆乌伦古湖大型底栖无脊椎动物的群落结构. 湖泊科学, 23: 974-981

BIRÓ P, SADEK S E, PAULOVITS G. 1991. The food of bream (*Abramis brama* L.) in two basins of Lake Balaton of different trophic status. *Hydrobiologia*, 209: 51-58

CAO L, SONG B, ZHA J, *et al.* 2009. Age composition, growth, and reproductive biology of yellow catfish (*Peltobagrus fulvidraco*, Bagridae)in Ce Lake of Hubei Province, Central China. *Environmental Biology of Fishes*, 86: 75-88

GILES N, STREET M, WRIGHT R M. 1990. Diet composition and prey preference of tench, Tinca tinca, (L.), common bream, *Abramis brama*, (L.), perch, *Perca fluviatilis*, L. and roach, *Rutilus rutilus* (L.), in two contrasting gravel pit lakes: potential trophic overlap with wildfowl. *Journal of Fish Biology*, 37: 945-957

GOLDSPINK C R. 1981. A note on the growth rate and year class strength of bream, *Abramis brama* (L.), in three eutrophic lakes, England. *Journal of Fish Biology*, 19: 665-673

GOLDSPINK C R. 1978. The population density, growth rate and production of bream, *Abramis brama*, in Tjeukemeer, the Netherlands. *Journal of Fish Biology*, 13: 499-517

GOODYEAR C P. 1993. Spawning stock biomass per recruit in fisheries Management: foundation and current use. In: Smith S J, Hunt J J, Rivard D, eds., Risk evaluation and biological reference points for fisheries management. *Canadian Special Publication of Fisheries and Aquatic Sciences*, 120: 67-82

GRABOWSKA J, GRABOWSKI M, KOSTECKA A. 2009. Diet and feeding habits of monkey goby (*Neogobiusfiuviatilis*) in a newly invaded area. *Biological Invasions*, 11: 2161-2170

KAKAREKO T. 2001. The diet, growth and condition of common bream, *Abramis brama* (L.) in WŁocŁawek reservoir. *Acta Ichthyologica et Piscatoria*, 31: 37-53

KANGUR P. 1996. On the biology of bream, *Abramis brama* (L.) in Lake Peipsi in 1994. *Hydrobiologia*, 338: 173-177

KENCHINGTON T J. 2014. Natural mortality estimators for information-limited fisheries. *Fish and Fisheries*, 15: 533-562

KOMPOWSKI A. 1982. On some aspects of biology of bream, *Abramis brama* (L. 1758) inhabiting the River Regalica and Lake Dąbie. *Acta Ichthyologica et Piscatoria*, 12: 3-25

KOMPOWSKI A. 1988. Growth rate of bream, *Abramis brama* (L., 1758), in Lake Dabie and the Szczecin Lagoon. *Acta Ichthyologica et Piscatoria*, 18: 35-48

LAMMENS EHRR. 1982. Growth, condition and gonad development of bream (*Abramis brama,* L.) in relation to its feeding conditions in Tjeukemeer. *Hydrobiologia*, 95: 311-320

NEJA Z, KOMPOWSKI A. 2001. Some data on the biology of common bream, *Abramis brama* (L., 1758) , from the Miezdzyodrze Waters. *Acta Ichthyologica et Piscatoria*, 31: 3-26

PAWSON M G, PICKETT G D, Witthames P R. 2000. The influence of temperature on the onset of first maturity in sea bass. *Journal of Fish Biology*, 56: 319-327

STANKUS S. 2006. Growth Parameters of bream (*Abramis brama* L.) in the Curonian Lagoon, Lithuania. *Acta Zoological Lituanica*, 16: 293-302

TREER T, OPACAK A, ANICIC I, *et al.* 2003. Growth of bream, *Abramis brama*, in the Croatian section of the Danube. *Czech Journal of Animal Science*, 48: 251-256

TÜRKMEN M, ERDOĞAN O, YILDIRIM A, *et al.* 2002. Reproduction tactics, age and growth of *Capoeta capoetaumbla* Heckel 1843 from the Aşkale Region of the Karasu River, Turkey. *Fisheries Research*, 54: 317-328

VALOUKAS V A, ECONOMIDIS P S. 1996. Growth, population composition and reproduction of Bream *Abramis brama* (L.) in Lake Volvi, Macedonia, Greece. *Ecology of Freshwater Fish*, 5: 108-115

WOOTTON R J. 1990. Ecology of teleost fishes. London: Chapman and Hall

第十一章　额河银鲫的生物学

刘成杰[1]　张志明[1]　谢从新[1]　郭　焱[2]　阿达可白克·可尔江[2]
1. 华中农业大学 湖北 武汉，430070；
2. 新疆维吾尔自治区水产科学研究所，新疆 乌鲁木齐，830000

银鲫（*Carassius auratus gibelio*），隶属鲤形目（Cypriniformes），鲤科（Cyprinidae），鲤亚科（Cyprininae），鲫属（*Carassius*），通常将产自额尔齐斯河的银鲫称为额河银鲫。额河银鲫生长速度快，个体较大，抗病力强，为额尔齐斯河的重要土著经济鱼类，在额尔齐斯河各附属水体占有较大的渔业产量，具有较好的开发前景（任慕莲等，2002）。额河银鲫近年已被当作优良养殖对象移殖到全国各地养殖。此外，银鲫在生殖上具有雌核发育特性，在鱼类遗传育种方面有着重要意义（桂建芳，1997）。

关于额河银鲫的研究主要集中在对银鲫雌核生殖方式特点的探讨（杨仲安等，1994；蒋一珪等，1983；Cherfas，1981；Zhou *et al.*，2008；Zhu *et al.*，2006）、遗传多样性（鲁翠云等，2007；李因传，2001；姚纪花和楼允东，2000；姚纪花和楼允东，1998；李风波等，2009）、早期发育（刘军等，2005；尹隽等，2007）、性腺组织学观察（朱蓝菲和蒋一珪，1993；刘明华和沈俊宝，1998）、形态学特征（孟玮等，2010；马波等，2013）、寄生虫区系（汪博良等，2011），以及额河银鲫的资源和生物学特性（吾玛尔·阿布力孜，2000；郭焱等，2012）。任慕莲等（2002）调查发现额河银鲫资源量下降。本章研究额河银鲫生物学，旨在为科学保护和合理利用额河银鲫资源提供基础数据和理论基础。

第一节　渔获物组成

2013 年 4～10 月，在额尔齐斯河北湾河段，用流刺网（网目为内层 110mm，外层 230mm）、定置刺网（网目 50mm）、拉网（10mm），共计采集样本 546 尾，其中雌雄同体 2 尾和畸形个体 3 尾，用于渔获物分析样本 541 尾。

一、年龄结构

541 尾样本中采用微耳石成功鉴定年龄的有 513 尾。其中雌鱼 470 尾，雄鱼 43 尾。雌鱼的年龄范围为 1^+～9^+ 龄，4^+ 龄鱼最多，占 48.51%；其次为 3^+ 龄鱼，占 30.21%。雄鱼的年龄范围为 1^+～8^+ 龄，4^+ 龄鱼占 34.88%，3^+ 龄鱼占 25.58%，2^+ 龄和 5^+ 龄鱼各占 13.95%。6^+ 龄及以上的雌鱼不到 5%，雄鱼不到 10%（图 11-1）。

二、体长分布

541 尾渔获物雌雄混合样本的体长范围为 33～328mm，均值为 206.8±36.55mm。雌鱼体长范围为 80～328mm，体长为 100～200mm 的个体约占 86.5%；雄鱼体长范围为 72～274mm，体长为 150～250mm 的个体约占 86.7%（图 11-2）。

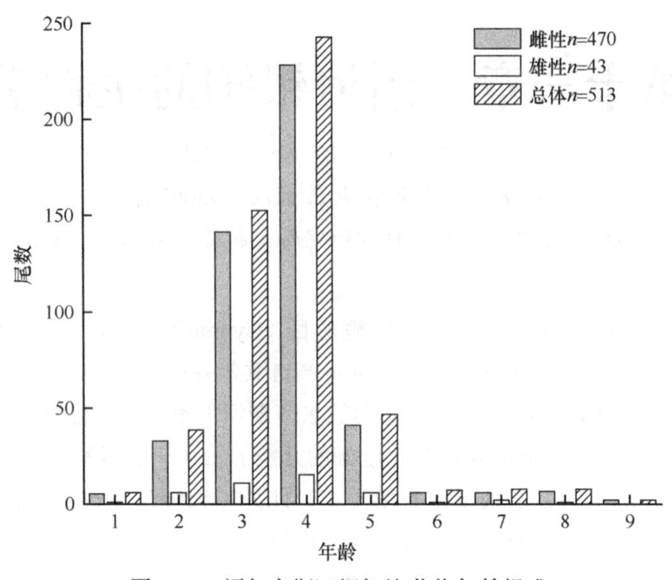

图 11-1　额尔齐斯河银鲫渔获物年龄组成

Figure 11-1　Age structure of *C. auratus gibelio* in the Irtysh River

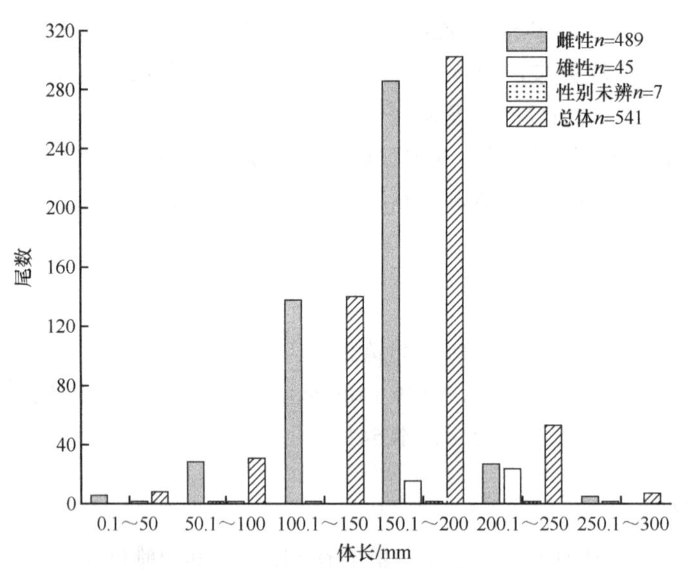

图 11-2　额尔齐斯河银鲫渔获物体长分布

Figure 11-2　Distributions of the standard length of *C. auratus gibelio* in the Irtysh River

三、体重分布

渔获物总体的体重范围为 1.1～1171.6g，均值为 404.2±178.1g。雌鱼体重范围为 16.8～1171.5g，均值为 410.3±176.6g；雄鱼体重范围为 12.9～754g，均值为 370.6±168.9g。雌鱼和雄鱼的体重主要分布在 200～600g，分别约占各自渔获量的 80% 和 76%（图 11-3）。

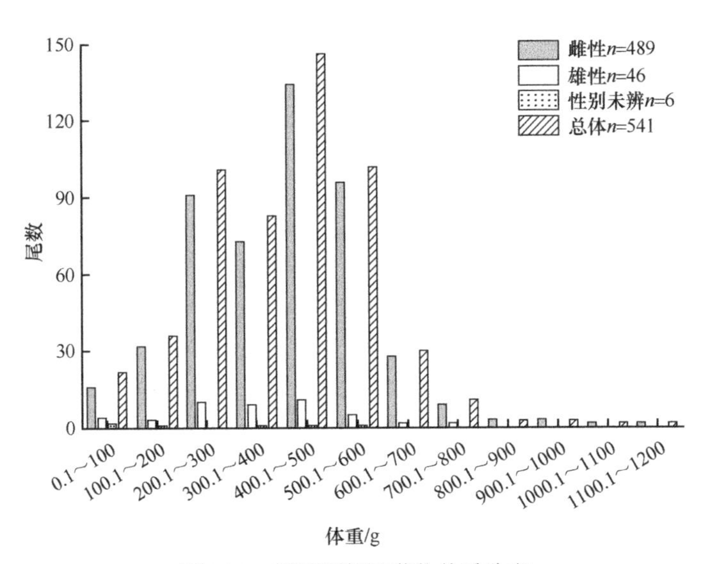

图 11-3　额河银鲫渔获物体重分布

Figure 11-3　Distribution of the body weight of *C. auratus gibelio* in the Irtysh River

第二节　生长特性

一、实测体长和体重

额河银鲫各年龄组实测体长和体重见表 11-1。从表 11-1 可以看出，同龄鱼体长差异较大，如 2^+ 龄雌鱼的最大体长约为最小体长的 2.1 倍。其他各龄鱼相差约 1.5 倍。雌鱼和雄鱼各龄平均体长和体重均存在一定差异，样本较多的 2^+～4^+ 龄鱼平均体长的差值为雌鱼体长的 –5.7%（3^+ 龄）～5.8%（2^+ 龄），体重差值为雌鱼体重的 –17.0%（3^+ 龄）～30.8%（2^+ 龄）。

表11-1　额尔齐斯河银鲫不同年龄组实测体长和体重范围及平均值

Table 11-1　Range and mean of standard length at age and body weight at age of *C. auratus gibelio* in the Irtysh River

年龄	雌鱼			雄鱼			总体		
	n	范围	平均±标准差	*n*	范围	平均±标准差	*n*	范围	平均±标准差
体长/mm									
1^+	5	80～91	85.0±4.73	1		72.0	6	72～91	80.8±7.58
2^+	33	90～187	138.2±17.42	6	82～185	146.2±35.88	39	82～187	139.4±21.52
3^+	142	142～258	196.7±24.43	11	168～212	185.4±12.66	153	142～258	196.7±24.43
4^+	228	179～268	221.6±17.65	15	196～234	213.1±10.34	243	179～268	221.1±14.41
5^+	41	180～268	223.7±23.06	6	197～253	229.0±20.87	47	180～268	224.3±22.87
6^+	6	216～309	253.3±32.43	1		221.0	7	216～309	248.7±32.06
7^+	6	198～292	234.2±32.25	2	235～274	243.3±22.43	8	189～292	239.3±31.86
8^+	7	223～308	260.4±31.81	1		226.0	8	223～308	256.1±31.86
9^+	2	302～328	315.0±13.00				2	302～328	315.0±13.00
合计	470	80～328	209.1±34.46	43	72～274	198.0±38.90	513	72～328	207.6±35.48

续表

年龄	雌鱼			雄鱼			总体		
	n	范围	平均±标准差	*n*	范围	平均±标准差	*n*	范围	平均±标准差
体重/g									
1^+	4	16.8～26.3	21.1±4.21	1		12.9	6	12.9～26.3	18.3±5.18
2^+	33	25.8～230.4	108.4±35.15	6	18.0～267.5	141.8±84.29	39	18.0～267.5	113.5±47.79
3^+	142	102.8～705.5	324.0±126.24	11	190.2～446.3	269.0±80.52	153	102.8～705.5	320.1±124.34
4^+	228	221.5～849.6	476.5±105.08	15	193.2～579.5	422.5±82.34	246	224.5～849.6	473.2±104.63
5^+	41	203.2～928.7	475.9±143.37	6	343.6～714.0	506.2±130.10	47	203.2～928.7	479.8±142.11
6^+	6	412.3～1171.6	684.8±250.67	1		384.1	7	384.1～1171.6	641.8±254.81
7^+	6	298.8～983.6	580.9±209.71	2	498.3～754.2	626.2±127.92	8	298.9～983.6	580.4±209.71
8^+	7	501.5～1166.7	760.7±261.10	1		431.1	8	431.1～1166.7	719.5±267.44
9^+	2	997.9～1018.8	1008.4±10.45				2	997.9～1018.8	1008.4±10.45
合计	470	16.8～1171.6	411.1±175.87	43	12.9～754.2	352.4±136.87	513	1.12～1171.6	404.4±178.22

二、体长与体重的关系

将额河银鲫分雌鱼、雄鱼和种群总体拟合体长与体重的关系（图 11-4），关系式如下。

雌鱼：W=2.409×10^{-4}$L^{2.677}$　（R^2=0.907，n=488）

雄鱼：W=2.037×10^{-4}$L^{2.705}$　（R^2=0.869，n=45）

总体：W=2.406×10^{-4}$L^{2.677}$　（R^2=0.906，n=540）

估算的雌鱼 *b* 值（2.677）和雄鱼 *b* 值（2.705）与理论值 3 之间均存在显著性差异（*t* 检验，$P < 0.001$），因此，额河银鲫群体的生长为异速生长。协方差分析（ANCOVA）表明，额河银鲫雌鱼和雄鱼的体长与体重关系方程无显著性差异（ANCOVA，$P > 0.05$），又因雄鱼样本较少，故采用总体样本数据分析其生长特性。

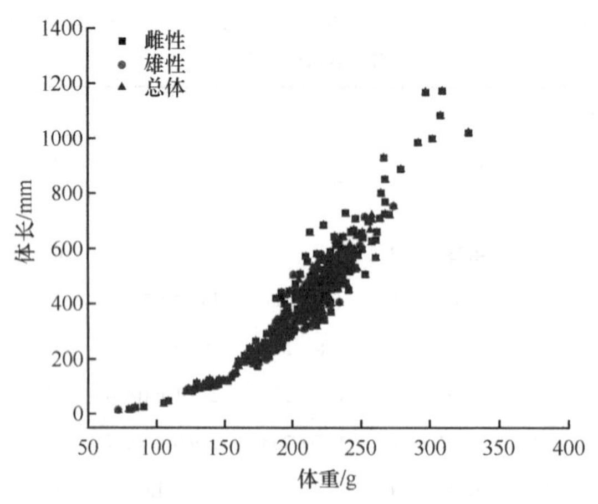

图 11-4　额河银鲫体长与体重的关系

Figure 11-4　Length-weight relationships of *C. auratus gibelio*

三、生长方程

采用 von Bertalanffy 生长方程描述体长和体重的生长特性（图 11-5）。通过体长生长方程以及体长与体重关系式，可以获得体重生长方程。体长和体重生长方程分别如下：

体长生长方程：

L_t=311.1 $[1-e^{-0.266(t+0.684)}]$（$n = 515$，$R^2 = 0.735$）

体重生长方程：

W_t=1134.5 $[1-e^{-0.266(t+0.684)}]^{2.677}$

额河银鲫的表观生长指数（$Ø$）为 4.4107。

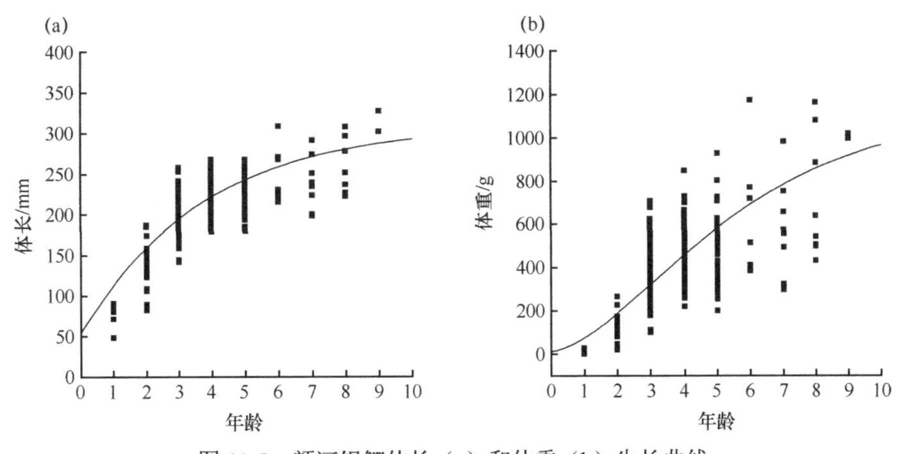

图 11-5　额河银鲫体长（a）和体重（b）生长曲线

Figure 11-5　Standard length (a) and body weight (b) growth curves of *C. auratus gibelio*

四、生长速度和加速度

将额河银鲫的体长、体重生长方程分别通过一阶求导和二阶求导，获得体长、体重生长的速度和加速度方程。

生长速度：

$dL/dt=82.75e^{-0.266(t+0.684)}$

$dW/dt=807.83e^{-0.266(t+0.684)}[1-e^{-0.266(t+0.684)}]^{1.677}$

生长加速度：

$dL^2/dt^2=-22.01e^{-0.266(t+0.684)}$

$dW^2/dt^2=214.88e^{-0.266(t+0.684)}[1-e^{-0.266(t+0.684)}]^{0.677}[2.677e^{-0.266(t+0.684)}-1]$

图 11-6 显示，额河银鲫的体长生长没有拐点。体长生长速率随年龄增长逐渐下降，最终趋于 0；体长生长加速度则随年龄的增长而增长，但增速逐渐变缓，最终趋于 0，且一直小于 0，说明额河银鲫体长生长速率在一开始时候最高，随年龄增长而逐渐下降，当达到一定年龄之后趋于停止生长。体重生长速度曲线先上升后下降，具有生长拐点，额河银鲫的拐点年龄（t_i）为 3.45 龄，对应的体长和体重分别为 207.4mm 和 383.2g。拐点年龄为体重绝对生长速度达到最大时的年龄，渔获物中未达到拐点年龄的个体约占 38.83%，即大部分额河银鲫在体重绝对生长速度达到最大时才被捕获，有利于鱼体生长潜能的发挥。

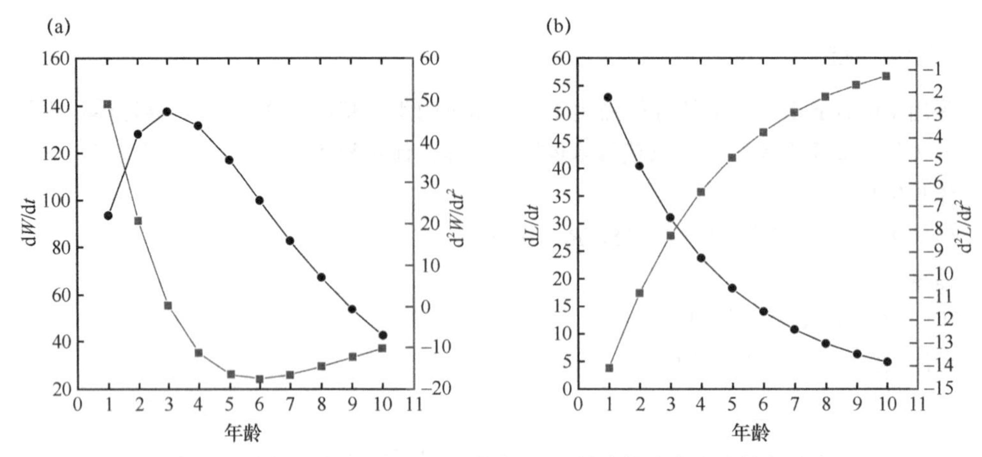

图 11-6 额河银鲫体重（a）和体长（b）的生长速度和生长加速度

Figure11-6 Growth rate and growth acceleration of the standard weight (a) and length (b) for *C. auratus gibelio*

任慕莲等（2002）研究额尔齐斯河干流 185 团河段额河银鲫渔获物的最大年龄为 3^+ 龄（鳞片年龄），生长系数 k=0.412，表观生长指数 $Ø$=4.57，拐点年龄 t_i=3.0 龄，本章研究样本也采自该河段，渔获物耳石年龄为 1^+～9^+ 龄，k=0.545，$Ø$=4.55，t_i=2.22 龄。渔获物年龄显著大于前者，而拐点年龄稍小于前者，生长系数 k 和表观生长指数 $Ø$ 则较为接近，推测产生差异的原因，除了与研究样本的不同有关，或许与采用鳞片鉴定年龄造成对年龄的低估有关。

第三节 性腺发育与繁殖习性

一、性腺发育与繁殖期

基于额河银鲫生殖方式主要为雌核发育的特点，主要对雌鱼性腺发育的周年变化进行分析。额河银鲫卵巢发育情况随月份的变化见表 11-2 和图 11-7，性腺指数（*GSI*）随月份的变化趋势如图 11-8 所示。

表11-2 额河银鲫雌鱼不同月份性成熟比例（%）

Table 11-2 Proportions of Gonadal stage at different months of female *C. auratus gibelio* (%)

发育期	4 月	5 月	6 月	7 月	8 月	9 月	10 月
n	54	84	91	55	86	67	51
Ⅱ			24.2	7.3	27.91	7.5	7.8
Ⅲ	9.3	3.6		14.6	70.9	91.0	84.3
Ⅳ	75.9	13.1	12.1	7.3		1.5	7.8
Ⅴ	14.8	83.3	63.7	5.5	1.2		
Ⅵ				65.5			

额河银鲫 4 月以Ⅳ期卵巢为主，Ⅳ期和Ⅴ期卵巢分别占 75.9% 和 14.8%；5 月和 6 月均以Ⅴ期卵巢为主，分别占 83.3% 和 63.7%，Ⅳ期卵巢分别占 13.1% 和 12.1%；7 月产后Ⅵ期卵巢占 65.5%，Ⅲ期卵巢比例上升到 14.6%，而Ⅳ期和Ⅴ期卵巢所占比例仅 12.8%；8～10

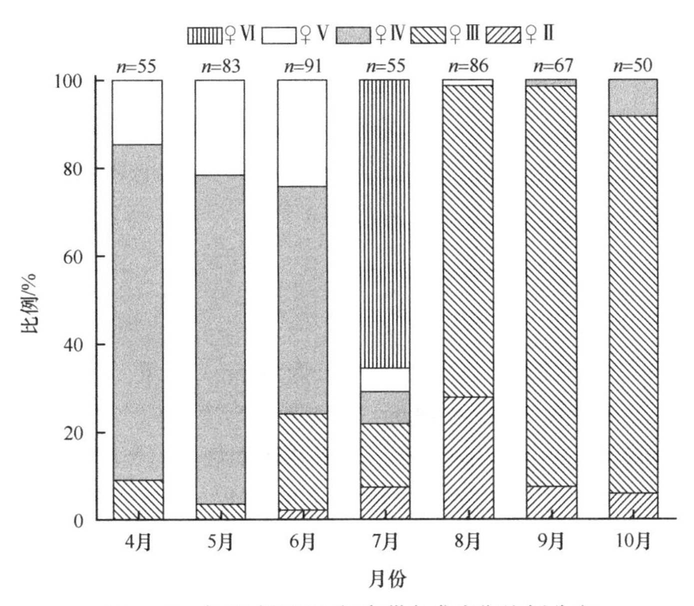

图 11-7　各月份额河银鲫卵巢各发育期比例分布

Figure 11-7　Proportion distribution of ovary stages in *C. auratus gibelio* from April to October

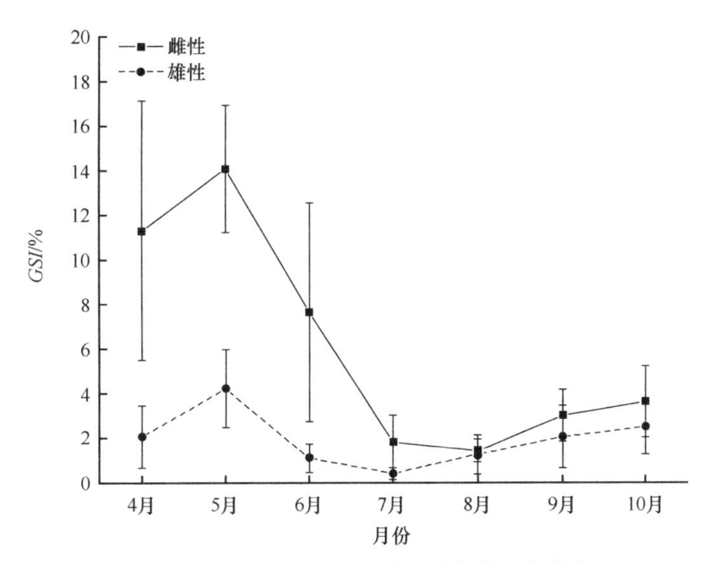

图 11-8　额河银鲫各月份的性腺指数变化趋势

Figure 11-8　Mean gonadosomatic index of *C. auratus gibelio* varied in month

月则以Ⅲ期卵巢为主，比例为 70.9%～91.0%。且 9 月开始出现Ⅳ期卵巢，10 月Ⅳ期卵巢比例进一步增大。额河银鲫性腺指数（*GSI*）与卵巢发育期的变化趋势类似，4 月和 5 月保持较高水平，分别为 11.3%、14.1%，6 月有所下降（7.64%），7 月降到最低为 1.83%，8～10 月性腺指数（*GSI*）呈上升的趋势。根据 9 月开始出现Ⅳ期卵巢，10 月Ⅳ期卵巢比例进一步增大，推测额河银鲫以Ⅳ期性腺越冬。

二、繁殖群体

（一）性比

额河银鲫为三倍体，具有特殊的雌核发育生殖方式（桂建芳和周莉，2010）。513 尾样本中，雌鱼 470 尾，雄鱼 43 尾，雌雄鱼比为 10.9 ∶ 1。雌鱼个体数量上的优势使得种群具有较大的繁殖潜力。

（二）性成熟年龄

渔获物中雌鱼最小性成熟年龄为 2^+ 龄，体长为 90mm，体重为 25.8g。雄鱼最小性成熟年龄为 2^+ 龄，体长为 82mm，体重为 18.0g。样本采自 5 月上旬，性腺均为Ⅲ期。

2^+ 龄雌鱼中Ⅲ期性腺的个体约占 30%，雄鱼中Ⅲ期性腺的个体占 66.7%，Ⅳ期性腺的个体占 16.7%。3^+ 龄雌鱼中Ⅲ期性腺的个体占 48.6%，Ⅳ～Ⅵ期的个体约占 33%；雄鱼中Ⅲ期性腺的个体占 54.6%，Ⅳ～Ⅵ期性腺的个体占 45.5%。4^+ 龄雌鱼中Ⅲ期性腺的个体占 29.0%，性腺为Ⅳ～Ⅵ期的个体约占 69%；雄鱼中Ⅲ期性腺的个体占 6.7%，Ⅳ～Ⅵ期性腺的个体占 86.7%；5^+ 龄雌鱼中Ⅲ期性腺的个体占 46.3%，Ⅳ～Ⅵ期性腺的个体占 51.3%；雄鱼性腺均达性成熟（表 11-3）。2^+ 龄鱼中，那些繁殖早期Ⅲ期性腺的个体有可能经过一段时间的发育，在繁殖期末参与繁殖，因此认为，额河银鲫 2^+ 龄开始性成熟，5^+ 龄达到全部性成熟。

表11-3　额尔齐斯河银鲫不同年龄性成熟比例

Table 11-3　Proportions of Gonadal stage at different age groups of *C. auratus gibelio* in the Irtysh River

年龄	雌鱼						雄鱼					
	n	Ⅱ	Ⅲ	Ⅳ	Ⅴ	Ⅵ	*n*	Ⅱ	Ⅲ	Ⅳ	Ⅴ	Ⅵ
2^+	33	69.7	30.3				6	16.7	66.7	16.7		
3^+	142	18.3	48.6	7.8	23.2	2.1	11		54.6	27.3	9.1	9.1
4^+	228	1.8	29.0	19.3	38.2	11.8	15	6.7	6.7	60.0	6.7	20.0
5^+	41		46.3	22.0	24.4	7.3	6	16.7		50.0	16.7	16.7

将性成熟个体比例对体长数据和年龄数据分别进行逻辑斯蒂回归，获得如下方程：

体长：$P=1/[1+e^{-0.029(SL\text{mid}-147)}]$　　（n=470，R^2=0.921）

年龄：$P=1/[1+e^{-1.746(A-2.4)}]$　　（n=470，R^2=0.991）

渔获物中雌鱼和雄鱼的最小性成熟个体均为 2^+ 龄。雌鱼体长为 90mm，体重为 25.8g；雄鱼体长为 82mm，体重为 18.0g。估算的额河银鲫种群 50% 个体达到性成熟的体长和年龄分别为 147mm 和 2.4 龄（图 11-9）。

三、繁殖习性

（一）繁殖期

根据对不同月份性腺发育期和性腺指数的分析，额河银鲫的繁殖期为 4～6 月，繁殖盛期为 5 月。适宜的水温是鱼类繁殖必备条件之一。额尔齐斯河冰封期从 11 月延续到翌年 4 月，4 月水体解冻，水温上升，随着水温上升，水体中饵料生物密度和生物量开始提高，

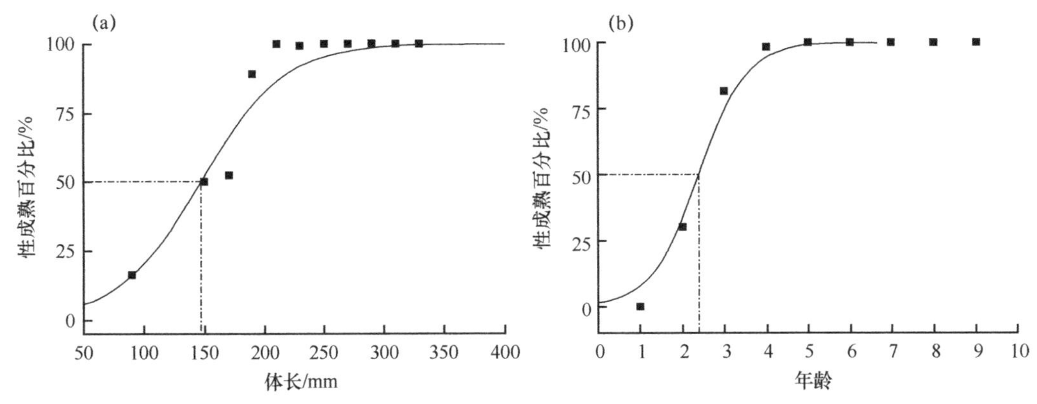

图 11-9 额河银鲫 20mm 体长组（a）和年龄组（b）内成熟个体比例

Figure11-9 Logistic functions fitted to percent mature by 20mm standard length（a）and one year intervals（b）of *C. auratus gibelio*

额河银鲫选择早春繁殖，有利于后代获得良好的早期发育环境，尽可能延长幼鱼当年生长时间，提高后代的存活率。

（二）产卵类型

1. 卵径频数分布

额河银鲫繁殖季节（4～6 月），Ⅳ期卵巢中卵径大于 1.0mm 的卵粒分别占 47.02%、51.37% 和 47.47%。7 月的卵径均值最小为 0.59mm，卵径主要集中在 0.5～0.7mm，占 79.18%，9 月、10 月卵径有所增大，卵径均值分别为 0.73mm 和 0.94mm。图 11-10 显示，在繁殖季节 4～6 月的卵径均呈现明显的两个峰。

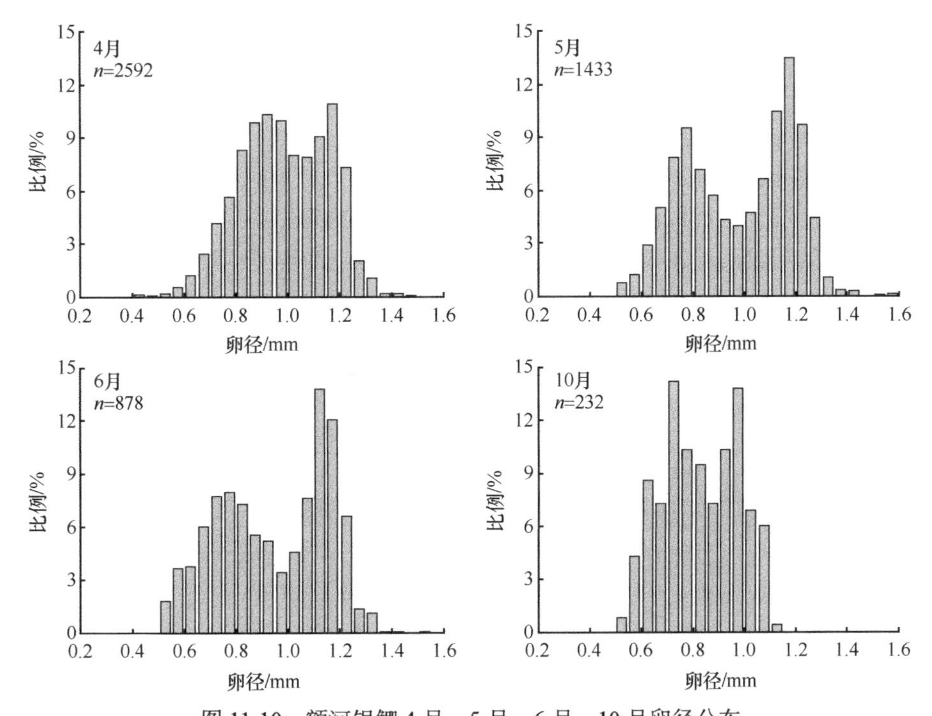

图 11-10 额河银鲫 4 月、5 月、6 月、10 月卵径分布

Figure11-10 Size distribution of oocytes for *C. auratus gibelio* in Apirl, May, June, and October

2. 卵母细胞发育组织学特征

在额河银鲫成熟卵巢切片中可观察到Ⅱ、Ⅲ、Ⅳ时相卵母细胞［图 11-11（a）］，繁殖期目测为Ⅵ期的卵巢切片［图 11-11（b）］产后滤泡与正在积累卵黄的Ⅲ期末的卵母细胞同时存在，表明额河银鲫在繁殖期内产后卵巢还有部分卵母细胞可以继续发育成熟。这表明额河银鲫的卵母细胞发育是不同步的。

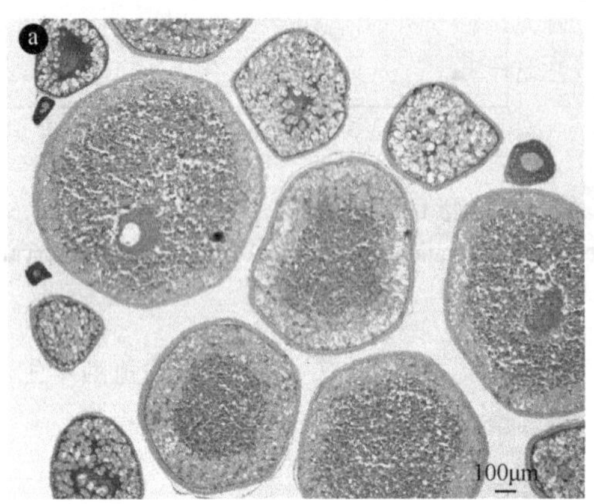

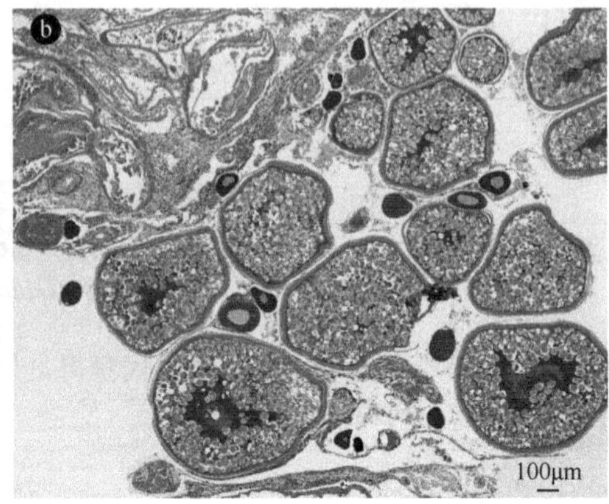

图 11-11　额河银鲫卵巢组织切片

Figure 11-11　Histological structure of ovary for *C. auratus gibelio*

a. Ⅳ期卵巢组织切片（体长为 206mm，体重为 350.4g），可见Ⅱ、Ⅲ、Ⅳ时相卵母细胞；b. Ⅵ期卵巢组织切片（体长为 211mm，体重为 370.4g），可见产后滤泡与正在积累卵黄的Ⅲ期末的卵母细胞

根据卵母细胞在卵巢中发育的情况及产卵的次数或批数，可将鱼类的产卵类型分为三种：完全同步型、分批同步型和分批非同步型；其中，分批非同步型鱼类，卵母细胞发育是不同步的，卵巢中含有各个不同发育时期的卵母细胞，在当年繁殖季节中分批成熟和产出（Conver，1985）。结合额河银鲫在繁殖季节 4～6 月的卵径频数分布呈现明显的两个峰（图 11-10），认为额河银鲫为分批非同步型产卵鱼类。

四、繁殖力

我们测量了 97 尾额河银鲫的繁殖力（表 11-4），绝对繁殖力为 11 850～187 419egg，平均 42 461.2±28 205.2egg，相对繁殖力为 32.5～213.0egg/g *BW*，平均 97.6±34.1egg/g *BW*。

表11-4　额河银鲫的繁殖力

Table 11-4　Fecundity at different ages of *C. auratus gibelio*

年龄	n	体长范围/mm	体重范围/g	绝对繁殖力/egg		相对繁殖力/(egg/g *BW*)	
				范围	平均±标准差	范围	平均±标准差
3^+	25	186.0～220.5	229.1～705.5	12 314～67 325	33 975.2±13 580.9	52.4～88.1	142.6±39.0
4^+	52	181.0～268.0	266.4～849.6	11 805～109 413	39 385.0±20 438.00	32.5～164.7	97.9±32.1
5^+	11	181.0～268.0	257.4～928.7	17 671～131 869	48 105.6±35 744.90	66.5～185.2	108.8±37.50
6^+	3	216.0～309.0	412.3～1 171.6	49 540～113 029	71 055.6±29 682.00	84.5～151.2	117.0±27.20
7^+	2	198.0～298.0	298.9～983.6	16 490～76 940	46 716.0±30 226.10	66.9～94.7	80.8±13.90
8^+	3	237.0～308.0	541.5～1 166.7	23 004～187 419	109 091.6±67.00	53.0～213.0	133.9±65.30
9^+	1	328.0	1 018.8		58 317		150.5
总体	97	181.0～328.0	229.1～1 171.6	11 850～187 419	42 461.2±28 205.20	32.5～213.0	97.6±34.1

绝对繁殖力与体长的关系为：F=766.24SL–131 226（n=98，R^2=0.564）［图 11-12（a）］；与体重的关系为F=5.15$W^{1.44}$（n=98，R^2=0.745）［图 11-12（b）］；而与年龄、卵巢重的相关性不显著［图 11-12（c），（d）］。在鱼类人工繁育实践中，可利用体长或体重快速地估算种群的繁殖能力。

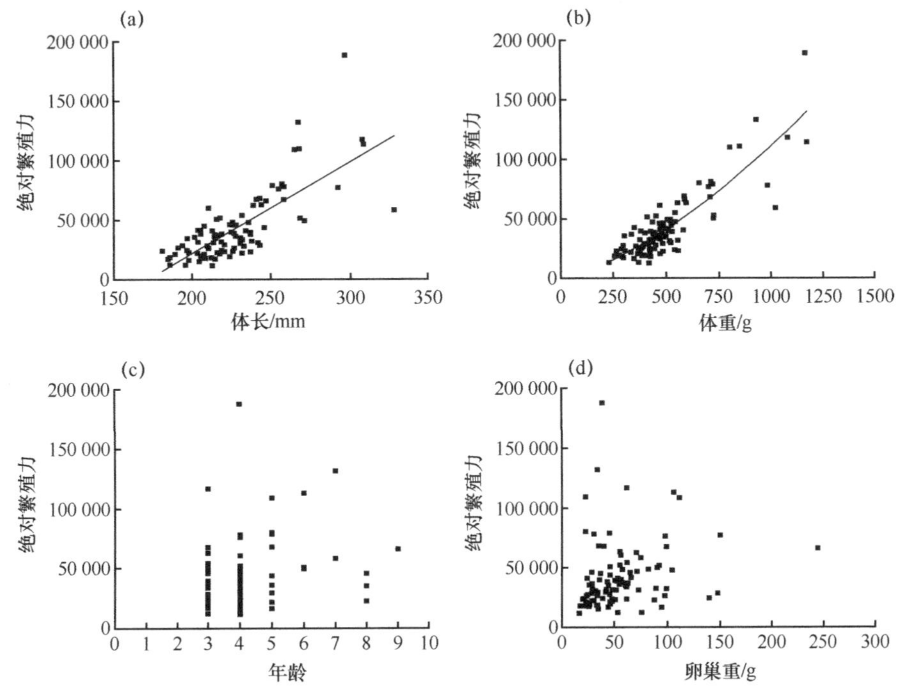

图 11-12　额河银鲫绝对繁殖力与体长（a）、体重（b）、年龄（c）和卵巢重（d）的关系

Figure 11-12　The relationships between absolute fecundity and standard length (a), body weight (b), age (c), ovary weight (d) in *C. auratus gibelio*

各年龄组的总繁殖力见表 11-5。4^+ 龄组的繁殖力约占群体总繁殖力的 1/2，其次是 5^+ 龄组、3^+ 龄组和 6^+ 龄组。4^+ 龄组的高贡献率主要是因为该年龄组显著的数量优势；从表 11-5 还可以看出，7^+～9^+ 龄虽然每个年龄组均仅 1 尾雌鱼，但它们的贡献率却达到 13.45%。保持一定数量的繁殖群体，特别是高龄鱼的数量，对于种群的补充具有重要意义。

表11-5　各年龄组雌鱼对繁殖的贡献率

Table 11-5　The contribution to reproduction of different age groups

年龄	3^+	4^+	5^+	6^+	7^+	8^+	9^+
样本数	7	21	8	3	1	1	1
平均绝对繁殖力/egg	32 834±17 246	45 116±26 791	37 151±29 432	71 057±36 353	16 490	187 419	58 317
总繁殖力/egg	229 841	947 439	297 210	213 169	16 490	187 419	58 317
贡献率/%	11.78	48.59	15.24	10.93	0.85	9.61	2.99

鱼类的繁殖特性是其内源性繁殖周期和外源性环境条件相结合的产物，随着温度、光周期、营养状况等环境条件的变化，鱼类不同地理种群常表现出繁殖时间、繁殖力和初次性成熟等方面的差异（殷名称，1995）。而种群密度、个体营养条件和环境因子等因素会

对鱼类繁殖力产生一定的影响（Wootton，1990）。相对繁殖力低意味着鱼卵体积大，卵黄积累得多，从而使每个卵发育为成体的机会增加（殷名称，1995）。性成熟延迟有利于个体进一步增长，以获得初次性成熟个体足够的大小，是对恶劣环境的一种适应（Grover，2005）。额尔齐斯河流域纬度较高，气温低、冬季漫长，4 月水体解冻水温上升，9、10 月入秋后水温降低，11 月进入冰封期，适宜银鲫生长和繁殖的时期较短，低温常导致温水性鱼类繁殖时间延迟（Wieland *et al.*，2000）。额河银鲫的上述特点是对额尔齐斯河寒温带气候条件和高纬度条件下保证物种延续和繁衍所选择的繁殖策略。

第四节　摄食强度与食物组成

一、摄食强度

我们检测了 532 尾额河银鲫的充塞度，其中消化道中有食物的为 384 尾，摄食率 72.2%。不同月份的摄食率差异显著（χ^2=61.99，$P < 0.05$），摄食率随月份变化情况见表 11-6。繁殖季节（4～6 月）的摄食率保持较高水平，其中繁殖盛期的 5 月，性腺Ⅳ和Ⅴ期的样本占 95.5%，摄食率达 47.5%，摄食个体的平均充塞度为 2.16±1.16。繁殖期过后摄食率开始上升，在 9 月达到最大，为 97.3%。

鱼类摄食强度受个体发育、饵料生物分布、季节变化等的影响（谢从新，2009；窦硕增，1996；Hovde *et al.*，2002），其中繁殖活动会降低鱼类的摄食强度（Morte *et al.*，2001）。额河银鲫在 5 月仍然保持较高的摄食率和摄食强度，说明额河银鲫在繁殖期间是摄食的，但摄食强度有所降低。繁殖期过后额河银鲫的摄食率上升，摄食强度有所提高，与繁殖期鱼体消耗大量的能量，需要及时补充足够的能量有关。汛期过后额尔齐斯河水域环境相对稳定，白天光照时间延长，水体中基础饵料丰度提高，有利于鱼类的摄食活动。鱼类在生长的适温季节大量摄食，而高于或低于适温，鱼类停止摄食或很少摄食（殷名称，1995）。额河银鲫在 10 月摄食率和摄食强度有所下降，应与额尔齐斯河 10 月以后水温开始下降有关。

表11-6　额尔齐斯河银鲫不同月份摄食率和充塞度

Table 11-6　Feeding rate and fillness in different month of *C. auratus gibelio* in the Irtysh River

月份	*n*	摄食率/%	平均充塞度
4 月	62	62.9	2.28±1.25
5 月	80	47.5	2.16±1.16
6 月	100	76.0	2.20±0.87
7 月	63	68.3	1.98±0.98
8 月	94	80.9	2.57±0.79
9 月	73	97.3	2.75±1.15
10 月	60	68.3	2.32±1.07
总体	532	72.2	2.36±1.32

二、食物组成

（一）食物成分

我们分析食物样本60尾，共检出藻类6门67属，其中硅藻门31属，绿藻门23属，蓝藻门8属，裸藻门2属，金藻门1属，黄藻门2属，原生动物6属，轮虫动物门5属，枝角类7属，桡足类3目，昆虫纲3科，还检出大量植物碎屑，少量鱼卵、鳞片和动物残肢（表11-7）。

表11-7　额河银鲫的食物组成

Table 11-7　Diet composition of *C. auratus gibelio* in the Irtysh River (*n*=60)

食物类别	*O*%	*N*%	*W*%	*IRI*%	*IP*%
藻类	**100.00**	**99.98**	**11.98**	**64.14**	**16.64**
硅藻门 Bacillariophyta	100.00	89.89	10.94	61.13	16.28
双楔藻属 *Didymosphenia*	1.67	+	+	+	+
布纹藻属 *Gyrosigma*	38.33	0.45	0.04	0.15	0.03
蛾眉藻属 *Ceratoneis*	15.00	0.13	+	0.02	+
弯楔藻属 *Rhoicosphenia*	18.33	0.27	0.01	0.04	+
棒杆藻属 *Rhopalodia*	20.00	0.15	0.13	0.04	0.05
短缝藻属 *Eunotia*	3.33	0.01	+	+	+
卵形藻属 *Cocconeis*	78.33	4.74	0.14	2.94	0.20
波缘藻属 *Cymatopleura*	13.33	0.08	0.01	+	+
长篦藻属 *Neidiun*	1.67	+	+	+	+
窗纹藻属 *Epithemia*	61.67	5.04	0.25	2.51	0.28
脆杆藻属 *Fragilaria*	15.00	8.57	0.04	0.99	0.01
平板藻属 *Tabellaria*	3.33	0.02	+	+	+
肋缝藻属 *Frustulia*	3.33	0.01	+	+	+
根管藻属 *Rhizosolenia*	6.67	0.05	+	+	+
等片藻属 *Diatoma*	73.33	3.26	0.49	2.11	0.64
辐节藻属 *Stauroneis*	23.33	0.23	+	0.04	+
菱形藻属 *Nitzschia*	85.00	5.58	0.17	3.76	0.25
美壁藻属 *Caloneis*	13.33	0.06	+	+	+
桥弯藻属 *Cymbella*	93.33	6.62	0.66	5.23	1.10
曲壳藻属 *Achnanthes*	76.67	2.94	0.09	1.79	0.12
双壁藻属 *Diploneis*	6.67	0.05	+	+	+
双菱藻属 *Surirella*	55.00	0.77	0.08	0.36	0.08
双眉藻属 *Amphora*	21.67	0.22	0.02	0.04	+
小环藻属 *Cyclotella*	95.00	7.00	0.24	5.29	0.41
异极藻属 *Gomphonema*	91.67	3.80	0.19	2.81	0.31
羽纹藻属 *Pinnularia*	33.33	0.44	0.92	0.35	0.55
针杆藻属 *Synedra*	96.67	10.68	3.18	10.31	5.51

续表

食物类别	*O*%	*N*%	*W*%	*IRI*%	*IP*%
舟形藻属 *Navicula*	100.00	21.87	3.26	19.33	5.83
星杆藻属 *Aeterionella*	8.33	0.03	+	+	+
直链藻属 *Melosira*	50.00	6.82	1.02	3.02	0.91
绿藻门 Chlorophyta	90.00	3.82	0.69	1.11	0.16
十字藻属 *Crucigenia*	21.67	0.06	+	+	+
肾形藻属 *Nephrocytium*	1.67	+	+	+	+
四角藻属 *Tetraedron*	16.67	0.02	+	+	+
鼓藻属 *Cosmarium*	53.33	0.13	+	0.05	+
角星鼓藻属 *Staurastrum*	6.67	0.01	+	+	+
纤维藻属 *Ankistrodesmu*	21.67	0.04	+	+	+
栅藻属 *Scenedesmus*	61.67	1.25	+	0.59	+
多芒藻属 *Golenkinia*	1.67	+	+	+	+
转板藻属 *Mougeotia*	10.00	0.15	0.04	0.01	+
盘星藻属 *Pediastrum*	28.33	0.30	0.01	0.07	+
水绵属 *Spirogyra*	20.00	0.48	0.05	0.08	0.02
顶棘藻属 *Chodatella*	3.33	+	+	+	+
丝藻属 *Ulothrix*	23.33	0.20	+	0.04	+
鞘藻属 *Oedogonium*	40.00	0.54	0.10	0.20	0.07
新月藻属 *Closterium*	15.00	0.02	+	+	+
双星藻属 *Zygnema*	6.67	0.08	0.13	0.01	0.02
蹄形藻属 *Kirchneriella*	1.67	+	+	+	+
月牙藻属 *Selenastrum*	1.67	+	+	+	+
卵囊藻属 *Oocystis*	3.33	0.14	+	+	+
实球藻属 *Pandorina*	18.33	0.31	0.06	0.05	0.02
尾丝藻属 *Uronema*	6.67	+	+	+	+
微孢藻属 *Microspora*	5.00	0.09	0.30	0.01	0.03
蓝藻门 Cyanophyta	70.00	4.57	0.27	1.30	0.18
节旋藻属 *Arthrospira*	3.33	0.41	0.01	0.01	+
颤藻属 *Oscollatoria*	38.33	4.04	0.20	1.25	0.14
色球藻属 *Chroococcus*	1.67	+	+	+	+
隐球藻属 *Aphanocapsa*	1.67	+	+	+	+
鱼腥藻属 *Anabaena*	1.67	0.02	+	+	+
棒胶藻属 *Rhabdogloea*	1.67	+	+	+	+
裸藻门 Euglenophyta					
裸藻属 *Euglena*	36.67	0.08	0.06	0.04	0.04
扁裸藻属 *Phacus*	8.33	0.02	+	+	+
金藻门 Chrysophyta	11.67	0.24	+	+	+
锥囊藻属 *Dinobryon*	11.67	0.04	+	+	+

续表

食物类别	O%	N%	W%	IRI%	IP%
黄藻门 Xanthophyta	5.00	0.10	+	+	+
黄丝藻属 *Tribonema*	5.00	0.10	+	+	+
黄管藻属 *Ophiocytiaceae*	1.67	+	+	+	+
微型动物	**100.00**	**0.01**	**15.82**	**2.46**	**5.76**
原生动物	30.00	+	+	+	+
砂壳虫属 *Difflugia*	23.33	+	+	+	+
表壳虫属 *Arcella*	10.00	+	+	+	+
拟铃虫属 *Tintinnopsis*	3.33	+	+	+	+
尖毛虫属 *Oxytricha*	1.67	+	+	+	+
钟虫属 *Vorticella*	1.67	+	+	+	+
拟铃壳虫属 *Tintinnopsis*	1.67	+	+	+	+
轮虫	53.33	+	0.05	+	0.02
龟甲轮属 *Keratella*	10.00	+	+	+	+
晶囊轮虫属 *Asplanchna*	1.67	+	0.02	+	+
臂尾轮属 *Brachionus*	6.67	+	0.01	+	+
叶轮属 *Notholca*	1.67	+	+	+	+
轮虫卵 Rotifer eggs	48.33	+	0.02	+	0.01
枝角类	55.00	0.01	10.65	1.12	2.60
象鼻溞属 *Bosmina*	25.00	+	3.17	0.61	1.42
盘肠溞属 *Chyolorus*	36.67	+	0.37	0.10	0.24
溞属 *Daphnia*	6.67	+	6.47	0.33	0.77
裸腹溞属 *Moina*	10.00	+	0.14	0.01	0.03
锐额溞属 *Alonella*	6.67	+	0.05	+	+
网纹溞属 *Ceriodaphnia*	3.33	+	+	+	+
尖额溞属 *Alona*	30.00	+	0.24	0.06	0.13
桡足类	45.00	+	2.74	0.76	1.76
剑水蚤 Cyclopoida	41.67	+	2.22	0.71	1.65
猛水蚤 Harpacticoida	15.00	+	0.34	0.04	0.09
哲水蚤 Calanoida	5.00	+	0.17	+	0.02
动物残肢 Unidentified arthropod	30.00	+	2.60	0.60	1.40
水生昆虫幼虫	**93.33**	**+**	**10.41**	**6.55**	**15.23**
石蝇 Plecoptera	1.67	+	0.01	+	+
细蜉 Caenidae	3.33	+	0.02	+	+
蠓 Ceratopogouidae	3.33	+	0.01	+	+
摇蚊类 Chironomidae	86.67		10.36	6.56	15.23
摇蚊幼虫 Chironomidae larvae	86.67	+	9.75	6.50	15.11
摇蚊蛹 Chironomida pupae	5.00	+	0.41	0.02	0.04

续表

食物类别	O%	N%	W%	IRI%	IP%
摇蚊卵 Chironomida eggs	23.33	+	0.20	0.04	0.08
植物碎屑	**56.67**	**+**	**61.52**	**26.82**	**62.36**
其他	**40.00**	**+**	**2.66**	**0.60**	**1.40**
鱼卵	3.33	+	0.04	+	+
鳞片	5.00	+	0.01	+	+

注："+"表示某饵料所占的百分比＜0.01%。

食物中藻类出现率最高为100%，其中以硅藻门和绿藻门最为常见，分别为100%和90%。硅藻门中以舟形藻（100%）、针杆藻（96.67%）、小环藻（95%）、桥弯藻（93.33%）、异极藻（91.67%）、菱形藻（85%）为主要摄食对象。昆虫类出现率其次，其中以摇蚊幼虫的出现率最高，为86.67%。依据个数百分比，数量上占绝对优势的是藻类，占99.98%，其余各类食物的个数百分比都小于0.01%。通过重量百分比评估，贡献最大的是植物碎屑，为61.52%，藻类重量百分比只有11.98%，动物性饵料个数百分比总和虽为0.01%，但重量百分比为26.22%。相对重要性指数百分比，藻类最高，为64.14%，其次是植物碎屑，为26.82%，藻类中硅藻门的舟形藻所占比例最高，为19.33%。从优势度指数来看，植物碎屑的优势度指数最高，为62.36%，其次是藻类和摇蚊幼虫，分别为16.64%和15.11%。从食物类群来看，额河银鲫是一种广食性鱼类，从各类食物重量百分比、相对重要性指数百分比和优势度指数评价，额河银鲫是以植物碎屑、水生昆虫和藻类为食物的杂食性鱼类。额河银鲫肠长为体长的2.9～4.6倍，咽齿多为侧扁形，铲形。鳃耙排列较紧密，其长度为鳃丝的一半以上，这些特征与食物相匹配。

（二）食物多样性和均匀度

额河银鲫的食物多样性结果见表11-8。总样本的多样性指数（H'）和均匀性指数（J）分别为2.75和0.60。秋季的多样性指数和均匀性指数最高，为2.78和0.65，春季的最低，为2.37和0.56。不同体长组之间多样性和均匀性差异较大，小个体组（＜180mm）额河银鲫食物多样性和均匀性要高于大个体组（＞220mm）。不同季节食物，相对重要性指数百分比（*IRI*%）大于5%的食物种类及其*IRI*%值见表11-9。

表11-8 额河银鲫季节和体长组间Shannon-Wiener多样性指数（H'）和Pielou均匀性指数（J）的比较
Table 11-8 The Shannon-Wiener diversity (H') and Pielou's evenness index (J) in diets of *C. auratus gibelio* in different seasons, and standard-length groups

	组别	n	H'	J
	总体	60	2.75	0.60
季节	春季	20	2.37	0.56
	夏季	20	2.64	0.63
	秋季	20	2.78	0.65
体长组/mm	＜180	12	2.73	0.65
	180～220	30	2.73	0.62
	＞220	18	2.59	0.61

表11-9　额河银鲫不同季节食物的相对重要性指数百分比（*IRI*%）

Table 11-9　The relative importance index percentage (*IRI*%) of food items in diets of *C. auratus gibelio* according to different seasons

春季		夏季		秋季	
食物	*IRI*%	食物	*IRI*%	食物	*IRI*%
舟形藻属	26.93	植物碎屑	41.65	舟形藻属	16.25
针杆藻属	18.62	舟形藻属	12.46	小环藻属	12.78
摇蚊幼虫	14.47	针杆藻属	7.34	窗纹藻属	9.07
桥弯藻属	8.75	脆杆藻属	6.59	脆杆藻属	7.45
等片藻属	5.63	卵形藻属	5.87	颤藻属	5.81

注：表中列出的为 *IRI*% 大于 5% 的食物种类。

（三）食物组成差异

额河银鲫不同体长组间的食物组成无显著性差异（χ^2=2.84，$P > 0.05$），Schoener 重叠指数＞0.6。不同季节的食物组成则具有显著性差异（χ^2=6.39，$P < 0.05$），Schoener 重叠指数＜0.6，食物重叠性较低（表 11-10）。

表 11-10　额河银鲫不同季节、体长组别之间的食物重叠性

Table 11-10　Food overlap coefficients (Schoener's overlap index) of *C. auratus gibelio* according to different seasons, and standard length groups

	组别	夏季	秋季	180～220	220
季节	春季	0.41	0.46		
	夏季		0.48		
体长组/mm	＜180			0.71	0.78
	180～220				0.60

三、摄食策略

采用改进的 Costello 图示法分析额河银鲫的摄食策略（图 11-13）。额河银鲫的食物大部分沿着图 11-13 中的水平轴分布，说明额河银鲫是广食性鱼类。植物碎屑分布在图 11-13 的右上方，表明植物碎屑是额河银鲫的主要摄食对象，食物组成分析表明，植物碎屑的重量百分比和优势度指数分别达 61.52% 和 62.36%（表 11-7）。图 11-13 的右下角分布的食物种类极少，说明额河银鲫种群内不同个体食物组成差异性较小，重叠程度较高。

根据以上分析结果，额河银鲫的食物多样性指数（*H'*）和均匀性指数（*J*）分别为 2.75 和 0.60。通过重量百分比、优势度指数比较研究，表明植物碎屑在额河银鲫总体饵料生物中均为最高。Costello 图示法显示额河银鲫以植物碎屑为主要食物。可以认为，额河银鲫是杂食性鱼类。

通常杂食性鱼类食物的可塑性高，其食物组成变化主要取决于水体中食物生物的变化。吾玛尔・阿布力孜（2000）的研究亦表明额河银鲫食物组成具有明显的季节变化，春季和夏季以植物性饵料为主，秋季以动物性饵料为主。额河银鲫的主要食物周丛藻类的种类组成、密度和生物量均存在显著的季节性变化（见第三章），应是造成额河银鲫食物组成季节性变化的主要原因。

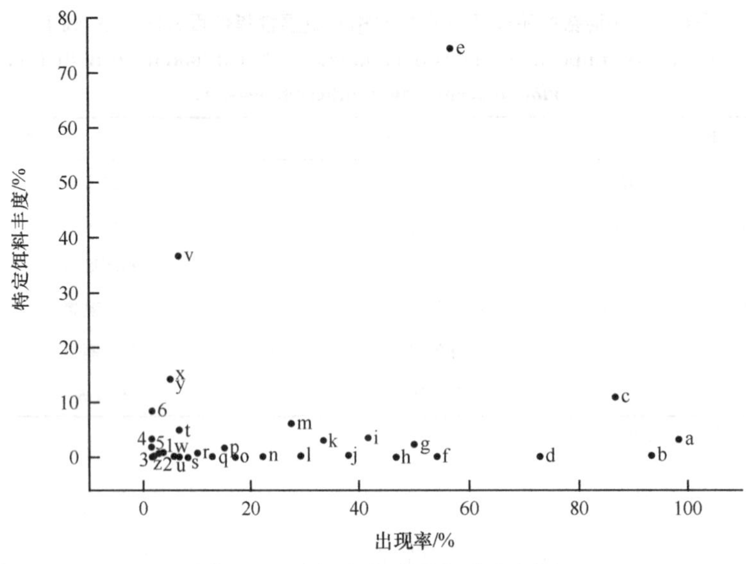

图 11-13　额河银鲫食物组成分布图

Figure 11-13　Graphic representation of diet composition in *C. auratus gibelio*

a. 舟形藻属 *Navicula*，针杆藻属 *Synedra*；b. 小环藻属 *Cyclotella*，桥弯藻属 *Cymbella*，异极藻属 *Gomphonema*；c. 摇蚊幼虫 chironomidae larvae；d. 菱形藻属 *Nitzschia*，卵形藻属 *Cocconeis*，曲壳藻 *Achnanthes*，等片藻属 *Diatoma*，窗纹藻属 *Epithemia*，栅藻属 *Scenedesmus*；e. 植物碎屑 Aquatic plant detritus；f. 双菱藻属 *Surirella*，鼓藻属 *Cosmarium*；g. 直链藻属 *Melosira*；h. 轮虫卵 Rotifer eggs，平裂藻属 *Merismopedia*；i. 剑水蚤 Cyclopoida；j. 鞘藻属 *Oedogonium*，布纹藻属 *Gyrosigma*，颤藻属 *Oscollatoria*，裸藻属 *Euglena*，盘肠溞属 *Chyolorus*；k. 羽纹藻属 *Pinnularia*；l. 尖额溞属 *Alona*，盘星藻属 *Pediastrum*；m. 动物残肢 Unidentified arthropod，象鼻溞属 *Bosmina*；n. 辐节藻属 *Stauroneis*，丝藻属 *Ulothrix*，砂壳虫属 *Difflugia*，摇蚊卵 Chironomida eggs，双眉藻属 *Amphora*，十字藻属 *Crucigenia*，纤维藻属 *Ankistrodesmus*，棒杆藻属 *Rhopalodia*；o. 水绵属 *Spirogyra*，弯楔藻属 *Rhoicosphenia*，实球藻属 *Pandorina*，四角藻属 *Tetraedron*，蛾眉藻属 *Ceratoneis*，脆杆藻属 *Fragilaria*，新月藻属 *Closterium*；p. 猛水蚤目 Harpacticoida；q. 波缘藻属 *Cymatopleura*，美壁藻属 *Caloneis*，锥囊藻属 *Dinobryon*；r. 转板藻属 *Mougeotia*；s. 表壳虫属 *Arcella*，龟甲轮属 *Keratella*，裸腹溞属 *Moina*，星杆藻属 *Aeterionella*，扁裸藻属 *Phacus*，根管藻属 *Rhizosolenia*，双壁藻属 *Diploneis*，角星鼓藻属 *Staurastrum*；t. 双星藻属 *Zygnema*；u. 尾丝藻属 *Uronema*，臂尾轮属 *Brachionus*；v. 溞属 *Daphnia*；w. 锐额溞属 *Alonella*，黄丝藻属 *Tribonema*；x. 微孢藻属 *Microspora*，哲水蚤 Calanoida；y. 摇蚊蛹 Chironomida pupae；z. 鳞片 Fish scale，短缝藻属 *Eunotia*，平板藻属 *Tabellaria*，肋缝藻属 *Frustulia*，菱板藻属 *Hantzschia*，顶棘藻属 *Chodatella*，卵囊藻属 *Oocystis*；1. 节旋藻属 *Arthrospira*，鱼卵 Fish eggs；2. 拟铃虫属 Tintinnopsis，腔轮属 *Lecane*，网纹溞属 *Ceriodaphnia*，蠓 *Ceratopogouidae*，细蜉 Caenidae，双楔藻属 *Didymosphenia*，长篦藻属 *Neidiun*；3. 肾形藻属 *Nephrocytium*，多芒藻属 *Golenkinia*，蹄形藻属 *Kirchneriella*，月牙藻属 *Selenastrum*，弓形藻属 *Schroederia*，色球藻属 *Chroococcus*，束丝藻属 *Aphanizomenon*，隐球藻属 *Aphanocapsa*，鱼腥藻属 *Anabaena*，棒胶藻属 *Rhabdogloea*，黄管藻属 *Ophiocytiaceae*；4. 尖毛虫属 *Oxytricha*；5. 钟虫属 *Vorticella*，拟铃壳虫属 *Tintinnopsis*，晶囊轮虫属 *Asplanchna*，叶轮属 *Notholca*，石蝇 *Plecoptera*；6. 低额溞属 *Simocephalus*

小　　结

1）渔获物雌鱼年龄范围为 1^+～9^+ 龄，其中 3^+ 龄和 4^+ 龄鱼占 78.72%，体长范围为 80～328mm，体重范围为 16.8～1171.5g；雄鱼年龄范围为 1^+～8^+ 龄，其中 3^+ 龄和 4^+ 龄鱼占 60.46%，体长范围为 72～274mm，体长在 150～250mm 间的个体占 86.7%。雌鱼和雄鱼的体重主要分布在 200～600g 之间，分别约占各自渔获量的 80% 和 76%。

2）银鲫为异速生长，雌鱼和雄鱼的体长与体重关系式分别为 $W=2.409\times10^{-4}L^{2.677}$ 和 $W=2.037\times10^{-4}L^{2.705}$。von Bertalanffy 生长方程各参数，$L_\infty=311.1$mm，$W_\infty=1134.5$g，$k=0.266$，$t_0=-0.684$ 龄；表观生长指数（$Ø$）为 4.4107；拐点年龄（t_i）为 3.45 龄，拐点处对应的体长和体重分别为 207.4mm 和 383.2g。

3）额河银鲫渔获物中雌鱼和雄鱼的最小性成熟个体均为 2^+ 龄，雌鱼体长为 90mm，体重为 25.8g；雄鱼体长为 82mm，体重为 18.0g。种群 50% 初次性成熟体长（L_{50}）和年龄（A_{50}）分别为147mm和2.4龄。额河银鲫为分批非同步型产卵鱼类。繁殖期开始于4月，持续到7月，高峰期为6月。绝对繁殖力为11 850～187 419egg，均值为42 461.2±28 205.2egg；相对繁殖力为32.5～213.0egg/g *BW*，均值为97.6±34.1egg/g *BW*。绝对繁殖力与体长呈线性关系，与体重呈幂函数关系，与年龄、卵巢重的相关性不显著。

4）额河银鲫全年摄食率为72.2%，空肠率在5月份保持较高水平，9月份最低。额河银鲫为杂食性鱼类，食物包括水域中除鱼类外的所有水生生物类群，食物多样性指数（*H'*）和均匀性指数（*J*）分别为2.75和0.60。植物碎屑重量百分比、优势度指数均为最高，显示植物碎屑为其主要食物。食物组成的季节性差异显著，与水域中食物基础的变化密切相关。不同体长组间的食物组成无显著性差异，不同季节的食物组成则具有显著性差异。

主要参考文献

窦硕增. 1996. 鱼类摄食生态研究的理论和方法. 海洋与湖沼, 27: 556-561

桂建芳, 周莉. 2010. 多倍体银鲫克隆多样性和双重生殖方式的遗传基础和育种应用. 中国科学: 生命科学, 40: 97-103

桂建芳. 1997. 银鲫天然雌核发育机理研究的回顾与展望. 中国科学基金, 11(1): 11-16

郭焱, 张人铭, 蔡林钢, 等. 2012. 新疆鱼类志. 乌鲁木齐: 新疆科学出版社

蒋一珪, 梁绍昌, 陈本德, 等. 1983. 异源精子在银鲫雌核发育子代中的生物学效应. 水生生物学报, 8: 1-13

李风波, 周莉, 桂建芳. 2009. 新疆额尔齐斯河水系银鲫克隆多样性研究, 水生生物学报. 33: 363-368

李因传. 2001. 黑龙江银鲫与普通鲫的遗传多态的比较研究. 哈尔滨: 东北农业大学硕士学位论文

刘军, 石耀华, 尹隽, 等. 2005. 雌核发育银鲫原肠期胚胎和尾芽期胚胎差异表达基因的呈现. 遗传学报, 32: 253-263

刘明华, 沈俊宝. 1998. 黑龙江银鲫雌雄同体个体的组织学. 中国水产科学, 5: 6-10

鲁翠云, 曹顶臣, 张义凤, 等. 2007. 雌核发育银鲫子代中微卫星特异序列分析. 动物学报, 53: 537-544

马宝珊. 2011. 异齿裂腹鱼个体生物学和种群动态学研究. 武汉: 华中农业大学博士学位论文

马波, 霍堂斌, 李喆, 等. 2013. 额尔齐斯河2 种类型雌性银鲫的形态特征及d-loop 基因序列比较. 中国水产科学, 20: 157-165

孟玮, 郭焱, 海萨, 等. 2010. 额尔齐斯河银鲫形态学及COI 基因序列分析. 淡水渔业, 40: 22-26

任慕莲. 2002. 中国额尔齐斯河鱼类资源与渔业. 乌鲁木齐: 新疆科技卫生出版社

汪博良, 赵江山, 焦丽, 等. 2011. 额尔齐斯河银鲫寄生虫区系调查研究. 新疆农业科学, 48: 1505-1508

吾玛尔·阿布力孜. 2000. 额河银鲫食性的初步研究. 干旱区研究, 17: 64-66

谢从新. 2009. 鱼类学. 北京: 中国农业出版社

杨仲安, 桂建芳, 朱蓝菲, 等. 1994. 复合四倍体异育银鲫两种不同生殖方式的细胞学观察. 动物学报, 40: 69-74

姚纪花, 楼允东. 1998. 我国六个地区银鲫种群线粒体DNA 多态性的研究. 水产学报, 22: 289-295

姚纪花, 楼允东. 2000. 三种群银鲫的RAPD 分析初报. 上海海洋大学学报, 9: 11-14

殷名称. 1995. 鱼类生态学. 北京: 中国农业出版社

尹隽, 周莉, 刘军, 等. 2007. 银鲫pou2 基因在胚胎发育过程中的时空表达图式. 水生生物学报, 31:629-636

朱蓝菲, 蒋一珪. 1993. 银鲫不同雌核发育系的生物学特性比较研究. 水生生物学报, 2: 112-120, 197-198

CASSELMAN J M. 1990. Growth and relative size of calcified structures of fish. *Transactions of the American Fisheries Society*, 119: 673-688

CHERFAS N B. 1981. Gynogenesis in fishes. Genetic Bases of Fish Selection. In: Kirpichnikov V S, ed. Berlin: Springer-Verlag, 255-273

CONVER D C. 1985. Field and laboratory assessment of paterns in fecundity of a multiple spawning fish:the Atlantic silverside Menidia menidia. *Fish Bull*, 83 (3): 331-341

ERICKSON C M. 1983. Age determination of Manitoban walleyes using otoliths, dorsal spines, and scales. *North American Journal of Fisheries Management*, 3: 176-181

GROVER M C. 2005. Changes in size and age at maturity in a population of kokanee Oncorhynchus nerka period a period of declining growth conditions. *Journal of Fish Biology*, 66: 122-134

HOVDE S C, ALBERT O T, NILSSEN E M. 2002. Spatial, seasonal and ontogenetic variation in diet of Northeast Arctic Greenland halibut (*Reinhardtius hippoglossoides*). *ICES Journal of Marine Science*, 59: 421-437

MORTE S, REDON M J, SANZ-BRAU A. 2001. Diet of *Scorpaena porcus* and *Scorpaena notate* (Pisces: Scorpaenidae) in the western Mediterranean. *Cahiers De Biologie Marine*, 42: 333-344

SPONAUGLE S. 2009. Daily otolith increments in the early stages of tropical fish. In: Green B S, Mapstone B D, Carlos G *et al.*, Tropical fish otoliths: information for assessment, management and ecology. Dordrecht: Springer, 93-132

WIELAND K, JARRE-TEICHMANN A, HORBOWA K. 2000. Changes in the timing of spawning of Baltic cod: possible causes and implications for recruitment. *ICES Journal of Marine Science*, 57: 452-464

WOOTTON R J. 1990. Ecology of teleost fishes. London-New York: Chapman and Hall, 1-404

ZHOU L, WANG Y, GUI J F. 2008. Analysis of genetic heterogeneity among five gynogenetic clones of silver crucian carp, *Carassius auratus gibelio* Bloch, based on detection of RAPD molecular markers. *Cvtogenetics Cell Genetics*, 88: 133-139

ZHU H P, MA D M, GUI J F. 2006. Triploid origin of the gibel carp as revealed by 5S rDNA localization and chromosome painting. *Chromosome Res*, 14: 767-776

第十二章　江鳕的生物学

阿达可白克·可尔江　郭　焱　蔡林刚　牛建功
新疆维吾尔自治区水产科学研究所，新疆 乌鲁木齐，830000

江鳕（*Lota lota* Linnaeus）隶属鳕形目（Gadiformes），鳕科（Gadidae），江鳕属（*Lota*），是鳕科中唯一的淡水种类，广泛分布于北纬45°以北的欧、亚和北美洲内陆水域，我国分布于额尔齐斯河与黑龙江水系（任慕莲等，2002；郭焱等，2012）。江鳕属冷水性凶猛大型经济鱼类，为额尔齐斯河名贵鱼类，具有肉质鲜美、肌间刺少、营养价值高、生长快、寿命长、适应能力强等优点（董崇智等，2002）。近年来，随着人类矿业、农业、水利建设和渔业等经济活动日益加剧，对额尔齐斯河江鳕资源造成一定的负面影响（任慕莲等，2002；郭焱等，2003）。江鳕资源量持续下降，现已列入中国珍稀名贵水生野生动物名录。

我国关于江鳕的首次报道见于施白南和高岫（1958），此后国内外学者陆续对中国牡丹江上游、加拿大马尼托巴的Heming湖、中国乌苏里江等不同水域江鳕的生长、生殖和食性进行了研究（Lawler，1963；杨树勋等，1989；孟令博等，2004）。本章对额尔齐斯河江鳕渔获物组成和生物学进行了研究，旨在为该品种渔业资源保护及合理利用、人工繁殖等提供科学依据和理论基础。

第一节　渔获物组成

样本采集时间为2012年5月至2014年10月，在不同季节共采样11次。采样地点主要为卡依尔特河河口上游约7km（1号采样点），卡依尔特河河口上游约40km（2号采样点）、库依尔特河河口上游约3km（3号采样点）以及可可托海水库捕鱼点（4号采样点），此外在哈巴河采集部分样本。采捕工具以单层刺网（网目10.0～70.0mm）和地笼网（网目2.0mm）为主，以小抬网（网目5.0mm）为辅。共采集江鳕样本196尾，对其中162尾进行了年龄和性别鉴定。渔获物样本体长范围为83.0～570.0mm，体重范围为39.6～1408.0g。170尾样本用于渔获物分析。

一、年龄结构

采用矢耳石磨片成功鉴定了162尾样本的年龄。渔获物年龄范围为0^+～5^+龄，其中1^+龄和2^+龄为优势龄组，共占80.0%；其次为3^+龄组，占11.3%；4^+龄和5^+龄个体数量较少，仅占6.9%。雌鱼和雄鱼各龄组比例大体上与总体相似，但雌鱼中2^+龄鱼比例小于雄鱼，3^+龄鱼的比例则大于雄鱼（表12-1）。江鳕成熟年龄为3^+龄，2^+龄及以下个体占渔获总尾数的81.9%，绝大部分鱼在性成熟前已被捕捞，对种群的繁衍极为不利。

二、体长分布

162尾渔获物样本的体长范围为83～570mm，平均330.6±77.02mm，200.1～400.0mm体长组的个体占80%，400.1～500.0mm体长组占15.88%。雌鱼和雄鱼体长分布范围分别为200.1～600.0mm和200.1～500.0mm，优势体长组均为200.1～400.0mm，分别占79.79%

和 84.72%，雌鱼体长分布范围较大，较大个体的比例稍大于雄鱼（表 12-2）。

表 12-1　额尔齐斯河江鳕渔获物年龄组成

Table 12-1　Age structure of *L. lota*

年龄	雌鱼		雄鱼		性别未辨		总体	
	n	%	*n*	%	*n*	%	*n*	%
0^+					1	75.0	1	1.9
1^+	29	29.5	24	38.2	1	25.0	54	33.1
2^+	45	47.7	35	48.5	1		81	46.9
3^+	11	14.8	5	7.4			16	11.3
4^+	5	5.7	2	4.4			7	5.0
5^+	2	2.3	1	1.5			3	1.9
合计	92	100.0	67	100.0	3	100.0	162	100.0

表 12-2　额尔齐斯河江鳕渔获物体长分布

Table 12-2　Distributions of the standard length of *L. lota*

体长组/mm	雌鱼		雄鱼		性别未辨		总体	
	n	%	*n*	%	*n*	%	*n*	%
0.1～100.0					1	33.33	1	1.18
100.1～200.0					1	33.33	1	1.18
200.1～300.0	28	30.85	24	36.11			52	32.35
300.1～400.0	46	48.94	34	48.61	1	33.33	81	47.65
400.1～500.0	15	17.02	9	15.28			24	15.88
500.1～600.0	3	3.19					3	1.76
合计	92	100.00	67	100.00	3	100.00	162	100.00

三、体重分布

渔获物的体重范围为 39.6～1408.0g，平均 347.9±241.40g。在 100～400g 体重组中，总样本、雌鱼和雄鱼分别占比为 63.83%、65.28% 和 62.95%；其次为 400～500g 组的个体，占比均为 10% 左右（表 12-3）。

表 12-3　额尔齐斯河江鳕渔获物体重分布

Table 12-3　Distributions of the body weight of *L. lota*

体重组/g	雌鱼		雄鱼		性别未辨		总体	
	n	%	*n*	%	*n*	%	*n*	%
＜100.0	5	5.32	2	5.56	2	50.0	9	6.47
100.1～200.0	21	23.40	17	25.00	0	50.0	38	24.71
200.1～300.0	20	21.28	11	15.28	0		31	18.24
300.1～400.0	18	19.15	18	25.00	1		37	21.18
400.1～500.0	10	10.64	6	9.72	0		16	10.00
500.1～600.0	4	4.26	7	11.11	0		11	7.06

续表

体重组/g	雌鱼		雄鱼		性别未辨		总体	
	n	%	n	%	n	%	n	%
600.1～700.0	5	6.38	1	1.39	0		6	4.12
700.1～800.0	0		1	1.39	0		1	0.59
800.1～900.0	3	3.19	3	4.17	0		6	3.53
900.1～1000.0	3	3.19	1	1.39	0		4	2.35
＞1000.0	3	3.19	0		0		3	1.76
合计	92	100.00	67	100.00	3	100.00	162	100.00

第二节　生长特性

一、实测体长和体重

额尔齐斯河江鳕实测各龄体长和体重的范围及平均值见表 12-4。

表 12-4　江鳕不同年龄组体长和体重范围及平均值

Table 12-4　Average standard length and body weight at age of *L. lota*

年龄	雌鱼			雄鱼			总体*		
	n	范围	平均±标准差	n	范围	平均±标准差	n	范围	平均±标准差
体长/mm									
0^+							3	83～101	91.3±7.41
1^+	26	228～306	269.5±23.90	26	213～350	267.4±36.48	53	200～350	266.0±32.71
2^+	42	278～405	343.6±25.97	32	296～405	350.3±30.21	75	278～405	346.5±28.11
3^+	13	285～450	413.2±39.77	5	400～423	414.6±7.91	18	285～450	413.6±34.06
4^+	5	465～525	488.0±22.27	3	443～475	459.3±13.07	8	443～525	477.3±23.81
5^+	2	551～570	560.5±9.50	1		443	3	443～570	521.3±55.93
合计	88	228～570	346.2±73.40	68	213～475	329.5±64.14	160	83～570	330.6±77.02
体重/g									
0^+							3	39.6～52.0	45.2±5.13
1^+	26	90.0～244.0	153.6±41.34	26	72.7～483.5	178.2±82.40	53	65.0～483.5	162.3±67.65
2^+	42	149.0～590.0	339.6±87.76	32	34.5～600.0	365.9±112.78	75	375.0～600.0	351.2±100.40
3^+	13	177.0～924.0	596.2±174.30	5	487.0～703.0	579.6±78.46	18	177.0～924.0	591.6±153.97
4^+	5	864.0～1007.0	945.2±57.38	3	836.0～957.0	889.7±50.33	8	836.0～1007.0	924.4±61.08
5^+	2	1328.0～1408.0	1368±40.00	1		802.0	3	802.0～1408.0	1179.3±268.81
合计	88	90.0～1408.0	385.1±270.59	68	37.5～957.0	339.4±200.88	160	37.5～1408.0	347.9±241.40

* 数据包括性别未辨样本。

依据正比例关系推算各龄的体长和体重，并将其与额尔齐斯河干流和牡丹江种群的体长和体重进行比较（表 12-5）。额尔齐斯河干流江鳕各龄的推算体长和体重与其上游可可托海水库江鳕的推算体长和体重无显著差异，但明显大于黑龙江水系牡丹江上游江鳕的推算体长和体重。可能与两个流域的自然环境不同有关。

表 12-5　不同水体江鳕的体长与体重生长比较

Table 12-5　Comparison of standard length length and body weight of *L.lota*

水体	体长/cm					体重/g					数据来源
	L_1	L_2	L_3	L_4	L_5	W_1	W_2	W_3	W_4	W_5	
可可托海水库	19.1	29.7	37.9	45.9	53.0	61.6	224.2	457.6	801.4	1220.7	本研究
额尔齐斯河干流	17.1	28.2	36.1	43.3	48.7	56.8	242.5	496.6	841.7	1183.9	任慕莲等，2002
牡丹江上游	15.4	21.7	26.7	32.3	38.2	28.8	71.9	139.8	259.4	444.5	杨树勋等，1989

二、体长与体重的关系

将江鳕分雌鱼、雄鱼和种群总体拟合体长与体重的关系（图 12-1），关系式如下。

雌鱼：W=1.025×10$^{-5}L^{2.959}$　（R^2=0.931，n=94）

雄鱼：W=1.131×10$^{-5}L^{2.951}$　（R^2=0.899，n=71）

总体：W=1.207×10$^{-5}L^{2.930}$　（R^2=0.941，n=170）

估算的雌鱼 b 值（2.959）和雄鱼 b 值（2.951）与理论值 3 之间均不存在显著性差异（t 检验，$P>0.05$），因此，江鳕种群的生长为匀速生长。

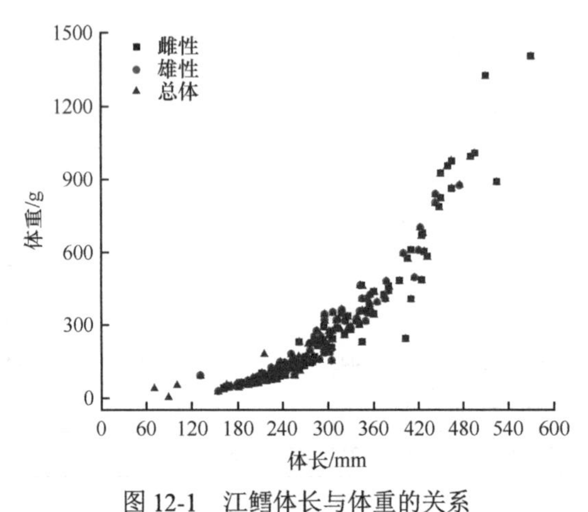

图 12-1　江鳕体长与体重的关系

Figure 12-1　Length-weight relationships of *L.lota*

三、生长方程

2 龄组雌鱼和雄鱼平均实测体长无显著性差异（t 检验，$P>0.05$）。故可将 1～2 龄组性别未辨的实测体长数据分别加入到雌鱼和雄鱼数据中，采用 von Bertalanffy 生长方程描述体长和体重生长特性（图 12-2）。体长和体重生长方程分别如下。

体长生长方程：

雌鱼：L_t=718.9 [1–e$^{-0.227(t-0.092)}$]　（R^2=0.873，n=93）

雄鱼：L_t=523.9 [1–e$^{-0.434(t-0.381)}$]　（R^2=0.796，n=73）

体重生长方程：

雌鱼：W_t=2908.1 [1–e$^{-0.227(t-0.092)}$]$^{2.959}$

雄鱼：W_t=1196.6 $[1-e^{-0.434(t-0.381)}]^{2.951}$

雌鱼和雄鱼的表观生长指数（Ø）分别为 5.0694 和 5.0760。

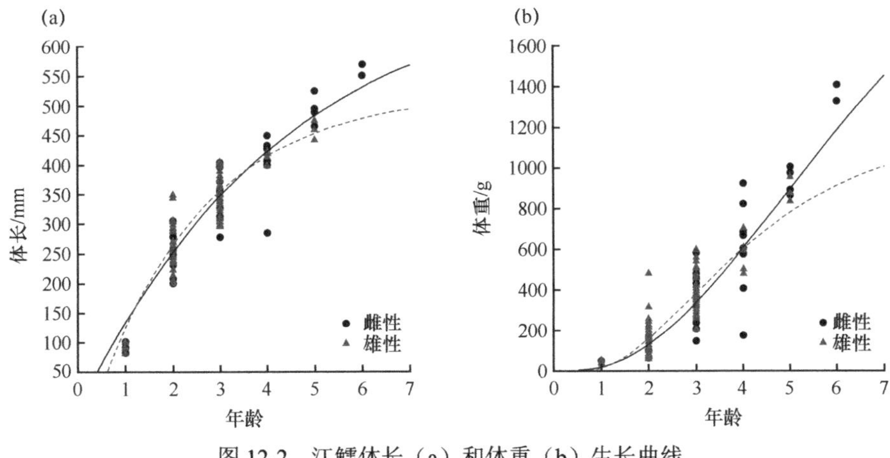

图 12-2 江鳕体长（a）和体重（b）生长曲线

Figure 12-2 Standard length (a) and body weight (b) growth curves of *L.lota*

可可托海水库、额尔齐斯河干流和牡丹江上游 3 个江鳕种群生长参数见表 12-6。可以看出，可可托海水库种群的渐进体长（L_∞）为 1018mm，体重生长拐点年龄（t_i）为 7.792，略低于额尔齐斯河主河道江鳕；可可托海水库江鳕种群的渐进体重（W_∞）为 8982g，最大寿命（t_{max}）为 22.3 龄，生长指数（k）为 0.132，则略高于额尔齐斯河主河道江鳕。

表 12-6 不同水体江鳕的体长与体重生长方程参数比较

Table 12-6 Comparison of growth equation parameters for *L.lota*

水体	L_∞/mm	W_∞/g	t_{max}	t_i	t_0	k	数据来源
可可托海水库	1 018	8 982.0	22.307	7.792	–0.594	0.132	阿达可白克 · 可尔江，2018
额尔齐斯河干流	997	10 462.0	23.900	8.300	–0.656	0.122	任慕莲等，2002
牡丹江上游	811	3 920.4	23.821	8.849	–0.199	0.127	杨树勋等，1989

四、生长速度和加速度

对江鳕雌鱼和雄鱼的体长、体重生长方程分别进行一阶求导和二阶求导，获得体长、体重生长的速度和加速度方程。

雌鱼：

$dL/dt=27.49e^{-0.227(t-0.092)}$

$d^2L/dt^2=-40.54e^{-0.227(t-0.092)}$

$dW/dt=1989.40e^{-0.227(t-0.092)}[1-e^{-0.227(t-0.092)}]^{1.959}$

$d^2W/dt^2=632.63e^{-0.227(t-0.092)}[1-e^{-0.227(t-0.092)}]^{0.959}[2.959e^{-0.227(t-0.092)}-1]$

雄鱼：

$dL/dt=227.37e^{-0.434(t-0.381)}$

$d^2L/dt^2=-98.68e^{-0.434(t-0.381)}$

$dW/dt=1532.58e^{-0.434(t-0.381)}[1-e^{-0.434(t-0.381)}]^{1.951}$

$$d^2W/dt^2=665.14e^{-0.434(t-0.381)}[1-e^{-0.434(t-0.381)}]^{0.951}[2.951e^{-0.434(t-0.381)}-1]$$

图 12-3 显示，江鳕的体长生长没有拐点，生长速率随年龄增长逐渐下降，最终趋于 0；生长加速度则随年龄的增长而增长，但增速逐渐变缓，最终趋于 0，且一直小于 0，说明江鳕体长生长速率在出生时最高，随着年龄增长而逐渐下降，当达到一定年龄之后趋于停止生长。体重生长速度曲线先上升后下降，具有生长拐点，雌鱼的拐点年龄（t_i）为 4.93 龄，对应的体长和体重分别为 479.3mm 和 876.1g；雄鱼的拐点年龄（t_i）为 2.91 龄，拐点处对应的体长和体重分别为 349.3mm 和 361.7g。渔获物中雌鱼和雄鱼未达到拐点年龄的个体分别约占 97.73% 和 87.76%，即绝大部分江鳕在体重绝对生长速度未达到最大时就被捕获，不利于鱼体生长潜能的发挥。

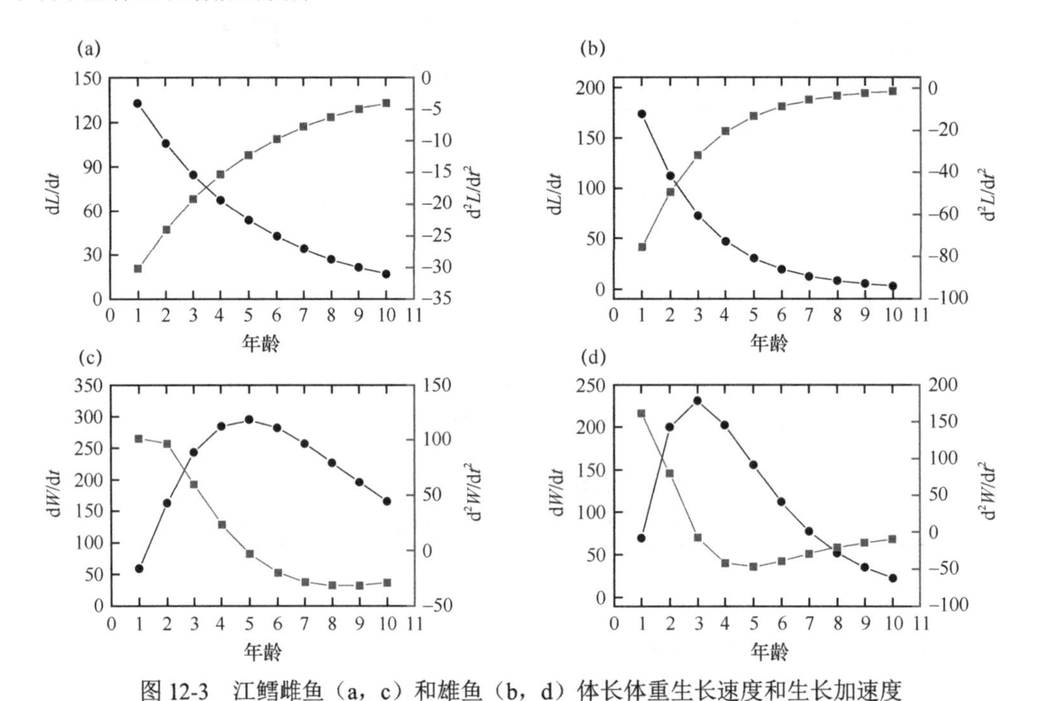

图 12-3　江鳕雌鱼（a，c）和雄鱼（b，d）体长体重生长速度和生长加速度

Figure12-3　Growth rate and growth acceleration of the standard length and weight of female (a, c) and male (b, d) for *L.lota*

第三节　性腺发育与繁殖习性

一、性腺发育

性腺鉴定结果见表 12-7。5 月、7 月和 8 月的雌鱼性腺均以 II 期为主，呈递增趋势，分别为 62.5%、62.5% 和 78.9%，III 期性腺所占比例则呈递减趋势，分别为 37.5%、25.0% 和 10.5%。7 月和 8 月有少量个体的性腺达到 IV 期，比例分别为 12.5% 和 10.5%；10 月 IV 期性腺则升至 76.9%。雄鱼 5 月、7 月和 8 月主要为 II 期和 III 期性腺，8 月个别个体性腺达到 IV 期，仅占 2.4%，10 月全部为 III 期和 IV 期性腺，分别为 40.0% 和 60.0%。有文献表明江鳕的繁殖期为冬季（任慕莲等，2002；杨雨壮等，2002；殷建国等，2008），额尔齐斯河通常在 4 月开始解冻，冬季繁殖后的江鳕在河水解冻后开始大量摄食（见本章第四节），为生长和性腺发育提供营养和能量，在此过程中，性腺从 5 月的 II 期逐步发育到 10 月的 IV 期，而后进一步发育成熟，在 12 月到翌年 1 月产卵。

表 12-7　江鳕不同月份性腺发育状况（%）

Table 12-7　Monthly variation of Gonadal stages of *L.lota* (%)

性腺发育期	雌鱼				雄鱼			
	5 月	7 月	8 月	10 月	5 月	7 月	8 月	10 月
n	8	8	19	13	6	7	42	5
Ⅱ	62.5	62.5	78.9	7.7	16.7	100.0	73.8	
Ⅲ	37.5	25.0	10.5	15.4	83.3		23.8	40.0
Ⅳ		12.5	10.5	76.9			2.4	60.0

对性腺指数的统计表明（表 12-8），雄鱼 5 月的平均性腺指数为 3.21±0.86，10 月的平均性腺指数为 10.14±2.20；雌鱼 10 月的平均性腺指数为 4.87±0.91。雌鱼 10 月的平均性腺指数显著低于雄鱼 10 月的平均性腺指数，暗示雄鱼性腺发育进程快于雌鱼，此外，雌鱼和雄鱼的年龄和个体大小不同也可能是造成差异的原因。

表 12-8　江鳕雌鱼和雄鱼性腺指数比较

Table 12-8　Comparison of sexual gonado-somatic index (*GSI*) of *L.lota*

性别	月份	*n*	年龄	体重/g	性腺指数 (*GSI*)	
					范围	平均±标准差
雄鱼	5 月	6	3	336.8	1.87～4.63	3.21±0.86
	10 月	9	3～4	589.1	7.73～13.87	10.14±2.20
雌鱼	10 月	12	4～6	855.6	3.57～6.89	4.87±0.91

二、繁殖群体

江鳕群体中雌、雄比例为 1.4 ∶ 1.0，雌鱼和雄鱼的最小性成熟年龄均为 2^+ 龄，雌鱼最小性成熟个体的体长和体重分别为 282mm 和 169.0g，雄鱼的分别为 194mm 和 72.3g。3^+ 龄雄鱼全部达到性成熟，雌鱼 3^+ 龄达到性成熟的比例为 42.9%，4^+ 龄全部达到性成熟。

将性成熟个体比例对体长数据和年龄数据分别进行逻辑斯蒂回归，获得如下方程：

体长：

雌鱼：$P=1/[1+e^{-0.026(SL\text{mid}-329)}]$（$n$=70，$R^2$=0.951）

雄鱼：$P=1/[1+e^{-0.024(SL\text{mid}-277)}]$（$n$=70，$R^2$=0.921）

年龄：

雌鱼：$P=1/[1+e^{-1.355(A-3.5)}]$　（n=49，R^2=0.941）

雄鱼：$P=1/[1+e^{-1.334(A-3.2)}]$　（n=32，R^2=0.979）

估算的雌鱼 50% 个体达到性成熟的体长和年龄分别为 329mm 和 3.5 龄，雄鱼 50% 个体达到性成熟的体长和年龄分别为 277mm 和 3.2 龄（图 12-4）。

三、繁殖习性

江鳕主要栖息于具有树木、石头等障碍物的缓流河湾或深水河边，以及湖泊、水库等水体的沿岸地带。平时分散活动，白天多隐藏在深水有障碍物处，夜晚捕食活动频繁。江鳕在开春后寻找饵料生物较为丰富的库区浅水沿岸带或转入河口附近水域摄食，进行索饵

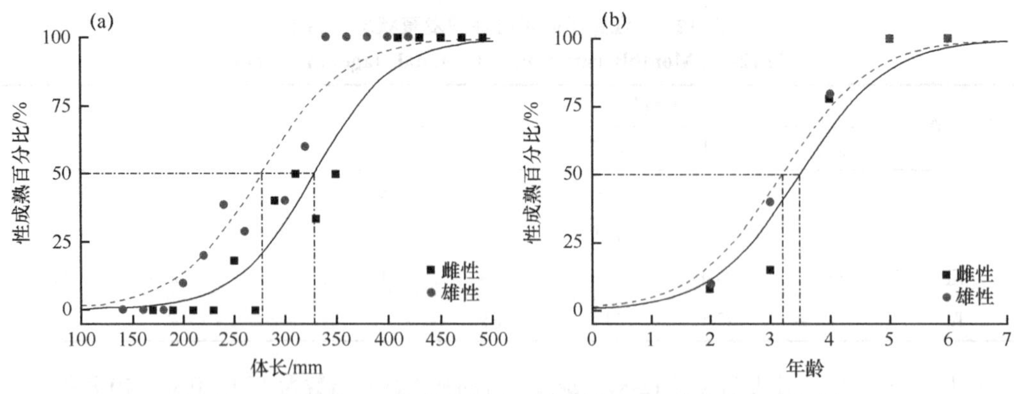

图 12-4　江鳕 20mm 体长组（a）和年龄组（b）内成熟个体比例

Figure12-4　Logistic functions fitted to percent mature by 20mm standard length (a) and one year intervals (b) of *L.lota*

育肥直到夏末秋初，当夏季水温升高时游向山涧溪流或湖泊的深水处渡夏，深秋集群转移到水库水底复杂（多不平坦，有沉水植物和石块）、小型鱼类较为丰富的深水区，完成越冬和繁殖活动（杨树勋等，1989；杨雨壮等，2002b）。可可托海水库江鳕在冬季水温接近0℃时，选择有流水的入河口附近的沿岸带，底部具有沉水植物、砂石（卵石）的地方作为产卵场。额尔齐斯河江鳕产卵期为 12 月至次年 1 月，水温接近 0℃，冰下产卵（任慕莲等，2002），产卵活动多在无月光的前半夜进行，分批产卵，卵为黏性的（施白南和高岫，1958；杨树勋等，1989；殷建国等，2008）。东北松花江江鳕的产卵习性大致与此相似（施白南和高岫，1958）。

四、繁殖力

对 16 个Ⅳ期卵巢个体的繁殖力进行统计。样本体长 342～570mm，平均 431.8mm；体重 325～1490g，平均 700.9g。绝对繁殖力范围为 146 477～465 479egg，平均 278 926±95 702.9egg，相对繁殖力范围为 306.4 ～1006.9egg/g *BW*，平均 535.7±154.74egg/g *BW*。卵径范围为 0.38～0.51mm，平均 0.45±0.10 mm。

第四节　摄食强度与食物组成

一、摄食率与饱满度

可可托海水库江鳕全年平均摄食率为 86.06%，平均充塞指数为 3.72±3.44（表 12-9）。春季的摄食率为 100%，平均充塞指数为 4.85±1.88；夏季的摄食率为 81.25%，平均充塞指数为 2.42±4.27；秋季的摄食率为 76.92%，平均充塞指数为 3.74±3.50。春季的摄食率和充塞度均高于夏季和秋季；夏季的摄食率高于秋季，但充塞指数低于秋季。

额尔齐斯河可可托海库区气候特点为冬寒漫长、夏凉季短，多年气温变化在 –51.5～33.3℃，年平均气温为 –1.9℃（李定枝，1997）。水体冰封期从 10 月下旬延续至次年 4 月中旬，春末至秋初水温为 10～20℃，冬季水温为 0～10℃。适宜鱼类摄食生长的时间相对较短，在有限时间大量摄食是该地区鱼类对这种特定环境的一种响应。在可可托海地区，每年 5～7 月雪山融化，河道洪水泛滥，入库水量明显增加、流速加快、库区水位上涨和透明度下降，其他时间水量减少、流速降低、水位下降、透明度增高。水文情势的季节变化应是摄食强度季节变化的主要原因。

表 12-9　江鳕不同季节的摄食率及充塞指数

Table 12-9　Feeding rate and fullness of *L.lota* in various seasons

季节	*n*	摄食率/%	充塞度	
			幅度	平均±标准差
春季	16	100.00	1.01～7.34	4.85±1.88
夏季	128	81.25	0.03～17.02	2.42±4.27
秋季	52	76.92	0.02～13.52	3.74±3.50
全年	196	86.06	0.02～17.02	3.72±3.44

二、食物组成

可可托海水库江鳕的食物组成见表 12-10。江鳕全年的食物以小型鱼类为主，以水生昆虫幼虫为辅。鱼类在食物中的出现率（*O*%）为 88.00%，重量百分比（*W*%）、相对重要性指数（*IRI*%）和优势度指数（*IP*%）均超过 90.00%；水生昆虫幼虫的出现率达到 18.45%，但重量百分比（*W*%）、相对重要性指数（*IRI*%）和优势度指数（*IP*%）均超过 10.00%；软体动物仅偶尔出现，各个指标均不到 1%。

表 12-10　额尔齐斯河可可托海江鳕食物组成

Table 12-10　Diet composition of *L. lota* in the Irtysh River

食物组成	*O*%	*N*%	*W*%	*IRI*%	*IP*%
鱼类	**88.00**	**86.20**	**96.55**	**90.66**	**96.32**
阿勒泰鱥 *P. phoxinus ujmonesis*	24.27	23.28	21.43	30.69	31.71
高原鳅类 *Triplophysa*	15.53	8.19	7.04	6.72	6.66
银鲫 *C.auratus gibelio*	13.59	15.09	31.27	16.91	25.91
麦穗鱼 *P. parva*	10.68	16.38	15.70	9.66	10.22
尖鳍鮈 *G. gobio acutipinnatus*	3.88	1.29	3.14	0.46	0.74
江鳕 *L. lota*	3.88	0.86	4.77	0.56	1.13
北方须鳅 *B. barbatula nuda*	1.94	0.86	0.74	0.09	0.09
丁鱥 *Tinca tinca*	1.94	1.72	0.87	0.15	0.10
北方花鳅 *C. granoei*	0.97	0.43	0.42	0.02	0.03
贝加尔雅罗鱼 *L. aicalensis*	0.97	0.43	0.77	0.03	0.05
未知小鱼	31.07	17.67	10.40	25.37	19.69
水生昆虫幼虫	**18.45**	**13.36**	**3.26**	**9.32**	**3.67**
螺	**0.97**	**0.43**	**0.19**	**0.02**	**0.01**

江鳕食物种类在不同季节存在较明显差异（表 12-11）。春季食物全部为小型鱼类，其中麦穗鱼占绝对优势，出现率和重量百分比分别高达 88.62% 和 43.75%；其次为北方花鳅和银鲫，重量百分比分别达 25.00% 和 18.75%。夏季食物由小型鱼类和水生昆虫两大类组

成，二者的出现率分别为 84.71% 和 15.29%，重量百分比分别为 79.87% 和 20.13%，麦穗鱼的重量百分比则由春季的 43.75% 下降到 31.55%。秋季食物以额河银鲫和麦穗鱼为主，重量百分比分别为 41.51% 和 39.62%。由此可以认为，可可托海水库江鳕以鱼类和水生昆虫及软体动物为食，主要食物种类随季节发生一定变化。江鳕食物中外来鱼类麦穗鱼全年重量百分比超过 30%，这对可可托海的外来鱼类种群将起到一定的遏制作用。

表 12-11　江鳕食物出现率（*O*%）和质量百分比（*W*%）的季节变化

Table 12-11　Seasonal variation of occurrence frequency (*O*%) and weight ratio (*W*%) of *L. lota*

食物组成	春（*n*=16）		夏（*n*=104）		秋（*n*=104）	
	O%	*W* %	*O*%	*W* %	*O*%	*W* %
鱼类	**100.00**	**100.00**	**84.71**	**79.87**	**99.45**	**98.11**
麦穗鱼 *P. parva*	88.62	43.75	39.74	31.55	42.84	39.62
北方花鳅 *C. granoei*	6.43	25.00	16.15	17.45	0.02	1.89
银鲫 *C. auratus gibelio*	3.71	18.75	4.02	10.74	49.29	41.51
尖鳍鮈 *G. gobio acutipinnatus*	0.95	6.25	6.66	6.72		
北方须鳅 *B. barbatula nuda*	0.29	6.25	7.30	9.40	2.65	9.43
阿勒泰鱥 *P. phoxinus ujmonesis*			10.84	4.03	4.10	3.77
江鳕 *L. lota*					0.55	1.89
水生昆虫幼虫			**15.29**	**20.13**		
蜉蝣目 Ephemeroptera			11.11	10.74		
毛翅目 Trichoptera			3.33	5.37		
蜻蜓目 Odonata			0.45	2.01		
摇蚊科 Chironomidae			0.40	2.01		
螺					**0.55**	**1.89**

江鳕头部圆锥形，口裂较大，具发达的口腔齿，齿呈锥状，齿尖朝内，可以有效发现、抓捕食物并防止逃脱；鳃耙短而小，呈柱状，表面有突起，排列稀疏；具幽门盲囊，胃呈 U 形，肠短，呈“S”形折回，(肠长/体长）为 1.21±0.13。摄食器官和消化器官的形态、功能与其以鱼类为主要食物相适应。

任慕莲等（2002）报道额尔齐斯河干流的江鳕食物主要为鱼类，其次为水生昆虫。牡丹江上游江鳕 1^{+}龄之前的个体以水生昆虫（石蝇幼虫）和底栖动物为食，1^{+}～2^{+}龄个体以鱼类为食（杨树勋等，1989）。哈纳斯湖的江鳕以钩虾、螺、水生昆虫和小鱼等为食（冯敏和任慕莲，1990）。乌苏里江虎头江段的江鳕食物仅发现鳑鲏鱼、棒花鱼（*Abbottina rivularis*）及日本沼虾（*Macyobranchium nipponensis*）（孟令博，2004）。在华盛顿州的罗塞威尔湖，栖息在远岸处的江鳕食物中甲壳纲等足类动物占 71%，近岸处的江鳕食物中鱼类占 28%，水生昆虫占 46%，克氏原螯虾占 12%（Polacek，et al.，2006）。密歇根休伦湖江鳕幼鱼主要摄食桡足类的无节幼体和河蚌的面盘幼虫（George，et al. 2013）。由此可见，江鳕属于肉食性鱼类是其固有属性，而不同水域中的食物组成差异，则与其生活水域的食物基础，即食物的可得性有关，体现了江鳕食物的可塑性。

小　结

1）可可托海江鳕渔获物年龄范围为0^+～5^+龄，其中1^+龄和2^+龄为优势龄组，共占80.0%，3^+龄组占11.3%；体长范围为83～570mm，体长为200～400mm的个体占总数的80%；体重范围为39.6～1408.0g，体重400g以下个体占76.08%。绝大部分鱼在性成熟前已被捕捞，对种群的繁衍极为不利。

2）可可托海江鳕雌鱼和雄鱼体长差异显著，雌鱼和雄鱼的体长与体重的关系分别为：$W=1.025\times10^{-5}L^{2.959}$和$W=1.131\times10^{-5}L^{2.951}$，均为匀速生长型。von Bertalanffy生长方程各参数：雌鱼L_∞=718.9mm，W_∞=2908.1g，k=0.227，t_0=0.092；雄鱼L_∞=523.9mm，W_∞=1196.6g，k=0.434，t_0=0.381，雌鱼和雄鱼的表观生长指数（$\varnothing$）分别为5.0694和5.0760；雌鱼拐点年龄（t_i）为4.93龄，对应的体长和体重分别为479.3mm和876.1g；雄鱼拐点年龄（t_i）为2.91龄，对应的体长和体重分别为349.3mm和361.7g。

3）江鳕性腺自5～10月逐渐从Ⅱ期发育至Ⅳ期，12月至翌年1月间产卵，卵为黏性的。渔获物中雌鱼最小性成熟年龄为2^+龄，体长为282mm，体重为169.0g；雄鱼最小性成熟年龄为2^+龄，体长为194mm，体重为72.3g。估算的雌鱼50%个体达到性成熟的体长和年龄分别为329mm和3.5龄，雄鱼50%个体达到性成熟的体长和年龄分别为277mm和3.2龄。绝对繁殖力范围为146 477～465 479egg，平均278 926±95 702.9egg，相对繁殖力范围为306.4～1006.9egg/g *BW*，平均535.7±154.74egg/g *BW*。

4）可可托海水库江鳕全年平均摄食率为86.06%，平均充塞指数为3.72±3.44，摄食率和平均充塞指数存在季节性差异。江鳕为鱼食性鱼类，主要摄食小型鱼类，兼食水生昆虫，小型鱼类在食物中的重量百分比和出现率分别为94.73%和89.38%；水生昆虫的重量百分比和出现率分别为5.09%和12.50%，食物组成及季节变化与其摄食器官形态相适应，主要食物种类随食物基础的季节变化而发生变化。

主要参考文献

阿达可白克·可尔江, 谢从新, 蔡林钢, 等. 2018. 可可托海水库江鳕个体生物学研究. 水生态学杂志. 39(5): 76-82
董崇智, 李怀明, 牟振波, 等. 2002. 中国淡水冷水性鱼类. 哈尔滨: 黑龙江科学技术出版社: 198-200
方华华, 高天翔, 姜作发, 等. 2005. 江鳕和大头鳕形态学的初步研究. 海洋水产研究, 26(3): 22-26
冯敏, 任慕莲. 1990. 新疆哈纳斯湖科学考察. 北京: 科学出版社: 123-125
郭焱, 张人铭, 蔡林钢, 等. 2012. 新疆鱼类志. 乌鲁木齐: 新疆科学技术出版社
李定枝. 1997. 可可托海水库枯季径流及大坝运行管理, 新疆有色金属, 6(1): 44-47
孟令博, 姜作发, 唐富江. 2004. 乌苏里江上游虎头江段江鳕捕捞群体结构特性的研究. 水产学杂志, 17(2): 11-14
任慕莲, 郭焱, 张人铭, 等. 2002. 中国额尔齐斯河鱼类资源及渔业. 乌鲁木齐: 新疆科技卫生出版社
施白南, 高岫. 1958. 在松花湖内采到的江鳕. 生物学通报, (1): 7-10
谢从新, 霍斌, 魏开建, 等. 2019. 雅鲁藏布江中游裂腹鱼类生物学与资源养护技术. 北京: 科学出版社: 18-42
杨树勋, 李东奎, 杨雨壮, 等. 1989. 牡丹江上游(含镜泊湖) 江鳕年龄、生长、食性和繁殖的研究. 水产学报, 13(1): 5-16
杨雨壮, 秦大公, 殷丽洁, 等. 2002a. 江鳕耳石年轮. 生物学通报, 37(2): 6-7
杨雨壮, 秦大公, 殷丽洁, 等. 2002b. 冰下生殖洄游的江鳕. 生物学通报, 37(4): 8-10
殷建国, 蔡晓琴, 何志杰, 等. 2008. 江鳕人工繁育技术研究. 中国水产, 389(4): 43-45
GEORGE E M, ROSEMAN E F, DAVIS B M. 2013. Feeding ecology of pelagic larval burbon in Northern Lake Huron, Michigan. *Transactions of the American Fisheries Society*, 142(6): 1716-1723
POLACEK M C, BALDWIN C M, KNUTTGEN KAMIA A. 2006. Status distribution, diet and growth of burbon in Lake Roosevelt, Washington. *Northwest Scientific Association*, (80): 153-164

第十三章　阿勒泰鱥的生物学

谢　鹏[1]　马徐发[1]　谢从新[1]　郭　焱[2]　阿达可白克·可尔江[2]

1. 华中农业大学 湖北 武汉，430070；

2. 新疆维吾尔自治区水产科学研究所，新疆 乌鲁木齐，830000

阿勒泰鱥［*Phoxinus phoxinus ujmonensis*（Kaschtschenko 1899）］，隶属鲤形目（Cypriniformes），鲤科 Cyprinidae，雅罗鱼亚科 Leuciscinae，鱥属 *Phoxinus*，模式产地鄂毕河上游卡通河，是我国仅分布于额尔齐斯河的一种土著小型鱼类（任慕莲等，2002；郭焱等，2012）。该鱼个体较小，经济价值不大，但由于其种群数量较为丰富，是食鱼鱼类的主要食物资源，故在食物链中的作用显著，其种群数量的变化对上一级食物链鱼类的资源会产生直接影响。阿勒泰鱥的生物学资料尚未见报道。本章根据 2013～2015 年新疆额尔齐斯河渔业资源与渔业环境调查期间采集的样本，采用常规生物学方法（谢从新等，2019）对阿勒泰鱥的种群结构、生长特性和繁殖习性进行了初步研究，旨在丰富该鱼的生物学资料，为其资源保护提供依据。

第一节　渔获物组成

2013～2015 年 5～10 月在额尔齐斯河上游的可可托海、布尔津河和哈巴河大桥等地，使用地笼、抄网等工具，采集到大量阿勒泰鱥样本，鉴定年龄的样本共 288 尾。

一、年龄结构

采用微耳石磨片鉴定 288 尾样本的年龄。渔获物样本年龄为 1^+～6^+龄，其中 2^+龄和 3^+龄共占 80.91%；其次为 4^+龄，占 12.15%，1^+龄、5^+龄和 6^+龄 3 个龄组，占比不到总数的 7%（表 13-1）。

表13-1　额尔齐斯河阿勒泰鱥渔获物年龄组成

Table 13-1　Age structure of *P. phoxinus ujmonensis* in the Irtysh River

年龄	1^+	2^+	3^+	4^+	5^+	6^+	合计
n	12	102	131	35	7	1	288
%	4.17	35.42	45.49	12.15	2.43	0.35	100.00

二、体长分布

渔获物体长范围为 24～68mm，平均 42.9±7.90mm。体长 60mm 以下个体占 98.26%，其中 41～50mm 的个体占 50%（表 13-2）。

三、体重分布

渔获物体重范围为 0.18～5.81g，平均 1.45g±0.81g。体重 3g 以下个体占 94.79%，其中 1.01～2.0g 个体占 53.13%（表 13-3）。

表 13-2　额尔齐斯河阿勒泰鱥渔获物体长分布
Table 13-2　Distributions of standard length of *P. phoxinus ujmonensis* in the Irtysh River

体长组/mm	21～30	31～40	41～50	51～60	61～70	总体
n	23	78	144	38	5	288
%	7.99	27.08	50.00	13.19	1.74	100.00
范围	24～30	31～40	41～50	51～60	59～68	24～68
均值±标准差/mm	27.7±1.83	36.8±2.96	45.0±2.69	54.4±2.88	61.5±2.74	42.9±7.90

表 13-3　额尔齐斯河阿勒泰鱥渔获物体重分布
Table 13-3　Distributions of body weight of *P. phoxinus ujmonensis* in the Irtysh River

体重组/g	0.01～1.00	1.01～2.00	2.01～3.00	3.01～4.00	＞4.01	总体
n	82	153	38	13	2	288
%	28.47	53.13	13.19	4.51	0.69	100.00
范围	0.18～1.00	1.01～2.00	2.01～2.94	3.03～3.90	4.28～5.81	0.18～5.81
均值±标准差/g	0.62±0.25	1.45±0.29	2.39±0.27	3.36±0.28	5.05±0.77	1.45±0.81

第二节　生长特性

一、实测体长和体重

阿勒泰鱥各龄鱼的实测体长和体重范围及平均值见表 13-4。

表 13-4　阿勒泰鱥实测体长和体重
Table 13-4　Observed standard length and body weight at different ages of *P. phoxinus ujmonensis*

年龄	*n*	体长/mm		体重/g	
		范围	均值±标准差/mm	范围	均值±标准差/mm
1^+	12	22～36	28.96±3.33	0.11～0.76	0.37±0.16
2^+	102	31～55	43.98±4.89	0.48～3.07	1.48±0.52
3^+	131	52～64	58.23±3.00	2.14～4.31	3.11±0.54
4^+	35	62～77	68.24±3.93	3.18～6.92	5.02±1.03
5^+	7	75～83	78.86±2.91	5.33～8.03	6.82±0.98
6^+	1		68.00		5.81

二、体长与体重的关系

对阿勒泰鱥体长与体重的关系进行幂函数回归分析（图 13-1），关系式如下：

$W=4.49\times10^{-5}L^{2.741}$（$R^2=0.966$，$n=288$）

幂指数 b 与 3 之间存在显著性差异（Pauly-t 检验：$t=8.21$，$P<0.05$），表明阿勒泰鱥为异速生长鱼类。

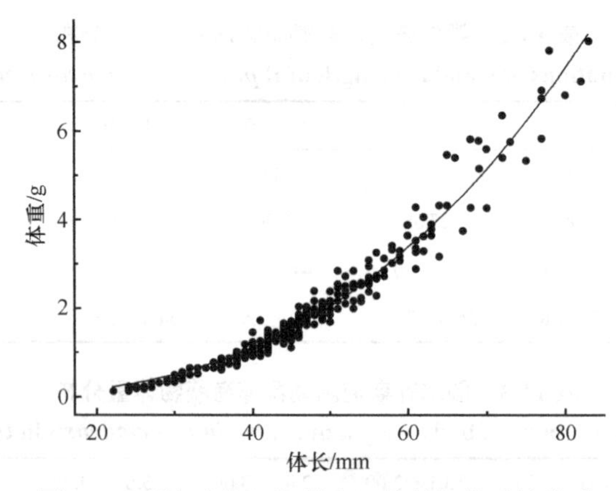

图 13-1　额尔齐斯河阿勒泰鱥体长与体重的关系

Figure 13-1　Relationship between standard length and body weight of *P. phoxinus ujmonensis* in the Irtysh River

三、生长方程

采用 von Bertalanffy 生长方程拟合阿勒泰鱥年间生长，体长和体重生长方程分别为：

L_t=143.7 [1−$e^{0.143(t+0.565)}$]（n=288，R^2=0.842）

W_t=36.5 [1−$e^{0.143(t+0.565)}$]$^{2.741}$

表观生长指数 $\varnothing$ 为 3.470。

图 13-2 显示，阿勒泰鱥的体长生长曲线为一条抛物线，开始上升快，随着年龄的增长，上升速度减缓，逐渐趋近体长（L_∞）；体重生长曲线为一条不对称的 S 形曲线，具有拐点，在拐点年龄处体重生长速度达到最大，经生长拐点后体重生长变慢，体重逐渐趋近体重（W_∞）。

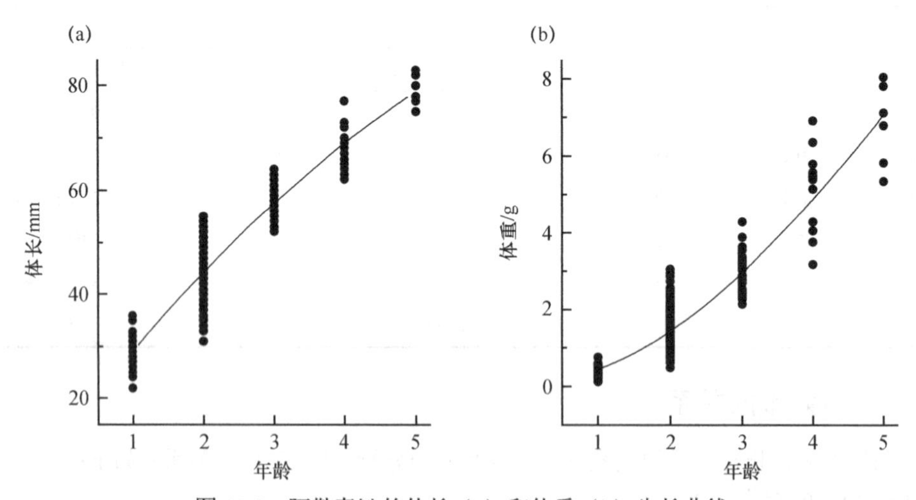

图 13-2　阿勒泰鱥的体长（a）和体重（b）生长曲线

Figure13-2　Growth curve of standard length (a) and body weight (b) of *P. phoxinus ujmonensis*

四、生长速度和加速度

通过对体长和体重生长方程进行一阶求导和二阶求导，获得体长、体重生长速度和生长加速度方程，方程如下：

生长速度：

$dL/dt=20.556e^{0.143(t+0.565)}$

$dW/dt=14.324e^{0.143(t+0.565)}\,[1-e^{0.143(t+0.565)}]^{1.741}$

生长加速度：

$d^2L/dt=-2.941e^{0.143(t+0.565)}$

$d^2W/dt^2=2.049e^{0.143(t+0.565)}\,[1-e^{0.143(t+0.565)}]^{0.741}\,[2.741\,e^{0.143(t+0.565)}-1]$

图 13-3（a）显示，阿勒泰鱥的体长生长无拐点，体长生长速度逐年递减，趋于 0；体长生长加速度逐年增加且趋于 0，但始终小于 0。图 13-3（b）显示，阿勒泰鱥的体重生长均是先增加后减小，当体重生长加速度为 0 时，体重生长速度的值达到最大。体重生长具有拐点，拐点年龄为 6.49 龄，对应的体长和体重分别为 91.28mm 和 10.53g。阿勒泰鱥渔获物的年龄均低于其拐点年龄，过多拐点年龄以下个体被捕捞，不仅造成这部分鱼类生长潜能的损失，还降低了其补充群体的数量，最终可能导致其种群数量的衰减。

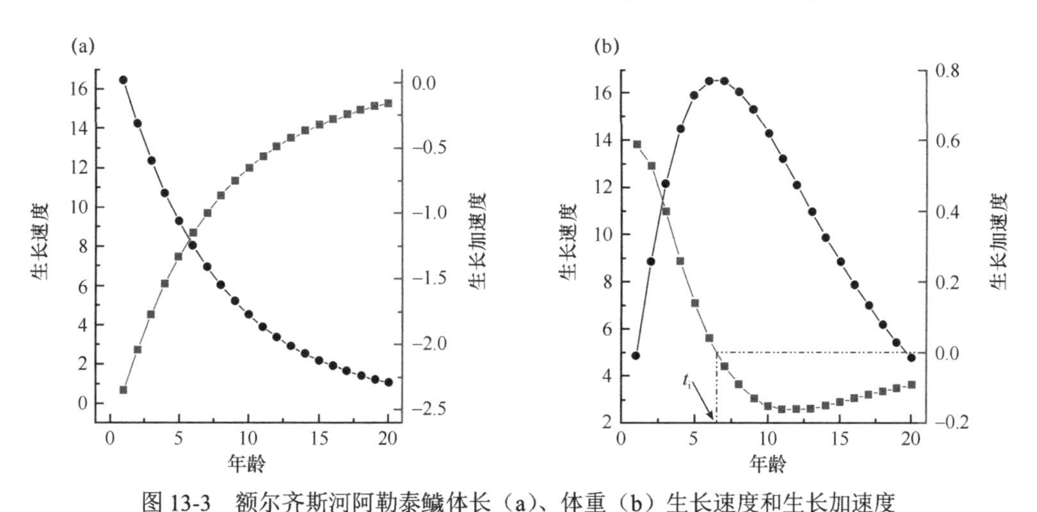

图 13-3　额尔齐斯河阿勒泰鱥体长（a）、体重（b）生长速度和生长加速度

Figure 13-3　Growth rate and growth acceleration of the standard length (a) and weight (b) for *P. phoxinus ujmonensis*

第三节　繁殖群体与繁殖力

一、繁殖群体

（一）性成熟年龄与繁殖群体的年龄结构

2013 年 5 月在哈巴河采集的样本中，观察到的最小性成熟个体，雌鱼体长为 30mm，体重为 0.44g，年龄为 2^+ 龄；雄鱼体长为 29mm，体重为 0.31g，年龄为 2^+ 龄。

如表 13-5 所示，12 尾 1^+ 龄鱼中，Ⅰ期和Ⅱ期性腺各占 91.7% 和 8.3%，未见Ⅲ期及以上性腺。2^+ 龄个体中雌鱼Ⅲ期和Ⅳ期性腺分别占 20.0% 和 80.0%；雄鱼Ⅲ期和Ⅳ期性腺分别占 13.0% 和 39.1%。3^+ 龄鱼及以上年龄的雌鱼和雄鱼的性腺均为Ⅳ期。由此推断，额尔齐斯河阿勒泰鱥雌鱼和雄鱼均为从 2^+ 龄开始性成熟，性成熟比例分别达到 80.0% 和 39.1%，3^+ 龄全部性成熟，繁殖群体年龄为 2^+～5^+ 龄。

表 13-5　哈巴河阿勒泰鱥不同年龄性成熟比例（%）

Table 13-5　Proportions of matured individuals at different ages of *P. phoxinus ujmonensis* collected in the Haba river (%)

年龄	雌鱼					雄鱼				
	n	Ⅰ	Ⅱ	Ⅲ	Ⅳ	*n*	Ⅰ	Ⅱ	Ⅲ	Ⅳ
1^+	12	91.7	8.3							
2^+	20			20.0	80.0	23	47.8		13.0	39.1
3^+	9				100.0	2				100.0
4^+	10				100.0	7				100.0
5^+	4				100.0	3				100.0

（二）繁殖期

2013 年 5 月 4 日，在哈巴河山口电站下游河段采集到 42 尾样本（表 13-6），其中雌鱼个体 30 尾，雄鱼个体 12 尾。性腺发育分期鉴定结果显示，雌鱼和雄鱼的Ⅳ期性腺的个体分别占 83.3% 和 75.0%，Ⅲ期性腺个体分别占 13.3% 和 25.0%。2013 年 7 月 22 日在同一地点采集到 72 尾样本，其中 2 尾雌鱼为Ⅳ期卵巢，这与 5 月 4 日样本中Ⅲ期性腺的雌鱼和雄鱼占的比例基本一致（表 13-6），即 5 月Ⅲ期性腺有可能在 7 月发育到Ⅳ期并进行繁殖。此外，7 月 17 日在可可托海采集的 20 尾样本中，5 尾雌鱼为Ⅳ期卵巢，与哈巴河 5 月样本比较，可可托海的样本由于个体较大，性腺指数较大，绝对繁殖力也较高（表 13-7），这进一步佐证了 7 月繁殖的可能性。由此推测，额尔齐斯河阿勒泰鱥繁殖期为 5～7 月，其中繁殖盛期为 5 月。该结果与任慕莲等（2002）报道阿勒泰鱥在额尔齐斯河的繁殖期一般在 6 月中旬左右以及哈纳斯湖个体繁殖期在 7 月中旬的结果基本一致。

表13-6　哈巴河5月阿勒泰鱥性腺发育期比例（%）

Table 13-6　Proportions of macroscopic maturity stages of *P. phoxinus ujmonensis* in May (%)

性别	*n*	性腺发育期		
		Ⅱ	Ⅲ	Ⅳ
雌鱼	30	3.3	13.3	83.3
雄鱼	12		25.0	75.0

表13-7　哈巴河和可可托海阿勒泰鱥性体指数和绝对繁殖力比较

Table 13-7　Comparison of *GSI* among individuals in the Haba and Keketuohai

月份	采样地址	*n*	体长/mm	体重/g	性腺指数（*GSI*）	绝对繁殖力/egg
5 月	哈巴河	21	40.8±4.64	1.08±0.37	13.60±3.78	280.1±139.36
7 月	哈巴河	2	53.5±1.50	2.44±0.07	7.59±3.17	189.0±22.00
7 月	可可托海	5	79.6±1.96	4.59±0.35	8.88±3.03	302.2±115.52

二、繁殖力

共采集到 28 个Ⅳ期卵巢样本，其中 23 个样本采自哈巴河山口电站下游，年龄为 2^+～4^+ 龄，体长范围为 35～55mm，体重范围为 0.61～2.51g。其余 5 个样本（未鉴定年龄）采自可可托海，体长范围为 76～82mm，体重范围为 4.1～5.1g，绝对繁殖力范围为183～447egg，平均302.2±115.52egg。相对繁殖力范围为42.3～92.7egg/g *BW*。28个样本的绝对繁殖力范围为104～605egg，平均277.6±132.9egg；相对繁殖力范围为42.3～415.2egg/g *BW*，平均198.4±99.87egg/g *BW*。

（一）繁殖力与年龄的关系

从表13-8可以看出，有年龄记录的个体，平均绝对繁殖力2^+龄鱼最小，仅206.6±89.04egg，3^+龄鱼最大，为2^+龄鱼平均绝对繁殖力的1.77倍，4^+龄组次之，为2^+龄鱼的1.38倍。平均相对繁殖力则4^+龄鱼最小，2^+龄鱼和3^+龄鱼的平均相对繁殖力分别为4^+龄鱼的1.78倍和1.96倍。

表13-8　额尔齐斯河阿勒泰鱥各龄鱼的繁殖力

Table 13-8　Fecundity at different ages of *P. phoxinus ujmonensis* in the Irtysh River

年龄	*n*	绝对繁殖力/egg		相对繁殖力/(egg/g *BW*)	
		范围	均值±标准差	范围	均值±标准差
2^+	12	104～382	206.6±89.04	119.5～415.2	232.5±82.50
3^+	8	194～605	366.1±137.23	179.5～357.7	256.3±65.20
4^+	3	167～475	284.3±136.01	70.5～237.7	130.7±75.70
不详	5	183～447	302.2±115.52	42.3～92.7	64.4±20.51
合计	28	104～605	277.6±132.88	42.3～415.2	198.4±99.87

（二）繁殖力与体长的关系

在31～60mm体长范围内，绝对繁殖力随体长的增长而增加，体长超过60mm后开始下降，其中41～50mm体长组的相对繁殖力最大，此后随着体长增长，相对繁殖力逐渐下降（表13-9）。

表13-9　阿勒泰鱥繁殖力与体长关系

Table 13-9　Relationship between fecundity and standard length of *P. phoxinus ujmonensis*

体长组/mm	*n*	绝对繁殖力/egg		相对繁殖力/(egg/g *BW*)	
		范围	均值±标准差	范围	均值±标准差
31～40	10	104～289	173.4±53.75	120～286	201.6±47.50
41～50	9	194～508	327.3±99.08	180～415	274.6±79.90
51～60	4	167～605	364.5±182.08	71～354	186.5±116.80
＞61	5	183～447	302.2±115.52	42.3～92.7	64.4±20.51

（三）繁殖力与体重的关系

阿勒泰鱥各体重组的平均绝对繁殖力和平均相对繁殖力均在1.1～2.0g体重组达到最高，分别为0.1～1.0g体重组的1.82倍和1.16倍。此后随体重的增长而呈下降趋势，2.1～3.0g体重组和4.1～5.0g体重组的绝对繁殖力分别为1.1～2.0g体重组的0.86倍和0.82倍，相对繁殖力则为0.51倍和0.23倍（表13-10）。

表13-10　阿勒泰鱥繁殖力与体重关系

Table 13-10　Relationship between fecundity and body weight of *P. phoxinus ujmonensis*

体重组/g	n	绝对繁殖力/egg		相对繁殖力/(egg/g *BW*)	
		范围	均值±标准差	范围	均值±标准差
0.1～1.0	8	104～382	181.1±85.17	119.5～415.2	221.3±84.80
1.1～2.0	12	184～605	329.9±130.28	179.6～359.4	255.9±67.80
2.1～3.0	3	167～475	284.3±136.01	70.5～237.5	130.7±7570
4.1～5.0	4	183～447	270.0±107.23	42.3～92.7	59.5±20.10
5.1～6.0	1		431.0		84.0

小　结

1）额尔齐斯河阿勒泰鱥渔获物的耳石年龄范围为1^+～6^+龄，其中2^+龄和3^+龄共占80.91%；体长范围为24～68mm，平均42.9±7.90mm，体长60mm以下个体占98.26%；体重范围为0.18～5.81g，平均1.45±0.81g。体重3g以下个体占94.79%。

2）雌鱼和雄鱼生长无显著差异。体长与体重的关系为W=4.490×$10^{-5}L^{2.741}$，异速生长型。von Bertalanffy生长方程参数：L_∞=143.7，W_t=36.5，k=0.143，t_0=–0.565；表观生长指数（$Ø$）为3.470，拐点年龄为6.49龄，对应的体长和体重分别为91.28mm和10.53g。

3）雌鱼和雄鱼均为2^+龄开始性成熟，性成熟比例达75%，3^+龄全部性成熟；最小性成熟个体，雌鱼体长为30mm，体重为0.44g，年龄为2^+龄；雄鱼体长为29mm，体重为0.31g，年龄为2^+龄。繁殖期为5～7月。绝对繁殖力范围为104～605egg，平均277.6±132.88egg；相对繁殖力范围为42.3～415.2egg/g *BW*，平均198.4±99.87egg/g *BW*，绝对繁殖力与体长和体重均呈直线相关。

主要参考文献

郭焱, 张人铭, 蔡林钢, 等. 2012. 新疆鱼类志. 乌鲁木齐: 新疆科学技术出版社

任慕莲, 郭焱, 张人铭, 等. 2002. 中国额尔齐斯河鱼类资源及渔业. 乌鲁木齐: 新疆科技卫生出版社

谢从新, 霍斌, 魏开建, 等. 2019. 雅鲁藏布江中游裂腹鱼类生物学与资源养护技术. 北京: 科学出版社: 18-42

第十四章　河鲈的生物学

谢　鹏　马徐发

华中农业大学 湖北 武汉，430070

河鲈（*Perca fluviatilis*），隶属鲈形目（Perciformes），鲈科（Percidae），鲈属（*Perca*），地方名：五道黑。河鲈广泛分布于比利牛斯半岛以外的全欧洲、黑海、里海和咸海，东到科累马河的西伯利亚河流与湖泊中，在我国分布于额尔齐斯河及附属水体乌伦古湖。该鱼是额尔齐斯河土著经济鱼类之一（郭焱等，2012），后被移殖到博斯腾湖和乌鲁木齐河乌拉泊水库，并被引种到全国许多地方进行人工养殖。关于河鲈种群结构和生物学的研究，任慕莲等（2012）和郭焱等（2012）分别对额尔齐斯河河鲈生物学特性进行研究，唐富江等（2008，2009）曾报道乌伦古湖河鲈的食性，探讨了乌伦古湖河鲈 20 年来种群生长变化及原因，黄诚等（1993，1996，1998）分别研究了乌伦古湖河鲈的种群生长模型、摄食生态策略和繁殖生态学参数，陈朋等（2016）调查并分析了博斯腾湖河鲈早期发育阶段的关键生境特征。近年来日益加剧的人类活动，使额尔齐斯河渔业环境发生较大变化，包括河鲈在内的鱼类种群数量锐减，查明资源现状及其变化原因对于资源保护至关重要。本章根据 2012～2016 年在额尔齐斯河鱼类资源调查期间收集的材料，研究额尔齐斯河河鲈种群结构、生长特性与食性，旨在为河鲈种质资源保护和合理利用提供科学依据。

第一节　渔获物组成

2013 年和 2015～2016 年 6～7 月，在额尔齐斯河下游北湾、界河、哈巴河和喀腊塑克水库，用拉网和定置刺网等渔具，采集河鲈样本共 386 尾。对全部样本进行常规生物学测量，用微耳石鉴定年龄。

一、年龄结构

386 尾渔获物年龄范围为 1^+～4^+ 龄，其中 1^+ 龄鱼占 62.18%，2^+ 龄鱼占 28.50%，这两个年龄的个体共占 90.68%；3^+ 和 4^+ 龄鱼占比不到 10%（表 14-1）。

1999～2000 年河鲈渔获物最大年龄（主鳃盖骨年龄）达 6^+ 龄（任慕莲，2002），本次调查渔获物最大年龄较之少 2 龄，表明额尔齐斯河河鲈在强大捕捞压力下，种群出现个体小型化。此外，河鲈的最小性成熟年龄为 2^+～3 龄（任慕莲等，2002），大量个体在性成熟前就被捕捞，对种群的繁衍极为不利。

表 14-1　额尔齐斯河河鲈渔获物年龄组成

Table 14-1　Age structure of *P. fluviatilis* in the Irtysh River

年龄	1^+	2^+	3^+	4^+	合计
n	240	110	29	7	386
%	62.18	28.50	7.51	1.81	100.00

二、体长分布

河鲈渔获物体长范围为38～321mm，平均137.3±44.10mm。386尾样本的体长主要分布在50～200mm，共占总数的90.93%，200mm以上个体仅占8.81%（表14-2）。

表14-2　额尔齐斯河河鲈渔获物体长分布

Table 14-2　Distributions of body weight of *P. fluviatilis* in the Irtysh River

体长组/mm	*n*	占比/%	范围	均值±标准差
0.1～50.0	1	0.26		38.0
50.1～100.0	88	22.80	66～100	85.0±9.81
100.1～150.0	157	40.67	101～149	126.4±15.56
150.1～200.0	106	27.46	151～198	168.3±13.41
200.1～250.0	26	6.74	201～249	214.2±13.79
250.1～300.0	7	1.81	255～278	268.9±8.08
300.1～350.0	1	0.26		321.0
总体	386	100.00	38～321	137.3±44.10

三、体重分布

渔获物体重范围为0.8～947g，平均89.7g。100g以下个体267尾，占总数的69.17%，100.1～200g个体占20.98%，200g以上个体占比不到10%（表14-3）。

表14-3　额尔齐斯河河鲈渔获物体重分布

Table 14-3　Distributions of standard length of *P. fluviatilis* in the Irtysh River

体重组/g	*n*	占比/%	范围	均值±标准差
0.1～100.0	267	69.17	0.8～99.3	40.6±27.95
100.1～200.0	81	20.98	101.3～198.2	133.79±24.99
200.1～300.0	24	6.22	201.6～285.7	242.0±23.79
300.1～400.0	4	1.04	308.1～368.4	340.6±23.10
400.1～500.0	3	0.78	401.0～445.3	420.8±18.38
500.1～600.0	3	0.78	531.0～596.1	569.5±27.88
600.1～700.0	3	0.78	603.0～629.4	619.9±12.00
＞700	1	0.26		947.0
合计	386	100.00	0.8～947.0	89.7±107.79

第二节　生长特性

一、实测体长和体重

河鲈各龄雌鱼和雄鱼的体长均值间无显著性差异（t=0.688～1.078 ＜ $t_{0.05}$=1.96，P ＞ 0.05），故将雌鱼和雄鱼合并统计。各龄鱼的实测体长和体重范围及平均值见表14-4。

表 14-4　额尔齐斯河河鲈实测体长和体重

Table 14-4　Observed standard length and body weight at different ages of *P. fluviatilis* in the Irtysh River

年龄	n	体长/mm		体重/g	
		范围	均值±标准差	范围	均值±标准差
1^+	240	38～164	110.8±24.84	0.8～97.4	35.2±29.72
2^+	110	138～208	166.5±15.92	67.3～258.5	127.5±38.04
3^+	29	171～255	211.4±19.06	126.0～531.0	268.0±86.02
4^+	7	260～320	278.3±18.34	416.0～947.0	628.6±146.57
合计	386	38～321	137.3±44.10	0.8～947.0	89.7±107.79

二、体长与体重的关系

对 386 尾河鲈样本数据的体长、体重关系进行线性、指数、对数、幂函数拟合，其中幂函数拟合度最高（图 14-1），关系式如下：

$W=9.562\times10^{-6}L^{3.196}$　（$R^2=0.983$，$n=386$）

经 Pualy-t 检验，河鲈体长与体重关系的 b 值与 3 存在显著性差异（$t=8.7159 > t_{0.05}=1.96$，$P < 0.05$），说明河鲈不同体轴的生长是异速的。协方差分析（ANCOVA）显示，河鲈雌鱼和雄鱼的体长与体重关系无显著性差异（$F=0.371$，$P=0.543 > 0.05$），故雌雄群体体长和体重关系方程可合并拟合。

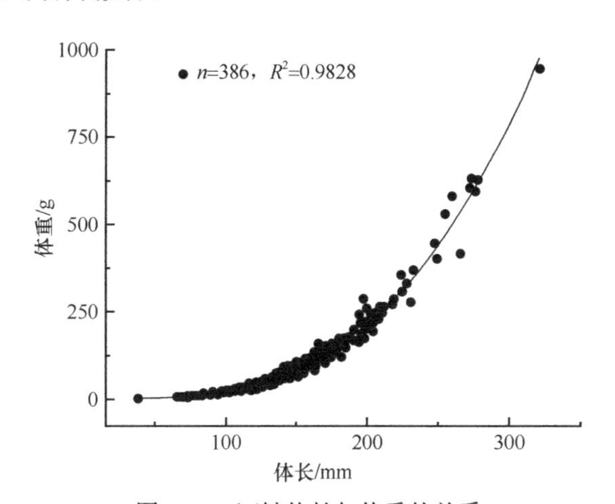

图 14-1　河鲈体长与体重的关系

Figure 14-1　Length-weight relationships of *P. fluviatilis*

三、生长方程

将河鲈年龄和体长数据进行 von Bertalanffy 生长方程拟合，计算渐近体长 L_∞、生长系数 k、t_0 及体长-体重关系，拟合得到体长和体重生长方程为

$L_t = 498.5\,[1-e^{-0.170\,(t+0.372)}]$　（$R^2=0.790$）

$W_t = 3991.4\,[1-e^{-0.170\,(t+0.372)}]^{3.196}$

表观生长指数（$\varnothing$）为 4.626。

体长生长曲线随年龄增长而上升，没有拐点，逐渐趋近体长；体重生长呈不对称的“S”形曲线，具有拐点，在生长拐点前体重快速增长，在生长拐点后，体重生长速度逐渐减小，趋向于渐近体重（图 14-2）。

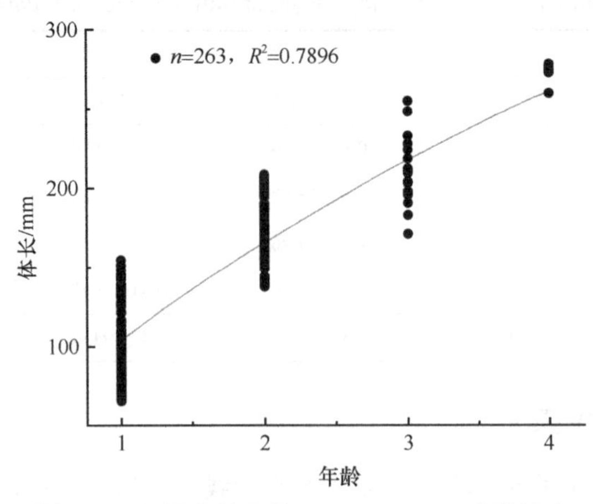

图 14-2 河鲈体长生长 von Bertalanffy 曲线拟合

Figure 14-2 von Bertalanffy growth functions (*VBGF*) fitted to the length-age of *P. fluviatilis*

四、生长速度和加速度

通过对河鲈体长、体重生长方程进行一阶求导和二阶求导，获得其体长和体重生长速度和生长加速度方程：

生长速度：

$dL/dt=84.61\ e^{-0.170(t+0.372)}$

$dW/dt=2165.00\ e^{-0.170(t+0.372)}\ [1-e^{-0.170(t+0.372)}]^{2.196}$

生长加速度：

$d^2L/dt^2=-14.36\ e^{-0.170(t+0.372)}$

$d^2W/dt^2=367.49\ e^{-0.170(t+0.372)}\ [1-e^{-0.170(t+0.372)}]^{1.196}\ [3.196e^{-0.170(t+0.372)}-1]$

由图 14-3 可以看出，河鲈的体长生长速度随年龄增长呈逐年下降趋势，且下降的速度逐渐放缓，趋近于 0；体长生长加速度则随年龄的增长呈逐渐递增趋势，递增速度逐渐放缓，趋近于 0，且始终小于 0，表明河鲈体长生长速度在刚出生时最快，随年龄的增大而逐渐下降，当达到一定年龄之后体长生长趋于停滞。体重生长速度曲线先上升后下降，具有生长拐点，拐点年龄为 6.09 龄，拐点处对应的体长和体重分别为 332.3mm 和 1095.2g。

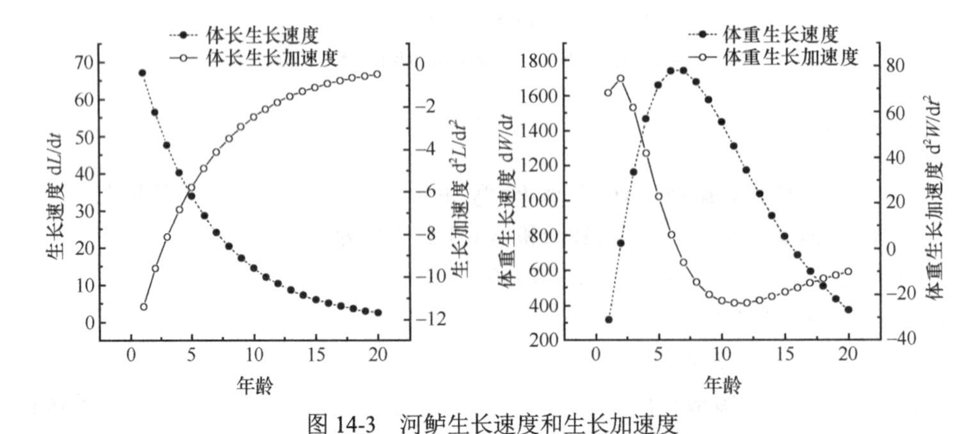

图 14-3 河鲈生长速度和生长加速度

Figure 14-3 Growth rate and acceleration of *P. fluviatilis*

第三节　摄食强度与食物组成

一、摄食强度

113 尾河鲈消化道中，68 尾消化道中具有食物，摄食率为 60.18%；充塞度范围为 1～5 级，平均充塞度为 3.32±1.12，平均充塞指数为 6.84±5.66。不同水域摄食率存在差异，北湾 49 尾消化道有食物的为 28 尾，摄食率为 57.14%，喀腊塑克水库 64 尾消化道中有食物的为 40 尾，摄食率为 62.50%。两个水体中摄食个体的充塞度范围均为 1～5 级，但平均充塞度和充塞指数均是喀腊塑克水库略大于北湾（表 14-5）。

表 14-5　不同水体河鲈摄食率、充塞度和充塞指数

Table 14-5　Feeding rate Fullness and Fullness index of *P. fluviatilis* in different waters of the Irtysh River

水域	摄食率/%	充塞度		充塞指数	
		范围	均值±标准差	范围	均值±标准差
北湾（185）	57.14	1～5	3.11±1.17	0.69～19.90	6.36±6.30
喀腊塑克水库	62.50	1～5	3.57±1.01	1.71～23.02	7.24±5.04
总体	60.18	1～5	3.32±1.12	0.69～23.02	6.84±5.66

二、食物组成

51 尾鱼消化道内含物的分析结果见表 14-6。从表 14-6 可以看出，河鲈是一种鱼食性鱼类。消化道中出现的鱼类包括河鲈、尖鳍鮈、贝加尔雅罗鱼、银鲫、鳅类、阿勒泰鱥及无法辨认的小鱼，其中河鲈无论是出现率（*O*%）、个数百分比（*N*%）、重量百分比（*W*%），还是相对重要性指数百分比（*IRI*%）和优势度指数（*IP*%）均占绝对优势。其次为尖鳍鮈和贝加尔雅罗鱼。额尔齐斯河白斑狗鱼和江鳕均出现残食现象，但同类的出现率极低，分别为 4.44%（表 6-4）和 3.88%（表 12-10）。

表 14-6　额尔齐斯河河鲈食物组成

Table 14-6　Diet compositions of *P. fluviatilis* in the Irtysh River

食物成分	*O*%	*N*%	*W*%	*IRI*%	*IP*%
河鲈 *P. fluviatilis*	49.18	54.69	62.21	86.22	87.99
尖鳍鮈 *G. acutipinnatus*	14.75	14.06	12.37	5.85	5.25
贝加尔雅罗鱼 *L. baicalensis*	11.48	12.50	12.67	4.33	4.18
银鲫 *C. auratus gibelio*	1.64	0.78	2.98	0.09	0.14
鳅类 Cobitidae fishes	4.92	2.34	1.46	0.28	0.21
阿勒泰鱥 *P. phoxinus ujmonesis*	1.64	0.78	0.36	0.03	0.02
无法辨认的小鱼	9.84	11.72	7.66	2.86	2.17
其他	6.56	3.13	0.29	0.34	0.06
合计	100.00	100.00	100.00	100.00	100.00

关于河鲈食性，不同学者的研究结论并不一致。有学者的研究表明，乌伦古湖河鲈的食物均以鱼类为主，鱼类几乎占到食物总量的 100%（苏德学等，2003；唐富江，

2008）。一些学者对不同水体河鲈食性的研究表明，河鲈的食物中底栖动物占比居第一位，鱼类居次要地位（任慕莲等，1990，2002；马桂珍，1990）。黄诚等（1998）的研究表明，乌伦古湖河鲈的时空分布和食物成分在不同生长阶段发生变化。当年生河鲈（0^+龄）5～11月生活在近岸浅水区域，以浮游生物为食；1^+～2^+龄河鲈初春至初夏生活在中上水层，以浮游甲壳类动物为食，夏末至初冬则以底栖动物为主要食物，较大个体也捕食较小河鲈；3^+及以上年龄河鲈的活动范围扩大到中下水层，完全以鱼类为食，3^+龄以上个体对小河鲈捕食频率达20%。

河鲈的食物中同类占绝对优势，说明河鲈自残行为严重。几乎所有的捕食性鱼类都存在自残现象（Davis，1985）。自残现象普遍存在于鱼类各个发育阶段（Smith & Reay，1991；Hecht & Pieuaar，1993）。残食产生原因尚不确定（唐彰元等，1985；李存戊，1992；陈亚芳等，1996），通常认为自残现象不仅受遗传因素的影响，还受各种环境因子的影响，且各个因子之间具有协同或抑制效应（刘洪等，2010）。有学者认为，在各种自残现象诱因中，营养状态对于鱼类发生自残现象的影响比较明显，尤其对于那些领地占有欲较强的种类（Baras & Jobling，2002；Kubitza & Lovshin，1999；Kestemont *et al.*，2003）。

额尔齐斯河河鲈出现如此严重自残的原因是一个值得探讨的问题。进一步分析发现生活在不同生境中河鲈的食物存在明显差异（表14-7）。额尔齐斯河下游北湾至哈巴河河段地势低洼，水浅，河汊和浅滩密布，环境多样，鱼类种类和资源量较为丰富，河鲈食物有6种鱼，其中河鲈的出现率、个数百分比和重量百分比较低，分别为14.29%、23.08%和22.26%。喀腊塑克水库是一座峡谷型水库，水深，岩石库岸陡峭，几乎没有植被，环境单调，河鲈食物仅3种鱼，食物中河鲈的出现率、个数百分比和重量百分比超过90%。初步认为环境中食物的可得性似乎是额尔齐斯河河鲈自残的主要原因。

表14-7　河鲈在额尔齐斯河不同水域的食物组成

Table 14-7　Diet compositions of *P. fluviatilis* in different waters of the Irtysh River

食物成分	北湾（*n*=28）			喀腊塑克水库（*n*=23）		
	O%	*N*%	*W*%	*O*%	*N*%	*W*%
河鲈 *P. fluviatilis*	14.29	23.08	22.26	91.30	91.53	93.79
尖鳍鮈 *G. acutipinnatus*	17.86	23.08	23.98	13.04	6.78	5.26
贝加尔雅罗鱼 *L. baicalensis*	25.00	24.62	27.68			
鳅类 Cobitidae fishes	7.14	3.08	2.04	4.35	1.69	0.95
阿勒泰鲅 *P. phoxinus ujmonesis*	3.57	1.54	0.79			
银鲫 *C. auratus gibelio*	3.57	1.54	6.51			
无法辨认的小鱼	21.43	23.08	16.74			

小　　结

1）额尔齐斯河河鲈渔获物年龄范围为1^+～4^+龄。其中1^+龄鱼占62.18%，2^+龄鱼占28.50%；渔获物体长为50～200mm的个体占90.93%；200g以下个体占90.18%。河鲈的最小性成熟年龄为2^+～3^+龄，大量个体在性成熟前被捕捞，对种群的繁衍极为不利。

2）雌鱼和雄鱼生长无显著差异，体长与体重的关系为$W=9.562\times10^{-6}L^{3.196}$；von

Bertalanffy 生长方程参数：L_{∞}= 498.48，W_{∞}=3991.377，k=0.170，t_0=−0.372；表观生长指数（$\varnothing$）为4.626，拐点年龄（t_i）为6.09龄，拐点处对应的体长和体重分别为332.3mm和1095.2g。

3）113尾河鲈摄食率为60.18%，平均充塞度为3.32±1.12，平均充塞指数为6.84±5.66。河鲈是一种典型的鱼食性鱼类，食物几乎全为鱼类；河鲈存在严重的残食现象，根据对生活在不同环境下种群残食率的分析，食物可得性可能是残食的主要原因之一。

主要参考文献

陈朋, 马燕武, 祁峰, 等. 2016. 博斯腾湖河鲈早期发育阶段关键生境特征的调查. 淡水渔业, 46(1): 39-45

陈亚芬, 钱林峰, 华元渝. 1996. 鱼类同类相残现象的研究现状. 水产养殖, (3): 21-24

郭焱, 张人铭, 蔡林钢, 等. 2012. 新疆鱼类志. 乌鲁木齐: 新疆科学技术出版社: 193-195

黄诚, 葛家春, 刘仁华. 1996. 新疆河鲈繁殖生态学参数的解析. 水产养殖, (3): 16-18

黄诚, 孟文新, 陈建秀, 等. 1998. 河鲈食性分析及其摄食生态策略. 水产学报, 22(4): 309-313

黄诚. 1993. 新疆乌伦古湖河鲈 (*Perca fluviatilis* Linnaeus) 种群的生长模型及生态参数的研究. 南京大学学报, 29(2): 272-277

李存戊. 1992. 水的混浊度与黑鲷稚鱼互残现象的观察. 海洋渔业, (2): 58-59

刘洪, 官曙光, 于道德, 等. 2010. 鱼类自残行为研究进展. 海洋通报, 29(5): 594-599

马桂珍. 1986. 乌伦古湖河鲈食性的研究. 干旱区研究, (2): 21-26

任慕莲, 渠慎淑, 姜作发, 等. 1990. 新疆吉力湖的渔业. 哈尔滨: 黑龙江科学技术出版社

任慕莲, 郭焱, 张人铭, 等. 2002. 中国额尔齐斯河鱼类资源及渔业. 乌鲁木齐: 新疆科技卫生出版社: 188-194

苏德学, 阿达可白克・可尔江, 海沙尔. 2003. 乌伦古湖河鲈生物学及其开发利用对策. 新疆渔业科技, (1): 12-16

唐富江, 姜作发, 阿达可白克・可尔江, 等. 2008. 新疆乌伦古湖河鲈食性变化的研究. 水产学杂志, 21(1): 49-52

唐富江, 姜作发, 阿达可白克・可尔江, 等. 2009. 新疆乌伦古湖河鲈二十年来种群生长变化及原因. 湖泊科学, 2l(1): 117-122

唐彰元, 黄道根, 陈小英. 1985. 革胡子鲶的自相残杀及其对家鱼残杀的初步观察. 淡水渔业, (4): 16-18

BARAS E, JOBLING M. 2002. Dynamics of intracohon cannibalism in cultured fish. *Aquaculture Research*, 33: 461-479

DAVIS T L O. 1985. The food of barramundi, *Lates calcarifer* (Bloch), in coastal and inland waters of Van Diemen Gulf and the Gulf of Carpentaria,Australia. *Journal of Fish Biology*, 26: 669-682

HECHT T, PIEUAAR A G A. 1993. Review of cunnibalism and its implications in fish larvieulture. *Journal of the World Aquaculture Society*, 24: 246-261

KESTEMONT P, JOURDAN S, HOUBART M, *et al*. 2003. Size heteroguneity, cannibalism and competition in cultured predatory fish larvae: biotic andabiotic influences. *Aquaculture*, 227: 333-356

KUBITZA F, LOVSHIN L L. 1999. Formulated diets, feeding strategies and cannibalism during intensive culture ofjuvenile carnivorous fishes. *Reviews in Fisheries Science*, 7: 1-22

SMITH C, REAY P. 1991. Cannibalism in teleost fish. *Reviews in Fish Biology and Fisheries*, 1l: 41-64

第十五章　梭鲈的生物学

谢　鹏　马徐发
华中农业大学 湖北 武汉，430070

梭鲈［*Lucioperca lucioperca*（Linnaeus，1758）］，隶属鲈形目（Perciformes）鲈科（Percidae）梭鲈属（*Lucioperca*）。梭鲈原分布于欧洲的咸海、黑海、里海及波罗的海水系。20 世纪 60 年代初，苏联为发展斋桑泊渔业，将东方欧鳊和梭鲈移殖到斋桑泊，后来两种鱼均顺流而上扩散到我国境内的额尔齐斯河，东方欧鳊迅速成为额尔齐斯河优势种群，梭鲈在河流中数量较少。1989 年“引额济海”渠道开通后，额尔齐斯河的梭鲈顺渠道进入乌伦古湖，种群迅速扩大，产量达到 10t（任慕莲等，2002）。梭鲈生长速度快，肉味鲜美，甚为人们所喜爱，被认为是一种优良的养殖对象，曾被移殖到我国多地进行人工养殖（刘栓，1997；任慕莲等，2002），但养殖效果似乎并不理想。了解其资源现状和生物学特性有助于资源保护与合理利用。本章报道额尔齐斯河梭鲈的种群结构及生物学资料，旨在为梭鲈种质资源保护和合理利用提供科学依据。

第一节　渔获物组成

2013～2015 年在额尔齐斯河下游北湾河段，使用拉网和定置刺网等渔具，采集到 176 尾梭鲈样本。对全部样本进行常规生物学测量，用矢耳石磨片鉴定年龄。

一、年龄结构

渔获物样本年龄范围为 1^+～5^+ 龄，其中 2^+ 龄 148 尾，占样本数的 84.09%；2^+ 龄以上个体仅 19 尾，占总数的 10.80%（表 15-1）。

表 15-1　额尔齐斯河梭鲈渔获物年龄组成

Table 15-1　Age structure of *L. lucioperca* in the Irtysh River

年龄	1^+	2^+	3^+	4^+	5^+	合计
n	9	148	10	8	1	176
%	5.11	84.09	5.68	4.55	0.57	100.00

二、体长分布

176 尾梭鲈的体长范围为 126～453mm，均值为 255.4±47.26mm。体长主要分布在 200～300mm，共有 143 尾，占总数的 81.25%，200mm 以下个体占 6.25%，300～350mm 的个体占 7.39%，350mm 以上个体仅占 5.12%（表 15-2）。

三、体重分布

渔获物体重范围为 19.36～1494.67g，均值为 249.52±215.38g。体重 200g 及以下个体占 60.80%，200.1～400g 个体占 30.11%，400g 以上个体占比不到渔获物总数的 10%（表 15-3）。

表15-2 额尔齐斯河梭鲈渔获物的体长分布

Table 15-2 Distributions of standard length of *L. lucioperca* in the Irtysh River

体长组/mm	*n*	占比/%	范围	均值±标准差/mm
100～150	2	1.14	126～127	126.5±0.50
150～200	9	5.11	156～197	184.6±13.70
200～250	87	49.43	205～249	232.8±11.94
250～300	56	31.82	251～298	269.1±14.44
300～350	13	7.39	302～342	321.8±13.51
350～400	7	3.98	373～394	382.4±7.37
400～450	2	1.14	403～453	428.0±25.00
总体	176	100	126～453	255.4±47.26

表 15-3 额尔齐斯河梭鲈渔获物的体重分布

Table 15-3 Distributions of body weight of *L. lucioperca* in the Irtysh River

体重组/g	*n*	占比/%	范围	均值±标准差/mm
0.1～200	107	60.80	19.4～198.5	150.8±35.43
200.1～400	53	30.11	205.3～389.3	275.8±53.16
400.1～600	7	3.98	421.3～574.9	511.8±49.81
600.1～800	1	0.57		862.10
800.1～1000	3	1.70	9198～982.0	945.8±26.45
1000.1～1200	3	1.70	1013.5～1081.9	1037.0±31.76
＞1200	2	1.14	1277.2～1494.7	1385.9±108.75
合计	176	100.00	19.4～1494.7	249.52±215.38

渔获物年龄（耳石年龄）范围为1^+～5^+龄，其中2^+龄及以下个体占89.20%，3^+～5^+龄仅占10.80%。本次调查渔获物的体长范围为126～453mm，平均255.4mm；体重范围为19.36～1494.67g，平均249.52g。任慕莲等（2002）报道，1999～2001年额尔齐斯河梭鲈渔获物年龄（鳞片年龄）范围为1～5龄，但各龄的体长和体重较本次调查的结果大，如2^+龄的体长达374mm，较本次的247.5mm大126.5mm。这表明额尔齐斯河梭鲈种群在遭受长期捕捞压力下，出现种群结构低龄化和个体小型化。额尔齐斯河梭鲈雌鱼性成熟年龄为3～4龄（任慕莲等，2002）。当前种群主要由未性成熟的幼鱼组成。

第二节 生长特性

一、实测体长和体重

各龄鱼的实测体长和体重范围和平均值见表15-4。

二、体长与体重的关系

对梭鲈176尾样本数据的体长、体重关系进行线性、指数、对数、幂函数拟合，其中幂函数拟合度最高（图15-1），关系式如下：

W=4.045×$10^{-7}L^{3.620}$（R^2=0.974，n=176）

经Pualy-t检验，梭鲈体长、体重关系的b值与3存在显著性差异（t=15.454 > $t_{0.05}$=1.96，P < 0.05），说明梭鲈为异速生长鱼类。

表 15-4　额尔齐斯河梭鲈实测体长和体重

Table 15-4　Observed standard length and body weight at age of *L. lucioperca* in the Irtysh River

年龄	n	体长/mm		体重/g	
		范围	均值±标准差	范围	均值±标准差
1^+	9	126～195	168.9±25.60	19.4～122.2	72.0±28.4
2^+	148	197～308	247.5±23.90	93.0～382.9	195.8±63.5
3+	10	308～342	326.7±11.40	367.6～574.9	471.2±74.87
4+	8	373～403	385.0±9.68	862.1～1277.2	1010.9±118.81
5^+	1		453.0		1494.7

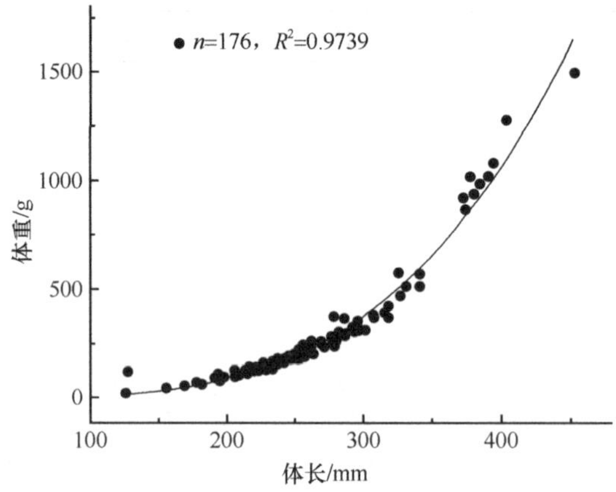

图 15-1　梭鲈体长与体重的关系

Figure 15-1　Length-weight relationships of *L. lucioperca*

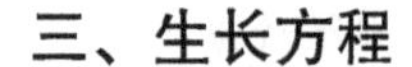

三、生长方程

将梭鲈年龄和体长数据进行von Bertalanffy生长方程拟合（图15-2），计算渐进体L_∞、生长系数k及t_0，拟合得到体长生长方程，根据体长与体重的关系及体长生长方程，得到

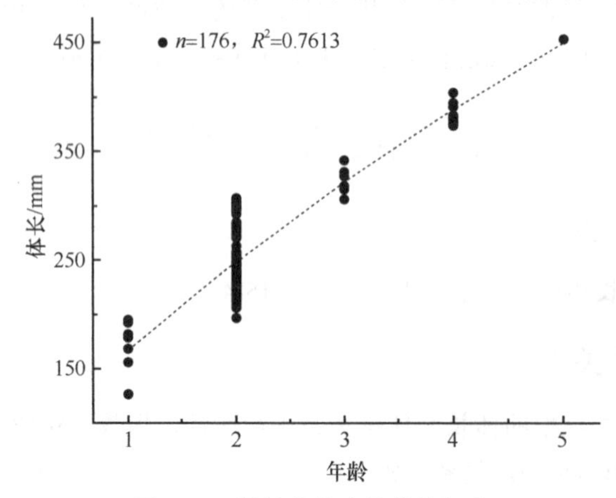

图 15-2　梭鲈体长生长曲线拟合

Figure 15-2　von Bertalanffy growth functions (VBGF) fitted to the length-age data of *L. lucioperca*

体重生长方程：

L_t=1091.1 [1−e$^{-0.094(t+0.829)}$]　（R^2=0.761）

W_t = 40 288.0 [1−e$^{-0.094(t+0.829)}$]$^{3.620}$

表观生长指数（Ø）为 5.047。

四、生长速度和加速度

通过对梭鲈体长、体重生长方程进行一阶求导和二阶求导，获得其体长、体重生长速度和生长加速度方程：

生长速度：

$dL/dt=102.23\ e^{-0.094(t+0.829)}$

$dW/dt=13\ 665.48\ e^{-0.094(t+0.829)}[1-e^{-0.094(t+0.829)}]^{2.620}$

生长加速度：

$d^2L/dt^2=-9.58\ e^{-0.094(t+0.829)}$

$d^2W/dt^2=1280.32\ e^{-0.094(t+0.829)}[1-e^{-0.094(t+0.829)}]^{1.620}[3.620\ e^{-0.094\text{-}0.094(t+0.829)}-1]$

由图 15-3 可以看出，梭鲈的体长生长速度曲线不具拐点。体长生长速度随年龄增长呈逐年下降趋势，且下降的速度逐渐放缓，趋近于 0；体长生长加速度则随年龄的增长呈逐渐递增趋势，递增速度逐渐放缓，趋近于 0 且始终小于 0，表明梭鲈体长生长速度在刚出生时最快，随年龄的增大而逐渐下降，当达到一定年龄之后体长生长趋于停滞。体重生长速度曲线先上升后下降，具有生长拐点，计算得到拐点年龄为 12.90 龄，拐点处对应的体长和体重分别为 789.7mm、12 500.0g。

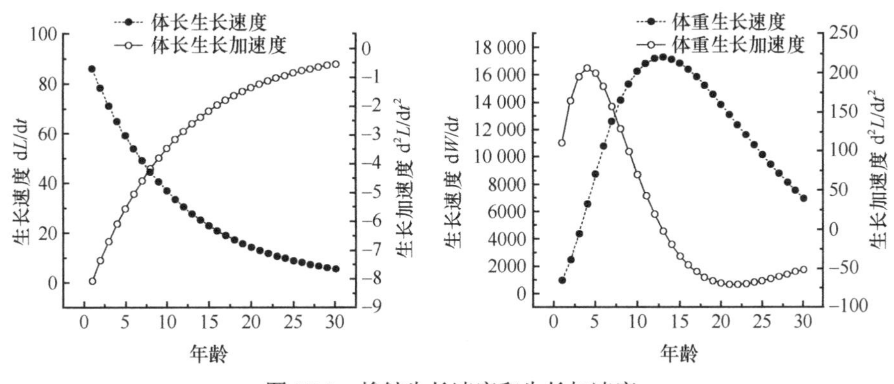

图 15-3　梭鲈生长速度和生长加速度

Figure 15-3　Growth rate and acceleration of *L. lucioperca*

第三节　摄食强度与食物组成

一、摄食强度

我们解剖检查了 79 尾梭鲈的消化道，消化道中有食物的 48 尾，摄食率为 60.76%。摄食鱼的消化道充塞度范围为 1～4 级，平均充塞度为 4.0±1.84。充塞指数范围为 0.06～11.79，平均 3.35±2.80。梭鲈以鱼类为食，与其他食物相比，鱼类活动能力较强，被捕食的概率较小，此外鱼的个体较大，消化时间较长，两次摄食间存在间息期是摄食率较低的原因。Allen（1939）认为较高的空胃率是掠食性鱼类的特征。

二、食物组成

额尔齐斯河北湾河段梭鲈胃肠中食物种类鉴定结果见表15-5。从表15-5可以看出，额尔齐斯河梭鲈主要以鱼类为食。食物中无法辨认小鱼的出现率（*O*%）和重量百分比（*W*%）分别为45.13%和34.02%；在可识别的食物中，东方欧鳊和高体雅罗鱼分别占食物总重量的33.73%和22.23%，占可识别食物鱼重量的51.12%和33.69%。北湾河段是东方欧鳊和高体雅罗鱼在额尔齐斯河的主要分布区，两种鱼类资源较为丰富，水体中食物鱼种群数量的多寡应是决定其食物成分的主要原因。梭鲈（肠长/体长）的范围为0.32～1.27，平均0.78±0.08，摄食的消化道中最大食物个体的体长与捕食者体长的平均比值为0.32，最大比例达0.51。

表15-5 额尔齐斯河梭鲈食物组成

Table 15-5 Diet compositions of *L. lucioperca* in the Irtysh River

食物组成	*O*%	*N*%	*W*%	*IRI*%	*IP*%
东方欧鳊 *A. brama orientalis*	21.24	20.00	33.73	20.23	26.62
高体雅罗鱼 *L. idus*	17.70	18.00	22.23	12.62	14.61
贝加尔雅罗鱼 *L. baicalensis*	3.54	3.33	5.03	0.53	0.66
河鲈 *P. fluviatilis*	3.54	3.33	2.92	0.39	0.38
鳅科鱼类 Cobitidae	8.85	8.67	2.07	1.68	0.68
无法辨认的小鱼	45.13	46.67	34.02	64.55	57.04

小 结

1）额尔齐斯河梭鲈渔获物年龄范围为1^+～5^+龄，其中2^+龄及以下个体占89.09%，3^+～5^+龄仅占10.80%；表明种群在遭受长期捕捞压力下，出现了种群结构低龄化和个体小型化，当前种群主要由未性成熟的幼鱼组成，对种群的繁衍极为不利。应采取有效措施恢复自然种群数量。

2）梭鲈体长与体重的关系为$W=4.045\times10^{-7}L^{3.620}$。von Bertalanffy 生长方程各参数：L_∞=1091.1mm、W_∞=40 288.0g、k=0.094、t_0=–0.829，表观生长指数（$\varnothing$）为5.047。拐点年龄为12.90龄，对应的体长和体重分别为789.7mm和12 500.0g。

3）梭鲈摄食率为60.76%，摄食鱼的平均充塞度为4.0±1.84，平均充塞指数为3.35±2.80。梭鲈主要以鱼类为食，水体中资源较为丰富的东方欧鳊和高体雅罗鱼是其主要食物，占可识别食物鱼质量的51.12%和33.69%。

主要参考文献

刘栓. 1997. 新疆梭鲈的生物学特性. 水利渔业, (3): 30-31

任慕莲, 郭焱, 张人铭, 等. 2002. 中国额尔齐斯河鱼类资源及渔业. 乌鲁木齐: 新疆科技卫生出版社: 188-194

ALLEN K R. 1939. A note on the food of the pike (*Esox lucius*) in Windermere. *Journal of Animals Ecology*, 8: 72-75

第十六章　阿勒泰杜父鱼的渔获物组成与生长

谢　鹏　马徐发

华中农业大学，湖北 武汉，430070

阿勒泰杜父鱼（*Cottus sibiriea altaicus*），隶属鲉形目（Scorpaeniformes），杜父鱼科（Cottidae），杜父鱼属（*Cottus*）。该亚种系由李思忠先生20世纪60年代在额尔齐斯河流域克兰河和可可托海采集标本并命名的（李思忠，1966），是仅分布于额尔齐斯河的一种土著小型鱼类。任慕莲等（2002）曾报道该鱼的形态特征、食物组成和繁殖特性。鉴于尚无该鱼年龄结构和生长方面的资料报道，本章根据2014～2015年新疆额尔齐斯河渔业资源与渔业环境调查期间，在额尔齐斯河铁热克提、哈巴河和可可托海采集的样本，对阿勒泰杜父鱼的渔获物结构和生长特性进行了初步研究。

第一节　渔获物组成

一、年龄结构

我们共采集阿勒泰杜父鱼样本71尾，全部样本均用微耳石磨片鉴定年龄。渔获物样本年龄为1^+～6^+龄，其中3^+龄个体比例最高，占样本总数的49.30%；4^+龄个体次之，占22.54%，2^+龄个体占总数的14.08%（表16-1）。

表16-1　额尔齐斯河阿勒泰杜父鱼渔获物年龄组成

Table 16-1　Age structure of *C. sibiriea altaicus* in the Irtysh River

年龄	1^+	2^+	3^+	4^+	5^+	6^+	合计
n	1	10	35	16	6	3	71
占比/%	1.41	14.08	49.30	22.54	8.45	4.23	100.00

二、体长分布

71尾阿勒泰杜父鱼样本中，体长范围为32～122mm，均值为85.15±15.42mm；优势体长组为70～90mm，占样本总数的50.70%；其次是90～110mm，占样本总数的29.58%（表16-2）。

表16-2　额尔齐斯河阿勒泰杜父鱼渔获物体长分布

Table 16-2　Distributions of standard length of *C. sibiriea altaicus* in the Irtysh River

体长组/mm	30.1～50.0	50.1～70.0	70.1～90.0	90.1～110.0	110.1～130.0	总体
n	1	9	36	21	4	71
占比/%	1.41	12.68	50.70	29.58	5.63	100.00
范围		55～70	71～98	91～110	112～122	32～122
均值±标准差	32	63.56±4.99	81.44±5.70	97.14±5.78	117.50±4.15	85.15±15.42

三、体重分布

渔获物体重范围为 0.03～42.0g，平均 13.33±7.73g。体重 5.1～15.0g 为优势组，占样本总数的 60.56%；其次为 15.1～25.0g 组，占样本总数的 21.13%，体重 25g 以上的个体约占 7%（表 16-3）。

表 16-3 额尔齐斯河阿勒泰杜父鱼渔获物体重分布

Table 16-3 Distributions of body weight of *C. sibiriea altaicus* in the Irtysh River

体重组/g	＜5	5.1～15.0	15.1～25.0	25.1～35.0	35.1～45.0	总体
n	8	43	15	3	2	71
占比/%	11.27	60.56	21.13	4.23	2.82	100
范围	0.31～5.0	6.0～15.0	15.5～25.0	28.0～33.0	41.0～42.0	0.31～42.0
均值±标准差	3.66±1.49	10.87±2.83	18.55±2.69	29.67±2.36	41.00±1.00	13.33±7.73

第二节 年龄与生长

一、实测体长和体重

各龄鱼的实测体长和体重范围及平均值见表 16-4。

表 16-4 阿勒泰杜父鱼实测体长和体重

Table 16-4 Observed standard length and body weight at different ages of *C. sibiriea altaicus*

年龄	n	体长/mm		体重/g	
		范围	均值±标准差	范围	均值±标准差
1^+	1		32.0		0.31
2^+	10	55～71	64.30±5.24	3～6	4.70±1.10
3^+	35	71～94	82.46±6.41	6～19	11.51±3.13
4^+	16	85～102	93.13±5.01	9～25	15.42±3.97
5^+	6	98～112	106.17±4.98	16～28	22.38±4.49
6^+	3	115～122	119.33±3.09	33～42	38.33±3.86

二、体长与体重的关系

对阿勒泰杜父鱼 71 尾样本数据的体长、体重关系进行线性、指数、对数、幂函数拟合，其中幂函数拟合度最高（图 16-1），关系式如下：

$W=5.126\times10^{-6}L^{3.297}$ （$n=71$，$R^2=0.940$）

经 Pualy-t 检验，体长与体重关系的 b 值与 3 存在显著性差异（$t=2.853 > t_{0.05}=1.96$，$P < 0.05$），说明阿勒泰杜父鱼为异速生长。

三、生长方程

将阿勒泰杜父鱼年龄和体长数据进行 von Bertalanffy 生长方程拟合，计算渐近体长 L_∞、生长系数 k、t_0 及体长与体重的关系，拟合得到体长和体重生长方程为

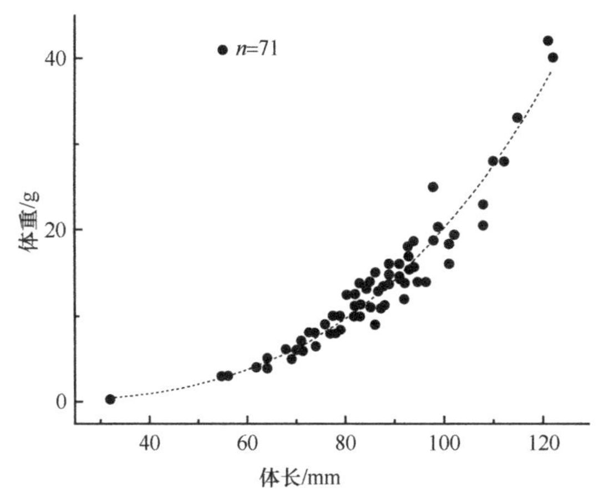

图 16-1　阿勒泰杜父鱼体长与体重的关系

Figure 16-1　Length-weight relationships of *C. sibiricus altaicus*

L_t=142.7 $[1-e^{-0.261(t+0.252)}]$（R^2=0.845）

W_t=64.9 $[1-e^{-0.261(t+0.252)}]^{3.297}$

表观生长指数（$\varnothing$）为 3.726

体长、体重随年龄变化曲线如图 16-2 所示。体长生长曲线不具拐点，生长曲线为一条抛物线，随年龄增长，趋向于渐近体长（L_∞）；体重生长曲线为不对称的“S”形曲线，具有拐点，在拐点前体重快速增长，拐点后，体重生长速度逐渐减小，趋向于渐近体重（W_∞）。

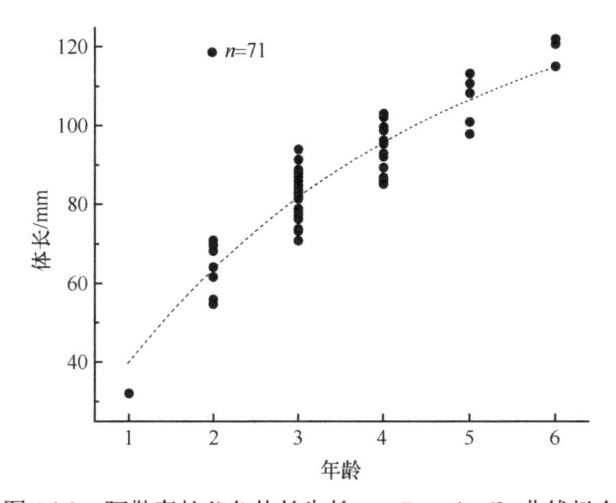

图 16-2　阿勒泰杜父鱼体长生长 von Bertalanffy 曲线拟合

Figure16-2　von Bertalanffy growth functions (VBGF) fitted to the length at age data of *C. sibiricus altaicus*

四、生长速度和加速度

通过对阿勒泰杜父鱼体长、体重生长方程进行一阶求导和二阶求导，获得其体长、体重生长速度和生长加速度方程：

生长速度：

$dL/dt=37.26e^{-0.261(t+0.252)}$

$dW/dt=55.87e^{-0.261(t+0.252)}[1-e^{-0.261(t+0.252)}]^{2.297}$

生长加速度：

$d^2L/dt^2=-9.73e^{-0.261(t+0.252)}$

$d^2W/dt^2=14.59e^{-0.261(t+0.252)}[1-e^{-0.261(t+0.252)}]^{1.297}[3.297e^{-0.261(t+0.252)}-1]$

由图 16-3 可以看出，体长生长速度随年龄增长呈逐年下降趋势，且下降的速度逐渐放缓，趋近于 0；体长生长加速度随年龄的增长呈逐渐递增趋势，且递增速度逐渐放缓，趋近于 0 而始终小于 0，表明体长生长速度在刚出生时最快，随年龄的增大而逐渐下降，当达到一定年龄之后体长生长趋于停滞。体重生长速度曲线先上升后下降，具有生长拐点，拐点年龄为 4.32 龄，拐点处对应的体长和体重分别为为 99.4mm 和 43.3g。

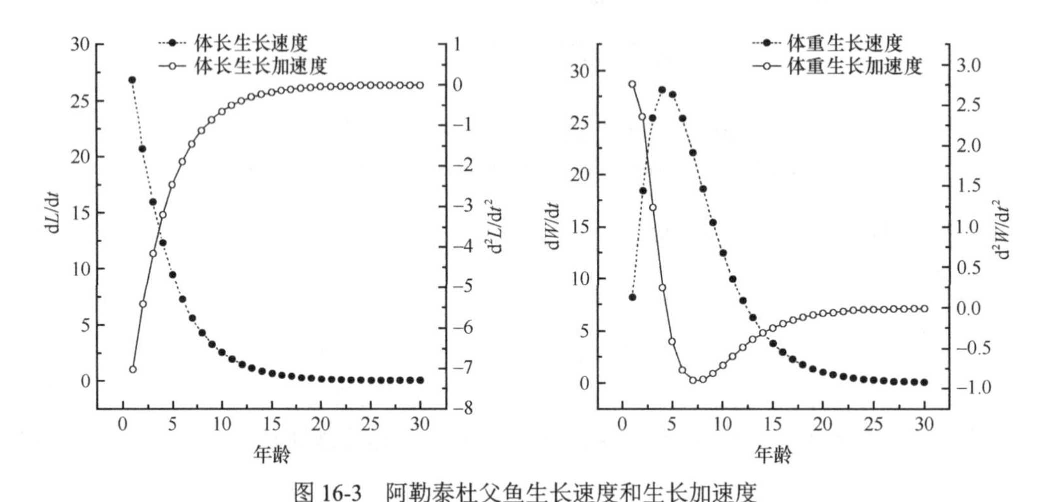

图 16-3　阿勒泰杜父鱼生长速度和生长加速度

Figure 16-3　Growth rate and acceleration of *C. sibiricus altaicus*

小　　结

1）阿勒泰杜父鱼渔获物年龄范围为 1^+～6^+ 龄，其中 3^+ 龄个体比例最高，占样本总数的 49.30%；体长范围为 32～122mm，均值为 85.15±15.42mm，优势体长组为 70～90mm，占样本总数的 50.70%；体重范围为 0.03～42.0g，均值为 13.33±7.73g，优势体重组为 5.1～15.0g，占样本总数的 60.56%。

2）阿勒泰杜父鱼为异速生长鱼类，体长与体重的关系为 $W=5.126\times10^{-6}L^{3.297}$；von Bertalanffy 生长方程各参数：L_∞=142.7mm、W_∞=64.9g、k=0.261、t_0=−0.252；表观生长指数（$\emptyset$）为 3.726，拐点年龄 t_i 为 4.32 龄，对应的体长和体重分别为 99.4mm 和 43.34g。

主要参考文献

李思忠. 1966. 新疆北部鱼类的调查研究. 动物学报, 18: 41-56

任慕莲, 郭焱, 张人铭, 等. 2002. 中国额尔齐斯河鱼类资源及渔业. 乌鲁木齐: 新疆科技卫生出版社

第三篇　群落生态学：资源保护对策

第十七章　额尔齐斯河鱼类物种多样性与优先保护级评价

谢从新[1]　谢　鹏[1]　王　琳[2]　张志明[1]　陈生熬[3]

1. 华中农业大学，湖北 武汉，430070；2. 中国水产科学研究院资源与环境研究中心，北京，100141；3. 塔里木大学，新疆 阿拉尔，843300

生物多样性主要包括物种多样性、遗传多样性和生态系统多样性。物种多样性是衡量水域鱼类资源丰富程度的一个客观指标，体现了鱼类之间及其与环境之间的复杂关系。额尔齐斯河流域地处欧亚大陆腹地，支流众多，水系繁杂，鱼类资源有别于我国其他水系，多数种类在我国仅分布于该河，特有鱼类比例之高，在全国江河中少见。受水利工程建设、工农业废水污染及过度捕捞等诸多因素影响，鱼类资源开始衰退（郭焱等，2003），西伯利亚鲟面临灭绝，北鲑和小体鲟等鱼类三十余年未见踪影，土著鱼类物种多样性下降；主要经济鱼类种群数量下降，个体小型化（霍堂斌等，2010）；大量外来鱼类入侵导致鱼类群落结构发生明显变化。本章根据 2012～2017 年的调查资料，研究额尔齐斯河鱼类物种多样性现状，结合干流不同河段和主要支流的环境特征，探讨导致鱼类多样性差异的可能原因，对土著鱼类受威胁程度、遗传多样性损失大小和物种价值进行定量分析，探讨土著鱼类的优先保护顺序，旨在为额尔齐斯河鱼类物种多样性保护提供科学依据。

第一节　材料与方法

一、数据来源

2012～2017 年，在额尔齐斯河干流及支流设置 40 个采样点，每个采样点覆盖约 1km 河段。主要采样网具为当地普遍使用的单层刺网、三层刺网，为了尽可能采集到所有鱼类，在局部水域使用地笼及其他方法采集小型鱼类。每次各采样点所用网具类型和数量基本相同。对所有渔获物进行种类鉴定，进行常规生物学测量与分析，获得生态学参数。按河流（段）汇总各采样点的渔获物种类数、个体数和重量等数据。各支流（河段）流程数据取自文献（王世江，2010），其他物理环境数据和底栖生物生物量数据分别见本书相关章节。

二、评价方法

（一）物种多样性和优势种评价

采用 Margalef 种类丰富度指数（R）、Shannon 多样性指数（H'）和 Pielou 均匀度指数（J'）评价鱼类群落的物种多样性（Ludwig & Reynolds，1988；Pielou，1975）。由于不同种类及同种类个体间差异很大，为了避免单纯依据个体数或生物量判别优势种的误差，采用重量计算群落物种多样性（Wilhm，1968）。

Margalef 种类丰富度指数：$D=(S-1)/\ln W$；

Shannon-Wiener 多样性指数：$H'=-\sum(N_i\times\ln N_i)$；

Pielou 均匀度指数：$J'=H'/\ln S$。

以上各式中，N_i 和 W_i 分别为鱼类 i 的个体数和重量，N 和 W 分别为渔获种类的总个体数和总重量，S 为鱼类总种数。

采用相对重要性指数百分比（$IRI\%$）判别优势种（刘春池等，2012；蔡林钢等，2017），$IRI\%$ 超过 5% 为优势种。

$IRI\%=（IRI/\sum IRI）\times 100\%$，$IRI=（n_i/N_i+w_i/W_i）\times O_i$。

式中，N 和 W 分别为渔获物总个体数和总重量，O_i、N_i、W_i 分别为鱼类 i 的出现率、个体数百分比和重量百分比。

（二）物种多样性与环境特征相关性分析

基于 13 类环境特征数据，使用 R 软件中的 pheatmap 程序包对额尔齐斯河的 10 个河段/支流进行栖息地聚类。首先对各河段/支流的环境特征数据进行标准化，然后计算标准数据间的欧氏距离并进行聚类。

使用 R 软件中的 corrplot 程序包计算鱼类物种多样性指数与环境特征间的 Pearson 相关系数并进行可视化，以“*”标记显著性。

统计各物种在各河段/支流历次渔获物中的重量百分比数据，结合环境特征数据，使用 R 软件中的 vegan 程序包进行典型相关分析（canonical correspondence analysis，CCA）并作 CCA 排序图。

（三）保护等级评价方法

用濒危系数（Threatened coefficient，Ct）表示鱼类在自然分布状态下其种群的濒危程度，用综合评价值（Synthetic assessing value，Vs）确定研究对象的优先保护顺序（许再富和陶国达，1987；刘军，2004；薛达元等，1991）。参考 IUCN 标准（蒋志刚，2000），结合额尔齐斯河鱼类实际情况，制定的定量评价指标及标准见表 17-1。表 17-1 中涉及的鱼类生物学特征值主要来源于 2012～2016 年调查数据，以相关文献数据作为补充（任慕莲等，2002；郭焱，2012；牛建功等，2012；董崇智等，1998；赵永军和齐子鑫，2006；中国科学院动物研究所等，1979），二者均无的少数数据则取最小值。

1. 濒危系数（Ct）

评价指标及评分标准如下：

1）出现率（$O\%$）：根据调查结果，$O\%>10\%$ 者 1 分，$O\%=7\sim10\%$ 者 2 分，$O\%=4\sim7\%$ 者 3 分，$O\%=1\sim4\%$ 者 4 分，$O\%<1\%$ 者 5 分。

2）个体数量比（$N\%$）：根据调查结果，$N\%>10$ 者 1 分，$N\%=7\sim10$ 者 2 分，$N\%=4\sim7$ 者 3 分，$N\%=1\sim4$ 者 4 分，$N\%<1\%$ 者 5 分。

3）相对怀卵量（F_w）：$F_w>400$ 者 1 分，$F_w=200\sim400$ 者 2 分，$F_w=100\sim200$ 者 3 分，$F_w=10\sim100$ 者 4 分，$F_w=<10$ 者 5 分。

4）繁殖年龄（T_m）：2 龄 1 分，3 龄 2 分，4 龄 3 分，5 龄 4 分，>5 龄 5 分。

5）繁殖习性（Hb）：不洄游，产卵基质为水草者 1 分，不洄游，产卵基质为石砾者 2 分，短距离洄游，产卵基质为水草者 3 分，较长距离洄游，产卵基质为石砾者 4 分。

依据文献（崔鹏等，2014）进行濒危等级划分，划分标准为：极危种（CR）：$Ct\geq0.80$；

濒危种（EN）：0.75≤Ct＜0.80；易危种（VN）：0.60≤Ct＜0.75；近危种（NT）：0.45≤Ct＜0.60；无危种（LC）：Ct＜0.45（刘军，2004；薛达元等，1991；IUCN，1994）。

2. 遗传价值系数（*Cg*）

评价指标包括种型和稀有性 2 个指标。

1）种型（St）：根据鱼类所在属情况和物种数评分，单型属或特有属 3 分，少型属（2～6 种）2 分，多型属（6 种以上）1 分。

2）稀有性（R）：根据鱼类在 8 个支流（河段）的分布情况评分，分布水域 3 个以下者 3 分，分布水域 4～6 个者 2 分，分布水域 7～8 个者 1 分。

3. 物种价值系数（*Cs*）

评价指标包括学术价值和经济价值 2 个指标。

1）学术价值主要根据分类地位高低及该鱼类在生物地理学和系统发育学方面的意义综合评价。

2）经济价值根据市场调查结果，小型低值鱼类 1 分，个体较大一般经济鱼类 2 分，个体大，价值高的经济鱼类 3 分。

上述 3 个系数的计算公式：Ct（Cg，Cs）$=\sum X_i/\sum max_i$，式中：X_i 为各项评价指标实际得分，max_i 为各项评价指标的最高分。

4. 综合价值（*Vs*）

综合价值由濒危系数（Ct）、遗传价值系数（Cg）、物种价值系数（Cs）按一定的权重累加得到，权重采取“专家确定法”确定，分别为 60%、25% 和 15%，计算公式为：$Vs=60\%Ct+25\%Cg+15\%Cs$。

5. 优先保护等级评价

根据综合价值（Vs）确定保护等级：0.8 ≤ Vs ＜ 1，为珍稀濒危鱼类，保护等级为Ⅰ级；0.65 ≤ Vs ＜ 0.8，为渐危鱼类，保护等级为Ⅱ级；0.5 ≤ Vs ＜ 0.65，为近危鱼类，保护等级为Ⅲ级；Vs ＜ 0.5，为无危鱼类，保护等级为Ⅳ级。

第二节　鱼类物种多样性

一、现有鱼类组成

根据 2012～2016 年的调查，额尔齐斯河现有鱼类 8 目 13 科 33 属 37 种（表 17-1），不同河流（段）鱼类的分布情况参见表 17-2。土著鱼类 8 目 10 科 18 属 19 种，其中，鲤形目 2 科 8 属 9 种，其中鲤科 6 属 7 种，占种类数的 36.8%；鲑形目 2 科 3 属 3 种（鲑科 2 属各 1 种，茴鱼科 1 属 1 种）；鲈形目 1 科 2 属各 1 种；七鳃鳗目、鲟形目、狗鱼目、鳕形目和鲉形目均为 1 科 1 属 1 种。外来鱼类 3 目 7 科 16 属 18 种（品系），其中，鲑形目 3 科 6 属 6 种（品系），鲈形目 2 科 2 属 2 种，鲤形目 2 科 9 属 10 种（表 17-1）。

表 17-1　额尔齐斯河现有鱼类组成

Table 17-1　Composition of fishes in the Irtysh River

鱼类	土著鱼类		外来鱼类		合计	
	n	%	*n*	%	*n*	%
1 七鳃鳗目 Petromyzoniformes						
1）七鳃鳗科 Petromyzonidae	1	5.26			1	2.70
2 鲟形目 Acipenseriformes						
2）鲟科 Acipenseridae	1	5.26			1	2.70
3 鲑形目 Salmoniformes						
3）鲑科 Salmonidae	2	10.53	4	22.22	6	16.22
4）茴鱼科 Thymallidae	1	5.26			1	2.70
5）胡瓜鱼科 Osmeridae			1	5.56	1	2.70
6）银鱼科 Salangidae			1	5.56	1	2.70
4 狗鱼目 Esociformes						0.00
7）狗鱼科 Esocidae	1	5.26			1	2.70
5 鲤形目 Cypriniformes						
8）鲤科 Cyprinidae	7	36.84	8	44.44	15	40.54
9）鳅科 Cobitidae	2	10.53	2	11.11	4	10.81
6 鳕形目 Gadiformes						
10）鳕科 Gadidae	1	5.26			1	2.70
7 鲈形目 Perciformes						
11）鲈科 Percidae	2	10.53	1	5.56	3	8.11
12）沙塘鳢科 Odontobutidae			1	5.56	1	2.70
8 鲉形目 Scorpaeniformes						
13）杜父鱼科 Cottidae	1	5.26			1	2.70
合计	19	100	18	100	37	100

二、鱼类物种多样性的时空变化

（一）物种多样性的空间变化

不同河段和主要支流的物种丰富度指数（*D*）、物种多样性指数（*H'*）和均匀度指数（*J'*）见表 17-2。从表 17-2 可以看出，额尔齐斯河整个流域的种类丰富度指数（*D*）、物种多样性指数（*H'*）和均匀度指数（*J'*）分别为 2.2760、2.2440 和 0.6475。各支流和河段的丰富度指数（*D*）在 1.9422（中游河段）至 0.4820（库依尔特河）之间，除下游阿拉克别克河和别列则克河较低外，其他支流（河段）的 *D* 值呈现出自上游往下游逐渐上升的趋势。各支流（河段）的物种多样性指数（*H'*）在 1.7920（下游河段）～0.5601（卡依尔特河）之间，除下游阿拉克别克河的 *H'* 值较低外，其他支流（河段）呈现自上游往下游逐渐上升的趋势。均匀度指数（*J'*）较高的有下游河段（0.5567）、哈巴河（0.5638）和库依尔特河（0.5631），最低为卡依尔特河（0.2549），*J'* 值在各支流（河段）间呈无规律波动。

采用 SPSS 19.0 软件，Pearson 相关性检验结果表明：不同河流（段）的种类丰富度指

数 D 和多样性指数 H' 呈显著正相关（R=0.701，P=0.016 < 0.05）；种类丰富度指数 D 和均匀度指数 J' 的相关性不显著（R=0.318，P=0.341 > 0.05）；多样性指数 H' 和均匀度指数 J' 之间呈显著正相关（R=0.663，P=0.026 < 0.05）。

表 17-2　额尔齐斯河鱼类丰富度指数（D）、物种多样性指数（H'）和均匀度指数（J'）的空间变化
Table 17-2　Spatial variations of richness index (D), species diversity index (H') and evenness index (J') of fishes in the Irtysh River

河流编号	河流	种类数	丰富度指数 D	物种多样性指数 H'	均匀度指数 J'
0	全流域	32	2.2760	2.2440	0.6475
1	下游	25	1.8335	1.7920	0.5567
2	中游	22	1.9422	1.4334	0.4637
3	阿拉克别克河	7	0.9127	1.1329	0.4559
4	别列则克河	11	1.4215	1.7383	0.3060
5	哈巴河	15	1.6832	1.6601	0.5638
6	布尔津河	16	1.9004	0.9032	0.3068
7	克兰河	20	1.6041	1.3506	0.4871
8	喀拉额尔齐斯河	9	0.8920	1.1864	0.5399
9	卡依尔特河	12	0.8188	0.5601	0.2549
10	库依尔特河	8	0.4820	1.0090	0.5631

（二）物种多样性的季节变化

不同季节的物种丰富度指数（D）、物种多样性指数（H'）和均匀度指数（J'）见表 17-3。从表 17-3 可以看出，物种丰富度指数（D），全流域 5～7 月和 8～10 月分别为 1.5826 和 1.1202；各河段及支流的 D 值范围，5～7 月为 0.4490～1.5826，8～10 月为 0.2134～1.4178；除中游河段 5～7 月的 D 值低于 8～10 月外，其他水域 5～7 月的 D 值均高于 8～10 月。Shannon-Wiener 物种多样性指数（H'），全流域 5～7 月和 8～10 月的 H' 值分别为 2.2433 和 2.0506，各河段及支流的 H' 值范围，5～7 月为 0.5333～1.7952，干流下游河段最高为 1.7952，哈巴河次之，为 1.6334，卡依尔特河最低，为 0.5333；8～10 月为 0.5153～2.0506，干流下游河段最高为 1.6768，中游河段次之为 1.4943，布尔津河最低，为 0.5153；除干流中游河段及上游支流卡依尔特河和库依尔特河 5～7 月的 H' 值低于 8～10 月外，其他水域均是 5～7 月高于 8～10 月。Pielou 均匀度指数（J'），全流域 5～7 月和 8～10 月分别为 0.7257 和 0.7572，各河段及支流的 J' 值范围，5～7 月为 0.2565～0.8047，别列则克河最高，为 0.8047，干流下游河段和界河次之，分别为 0.7225 和 0.7200，卡依尔特河最低，为 0.2565；8～10 月为 0.4691～0.7282，干流下游河段最高，为 0.7282，哈巴河次之，为 0.7110，布尔津河和卡依尔特河最低，分别为 0.4691 和 0.4698。Pearson 相关性检验结果表明：同一季节的 D 值和 H' 值均呈显著正相关（5～7 月 R=0.714，P < 0.05；8 月～10 月 R=0.285，P > 0.05）；D 值和 H' 值呈显著正相关（5～7 月 R=0.813，P < 0.05；8 月～10 月 R=0.391，P > 0.05）；H' 值和 J' 值呈显著正相关（5～7 月 R=0.838，P < 0.05；8 月～10 月 R=0.771，P < 0.05）。

5～7 月的物种多样性指数，干流中游河段、卡依尔特河和库依尔特河低于 8～10 月，其他河段及支流高于 8～10 月；5～7 月的物种丰富度指数，除干流中游外，均高于 8～10 月；中游河段和布尔津河 5～7 月均匀度指数高于 8～10 月，其他河段及支流 5～7 月低于 8～10 月。经检验，5～7 月与 8～10 月间的物种多样性指数 H'（Z=–0.980，P=0.327）、丰富度指数 D（t=1.461，P=0.187）和均匀度指数 J'（t =–0.778，P=0.462）均无显著性差异（表 17-3）。

表 17-3 额尔齐斯河鱼类丰富度指数（D）、物种多样性指数（H'）和均匀度指数（J'）的季节变化

Table 17-3 Seasonal variations of richness index (D), species diversity index (H') and evenness index (J') of fishes in the Irtysh River

河流编号	河流	5～7 月			8～10 月		
		D	H'	J'	D	H'	J'
0	全流域	1.5826	2.2433	0.7257	1.1202	2.0506	0.7572
1	下游	0.8534	1.7952	0.7225	0.7763	1.6768	0.7282
2	中游	0.6488	1.3461	0.6473	1.4178	1.4943	0.6232
3	阿拉克别克河	0.4490	1.2900	0.7200	0.2600	0.9224	0.6653
4	别列则克河	0.8529	1.5659	0.8047			
5	哈巴河	1.0997	1.6334	0.6368	0.4904	1.1444	0.7110
6	布尔津河	0.8442	1.3262	0.6815	0.2134	0.5153	0.4691
7	克兰河				0.5243	0.8835	0.5489
8	喀拉额尔齐斯河	0.8920	1.1864	0.5399			
9	卡依尔特河	0.7710	0.5333	0.2565	0.3793	0.7561	0.4698
10	库依尔特河	0.5658	0.6404	0.3574	0.3030	0.9586	0.6915

额尔齐斯河自哈萨克斯坦布赫塔尔马水库（原斋桑泊）至喀腊塑克水库大坝之间河流水道贯通，无阻隔鱼类洄游的大型高坝工程设施。哈萨克斯坦河段中的鱼类，因生殖或水温变化等引起的季节性上溯洄游，成为补充我国额尔齐斯河鱼类资源的一个主要来源，也是我国境内干流中下游河段及支流鱼类群落物种多样性指数较高的主要原因。

三、外来鱼类对物种多样性的影响

额尔齐斯河现有外来鱼类 18 种，占全部鱼类种类数的 48.6%。大量外来鱼类入侵，在改变鱼类群落结构的同时对鱼类物种多样性产生影响。对额尔齐斯河流域全部鱼类和土著鱼类物种多样性的分析见表 17-4。外来鱼类入侵增加了物种数，使多样性指数增大。但由于外来鱼类种类多，适应能力强，如东方欧鳊、梭鲈等还成为局部水域的优势种，在生存空间和食物资源上与土著鱼类产生激烈竞争，导致土著鱼类资源衰退。虽然外来鱼类提高了物种多样性，但并不利于土著鱼类群落乃至生态系统的稳定。

表 17-4 不同类群的物种多样性指数比较

Table 17-4 Comparison of species diversity index between fish groups

鱼类类群	种类数	丰富度指数 D	多样性指数 H'	均匀度指数 J'
全部鱼类	32	2.2760	2.2440	0.6475
土著鱼类	19	1.3450	2.0446	0.6944

四、物种多样性与环境因子的关系

聚类结果显示，10个河段/支流明显分为干流生境和支流生境两大类（图17-1）。其中，由于流域面积广，流量大，分布的鱼类较多，干流下游和干流中游聚为一类。8条支流呈现出明显的地理近缘性，同处于额尔齐斯河上游的两条源流卡依尔特河和库依尔特河的平均海拔较高，平均水温则较低。境内最下游的阿拉克别克河和别列则克河的流域面积最窄，流量也相对较小，平均海拔在支流中也是最低的。位于下游河段的哈巴河和布尔津河的鱼类物种数、平均海拔、植被覆盖率和水生昆虫生物量均较为接近。而克兰河和喀拉额尔齐斯河的比降、平均海拔基本一致，植被覆盖率和周丛藻类生物量非常接近。

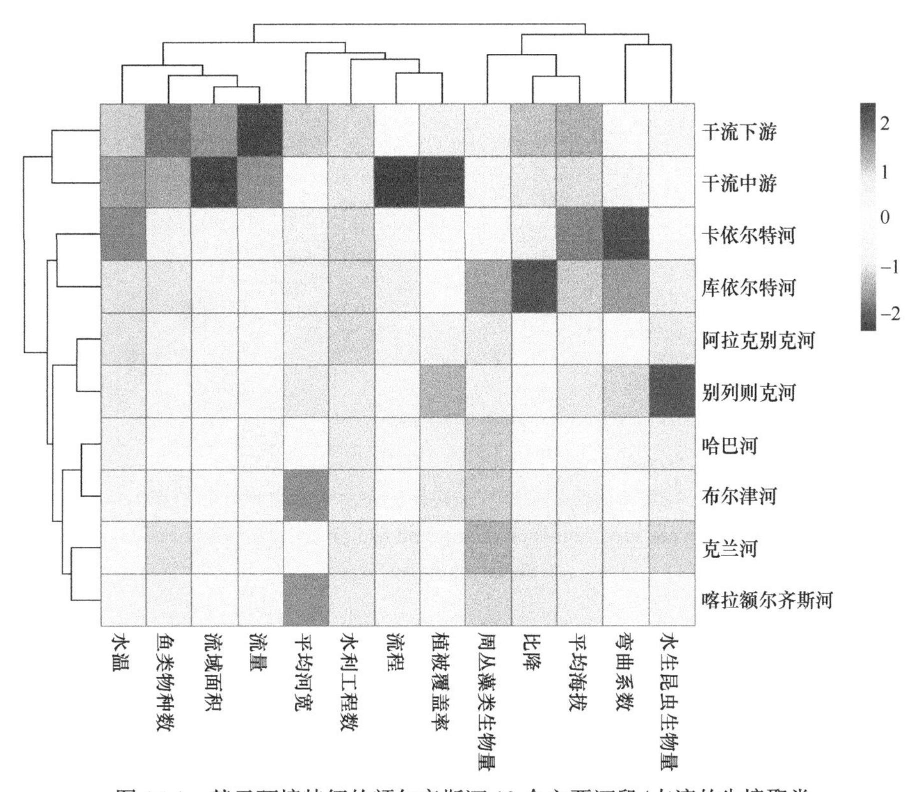

图17-1　基于环境特征的额尔齐斯河10个主要河段/支流的生境聚类

Figure 17-1　Habitat clustering of 10 main reaches/tributaries of the Irtysh River based on environmental characteristics

Pearson相关性分析表明，10个河段/支流中，鱼类物种多样性指数（H）与平均海拔（Alt）和比降（Dro）显著负相关，而与水温（Tem）显著正相关（图17-2）。

基于各物种在各河段/支流的渔获物中重量百分比数据，结合环境特征数据（表17-5）进行典型相关分析（CCA）。结果显示，流域面积（Are）、流量（Flo）、平均海拔（Alt）、比降（Dro）和水利工程有无（Pro）对鱼类分布的影响较大。其中，白斑狗鱼、东方欧鳊、高体雅罗鱼、鳙、梭鲈和河鲈倾向分布于流域面积广、流量较大的干流中下游区域（S1、S2）；江鳕、阿勒泰杜父鱼和阿勒泰鱥在平均海拔较高的上游支流喀拉额尔齐斯河（S8）、卡依尔特河（S9）和库依尔特河（S10）分布可能更多；哲罗鱼、细鳞鱼和北极茴鱼在支流哈巴河（S5）和克兰河（S7）分布的可能性较大；麦穗鱼、尖鳍鮈、北方须

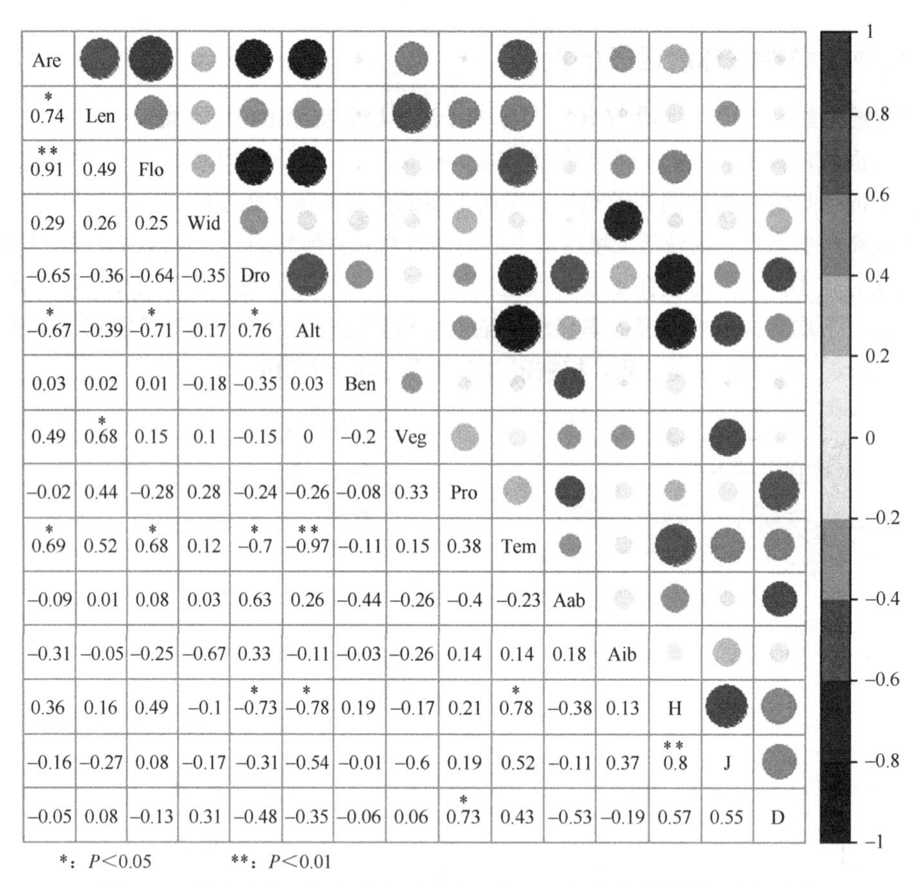

图 17-2　额尔齐斯河河段和主要支流环境因子与鱼类多样性间的相关性

Figure 17-2　Correlations between environmental factors and fish diversity in reaches and main tributaries of the Irtysh River

鳅、北方花鳅和贝加尔雅罗鱼这 5 种小型鱼类在支流别列则克河（S4）的分布较为聚集（图 17-3）。

表17-5　额尔齐斯河河段和主要支流的环境特征

Table 17-5　Environmental characteristics of the reaches and major tributaries of the Irtysh River

特征	河流编号*									
	1	2	3	4	5	6	7	8	9	10
鱼类种数	25	22	9	11	15	16	20	9	9	8
流域面积/km^2	30 794	42 495	998	927	6 494	8 422	1 545	7 825	2 940	1 965
流程/km	155	368	95	108	111	149	215	200	110	75
流量/（m^3/s）	30 794	22 037	20.0	12.0	69.2	136	26.6	56.8	25.1	21.6
平均河宽/m	240.1	129.8	45.1	38.1	133.8	289.4	133.4	286.4	50.9	47.5
比降/‰	0.35	1.85	4.62	4.91	4.51	3.45	10.42	10.27	8.46	16.13
平均海拔/m	438	568	789	620	1 057	1 271	1 376	1 372	1 887	1 586
弯曲系数	1.49	1.54	1.50	1.63	1.44	1.49	1.39	1.52	1.77	1.31
植被覆盖率/%	0.34	0.56	0.35	0.31	0.44	0.46	0.42	0.38	0.39	0.41

特征	河流编号*									
	1	2	3	4	5	6	7	8	9	10
水利工程	无	有	无	有	有	有	有	有	无	无
水温/℃	14.4	15.3	14.0	13.7	12.6	10.1	11.2	10.4	7.2	9.0
周丛藻类生物量/(mg/m^2)	2 661.6	959.9		561.6	7.830	4.057	3 405.7	3 106.4	1 304.0	3 578.8
水生昆虫生物量/(mg/m^2)	135.8	3 950.4		11 191.4	0.594	0.546	7 202.9	1 010.7	1 872.4	6 240.4

*河流编号同表 17-2。

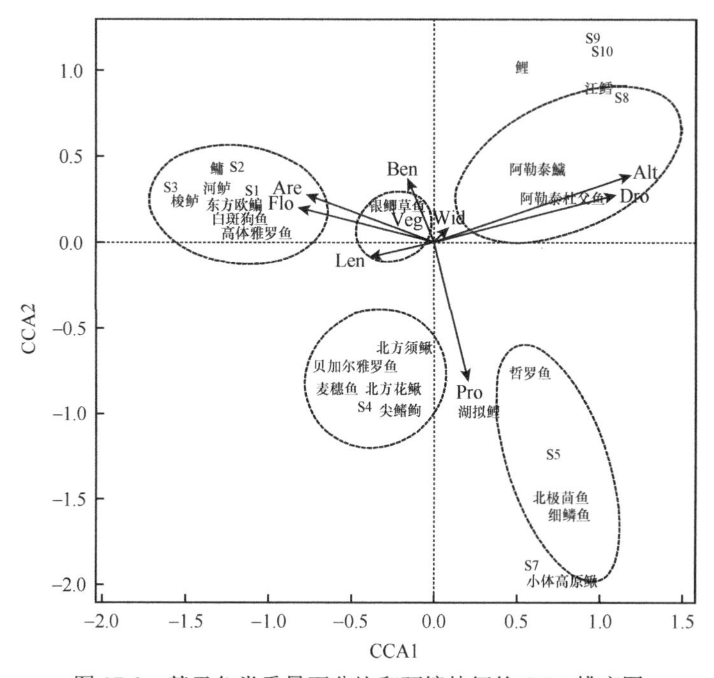

图 17-3　基于鱼类重量百分比和环境特征的 CCA 排序图

Figure 17-3　CCA sequence diagram based on fish weight percentage and environmental characteristics

第三节　优势鱼类评价

根据 2012～2016 年调查结果，额尔齐斯河流域不同河流（段）渔获物的 *IRI*%，以 *IRI*% 大于 5% 为标准，23 种渔获物中，16 种鱼类成为不同河流的优势种（表 17-6）。不同河流渔获物种类数及优势种如下：

全流域渔获物 23 种，优势种 5 种：银鲫（31.22%）、东方欧鳊（15.59%）、高体雅罗鱼（8.51%）、湖拟鲤（5.53%）和贝加尔雅罗鱼（5.37%）。

干流下游（布尔津河口—北湾）：渔获物 13 种，优势种 6 种，即东方欧鳊（37.30%）、银鲫（20.25%）、梭鲈（10.43%）、高体雅罗鱼（10.16%）、白斑狗鱼（8.13%）、贝加尔雅罗鱼（6.36%）。

干流中游（可可托海电站坝下—布尔津河口）：渔获物 12 种，优势种 6 种，即河鲈（33.19%）、尖鳍鮈（25.38%）、北方须鳅（11.18%）、东方欧鳊（8.23%）、鳊（7.62%）和阿勒泰鱥（7.30%）。

阿拉克别克河（界河）：渔获物6种，优势种4种，即银鲫（67.46%）、河鲈（14.82%）、湖拟鲤（10.45%）和高体雅罗鱼（7.24%）。

别列则克河：渔获物 10 种，优势种 4 种，即梭鲈（35.57%）、河鲈（25.60%）、高体雅罗鱼（18.67%）和湖拟鲤（8.50%）。

哈巴河：渔获物 12 种，优势种 5 种，即北极茴鱼（52.03%）、江鳕（20.91%）、湖拟鲤（7.33%）、阿勒泰杜父鱼（6.45%）和细鳞鱼（5.89%）。

布尔津河：渔获物 10 种，优势种 3 种，即阿勒泰鱥（56.91%）、银鲫（23.19%）和尖鳍鮈（9.92%）。

克兰河：渔获物 9 种，优势种 4 种，即北极茴鱼（71.14%）、细鳞鱼（9.20%）、尖鳍鮈（6.55%）和北方须鳅（5.08%）。

喀拉额尔齐斯河：渔获物9种，优势种2种，即江鳕（45.99%）和阿勒泰鱥（38.80%）。

库依尔特河：渔获物 7 种，优势种仅江鳕 1 种（84.44%）。

卡依尔特河：渔获物 10 种，优势种 3 种，即江鳕（62.637%）、阿勒泰鱥（14.85%）和北方须鳅（13.76%）。

表 17-6　额尔齐斯河主要渔获物种类的相对重要性指数百分比（*IRI*%）

Table 17-6　Percentage of relative importance index (*IRI*%) of main catch species in the Irtysh River

鱼类	河流编号*										
	0	1	2	3	4	5	6	7	8	9	10
种类数	23	13	12		11	12	10	9	9	9	7
细鳞鱼 *B. lenok*	0.34					5.89		9.20	3.91	0.36	
哲罗鱼 *H. taimen*	0.14					3.05	1.74	1.60	1.68		
北极茴鱼 *T. arcticus arcticus*	4.28	0.03				52.03	0.39	71.14	4.80	0.41	0.89
白斑狗鱼 *E. lucius*	2.84	8.13									
丁鱥 *T. tinca*	0.28	0.14									
湖拟鲤 *R. rutilus lacustris*	5.53	4.45		10.44	8.50	7.33					
阿勒泰鱥 *P. phoxinus ujmonesis*	4.18		7.30			2.21	56.91	1.87	38.80	14.85	4.58
贝加尔雅罗鱼 *L. baicalensis*	5.37	6.36	1.63		1.44	0.70	1.56				
高体雅罗鱼 *L. idus*	8.51	10.16		7.24	18.67	0.65					
尖鳍鮈 *G. acutipinnatus*	3.82	0.07	25.38		2.38		9.92	6.55	0.54	0.19	0.43
东方欧鳊 *A.brama orientalis*	15.59	37.30	8.23		0.18						
银鲫 *C.auratus gibelio*	31.22	20.25	0.93	67.46	3.16	0.16	23.19			1.67	3.51
鲤 *C. carpio*	0.40	0.05	3.58	0.01	0.08					4.71	
草鱼 *C. idellus*	0.01						3.04				
麦穗鱼 *P.parva*	0.02		0.20		0.11						
鳙 *A. nobilis*	0.06		7.62								
北方花鳅 *C. granoei*	0.53		0.07		4.32		0.3	0.24	0.41		
北方须鳅 *B. barbatula nuda*	2.31		11.18			0.19	2.85	5.08	1.10	13.76	3.05
高原鳅 *Triphophysa*	0.05							3.84			
江鳕 *L. lota*	5.00	0.01	0.70			20.91			45.99	62.63	84.44

续表

鱼类	河流编号*										
	0	1	2	3	4	5	6	7	8	9	10
河鲈 *P. fluviat ilis*	4.59	2.62	33.19	14.82	25.6	0.43					
梭鲈 *L. lucioperca*	4.54	10.43		0.02	35.57						
阿勒泰杜父鱼 *C sibiriea altaicus*	0.38					6.45	0.09	0.47	2.75	1.42	3.11

＊河流编号同表 17-2。

16 个优势种中，外来鱼类东方欧鳊、梭鲈、鳙 3 种，占优势种类数的 18.75%；土著鱼类有细鳞鱼、北极茴鱼、白斑狗鱼、银鲫、湖拟鲤、贝加尔雅罗鱼、高体雅罗鱼、尖鳍鮈、北方须鳅、阿勒泰鱥、江鳕、河鲈、阿勒泰杜父鱼 13 种，占优势种类数的 81.25%。外来鱼类鳙在额尔齐斯河并未形成自然种群，其 *IRI*% 较高存在偶然性，或与养殖鱼类逃逸有关。梭鲈的 *IRI*% 在下游河段为 10.43%，在别列则克河则高达 35.57%。东方欧鳊的 *IRI*% 在干流下游最高，达 37.30%，全流域为 15.59%，而 20 世纪东方欧鳊的产量占 80% 以上（潘育英和廖文林，1989；郭焱等，2003），表明东方欧鳊资源已明显下降。提示额尔齐斯河优势鱼类以土著鱼类为主，但在局部水域外来鱼类占有一定优势。

在 9 个河流（段），优势鱼类中的阿勒泰杜父鱼、贝加尔雅罗鱼、鳙和白斑狗鱼 4 种鱼类仅在一条河流中为优势种；北极茴鱼、细鳞鱼、东方欧鳊、梭鲈 4 种鱼类在两条河流中为优势种；高体雅罗鱼、银鲫、尖鳍鮈、湖拟鲤、河鲈和北方须鳅 6 种鱼类在三条河流中为优势种，阿勒泰鱥和江鳕等 2 种鱼则在四条河流中为优势种，值得注意的是，哲罗鱼和丁鱥在所有河流中均不占优势。这说明，虽然额尔齐斯河的多数鱼类是全流域分布的，但在不同河流中的丰度存在差异。有必要对河流环境与鱼类分布情况的关联性进行深入研究。

第四节　土著鱼类保护等级评价

一、受威胁程度的评价

小体鲟和北鲑因已有 30 余年没有采集到样本，没有参与评价。额尔齐斯河现有的 18 种土著鱼类濒危等级评价结果见表 17-7。从表 17-7 可以看出，参评的 18 种土著鱼类中，极危鱼类（CR）2 种，为西伯利亚鲟和哲罗鱼；濒危鱼类（EN）3 种，为细鳞鱼、北极茴鱼和白斑狗鱼；易危鱼类（VN）10 种，为丁鱥、湖拟鲤、阿勒泰鱥、贝加尔雅罗鱼、高体雅罗鱼、尖鳍鮈、北方花鳅、北方须鳅、河鲈、阿勒泰杜父鱼；近危鱼类（NT）2 种，分别为江鳕和粘鲈；无危鱼类（LC）仅银鲫 1 种。

表 17-7　额尔齐斯河土著鱼类的濒危程度评价

Table 17-7　Evaluation for endangered status of the native fishes in the Irtysh River

鱼类	评价指标分值					濒危系数 *Ct*	濒危状态
	O%	*N*%	F_w	T_m	*Hb*		
西伯利亚鲟 *A. baeri*	5	5	5	4	4	0.920	CR
细鳞鱼 *B. lenok*	4	5	2	5	3	0.760	EN
哲罗鱼 *H. taimen*	4	5	4	5	3	0.840	CR

续表

鱼类	评价指标分值					濒危系数 Ct	濒危状态
	$O\%$	$N\%$	F_w	T_m	Hb		
北极茴鱼 *T. arcticus arcticus*	3	3	3	4	2	0.750	EN
白斑狗鱼 *E. lucius*	4	4	2	4	1	0.750	EN
丁鱥 *T. tinca*	4	5	3	2	1	0.600	VN
湖拟鲤 *R. rutilus lacustris*	3	2	1	3	1	0.667	VN
阿勒泰鱥 *P. phoxinus ujmonesis*	3	1	2	3	2	0.733	VN
贝加尔雅罗鱼 *L. baicalensis*	2	2	1	3	1	0.600	VN
高体雅罗鱼 *L. idus*	3	3	2	2	1	0.733	VN
尖鳍鮈 *G. acutipinnatus*	3	2	1	2	2	0.667	VN
银鲫 *C.auratus gibelio*	1	1	1	4	1	0.400	LC
北方花鳅 *C. granoei*	4	4	1	1	2	0.600	VN
北方须鳅 *B. barbatula nuda*	3	3	1	1	2	0.667	VN
江鳕 *L. lota*	2	4	2	1	2	0.550	NT
河鲈 *P. fluviat ilis*	3	3	2	4	1	0.650	VN
粘鲈 *Acerina cernua*	5	5	1	1	1	0.520	NT
阿勒泰杜父鱼 *C sibiriea altaicus*	4	4	1	5	1	0.600	VN

二、优先保护顺序评价

额尔齐斯河土著鱼类的遗传损失系数（*Cg*）、物种价值系数（*Cs*）及优先保护值（*Vs*）见表 17-8。根据优先保护值对土著鱼类的保护顺序进行分级，结果如下。一级保护鱼类 4 种：西伯利亚鲟、细鳞鱼、哲罗鱼和阿勒泰鱥。二级保护鱼类 11 种：北极茴鱼、白斑狗鱼、湖拟鲤、贝加尔雅罗鱼、高体雅罗鱼、尖鳍鮈、北方花鳅、北方须鳅、江鳕、河鲈、阿勒泰杜父鱼。三级保护鱼类 2 种：丁鱥和粘鲈。四级保护鱼类仅银鲫 1 种。

表 17-8　额尔齐斯河土著鱼类的急切保护值及优先保护顺序

Table 17-8　Emergent protection value and priority of conservation of native fishes in the Irtysh River

鱼类	*St*	*R*	*Cg*	*Va*	*Ve*	*Cs*	*Vs*	*Pl*
西伯利亚鲟 *A. baeri*	2	2	1.000	5	3	0.800	0.922	一级
细鳞鱼 *B. lenok*	3	3	1.000	4	3	0.875	0.837	一级
哲罗鱼 *H. taimen*	3	3	1.000	4	3	0.875	0.885	一级
北极茴鱼 *T. arcticus arcticus*	3	2	0.833	4	2	0.750	0.771	二级
白斑狗鱼 *E. lucius*	3	2	0.833	1	3	0.667	0.758	二级
丁鱥 *T. tinca*	3	1	0.667	1	3	0.667	0.627	三级
湖拟鲤 *R. rutilus lacustris*	3	1	0.667	1	2	0.750	0.679	二级
阿勒泰鱥 *P. phoxinus ujmonesis*	3	3	1.000	1	1	1.000	0.840	一级
贝加尔雅罗鱼 *L. baicalensis*	2	1	0.750	1	2	0.750	0.660	二级
高体雅罗鱼 *L. idus*	2	1	0.750	1	2	0.750	0.740	二级
尖鳍鮈 *G. acutipinnatus*	3	1	0.667	1	1	1.000	0.757	二级

续表

鱼类	*St*	*R*	*Cg*	*Va*	*Ve*	*Cs*	*Vs*	*Pl*
银鲫 *C.auratus gibelio*	1	1	0.500	1	3	0.667	0.435	四级
北方花鳅 *C. granoei*	3	1	0.667	1	1	1.000	0.677	二级
北方须鳅 *B. barbatula nuda*	3	1	0.667	1	1	1.000	0.717	二级
江鳕 *L. lota*	3	2	0.833	3	3	1.000	0.688	二级
河鲈 *P. fluviat ilis*	3	1	0.667	2	3	0.833	0.682	二级
粘鲈 *Acerina cernua*	3	1	0.667	2	1	0.750	0.591	三级
阿勒泰杜父鱼 *C sibiriea altaicus*	3	3	1.000	4	1	0.625	0.704	二级

额尔齐斯河下游支流哈巴河15种鱼类，达到一级急切保护的有哲罗鱼和细鳞鱼2种，达到二级急切保护的有北极茴鱼和阿勒泰杜父鱼2种，达到三级急切保护的有贝加尔雅罗鱼、北方花鳅、小体高原鳅、江鳕、河鲈5种（牛建功等，2012）。与本次评价结果相比，一级保护级别评价结果相似，二级和三级的评价结果有所不同，如贝加尔雅罗鱼、北方花鳅、江鳕和河鲈在本次评价中由三级升为二级，应与评价水域大小及鱼类水域分布有关。

本章仅分析了额尔齐斯河现有土著鱼类的濒危程度和优先保护顺序。对历史上曾有分布记录且资源较丰富的小体鲟、北鲑和金鲫没有进行分析。西伯利亚鲟主要分布在鄂毕河至科累马河等水域，我国仅见于额尔齐斯河流域，近年来每年偶尔能捕到几尾。小体鲟主要分布于黑海、里海、波罗的海等水系各河流中，以及北冰洋沿岸的鄂毕河和叶尼赛尔河水系，20世纪末在哈萨克斯坦境内斋桑泊也有少量分布，存在类似西伯利亚鲟一样，沿额尔齐斯河上溯进入我国的可能。北鲑主要分布在西北欧往东至北美马更河等北冰洋水系，我国额尔齐斯河下游河段曾有分布。西伯利亚鲟、哲罗鱼、细鳞鱼和北鲑曾被誉为额尔齐斯河的“四大名鱼”。小体鲟和北鲑自1982年在额尔齐斯河下游有捕捞记录（潘育英和廖文林，1989；郭焱等，2012；任慕莲等，2002）以来，至今无采到标本的确切记录。金鲫在额尔齐斯河分布范围极为狭小，仅分布在我国额尔齐斯河下游局部水体中，调查期间没有采到标本，尚不能说明该鱼已经消失。应将上述3种鱼类继续作为优先保护鱼类予以保护。

根据《中国脊椎动物红色名录》（蒋志刚等，2016）的评估，额尔齐斯河的小体鲟为极危种（CR），西伯利亚鲟为濒危种（EN），北鲑为区域灭绝种（RE），哲罗鱼和阿尔泰杜父鱼为易危种（VU）。2004年新疆维吾尔自治区将额尔齐斯河6种鱼类定为自治区重点保护水生野生动物[①]，其中西伯利亚鲟、小体鲟和北鲑为Ⅰ级，北极茴鱼、高体雅罗鱼和阿勒泰杜父鱼为Ⅱ级。目前，额尔齐斯河渔业环境和鱼类资源发生巨大变化，原来一些资源较为丰富的鱼类，其资源现已近枯竭，建议根据鱼类资源目前的濒危程度，重新审定额尔齐斯河鱼类保护对象和保护级别。根据本章研究结果，建议将西伯利亚鲟、哲罗鱼、细鳞鱼、阿勒泰鱥、小体鲟、北鲑和金鲫7种鱼类列为自治区一级保护鱼类；北极茴鱼、白斑狗鱼、湖拟鲤、贝加尔雅罗鱼、高体雅罗鱼、尖鳍鮈、北方花鳅、北方须鳅、江鳕、河鲈、阿勒泰杜父鱼11种鱼类列为自治区二级保护鱼类；丁鱥和粘鲈2种鱼类列为自治区三级保护鱼类。

① 新疆维吾尔自治区重点保护水生野生动物名录．新政发〔2004〕67号。

小　　结

1）以 *IRI*% 大于 5% 为标准，额尔齐斯河不同水域的优势鱼类种共有 16 种。不同河段和支流的优势种不同，全流域优势种为银鲫、东方欧鳊、高体雅罗鱼、湖拟鲤和贝加尔雅罗鱼 5 种，干流中游和下游河段优势种的种类数均为 6 种，库依尔特河仅江鳕 1 种。16 种优势种中，土著鱼类 13 种，分布于不同河段与支流；外来鱼类 3 种，主要分布在干流中下游河段，表明额尔齐斯河优势鱼类以土著鱼类为主，但在局部水域外来鱼类占有一定优势。4 种仅见于 1 个水域，10 种见于 2 个水域，2 种见于 3 个水域。鉴于鱼类在不同河流的相对丰度存在差异，有必要对河流环境与鱼类分布情况的关联性进行深入研究。

2）额尔齐斯河流域的物种丰富度指数（*D*）、物种多样性指数（*H'*）和均匀度指数（*J'*）分别为 2.2760、2.2084 和 0.6372。各支流和河段的 *D* 值范围为 1.9422～0.4820，*H'* 值范围为 1.7920～0.5601，*J'* 范围为 0.5638～0.2549；*D* 值和 *H'* 值自下游往上游呈逐渐下降趋势，*J'* 值在各支流（河段）间呈无规律波动。多数河段和支流 5～7 月的 *D* 值、*H'* 值和 *J'* 值高于 8～10 月。下游河流鱼类的生殖和季节性洄游是 5～7 月下游河段及支流物种丰富度指数和多样性指数较高的主要原因。

3）额尔齐斯河现有全部鱼类的丰富度指数（*D*）、多样性指数（*H'*）和均匀度指数（*J'*）分别为 2.2760、2.2440 和 0.6475，土著鱼类分别为 1.3450、2.0446 和 0.6944，外来鱼类入侵显著提高鱼类丰富度和物种多样性，但不利于自然水体鱼类群落乃至生态系统的稳定。

4）额尔齐斯河（中国境内）流域生境多样性较高，主要表现在海拔落差大，流域面积、流量变化幅度大，且这几个环境特征也是影响额尔齐斯河鱼类分布的主要因素。鱼类物种多样性指数与平均海拔和比降显著负相关，而与水温显著正相关。现有数据表明，白斑狗鱼、东方欧鳊、高体雅罗鱼、鳙、梭鲈和河鲈倾向分布于流域面积广、流量较大的干流中下游河段；江鳕、阿勒泰杜父鱼和阿勒泰鱥在平均海拔较高的上游支流卡依尔特河和库依尔特河分布较多；哲罗鱼、细鳞鱼和北极茴鱼在生境较相似的砾石底质的支流哈巴河和克兰河分布的可能性较大，属较典型的冷水性溪流鱼类；麦穗鱼、尖鳍鮈、北方须鳅、北方花鳅和贝加尔雅罗鱼 5 种小型鱼类在偏沙砾底质的支流别列则克河中较常见。

5）采用濒危系数（*Ct*）评价鱼类的濒危程度，采用优先保护值（*Vs*）确定优先保护顺序。额尔齐斯河土著鱼类濒危程度：西伯利亚鲟和哲罗鱼 2 种为极危（*CR*），细鳞鱼、北极茴鱼和白斑狗鱼 3 种为濒危（EN），丁鱥、湖拟鲤、阿勒泰鱥、贝加尔雅罗鱼、高体雅罗鱼、尖鳍鮈、北方花鳅、北方须鳅、河鲈、阿勒泰杜父鱼 10 种为易危（VN），江鳕和粘鲈 2 种为近危（NT），无危鱼类（LC）仅银鲫 1 种。根据优先保护序研究结果，建议：将有西伯利亚鲟、细鳞鱼、哲罗鱼和阿勒泰鱥，以及消失多年的小体鲟、北鲑和金鲫 7 种鱼类列为自治区一级保护鱼类，北极茴鱼、白斑狗鱼、湖拟鲤、贝加尔雅罗鱼、高体雅罗鱼、尖鳍鮈、北方花鳅、北方须鳅、江鳕、河鲈、阿勒泰杜父鱼 11 种列为自治区二级保护鱼类；丁鱥和粘鲈 2 种列为自治区三级保护鱼类。

主要参考文献

蔡林钢, 牛建功, 刘春池, 等. 2017. 新疆伊犁河不同河段鱼类的物种多样性和优势种. 水生生物学报, 41(4): 819-826
崔鹏, 徐海根, 吴 军, 等. 2014. 中国脊椎动物红色名录指数评估. 生物多样性, 22(5): 589-595

董崇智, 李怀明, 赵春刚. 1998. 濒危名贵哲罗鱼保护生物学的研究 II . 哲罗鱼性状及生态学资料. 水产学杂志, 11(2): 34-39
郭焱, 张人铭, 李红. 2003. 额尔齐斯河土著鱼类资源衰退原因与保护措施. 干旱区研究, 20(2): 152-154
郭焱, 张人铭, 蔡林钢, 等. 2012. 新疆鱼类志. 乌鲁木齐: 新疆科学技术出版社
霍堂斌, 姜作发, 阿达克白克 · 可尔江, 等. 2010. 额尔齐斯河流域(中国境内) 鱼类分布及物种多样性现状研究. 水生态学杂志, 3(4):16-22
蒋志刚, 江建平, 王跃招, 等. 2016. 中国脊椎动物红色名录. 生物多样性, 24(5): 500-551
李生宇, 雷加强. 2002. 额尔齐斯河流域生态系统格局及变化. 干旱区研究, 19(19): 56-61
刘春池, 高欣, 林鹏程, 等. 2012. 葛洲坝水库鱼类群落结构特征研究. 长江流域资源与环境, 27(7): 843-849
刘军. 2004. 长江上游特有鱼类受威胁及优先保护顺序的定量分析. 中国环境科学, 24(4): 395-399
牛建功, 蔡林钢, 刘建, 等. 2012. 哈巴河土著特有鱼类优先保护等级的定量研究. 干旱区资源与环境, 26(3): 172-176
潘育英, 廖文林. 1989. 额尔齐斯河渔业概况调查. 新疆渔业, (1-2): 31-35
任慕莲, 郭焱, 张人铭, 等. 2002. 中国额尔齐斯河鱼类资源及渔业. 乌鲁木齐: 新疆科技卫生出版社
王世江. 2010. 中国新疆河湖全书. 北京: 中国水利水电出版社
许再富, 陶国达. 1987. 地区性的植物受威胁及优先保护综合评价方法探讨. 云南植物研究, 9(2): 193-202
薛达元, 蒋明康. 李正方, 等. 1991. 苏浙皖地区珍稀濒危植物分级指标的研究. 中国环境科学, 11(3): 161-166
赵永军, 齐子鑫. 2006. 细鳞鲑的生态习性及资源保护策略. 水利渔业, 26(3): 38-39
中国科学院动物研究所, 等. 1979. 新疆鱼类志. 乌鲁木齐: 新疆人民出版社
IUCN. 1994. IUCN Red List Categories . Gland, Switzeland: IUCN
LUDWIG J A, REYNOLDS J F. 1988. Statistical ecology. New York: John Wiley & Sons
PIELOU E C. 1975. Ecological diversity. New York: John Wiley & Sons
WILHM J L. 1968. Use of biomass units in Shannon formula. *Ecology*, 49: 153-156

第十八章　额尔齐斯河主要鱼类的食物关系

谢从新[1]　谢　鹏[1]　柴　毅[2]　陈生熬[3]

1. 华中农业大学，湖北 武汉，430070；2. 长江大学，湖北 荆州，434023；

3. 塔里木大学，新疆阿拉尔，843300

食物关系是鱼类之间重要的相互关系之一。鱼类在长期演化过程中，形成了各自特有的摄食和消化器官及与之匹配的营养特征。鱼类总是以栖息水域中数量最多、出现时间最长的饵料生物为主要食物，食物类型相同或相似的鱼类间存在食物竞争。食物不足时，食物竞争加剧，将导致群落结构变化。群落中种内及种间的食物竞争及捕食与被捕食等，是除捕捞和环境变化等外部因素外，影响鱼类群落结构变化和优势种交替的主要因素（唐启升和苏纪兰，2000）。捕食和竞争是群落中物种之间相互作用的主要方式，比栖息地的竞争更为重要，可影响鱼类群落的资源利用格局（Motta，1995；Schoener，1974）。研究水生态系统中鱼类食物关系，对了解鱼类种群变动以及资源保护和可持续利用具有重要的意义。本章根据额尔齐斯河 9 种鱼类生物学研究结果，分析它们的营养生态类型及主要鱼类的食物关系，探讨额尔齐斯河鱼类食物竞争与群落结构变化的关系。

第一节　材料与方法

一、样本来源

研究对象为额尔齐斯河主要捕捞鱼类，即贝加尔雅罗鱼、湖拟鲤、银鲫、高体雅罗鱼、北极茴鱼、东方欧鳊、河鲈、江鳕和白斑狗鱼 9 种鱼类。9 种鱼类的渔获数量和重量分别占渔获总量的 85.0% 和 93.8%，在额尔齐斯河水生态系统的物质循环和能量流动中起着主要作用。

二、分析方法

（一）营养类型评价方法

1）采用食物出现率（*O*%）、个数百分比（*N*%）、重量百分比（*W*%）、相对重要性指数（*IRI*）、相对重要性指数百分比（*IRI* %）及优势度指数（*IP*%）分析鱼类的食物组成及其在鱼类营养上的贡献率（Hyslop，1980；Pinkas *et al.*，1971）。上述数据来自前面相关章节。

2）生态位宽度（H'）：采用 Shannon-Wiener 多样性指数、均匀度指数（J'）和 Schoener 重叠指数（C_{xy}）评估种群食物关系。各指标计算公式如下：

① 生态位宽度指数（H'），采用 Shannon-Wiener 多样性指数评价生态位宽度：

$$H'=-\sum(P_{ij}-\ln P_{ij})$$

式中，P_{ij} 为饵料生物 i 在捕食者 j 的食物组成中所占的 *IRI*%（Marshall & Elliott，1997；Wilhm，1968）。

② 均匀度指数（J'）：

$$J'=H'/\ln S$$

式中，H' 为 Shannon-Wiener 指数；S 为饵料种类数。J' 值越大，说明鱼类的食物组成越均匀（Pielou，1975）。

③ 采用食物重叠指数（C_{xy}）评价食物竞争程度：

$$C_{xy}=1-0.5\sum|P_{xi}-P_{yi}|$$

式中，P_{xi}、P_{yi} 为共有饵料 i 在摄食者 x、y 消化道内含物中所占质量百分比。C_{xy} 值的范围为 0～1。值越大说明两捕食者之间的食物越相似，竞争越激烈；C_{xy} 为 0 表示饵料完全不重叠；C_{xy} 为 1 表示饵料完全重叠。当重叠指数大于 0.6 时，表示达到显著重叠水平（Keast，1978；Schoener，1970；Wallace，1981；张堂林，2005）。

（二）营养级评价方法

营养级（TL，Trophic level）的划分主要有 1～5 级和 0～4 级两种标准，不同之处在于前者将初级生产者定为 1 级（Mearns *et al.*，1981；Yang，1982），后者将初级生产者定为 0 级（韦晟和姜卫民，1992；张雅芝等，1994；邓景耀等，1997）。本章采用 1～5 级标准，各级的主要营养生态类群如下：

第 1 营养级：藻类（浮游藻类和着生藻类）、水生维管束植物等初级生产者和有机碎屑。

第 2 营养级：微型动物（原生动物、轮虫、枝角类和桡足）、底栖动物等次级生产者。

第 3 营养级：杂食性、浮游动物食性和底栖动物食性鱼类。

第 4 营养级：摄食鱼类和其他动物的次级肉食性鱼类。

第 5 营养级：鱼食性鱼类。

当鱼类的食物由不同营养级食物组成时，应按照各营养级食物的质量百分比（W%）计算其营养级（Mearns *et al.*，1981），计算公式为

$$TLA=1+\sum_{(n=1)}^{s}(K_nI_n)$$

式中，TLA 为某种鱼类的营养级；K_n 为饵料的营养级；I_n 为饵料在食物中所占的比例；S 为饵料种类数。

第二节　主要鱼类的营养特征

一、额尔齐斯河水生生物资源与鱼类食性概述

为便于分析了解食物资源与鱼类营养特征的关系，探讨鱼类对食物资源的利用策略，现将额尔齐斯河水生生物资源调查结果和额尔齐斯河现有鱼类食性简要介绍如下。

（一）额尔齐斯河的水生生物资源概述

额尔齐斯河水生生物资源种类组成、密度和生物量如下（见第三章）。

浮游植物 8 门 70 属 194 种，年平均密度和年平均生物量分别为 5.5×10^5cells/L 和 0.94mg/L。浮游动物 137 种，年平均密度和平均生物量分别为 27.10ind./L 和 0.086mg/L。周丛藻类年平均密度和年平均生物量分别为 1.572×10^9 cells/m^2 和 2785.3mg/m^2。大型底栖动物年平均密度和生物量分别为 518.55 ind./m^2 和 4.94g/m^2，其中，水生昆虫的密度和生物量为 380.28 ind./m^2 和 4.33g/m^2，占总数的 73.33% 和 87.65%。水生维管束植物 27 科 38 属 80 种，以挺水植物为主（56 种），沉水植物 21 种，浮叶植物 2 种，和漂浮植物（1 种），主要分布于沿岸带及沼泽、坑塘等静水水体中。

（二）额尔齐斯河现有鱼类营养特征概述

根据食物成分比例，大体上可将额尔齐斯河鱼类食性分为以下几种。

1）浮游生物食性鱼类：池沼公鱼和大银鱼 2 种，食物主要为浮游动物，均为额尔齐斯河外来鱼类，少见。

2）水生植物食性鱼类：草鱼 1 种，额尔齐斯河的外来鱼类，极为少见。

3）杂食性鱼类：种类多，数量大，食物范围广，摄食可塑性强，食物组成较为繁杂，大体可以分为以下两类。

① 主食有机碎屑杂食性鱼类：贝加尔雅罗鱼、银鲫、湖拟鲤、尖鳍鮈、新疆高原鳅等鱼类，食物主要为有机碎屑，兼食周丛生物中的硅藻等。

② 主食水生昆虫杂食性鱼类：细鳞鱼、北极茴鱼、阿勒泰鱥、北方须鳅、北方花鳅、高体雅罗鱼、东方欧鳊、小体高原鳅、粘鲈、黄黝鱼、棒花鱼、丁鱥、麦穗鱼等，主要摄食水生昆虫幼虫，兼食植物碎屑、藻类和微型动物等，前面 5 种鱼类的主要食物为除摇蚊幼虫外的其他水生昆虫幼虫，后面几种鱼类的主要食物为摇蚊幼虫。鲤的食物主要为水生昆虫和水生植物，随食物资源可得性变化较大。

4）肉食性鱼类：根据食物成分又分为两类。

① 次级肉食性鱼类：阿勒泰杜父鱼 1 种，主要以水生昆虫为食，兼食小型鱼类。

②高级肉食性鱼类（鱼食性鱼类）：哲罗鱼、江鳕、白斑狗鱼、河鲈和梭鲈 5 种。食物中鱼类所占比例为 90% 以上，有些种类食物中出现少量水生昆虫幼虫。

二、主要鱼类的营养类型

将鱼类的食物分为藻类（包括浮游种类和着生种类）、微型动物（包括原生动物、轮虫、枝角类和桡足类）、高等水生植物、水生昆虫、植物碎屑和鱼类 6 个类群来分析鱼类的营养类型。9 种主要鱼类的详细食物组成见前面生物学部分相关章节。9 种鱼类各类食物的出现率 *O*%、数量百分比 *N*%、重量百分比 *W*%、相对重要性指数百分比 *IRI*% 和优势度指数 *IP*% 见表 18-1。不同食物个体差异较大，按照不同指标划分的营养类型存在差异。按照 *IRI*% 大体上可将 9 种鱼类的营养类型分为下面 4 类。

1）偏动物性食物的杂食性鱼类：东方欧鳊和北极茴鱼 2 种。植物性食物和动物性食物的 *IRI*%，东方欧鳊分别为 48.14% 和 51.85%，北极茴鱼分别为 42.36% 和 57.01%，动物性食物比例略高于植物性食物。东方欧鳊的植物性食物几乎全部为藻类（*IRI*% 为 48.13%）；动物性食物中摇蚊幼虫占绝对优势（*IRI*% 为 48.22%）。北极茴鱼的植物性食物由藻类（*IRI*% 为 23.47%）和植物碎屑组成（*IRI*% 为 8.89%）；动物性食物中摇蚊幼虫占绝对优势（*IRI*% 为 54.94%）。

2）偏植物性食物的杂食性鱼类：银鲫、高体雅罗鱼、贝加尔雅罗鱼和湖拟鲤 4 种。植物性食物的 *IRI*% 范围为 89.19%～94.97%。银鲫的植物性食物主要为植物碎屑（*IRI*% 为 61.52%），动物性食物主要为摇蚊幼虫（*IRI*% 为 6.56%）。高体雅罗鱼主要以藻类（*IRI*% 为 63.47%）、植物碎屑（*IRI*% 为 31.50%）和高等水生植物（*IRI*% 为 18.11%）为食。贝加尔雅罗鱼主要以藻类（*IRI*% 为 43.33%）和植物碎屑（*IRI*% 为 35.30%）为食。湖拟鲤的植物性食物 *IRI*% 达 94.48%，其中高等水生植物的 *IRI*% 为 30.54%，高等水生植物的 *IRI*% 在 9 种鱼类中是最高的，有别于其他 3 种鱼类。

3）鱼食性鱼类：包括江鳕、白斑狗鱼和河鲈 3 种。3 种鱼类的食物中，鱼类的重量百分比超过 94%，水生昆虫幼虫重量百分比不到 5%。

表 18-1 额尔齐斯河主要鱼类的食物类群

Table 18-1 Food types of major fishes in the Irtysh River

食物组成	*O*%	*N*%	*W*%	*IRI*%	*IP*%
北极茴鱼 *T. arcticus arcticus*					
藻类	100.00	69.96	0.00	23.47	0.00
微型动物	54.55	0.92	0.46	0.25	0.02
水生昆虫幼虫	90.91	0.00	9.30	1.82	3.18
摇蚊幼虫	95.54	0.41	88.71	54.94	95.06
植物碎屑	100.00	27.59	0.64	18.89	0.74
东方欧鳊 *A. brama orientalis*					
藻类	100.00	99.67	0.17	48.13	0.16
微型动物	100.00	0.15	0.06	0.03	0.03
水生昆虫幼虫	41.94	0.06	15.06	3.61	6.94
摇蚊幼虫	100.00	0.09	84.70	48.22	92.87
植物碎屑	35.48	0.03	0.01	0.01	+
银鲫 *C. auratus gibelio*					
藻类	100.00	98.52	11.98	64.14	16.62
微型动物	100.00	0.01	15.82	2.46	5.76
水生昆虫幼虫	93.33	+	0.04	+	+
摇蚊类	86.67	+	10.36	6.56	15.23
植物碎屑	56.67	+	61.52	26.82	62.36
高体雅罗鱼 *L. idus*					
藻类	100.00	88.43	1.64	63.47	2.91
微型动物	66.67	0.16	3.56	2.18	5.26
水生昆虫幼虫	83.33	0.02	57.52	1.72	34.64
摇蚊幼虫	58.33	0.05	11.59	1.12	4.43
植物碎屑	91.67	11.34	25.68	31.50	52.77
其他	41.67	+	0.01		
贝加尔雅罗鱼 *L. aicalensis*					
藻类	100.00	76.69	43.33	62.04	45.57
微型动物	13.64	0.01	0.16	0.02	0.03
水生昆虫幼虫	89.00	14.34	3.04	10.79	3.74
水生植物	16.22	7.90	18.11	2.94	4.06
植物碎屑	95.45	1.05	35.30	24.21	46.59
湖拟鲤 *R. rutilus lacustris*					
藻类	100.00	56.76	37.34	62.38	50.84
微型动物	80.00	0.75	1.75	1.44	2.04

续表

食物组成	*O*%	*N*%	*W*%	*IRI*%	*IP*%
水生植物	64.90	22.87	42.67	30.54	40.33
水生昆虫幼虫	16.20	19.59	15.56	4.09	3.67
植物碎屑	80.00	0.03	2.68	1.56	3.12
江鳕 *L. lota*					
水生昆虫幼虫	18.45	13.36	3.26	1.88	0.71
鱼类	87.44	86.20	96.55	98.12	99.29
白斑狗鱼 *E. lucius*					
水生昆虫幼虫	8.89	5.48	1.86	0.61	0.28
鱼类	153.32	94.52	98.13	99.39	99.72
河鲈 *P. fluviat ilis*					
水生昆虫幼虫	44.17	22.58	4.02	15.66	4.89
鱼类	218.18	77.42	94.68	84.88	93.53

各类食物相对重要性指数（*IRI*%）的聚类分析结果如图 18-1 所示。图 18-1 显示，9 种鱼类的营养类型可分为三大类。其中，具有体型优势、口裂大且具齿的凶猛肉食鱼类江鳕和白斑狗鱼的食性最为相似，两者的食物类别中鱼类的占比分别为 98.12% 和 99.72%，与同样以小型鱼类为主要食物（84.88%），兼食水生昆虫的河鲈聚为一支。其他 6 种杂食性鱼类，口裂斜、鳃耙细密的东方欧鳊和北极茴鱼由于各自的食物类别中“藻类 + 水生昆虫”的占比分别高达 99.96% 和 80.23%，呈现出较为相近的食物关系，从而聚为一支。银鲫、高体雅罗鱼、贝加尔雅罗鱼和湖拟鲤由于食物类别的杂合程度相较于另两支更高而聚为一大类。

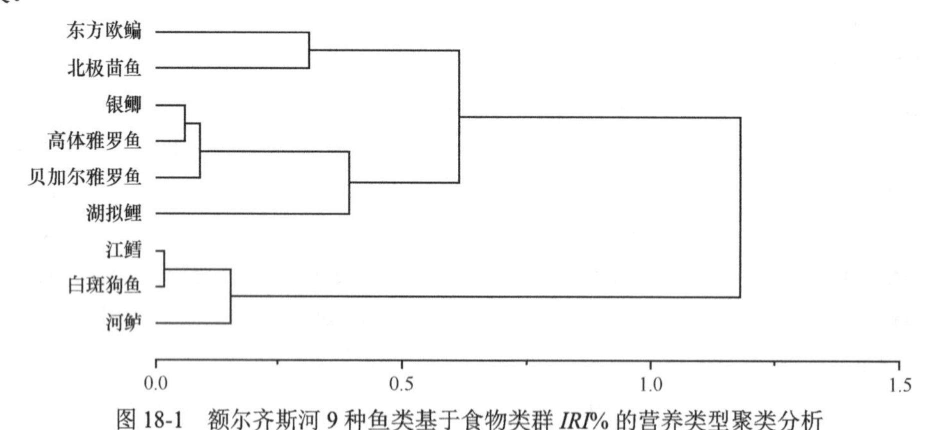

图 18-1 额尔齐斯河 9 种鱼类基于食物类群 *IRI*% 的营养类型聚类分析

Figure 18-1 Cluster analysis of base on percentage of food group relative importance index (*IRI*%) of 9 species fishes in the Irtysh River

鱼类在长期演化过程中形成与其捕食方式和食物类型相适应的结构特征（Wainwright & Richard，1995），鱼类的食物组成与其摄食消化器官、摄食行为和栖息环境等具有较强的相关性（Hugueny & Pouilly，1999；Xie *et al.*，2001；Pouilly *et al.*，2003；Ward-Campbell *et al.*，2005）。白斑狗鱼、江鳕、河鲈为鱼食性鱼类，湖拟鲤的食物中水生高等植物占有较大比重，它们的口裂均较大；滤食器官鳃耙退化，变得短小，甚至变形为柱状分叉或瘤结状，排列稀疏；消化道粗短，肠长略长于体长，这些特征与它们所摄食的食物个体较大相适应。反之，以藻类、微型动物、碎屑和水生昆虫幼虫等小型食物为食的鱼类，口裂均较小，咽齿侧扁斜切或锥形，末端尖或钩状，或冠面具有沟槽，成为它们摄食和消化器官的共同特征。摄食消化器官形态上的差异，导致同一食性鱼类在食物成分上的不同。如以水生昆虫幼虫为主要食物的东方欧鳊和高体雅罗鱼下咽齿末端细尖或钩状，主要以藻类和植物碎屑为食的贝加尔雅罗鱼和银鲫下咽齿侧扁，齿冠面具凹槽；银鲫鳃耙数在9种鱼类中最多，为43～54枚，鳃耙长度超过鳃丝的一半，排列较紧密，肠长/体长达3.75，食物中藻类、植物碎屑和微型动物的质量百分比为89.32%，水生昆虫幼虫的重量百分比仅为10.40%。通常认为，口裂的大小与其摄食食物个体大小正相关（Piet，1998；Hugueny & Pouilly，1999；Pouilly *et al.*，2003）。江鳕为亚下位口，食物中生活在水体底层的阿勒泰鱥、鳅类、麦穗鱼、尖鳍鮈等鱼类的数量百分比（*N*%）占50.43%；白斑狗鱼为亚上位口，食物中生活在水体中上层的东方欧鳊、湖拟鲤、贝加尔雅罗鱼等鱼类的数量百分比（*N*%）为67.12%。鱼类的口位暗示了在捕食过程中食物与捕食者在水体中的相对位置（Piet & Rijnsdorp，1998）。鳃耙是鱼类的滤食器官，其形态特征及排列稀疏与其摄食的食物大小密切相关。通常以浮游生物为食的滤食性鱼类，鳃耙长而多，排列致密；摄食鱼类和水生高等植物等大型食物的鱼类，鳃耙在摄食过程中的过滤作用下降，因而鳃耙通常退化，长度变短，数量变少，排列稀疏（Pouilly *et al.*，2003）。9种鱼类鳃耙的形态及排列疏密度与其食物颗粒大小并不完全一致（表18-2）。那些食物中藻类出现率较高的鱼类，植物碎屑的出现率同样较高，表明这些鱼类的食物并非水体中的浮游生物，而是由微小的着生藻类与有机碎屑、泥沙等附着基质黏连在一起形成“食物团”，它们的食物来源主要为周丛生物。东方欧鳊吻部具伸缩功能，利于翻掘、吸食底栖生物，其食物中摇蚊幼虫重量百分比达84.70%，这表明鱼类的食物组成除与食物基础有关外，还与摄食方式有关（Clarke，1993）。

表18-2　主要鱼类摄食消化器官形态特征

Table 18-2　Morphological characteristics of feeding and digested organs for major fishes

鱼名	口位	鳃耙	齿	肠长/体长
贝加尔雅罗鱼 *L. aicalensis*	端位，口裂小	10～29，短小，稀疏	下咽齿侧扁，末端钩状	1.09
湖拟鲤 *R. rutilus lacustris*	端位，口裂较大	10～16，鳃耙柱状，分叉	下咽齿侧扁，冠面具一凹槽	1.26
银鲫 *C. auratus gibelio*	端位，小，弧形	43～54，鳃耙长超鳃丝的一半，紧密	下咽齿铲形，冠面具一凹槽	3.75
高体雅罗鱼 *L. idus*	端位	9～13，短小，稀疏	下咽齿细长，末端钩状	1.36
北极茴鱼 *T. arcticus arcticus*	端位，口裂小	17～19，细长，稀疏	口腔齿较弱小	0.5，具胃
东方欧鳊 *A. brama orientalis*	端位，口裂小，裂斜	23～28，短小，紧密	下咽齿斜切，末端尖	1.14
河鲈 *P. fluviat ilis*	端位，口裂较大	20～24，短小，排列稀疏	口腔齿发达	1.05，具胃
江鳕 *L. lota*	亚下位，口裂较大	9～10，短小，柱状，稀疏	口腔齿发达	1.21，具胃
白斑狗鱼 *E. lucius*	亚上位，口裂大	35～42，短小，瘤结状，排列稀疏	口腔齿发达	1.10，具胃

鱼类的食物由鱼类对食物生物的喜好性和食物生物的易得性共同决定（Grabowska *et al.*，2009）。额尔齐斯河浮游植物和浮游动物的年平均生物量分别为0.94mg/L和0.086mg/L，周丛藻类年平均密度为$1.572.0\times10^9$ind./m^2；大型底栖动物的年平均密度和生物量分别为518.55ind./m^{2}和4.94g/m^2，水生昆虫的贡献率分别为73.33%和87.65%。与我国其他地区江河比较，额尔齐斯河浮游植物和浮游动物较为贫乏，底栖生物特别是水生昆虫则相对丰富（李君等，2014；王军，2015；洪松和陈静生，2002）。额尔齐斯河水生生物群落的特点，在很大程度上决定着鱼类的食物组成。例如，东方欧鳊、北极茴鱼和高体雅罗鱼以摇蚊幼虫为主要食物与水体中摇蚊幼虫生物量相对较高有关。综上所述，额尔齐斯河鱼类的摄食消化器官的形态特征以及环境中食物的种类与丰度共同决定了鱼类的食性，是生活在同一水域中的不同鱼类在长期的进化过程中，达到对有限食物资源的充分利用，实现共存的结果（Pratchett & Berumen，2008）。

三、营养级

9种鱼类的营养级范围为2.03～4.96级，平均3.12级（表18-3）。4种偏植物性食物的杂食性鱼类——贝加尔雅罗鱼、高体雅罗鱼、银鲫和湖拟鲤，营养级在2.03～2.73级之间，为初级消费者；偏食水生昆虫幼虫的杂食性鱼类——东方欧鳊和北极茴鱼，营养级分别为2.98和3.00级，为次级消费者；江鳕、白斑狗鱼和河鲈3种鱼食性鱼类，食物中鱼类的比重为94.68%～98.13%，营养级为4.87～4.96级，接近5级，为高级消费者。

表18-3　主要鱼类食物的多样性指数（*H′*）、均匀度指数（*J′*）和营养级（*TL*）

Table 18-3　Diversity index (*H′*), evenness index (*J′*) and trophic level (*TL*) of food of major fishes

鱼类	*H′*	*J′*	*TL*
贝加尔雅罗鱼 *L. aicalensis*	0.795	0.345	2.03
湖拟鲤 *R. rutilus lacustris*	1.381	0.556	2.17
银鲫 *C. auratus gibelio*	1.098	0.442	2.26
高体雅罗鱼 *L. idus*	1.032	0.448	2.73
北极茴鱼 *T. arcticus arcticus*	1.076	0.449	2.98
东方欧鳊 *A. brama orientalis*	0.936	0.355	3.00
河鲈 *P. fluviat ilis*	0.576	0.277	4.87
江鳕 *L. lota*	1.709	0.713	4.93
白斑狗鱼 *E. Lucius*	0.449	0.195	4.96

营养级的研究是鱼类食性研究的一项重要内容。通常采用渔获物样本评价鱼类的营养状态和鱼类群落的平均营养级，从而揭示鱼类主要饵料生物的丰度在环境中的变化情况，说明系统内鱼类的食性等生物学特征以及群落格局的变动（薛莹，2005；薛莹和金显仕，2003）。营养级还可作为多元化渔业承受力的指标，用来评价渔业发展水平（Pauly *et al.*，2001）。鱼类自身发育生物学特点、外界环境变化和捕捞等人为干扰都会对鱼类的营养级产生影响。例如，鱼类发育过程中出现的食物转换，将使其营养级产生显著变化，有时同种鱼类个体的营养级差异比鱼类的种间营养级差异更为显著（Carr & Adams，1973）。水体理化条件变化、季节转换引起环境中食物成分变化，也将对营养级产生显著影响。营养关系

是鱼类主要的种间关系，食物竞争决定了同一营养级不同种类的数量和组成，而捕食作用则是调控群落营养级生物量的主要手段。不同营养级的消费者通过捕食作用发生联系，捕食行为决定了被捕食者的数量和组成，捕食者能控制这些饵料鱼类的种群增长，使其既能充分满足捕食者的食物需求又不至于威胁自身生存状态。生态系统的稳定性正是通过这些种类能否有效抵御捕食压力来体现的（纪炜炜等，2010）。很多研究证实捕捞对生态系统的结构和功能的影响，渔业捕捞对种类和个体大小的选择性，导致群落结构种类和个体的小型化，群落结构向营养层次较低、经济价值不高的种类转变（Levin *et al.*，2006；Roberts，1995；Hutchings，1990）。捕捞对群落的影响往往集中在特殊的营养级类群，如在过度开发的水域，高营养级的肉食性鱼类的生物量会明显减少（Pauly & Christensen，1995），但由于食物网的营养级联效应，最终对群落营养级产生影响（Rochet & Trenkel，2003；Greenstreet & Rogers，2006；Pauly *et al.*，1998）。本章仅对额尔齐斯河 9 种主要渔业对象的食物组成及营养级进行了初步分析，由于诸多因素都会对鱼类的营养级产生影响，因此有必要采用包含物种类别、数量、平均大小等信息的营养标签（trophic signature）来描述鱼类的营养状态，以及渔业捕捞作用对生态系统的影响程度（Froese *et al.*，2005）。

四、营养生态位宽度

9 种鱼类的食物多样性指数（H'）和均匀度指数（J'）见表 18-3。从表 18-3 可以看出，9 种鱼类的多样性指数为 0.449～1.709，均匀度指数为 0.195～0.713。

3 种鱼食性鱼类的食物多样性指数和均匀度指数，江鳕最大，分别为 1.709 和 0.713；河鲈次之，分别为 0.576 和 0.277；白斑狗鱼最小，分别为 0.449 和 0.195，说明江鳕的营养生态位宽度较宽，摄食的各个食物生物相对重要性较为均匀；反之，白斑狗鱼的营养生态位宽度较窄，摄食的食物不均匀。额尔齐斯河营底层生活的小型鱼类种类较多，因无捕捞压力，数量较丰富；水层中鱼类种类少，多数为经济鱼类，遭受捕捞压力，数量较少。江鳕为底层鱼类，白斑狗鱼生活在水体中下层，两种鱼类营养生态位宽度的差异与它们生活水层食物资源的丰度有关。对乌伦古湖白斑狗鱼食物多样性指数和均匀度指数的研究也表明营养生态位宽度与食物种类多少有关（霍堂斌，2009），如湖拟鲤因摄食水生高等植物，食物多样性较其他鱼类更为丰富，贝加尔雅罗鱼则因较少摄食微型动物和水生昆虫幼虫，食物多样性指数和均匀度指数均较低。

6 种杂食性鱼类的食物多样性指数和均匀度指数分别为 0.795～1.381 和 0.345～0.556，小于鱼食性鱼类江鳕，分别大于白斑狗鱼的 0.449、0.195 和河鲈的 0.576、0.277。通常来讲，杂食性鱼类摄食消化器官对食物适应性较强，食物种类丰富，营养生态位宽度应较宽。

营养生态位宽度还与食物资源丰度、鱼类对食物的喜好性以及食物的易得性密切相关。在食物供应充足的环境中，鱼类总是摄食其最喜食的少数食物，选择性的采食导致狭窄的食物生态位宽度；当环境中鱼类喜食的食物供应不足时，鱼类不得不摄食其他食物，促进生态位的泛化，意味着具有较宽的生态位（张润涛和郭健，2008）。

第三节　主要鱼类的食物关系

一、食物重叠指数

额尔齐斯河 9 种主要经济鱼类的食物重叠指数见表 18-4。在种间 36 个组配中，25 个组配的食物重叠指数低于 0.6，食物重叠程度较轻；7 个组配的食物重叠指数为 0.6～0.9，食物高度重叠；4 个组配的食物重叠指数超过 0.9，食物严重重叠。

不同食性鱼类间食物重叠指数，3 种鱼食性鱼类与 6 种杂食性鱼类 18 个组配，食物重叠指数为 0.004～0.110，均小于 0.6。偏植物性杂食性鱼类与偏动物性杂食性鱼类间 9 个组配，4 个组配食物重叠指数小于 0.6（0.285～0.498），5 个组配食物重叠指数大于 0.6，其中 2 个组配的食物重叠指数大于 0.9。同一食性鱼类间的食物重叠指数，江鳕/河鲈重叠指数为 0.569，接近高度重叠；江鳕/白斑狗鱼重叠指数为 0.752，食物高度重叠；白斑狗鱼/河鲈重叠指数为 0.942，食物严重重叠。偏植物性杂食性鱼类，3 个组配食物重叠指数均超过 0.6，湖拟鲤和贝加尔雅罗鱼、湖拟鲤和银鲫食物高度重叠，贝加尔雅罗鱼和银鲫食物严重重叠。偏动物性杂食性鱼类，北极茴鱼和东方欧鳊食物重叠指数为 0.748，食物高度重叠，高体雅罗鱼和北极茴鱼、高体雅罗鱼和东方欧鳊食物重叠指数均小于 0.6。食物高度重叠和严重重叠的 11 个组配，鱼食性鱼类间 2 个，6 种杂食性鱼类间 9 个，食物高度重叠和严重重叠主要出现在杂食性鱼类之间。

表 18-4　额尔齐斯河主要鱼类的食物重叠指数

Table 18-4　The dietary overlap coefficient among major fishes in the Irtysh River

	种名	1	2	3	4	5	6	7	8
1	贝加尔雅罗鱼 *L. aicalensis*								
2	湖拟鲤 *R. rutilus lacustris*	0.816							
3	银鲫 *C. auratus gibelio*	0.948	0.696						
4	高体雅罗鱼 *L. idus*	0.967	0.778	0.927					
5	北极茴鱼 *T. arcticus arcticus*	0.709	0.285	0.498	0.444				
6	东方欧鳊 *A. brama orientalis*	0.680	0.440	0.482	0.424	0.748			
7	河鲈 *P. fluviat ilis*	0.024	0.022	0.012	0.004	0.013	0.004		
8	江鳕 *L. lota*	0.021	0.025	0.082	0.036	0.110	0.102	0.569	
9	白斑狗鱼 *E. lucius*	0.006	0.012	0.016	0.011	0.020	0.011	0.942	0.752

二、食物竞争

食物竞争是群落中物种间相互作用的主要方式。鱼类间食物重叠指数反映了鱼类间食物竞争程度。饵料重叠指数高，表明捕食者摄食生态习性相似，在资源有限的环境中，生态位相似的物种之间会发生激烈的种间竞争，通常会通过对食物资源和空间生态位的分化实现共存（Svanbäck & Bolnick，2007；Pratchett & Berumen，2008）。

不同食性鱼类通过营养生态位的高度分化极大降低了彼此之间的食物竞争程度。额尔齐斯河 9 种主要经济鱼类 36 个组配中，重叠指数小于 0.6 的 25 个组配中，鱼食性鱼类与杂食性鱼类的 18 个组配，两类不同杂食性鱼类之间的 4 个组配，共 22 个，占 25 个组配的 88%，食物竞争程度较小；不同食性鱼类间，食物高度重叠，竞争程度较大的仅高体雅罗鱼与银鲫组配重叠指数大于 0.6（表 18-4）。不同食性的鱼类，因食物成分显著不同，食物竞争程度极低，如 3 种鱼食性鱼类与杂食性鱼类的共同食物水生昆虫幼虫在鱼食性鱼类食物中的比例不到 5%。

食物竞争主要发生在同一食性鱼类之间，当水体中食物资源较为匮乏时，竞争尤为激烈。营养生态位分化是减少食物竞争程度的一个重要途径（邓景耀等，1997）。杂食性鱼类中，北极茴鱼、东方欧鳊与湖拟鲤、银鲫、高体雅罗鱼6个配对的食物重叠指数为0.286～0.498，食物竞争程度较低。贝加尔雅罗鱼与湖拟鲤、北极茴鱼、东方欧鳊，湖拟鲤与银鲫、高体雅罗鱼，东方欧鳊与北极茴鱼等6个组配食物重叠指数为0.6～0.9，食物竞争程度较高；贝加尔雅罗鱼与银鲫、高体雅罗鱼以及高体雅罗鱼与银鲫3个组配的食物重叠指数超过0.9，食物竞争极为严重。有些组配之间饵料重叠指数虽然较高，但它们摄食的各类食物的种类并不相同，如贝加尔雅罗鱼和湖拟鲤的主要食物藻类中，前者的优势种类为平裂藻、尖头藻和纤维藻，后者的优势种类为舟形藻、羽纹藻、异极藻等。

空间生态位分化是减少食物竞争程度的另一个重要途径。额尔齐斯河鱼类空间生态位呈现多层次的分化。首先，不同鱼类的主要分布区不同（表4-2），如东方欧鳊、银鲫、贝加尔雅罗鱼、高体雅罗鱼、白斑狗鱼、河鲈、湖拟鲤、粘鲈等鱼类主要分布在河流下游河段，北极茴鱼、江鳕主要分布在干流上游及支流中；其次，分布在同一河段的鱼类，可以通过生活在不同亚生境减小食物竞争压力，如江鳕、白斑狗鱼和河鲈3种鱼食性鱼类，江鳕生活在水体底层，白斑狗鱼和河鲈生活在水体中下层，但前者主要生活在开阔水域，后者主要生活在水生植物较为丰富的近岸水域；再次，不同鱼类摄食微生境和摄食行为存在差异，如同样是以底栖生物为食的东方欧鳊主要翻掘、吸食生活在底泥中的软摇蚊幼虫，而银鲫则主要摄食植物碎屑。通过不同层次空间生态位分化，降低了种间食物竞争压力。这说明鱼类的摄食行为和栖息环境有关（Clarke，1993）。

鱼类通过空间生态位和营养生态位分化降低彼此之间的食物竞争程度，然而栖息同一水域的鱼类总会存在营养生态位的部分重叠，这种部分重叠缓和了它们对有限食物资源的压力，有利于它们在同一栖息环境中共存（Brewer *et al.*，1995；Platell *et al.*，1997）。

额尔齐斯河现有鱼类30余种，本章初步研究9种主要经济鱼类的食物关系，还需进一步对鱼类食物竞争程度进行深入研究，查明额尔齐斯河鱼类的共存机制，为额尔齐斯河渔业资源保护与可持续利用提供科学依据。

小　结

1）9种主要经济鱼类分为三种营养类型。偏植物性杂食性鱼类贝加尔雅罗鱼、高体雅罗鱼、银鲫和湖拟鲤，营养级为2.03～2.73，为初级消费者；偏底栖动物杂食性鱼类东方欧鳊、北极茴鱼，营养级为2.98～3.00，为次级消费者；鱼食性鱼类江鳕、白斑狗鱼和河鲈，营养级为4.87～4.96，为高级消费者。

2）9种鱼类的多样性指数为0.449～1.709，均匀度指数为0.195～0.713，江鳕最大，分别为1.709和0.713；河鲈次之，分别为0.576和0.277；白斑狗鱼最小，分别为0.449和0.195。鱼类摄食方式、食物资源丰度、鱼类对食物的喜好性以及食物的易得性与营养生态位宽度密切相关。

3）9种鱼类种间36个组配中，25个组配重叠指数低于0.6，食物重叠程度较小；7个组配的重叠指数为0.6～0.9，食物高度重叠；4个组配食物重叠指数超过0.9，食物严重重叠。贝加尔雅罗鱼和湖拟鲤、北极茴鱼、东方欧鳊，湖拟鲤和银鲫、高体雅罗鱼，北极茴鱼和东方欧鳊，白斑狗鱼和江鳕7个组配（表18-4）食物重叠指数为0.6～0.9，食物高度竞争；贝加尔雅罗鱼和银鲫，贝加尔雅罗鱼和高体雅罗鱼，高体雅罗鱼和银鲫，白斑狗鱼和河鲈 4 个组配食物重叠指数超过 0.9，食物竞争严重。额尔齐斯河鱼类通过营养生态位和空间生态位的高度分化极大降低了彼此之间的食物竞争程度。

主要参考文献

邓景耀, 姜卫民, 杨纪明, 等. 1997. 渤海主要生物种间关系及食物网的研究. 中国水产科学, 4(4): 1-7

洪松, 陈静生. 2002. 中国河流水生生物群落结构特征探讨. 水生生物学报, 26(3): 295-305

霍堂斌, 马波, 唐富江, 等. 2009a. 额尔齐斯河白斑狗鱼的生长模型和生活史类型. 中国水产科学, 16(3): 316-323

纪炜炜, 李圣法, 陈雪忠. 2010. 鱼类营养级在海洋生态系统研究中的应用. 中国水产科学, 17(4): 878-887

李君, 周琼, 谢从新, 等. 2014. 新疆额尔齐斯河周丛藻类群落结构特征研究. 水生生物学报, 38(6): 1033-1039

唐启升, 苏纪兰. 2000. 中国海洋生态系统动力学研究Ⅰ. 北京: 科学出版社, 252

王军. 2015. 新疆伊犁河与额尔齐斯河大型底栖动物的群落结构及其水体健康评价. 武汉: 华中农业大学硕士学位论文

韦晟, 姜卫民. 1992. 黄海鱼类食物网的研究. 海洋与湖沼, 23(2): 182-192

薛莹. 2005. 黄海中南部主要鱼种摄食生态和鱼类食物网研究. 青岛: 中国海洋大学

薛莹, 金显仕. 2003. 鱼类食性和食物网研究评述. 海洋水产研究, 24(2): 76-87

杨纪明. 2001. 渤海鱼类的食性和营养级研究. 现代渔业信息, 16(10): 10-19

张润涛, 郭健. 2008. 浅谈生态位理论的意义及应用. 林业科技情报, 40(4): 64-66

张堂林. 2005. 扁担塘鱼类生活史策略、营养特征及群落结构研究. 武汉: 中国科学院水生生物研究所

张雅芝, 李福振, 刘向阳, 等. 1994. 东山湾鱼类食物网研究. 台湾海峡, 13(1): 52-61

BREWER D T, BLABER S J M, SALINI J P, *et al.* 1995. Feeding ecology of Predatory fishes from Groote Eylandt in the Gulf of Carpentaria, Australia, with special reference to Predation on penaeid prawns. *Estuarine Coastal Shelf Science*, 40: 577-600

CARR W E S, ADAMS C A. 1973. Food habits of juvenile marine fishes occupying seagrass beds in the estuarine zone near Crystal River, Florida. *Transactions of the american fisheries society*, 102: 511-540

CLARKE K R. 1993. Non-Parametric multivariate analysis of changes in community structure. *Australian journal of ecology,* 18: 117-143

FROESE R, GARTHE S, PIATKOWSKI U, *et al.* 2005. Trophic signature of marine organisms in the Mediterranean as compares with the other ecosystem. *Belgian journal of zoology*, 135: 139-143

GRABOWSKA J, GRABOWSKI M, KOSTECKA A. 2009. Diet and feeding habits of monkey goby (*Neogobius fuviatilis*) in a newly invaded area. *biological invasions*, 11: 2161-2170

GREENSTREET S P R, ROGERS S I. 2006. Indicators of the health of the North Sea fish community: identifying reference levels for an ecosystem approach to management. *ICES journal of marine science*, 63: 573-593

HUGUENY B, POUILLY M. 1999. Morphological correlates of diet in an assemblage of West African freshwater fishes. *Journal of Fish Biology*, 54: 1310-1325

HUTCHINGS P. 1990. Review of the effects of trawling on macrobenthic epifaunal communities. *Australian Journal of Marine and Freshwater Research*, 41: 111-120

HYSLOP E J. 1980. Stomach contents analysis-a review of methods and their application. *Journal of Fish Biology*, 17(4): 411-429

KEAST A. 1978. Trophic and spatial interrelationships in the fish species of an Ontario temperate lake. *Environmental Biology of Fishes*, 3(1): 7-31

LEVIN P S, HOLMES E E, PINER K R, *et al.* 2006. Shifts in a Pacific Ocean fish assemblage: the potential influence of exploitation. *Conservation biology*, 4: 1181-1190

MARSHALL S, ELLIOTT M A. 1997. Comparison of univariate and multivariate numerical and graphical techniques for determining inter and intraspecific feeding relationships in estuarine fish. *Journal of Fish Biology*, 51: 525-546

MEARNS A J, YOUNG D R, OLSON R J, *et al.* 1981. Trophic structure and the cesium rpotassium ratio in pelagic ecosystems. *California Cooperative Oceanic Fisheries Investigations Reports*, 22: 99-110

MOTTA P J, 1995. Perspectives on the ecomorphology of bony fishes. *Environmental Biology of Fishes*, 44: 11-20

PAULY D, LOURDES PALOMARES M, FROESE R, *et al.* 2001. Fishing down Canadian aquatic food web. *Canadian Journal of Fisheries and Aquatic Sciences*, 58: 51-62

PAULY D, CHRISTENSEN V, DALSGAARD J, *et al.* 1998. Fishing down marine food webs. *Science,* 279: 860-863

PAULY D, CHRISTENSEN V. 1995. Primary production required to sustain global fisheries. *Nature*, 374(16): 255-257

PIELOU E C. 1975. Ecological diversity. New York: Wiley

PIET G J, PFISTERER A B, RIJNSDORP A D. 1998. On factors structuring the flatfish assemblage in the southern North Sea. *Journal of Sea Research*, 40: 143-152

PIET G J. 1998. Ecomorphology of a size-structured tropical freshwater fish community. *Environmental Biology of Fishes*, 51: 67-86

PINAKA E R. 1973. The structure of lizard communities. *Annual Review of Ecological & Systematics*, 4: 53-74

PINKAS L, Oliphant M S, Iverson I L K. 1971. Food habits of albacore, bluefin tuna, and bonito in California waters. *Fishery Bullentin*, 152: 1-105

PLATELL M E, SARRE G A , POTTER I C. 1997. The diets of two co-occurring marine teleosts, *Parequulu melbournensis* and *Pseudocaranx urighti* and their relationships to body size and mouth morphology, and the season and location of capture. *Environmental biology of fishes,* 49: 361-376

POUILLY M, LINO F, BRETENOUX J G, *et al*. 2003. Dietary-morphological relationships in a fish assemblage of the Bolivian Amazonian floodplain. *Journal of Fish Biology,* 62: 1137-1158

PRATCHETT M, BERUMEN M. 2008. Interspecific variation in distributions and diets of coral reef butterfly fishes (Teleostei: Chaetodontidae). *Journal of Fish Biology*, 73: 1730-1747

Roberts C M. 1995. The effects of fishing on the ecosystem structure of coral reefs. *Conservation biology*, 9: 988-995

ROCHET M J, TRENKEL V M. 2003. Which community indicators can measure the impact of fishing? A review and proposals. *Canadian Journal of Fisheries and Aquatic Sciences*, 60: 86-99

SCHOENER T W. 1970. Non-synchronous spatial overlap of lizards in patchy habitats. *Ecology of Freshwater Fish*, 51: 408-418

SCHOENER T W. 1974. Resource partitioning in ecological communities. *Science*, 185: 27-39

SVANBÄCK R, BOLNICK D I. 2007. Intraspecific competition drives increased resource use diversity within a natural population. *Proceedings of the Royal Society B-Biological Sciences*, 274: 839-844

WAINWRIGHT P C, RICHARD B A. 1995. Predicting patterns of prey use from morphology fishes. *Environmental Biology of Fishes*, 44: 97-113

WALLACE R K. 1981. An assessment of diet-overlap indexes. *Transactions of the American Fisheries Society*, 110: 72-76

WARD-CAMPBELL B M S, BEAMISH F W H, KONGCHAIYA C. 2005. Morphological characteristics in relation to diet in five coexisting Thai fish species. *Journal of Fish Biology*, 67: 1266-1279

WILHM J L. 1968. Use of biomass units in Shannon formula. *Ecology*, 49: 153-156

XIE S, CUI Y, LI Z. 2001. Dietary-morphological relationships of fishes in Liangzi Lake, China. *Journal of Fish Biology*, 58: 1714-1729

YANG J. 1982. A tentative analysis of the trophic levels of North Sea fish. *Marine Ecology Progress Series*, 7: 247-252

第十九章　捕捞对主要鱼类种群动态的影响

霍　斌　谢从新

华中农业大学，湖北 武汉，430070

受水利工程、水质污染、过度捕捞和外来物种入侵等人类活动的干扰，许多鱼类资源已严重衰竭，一些种类甚至已经逼近灭绝的边缘。鱼类是水域生态系统的重要组成部分，其资源量的变动、消失或者迁徙将通过生态级联效应引起水域生态系统结构和功能的失衡，最终给水生生物多样性和生态平衡带来严重威胁。针对酷渔滥捕对鱼类资源的负面影响，大量的渔业养护措施，如设立禁渔期和禁渔区、限制起捕规格等，被不加区别地广泛用于鱼类资源的养护，然而所实施养护措施的科学性和合理性往往受到忽视，导致渔业资源养护效果不尽如人意。本章在掌握了额尔齐斯河 8 种鱼类生活史参数的基础上，采用单位补充量亲鱼产量模型（*SSBR*）和单位补充量渔获量模型（*YPR*）评估额尔齐斯河 8 种主要渔业对象资源的开发现状，同时评估在不同养护措施下对资源的保护效果，并以此为依据提出合理的渔业养护策略和建议。

第一节　模型构建方法

一、死亡系数的估算

（一）总死亡率

采用 Chapman-Robson 法估算总死亡率 Z（Smith *et al.*，2012），公式如下：

$$Z = \ln\frac{1+\overline{T}-t_c-\dfrac{1}{N}}{\overline{T}-t_c} - \frac{(N-1)(N-2)}{N[N(\overline{T}-t_c)+1][N+N(\overline{T}-t_c)-1]}$$

式中，t_c 为起捕年龄；$\overline{T}$ 为不小于 t_c 时，样本平均年龄；N 为不小于 t_c 时的样本数量。

（二）自然死亡率

雌鱼和雄鱼的自然死亡率（M）分别使用以下三个经验方程式来计算：

$$M = 4.118k^{0.73}L_\infty^{(-0.33)}$$ (Then *et al.*，2015)

$$\mathrm{Ln}(M) = -0.0066 - 0.279\mathrm{Ln}(L_\infty) + 0.6543\mathrm{Ln}(k) + 0.4643\mathrm{Ln}(T)$$ (Pauly，1980)

$$M = -\mathrm{Ln}(0.05)/t_{\max}$$ (Quinn & Deriso，1999)

式中，L_∞ 为渐进体长，单位为 cm；k 为生长系数；T 为年平均水温，额尔齐斯河年均水温为 12.06℃；$t_{\max}$ 为最大年龄，计算公式为 $t_{\max}=t_0+2.996/k$，其中 k 为生长系数，t_0 为体长为 0 时的年龄（Taylor，1958）。

（三）捕捞死亡率

当前的捕捞死亡率（F_{cur}）等于总死亡率（Z）减去自然死亡率（M）：$F_{cur}=Z-M$。假设估算的捕捞死亡率和自然死亡率在不同龄组间保持恒定。

二、种群动态评析

（一）单位补充量模型

采用单位补充量模型分别评估 8 种鱼类种群的资源状况及其对不同养护措施的响应（Goodyear，1993；Quinn & Deriso，1999）。我们对传统的单位补充量模型进行修改，即将时间递增单位修改为月，以便于评估禁渔期对繁殖潜力比（*SPR*）和单位补充量渔获量（*YPR*）的影响。具体的计算公式如下：

1. 繁殖潜力比（*SPR*）

$$SPR=\frac{SSBR_F}{SSBR_{F=0}}$$

$$SPR=\frac{SSB}{R}=\sum_{t=t_r}^{t_{\max}}\exp((-FS_tA_t-M)(t-t_c))\exp(-M(t_c-t_r))aL_t^bGt$$

式中，SSB 为总亲鱼量，单位为 g；$SSBR_F$ 为捕捞死亡率（F）不为零时，单位补充量亲鱼量，单位为 g；$SSBR_{F=0}$ 为捕捞死亡率（F）为零时，单位补充量亲鱼量，单位为 g；R 为补充量，假设为 1；F 为捕捞死亡率；M 为自然死亡率；a 和 b 分别为体长与体重关系式参数；L_t 表示 t 龄时的平均体长；A_t 表示 t 龄时是否处于禁渔期，如果处于其数值为 0，反之为 1；$t_{\max}$ 表示最大年龄，$t_{\max}=t_0+2.996/k$，单位为月；t_r 表示补充年龄，单位为月份；t 为年龄，单位为月份；t_c 为起捕年龄，根据调查期间渔获物的捕捞曲线（图 19-1）确定种群的起捕年龄（年），在模型计算时将其单位换算为月；G_t 为 t 龄时的成熟鱼类比例；S_t 为 t 龄时网具的选择系数，由于缺乏网具选择系数方面的数据，本章假设网具对鱼类选择类型为“刀刃型”选择，即达到起捕年龄 t_c，选择系数值为 1，小于起捕年龄 t_c，选择系数值为 0。

2. 单位补充量渔获量（*YPR*）

$$YPR=\frac{Y}{R}=\sum_{t=t_r}^{t_{\max}}\frac{FS_tA_t}{FS_tA_t+M}\exp((-F_sS_tA_t-M)(t-t_c))\exp(-M(t_c-t_r))(1-\exp(-FS_tA_t-M))aL_t^b$$

式中，Y 为同一世代的总渔获量；R 为补充量，假设为 1；F 为捕捞死亡率；M 为自然死亡率；a 和 b 为体长与体重关系式参数；L_t 为 t 龄时的平均体长；A_t 表示 t 龄时是否处于禁渔期，如果处于其数值为 0，反之为 1；$t_{\max}$ 为最大年龄，单位为月；t_r 为补充年龄，单位为月；t 为年龄，单位为月；t_c 为起捕年龄，根据调查期间渔获物的捕捞曲线（图 19-1）确定种群的起捕年龄（年），在利用模型计算时将其单位换算为月；S_t 为 t 龄时网具的选择系数，由于缺乏网具选择系数方面的数据，本章假设网具对鱼类选择类型为“刀刃型”选择，即达到起捕年龄 t_c，选择系数值为 1，小于起捕年龄 t_c，选择系数值为 0。

对于已开发的鱼类种群，准确地估算其自然死亡率是极其困难的，因此，采用 3 个经验公式分别获取 8 种鱼类的自然死亡率区间，评估单位补充量模型对自然死亡率的敏感性。此外，模拟不同的养护措施，评估起捕年龄和禁渔期对 8 种鱼类的保护效果（表 19-1）。

（二）参考点

利用 $F_{25\%}$ 和 F_{msy} 两个参考点评价种群开发程度。$F_{25\%}$ 是最大单位补充量亲鱼生物量的 25% 所对应的捕捞死亡系数，F_{msy} 是最大可持续产量所对应的捕捞死亡系数。$F_{25\%}$ 是下限参考点，如果捕捞死亡系数高于该值，说明种群被过度开发，自然繁殖被严重破坏，补充量不能维持种群的平衡稳定（Griffiths，1997；Kirchner，2001；Sun *et al.*，2002）。F_{msy} 是目标参考点，是合理开发种群资源的捕捞标准，如果捕捞死亡系数处于该值左右，表明种群处于可持续利用状态（Zhou *et al.*，2020）。F_{msy} 的计算公式如下：

$$SPR_{msy}=\frac{SSBR_{F=F_{msy}}}{SSBR_{F=0}}$$

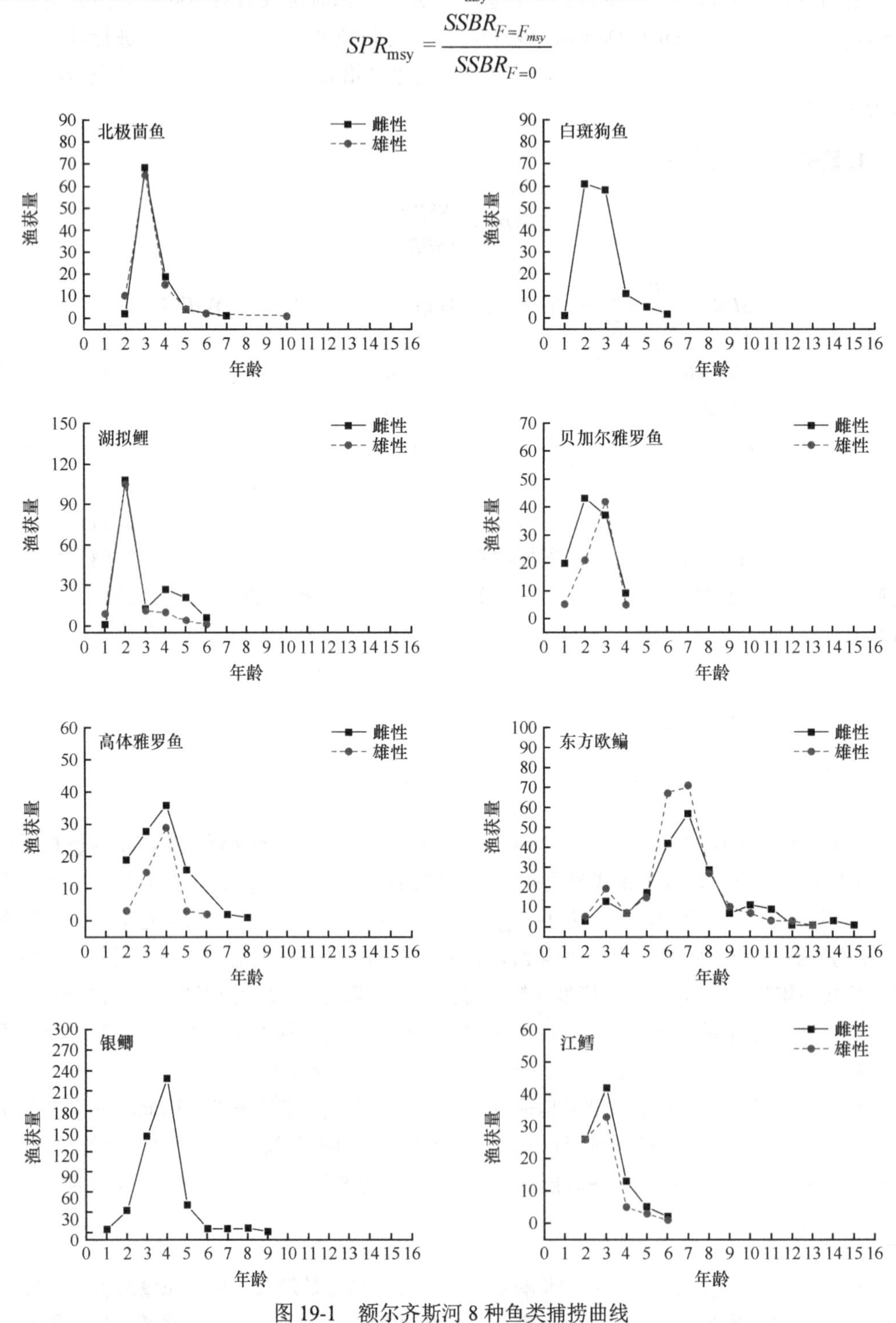

图 19-1　额尔齐斯河 8 种鱼类捕捞曲线

Figure 19-1　Catch curves of the eight fishes in the Irtysh River

表 19-1　额尔齐斯河 8 种鱼类单位补充量模型输入参数

Table 19-1　The input parameters for per recruit analysis of the eight fishes in the Irtysh River

物种	性别	参数														
		k	t_0	L_∞	$a\times10^{-5}$	b	Z	M	F_{cur}	t_r	t_c	k_m	A_{50}	L_{50}	t_{max}	SPR_{msy}
北极茴鱼 *T. arcticus arcticus*	♀	0.0231	3.228	307.6	0.1175	3.500	0.1139	0.0208～0.0437	0.0703～0.0931	12	36	0.0041	37.2	157	144	45.85～61.22
	♂	0.0173	−2.352	336.4	0.4092	3.229	0.0733	0.0167～0.0352	0.0382～0.0567	12	36	0.0041	39.6	176	180	43.64～57.40
白斑狗鱼 *E. lucius*	♀+♂	0.0115	2.148	1214.8	2.0920	2.894	0.0697	0.0113～0.0188	0.0508～0.0583	12	24	0.0031	32.4	329	264	46.59～54.77
湖拟鲤 *R. rutilus lacustris*	♀	0.0148	−10.320	313.8	6.1520	2.811	0.0467	0.0147～0.0324	0.0143～0.0320	12	24	0.0030	33.6	142	204	36.31～50.33
	♂	0.0163	−8.748	297.4	4.5620	2.861	0.0634	0.0167～0.0352	0.0283～0.0468	12	24	0.0028	28.8	134	180	36.43～50.19
贝加尔雅罗鱼 *L. baicalensis*	♀	0.0172	−36.300	184.6	1.1850	3.118	0.1425	0.0208～0.0415	0.1011～0.1218	12	24	0.0058	20.4	118	144	35.79～49.83
	♂	0.0320	−22.476	156.2	3.1460	2.910	0.1773	0.0416～0.0688	0.1085～0.1358	12	36	0.0080	16.8	114	72	49.02～64.96
高体雅罗鱼 *L. idus*	♀	0.0199	−5.028	444.5	0.5978	3.267	0.0951	0.0192～0.0358	0.0593～0.0759	12	48	0.0038	37.2	269	156	53.76～65.61
	♂	0.0397	4.740	363.7	0.2137	3.444	0.0804	0.0357～0.0610	0.0194～0.0448	12	48	0.0031	42.0	277	84	69.19～84.34
东方欧鳊 *A. brama orientalis*	♀	0.0062	−12.588	475.1	0.3075	2.958	0.0428	0.0063～0.0163	0.0264～0.0365	12	84	0.0083	81.6	204	480	31.78～48.79
	♂	0.0078	−11.484	402.3	1.4240	3.093	0.0570	0.0081～0.0200	0.0370～0.0489	12	84	0.0100	67.2	178	372	33.94～49.03
银鲫 *C.auratus gibelio*	♀+♂	0.0222	−8.208	311.1	241.0000	2.677	0.0684	0.0227～0.0424	0.0260～0.0458	12	48	0.0024	28.8	147	132	43.56～56.71
江鳕 *L. lota*	♀	0.0189	1.104	718.9	1.0250	2.959	0.0894	0.0178～0.0303	0.0592～0.0716	12	36	0.0022	42.0	329	168	58.80～68.25
	♂	0.0362	4.572	523.9	1.1320	2.951	0.0729	0.0312～0.0505	0.0224～0.0418	12	36	0.0020	38.4	277	96	64.82～76.77

注：数据来自本书第五章～第十二章；起捕年龄为捕捞曲线最高点对应的年龄（图 19-1）；k, Z, M, F_{cur} 和 k_m 的单位为 $month^{-1}$，t_0, t_r, t_c, A_{50} 和 t_{max} 的单位为 month，L_∞ 和 L_{50} 的单位为 mm，SPR_{msy} 的单位为 %。

$$SPR_{msy}=0.2569+0.0196A_{50}+0.0009L_{50}+0.4537M-\frac{0.1445}{A_{50}}-\frac{0.0067}{k}+\frac{3.9907}{L_{\infty}}-\frac{0.014}{M}+0.1533C$$

式中，A_{50} 为种群中有 50% 的个体达到性成熟所对应的年龄；L_{50} 为种群中有 50% 的个体达到性成熟所对应的体长；M 为自然死亡率；k 为生长系数；L_{∞} 为渐进体长；C 为鱼类所属的类别，所评估的 8 种鱼类均为硬骨鱼类，故 C 为 0。

用来估算 SPR_{msy} 和单位补充量模型的输入参数见表 19-1。

第二节　主要经济鱼类资源现状与养护措施

一、北极茴鱼

（一）死亡参数

估算的雌、雄北极茴鱼年总瞬时死亡率（Z）分别为 1.367/a 和 0.880/a。极限年龄法估算的雌、雄北极茴鱼自然死亡率（M）分别为 0.250/a 和 0.200/a；生长方程参数法估算的雌、雄北极茴鱼自然死亡率（M）分别为 0.521/a 和 0.409/a；Pauly 生活史参数法估算的雌、雄北极茴鱼自然死亡率（M）分别为 0.524/a 和 0.422/a。因此，雌鱼种群自然死亡率（M）假设为 0.250/a～0.524/a，而雄鱼种群自然死亡率（M）假设为 0.200/a～0.422/a。对应的雌鱼的捕捞死亡率（F_{cur}）为 0.843/a～1.117/a，而雄鱼的捕捞死亡率（F_{cur}）为 0.458/a～0.680/a。

（二）资源现状

在现有的渔业管理政策下，采用单位补充量模型分析北极茴鱼种群资源现状对自然死亡率的敏感性。在估算的自然死亡率范围内，雌鱼种群的繁殖潜力比为 31.97%～43.91%，全部高于下限参考点（25%），全部低于目标参考点（SPR_{msy}）；雄鱼种群的繁殖潜力比为 32.47%～42.90%，全部高于下限参考点（25%），全部低于目标参考点（SPR_{msy}）。单位补充量渔获量分析表明，雌鱼种群在捕捞死亡率为 0.434/a～0.864/a 时，其单位补充量渔获量达到最大值，而雄鱼种群在捕捞死亡率为 0.348/a～1.132/a 时，其单位补充量渔获量达到最大值（表 19-3 和表 19-4）。上述结果表明，北极茴鱼种群可能处于生长型过度捕捞状态，不利于资源的可持续开发利用。

（三）养护措施

模拟 14 种养护措施，评估起捕年龄和禁渔期对北极茴鱼的保护效果（表 19-2）。

1. 起捕年龄

在现有的渔业管理政策下（禁渔期 4～6 月），以及设定的自然死亡率和捕捞死亡率值域内，利用单位补充量模型评估了起捕年龄对北极茴鱼种群资源的影响（表 19-3 和表 19-4）。随着起捕年龄的逐渐增大，北极茴鱼雌鱼群体的 YPR 和 YPR_{max} 表现为先增大后减小的趋势，SPR、$P_{25\%}$ 和 P_{msy} 表现为逐渐增大的趋势；雄鱼群体的 YPR、YPR_{max}、SPR、$P_{25\%}$ 和 P_{msy} 表现为逐渐增大的趋势。这说明对于北极茴鱼种群来说，提高起捕年龄是一种有效的资源养护策略。因此，我们期望利用 YPR 和 SPR 等值线图来确定最优的起捕年龄。

对于起捕年龄的大部分值域，单位补充量渔获量增加的速度是随着捕捞压力的增大逐渐减缓的（图 19-2）。在设定的自然死亡率值域内，与当前单位补充量渔获量相比，将北

表 19-2　模拟的额尔齐斯河 8 种鱼类不同起捕年龄和禁渔期组合养护措施

Table 19-2　Simulative conversation policies from the combinations of different age at capture and seasonal closure for the eight fishes in the Irtysh River

养护措施	北极茴鱼 *T. arcticus arcticus*		白斑狗鱼 *E. lucius*		湖拟鲤 *R. rutilus lacustris*		贝加尔雅罗鱼 *L. baicalensis*		高体雅罗鱼 *L. idus*		东方欧鳊 *A. brama orientalis*		银鲫 *C. auratus gibelio*		江鳕 *L. lota*	
	t_c	S_c	t_c	S_c	t_c	S_c	t_c	S_c	t_c	S_c	$t_{c,}$	S_c	$t_{c,}$	S_c	t_c	S_c
0	3	4～6	2	4～6	2	4～6	♀2/♂3	4～6	4	4～6	7	4～6	4	4～6	3	4～6
1	1	无	1	无	1	无	1	无	1	无	1	无	1	无	1	无
2	2	无	3	无	2	无	2	无	3	无	4	无	2	无	3	无
3	3	无	5	无	3	无	3	无	5	无	7	无	3	无	5	无
4	4	无	7	无	4	无	1	4～6	6	无	10	无	4	无	7	无
5	5	无	9	无	5	无	2	4～6	7	无	12	无	1	4～6	1	4～6
6	6	无	1	4～6	1	4～6	3	4～6	1	4～6	1	4～6	2	4～6	3	4～6
7	1	4～6	3	4～6	2	4～6	1	4～9	3	4～6	4	4～6	3	4～6	5	4～6
8	2	4～6	5	4～6	3	4～6	1	4～11	5	4～6	7	4～6	4	4～6	7	4～6
9	3	4～6	7	4～6	4	4～6			6	4～6	10	4～6	1	4～8	1	4～9
10	4	4～6	9	4～6	5	4～6			7	4～6	12	4～6	1	4～10	1	4～12
11	5	4～6	1	4～9	1	4～9			1	4～9	1	4～9			1	4～翌年1
12	6	4～6	1	4～11					1	4～12						
13	1	4～9							1	4～2						
14	1	4～11														

注：t_c 为起捕年龄（龄），S_c 为禁渔期（月）。

表 19-3　养护措施对北极茴鱼雌鱼种群的生物学参考点、单位补充量渔获量和繁殖潜力比的影响

Table 19-3　Biological reference points, yield per recruit and spawning potential ratio of female *T. arcticus arcticus* for different conversation policies

措施	M/a^{-1}	F/a^{-1}	$F_{25\%}$/a^{-1}	F_{msy}/a^{-1}	F_{max}/a^{-1}	YPR/g	$YPR_{25\%}$/g	YPR_{msy}/g	YPR_{max}/g	SPR/%	$P_{25\%}$/%	P_{msy}/%
0	0.250～0.524	0.843～1.117	—	0.330～0.399	0.434～0.864	15.93～36.52	—	13.43～43.59	16.08～43.63	31.97～43.91	100.00	0.00
1	0.250～0.524	0.000～3.000	0.252～0.335	0.108～0.134	0.219～0.346	0.00～39.84	14.63～39.55	10.00～36.70	14.63～39.84	0.03～100.00	9.87	4.15
2	0.250～0.524	0.000～3.000	0.319～0.471	0.141～0.164	0.306～0.626	0.00～49.53	19.51～49.50	12.47～44.39	19.82～49.53	0.54～100.00	13.16	5.22
3	0.250～0.524	0.000～3.000	0.450～0.863	0.205～0.215	0.462～1.508	0.00～60.11	23.74～60.10	14.85～53.10	24.34～60.11	4.07～100.00	21.07	7.07
4	0.250～0.524	0.000～3.000	0.797～6.461	0.310～0.349	0.774～—	0.00～68.98	26.14～68.97	16.91～61.62	26.71～68.98	13.06～100.00	60.65	11.01
5	0.250～0.524	0.000～3.000	—	0.521～0.797	1.725～—	0.00～74.52	—	18.40～68.96	24.53～74.53	25.77～100.00	100.00	21.22
6	0.250～0.524	0.000～3.000	—	1.283～18.393	—～—	0.00～75.15	—	19.17～73.66	19.60～77.16	39.85～100.00	100.00	77.54
7	0.250～0.524	0.000～3.000	1.844～3.623	0.163～0.228	0.219～0.344	0.00～29.89	2.21～6.15	9.28～29.86	10.95～29.89	24.81～100.00	80.50	6.54
8	0.250～0.524	0.000～3.000	—	0.218～0.288	0.300～0.567	0.00～36.80	—	11.56～36.78	14.29～36.80	25.18～100.00	100.00	8.39
9	0.250～0.524	0.000～3.000	—	0.330～0.399	0.434～0.864	0.00～43.63	—	13.43～43.59	16.08～43.63	27.69～100.00	100.00	12.02
10	0.250～0.524	0.000～3.000	—	0.641～0.666	0.584～1.097	0.00～48.23	—	14.38～48.09	15.19～48.23	34.33～100.00	100.00	21.23
11	0.250～0.524	0.000～3.000	—	1.945～2.803	0.743～1.243	0.00～49.41	—	10.73～42.80	12.52～49.41	43.82～100.00	100.00	71.39
12	0.250～0.524	0.000～3.000	—	—	0.875～1.335	0.00～47.32	—	—	9.39～47.32	54.37～100.00	100.00	100.00
13	0.250～0.524	0.000～3.000	—	0.362～—	0.217～0.342	0.00～19.95	—	7.261～—	7.27～19.95	49.55～100.00	100.00	45.38
14	0.250～0.524	0.000～3.000	—	—	0.216～0.339	0.00～13.30	—	—	4.82～13.30	66.20～100.00	100.00	100.00

注：$P_{25\%}$ 和 P_{msy} 指在自然死亡率和捕捞死亡率范围内，繁殖潜力比不小于 25% 和 SPR_{msy} 所占的百分比；“—”代表数据不存在；“0”为当前渔业措施。

表 19-4　养护措施对北极茴鱼雄鱼种群的生物学参考点、单位补充量渔获量和繁殖潜力比的影响

Table 19-4　Biological reference points, yield per recruit and spawning potential ratio of male *T. arcticus arcticus* for different conversation policies

措施	M/a^{-1}	F/a^{-1}	$F_{25\%}$/a^{-1}	F_{msy}/a^{-1}	F_{max}/a^{-1}	YPR/g	$YPR_{25\%}$/g	YPR_{msy}/g	YPR_{max}/g	SPR/%	$P_{25\%}$/%	P_{msy}/%
0	0.200～0.422	0.458～0.680	—	0.274～0.316	0.327～0.723	19.72～45.64	—	17.31～50.53	20.55～50.55	32.47～42.90	100.00	0.00
1	0.200～0.422	0.000～3.000	0.204～0.276	0.101～0.116	0.190～0.329	0.00～50.04	20.22～49.95	14.17～46.25	20.40～50.04	0.02～100.00	8.11	3.75
2	0.200～0.422	0.000～3.000	0.246～0.362	0.125～0.136	0.251～0.554	0.00～59.36	24.92～59.35	16.69～53.67	25.77～59.36	0.26～100.00	10.18	4.46
3	0.200～0.422	0.000～3.000	0.317～0.549	0.166～0.167	0.348～1.132	0.00～69.02	28.80～68.90	18.95～61.48	30.25～69.02	1.94～100.00	14.17	5.65
4	0.200～0.422	0.000～3.000	0.455～1.224	0.218～0.246	0.514～4.966	0.00～77.53	31.52～77.40	20.92～69.15	32.58～77.53	7.10～100.00	25.19	7.74
5	0.200～0.422	0.000～3.000	0.825～—	0.307～0.425	0.856～11.999	0.00～83.85	—～83.84	22.55～76.18	31.94～83.85	15.68～100.00	72.79	11.95
6	0.200～0.422	0.000～3.000	—	0.492～1.033	1.978～11.999	0.00～87.57	—	23.67～81.91	28.11～87.57	26.17～100.00	100.00	23.19
7	0.200～0.422	0.000～3.000	1.678～3.594	0.157～0.204	0.189～0.324	0.00～37.48	4.15～9.81	13.13～37.41	15.19～37.48	24.86～100.00	76.18	6.02
8	0.200～0.422	0.000～3.000	—	0.199～0.246	0.246～0.498	0.00～44.11	—	18.59～44.11	15.46～44.11	25.04～100.00	100.00	7.38
9	0.200～0.422	0.000～3.000	—	0.274～0.316	0.327～0.723	0.00～50.55	—	17.31～50.53	20.55～50.55	26.23～100.00	100.00	9.73
10	0.200～0.422	0.000～3.000	—	0.442～0.454	0.444～0.922	0.00～55.55	—	18.49～55.53	20.27～55.55	30.01～100.00	100.00	14.59
11	0.200～0.422	0.000～3.000	—	0.818～0.995	0.554～1.062	0.00～58.27	—	18.13～57.12	18.14～58.27	36.39～100.00	100.00	28.63
12	0.200～0.422	0.000～3.000	—	—	0.669～1.156	0.00～58.42	—	—	15.09～58.42	44.23～100.00	100.00	100.00
13	0.200～0.422	0.000～3.000	—	0.400～—	0.187～0.319	0.00～24.96	—	9.862～—	10.02～24.96	49.66～100.00	100.00	58.73
14	0.200～0.422	0.000～3.000	—	—	0.187～0.314	0.00～16.62	—	—	6.62～16.62	66.31～100.00	100.00	100.00

注：$P_{25\%}$ 和 P_{msy} 指在自然死亡率和捕捞死亡率范围内，繁殖潜力比不小于 25% 和 SPR_{msy} 所占的百分比；“—”代表数据不存在；“0”为当前渔业措施。

极茴鱼雌雄种群的起捕年龄都设置为 3～5 龄，其单位补充量渔获量在捕捞死亡率大部分值域上波动幅度相对较小（图 19-2）。此外，在设定的自然死亡率和捕捞死亡率值域内，将北极茴鱼种群的起捕年龄提高至不小于 6 龄，能够保证其繁殖潜力比始终高于目标参考点（SPR_{msy}）（图 19-2、表 19-3 和表 19-4）。

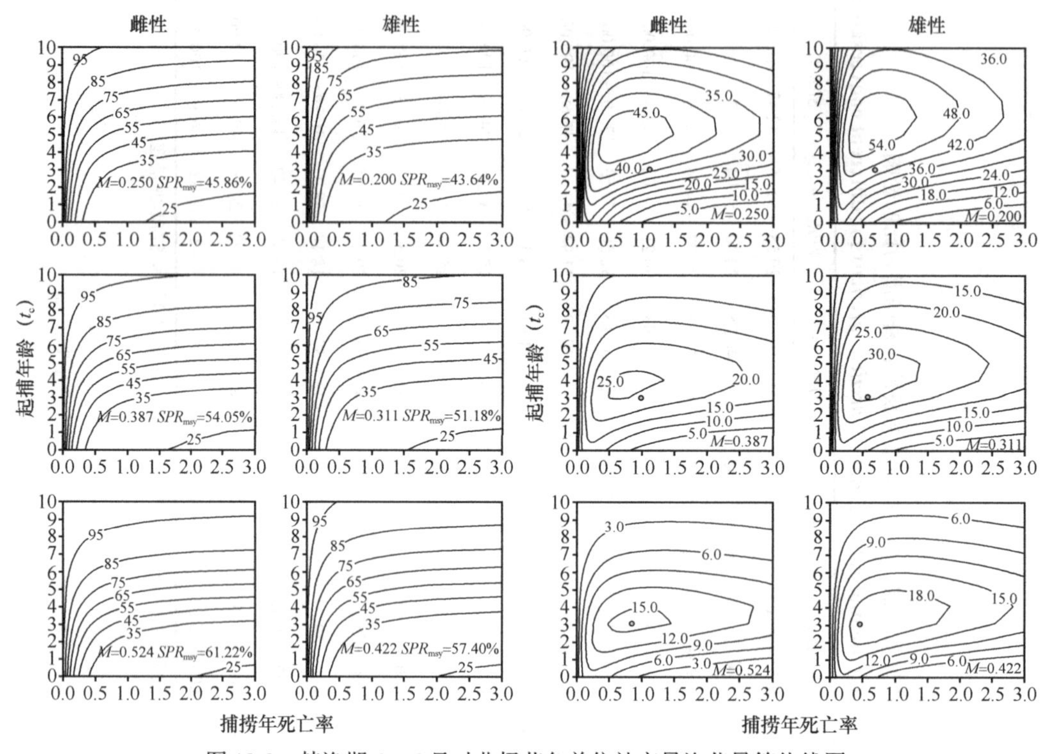

图 19-2　禁渔期 4～6 月时北极茴鱼单位补充量渔获量等值线图

Figure 19-2　Isopleths of yield per recruit and spawning potential ratio for *T. arcticus arcticus* base on a scenario of closed season from Apr. to Jun.

圆点代表估算的当前单位补充量渔获量；图中自然死亡率（*M*）和繁殖潜力比（SPR_{msy}）分别为雌鱼和雄鱼估算的自然死亡率和繁殖潜力比范围的最小值、中值和最大值

现行的渔业管理政策（禁渔期 4～6 月），使得雌鱼群体的繁殖潜力比由不低于 9.87% 提高至不低于 80.50% 的比例高于下限参考点（25%），由不低于 4.15% 提高至不低于 6.54% 的比例高于目标参考点（SPR_{msy}）；而雄鱼群体则由不低于 8.11% 提高至不低于 76.18% 的比例高于下限参考点（25%），由不低于 3.75% 提高至不低于 6.02% 的比例高于目标参考点（SPR_{msy}；表 19-3 和表 19-4）。这说明当前的禁渔期措施虽然对北极茴鱼种群资源起到了一定的保护效果，但是无法对其资源形成有效保护，还需结合提高起捕年龄的措施才能达到资源可持续利用的目的。因此，结合北极茴鱼种群可能处于生长型过度捕捞的现状，建议在每年的 4～6 月禁渔，其他时间起捕年龄应设置为不小于 6 龄。

2. 禁渔期

在设定的自然死亡率和捕捞死亡率值域内，禁渔期导致单位补充量渔获量降低，但能够对北极茴鱼种群资源形成有效的保护（表 19-3 和表 19-4）。随着禁渔期延长，雌鱼和雄鱼种群的单位补充量渔获量呈现持续下降趋势，其繁殖潜力比却呈现持续上升趋势。将禁渔时间设置为 4～6 月，雌鱼和雄鱼种群的繁殖潜力比有 80.50% 和 76.18% 的比例不低于

下限参考点（25%），6.54% 和 6.02% 的比例不低于目标参考点（SPR_{msy}）；将禁渔时间设置为 4～9 月，繁殖潜力比则始终不低于下限参考点（25%），45.38% 和 58.73% 的比例不低于目标参考点（SPR_{msy}），将禁渔时间设置为 4～11 月，繁殖潜力比则始终不低于目标参考点（SPR_{msy}）。结合北极茴鱼种群可能处于生长型过度捕捞的状态，在牺牲单位补充量渔获量的基础上，建议将北极茴鱼的禁渔期至少设置为 4～11 月。

二、白斑狗鱼

（一）死亡参数

估算的白斑狗鱼年总瞬时死亡率（Z）为 0.836/a。极限年龄法估算的自然死亡率（M）为 0.136/a；生长方程参数法估算的自然死亡率（M）为 0.199/a；Pauly 生活史参数法估算的自然死亡率（M）为 0.226/a。因此，白斑狗鱼种群自然死亡率（M）范围为 0.136/a～0.226/a。对应的捕捞死亡率（F_{cur}）为 0.610/a～0.700/a。

（二）资源现状

在现有的渔业管理政策下，采用单位补充量模型分析白斑狗鱼种群资源现状对自然死亡率的敏感性。在估算的自然死亡率范围内，白斑狗鱼种群的繁殖潜力比为 26.97%～29.63%，全部高于下限参考点（25%），全部低于目标参考点（SPR_{msy}）。单位补充量渔获量分析表明，白斑狗鱼种群在捕捞死亡率为 0.141/a～0.201/a 时，其单位补充量渔获量达到最大值（表 19-5）。上述结果表明，白斑狗鱼种群可能处于生长型过度捕捞状态，不利于资源的可持续开发利用。

（三）养护措施

模拟 12 种养护措施，评估起捕年龄和禁渔期对白斑狗鱼的保护效果（表 19-2）。

1. 起捕年龄

现有的渔业管理政策下（禁渔期 4～6 月），以及设定的自然死亡率和捕捞死亡率值域内，利用单位补充量模型评估了起捕年龄对白斑狗鱼种群资源的影响（表 19-5）。随着起捕年龄的逐渐增大，白斑狗鱼种群的 YPR、YPR_{max}、SPR、$P_{25\%}$ 和 P_{msy} 表现为逐渐增大的趋势。这说明对于白斑狗鱼种群来说，提高起捕年龄是一种有效的资源养护策略。因此，我们期望利用 YPR 和 SPR 等值线图来确定最优的起捕年龄。

对于起捕年龄的大部分值域，单位补充量渔获量增加的速度随着捕捞压力的增大逐渐减缓（图 19-3）。在设定的自然死亡率值域内，与当前单位补充量渔获量相比，将白斑狗鱼种群的起捕年龄设置为 3～12 龄，其单位补充量渔获量在捕捞死亡率大部分值域上波动幅度相对较小（图 19-3）。此外，在设定的自然死亡率和捕捞死亡率值域内，将白斑狗鱼种群的起捕年龄提高至不小于 9 龄，能够保证其繁殖潜力比始终高于目标参考点（SPR_{msy}；图 19-3、表 19-5）。

现行的渔业管理政策（禁渔期 4～6 月），使得白斑狗鱼种群的繁殖潜力比由不低于 5.61% 提高至不低于 64.07% 的比例高于下限参考点（25%），由不低于 2.66% 提高至不低于 4.11% 的比例高于目标参考点（SPR_{msy}；表 19-5）。说明 4～6 月的禁渔措施虽然对种群资源起到一定的保护效果，但是无法对其资源形成有效保护，还需结合提高起捕年龄的措

表 19-5　养护措施对白斑狗鱼种群的生物学参考点、单位补充量渔获量和繁殖潜力比的影响

Table 19-5　Biological reference points, yield per recruit and spawning potential ratio of *E. lucius* for different conversation policies

措施	M/a^{-1}	F/a^{-1}	$F_{25\%}/a^{-1}$	F_{msy}/a^{-1}	F_{max}/a^{-1}	YPR/g	$YPR_{25\%}$/g	YPR_{msy}/g	YPR_{max}/g	SPR/%	$P_{25\%}$/%	P_{msy}/%
0	0.136～0.226	0.610～0.700	—	0.133～0.145	0.141～0.201	378.57～475.33	—	494.69～972.43	518.44～972.43	26.97～29.63	100.00	0.00
1	0.136～0.226	0.000～3.000	0.146～0.183	0.071～0.074	0.118～0.158	0.00～1153.12	591.18～1134.96	491.61～1070.47	595.78～1153.12	0.01～100.00	5.61	2.66
2	0.136～0.226	0.000～3.000	0.197～0.279	0.095～0.097	0.172～0.274	0.00～1462.30	803.52～1455.38	630.89～1326.11	803.56～1462.30	1.34～100.00	7.97	3.32
3	0.136～0.226	0.000～3.000	0.315～0.633	0.131～0.148	0.276～0.606	0.00～1785.90	991.27～1781.04	771.37～1605.99	991.41～1785.90	7.93～100.00	15.00	4.76
4	0.136～0.226	0.000～3.000	0.806～—	0.204～0.274	0.513～3.412	0.00～2032.54	—～2013.80	883.83～1862.43	1082.29～2032.54	18.90～100.00	74.08	7.90
5	0.136～0.226	0.000～3.000	—	0.404～0.889	1.631～11.999	0.00～2160.77	—	951.96～2054.70	1037.64～2160.77	32.43～100.00	100.00	19.34
6	0.136～0.226	0.000～3.000	1.545～2.319	0.114～0.127	0.118～0.157	0.00～864.90	56.27～101.37	431.82～864.97	446.63～864.97	24.91～100.00	64.07	4.11
7	0.136～0.226	0.000～3.000	—	0.161～0.169	0.170～0.263	0.00～1089.40	—	560.41～1089.40	592.61～1089.40	25.87～100.00	100.00	5.65
8	0.136～0.226	0.000～3.000	—	0.259～0.275	0.257～0.454	0.00～1308.44	—	673.49～1308.42	700.39～1308.44	30.75～100.00	100.00	8.83
9	0.136～0.226	0.000～3.000	—	0.541～0.755	0.384～0.657	0.00～1447.13	—	704.87～1427.31	706.67～1447.13	38.95～100.00	100.00	20.62
10	0.136～0.226	0.000～3.000	—	—	0.519～0.792	0.00～1468.56	—	—	622.82～1468.56	49.08～100.00	100.00	100.00
11	0.136～0.226	0.000～3.000	—	0.356～—	0.118～0.157	0.00～576.98	—	235.21～—	297.54～576.98	49.75～100.00	100.00	45.79
12	0.136～0.226	0.000～3.000	—	—	0.118～0.157	0.00～384.75	—	—	198.21～384.75	66.42～100.00	100.00	100.00

注：$P_{25\%}$ 和 P_{msy} 指在自然死亡率和捕捞死亡率范围内，繁殖潜力比不小于 25% 和 SPR_{msy} 所占的百分比；“—”代表数据不存在；“0”为当前渔业措施。

施才能达到资源可持续利用的目的。因此，结合白斑狗鱼种群可能处于生长型过度捕捞的现状，建议在每年的4～6月禁渔，其他时间起捕年龄应设置为不小于9龄。

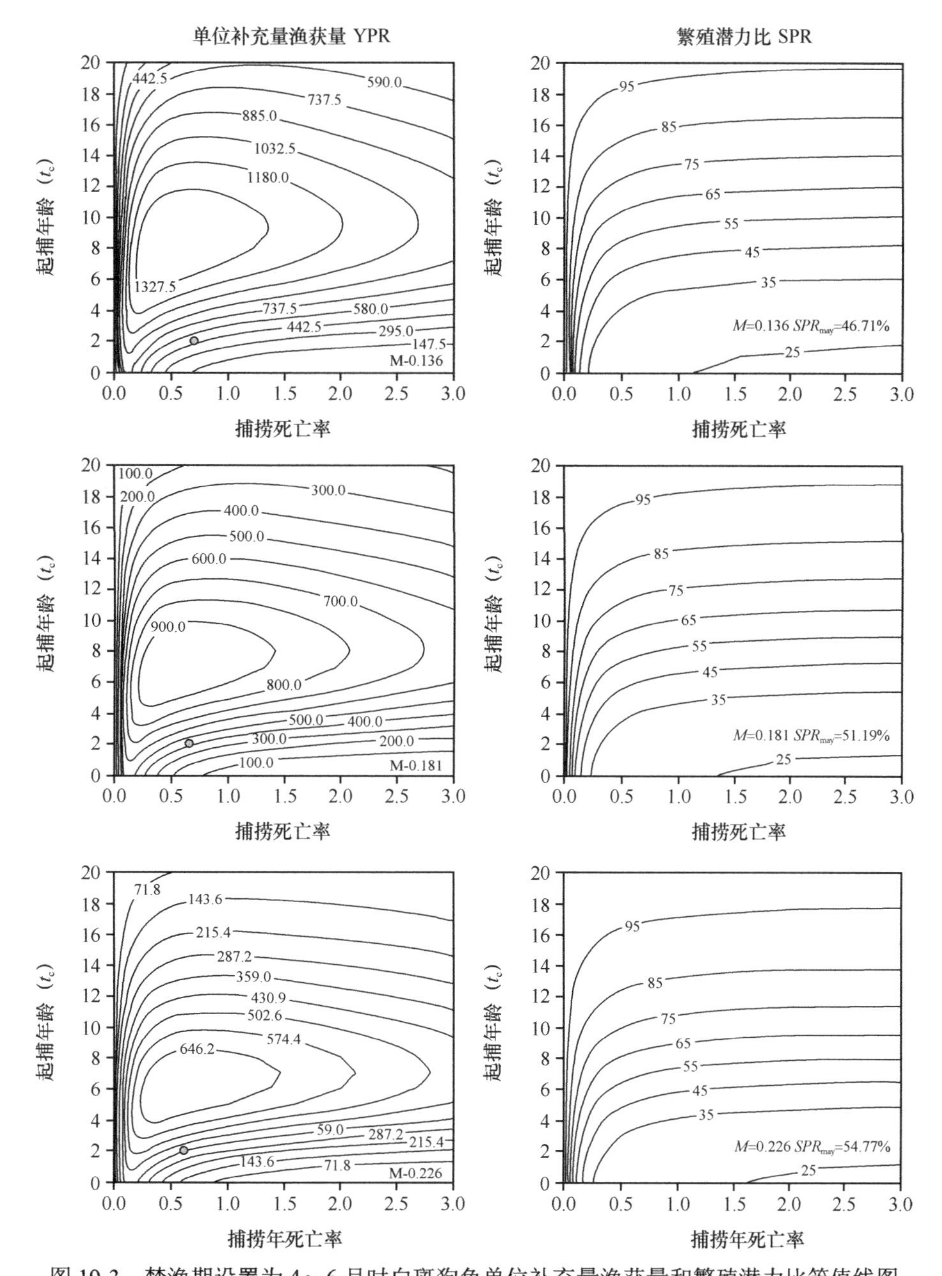

图 19-3　禁渔期设置为4～6月时白斑狗鱼单位补充量渔获量和繁殖潜力比等值线图

Figure 19-3　Isopleths of yield per recruit and spawning potential ratio for *E. lucius* base on a scenario of closed season from Apr. to Jun.

圆点代表估算的当前单位补充量渔获量；图中自然死亡率（M）和繁殖潜力比（SPR_{msy}）分别为雌鱼和雄鱼估算的自然死亡率和繁殖潜力比范围的最小值、中值和最大值

2. 禁渔期

在设定的自然死亡率和捕捞死亡率值域内，禁渔期导致单位补充量渔获量降低，但能够对白斑狗鱼种群资源形成有效的保护（表19-5）。随着禁渔期的延长，白斑狗鱼种群的单

位补充量渔获量呈现持续下降趋势，其繁殖潜力比却呈现持续上升趋势。将禁渔时间设置为4～6月，白斑狗鱼种群的繁殖潜力比有64.07%的比例不低于下限参考点（25%），4.11%的比例不低于目标参考点（SPR_{msy}）；将禁渔时间设置为4～9月，其繁殖潜力比则始终不低于下限参考点（25%），45.79%的比例不低于目标参考点（SPR_{msy}），将禁渔时间设置为4～11月，其繁殖潜力比则始终不低于目标参考点（SPR_{msy}）。因此，结合白斑狗鱼种群可能处于生长型过度捕捞的状态，在牺牲单位补充量渔获量的基础上，建议将白斑狗鱼的禁渔期至少设置为4～11月。

三、湖拟鲤

（一）死亡参数

估算的湖拟鲤雌鱼和雄鱼年总瞬时死亡率（Z）分别为0.560/a和0.761/a。极限年龄法估算的雌鱼和雄鱼自然死亡率（M）分别为0.176/a和0.200/a；生长方程参数法估算的雌鱼和雄鱼自然死亡率（M）分别为0.373/a和0.409/a；Pauly生活史参数法估算的雌鱼和雄鱼自然死亡率（M）分别为0.389/a和0.422/a。因此，雌鱼种群自然死亡率（M）假设为0.176/a～0.389/a，而雄鱼种群自然死亡率（M）假设为0.200/a～0.422/a。对应的雌鱼的捕捞死亡率（F_{cur}）为0.171/a～0.384/a，而雄鱼的捕捞死亡率（F_{cur}）为0.339/a～0.561/a。

（二）资源现状

在现有的渔业管理政策下，采用单位补充量模型分析湖拟鲤种群资源现状对自然死亡率的敏感性。在估算的自然死亡率范围内，雌鱼种群的繁殖潜力比为36.45%～64.06%，全部高于目标参考点（SPR_{msy}）；雄鱼种群的繁殖潜力比为33.81%～52.24%，全部高于下限参考点（25%），18.81%的比例高于目标参考点（SPR_{msy}）。单位补充量渔获量分析表明，雌鱼种群在捕捞死亡率为0.261/a～0.610/a时，其单位补充量渔获量达到最大值，而雄鱼种群在捕捞死亡率为0.303/a～0.664/a时，其单位补充量渔获量达到最大值（表19-6）。上述结果表明，湖拟鲤种群可能处于生长型过度捕捞状态，不利于资源的可持续开发利用。

（三）养护措施

模拟11种养护措施，评估起捕年龄和禁渔期对湖拟鲤的保护效果（表19-2）。

1. 起捕年龄

在现行的渔业管理政策下（禁渔期4～6月），以及设定的自然死亡率和捕捞死亡率值域内，利用单位补充量模型评估了起捕年龄对湖拟鲤种群资源的影响（表19-6）。随着起捕年龄的逐渐增大，湖拟鲤种群的YPR、YPR_{max}、SPR、$P_{25\%}$和P_{msy}表现为逐渐增大的趋势。这说明对于湖拟鲤种群来说，提高起捕年龄是一种有效的资源养护策略。因此，我们期望利用YPR和SPR等值线图来确定最优的起捕年龄。

对于起捕年龄的大部分值域，单位补充量渔获量增加的速度是随着捕捞压力的增大逐渐减缓的（图19-4）。在设定的自然死亡率值域内，与当前单位补充量渔获量相比，将湖拟鲤雌鱼和雄鱼种群的起捕年龄都设置为4～5龄，其单位补充量渔获量在捕捞死亡率大部分值域上波动幅度相对较小（图19-4）。此外，在设定的自然死亡率和捕捞死亡率值域内，将湖拟鲤种群的起捕年龄提高至不小于5龄，能够保证其繁殖潜力比始终高于目标参考点（SPR_{msy}；图19-4、表19-6）。

表 19-6　养护措施对湖拟鲤种群的生物学参考点、单位补充量渔获量和繁殖潜力比的影响

Table 19-6　Biological reference points, yield per recruit and spawning potential ratio of *R. rutilus lacustris* for different conversation policies

措施	M/a^{-1}	F/a^{-1}	$F_{25\%}/a^{-1}$	F_{msy}/a^{-1}	F_{max}/a^{-1}	YPR/g	$YPR_{25\%}$/g	YPR_{msy}/g	YPR_{max}/g	SPR/%	$P_{25\%}$/%	P_{msy}/%
雌鱼												
0	0.176～0.389	0.171～0.384	—	0.325～0.388	0.261～0.610	19.07～52.98	—	24.07～52.90	25.91～54.71	36.45～64.06	100.00	100.00
1	0.176～0.389	0.000～3.000	0.206～0.321	0.140～0.142	0.204～0.451	0.00～64.46	30.77～64.45	23.58～62.14	31.51～64.46	0.19～100.00	8.82	4.70
2	0.176～0.389	0.000～3.000	0.252～0.461	0.170～0.182	0.271～0.833	0.00～74.20	35.89～74.11	26.88～70.63	37.37～74.20	1.40～100.00	11.67	5.91
3	0.176～0.389	0.000～3.000	0.332～0.851	0.213～0.259	0.378～2.178	0.00～83.24	39.65～83.03	29.64～78.78	41.05～83.24	4.75～100.00	18.10	7.84
4	0.176～0.389	0.000～3.000	0.491～5.509	0.284～0.425	0.564～11.999	0.00～90.61	41.65～90.47	31.82～86.11	41.90～90.61	10.64～100.00	46.11	11.48
5	0.176～0.389	0.000～3.000	0.948～—	0.420～0.950	0.973～11.999	0.00～95.80	—～95.80	33.35～92.15	38.78～95.80	18.48～100.00	85.84	20.52
6	0.176～0.389	0.000～3.000	—	0.237～0.302	0.202～0.420	0.00～48.05	—	21.32～45.90	22.96～48.05	25.02～100.00	100.00	8.76
7	0.176～0.389	0.000～3.000	—	0.325～0.388	0.261～0.610	0.00～54.71	—	24.07～52.90	25.91～54.71	25.89～100.00	100.00	11.45
8	0.176～0.389	0.000～3.000	—	0.519～0.563	0.339～0.791	0.00～60.38	—	25.61～59.97	26.39～60.38	28.35～100.00	100.00	17.10
9	0.176～0.389	0.000～3.000	—	1.099～1.206	0.423～0.924	0.00～64.25	—	24.25～57.71	25.56～64.25	32.72～100.00	100.00	34.68
10	0.176～0.389	0.000～3.000	—	—	0.530～1.015	0.00～65.90	—	—	21.30～65.90	38.57～100.00	100.00	100.00
11	0.176～0.389	0.000～3.000	—	—	0.199～0.394	0.00～31.82	—	—	14.85～31.82	49.81～100.00	100.00	100.00
雄鱼												
0	0.200～0.422	0.339～0.561	—	0.375～0.455	0.303～0.664	20.40～42.15	—	20.90～43.91	22.21～45.45	33.81～52.24	100.00	18.81
1	0.200～0.422	0.000～3.000	0.233～0.355	0.155～0.161	0.231～0.487	0.00～52.98	26.44～52.97	20.42～51.04	26.99～52.98	0.26～100.00	9.84	5.33
2	0.200～0.422	0.000～3.000	0.296～0.536	0.198～0.208	0.319～0.953	0.00～61.91	31.26～61.84	23.59～58.87	32.41～61.91	1.98～100.00	13.55	6.80
3	0.200～0.422	0.000～3.000	0.412～1.147	0.258～0.312	0.467～3.032	0.00～69.99	34.65～69.84	26.19～66.29	35.56～69.99	6.51～100.00	23.23	9.46
4	0.200～0.422	0.000～3.000	0.689～—	0.368～0.570	0.760～11.999	0.00～76.17	—～76.13	28.16～72.75	35.63～76.17	14.01～100.00	65.48	15.11
5	0.200～0.422	0.000～3.000	2.112～—	0.623～1.856	1.604～11.999	0.00～80.02	—～79.94	29.38～77.67	31.89～80.02	23.54～100.00	98.77	34.37

续表

措施	M/a^{-1}	F/a^{-1}	$F_{25\%}$/a^{-1}	F_{msy}/a^{-1}	F_{max}/a^{-1}	YPR/g	$YPR_{25\%}$/g	YPR_{msy}/g	YPR_{max}/g	SPR/%	$P_{25\%}$/%	P_{msy}/%
6	0.200～0.422	0.000～3.000	—	0.264～0.340	0.228～0.451	0.00～39.45	—	18.36～37.71	19.63～39.46	25.06～100.00	100.00	9.82
7	0.200～0.422	0.000～3.000	—	0.375～0.455	0.303～0.664	0.00～45.45	—	20.90～43.91	22.21～45.45	26.29～100.00	100.00	13.37
8	0.200～0.422	0.000～3.000	—	0.656～0.723	0.401～0.856	0.00～50.26	—	22.02～47.68	22.30～50.26	29.61～100.00	100.00	21.80
9	0.200～0.422	0.000～3.000	—	1.984～2.170	0.514～0.989	0.00～53.05	—	17.71～41.38	20.20～53.05	35.18～100.00	100.00	60.26
10	0.200～0.422	0.000～3.000	—	—	0.621～1.077	0.00～53.49	—	—	16.95～53.49	42.31～100.00	100.00	100.00
11	0.200～0.422	0.000～3.000	—	—	0.224～0.412	0.00～26.10	—	—	12.66～26.10	49.79～100.00	100.00	100.00

注：$P_{25\%}$ 和 P_{msy} 指在自然死亡率和捕捞死亡率范围内，繁殖潜力比不小于 25% 和 SPR_{msy} 所占的百分比；“—”代表数据不存在；“0”为当前渔业措施。

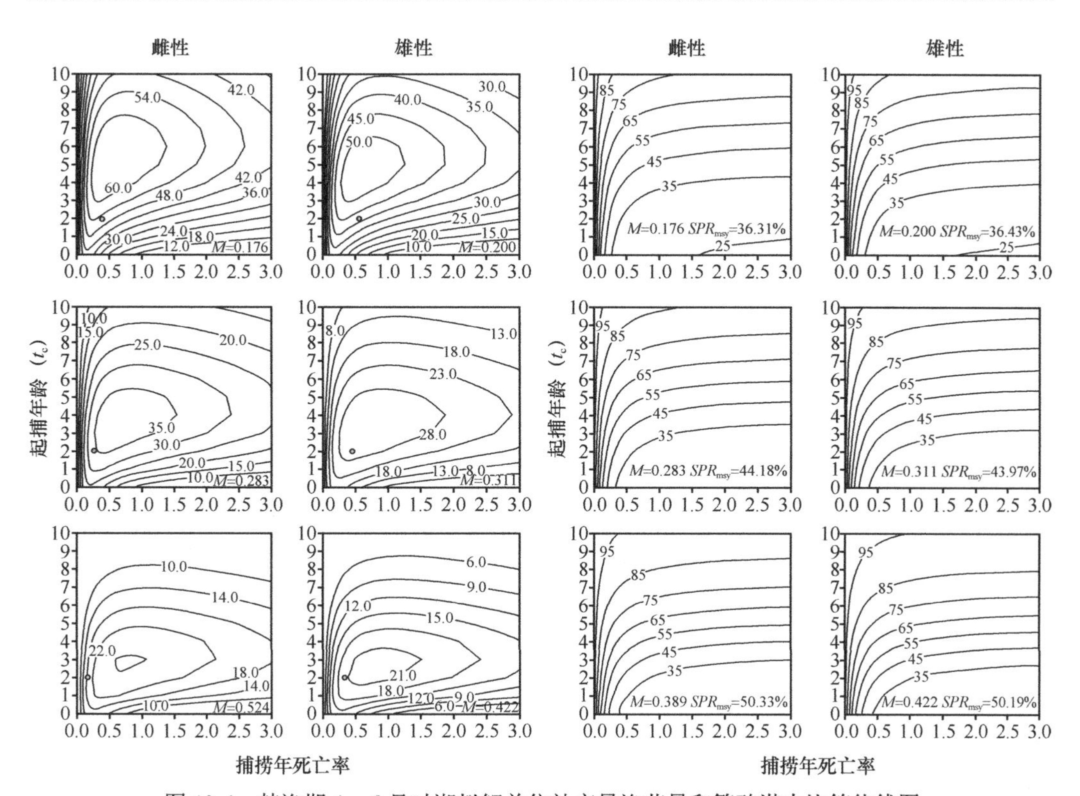

图 19-4　禁渔期 4～6 月时湖拟鲤单位补充量渔获量和繁殖潜力比等值线图

Figure 19-4　Isopleths of yield per recruit and spawning potential ratio for *R. rutilus lacustris* base on a scenario of closed season from Apr. to Jun.

圆点代表估算的当前单位补充量渔获量；图中自然死亡率（*M*）和繁殖潜力比（SPR_{msy}）分别为雌鱼和雄鱼估算的自然死亡率和繁殖潜力比范围的最小值、中值和最大值

现行的渔业管理政策（禁渔期 4～6 月）的实施，使得湖拟鲤雌鱼群体的繁殖潜力比由不低于 8.82% 提高至 100.00% 的比例高于下限参考点（25%），由不低于 4.70% 提高至不低于 8.76% 的比例高于目标参考点（SPR_{msy}）；而雄鱼群体则由不低于 9.84% 提高至 100.00% 的比例高于下限参考点（25%），由不低于 5.33% 提高至不低于 9.82% 的比例高于目标参考点（SPR_{msy}；表 19-6）。这说明现行的单一禁渔措施对湖拟鲤种群资源起到了一定的保护效果，但是无法对其资源形成有效保护，还需结合提高起捕年龄的措施才能达到资源可持续利用的目的。因此，结合湖拟鲤种群可能处于生长型过度捕捞的现状，建议在每年的 4～6 月禁渔，其他时间起捕年龄应设置为不小于 5 龄。

2. 禁渔期

在设定的自然死亡率和捕捞死亡率值域内，禁渔期导致单位补充量渔获量降低，但能够对湖拟鲤种群资源形成有效的保护（表 19-6）。随着禁渔期的延长，湖拟鲤雌、雄种群的单位补充量渔获量呈现持续下降趋势，其繁殖潜力比却呈现持续上升趋势。将禁渔时间设置为 4～6 月，湖拟鲤雌、雄种群的繁殖潜力比全部高于限参考点（25%），8.76% 和 9.82% 的比例不低于目标参考点（SPR_{msy}）；将禁渔时间设置为 4～9 月，其繁殖潜力比则始终不低于目标参考点（SPR_{msy}）。因此，结合湖拟鲤种群可能处于生长型过度捕捞的状态，在牺牲单位补充量渔获量的基础上，建议将湖拟鲤的禁渔期至少设置为 4～9 月。

四、贝加尔雅罗鱼

（一）死亡参数

估算的雌、雄贝加尔雅罗鱼年总瞬时死亡率（Z）分别为 1.711/a 和 2.128/a。极限年龄法估算的雌鱼和雄鱼自然死亡率（M）分别为 0.250/a 和 0.499/a；生长方程参数法估算的雌鱼和雄鱼自然死亡率（M）分别为 0.497/a 和 0.826/a；Pauly 生活史参数法估算的雌鱼和雄鱼自然死亡率（M）分别为 0.498/a 和 0.784/a。因此，雌鱼种群自然死亡率（M）假设为 0.250/a～0.498/a，而雄鱼种群自然死亡率（M）假设为 0.499/a～0.826/a。对应的雌鱼的捕捞死亡率（F_{cur}）为 1.213/a～1.461/a，而雄鱼的捕捞死亡率（F_{cur}）为 1.302/a～1.629/a。

（二）资源现状

在现有的渔业管理政策下，采用单位补充量模型分析贝加尔雅罗鱼种群资源现状对自然死亡率的敏感性。在估算的自然死亡率范围内，雌鱼种群的繁殖潜力比为 34.17%～46.46%，全部高于下限参考点（25%），全部低于目标参考点（SPR_{msy}）；雄鱼种群的繁殖潜力比为 70.24%～83.06%，全部高于目标参考点（SPR_{msy}）。单位补充量渔获量分析表明，雌鱼种群在捕捞死亡率为 0.655/a～1.117/a 时，其单位补充量渔获量达到最大值，而雄鱼种群在捕捞死亡率为 1.330/a～1.572/a 时，其单位补充量渔获量达到最大值（表 19-7）。上述结果表明，贝加尔雅罗鱼种群可能处于生长型过度捕捞状态，不利于资源的可持续开发利用。

（三）养护措施

模拟 8 种养护措施，评估起捕年龄和禁渔期对贝加尔雅罗鱼的保护效果（表 19-2）。

1. 起捕年龄

在现行的渔业管理政策下（禁渔期 4～6 月），以及设定的自然死亡率和捕捞死亡率值域内，利用单位补充量模型评估了起捕年龄对贝加尔雅罗鱼种群资源的影响（表 19-7）。随着起捕年龄的逐渐增大，贝加尔雅罗鱼雌鱼群体的 YPR 和 YPR_{max} 表现为先增大后减小的趋势，SPR 和 P_{msy} 表现为逐渐增大的趋势；贝加尔雅罗鱼雄鱼群体的 YPR 和 YPR_{max} 表现为逐渐减小的趋势，SPR 和 P_{msy} 表现为逐渐增大的趋势。这说明对于贝加尔雅罗鱼种群来说，提高起捕年龄是一种有效的资源养护策略。因此，我们期望利用 YPR 和 SPR 等值线图来确定最优的起捕年龄。

对于起捕年龄的大部分值域，单位补充量渔获量增加的速度是随着捕捞压力的增大逐渐减缓的（图 19-5）。在设定的自然死亡率值域内，与当前单位补充量渔获量相比，将贝加尔雅罗鱼类雌鱼和雄鱼种群的起捕年龄分别设置为 1～2 龄和 1～3 龄，其单位补充量渔获量在捕捞死亡率大部分值域上波动幅度相对较小（图 19-5）。此外，在设定的自然死亡率和捕捞死亡率值域内，将贝加尔雅罗鱼种群的起捕年龄设置为不小于 3 龄，能够保证其繁殖潜力比始终高于目标参考点（SPR_{msy}；图 19-5，表 19-7）。

表 19-7　养护措施对贝加尔雅罗鱼种群的生物学参考点、单位补充量渔获量和繁殖潜力比的影响

Table 19-7　Biological reference points, yield per recruit and spawning potential ratio of *L. baicalensis* for different conversation policies

措施	M/a^{-1}	F/a^{-1}	$F_{25\%}$/a^{-1}	F_{msy}/a^{-1}	F_{max}/a^{-1}	YPR/g	$YPR_{25\%}$/g	YPR_{msy}/g	YPR_{max}/g	SPR/%	$P_{25\%}$/%	P_{msy}/%
雌鱼												
0	0.250～0.498	1.213～1.461	—	0.913～1.150	0.655～1.117	10.94～16.89	—	10.89～17.74	10.96～18.57	34.17～46.46	100.00	0.00
1	0.250～0.498	0.000～3.000	0.364～0.611	0.247～0.248	0.711～—	0.00～25.98	18.44～24.75	12.81～22.63	23.08～25.98	1.78～100.00	16.07	8.31
2	0.250～0.498	0.000～3.000	0.567～1.668	0.352～0.414	1.485～11.999	0.00～27.85	18.90～26.66	13.22～24.48	20.83～27.85	8.78～100.00	32.82	12.74
3	0.250～0.498	0.000～3.000	1.291～—	0.590～0.973	—～28.643	0.00～28.51	—～27.91	13.51～25.90	17.09～28.89	19.48～100.00	89.11	25.03
4	0.250～0.498	0.000～3.000	—	0.442～0.585	0.553～1.002	0.00～18.18	—	11.51～18.15	13.07～18.18	26.08～100.00	100.00	16.55
5	0.250～0.498	0.000～3.000	—	0.913～1.150	0.655～1.117	0.00～18.57	—	10.89～17.74	10.96～18.57	31.24～100.00	100.00	32.30
6	0.250～0.498	0.000～3.000	—	—	0.763～1.193	0.00～17.95	—	—	8.50～17.95	39.20～100.00	100.00	100.00
7	0.250～0.498	0.000～3.000	—	—	0.450～0.762	0.00～11.45	—	—	7.59～11.45	50.51～100.00	100.00	100.00
8	0.250～0.498	0.000～3.000	—	—	0.418～0.677	0.00～7.37	—	—	4.68～7.37	66.95～100.00	100.00	100.00
雄鱼												
0	0.499～0.826	1.302～1.629	—	—	1.330～1.572	3.24～7.79	—	—	3.27～7.88	70.24～83.06	100.00	100.00
1	0.499～0.826	0.000～3.000	0.853～1.233	0.279～0.367	—～—	0.00～22.89	17.43～20.11	8.44～14.93	23.53	6.20～100.00	34.42	10.90
2	0.499～0.826	0.000～3.000	—	0.720～0.817	—～—	0.00～20.23	—	8.62～19.23	21.37～21.91	29.26～100.00	100.00	25.82
3	0.499～0.826	0.000～3.000	—	—	—～—	0.00～15.47	—	—	16.40～17.24	55.50～100.00	100.00	100.00
4	0.499～0.826	0.000～3.000	—	0.426～0.639	1.072～1.412	0.00～13.29	—	7.31～12.54	10.22～13.29	28.88～100.00	100.00	17.59
5	0.499～0.826	0.000～3.000	—	1.340～2.065	1.218～1.510	0.00～10.80	—	6.11～10.05	6.13～10.80	45.99～100.00	100.00	55.05
6	0.499～0.826	0.000～3.000	—	—	1.330～1.572	0.00～7.88	—	—	3.27～7.88	65.77～100.00	100.00	100.00
7	0.499～0.826	0.000～3.000	—	～—0.962	0.824～1.030	0.00～7.63	—	5.36～—	5.37～7.63	52.13～100.00	100.00	62.85
8	0.499～0.826	0.000～3.000	—	—	0.735～4.672	0.00～4.67	—	—	3.14～4.67	68.05～100.00	100.00	100.00

注：$P_{25\%}$ 和 P_{msy} 指在自然死亡率和捕捞死亡率范围内，繁殖潜力比不小于 25% 和 SPR_{msy} 所占的百分比；“—”代表数据不存在；“0”为当前渔业措施。

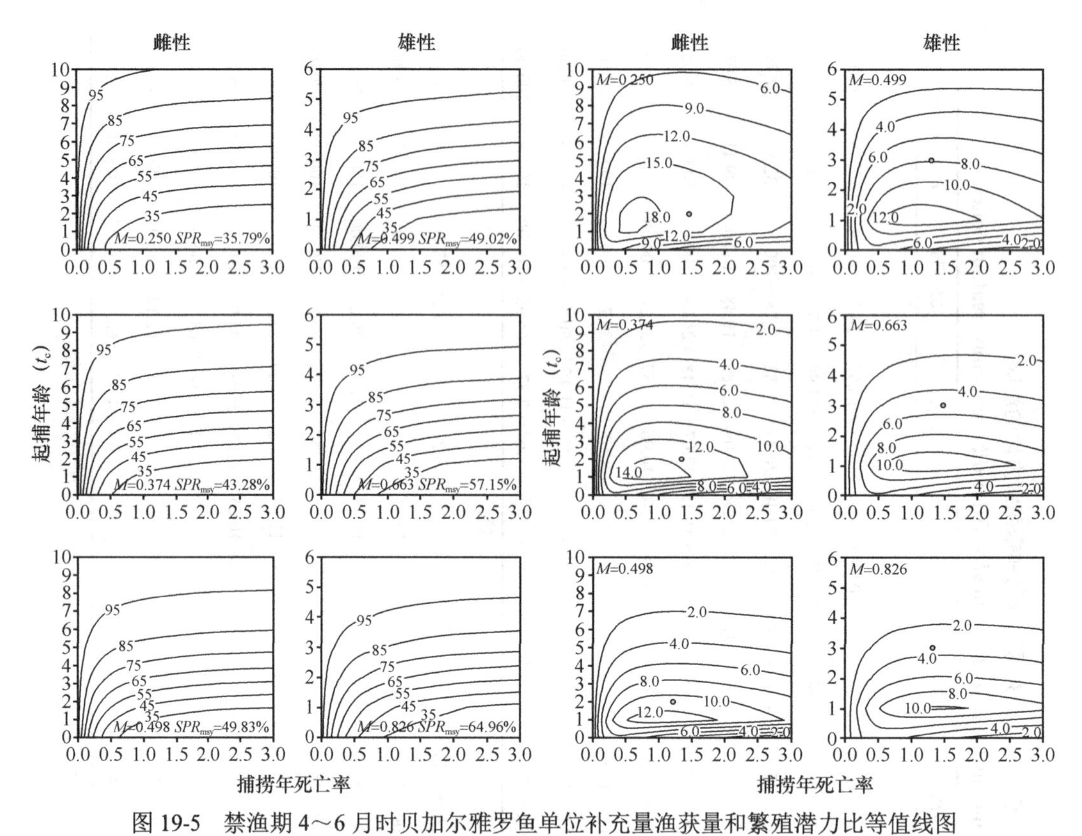

图 19-5 禁渔期 4～6 月时贝加尔雅罗鱼单位补充量渔获量和繁殖潜力比等值线图

Figure 19-5 Isopleths of yield per recruit and spawning potential ratio for *L. baicalensis* base on a scenario of closed season from Apr. to Jun.

圆点代表估算的当前单位补充量渔获量；图中自然死亡率（M）和繁殖潜力比（SPR_{msy}）分别为雌鱼和雄鱼估算的自然死亡率和繁殖潜力比范围的最小值、中值和最大值

现行的渔业管理政策（禁渔期 4～6 月）的实施，使得贝加尔雅罗鱼雌鱼群体的繁殖潜力比由不低于 16.07% 提高至 100.00% 的比例高于下限参考点（25%），由不低于 8.31% 提高至不低于 16.55% 的比例高于目标参考点（SPR_{msy}）；而雄鱼群体则由不低于 34.42% 提高至 100.00% 的比例高于下限参考点（25%），由不低于 10.90% 提高至不低于 17.59% 的比例高于目标参考点（SPR_{msy}；表 19-7）。这说明当前单一的禁渔期措施对贝加尔雅罗鱼种群资源起到了一定的保护效果，但是无法对其资源形成有效保护，还需结合提高起捕年龄的措施才能达到资源可持续利用的目的。因此，结合贝加尔雅罗鱼种群可能处于生长型过度捕捞的现状，建议在每年的 4～6 月休渔，其他时间起捕年龄应设置为不小于 3 龄。

2. 禁渔期

在设定的自然死亡率和捕捞死亡率值域内，禁渔期导致单位补充量渔获量降低，但能够对贝加尔雅罗鱼种群资源形成有效的保护（表 19-7）。随着禁渔期的延长，贝加尔雅罗鱼雌鱼和雄鱼种群的单位补充量渔获量呈现持续下降趋势，其繁殖潜力比却呈现持续上升趋势。将禁渔时间设置为 4～6 月，贝加尔雅罗鱼雌鱼和雄鱼群体的繁殖潜力比全部高于下限参考点（25%），分别以 16.55% 和 17.59% 的比例不低于目标参考点（SPR_{msy}）；将禁渔时间设置为 4～9 月，其繁殖潜力比则始终不低于下限参考点（25%），分别以 100.00% 和 62.85% 的比例不低于目标参考点（SPR_{msy}）；将禁渔时间设置为 4～11 月，其繁殖潜力比

则始终不低于目标参考点（SPR_{msy}）。因此，结合贝加尔雅罗鱼种群可能处于生长型过度捕捞的状态，在牺牲单位补充量渔获量的基础上，建议将贝加尔雅罗鱼的禁渔期至少设置为4～11月。

五、高体雅罗鱼

（一）死亡参数

估算的高体雅罗鱼雌鱼和雄鱼年总瞬时死亡率（Z）分别为1.141/a和0.965/a。极限年龄法估算的雌鱼和雄鱼自然死亡率（M）分别为0.230/a和0.428/a；生长方程参数法估算的雌鱼和雄鱼自然死亡率（M）分别为0.414/a和0.732/a；Pauly生活史参数法估算的雌鱼和雄鱼自然死亡率（M）分别为0.429/a和0.713/a。因此，雌鱼种群自然死亡率（M）假设为0.230/a～0.429/a，而雄鱼种群自然死亡率（M）假设为0.428/a～0.732/a。对应的雌鱼的捕捞死亡率（F_{cur}）为0.712/a～0.911/a，而雄鱼的捕捞死亡率（F_{cur}）为0.233/a～0.537/a。

（二）资源现状

在现有的渔业管理政策下，采用单位补充量模型分析高体雅罗鱼种群资源现状对自然死亡率的敏感性。在估算的自然死亡率范围内，雌鱼种群的繁殖潜力比为39.21%～52.39%，全部高于下限参考点（25%），低于目标参考点（SPR_{msy}）；雄鱼种群的繁殖潜力比为72.75%～89.26%，全部高于目标参考点（SPR_{msy}）。单位补充量渔获量分析表明，雌鱼种群在捕捞死亡率为0.582/a～0.975/a时，其单位补充量渔获量达到最大值，而雄鱼种群在捕捞死亡率为1.208/a～1.455/a时，其单位补充量渔获量达到最大值（表19-8和表19-9）。上述结果表明，高体雅罗鱼种群可能处于生长型过度捕捞状态，不利于资源的可持续开发利用。

（三）养护措施

模拟13种养护措施，评估起捕年龄和禁渔期对高体雅罗鱼的保护效果（表19-2）。

1. 起捕年龄

在现行的渔业管理政策下（禁渔期4～6月），以及设定的自然死亡率和捕捞死亡率值域内，利用单位补充量模型评估了起捕年龄对高体雅罗鱼种群资源的影响（表19-8和表19-9）。随着起捕年龄的逐渐增大，高体雅罗鱼种群的YPR和YPR_{max}表现为先增大后减小的趋势，SPR，$P_{25\%}$和P_{msy}表现为逐渐增大的趋势。这说明对于高体雅罗鱼种群来说，提高起捕年龄是一种有效的资源养护策略。因此，我们期望利用YPR和SPR等值线图来确定最优的起捕年龄。

对于起捕年龄的大部分值域，单位补充量渔获量增加的速度是随着捕捞压力的增大逐渐减缓的（图19-6）。在设定的自然死亡率值域内，与当前单位补充量渔获量相比，将高体雅罗鱼雌鱼和雄鱼种群的起捕年龄分别设置为4～5龄和2～4龄，其单位补充量渔获量在捕捞死亡率大部分值域上波动幅度相对较小（图19-6）。此外，在设定的自然死亡率和捕捞死亡率值域内，将高体雅罗鱼雌鱼和雄鱼种群的起捕年龄分别设置为不小于7龄和6龄，能够保证其繁殖潜力比始终高于目标参考点（SPR_{msy}；图19-6、表19-8和表19-9）。

表 19-8　养护措施对高体雅罗鱼雌鱼种群的生物学参考点、单位补充量渔获量和繁殖潜力比的影响

Table 19-8　Biological reference points, yield per recruit and spawning potential ratio of female *L. idus* for different conversation policies

措施	M/a^{-1}	F/a^{-1}	$F_{25\%}$/a^{-1}	F_{msy}/a^{-1}	F_{max}/a^{-1}	YPR/g	$YPR_{25\%}$/g	YPR_{msy}/g	YPR_{max}/g	SPR/%	$P_{25\%}$/%	P_{msy}/%
0	0.230～0.429	0.712～0.911	—	0.326～0.349	0.582～0.975	102.24～237.66	—	83.57～233.92	104.13～244.95	39.21～52.39	100.00	0.00
1	0.230～0.429	0.000～3.000	0.234～0.290	0.080～0.098	0.241～0.400	0.00～230.33	117.50～230.26	65.89～181.87	120.61～230.33	0.02～100.00	8.85	3.12
2	0.230～0.429	0.000～3.000	0.339～0.601	0.135～0.148	0.529～1.817	0.00～322.30	159.36～318.61	84.92～241.53	172.76～322.30	2.52～100.00	16.42	4.83
3	0.230～0.429	0.000～3.000	1.758～—	0.348～0.297	2.284～11.999	0.00～375.35	—～375.00	100.29～300.26	165.35～375.35	21.88～100.00	94.76	10.73
4	0.230～0.429	0.000～3.000	—	0.510～0.784	—～11.999	0.00～375.60	—	105.49～324.39	138.01～382.82	35.26～100.00	100.00	20.84
5	0.230～0.429	0.000～3.000	—	1.284～12.115	—～11.999	0.00～354.24	—	107.95～338.65	107.93～366.18	48.49～100.00	100.00	76.57
6	0.230～0.429	0.000～3.000	1.594～2.583	0.119～0.155	0.293～0.387	0.00～172.01	40.62～69.31	62.76～162.23	89.06～172.01	24.83～100.00	68.15	4.66
7	0.230～0.429	0.000～3.000	—	0.207～0.243	0.446～0.814	0.00～230.62	—	78.76～213.75	111.76～230.62	26.61～100.00	100.00	7.56
8	0.230～0.429	0.000～3.000	—	0.594～0.651	0.705～1.079	0.00～244.93	—	84.17～243.78	88.39～244.93	40.95～100.00	100.00	20.50
9	0.230～0.429	0.000～3.000	—	1.640～3.014	0.804～1.148	0.00～232.54	—	54.96～213.52	70.15～232.54	50.98～100.00	100.00	70.53
10	0.230～0.429	0.000～3.000	—	—	0.882～1.196	0.00～211.82	—	—	53.02～211.82	60.91～100.00	100.00	100.00
11	0.230～0.429	0.000～3.000	—	0.267～0.463	0.236～0.374	0.00～114.10	—	55.00～98.80	58.26～114.10	49.56～100.00	100.00	10.67
12	0.230～0.429	0.000～3.000	—	—	0.233～0.361	0.00～56.68	—	—	28.50～56.68	74.62～100.00	100.00	100.00
13	0.230～0.429	0.000～3.000	—	—	0.230～0.352	0.00～18.79	—	—	9.35～18.79	91.50～100.00	100.00	100.00

注：$P_{25\%}$ 和 P_{msy} 指在自然死亡率和捕捞死亡率范围内，繁殖潜力比不小于 25% 和 SPR_{msy} 所占的百分比；“—”代表数据不存在；“0”为当前渔业措施。

表 19-9　养护措施对高体雅罗鱼雄鱼种群的生物学参考点、单位补充量渔获量和繁殖潜力比的影响

Table 19-9　Biological reference points, yield per recruit and spawning potential ratio of male *L. idus* for different conversation policies

措施	M/a^{-1}	F/a^{-1}	$F_{25\%}$/a^{-1}	F_{msy}/a^{-1}	F_{max}/a^{-1}	YPR/g	$YPR_{25\%}$/g	YPR_{msy}/g	YPR_{max}/g	SPR/%	$P_{25\%}$/%	P_{msy}/%
0	0.428～0.732	0.233～0.537	—	0.379～0.665	1.208～1.455	15.24～87.41	—	21.19～94.28	33.07～103.44	72.75～89.26	100.00	100.00
1	0.428～0.732	0.000～3.000	0.384～0.436	0.050～0.097	0.418～0.583	0.00～108.69	57.04～108.42	15.14～59.79	58.50～108.69	0.08～100.00	13.76	2.59
2	0.428～0.732	0.000～3.000	1.086～1.796	0.119～0.209	2.328～—	0.00～188.50	87.74～182.09	21.69～94.68	152.29～188.50	11.22～100.00	46.33	5.63
3	0.428～0.732	0.000～3.000	—	0.978～1.575	—～—	0.00～154.88	—	30.25～140.97	115.17～169.10	62.60～100.00	100.00	43.16
4	0.428～0.732	0.000～3.000	—	—	—～—	0.00～113.29	—	—	80.05～129.38	86.20	100.00	100.00
5	0.428～0.732	0.000～3.000	—	—	—～—	0.00～20.19	—	—	52.17～92.82	100.00	100.00	100.00
6	0.428～0.732	0.000～3.000	1.690～2.350	0.068～0.138	0.415～0.575	0.00～81.48	23.87～41.77	14.86～56.76	43.62～81.48	24.47～100.00	66.49	3.55
7	0.428～0.732	0.000～3.000	—	0.165～0.305	0.991～1.307	0.00～117.36	—	19.68～84.87	49.02～117.36	32.38～100.00	100.00	7.94
8	0.428～0.732	0.000～3.000	—	1.607～4.029	1.438～1.596	0.00～79.14	—	19.20～52.86	19.20～79.14	70.79～100.00	100.00	82.79
9	0.428～0.732	0.000～3.000	—	—	1.906～1.960	0.00～51.30	—	—	9.59～51.30	88.68～100.00	100.00	100.00
10	0.428～0.732	0.000～3.000	—	—	—	—	—	—	—	100.00	100.00	100.00
11	0.428～0.732	0.000～3.000	—	0.108～0.243	0.409～0.559	0.00～54.22	—	14.22～49.63	28.66～54.22	48.61～100.00	100.00	5.82
12	0.428～0.732	0.000～3.000	—	0.286～—	0.400～0.537	0.00～26.92	—	12.34～—	13.97～26.92	73.81～100.00	100.00	45.14
13	0.428～0.732	0.000～3.000	—	—	0.393～0.521	0.00～8.90	—	—	4.55～8.90	91.17～100.00	100.00	100.00

注：$P_{25\%}$ 和 P_{msy} 指在自然死亡率和捕捞死亡率范围内，繁殖潜力比不小于 25% 和 SPR_{msy} 所占的百分比；“—”代表数据不存在；“0”为当前渔业措施。

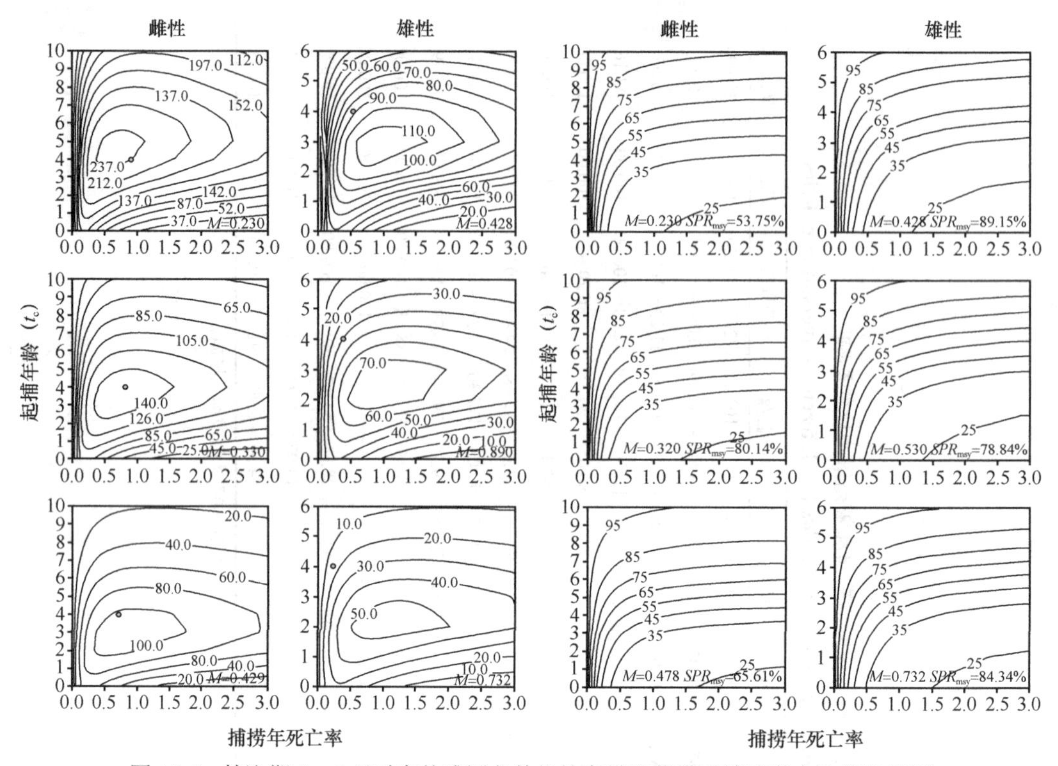

图 19-6　禁渔期 4～6 月时高体雅罗鱼单位补充量渔获量和繁殖潜力比等值线图

Figure 19-6　Isopleths of yield per recruit and spawning potential ratio for *L. idus* base on a scenario of closed season from Apr. to Jun.

圆点代表估算的当前单位补充量渔获量；图中自然死亡率（M）和繁殖潜力比（SPR_{msy}）分别为雌鱼和雄鱼估算的自然死亡率和繁殖潜力比范围的最小值、中值和最大值

现行的渔业管理政策（禁渔期 4～6 月）的实施，使得高体雅罗鱼雌鱼群体的繁殖潜力比由不低于 8.85% 提高至不低于 68.15 的比例高于下限参考点（25%），由不低于 3.12% 提高至不低于 4.66% 的比例高于目标参考点（SPR_{msy}）；而雄鱼群体则由不低于 13.76% 提高至不低于 66.49% 的比例高于下限参考点（25%），由不低于 2.59% 提高至不低于 3.55% 的比例高于目标参考点（SPR_{msy}；表 19-8 和表 19-9）。这说明现行的仅设置禁渔期的渔业管理措施对高体雅罗鱼种群资源虽然起到了一定的保护效果，但是无法对其资源形成有效保护，还需结合提高起捕年龄的措施才能达到资源可持续利用的目的。因此，结合高体雅罗鱼种群可能处于生长型过度捕捞的现状，建议在每年的 4～6 月禁渔，其他时间起捕年龄应设置为不小于 7 龄。

2. 禁渔期

在设定的自然死亡率和捕捞死亡率值域内，禁渔期导致单位补充量渔获量降低，但能够对高体雅罗鱼种群资源形成有效的保护（表 19-8 和表 19-9）。随着禁渔期的延长，高体雅罗鱼雌鱼和雄鱼种群的单位补充量渔获量呈现持续下降趋势，其繁殖潜力比却呈现持续上升趋势。将禁渔时间设置为 4～6 月，高体雅罗鱼雌鱼和雄鱼种群的繁殖潜力比有 68.15% 和 66.49% 的比例高于下限参考点（25%），4.66% 和 3.55% 的比例不低于目标参考点（SPR_{msy}）；将禁渔时间设置为 4～9 月，其繁殖潜力比则始终不低于下限参考点（25%），10.67% 和 5.82% 的比例不低于目标参考点（SPR_{msy}）；将禁渔时间设置为 4～12 月，其

繁殖潜力比则始终不低于下限参考点（25%），100.00% 和 45.14% 的比例不低于目标参考点（SPR_{msy}）；将禁渔时间设置为 4 月至翌年 2 月，其繁殖潜力比则始终不低于目标参考点（SPR_{msy}）。因此，结合高体雅罗鱼种群可能处于生长型过度捕捞的状态，在牺牲单位补充量渔获量的基础上，建议将高体雅罗鱼的禁渔期至少设置为 4 月至翌年 2 月。

六、东方欧鳊

（一）死亡参数

估算的东方欧鳊雌鱼和雄鱼年总瞬时死亡率（Z）分别为 0.513/a 和 0.684/a。极限年龄法估算的雌鱼和雄鱼自然死亡率（M）分别为 0.075/a 和 0.096/a；生长方程参数法估算的雌鱼和雄鱼自然死亡率（M）分别为 0.172/a 和 0.217/a；Pauly 生活史参数法估算的雌鱼和雄鱼自然死亡率（M）分别为 0.196/a 和 0.240/a。因此，雌鱼种群自然死亡率（M）假设为 0.075～0.196/a，雄鱼种群自然死亡率（M）假设为 0.096/a～0.240/a。对应的雌鱼的捕捞死亡率（F_{cur}）为 0.317/a～0.438/a，而雄鱼的捕捞死亡率（F_{cur}）为 0.444/a～0.587/a。

（二）资源现状

在现有的渔业管理政策下，采用单位补充量模型分析东方欧鳊种群资源现状对自然死亡率的敏感性。在估算的自然死亡率范围内，雌鱼种群的繁殖潜力比为 30.05%～44.37%，全部高于下限参考点（25%），全部低于目标参考点（SPR_{msy}）；雄鱼种群的繁殖潜力比为 33.60%～51.12%，全部高于下限参考点（25%），22.70% 的比例高于目标参考点（SPR_{msy}）。单位补充量渔获量分析表明，雌鱼种群在捕捞死亡率为 0.127/a～0.464/a 时，其单位补充量渔获量达到最大值，而雄鱼种群在捕捞死亡率为 0.200/a～0.639/a 时，其单位补充量渔获量达到最大值（表 19-10）。上述结果表明，东方欧鳊种群可能处于生长型过度捕捞状态，不利于资源的可持续开发利用。

（三）养护措施

模拟 11 种养护措施，评估起捕年龄和禁渔期对东方欧鳊的保护效果（表 19-2）。

1. 起捕年龄

在现行的渔业管理政策下（禁渔期 4～6 月），以及设定的自然死亡率和捕捞死亡率值域内，利用单位补充量模型评估了起捕年龄对东方欧鳊种群资源的影响（表 19-10）。随着起捕年龄的逐渐增大，东方欧鳊种群的 YPR、YPR_{max}、SPR、$P_{25\%}$ 和 P_{msy} 表现为逐渐增大的趋势。这说明对于东方欧鳊种群来说，提高起捕年龄是一种有效的资源养护策略。因此，我们期望利用 YPR 和 SPR 等值线图来确定最优的起捕年龄。

对于起捕年龄的大部分值域，单位补充量渔获量增加的速度是随着捕捞压力的增大逐渐减缓的（图 19-7）。在设定的自然死亡率值域内，与当前单位补充量渔获量相比，将东方欧鳊雌鱼和雄鱼种群的起捕年龄分别设置为 9～10 龄和 8～9 龄，其单位补充量渔获量在捕捞死亡率大部分值域上波动幅度相对较小（图 19-7）。此外，在设定的自然死亡率和捕捞死亡率值域内，将东方欧鳊雌鱼和雄鱼种群的起捕年龄分别提高至不小于 12 龄和 10 龄，能够保证其繁殖潜力比始终高于目标参考点（SPR_{msy}；图 19-7、表 19-10）。

表 19-10　养护措施对东方欧鳊种群的生物学参考点、单位补充量渔获量和繁殖潜力比的影响

Table 19-10　Biological reference points, yield per recruit and spawning potential ratio of *A. brama orientalis* for different conversation policies

措施	M/a^{-1}	F/a^{-1}	$F_{25\%}$/a^{-1}	F_{msy}/a^{-1}	F_{max}/a^{-1}	YPR/g	$YPR_{25\%}$/g	YPR_{msy}/g	YPR_{max}/g	SPR/%	$P_{25\%}$/%	P_{msy}/%
雌鱼												
0	0.075～0.196	0.317～0.438	—	0.240～0.334	0.127～0.464	51.67～147.54	—	49.74～157.54	52.58～182.33	30.05～44.37	100.00	0.00
1	0.075～0.196	0.000～3.000	0.076～0.116	0.056～0.061	0.067～0.135	0.00～168.95	46.43～167.86	37.81～168.56	46.73～168.95	0.00～100.00	3.37	2.01
2	0.075～0.196	0.000～3.000	0.094～0.166	0.075～0.076	0.090～0.271	0.00～204.85	61.03～204.74	47.29～202.94	63.56～204.85	0.01～100.00	4.46	2.66
3	0.075～0.196	0.000～3.000	0.129～0.331	0.099～0.122	0.131～0.827	0.00～242.83	72.23～242.83	55.62～239.20	75.55～242.83	1.61～100.00	7.34	3.62
4	0.075～0.196	0.000～3.000	0.210～—	0.148～0.275	0.205～11.999	0.00～275.41	—～275.40	62.44～272.07	77.26～275.41	9.13～100.00	37.10	6.43
5	0.075～0.196	0.000～3.000	0.360～—	0.217～0.836	0.301～11.999	0.00～291.68	—～291.23	65.12～289.63	70.71～291.68	15.75～100.00	74.91	12.81
6	0.075～0.196	0.000～3.000	0.719～1.368	0.094～0.147	0.067～0.135	0.00～126.69	10.42～22.96	33.69～100.48	34.97～126.69	24.95～100.00	34.43	3.66
7	0.075～0.196	0.000～3.000	1.432～—	0.132～0.196	0.090～0.253	0.00～153.13	—～53.01	42.98～131.21	46.59～153.13	24.96～100.00	82.08	4.92
8	0.075～0.196	0.000～3.000	—	0.240～0.334	0.127～0.464	0.00～180.33	—	49.74～157.54	52.58～182.33	26.12～100.00	100.00	8.05
9	0.075～0.196	0.000～3.000	—	1.295～2.826	0.186～0.650	0.00～202.33	—	46.25～111.67	49.07～202.33	31.73～100.00	100.00	30.37
10	0.075～0.196	0.000～3.000	—	—	0.241～0.731	0.00～211.94	—	—	43.03～211.94	36.69～100.00	100.00	100.00
11	0.075～0.196	0.000～3.000	—	—	0.066～0.134	0.00～84.46	—	—	23.25～84.46	49.87～100.00	100.00	100.00
雄鱼												
0	0.097～0.240	0.444～0.587	—	0.530～0.555	0.200～0.639	33.72～105.14	—	34.15～106.29	34.31～119.37	33.60～51.12	100.00	22.77
1	0.097～0.240	0.000～3.000	0.098～0.147	0.070～0.074	0.086～0.171	0.00～105.14	31.84～104.52	25.85～104.31	32.06～105.14	0.00～100.00	4.24	2.47
2	0.097～0.240	0.000～3.000	0.132～0.238	0.097～0.105	0.129～0.422	0.00～133.91	57.06～133.89	33.58～131.15	45.52～133.91	0.08～100.00	6.23	3.41
3	0.097～0.240	0.000～3.000	0.215～0.968	0.146～0.216	0.215～4.182	0.00～162.36	51.48～162.36	40.30～158.62	52.43～162.36	5.90～100.00	15.81	5.84
4	0.097～0.240	0.000～3.000	0.598～—	0.283～1.337	0.439～11.999	0.00～182.48	—～181.87	44.28～180.49	47.07～182.48	18.40～100.00	84.57	18.70
5	0.097～0.240	0.000～3.000	—	0.687～—	1.016～11.999	0.00～189.58	—	—～189.18	38.51～189.58	28.23～100.00	100.00	75.62
6	0.097～0.240	0.000～3.000	0.876～1.545	0.117～0.163	0.086～0.170	0.00～78.83	8.16～16.37	23.03～68.07	23.95～78.83	24.93～100.00	40.52	4.44
7	0.097～0.240	0.000～3.000	2.881～—	0.184～0.236	0.127～0.361	0.00～99.78	—～31.31	30.32～91.43	32.79～99.78	24.99～100.00	99.93	6.56
8	0.097～0.240	0.000～3.000	—	0.530～0.555	0.200～0.639	0.00～119.37	—	34.15～106.29	34.31～119.37	29.29～100.00	100.00	15.47
9	0.097～0.240	0.000～3.000	—	—	0.316～0.812	0.00～130.89	—	—	27.82～130.89	38.63～100.00	100.00	100.00
10	0.097～0.240	0.000～3.000	—	—	0.430～0.879	0.00～132.35	—	—	21.95～132.35	46.00～100	100.00	100.00
11	0.097～0.240	0.000～3.000	—	—	0.086～0.168	0.00～52.51	—	—	15.90～52.55	49.83～100.00	100.00	100.00

注：$P_{25\%}$ 和 P_{msy} 指在自然死亡率和捕捞死亡率范围内，繁殖潜力比不小于 25% 和 SPR_{msy} 所占的百分比；“—”代表数据不存在；“0”为当前渔业措施。

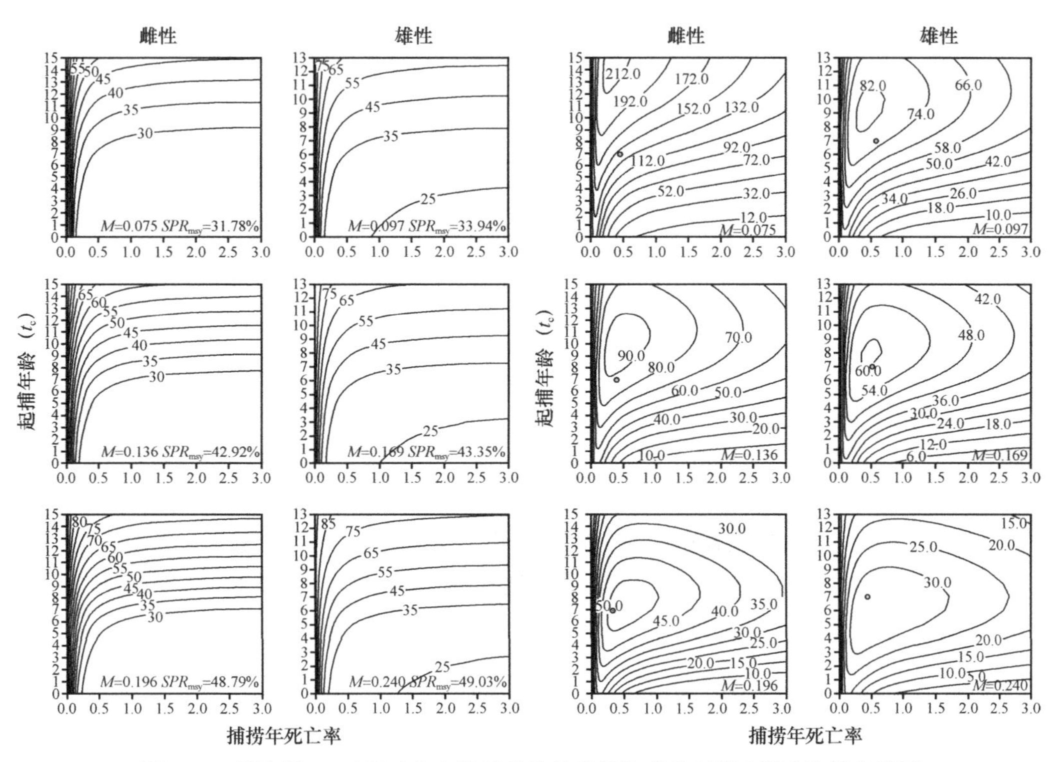

图 19-7　禁渔期 4～6 月时东方欧鳊单位补充量渔获量和繁殖潜力比等值线图

Figure 19-7　Isopleths of yield per recruit and spawning potential ratio for *A. brama orientalis* base on a scenario of closed season from Apr. to Jun.

圆点代表估算的当前单位补充量渔获量；图中自然死亡率（M）和繁殖潜力比（SPR_{msy}）分别为雌鱼和雄鱼估算的自然死亡率和繁殖潜力比范围的最小值、中值和最大值

现行的渔业管理政策（禁渔期 4～6 月）的实施，使得东方欧鳊雌鱼群体的繁殖潜力比由不低于 3.37% 提高至不低于 34.43% 的比例高于下限参考点（25%），由不低于 2.01% 提高至不低于 3.66% 的比例高于目标参考点（SPR_{msy}）；而雄鱼群体则由不低于 4.24% 提高至不低于 40.52% 的比例高于下限参考点（25%），由不低于 2.47% 提高至不低于 4.44% 的比例高于目标参考点（SPR_{msy}；表 19-10）。这说明现行单一禁渔措施对东方欧鳊种群资源起到了一定的保护效果，但是无法对其资源形成有效保护，还需结合提高起捕年龄的措施才能达到资源可持续利用的目的。因此，结合东方欧鳊种群可能处于生长型过度捕捞的现状，建议在每年的 4～6 月禁渔，其他时间起捕年龄应设置为不小于 12 龄。

2. 禁渔期

在设定的自然死亡率和捕捞死亡率值域内，禁渔期导致单位补充量渔获量降低，但能够对东方欧鳊种群资源形成有效的保护（表 19-10）。随着禁渔期的延长，东方欧鳊雌鱼和雄鱼种群的单位补充量渔获量呈现持续下降趋势，其繁殖潜力比却呈现持续上升趋势。将禁渔时间设置为 4～6 月，东方欧鳊雌鱼和雄鱼种群的繁殖潜力比有 34.43% 和 40.53% 的比例不低于下限参考点（25%），3.66% 和 4.44% 的比例不低于目标参考点（SPR_{msy}）；将禁渔时间设置为 4～9 月，其繁殖潜力比则始终不低于目标参考点（SPR_{msy}）。因此，结合东方欧鳊种群可能处于生长型过度捕捞的状态，在牺牲单位补充量渔获量的基础上，建议将东方欧鳊的禁渔期至少设置为 4～9 月。

七、银鲫

（一）死亡参数

估算的银鲫年总瞬时死亡率（Z）分别为0.821。极限年龄法估算的自然死亡率（M）为0.272/a；生长方程参数法估算的自然死亡率（M）为0.504/a；Pauly生活史参数法估算的自然死亡率（M）为0.509/a。因此，银鲫种群自然死亡率（M）范围为0.272/a～0.509/a。对应的捕捞死亡率（F_{cur}）为0.312/a～0.549/a。

（二）资源现状

在现有的渔业管理政策下，采用单位补充量模型分析银鲫种群资源现状对自然死亡率的敏感性。在估算的自然死亡率范围内，银鲫种群的繁殖潜力比为62.07%～82.79%，全部高于目标参考点（SPR_{msy}）。单位补充量渔获量分析表明，银鲫种群在捕捞死亡率为0.832/a～1.206/a时，其单位补充量渔获量达到最大值（表19-11）。上述结果表明，银鲫种群可能处于可持续开发利用状态，但需防止长期利用对其造成的不良影响。

（三）养护措施

模拟10种养护措施，评估起捕年龄和禁渔期对银鲫的保护效果（表19-2）。

1. 起捕年龄

在现行的渔业管理政策下（禁渔期4～6月），以及设定的自然死亡率和捕捞死亡率值域内，利用单位补充量模型评估了起捕年龄对银鲫种群资源的影响（表19-11）。随着起捕年龄的逐渐增大，银鲫种群的YPR和YPR_{max}表现为先增大后减小的趋势，SPR和P_{msy}表现为逐渐增大的趋势。这说明对于银鲫种群来说，提高起捕年龄是一种有效的资源养护策略。因此，我们期望利用YPR和SPR等值线图来确定最优的起捕年龄。

对于起捕年龄的大部分值域，单位补充量渔获量增加的速度是随着捕捞压力的增大逐渐减缓的（图19-8）。在设定的自然死亡率值域内，与当前单位补充量渔获量相比，将银鲫种群的起捕年龄设置为3～4龄，其单位补充量渔获量在捕捞死亡率大部分值域上波动幅度相对较小（图19-8）。此外，在设定的自然死亡率和捕捞死亡率值域内，将银鲫种群的起捕年龄设定为不小于4龄，能够保证其繁殖潜力比始终高于目标参考点（SPR_{msy}；图19-8、表19-11）。

现行的渔业管理政策（禁渔期4～6月）的实施，使得银鲫种群的繁殖潜力比由不低于14.60%提高至100.00%的比例高于下限参考点（25%），由不低于6.29%提高至不低于10.64%的比例高于目标参考点（SPR_{msy}；表19-11）。这说明当前单一的伏季休渔措施对银鲫种群资源起到了一定的保护效果，但是无法对其资源形成有效保护，还需结合提高起捕年龄的措施才能达到资源可持续利用的目的。因此，建议在每年的4～6月禁渔，其他时间起捕年龄应设置为不小于4龄。

表 19-11　养护措施对银鲫种群的生物学参考点、单位补充量渔获量和繁殖潜力比的影响

Table 19-11　Biological reference points, yield per recruit and spawning potential ratio of *C. auratus gibelio* for different conversation policies

措施	M/a^{-1}	F/a^{-1}	$F_{25\%}$/a^{-1}	F_{msy}/a^{-1}	F_{max}/a^{-1}	YPR/g	$YPR_{25\%}$/g	YPR_{msy}/g	YPR_{max}/g	SPR/%	$P_{25\%}$/%	P_{msy}/%
0	0.272～0.509	0.312～0.549	—	—	0.832～1.206	33.39～119.63	—	—	48.03～123.28	62.07～82.79	100.00	100.00
1	0.272～0.509	0.000～3.000	0.355～0.523	0.177～0.193	0.396～0.854	0.00～146.62	93.09～146.23	62.68～129.70	96.59～146.62	1.07～100.00	14.60	6.29
2	0.272～0.509	0.000～3.000	0.535～1.089	0.263～0.269	0.670～2.803	0.00～174.17	108.70～173.08	72.36～152.00	112.94～174.17	6.66～100.00	25.72	8.97
3	0.272～0.509	0.000～3.000	—～1.212	0.405～0.499	1.433～11.999	0.00～192.72	—～192.26	79.50～171.22	113.75～192.72	17.37～100.00	79.36	14.97
4	0.272～0.509	0.000～3.000	—	0.791～1.548	—～11.999	0.00～199.24	—	83.87～185.17	96.56～202.26	31.10～100.00	100.00	36.26
5	0.272～0.509	0.000～3.000	—	0.286～0.356	0.377～0.681	0.00～107.55	—	57.32～107.47	67.38～107.55	25.57～100.00	100.00	10.64
6	0.272～0.509	0.000～3.000	—	0.469～0.534	0.567～0.944	0.00～122.76	—	63.51～122.76	69.87～122.76	29.63～100.00	100.00	15.54
7	0.272～0.509	0.000～3.000	—	1.105～1.134	0.702～1.108	0.00～128.04	—	61.32～123.86	61.32～128.04	37.57～100.00	100.00	36.24
8	0.272～0.509	0.000～3.000	—	—	0.832～1.206	0.00～123.28	—	—	48.03～123.28	47.84～100.00	100.00	100.00
9	0.272～0.509	0.000～3.000	—	0.503～1.307	0.364～0.618	0.00～82.35	—	49.60～56.90	50.11～82.35	41.86～100.00	100.00	23.91
10	0.272～0.509	0.000～3.000	—	—	0.353～0.572	0.00～57.86	—	—	34.27～57.86	58.31～100.00	100.00	100.00

注：$P_{25\%}$ 和 P_{msy} 指在自然死亡率和捕捞死亡率范围内，繁殖潜力比不小于 25% 和 SPR_{msy} 所占的百分比；“—”代表数据不存在；“0”为当前渔业措施。

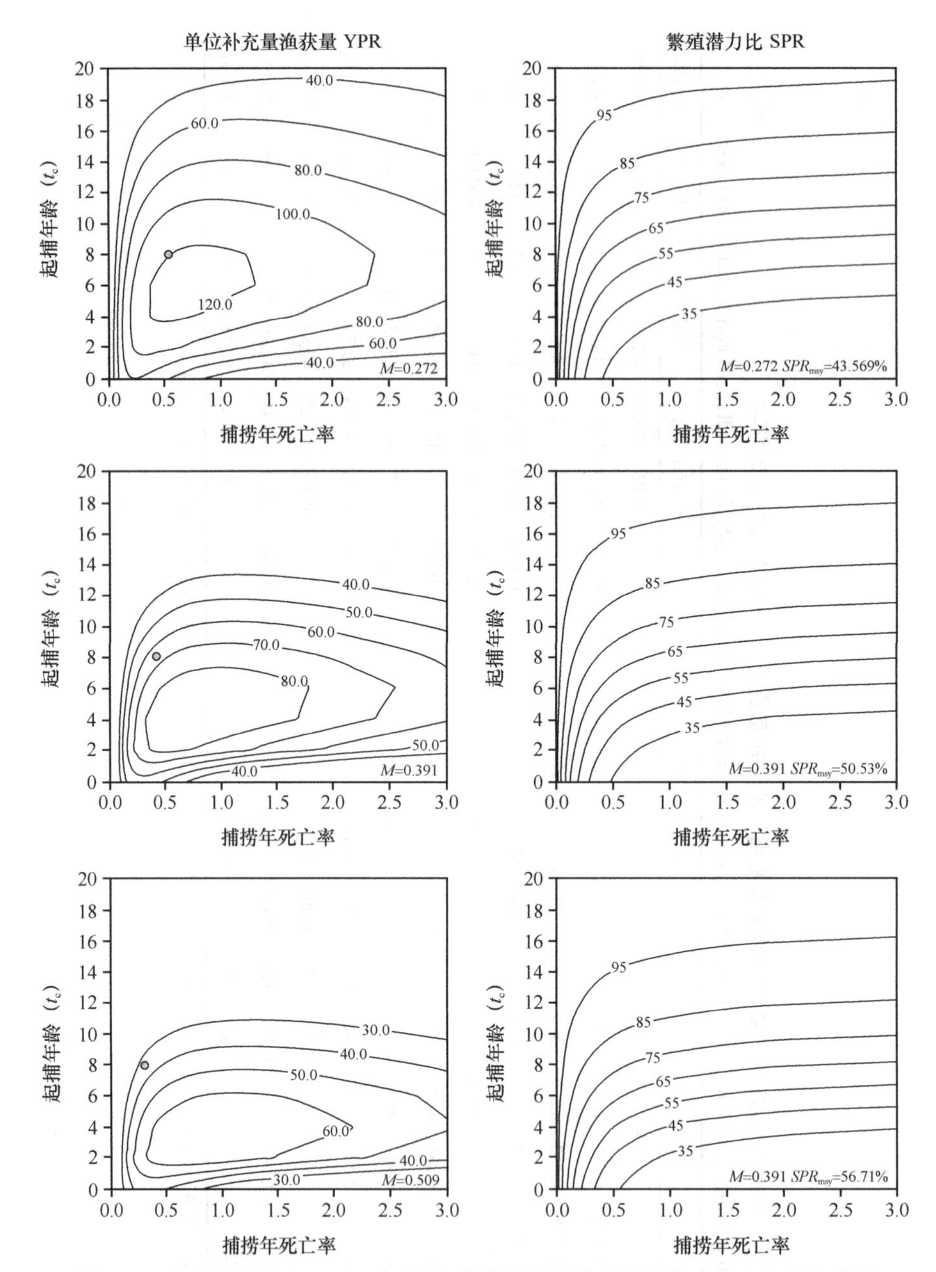

图 19-8　禁渔期设置为 4～6 月时银鲫单位补充量渔获量和繁殖潜力比等值线图

Figure 19-8　Isopleths of yield per recruit and spawning potential ratio for *C. auratus gibelio* base on a scenario of closed season from Apr. to Jun.

圆点代表估算的当前单位补充量渔获量；图中自然死亡率（*M*）和繁殖潜力比（SPR_{msy}）分别为雌鱼和雄鱼估算的自然死亡率和繁殖潜力比范围的最小值、中值和最大值

2. 禁渔期

在设定的自然死亡率和捕捞死亡率值域内，禁渔期导致单位补充量渔获量降低，但能够对银鲫种群资源形成有效的保护（表 19-11）。随着禁渔期的增加，银鲫种群的单位补充量渔获量呈现持续下降趋势，其繁殖潜力比却呈现持续上升趋势。将禁渔时间设置为 4～6 月，银鲫种群的繁殖潜力比全部不低于下限参考点（25%），10.64% 的比例不低于目

标参考点（SPR_{msy}）；将禁渔时间设置为4～8月，其繁殖潜力比则始终不低于下限参考点（25%），23.91%的比例不低于目标参考点（SPR_{msy}），将禁渔时间设置为4～10月，其繁殖潜力比则始终不低于目标参考点（SPR_{msy}）。因此，在牺牲单位补充量渔获量的基础上，建议将银鲫的禁渔期至少设置为4～10月。

八、江鳕

（一）死亡参数

估算的江鳕雌鱼和雄鱼年总瞬时死亡率（Z）分别为1.073/a和0.875/a。极限年龄法估算的雌鱼和雄鱼自然死亡率（M）分别为0.214/a和0.374/a；生长方程参数法估算的雌鱼和雄鱼自然死亡率（M）分别为0.340/a和0.606/a；Pauly生活史参数法估算的雌鱼和雄鱼自然死亡率（M）分别为0.363/a和0.606/a。因此，雌鱼种群自然死亡率（M）假设为0.214/a～0.363/a，而雄鱼种群自然死亡率（M）假设为0.374/a～0.606/a。对应的雌鱼的捕捞死亡率（F_{cur}）为0.710/a～0.859/a，而雄鱼的捕捞死亡率（F_{cur}）为0.269/a～0.501/a。

（二）资源现状

在现有的渔业管理政策下，采用单位补充量模型分析江鳕雌鱼和雄鱼种群资源现状对自然死亡率的敏感性。在估算的自然死亡率范围内，雌鱼种群的繁殖潜力比为33.17%～41.02%，全部高于下限参考点（25%），全部低于目标参考点（SPR_{msy}）；雄鱼种群的繁殖潜力比为61.80%～79.71%，全部高于下限参考点（25%），44.55%的比例高于目标参考点（SPR_{msy}）。单位补充量渔获量分析表明，雌鱼种群在捕捞死亡率为0.374/a～0.627/a时，其单位补充量渔获量达到最大值，而雄鱼种群在捕捞死亡率为0.899/a～1.192/a时，其单位补充量渔获量达到最大值（表19-12）。上述结果表明，江鳕种群可能处于生长型过度捕捞状态，不利于资源的可持续开发利用。

（三）养护措施

模拟11种养护措施，评估起捕年龄和禁渔期对江鳕的保护效果（表19-2）。

1. 起捕年龄

在现行的渔业管理政策下（禁渔期4～6月），以及设定的自然死亡率和捕捞死亡率值域内，利用单位补充量模型评估了起捕年龄对江鳕种群资源的影响（表19-12）。随着起捕年龄的逐渐增大，江鳕种群的YPR和YPR_{max}表现为先增大后减小的趋势，SPR，$P_{25\%}$和P_{msy}表现为逐渐增大的趋势。这说明对于江鳕种群来说，提高起捕年龄是一种有效的资源养护策略。因此，我们期望利用YPR和SPR等值线图来确定最优的起捕年龄。

对于起捕年龄的大部分值域，单位补充量渔获量增加的速度是随着捕捞压力的增大逐渐减缓的（图19-9）。在设定的自然死亡率值域内，与当前单位补充量渔获量相比，将江鳕雌鱼和雄鱼种群的起捕年龄分别设置为4～5龄和3～4龄，其单位补充量渔获量在捕捞死亡率大部分值域上波动幅度相对较小（图19-9）。此外，在设定的自然死亡率和捕捞死亡率值域内，将江鳕雌鱼和雄鱼种群的起捕年龄分别提高至不小于7龄和5龄，能够保证其繁殖潜力比始终高于目标参考点（SPR_{msy}；图19-9、表19-12）。

表 19-12　养护措施对江鳕种群的生物学参考点、单位补充量渔获量和繁殖潜力比的影响

Table 19-12　Biological reference points, yield per recruit and spawning potential ratio of *L. lota* for different conversation policies

措施	M/a^{-1}	F/a^{-1}	$F_{25\%}$/a^{-1}	F_{msy}/a^{-1}	F_{max}/a^{-1}	YPR/g	$YPR_{25\%}$/g	YPR_{msy}/g	YPR_{max}/g	SPR/%	$P_{25\%}$/%	P_{msy}/%
雌鱼												
0	0.214～0.363	0.710～0.859	—	0.169～0.188	0.374～0.627	128.25～209.03	—	92.54～211.98	128.59～235.66	33.17～41.02	100.00	0.00
1	0.214～0.363	0.000～3.000	0.229～0.283	0.069～0.080	0.206～0.290	0.00～229.11	124.28～228.22	72.50～175.18	124.30～229.11	0.03～100.00	8.65	2.63
2	0.214～0.363	0.000～3.000	0.390～0.595	0.112～0.119	0.409～0.879	0.00～324.55	183.46～324.43	99.42～236.18	186.37～324.55	3.78～100.00	16.23	3.99
3	0.214～0.363	0.000～3.000	1.700～—	0.217～0.245	2.242～11.999	0.00～391.46	—～390.56	123.16～299.15	206.73～391.46	22.05～100.00	93.87	7.75
4	0.214～0.363	0.000～3.000	—	0.596～1.112	—～11.999	0.00～393.83	—	137.24～348.65	161.40～403.18	45.50～100.00	100.00	26.60
5	0.214～0.363	0.000～3.000	1.847～2.930	0.101～0.123	0.205～0.289	0.00～171.67	24.04～42.99	68.55～157.77	92.87～171.67	24.87～100.00	77.98	3.87
6	0.214～0.363	0.000～3.000	—	0.169～0.188	0.374～0.627	0.00～235.66	—	92.54～211.98	128.59～235.66	27.54～100.00	100.00	6.07
7	0.214～0.363	0.000～3.000	—	0.388～0.425	0.622～0.937	0.00～264.13	—	107.66～254.75	120.10～264.13	41.13～100.00	100.00	13.49
8	0.214～0.363	0.000～3.000	—	—	0.810～1.084	0.00～241.81	—	—	84.52～241.81	58.82～100.00	100.00	100.00
9	0.214～0.363	0.000～3.000	—	0.195～0.290	0.204～0.286	0.00～114.32	—	58.89～109.47	61.55～114.32	49.63～100.00	100.00	7.93
10	0.214～0.363	0.000～3.000	—	—	0.203～0.281	0.00～57.04	—	—	30.52～57.04	74.67～100.00	100.00	100.00
11	0.214～0.363	0.000～3.000	—	—	0.202～0.280	0.00～37.99	—	—	20.28～37.99	83.08～100.00	100.00	100.00
雄鱼												
0	0.374～0.606	0.269～0.501	—	0.328～0.427	0.899～1.192	37.12～109.94	—	41.55～104.94	59.62～118.43	61.80～79.72	100.00	44.55
1	0.374～0.606	0.000～3.000	0.418～0.500	0.084～0.118	0.397～0.546	0.00～114.27	69.13～114.17	29.74～75.57	69.29～114.27	0.36～100.00	15.36	3.51
2	0.374～0.606	0.000～3.000	1.861～11.290	0.221～0.271	2.007～—	0.00～186.00	111.17～185.96	46.87～121.86	133.98～186.00	20.72～100.00	90.80	8.37
3	0.374～0.606	0.000～3.000	—	2.166～2.507	—～—	0.00～162.93	—	58.57～158.54	96.03～175.01	62.63～100.00	100.00	78.68
4	0.374～0.606	0.000～3.000	—	—	—～—	0.00～94.12	—	—	43.46～106.41	92.59～100.00	100.00	100.00
5	0.374～0.606	0.000～3.000	2.862～4.705	0.118～0.175	0.393～0.536	0.00～85.48	13.48～27.66	28.68～70.06	51.51～85.48	24.96～100.00	99.72	5.00
6	0.374～0.606	0.000～3.000	-	0.328～0.427	0.899～1.192	0.00～118.43	-	41.55～104.94	59.62～118.43	39.75～100.00	100.00	12.69
7	0.374～0.606	0.000～3.000	-	-	1.230～1.432	0.00～87.79	-	-	29.14～89.79	71.26～100.00	100.00	100.00

续表

措施	M/a^{-1}	F/a^{-1}	$F_{25\%}$/a^{-1}	F_{msy}/a^{-1}	F_{max}/a^{-1}	YPR/g	$YPR_{25\%}$/g	YPR_{msy}/g	YPR_{max}/g	SPR/%	$P_{25\%}$/%	P_{msy}/%
8	0.374～0.606	0.000～3.000	–	–	1.903～1.944	0.00～42.80	-	-	9.43～42.80	93.92～100.00	100.00	100.00
9	0.374～0.606	0.000～3.000	–	0.202～0.344	0.387～0.519	0.00～56.68	-	26.27～56.43	33.76～56.68	49.43～100.00	100.00	9.01
10	0.374～0.606	0.000～3.000	–	–～1.049	0.378～0.498	0.00～28.05	-	13.58～-	16.44～28.05	74.46～100.00	100.00	91.59
11	0.374～0.606	0.000～3.000	–	–	0.375～0.491	0.00～18.62	-	-	10.85～18.62	82.91～100.00	100.00	100.00

注：$P_{25\%}$ 和 P_{msy} 指在自然死亡率和捕捞死亡率范围内，繁殖潜力比不小于 25% 和 SPR_{msy} 所占的百分比；“—”代表数据不存在；“0”为当前渔业措施。

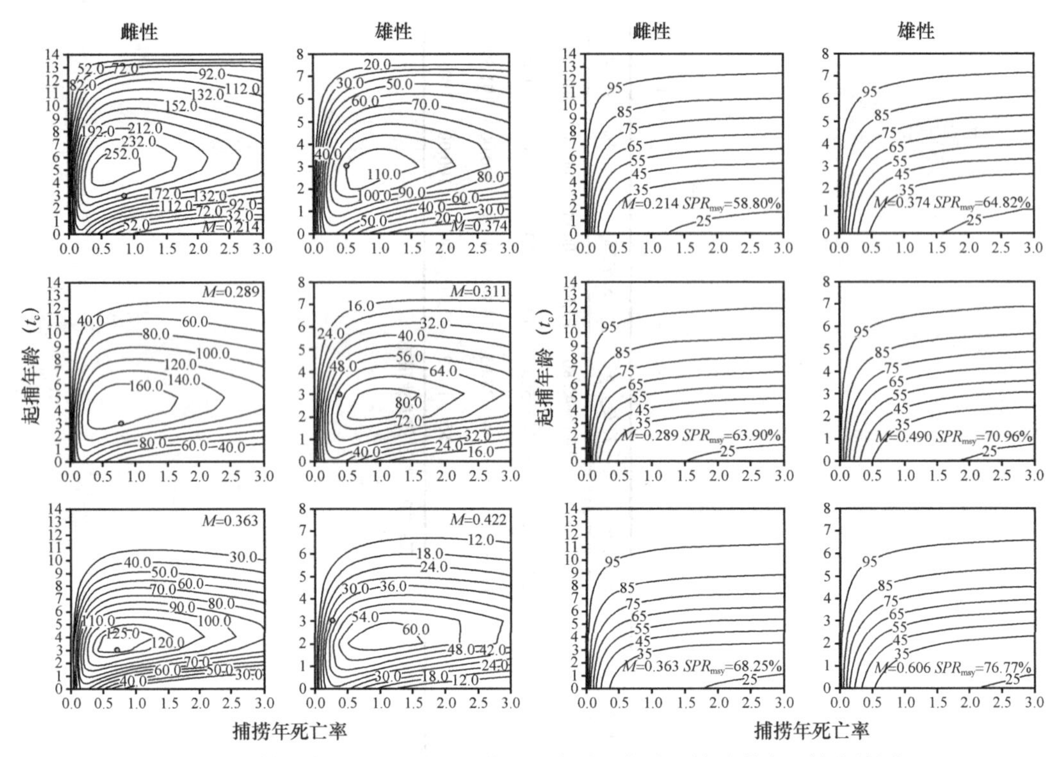

图 19-9　禁渔期 4～6 月时江鳕单位补充量渔获量和繁殖潜力比等值线图

Figure 19-9　Isopleths of yield per recruit and spawning potential ratio for *L. lota* base on a scenario of closed season from Apr. to Jun.

圆点代表估算的当前单位补充量渔获量；图中自然死亡率（*M*）和繁殖潜力比（SPR_{msy}）分别为雌鱼和雄鱼估算的自然死亡率和繁殖潜力比范围的最小值、中值和最大值

现行的渔管理政策（禁渔期 4～6 月）的实施，使得江鳕雌鱼群体的繁殖潜力比由不低于 8.56% 提高至不低于 77.98% 的比例高于下限参考点（25%），由不低于 2.63% 提高至不低于 3.87% 的比例高于目标参考点（SPR_{msy}）；而雄鱼群体则由不低于 15.36% 提高至不低于 99.72% 的比例高于下限参考点（25%），由不低于 3.51% 提高至不低于 5.00% 的比例高于目标参考点（SPR_{msy}；表 19-12）。这说明现行的单一禁渔期措施对江鳕种群资源起到了一定的保护效果，但是无法对其资源形成有效保护，还需结合提高起捕年龄的措施才能达到资源可持续利用的目的。因此，结合江鳕种群可能处于生长型过度捕捞的现状，建议在每年的 4～6 月禁渔，其他时间起捕年龄应设置为不小于 7 龄。

2. 禁渔期

在设定的自然死亡率和捕捞死亡率值域内，禁渔期导致单位补充量渔获量降低，但能够对江鳕种群资源形成有效的保护（表 19-12）。随着禁渔期的延长，江鳕雌鱼和雄鱼种群的单位补充量渔获量呈现持续下降趋势，其繁殖潜力比却呈现持续上升趋势。将禁渔时间设置为 4～6 月，江鳕雌鱼和雄鱼种群的繁殖潜力比有 77.98% 和 99.72% 的比例不低于下限参考点（25%），3.87% 和 5.00% 的比例不低于目标参考点（SPR_{msy}）；将禁渔时间设置为 4～9 月，其繁殖潜力比则始终不低于下限参考点（25%），7.93% 和 9.01% 的比例不低于目标参考点（SPR_{msy}）；将禁渔时间设置为 4～12 月，其繁殖潜力比则始终不低于下限参考点（25%），100.00% 和 91.59% 的比例不低于目标参考点（SPR_{msy}）；将禁渔时间设置为 4 月至

翌年 1 月，其繁殖潜力比则始终不低于目标参考点（SPR_{msy}）。因此，结合江鳕种群可能处于生长型过度捕捞的状态，在牺牲单位补充量渔获量的基础上，建议将江鳕的禁渔期至少设置为 4 月至翌年 1 月。

第三节　讨　　论

自然死亡率是开展种群动态评估的重要参数之一，对于已开发的自然种群，自然死亡率通常与捕捞死亡率交织在一起，因此，准确地估算自然死亡率是极其困难的（Lee *et al.*，2011；Kenchignton，2014）。估算自然死亡率通常采用直接估算法和经验公式法（间接估算法）。直接估算法常常需要大数据的支持，仅能运用于研究数据相对较为丰富的种群；为了解决研究数据相对匮乏种群的自然死亡率估算问题，在过去的 70 多年中，学者们利用鱼类的生活史信息构建了许多经验公式来估算自然死亡率（Then *et al.*，2015；Hoenig，1983；Pauly，1980；Jensen，1996）。与直接估算法相比，由于经验公式法所利用的数据较少，其估算结果的可靠性必然相对较低，因此，在种群动态研究过程中，学者们通常采用至少 2 种经验公式来评估自然死亡率的不确定性。本章结果表明，在估算的自然死亡率范围内，除湖拟鲤外，其他 7 种鱼类资源现状对自然死亡率的敏感性较低，即自然死亡率的变化不能引起其资源开发现状的改变。Smith *et al.*（2012）报道采用 Chapman-Robson 法估算的总死亡率常常产生负偏差，这暗示本研究估算的当前捕捞死亡率偏低。因此，对额尔齐斯河鱼类资源现状的评估结果需保持保守且偏悲观的态度。

为了保护额尔齐斯河鱼类资源，2005 年当地出台渔业资源保护条例，规定每年 4 月 1 日至 6 月 30 日为禁渔期。单一的禁渔期措施能够对保护鱼类资源起到一定效果，但对禁渔期外的捕捞、垂钓及销售等行为并没有形成有效约束。禁渔期过后，那些付费取得捕捞许可证的渔民自然就会竭力而为，尽可能捕获更多渔获物，因此，没有捕捞规格和配额限制的单一禁渔期措施，对资源保护只能是事倍功半。本书第五至第十二章的结果表明，额尔齐斯河绝大部分渔获物年龄都低于所对应的拐点年龄，主要鱼类群落结构小型化和低龄化现象十分明显。此外，除银鲫外，其他 7 种鱼类资源均处于生长型过渡捕捞状态。提示季节性禁渔并不能有效地阻止对额尔齐斯河鱼类资源的破坏，还需在非禁渔期限制起捕年龄才能对额尔齐斯河的鱼类资源形成有效保护，但大部分鱼类的最小起捕年龄接近甚至超过渔获物中的最大年龄（表 19-13），反映出在额尔齐斯河实施全面禁捕的必要性。为了更好地保护鱼类资源，自 2019 年开始在额尔齐斯河、乌伦古河等当地其他 55 条大小河流，全年禁止一切垂钓、捕捞行为，同时禁止销售、收购在禁渔期间捕捞的水产品。本章结果指出，至少需将禁渔期设置为 4 月至翌年 2 月才能对额尔齐斯河鱼类资源形成有效保护（表 19-13），根据额尔齐斯河主要鱼类 50% 个体达到性成熟年龄范围为 1.4～6.8 龄的提示（表 19-1），建议在额尔齐斯河流域至少实施 7 年的全面禁捕。通过全面禁捕，使额尔齐斯河主要鱼类资源至少能够有一个世代的繁衍，资源量尤其是亲本资源量至少恢复到未开发利用时的 50%～60% 的水平（SPR_{msy} 均值范围），全面禁捕到期后，结合额尔齐斯河主要鱼类的性成熟体长数据，建议每年的 4～6 月禁渔，根据表 19-1 关于 50% 个体达到性成熟体长数据的提示，非休渔季节需控制起捕体长不低于 330 mm。

表 19-13　额尔齐斯河 8 种鱼类的有效养护措施和实测最大年龄

Table 19-13　Effective conversation policy and estimated mas age for the eight fishes in the Irtysh River

物种	有效养护措施 1	有效养护措施 2	实测最大年龄
北极茴鱼 *T. arcticus arcticus*	4～6 月禁渔，$t_c \geq 6$ 龄	4～11 月禁渔	11 龄
白斑狗鱼 *E. lucius*	4～6 月禁渔，$t_c \geq 9$ 龄	4～11 月禁渔	7 龄
湖拟鲤 *R. rutilus lacustris*	4～6 月禁渔，$t_c \geq 5$ 龄	4～9 月禁渔	7 龄
贝加尔雅罗鱼 *L. baicalensis*	4～6 月禁渔，$t_c \geq 3$ 龄	4～11 月禁渔	5 龄
高体雅罗鱼 *L. idus*	4～6 月禁渔，$t_c \geq 7$ 龄	4 月至翌年 2 月禁渔	9 龄
东方欧鳊 *A. brama orientalis*	4～6 月禁渔，$t_c \geq 12$ 龄	4～9 月禁渔	16 龄
银鲫 *C. auratus gibelio*	4～6 月禁渔，$t_c \geq 4$ 龄	4～10 月禁渔	10 龄
江鳕 *L. lota*	4～6 月禁渔，$t_c \geq 7$ 龄	4～翌年 1 月禁渔	6 龄

小　　结

1）估算的额尔齐斯河 8 种鱼类的总瞬时死亡率范围为 0.513/a～2.128/a，其中，贝加尔雅罗鱼种群的总死亡率较大，而东方欧鳊种群的总死亡率较小；估算的自然死亡率范围由 0.075/a～0.196/a 逐渐递增至 0.499/a～0.826/a，其中，贝加尔雅罗鱼表现出较高的自然死亡率，而东方欧鳊则表现出较低的自然死亡率；估算的捕捞死亡率范围由 0.171/a～0.384/a 逐渐递增至 1.302/a～1.629/a，其中，贝加尔雅罗鱼由捕捞引起的死亡率较高，而湖拟鲤则较低。

2）在估算的自然死亡率范围内，额尔齐斯河 8 种鱼类的繁殖潜力比均高于下限参考点（25%），但与目标参考点（SPR_{msy}）的大小关系具有性别和种间差异性。总体上，在当前单一的伏季休渔管理措施下，额尔齐斯河 8 种主要鱼类中，除银鲫外，其他 7 种鱼类均处于生长型过度捕捞状态，这说明当前禁渔措施（4～6 月）能够对额尔齐斯河鱼类资源起到一定保护效果，但不能有效地阻止酷渔滥捕对额尔齐斯河鱼类资源的破坏。

3）通过评估不同养护措施对资源保护的效果发现，季节性休渔（4～6 月）配合非禁渔季节限制起捕规格或单一的禁渔（至少 4 月至翌年 2 月）措施都能对额尔齐斯河 8 种鱼类资源形成有效的保护，但大部分鱼类的最小起捕规格接近甚至超过渔获物中的最大规格，反映出在额尔齐斯河实施全面禁捕的必要性。因此，根据额尔齐斯河主要鱼类 50% 个体达到性成熟的年龄范围为 1.4～6.8 龄的提示，建议在额尔齐斯河流域至少实施 7 年的全面禁捕，促使种群恢复。全面禁捕到期后，结合额尔齐斯河主要鱼类 50% 个体达到性成熟体长数据，建议每年的 4～6 月禁渔，非禁渔季节需控制起捕体长不低于 330 mm。

主要参考文献

GOODYEAR C P. 1993. Spawning stock biomass per recruit in fisheries management: foundation and current use. // Smith S J, Hunt J J, Rivard D. Risk evaluation and biological reference points for fisheries management. *Canadian Special Publication Fisheries Aquatic Science*, 120: 67-81

GRIFFITHS M H. 1997.The application of per-recruit models to Argyrosomus inodorus, an important South African sciaenid fish. *Fisheries Rresearch*, 30: 103-115

HOENIG J M. 1983. Empirical use of longevity data to estimate mortality rates. *Fishery Bullentin*, 82: 898-903

JENSEN A L. 1996. Beverton and Holt life history invariants result fromoptimal trade-off of reproduction and survival. *Canadian Journal Fisheries Aquattic Sciencces*, 53: 820-822

KENCHINGTON T J. 2014. Natural mortality estimators for information-limited fisheries. *Fish and Fisheries*, 15(4): 533-562

KIRCHNER C H. 2001. Fisheries regulations based on yield-per-recruit analysis for the linefish silver kob Argyrosomus inodorus in Namibian waters. *Fisheries Research*, 52: 155-167

LEE H H, Maunder M N, Piner K R, *et al*. 2011. Estimating natural mortality within a fisheries stock assessment model: an evaluation using simulation analysis based on twelve stock assessments. *Fisheries Research*, 109(1): 89-94

PAULY D. 1980. On the interrelationships between natural mortality, growth parameters, and mean environmental temperature in 175 fish stocks. *ICES Journal of Marine Science*, 39(2): 175-192

QUINN T J, DERISO R B. 1999. Quantitative fish dynamics. New York: Oxford University Press: 1-542

SMITH M W, THEN A Y, WOR C, *et al*. 2012. Recommendations for catch-curve analysis. *North American Journal of Fisheries Management*, 32: 956-967

SUN C L, EHRHARDT N M, PORCH C E, *et al*. 2002. Analysis of yield and spawning stock biomass per recruit for the South Atlantic albacore (*Thunnus alalunga*). *Fisheries Research*, 56: 193-204

THEN A Y, HOENIG J M, HALL N G, *et al*. 2015. Evaluating the predictive performance of empirical estimators of natural mortality rate using information on over 200 fish species. *ICES Journal of Marine Science*, 72: 82-92

ZHOU S, PUNT A E, LEI Y, *et al*. 2020. Identifying spawner biomass per-recruit reference points from life-history parameters. *Fish and Fisheries*, 21: 760-773

第二十章　额尔齐斯河渔业资源保护对策

谢从新[1]　霍　斌[1]　郭　焱[2]

1. 华中农业大学，湖北 武汉，430070；

2. 新疆维吾尔自治区水产科学研究所，新疆 乌鲁木齐，830000

额尔齐斯河是我国唯一流入北冰洋的国际河流，也是我国纬度最高的河流。额尔齐斯河发源于我国新疆北部的阿尔泰山南坡，处于干旱和半干旱地区，保持着相对原始的水生生态环境。额尔齐斯河的鱼类多为我国特有鱼类，是我国重要的鱼类种质资源。但受水利工程建设、矿山开发、种养殖业发展、过度捕捞等诸多人类活动的影响，目前渔业资源状况不容乐观，土著鱼类资源萎缩，一些珍稀鱼类已多年难觅踪影，经济鱼类种群数量日趋减少，小型化现象严重。查明资源萎缩的原因，根据水域生态环境和鱼类资源特点，采取相应的保护措施，是额尔齐斯河流域水生态环境和渔业资源保护的迫切需要。

第一节　额尔齐斯河鱼类资源与变化趋势

一、鱼类资源现状与变化趋势

（一）鱼类资源现状

额尔齐斯河历史记录和现有的鱼类共40种。现有鱼类8目13科32属37种，其中，土著鱼类8目10科18属19种，占51.4%；外来鱼类3目7科16属18种（品系），占48.6%。土著鱼类中，鲤形目2科9种，占47.37%；鲑形目2科3种，占15.79%；鲈形目1科2种，占10.54%；七鳃鳗目、鲟形目、狗鱼目、鳕形目、鲉形目各1种，各占5.26%。外来鱼类中，鲤形目2科10种，占55.56%；鲑形目3科6种（包括黑龙江水系的哲罗鱼和细鳞鱼），占33.33%；鲈形目2科2种，占11.11%（表20-1）。

表20-1　额尔齐斯河的鱼类组成

Table 20-1　Fish composition of the Irtysh River

目	科	土著种数		外来种数		合计	
		n	%	*n*	%	*n*	%
七鳃鳗目 Petromyzoniformes	七鳃鳗科 Petromyzonidae	1	5.26			1	2.70
鲟形目 Acipenseriformes	鲟科 Acipenseridae	1	5.26			1	2.70
鲑形目 Salmoniformes	鲑科 Salmonidae	2	10.53	4	22.22	6	16.22
	茴鱼科 Thymallidae	1	5.26		0.00	1	2.70
	胡瓜鱼科 Osmeridae		0.00	1	5.56	1	2.70
	银鱼科 Salangidae		0.00	1	5.56	1	2.70
狗鱼目 Esociformes	狗鱼科 Esocidae	1	5.26		0.00	1	2.70
鲤形目 Cypriniformes	鲤科 Cyprinidae	7	36.84	8	44.44	15	40.54
	鳅科 Cobitidae	2	10.53	2	11.11	4	10.81

续表

目	科	土著种数		外来种数		合计	
		n	%	n	%	n	%
鳕形目 Gadiformes	鳕科 Gadidae	1	5.26		0.00	1	2.70
鲈形目 Perciformes	鲈科 Percidae	2	10.53	1	5.56	3	8.11
	沙塘鳢科 Odontobutidae		0.01	1	5.56	1	2.70
鲉形目 Scorpaeniformes	杜父鱼科 Cottidae	1	5.26		0.00	1	2.70
合计		19	100.00	18	100.00	37	100.00

小体鲟、西伯利亚鲟、北鲑、北极茴鱼、白斑狗鱼、丁鱥、阿勒泰鱥、湖拟鲤、贝加尔雅罗鱼、高体雅罗鱼、尖鳍鮈、金鲫、额河银鲫、北方须鳅、北方花鳅、河鲈、粘鲈、阿尔泰杜父鱼18种在我国仅分布于额尔齐斯河，为额尔齐斯河特有土著鱼类，占额尔齐斯河有记录土著鱼类的81.82%。额尔齐斯河鱼类在我国鱼类种质资源中具有不可替代的重要地位。

（二）鱼类资源变化趋势

1. 土著鱼类资源减少严重，珍稀鱼类几近灭绝

据潘育英和廖文林（1989）的调查，1962年阿尔泰渔场捕捞队曾有一网捕捞西伯利亚鲟200多尾的记录，布尔津食品公司捕捞队在布尔津河口捕捞北鲑400余尾，有时可日捕哲罗鱼30～40尾，最大个体重38kg；60年代额尔齐斯河盛产的四大名贵鱼类北鲑、西伯利亚鲟、哲罗鱼和细鳞鱼仅见数尾。目前，小体鲟、北鲑已有30余年未见踪影，西伯利亚鲟则每年仅能偶尔捕到几尾。

2004年新疆维吾尔自治区人民政府发布新疆维吾尔自治区重点保护鱼类共14种[①]，额尔齐斯河西伯利亚鲟、小体鲟、北鲑为新疆维吾尔自治区Ⅰ级保护对象；北极茴鱼、高体雅罗鱼、阿勒泰杜父鱼为Ⅱ级保护对象。根据《中国脊椎动物红色名录》对物种濒危程度的评估，小体鲟为极危（CR）、西伯利亚鲟为濒危（EN）、北鲑为区域灭绝（RE）、哲罗鱼为易危（VU）、阿尔泰杜父鱼为易危（VU）（蒋志刚等，2016），成为真正的“珍稀鱼类”。哲罗鱼被列入中国濒危动物红皮书（乐佩琦和陈宜瑜，1998），资源的衰竭程度可见一斑。必须采取有效的措施予以保护。

2. 主要经济鱼类资源量急剧减少，小型化严重

鱼类资源变化的另一个趋势是资源量的急剧减少以及鱼类种群小型化和个体小型化。20世纪70年代前，额尔齐斯河主产白斑狗鱼、高体雅罗鱼、哲罗鱼、细鳞鱼、北鲑、贝加尔雅罗鱼、西伯利亚鲟、北极茴鱼、江鳕、银鲫、金鲫、丁鱥、河鲈和外来鱼类鲤等十余种鱼类。70年代后，主要渔获种类逐渐减少，土著鱼类产量急剧减少，80年代至21世纪初，外来鱼类东方欧鳊成为额尔齐斯河最主要的捕捞鱼类，产量占80％以上（郭焱等，2003），但渔获个体出现小型化，平均体重仅200g，400g以下个体约占84%。70年代以前，银鲫和河鲈个体一般重2～3kg（潘育英和廖文林，1989），目前银鲫渔获物平均

① 新疆维吾尔自治区重点保护水生野生动物名录．新政发〔2004〕67号。

体重约 400g，200～600g 的个体占 76% 以上；河鲈渔获物平均体重为 89.7g，100g 以下个体占 69.17%，200g 以上个体占比不到 10%。

3. 外来鱼类入侵严重，挤占土著鱼类生态位

20 世纪 50～60 年代，额尔齐斯河的外来鱼类仅鲤和东方欧鳊 2 种，而目前，在额尔齐斯河共采集到鲤、东方欧鳊、梭鲈、池沼公鱼、大银鱼、鲢、鳙、草鱼、麦穗鱼、棒花鱼、小黄黝鱼、虹鳟、褐鳟，以及黑龙江水系的哲罗鱼和细鳞鱼品系等 18 种外来鱼类，外来鱼类种类数占现有鱼类总数的 48.6%（表 20-1）。外来鱼类入侵显著改变了额尔齐斯河鱼类的群落结构，与土著鱼类产生空间和营养生态位竞争，导致种质污染、种质资源退化甚至丧失，严重危害额尔齐斯河的渔业资源及其水域生态系统的安全。

二、主要鱼类生物学特性

鱼类的生物学特性是制定鱼类资源保护措施的重要依据之一。为了更好地分析鱼类资源衰退原因，现将主要鱼类的生物学特性简要介绍如下。

额尔齐斯河的鱼类属冷水性鱼类，生长缓慢，生长常数（k）多为 0.094～0.192/a，表观生长指标为 4.020～5.060。渔获物分析表明，多数鱼类的拐点年龄大于性成熟年龄；小于生长拐点的个体占到 90%。现有的鱼类中，除江鳕在冬季产卵外，其他鱼类在春夏季产卵，繁殖盛期为 4～6 月，通常具有短距离洄游习性；产黏（沉）性卵，产出的卵附着在植物根茎、砾石上；营养类型可以分为杂食性和肉食性两大类。杂食性鱼类又可分为几种亚类：以藻类和植物碎屑为主要食物的鱼类，如湖拟鲤、银鲫和贝加尔雅罗鱼，营养级不超过 3 级；以水生昆虫幼虫为主要食物的鱼类，如北极茴鱼、高体雅罗鱼和东方欧鳊等鱼类，营养级为 2.5～3 级。鱼食性鱼类包括江鳕、白斑狗鱼和河鲈等。食物中除鱼类外，还有少量水生昆虫幼虫，营养级通常超过 4 级。

第二节　影响鱼类资源主要原因及危害

一、水利工程的影响

额尔齐斯河蕴藏着丰富的水能资源，年径流量约 $1.11\times10^{13}m^3$。为保障阿勒泰地区生产生活、生态及天山北坡经济带发展用水需求，在额尔齐斯河流域先后修建生态水利工程 40 多个，其中包括 7 座高坝水库、25 座生态闸和 7 条牧业大渠等，主要功能是防洪、北疆供水、工业生活用水、农业用水、生态供水和发电等（邓铭江等，2017；张连鹏等，2018；姜旭新等，2019）。这些水利设施对额尔齐斯河流域乃至整个新疆北部的生态环境的改善以及地方经济发展起到重要作用，但水利工程阻断了河流的连续性，改变河流的自然面貌和河流形态，使河流水生态环境条件发生急剧的变化，对鱼类的生理和生态行为有显著影响（袁喜等，2012）。权衡和协调地方经济建设与渔业资源保护的关系是当前迫切需要考虑的问题。因水利工程引起的鱼类生活环境条件的变化及对鱼类的影响，主要表现在以下几个方面。

（一）水利工程阻碍鱼类交流

大坝使原有连续的河流生态系统被分隔成不连续的环境单元，造成河流生境破碎化，对鱼类直观和最直接的不利影响是阻隔了洄游通道，对在完成生活史的过程中需要进行大范围迁移的鱼类往往是毁灭性的；对在局部水域内能完成生活史的种类，则可能影响不同水域群体之间的遗传交流，导致种群整体遗传多样性丧失（常剑波等，2008）。

额尔齐斯河的鱼类中，除西伯利亚鲟、北鲑等少数鱼类主要分布在布尔津以下河段干流，多数鱼类的分布是全流域性的，通常具有短距离的生殖、肥育、越冬洄游习性。因大坝阻隔，坝下的鱼类不可能进入坝上水域；坝上的鱼类需要经过水轮机或泄洪道才能下行过坝。有研究表明，东方欧鳊、湖拟鲤、梭鲈等鱼类在通过水轮机下行过坝时，鱼体会遭受一系列损伤（Pvlvo *et al.*，1981），大坝直接威胁过坝鱼类的生命安全。大坝的阻隔影响不同水域群体之间的交流，长期的隔离将导致遗传分化，进而使种群遗传多样性的维持能力降低，种群整体遗传多样性丧失，对自然种群数量少的珍稀濒危鱼类，则可能影响物种的生存。流域梯级开发会进一步加剧河流生态系统的破碎化，导致河流物种多样性降低（Nilsson & Berggren，2000）。

（二）改变了河流形态和水文情势

水利工程使坝上库区水域生境由河流型向湖泊型转变。库区因水层变深、水温将出现分层，水体透明度增加，溶解氧降低，泥沙沉积、流速减缓、流态单调，流水性鱼类的关键生境消失，原有的适应流水环境的鱼类将逐渐在库区消失，反之，由于库区表层水温高，饵料相对丰富，为那些适应静水生活的鱼类，特别是那些适应性强的麦穗鱼等外来鱼类，提供了适宜的生长条件。长此下去，将导致鱼类种群结构发生根本性的变化。

额尔齐斯河上修建的水利工程多为供水工程，拦蓄的水经“引额济海”、“引额济克”、“引额济乌”等引水工程分流，供应城市用水、农牧业用水、河谷林草、湿地、湖泊生态补水，河谷林草、湿地和湖泊的生态耗水量为$1.8\times10^9m^3$（邓铭江等，2017）。大量引水使坝下干流水量明显减少，水位下降，河流变窄，河床形态发生变化，导致干流北屯至布尔津河段在枯水期出现断流现象（霍堂斌等，2010）；河流水域生境简化，原来自然状态下的河流沿岸带成为陆地，适宜鱼类生长繁殖的浅滩、河汊等环境条件消失，如哈巴河和布尔津河是额尔齐斯河下游的两条主要支流，在修建水电站前，这两条支流是北极茴鱼等鱼类在额尔齐斯河下游河段的主要产卵场，修建水电站后，由于的大坝阻隔，坝下河段成为北极茴鱼等多种鱼类的替代产卵场。水库的人工调蓄导致水位的反季节涨落，不利于鱼类的繁殖。而出现断流，大部分河床裸露，鱼类产卵所需条件消失，对鱼类的繁殖则是致命的。

（三）改变了水体的理化特征

水利工程对大坝下游水体的理化特征的影响，主要为水库下泄水会引起坝下河流水温变化，以及水中气体过饱和。水库下泄的低温水会引起坝下河流一定范围内水温的变化，受电厂的进水涵管开口处水层温度的影响，通常在高温季节导致下游河段水温下降，在低温季节则引起下游河段水温上升。水温与鱼类的行为特别是鱼类的繁殖有着密切的关系。水库下泄的低温水，对鱼类的直接影响是导致其繁殖季节推迟、当年幼鱼的生长期缩短、生长速度减缓、个体变小等（周春生等，1980）。如秋季产卵的中华鲟需要在水温下降到18℃左右才产卵。三峡水库运行后，水温的滞迟效应导致坝下江段的水温发生变化，使秋季产卵的中华鲟首次产卵时间平均推迟约27 d（危起伟，2003；Wu *et al.*，2015）。大坝下泄水使四大家鱼等春夏季产卵的鱼类的产卵时间约向后推移1个月（陶雨薇等，2018；周春生等，1980；牛天祥等，2007）。额尔齐斯河春夏季繁殖鱼类的繁殖水温为6～8℃，不能简单地用三峡水库或者丹江口水库下泄水对鱼类繁殖的影响来推测额尔齐斯河的情况。目前尚不清楚大坝下泄水对下游鱼类繁殖的影响程度，应加强大坝下泄水水温随流程变化的监测，查明对下游鱼类繁殖的影响，提出相应的减缓措施，最大程度保障下游鱼类繁衍。

水中气体过饱和是水库下泄水流通过溢洪道或泄水闸冲泻到消力池时，产生巨大的压力并带入大量空气所造成的。过饱和气体需要经过一定流程的逐渐释放才能恢复到正常水平。气体过饱和问题成为高坝工程运行的主要生态环境风险之一（李然等，2009）。水体中氮气过饱和对鱼类的影响是十分严重的，有时甚至会对整个流域的渔业造成毁灭性的破坏。

二、水质污染的影响

根据2012～2016年水质监测结果（见第二章），额尔齐斯河干流及布尔津河、别列则克河、库依尔特河、卡依尔特河、克兰河和哈巴河6条支流，综合污染指数均值最大值为0.82，多数河流水质为优秀或良好，流域水质总体情况良好，但个别河段的总磷、挥发酚、高锰酸盐指数和汞等指标超过地表水环境质量标准中Ⅲ类水质标准。何婷（2018）采用Landsat TM遥感影像和同步实地监测数据，对额尔齐斯河水质的研究结果也表明，额尔齐斯河局部水质有恶化趋势，尤其是布尔津、阿勒泰等城镇工业废水、农业及生活污水造成水质恶化。

额尔齐斯河流域水质污染与流域人类活动密切相关，主要污染源为流域内城镇生活污水、种植业和畜牧业面源污染以及工业和矿山开发产生的废水。额尔齐斯河流域自然环境优越，人口相对密集，是新疆主要的农牧业和渔业生产基地。近20多年来，随着城镇化建设的推进，城镇居民生活污水逐年增加，污水处理设施运行效果并不理想。农牧业的发展导致化肥和饲料使用量的不断增加，过量的化肥、牲畜粪便等污染物随地表径流直接进入河流，长期严重的超载过牧已经造成的草地生产力和植被盖度显著下降（阿勒泰·塔依巴扎尔，2019），加剧了对水体的污染，是造成河流局部水体高锰酸盐指数和总磷等超标的主要原因。

位于流域内的阿勒泰地区还是我国重要的成矿区带之一，矿产资源丰富，铁、铜、铅、锌、镍、金等重金属和稀有金属资源潜力巨大，黄金储量达1268t，是我国著名的黄金产地。矿业已成为阿勒泰地区最具潜力的支柱型产业（郗文亮等，2017）。丰富的矿产资源催生了采矿、选矿、制革等行业及各类乡镇企业迅速发展。20世纪90年代末，中小型企业每年向额尔齐斯河排放的工业废水达7.696×10^6t（刘开华等，2002）。挥发酚超标主要与阿拉哈克河、别列则克河和干流库尔吉拉位点，或与区域焦化或合成氨类工业污染有关；Hg等重金属污染主要来自化工、电镀、采矿及金属冶炼产生的废气、废水，尾矿渣堆被雨水淋溶后通过地表径流作用进入水体，使得水体中重金属含量升高（王海东等，2010）。阿尔泰山卓尔特河、苏木达依日克河、喀拉额尔齐斯河流域用大型机械采金造成河流改道，河流沿岸大面积裸地和大量沙石，使河道堵塞，植被破坏严重，加速了河流水质的恶化（德娜等，2001；阿勒泰·塔依巴扎尔，2019）。

水体重金属污染是指含有重金属离子的污染物进入水体造成的污染（张聪等，2018）。重金属具有蓄积性、难分解、危害时间长以及影响具有隐蔽性等特点（杨瑞香，2016；狄瑜等，2016）。水体中过量的重金属将抑制水生植物的光合作用和呼吸作用，破坏细胞结构，抑制水生植物的生长，扰乱水生动物的生长发育、生理代谢（何刚等，2008；王晶等，

2015)。挥发酚对环境和人类自身有着极大的危害性。当水中含酚 0.1～0.2mg/L，鱼肉有异味；大于 5mg/L 时，鱼将中毒死亡（王红梅，2011）。

三、过度捕捞的影响

额尔齐斯河的鱼类年龄结构简单（表 20-2），除外来鱼类东方欧鳊渔获物的最大年龄达 15 龄，优势年龄为 7^+～9^+ 龄外，其他鱼类渔获物的最大年龄为 4～7 龄，优势年龄为 2^+～3^+ 龄。种群低龄化显著，如 Windermere 湖白斑狗鱼种群的最大年龄达 17 龄（Frost & Kipling，1967），2007 年渔获物中的最大年龄达 11^+ 龄（霍堂斌等，2009），本次调查渔获物中的最大年龄仅 6^+ 龄。银鲫渔获物个体由 20 世纪 70 年代前一般重 2～3kg 下降到目前的平均体重约 400g；河鲈渔获物平均体重则下降到 89.7g，100g 以下个体占 69.17%，200g 以上个体占比不到 10%；东方欧鳊渔获物平均体重 200g，400g 以下个体约占 84%。分析表明，主要渔获对象普遍处于生长型过度捕捞状态（见第十九章），由此可见，过度捕捞使主要鱼类群落结构出现种类小型化、个体低龄化等现象，是导致鱼类资源量显著下降的主要原因之一。

表 20-2 额尔齐斯河主要鱼类的年龄组成、优势年龄与体重

Table 20-2 Age composition, dominant age and body weight of major fishes catch in the Irtysh River

鱼类	年龄组成	优势年龄		优势体长		优势体重	
		范围	%	范围	%	范围	%
北极茴鱼 *T. arcticus arcticus*	2^+～7^+	3^+	69.17	121～210	84.17	＜150	80.00
白斑狗鱼 *E. lucius*	1^+～6^+	2^+～3^+	74.30	201～400	74.60	＜600	68.90
湖拟鲤 *R. rutilus lacustris*	1^+～6^+	2^+	69.70	91～150	72.81	＜80	80.15
贝加尔雅罗鱼 *L. aicalensi*	0^+～4^+	2^+～3^+	90.35	101～149	85.77	30～50	59.18
高体雅罗鱼 *L. idus*	1^+～8^+	2^+～3^+	54.60			400～1000	87.50
东方欧鳊 *A. brama orientalis*	3^+～15^+	7^+～9^+	72.86	160～280	0.78	＜400	84.17
银鲫 *C. auratus gibelio*	1^+～9^+	3^+～4^+	78.72	150～250	86.70	200～600	80.00
江鳕 *L. lota*	0^+～5^+	1+～2^+	80.00	200～400	0.80	＜400	76.08
河鲈 *P. fluviat ilis*	1^+～4^+	1^+～2^+	90.68	50～200	90.93	＜200	90.18
梭鲈 *L. lucioperca*	1^+～5^+	1^+～2^+	89.20	200～300	81.25	＜200	60.80

四、外来鱼类的影响

外来鱼类入侵额尔齐斯河的历史由来已久。早在 20 世纪 50～60 年代，就有鲤、东方欧鳊、梭鲈等鱼类自哈萨克斯坦沿河上溯，自然扩散到我国境内，迅速成为优势种群。自 20 世纪 80 年代至今，为发展新疆渔业，从外地大量移殖和引种经济鱼类，也带入了大量“野杂鱼”，这些鱼类的逃逸成为外来鱼类入侵的主要途径。2012～2016 年，在额尔齐斯河放流黑龙江水系哲罗鱼和细鳞鱼。目前，额尔齐斯河共有鲤、东方欧鳊、梭鲈、池沼公鱼、大银鱼、鲢、鳙、草鱼、麦穗鱼、棒花鱼、小黄黝鱼、虹鳟、褐鳟、哲罗鱼和细鳞鱼等 18 种外来鱼类，约占现有鱼类总种数的 1/2（表 4-2）。外来鱼类多为广适性鱼类，适应性强，生命周期短，繁殖速度快，能够顺利适应额尔齐斯河的自然环境，种群得以快速发展，一些种类还成为当地重要经济鱼类（潘育英等和廖文林，1989；郭焱等，2003）。

外来鱼类的入侵改变了原有的鱼类群落结构，对土著鱼类的生存构成威胁。例如，麦穗鱼等小型外来鱼类成功入侵后，在河流沿岸带、河汊等浅水区局部水域形成优势种群，不但与土著鱼类产生空间和食物资源竞争（Kolar & Lodge，2002），还有可能吞食土著鱼类的卵，对土著鱼类种群产生直接危害。水库蓄水初期营养盐输入增加和初级生产力的提高，对外来鱼类的入侵和种群数量的扩散产生一定的促进作用，进一步增加了土著种类生存竞争的压力（巴家文等，2012），甚至造成土著鱼类濒临灭绝（Clavero & García-Berthou，2005）。例如，太湖新银鱼被引入云南高原湖泊形成优势种群后，导致土著鱼类的资源减少，甚至灭绝（熊飞等，2006）。外来鱼类还可能与土著鱼类杂交，导致土著鱼类种质被污染、种质资源退化甚至丧失（Yang *et al.*，2011）。关于在额尔齐斯河放流黑龙江水系哲罗鱼和细鳞鱼可能带来种质污染问题，有研究表明额尔齐斯河和黑龙江哲罗鱼两个群体间存在明显的遗传分化（汪鄂洲等，2019）。对于同一个物种，如果群体间没有出现遗传分化，可以将各群体作为一个整体进行保护（汪珂，2016）；但对于有明显遗传分化的群体，应当对其分别进行保护和管理，防止遗传多样性消失和物种的灭绝（肖武汉等，2000；谢振宇等，2006）。因此，不建议在额尔齐斯河放流黑龙江水系哲罗鱼和细鳞鱼。

额尔齐斯河的土著鱼类多数为该河特有鱼类，它们在原产地的消失将对我国鱼类的生物多样性格局造成不可挽回的损失。

第三节　土著鱼类资源保护对策

多种原因导致额尔齐斯河渔业环境恶化，土著鱼类资源严重衰退。应以保护水域生态完整性和水生生物多样性为目标，采取多种措施加强水域生境和渔业资源保护。

一、加强渔业资源管理体系建设

1. 完善渔业法规体系

统筹流域开发与资源保护之间的矛盾，坚持生态保护优先的原则，将渔业环境和鱼类资源养护纳入额尔齐斯河流域生态环境综合治理目标。根据国家相关法律法规，结合额尔齐斯河流域鱼类资源现状，修订和完善流域水域环境和渔业资源保护法规，为渔业资源保护提供法律保障。

2. 加强渔业资源管理工作的统筹协调

改革现有管理体系，促进水域生态和渔业资源保护工作统一管理。统筹安排相关的水域生态、渔业资源生物学、资源量监测、捕捞量控制办法等基础调查、水产种质资源保护区建设、人工增殖放流；协调处理水域生态和渔业资源保护中的重大问题。

3. 加强渔业资源管理队伍建设

进一步强化渔业综合执法管理体系建设，增加渔业资源管理人员，提高渔业资源管理人员的执法水平。

4. 加强渔业资源管理装备建设

针对渔业资源管理装备不足、手段落后给渔政管理执法带来的困难，应加强渔业资源管理装备建设，提高执法能力。

5. 加强渔业法规宣传

采取多种形式宣传水生野生动物的保护政策法规，使广大民众明确渔业环境和渔业资源保护的目的和意义，增强人们保护水域生态和渔业资源的自觉性。

二、加强渔业资源的监测和研究

查明水域生态环境和鱼类资源现状，预测其发展趋势，有利于提高渔业环境和渔业资源保护措施的科学性和针对性。应加强水域生态和鱼类资源监测，开展相应的研究。

1）开展水域非生物环境监测与调查。重点调查水生态环境及变动规律，水质污染源和污染强度，为水生态环境，特别是水质污染防治提供依据。

2）开展水域生物环境监测与调查。重点调查水生生物资源组成、生物量的时空变化及水域鱼类容纳量，为制定鱼类资源保护措施、人工放流种类和数量提供依据。

3）开展鱼类资源动态监测。调查重要土著鱼类时空分布、重要栖息地和资源量及主要经济鱼类的种群结构。为渔业主管部门调整现有渔业政策提供科学依据。

4）开展鱼类种群与群落生态学研究。在鱼类生物学研究的基础上，研究鱼类的种间关系、鱼类时空分布与环境变化关系。

5）开展鱼类遗传多样性研究。调查研究特有土著鱼类的遗传多样性和遗传结构，为种质保存和种群管理提供科学依据。

6）开展外来鱼类入侵现状调查。查明外来鱼类入侵现状，研究外来鱼类控制技术，建立外来鱼类风险评估与监测体系。

7）开展水利工程对生态环境与鱼类资源的影响研究。水利工程引起河流系统形态、水文特征、水体理化特征以及水生生物群落结构等环境要素产生一系列的变化，对渔业环境和渔业资源产生不利影响。有必要对额尔齐斯河水利工程的影响进行长期的监测和深入的研究，以保障额尔齐斯河渔业环境和渔业资源可持续发展。

三、加强渔业环境和渔业资源管理

（一）加强水质污染综合防治与管理

额尔齐斯河水质污染主要为外源性污染，污染源主要为流域内城镇生活污水、种植业和畜牧业产生的面源污染以及工业和矿山开发产生的废水。控制流域内城镇生活污水、农牧业面源污染、工业和矿山开发等主要污染源是治理额尔齐斯河水质污染的关键。额尔齐斯河水生态环境比较脆弱，承受污染的容量小。在地方经济发展中坚持“绿色发展，生态优先”理念，统筹协调经济建设和生态环境保护，加强对污染源的环境治理，做到城镇污染物达标排放；采用种植业精准施肥技术，控制化肥使用量；严格控制化工和制革等污染企业的数量和规模，改造落后工艺；适度控制矿山开发规模，落实污染处理措施，将渔业环境和鱼类资源养护纳入额尔齐斯河流域生态环境综合治理目标，才能改善局部河段水质的污染现状。

（二）加强禁渔效果和禁渔措施的研究

为了保护额尔齐斯河鱼类资源，2005 年当地出台渔业资源保护条例，规定每年 4 月 1 日至 6 月 30 日为禁渔期。禁渔期的实行对保护鱼类资源起到一定效果，但对非禁渔期的捕捞、垂钓以及销售等行为并没有形成有效约束。为了更好地保护鱼类资源，阿勒泰地区自2019年开始执行禁鱼令，在额尔齐斯河流域，全年禁止一切垂钓、捕捞行为，同时禁止销售、收购在禁渔期间捕捞的水产品，这无疑有助于土著鱼类资源的保护。

资源保护的最终目的是利用，全年全水域禁渔不会是无限期的。何时解禁，应根据鱼类资源恢复情况确定，即使全水域禁渔解禁后也存在资源保护问题。因此，有必要对禁渔效果进行监测与评估，调查鱼类生长特性、活动规律、繁殖场等，以便根据资源恢复情况确定解禁时间和水域，为解禁后资源管理政策，如禁渔区和禁渔期的确定，非禁渔区和禁渔期的捕捞配额（捕捞对象和规格），允许使用的渔具和渔法等的有关规定提供依据。

（三）加强鱼类引种风险评估与管控

额尔齐斯河外来鱼类种类约占额尔齐斯河现有鱼类总数的50.0%，外来鱼类对土著鱼类的危害不容忽视。①应全面调查了解外来入侵种现状，开展入侵鱼类监测，研究入侵鱼类生态控制技术。②经济鱼类引种是外来鱼类入侵的源头，控制外来鱼类入侵应从这个源头抓起。完善引种安全管理制度，建立外来物种数据库及风险评价指标体系、风险评价方法和风险管理程序。③引种前应进行充分的风险评估，严禁随意引入外来水生生物。④增养殖外地经济鱼类的逃逸是外来鱼类入侵的主要途径，将防止外来鱼类入侵的管理向增养殖企业延伸，建立外来鱼类养殖许可制度，防止外来鱼类扩散。

（四）加强鱼类种质资源保护区管理

建立鱼类种质资源保护区是防止鱼类灭绝的有效措施。额尔齐斯河流域现有国家级水产种质资源保护区6个（表20-3），除乌伦古湖特有鱼类国家级水产种质资源保护区外，其他5个保护区均位于额尔齐斯河支流。保护对象包括哲罗鱼、细鳞鱼、贝加尔雅罗鱼、高体雅罗鱼、河鲈、银鲫、白斑狗鱼、丁鱥、河鲈、北极茴鱼、江鳕、阿勒泰鱥、北方须鳅13种鱼类，受保护的鱼类约占额尔齐斯河土著鱼类的59%。受保护水域基本涵盖受保护鱼类的主要分布区（生境），切实做好保护区的建设和管理对土著鱼类资源及其生境的保护起到积极作用。目前保护区生境和鱼类分布已发生显著变化，为了进一步发挥水产种质资源保护区的功能，有必要对现有保护区范围和特别保护期进行必要的调整。

表20-3　额尔齐斯河流域的水产种质资源保护区

Table 20-3　Aquatic germ plasm resources protection area in the Irtysh River basin

名称	位置	特别保护期	保护对象
库依尔特河北极茴鱼国家级水产种质资源保护区	库依尔特河	4月20日至10月31日	主要鱼类：北极茴鱼、细鳞鱼、江鳕 其他鱼类：阿勒泰杜父鱼、阿勒泰鱥、北方须鳅
卡依尔特河特有鱼类国家级水产种质资源保护区	卡依尔特河		北极茴鱼、细鳞鱼
额尔齐斯河科克苏段特有鱼类国家级水产种质资源保护区	科克苏湿地河段	4月1日至6月30日	白斑狗鱼、高体雅罗鱼、丁鱥、河鲈
哈巴河国家级水产种质资源保护区	哈巴河山口水库及大坝以下河段	4月1日至7月31日	主要鱼类：哲罗鱼、细鳞鱼 其他鱼类：北极茴鱼、阿勒泰杜父鱼、江鳕、河鲈、白斑狗鱼、丁鱥、高体雅罗鱼
乌伦古湖特有鱼类国家级水产种质资源保护区	乌伦古湖	4月1日至7月31日	贝加尔雅罗鱼、河鲈、丁鱥、银鲫
喀纳斯湖特有鱼类国家级水产种质资源保护区	喀纳斯湖	5月25日至7月10日	哲罗鱼、细鳞鱼、北极茴鱼、江鳕

1. 对现有保护区的调整与管理

1）对现有保护区范围进行必要的调整。现有保护区中，有的保护区设置范围不合理，建议予以调整。如哈巴河国家级水产种质资源保护区的范围为哈巴河山口水库内及大坝以下河段，显然库区水域已不适宜流水性鱼类生活，失去保护区的功能。至于水库坝下河段，接近大坝的部分河床底质为石砾，是砾石上产卵鱼类的理想繁殖场所，近河口河段多为泥砂底质，河岸浅水区卡有沉水植物，适宜在水草上产黏性卵的鱼类繁殖。但水库的人工调蓄导致水位的反季节涨落，严重影响土著鱼类的繁殖。该保护区从规模和水文条件上均难以满足主要保护对象哲罗鱼和细鳞鱼的繁殖需求。可以考虑将保护区范围缩小至大坝下游河段，同时协调水库运行管理部门，在鱼类的繁殖期保持鱼类繁殖所需的基本生态流量。

2）调整保护区的特别保护期。库依尔特河北极茴鱼国家级水产种质资源保护区是唯一以江鳕作为主要保护对象的保护区，江鳕主要繁殖期为冬季12月至翌年1月，产卵水温接近0℃，冰下产卵（杨雨壮等，2002）。特别保护期主要保护保护对象的繁殖及其早期发育。建议将该保护区的特别保护期由目前的4月20日至10月31日调整为11月至翌年5月，这样能够有效保护江鳕繁殖洄游、产卵、受精卵孵化及仔稚鱼发育。其他保护区的特别保护期也应根据主要保护对象的生物学特性进行相应调整。

2. 增建水产种质资源保护区

除对现有保护区进行必要的调整外，建议根据目前土著鱼类的分布情况以及拟保护鱼类的繁殖生物学习性和河流环境状况，建立新的土著鱼类水产种质资源保护区。例如，额尔齐斯河下游干流及支流阿拉克别克河（界河）和别列则克河两条支流，目前尚未建设高坝型水利工程，河流基本处于自然状态，鱼类资源相对丰富，又有下游哈萨克斯坦境内资源的不断补充，将下游干流河道或选择其中一条河流建立土著鱼类水产种质资源保护区，将有利于额尔齐斯河多数土著鱼类资源的保护。

四、减缓工程不利影响的补偿措施

水利工程导致生境发生一系列变化，对水生态环境和鱼类资源造成不利影响，根据相关规定应进行相应的生态补偿。根据国内外相关研究与实践，额尔齐斯河水利工程可采取以下生态补偿措施。

（一）加强关键栖息地的保护和人工修复

额尔齐斯河上已建水库为不完全多年调节水库，具有较强的径流调节能力，水库的修建不仅破坏了河流的连续性，还使河流水生态环境产生一系列变化，对鱼类的生长和繁育产生显著影响。额尔齐斯河的土著鱼类多数产黏性或沉性卵，通常在河流沿岸带和漫水浅滩浅水区产卵，产出的卵粒黏附在植物根茎上或落入卵石缝隙间发育，合适的底质和微流条件是鱼类自然繁殖成功的关键，而沿岸带丰富的微生境和饵料生物则对鱼类早期发育，提高仔稚鱼成活率十分重要。水库调节使下游河道流量减小，沿岸带和漫水浅滩生境消失，土著鱼类繁殖所需要的生境和水力学环境条件遭到破坏。鉴于沿岸带和漫水浅滩生境对多数鱼类产卵繁殖的重要性，应采取适当措施对鱼类产卵场进行重建和修复。

1）在尚未修建水利工程的支流，不再规划修建水利工程，已经规划了的则不再修建，在该河建立土著鱼类生态保护区，将其作为鱼类重要栖息地予以保护。

2）对滚水坝和生态闸类低水头的水利设施进行必要的改造，增设过鱼通道，减缓对鱼类洄游的阻隔。

3）禁止采沙、采石等活动，保护河道原有底部形态和底质特征，尽可能减少对鱼类产卵场的破坏。

4）合适的水流和特殊的底质条件是产黏（沉）性卵鱼类自然繁殖成功与否的关键。根据产黏（沉）性卵鱼类对产卵基质的要求，在消落区面积受水位涨落变化较小的沿岸带和漫水滩，建立人工产卵场。对河床底质进行改造，模拟自然产卵场，在河床上铺砾石和（或）移植水生植物，为鱼类提供繁殖场所。结合水库生态调度，为鱼类自然繁殖提供其喜好的水力学环境。

5）河岸渠化也是适宜鱼类产卵和仔稚鱼发育的沿岸带和漫水浅滩生境消失的原因，在设计和修建河岸护坡时应充分考虑对鱼类产卵场的破坏。

（二）通过水库生态调度满足鱼类繁殖对水文学条件的需求

水库生态调度是在满足发电、灌溉、供水、航运、防洪等多种社会、经济、生态需求的前提下，兼顾河流生态需水的一种调度手段（蔡其华，2006；董哲仁等，2007；Symphorian *et al.*，2003）。通过水库生态调度，营造接近自然状态的水文情势，达到恢复水域环境结构完整性的目的（黄强等，2017；郭文献等，2016）。额尔齐斯河流域上的水利工程的主要功能是“引水”，水库调度主要考虑缓解北疆生态环境问题。虽然有学者对额尔齐斯河水库基于上述目标的生态调度进行了有益的研究（邓铭江等，2017；张连鹏等，2018），但在水库调度实践中对土著鱼类资源的保护并未引起足够的重视，以致哈巴河山口水库大坝下游河段国家级水产种质资源保护区在鱼类繁殖季节水位下降，涨落频繁；布尔津河下游出现断流，严重影响土著鱼类繁育，对于本已衰退的土著鱼类资源更是雪上加霜。针对额尔齐斯河水库对鱼类资源的影响可采取以下补救措施。

1）明确鱼类资源保护用水为水库调度的重要生态目标。水库调度应在考虑人类需要的同时兼顾鱼类生存和繁育的需要，当鱼类得到较好的保护后，与鱼类相关联的其他生物类群和生态系统也可以得到相应的保护（Moyle，1995）。鉴于鱼类对维护生态系统稳定的重要性，应将鱼类资源保护纳入水库调度的重要生态目标。

2）实施分时段的多目标协同调度，满足鱼类繁殖对水力学条件的需求。根据鱼类繁育的要求，合理分配全年生态流量。额尔齐斯河土著鱼类的繁殖盛期为4～6月，产前具洄游行为，产后受精卵和仔稚鱼发育大约需要1个月时间，稚鱼才具有较强的活动能力。鱼类资源保护不仅要保护鱼类顺利产卵，还要保护鱼类的早期发育顺利进行，对春夏季产卵的鱼类，宜将3月中下旬至少到7月底确定为鱼类繁育用水期。5～8月为额尔齐斯河河谷林草生长期，需要对林草地进行淹灌，对地下水进行补充（姜旭新等，2019），如将河谷林草生态补水提前到3月下旬进行，则可满足两者生态用水需要。

3）高坝水库还会产生下泄水温过低和氮气过饱和等不利影响。采用分层逐步泄流的工程调度措施，可有效地解决氮气过饱和问题（Smith，1973），目前很多水利枢纽工程已经在工程设计中采用了避免下泄水温过低的方案（常建波，2008）。可根据额尔齐斯河水利工程的特点，研究通过工程生态调度，解决下泄水温过低和氮气过饱和等不利影响。

（三）提高土著鱼类繁育技术及增殖放流效果

人工增殖放流是恢复鱼类资源的有效措施之一。已建的新疆额河生态养殖科技有限公司鱼类增殖站，作为水利工程生态补偿项目，主要繁育哲罗鱼、细鳞鱼、江鳕和北极茴鱼苗种，并向额尔齐斯河放流。此外，在布尔津县的额尔齐斯河特有鱼类繁育场，所繁殖的鱼种也可用来增殖放流。但要实现有计划的人工增殖放流尚存在一些亟待解决的关键问题，如哲罗鱼、细鳞鱼等鱼类因自然种群数量稀少，收集到的亲鱼和后备亲鱼数量少；繁殖群体过小，近亲交配的概率高，长此下去，会造成物种的遗传多样性降低，有必要加强亲鱼收集和培育；有些土著鱼类的人工繁殖和苗种培育技术有待突破。需要增殖放流的多数鱼类的苗种繁育技术较为成熟，江鳕等鱼类因开口饵料问题尚没有得到很好的解决，还难以实现鱼种的规模生产，需要组织技术力量开展技术攻关。

增殖放流的目的是恢复天然水域渔业资源种群数量，使衰退自然种群得以恢复。首先，应根据自然水域中鱼类种群状况，确定增殖放流的种类和数量，组织苗种生产，避免盲目放流，提高增殖放流效果。其次，增殖放流的种类应该是额尔齐斯河的土著鱼类，严禁放流杂交鱼种，避免造成种质混杂；确保增殖放流苗种的质量，提高放流鱼种成活率。最后，应对增殖放流效果进行监测评估，以利于改进增殖放流技术，提高增殖放流效果。增殖放流的目的是增加天然水域鱼类种群数量，一旦自然水域中鱼类种群数量达到能够维持种群自然繁衍的水平，即可停止增殖放流，以免造成人力和财力的浪费。

小　　结

额尔齐斯河土著鱼类多数为该河特有鱼类，在我国鱼类种质资源中具有极为重要的地位。近年来，水利工程建设、外来鱼类入侵、过度捕捞以及城镇化建设、工业和矿山开发、农牧业面源污染等不利影响，导致土著鱼类资源严重衰退。为保护额尔齐斯河水域生态完整性和水生生物多样性，应加强渔业资源管理法律法规、渔政管理队伍和装备建设，提高执法能力和水平；开展渔业环境和渔业资源动态的监测和研究，为渔业环境和资源恢复提供科学依据；加强水质污染源综合防治，鱼类引种风险评估与管控，鱼类种质资源保护区管理，为渔业环境和资源保护提供技术支撑；加强关键栖息地保护和人工修复，提高土著鱼类繁育技术及增殖放流效果等，优化并落实减缓工程不利影响的补偿措施。

主要参考文献

阿勒泰·塔依巴扎尔, 赵万羽, 陈祥军. 2019. 阿尔泰山地牧业与生态环境保护对策. 新疆环境保护, 41(1): 10-14

巴家文, 陈大庆. 2012. 三峡库区的入侵鱼类及库区蓄水对外来鱼类入侵的影响初探. 湖泊科学, 24(2): 185-189

蔡其华. 2006. 充分考虑河流生态系统保护因素完善水库调度方式. 中国水利, (2): 14-17

曹文宣. 1983. 水利工程与鱼类资源的利用和保护. 水库渔业, (1): 10-21

常剑波, 陈永柏, 高勇. 等. 2008. 水利水电工程对鱼类的影响及减缓对策. 中国水利学会2008 学术年会论文集(上册), 685-696

德娜, 库兰丹, 陈敬锋, 等. 2001. 额尔齐斯河(新疆段) 水质评价. 新疆大学学报(理工版), 18(2): 169-172

邓铭江, 黄强, 张岩, 等. 2017. 额尔齐斯河水库群多尺度耦合的生态调度研究. 水利学报, 48(12): 1387-1398

狄瑜, 徐奕, 李姗敏. 2016. 渔业生态环境面临的主要问题及保护措施. 绿色科技, (16): 114-115

董哲仁, 孙东亚, 赵进勇. 2007. 水库多目标生态调度. 水利水电技术, 38(1): 28-32

郭文献, 王艳芳, 彭文启, 等. 2016. 水库多目标生态调度研究进展. 南水北调与水利科技, 14(4): 84-90

郭焱, 张人铭, 李红. 2003. 额尔齐斯河土著鱼类资源衰退原因与保护措施. 干旱区研究, 20(2): 152-155

何刚, 耿晨光, 罗睿. 2008. 重金属污染的治理及重金属对水生植物的影响. 贵州农业科学, 36(3): 147-150

何婷. 2018. 应用遥感技术监测额尔齐斯河(新疆段) 水质的研究. 广西水利水电, (3): 86-90, 103
黄强, 赵梦龙, 李瑛. 2017. 水库生态调度研究新进展. 水力发电学报, 36(3): 1-11
霍堂斌, 马波, 唐富江, 等. 2009. 额尔齐斯河白斑狗鱼的生长模型和生活史类型. 中国水产科学, 16(3): 316-323
霍堂斌, 姜作发, 阿达克白克・可尔江, 等. 2010. 额尔齐斯河流域(中国境内) 鱼类分布及物种多样性现状研究. 水生态学杂志, 3(4): 16-22
姜旭新, 黄婧, 张岩, 等. 2019. 额尔齐斯河流域河谷生态系统水文情势变化影响分析及生态修复建议. 中国农村水利水电, (10): 12-16
蒋志刚, 江建平, 王跃招, 等. 2016. 中国脊椎动物红色名录. 生物多样性, 24(5): 500-551
乐佩琦, 陈宜瑜. 1998. 中国濒危动物红皮书(鱼类). 北京: 科学出版社
李然, 李嘉, 李克锋, 等. 2009. 高坝工程总溶解气体过饱和预测研究. 中国科学 (E 辑): 技术科学, 39(2): 2001-2006
刘开华, 潘旭, 谢立新. 2002. 额尔齐斯河水质现状. 西北水资源与水工程, 13(1): 46-49
牛天祥, 黄玉胜, 王欣. 2007. 黄河上游龙羊峡-青铜峡水电站建设对鱼类资源的影响预测及保护对策. 陕西师范大学学报(自然科学版), 35(专辑): 56-61
潘育英, 廖文林. 1989. 额尔齐斯河渔业概况调查. 新疆渔业, (1-2): 31-35
陶雨薇, 王远坤, 王栋, 等. 2018. 三峡水库坝下水温变化及其对鱼类产卵影响. 水力发电学报, 37(10): 48-55
汪鄂洲, 廖小林, 杨钟, 等. 2019. 额尔齐斯河与黑龙江流域哲罗鲑群体遗传差异比较. 水生态学杂志, 40(4): 75-82
汪珂. 2016. 川陕哲罗鲑种群遗传学及分子系统发育研究. 南京: 南京农业大学博士学位论文
王海东, 方凤满, 谢宏芳. 2010. 中国水体重金属污染研究现状与展望. 广东微量元素科学, 17(1): 14-18
王红梅. 2011. 挥发酚对鲫生理指标的影响及其检测与降解研究. 武汉: 华中农业大学硕士学位论文
王晶, 任同军, 王福强. 2015. 重金属镉对水生动物的毒性作用及其机制. 中国饲料, (17): 25-27
危起伟. 2003. 中华鲟繁殖行为生态学与资源评估. 武汉: 中国科学院研究生院博士学位论文
郗文亮, 金建斌, 王盼. 2017. 阿勒泰地区矿业经济发展现状与前景分析. 西部探矿工程, (11): 166-169
肖武汉, 张亚平. 2000. 银鲴自然群体线粒体DNA 的遗传分化. 水生生物学报, 24(1): 1-10
谢振宇, 杜继曾, 陈学群, 等. 2006. 线粒体控制区在鱼类种内遗传分化中的意义. 遗传, 28(3): 362-368
熊飞, 李文朝, 潘继征, 等. 2006. 云南抚仙湖鱼类资源现状与变化. 湖泊科学, 18(3): 305-311
杨瑞香. 2016. 水体重金属污染来源及治理技术研究进展. 资源节约与环保, (4): 66
杨雨壮, 秦大公, 殷丽洁, 等. 2002. 冰下生殖洄游的江鳕. 生物学通报, 37(4): 8-10
余志堂, 等. 1981. 丹江口水利枢纽兴建以后的汉江鱼类资源. 鱼类学论文集, (1): 77-96
袁喜, 李丽萍, 涂志英, 等. 2012. 鱼类生理和生态行为对河流生态因子响应研究进展. 长江流域资源与环境, 21(增1): 24-29
张聪, 宋超, 胡庚东, 等. 2018. 中国渔业水体重金属的污染现状及消除技术研究进展. 中国农学通报, 34(2): 141-145
张连鹏, 邓铭江, 黄强. 2018. 面向生态的额尔齐斯河水库群中长期调度. 水科学进展, 29(3): 365-373
周春生, 梁秩集, 黄鹤年. 1980. 兴建水利枢纽后汉江产漂流性卵鱼类的繁殖生态. 水生生物学集刊, 7(2): 175-188
CLAVERO M, GARCÍA-BERTHOU E. 2005. Invasive species are a leading cause of animal extinctions. *Trends in Ecology and Evolution*, 20: 110
FROST E W, KIPLING C A. 1967. study of reproduction, early life, weight-length relationship and growth of pike, *Esox lucius* L. in Windermere. *Journal of Animal Ecology*, 36: 651-693
KOLAR C S, LODGE D M. 2002. Ecological predictions and risk assessment for alien fishes in North America. *Science*, 298: 1233-1236
MOYLE P B. 1995. Conservation of native freshwater fishes in the Mediterranean-type elimate of California, USA: a review. *Biologieal Conservation*, 72: 271-279
NILSSON C, BERGGREN K. 2000. Alterations of riparian ecosystems caused by river regulation. *Bioscience,* 50(9): 783-792
SMITH J H A. 1973. Adetrimental effect of dams on environment: nitorgensu Persaturation. Proe., 11th ICOLD Congress. Paris: International Commission on Large Dams
SYMPHORIAN G R, MADAMOMBE E, ZAAG P V D. 2003. Dam operation for environmental water releases; the case of Osborne dam, Save catchment, Zimbabwe. *Physics and Chemistry of the Earth, Parts* A/B/C, 28(20): 985-993
WU J M, WANG C Y, ZHANG H, *et al*. 2015. Drastic decline in spawning activity of Chinese Sturgeon *Acipenser sinensis* Gray 1835 in the remaining spawning ground of the Yangtze River since the construction of hydrodams. *Journal of Applied Ichthyology*, 31(5): 839-842
YANG B, CHEN X Y, Yang J X. 2011. Non-native carp of the genus *Cyprinus* in Lake Xingyun, China, as revealed by morphology and mitochondrial DNA analysis. *Biological Invasions*, 13: 105-114

附　　表

附表 3-1　额尔齐斯河浮游植物的种类组成

Attached table 3-1　Composition of phytoplankton in the Irtysh River

种类	采样点										
	BW	BJ	635	YC	FY	KK	BL	HB	TH	CH	XD
硅藻门 Bacillariophyta											
1 直链藻属 *Melosira*											
1. 颗粒直链藻 *Melosira granulata*	+		+	+	+		+		+	+	+
2. 颗粒直链藻最窄变种 *Melosira granulata* var. *angustissima*	+		+	+	+			+	+		+
3. 变异直链藻 *Melosira varians*	+	+	+			+			+		+
2 小环藻属 *Cyclotella*											
4. 梅尼小环藻 *Cyclotella meneghiniana*	+	+	+	+	+	+	+	+	+	+	+
3 平板藻属 *Tabellaria*											
5. 绒毛平板藻 *Tabellaria flocculosa*	+			+	+	+			+		+
6. 窗格平板藻 *Tabellaria fenestrata*	+	+		+	+				+		+
4 等片藻属 *Diatoma*											
7. 普通等片藻 *Diatoma vulgare*	+	+	+	+	+	+	+	+	+	+	+
8. 长等片藻 *Diatoma elongatum*	+		+	+				+	+	+	
9. 冬季等片藻 *Diatoma hiemale*			+				+	+	+		
10. 冬季等片藻小型变种 *Diatoma hiemale* var. *mesodon*							+				
11. 普通等片藻卵圆 *Diatoma vulgare* var. *ovalis*			+				+				
5 蛾眉藻属 *Ceratoneis*											
12. 弧形峨眉藻 *Ceratoneis arcus*	+	+	+	+	+	+	+	+	+	+	+
13. 弧形峨眉藻直变种 *Ceratoneis arcus* var. *recta*	+		+		+	+	+	+	+	+	+
14. 弧形峨眉藻双尖变种 *Ceratoneis arcus* var. *amphioxys*		+						+			+
6 脆杆藻属 *Fragilaria*											
15. 钝脆杆藻 *Fragilaria capucina*	+	+	+	+	+	+	+	+	+		+
16. 十字形脆杆藻 *Fragilaria harrissonii*											
17. 巴豆叶脆杆藻 *Fragilaria crotonensis*	+	+	+	+	+			+	+	+	+
18. 变异脆杆中狭变种 *Fragilaria virescenz* var. *mesolepta*	+							+			+
19. 钝脆杆藻中狭变种 *Fragilaria capucina* var. *mesolepta*	+			+		+	+			+	
20. 变异脆杆藻 *Fragilaria virescens*									+		
7 针杆藻属 *Synedra*											
21. 双头针杆藻 *Synedra amphicephala*	+	+	+	+	+	+	+	+	+	+	
22. 尖针杆藻 *Synedra acus*	+	+	+	+	+	+	+	+	+	+	+
23. 肘状针杆藻 *Synedra ulna*	+	+	+	+	+	+	+	+	+	+	+

续表

种类	采样点										
	BW	BJ	635	YC	FY	KK	BL	HB	TH	CH	XD
24. 近缘针杆藻 *Synedra affnio*			+	+	+				+	+	
25. 偏凸针杆藻小头变种 *Synedra vaucheriae* var. *capitellata*				+		+					
8 星杆藻属 *Asterionella*											
26. 美丽星杆藻 *Asterionella formosa*	+	+	+	+	+	+		+	+	+	
9 扇形藻属 *Meridion*											
27. 环状扇形藻 *Meridion circulare*							+				
28. 环状扇形藻缢缩变种 *Meridion circulare* var. *constricta*						+					+
10 短缝藻属 *Eunotia*											
29. 南方短缝藻 *Eunotia sudetica*						+					
30. 弧形短缝藻 *Eunotia arcus*	+										+
11 羽纹藻属 *Pinnularia*											
31. 弯羽纹藻 *Pinnularia gibba*				+							
32. 波形羽纹 *Pinnularia undulata*								+			
33. 短肋羽纹 *Pinnularia brevicostata*	+										
34. 中突羽纹藻 *Pinnularia mesolepta*	+				+						
12 布纹藻属 *Gyrosigma*											
35. 细布纹藻 *Gyrosigma kÜtzingii*	+			+			+				
36. 尖布纹藻 *Gyrosigma acuminatum*				+		+			+		
13 辐节藻属 *Stauroneis*											
37. 双头辐节藻 *Stauroneis anceps*	+	+		+	+	+	+	+	+		+
38. 双头辐节藻线形变型 *Stauroneis anceps f. lianearis*	+	+		+		+	+		+		+
39. 矮小福节藻 *Stauroneis pygmaea*			+					+			
40. 尖辐节藻 *Stauroneis acuta*									+		
14 舟形藻属 *Navicula*											
41. 喙头舟形藻 *Navicula rhynchocephala*	+	+	+	+	+		+	+			+
42. 嗜盐舟形藻 *Navicula halophila*	+	+	+	+	+	+	+	+	+	+	+
43. 扁圆舟形藻 *Navicula placentula*							+				
44. 短小舟形藻 *Navicula exigua*	+	+	+	+	+	+	+	+	+		+
45. 椭圆舟形藻 *Navicula schonfeldii*	+	+	+	+	+	+	+	+	+	+	+
46. 瞳孔舟形藻 *Navicula pupula*				+	+	+			+	+	+
47. 瞳孔舟形藻小头变种 *Navicula pupula* var. *capiata*				+							
48. 卡里舟形藻 *Navicula cari*	+	+		+	+	+	+	+	+		
49. 系带舟形藻 *Navicula cincta*	+	+	+	+	+	+	+	+	+	+	+
50. 放射舟形藻 *Navicula raduiosa*					+	+	+		+		
51. 隐头舟形藻 *Navicula cryptocephala*	+	+	+	+			+	+	+	+	+
52 . 微绿舟形藻 *Navicula viridula*					+			+	+		

续表

种类	采样点										
	BW	BJ	635	YC	FY	KK	BL	HB	TH	CH	XD
53. 线形舟形藻 *Navicula halophila*	+						+	+			
54. 系带舟形藻细头变种 *Navicula cincta* var. *leptocephala*			+			+					
55. 简单舟形藻 *Navicula simplex*		+	+		+	+			+		
56. 英吉利舟形藻 *Navicula anglica*				+							
57. 最小舟形藻 *Navicula minima*	+	+		+							+
58. 双头舟形藻 *Navicula dicephala*				+							
15 胸隔藻属 *Mastogloia*											
59. 海生胸隔藻 *Mastogloia smithii*				+							
16 美壁藻属 *Caloneis*											
60. 舒曼美壁藻 *Caloneis schumanniana*				+							
17 双眉藻属 *Amphora*											
61. 卵圆双眉藻 *Amphora ovalis*	+	+									
18 桥弯藻属 *Cymbella*											
62. 胡斯特桥弯藻 *Cymbella hustedtii*	+		+			+					+
63. 极小桥弯藻 *Cymbella perpusilla*	+	+	+	+	+	+	+	+	+	+	+
64. 偏肿桥弯藻 *Cymbella ventricosa*	+	+	+	+	+	+	+	+	+	+	+
65. 膨胀桥弯藻 *Cymbella tumida*		+		+	+	+		+	+		+
66. 箱形桥弯藻 *Cymbella cistula*	+					+			+		+
67. 近缘桥弯藻 *Cymbella affinis*	+	+	+	+	+	+	+		+	+	+
68. 胀大桥弯藻 *Cymbella turgidula*		+									
69. 纤细桥弯藻 *Cymbella gracilis*	+	+		+			+	+	+	+	+
70. 优美桥弯藻 *Cymbella delicatula*	+				+	+	+	+			
71. 微细桥弯藻 *Cymbella parva*	+	+	+		+	+	+				
72. 澳大利亚桥弯藻 *Cymbella austriaca*		+									
73. 弯曲桥弯藻 *Cymbella sinuata*	+	+			+	+	+	+	+	+	
74. 细小桥弯藻 *Cymbella pusilla*				+			+				+
75. 小桥弯藻 *Cymbella laevis*						+					
76. 小头桥弯藻 *Cymbella microcephala*		+									
19 双楔藻属 *Didymosphenia*									+		
77. 双生双楔藻 *Didymosphenia geminata*		+			+	+	+			+	
20 异极藻属 *Gomphonema*											
78. 窄异极藻 *Gomphonema angustatum*	+	+	+	+	+	+	+	+	+	+	+
79. 窄异极藻延长变种 *Gomphonema angustatum*	+	+	+	+	+	+		+	+		
80. 短纹异极藻 *Gomphonema abbreviatum*	+	+	+	+	+	+	+	+			+
81. 缢缩异极藻 *Gomphonema constrictum*		+	+	+	+		+		+		
82. 中间异极藻 *Gomphonema intricatum*	+	+		+	+	+		+		+	

续表

种类	采样点										
	BW	BJ	635	YC	FY	KK	BL	HB	TH	CH	XD
83. 橄榄形异极藻 *Gomphonema olivaceum*	+	+	+	+	+	+	+	+	+	+	+
84. 缢缩异极藻头状变种 *Gomphonema constrictum* var. *capitata*		+				+		+			
85. 微细异极藻 *Gomphonema parvulum*									+		
86. 尖异极藻布雷变种 *Gomphonema acuminatum* var. *brebissonii*	+	+			+	+					+
21 卵形藻属 *Cocconeis*											
87. 扁圆卵形藻 *Cocconeis placentula*	+	+	+	+	+	+	+	+	+	+	+
22 真卵形藻属 *Eucocconeis*											
88. 弯曲真卵形藻 *Eucocconeis flexella*	+						+				
23 曲壳藻属 *Achnanthes*											
89. 比索曲壳藻 *Achnanthes biasolettiana*		+	+	+	+	+			+	+	
90. 线形曲壳藻 *Achnanthes linearis*	+		+		+		+	+	+	+	+
91. 短小曲壳藻 *Achnanthes exigua*		+	+	+							
92. 优美曲壳 *Achnanthes delicatula*	+								+		
93. 短小曲壳缢藻缩变种 *Achnanthes exigua* var. *constricta*			+								+
24 弯楔藻属 *Rhoicosphenia*											
94. 弯形弯楔藻 *Rhoicosphenia curvata*										+	
25 窗纹藻属 *Epithemia*											
95. 鼠形窗纹藻 *Epithemia argus*				+						+	
26 菱形藻属 *Nitzschia*											
96. 双头菱形藻 *Nitzschia amphibia*	+	+	+	+	+	+	+	+	+	+	+
97. 小头菱形藻 *Nitzschia microcephala*	+	+	+	+	+	+	+	+	+	+	+
98. 线形菱形藻 *Nitzschia linearis*	+	+	+	+	+	+	+	+	+	+	+
99. 肋缝菱形藻 *Nitzschia frustulum*	+	+		+							
100. 池生菱形藻 *Nitzschia stagnorum*	+	+	+	+	+	+	+	+	+	+	+
101. 谷皮菱形藻 *Nitzschia palea*	+	+		+	+	+	+	+		+	+
102. 泉生菱形藻 *Nitzschia fonticola*				+	+	+				+	
27 菱板藻属 *Hantzschia*											
103. 双尖菱板藻 *Hantzschia amphioxys*		+				+			+		
104. 双尖菱板藻小头变种 *Hantzschia amphioxys f. capitata*						+					
28 双菱藻属 *Surirella*											
105. 卵形双菱藻 *Surirella ovata*				+	+	+	+		+		
106. 端毛双菱藻 *Surirella capronii*						+					
107. 窄双菱藻 *Surirella angustata*	+			+							
108. 粗壮双菱藻 *Surirella robusta*					+						
29 波缘藻属 *Cymatopleura*											
109. 草鞋形波缘藻 *Cymatopleura solea*											

续表

种类	采样点										
	BW	BJ	635	YC	FY	KK	BL	HB	TH	CH	XD
110. 椭圆波缘藻缢缩变种 *Cymatopleura elliptica* var. *constrictum*				+	+		+				
111. 椭圆波缘藻 *Cymatopleura elliptica*				+							
蓝藻门 Cyanophta											
30 颤藻属 *Oscillatoria*											
112. 阿式颤藻 *Oscillatoria agardhii*	+	+		+	+	+	+	+		+	+
113. 两栖颤藻 *Oscillatoria amphibia*	+		+	+	+						
114. 小颤藻 *Oscillatoria tenuis*				+							
115. 拟短形颤藻 *Oscillatoria*			+								
31 席藻属 *Phormidium*											
116. 皮状席藻 *Phormidium corium*	+	+				+		+			+
117. 小胶鞘藻 *Phormidium tenus*	+	+	+	+	+	+	+		+	+	+
32 螺旋藻属 *Spirulina*											
118. 大螺旋藻 *Spirulina maior*							+			+	
33 项圈藻属 *Anabaenopsis*											
119. 阿氏项圈藻 *Anabaenopsis arnoldii*			+	+	+						
120. 拉式拟鱼腥藻 *Anabaenopsis recibosku*				+							
34 念珠藻属 *Nostoc*											
121. 球形念珠藻 *Nostoc sphaericun*	+	+		+	+				+		+
35 鱼腥藻属 *Anabaena*											
122. 水华鱼腥藻 *Anabaena flosaquae*				+							
123. 类颤藻鱼腥藻 *Anabaena osicellariordes*				+							
124. 卷曲鱼腥藻 *Anabaena circinalis*	+			+	+						
125. 固氮鱼腥藻 *Anabaena azotica*					+						
36 尖头藻属 *Raphidiopsis*											
126. 中华小尖头藻 *Raphidiopsis sinensia*	+	+		+	+	+					
37 蓝纤维藻属 *Dactylococcopsis*											
127. 针状蓝纤维藻 *Dactylococcopsis acicularis*	+	+		+							
38 平裂藻属 *Merismopedia*											
128. 银灰平裂藻 *Merismopedia minima*				+							
39 粘球藻属 *Gloeocapsa*											
129. 居氏粘球藻 *Gloeocapsa kutzingiana*				+							
130. 点形粘球藻 *Gloeocapsa punctata*				+							
40 星球藻属 *Asterocapsa*											
131. 粘杆星球藻 *Asterocapsa gloeotheceformis*			+								
41 微囊藻属 *Microystis*											
132. 铜绿微囊藻 *Microystis aeruginosa*									+		

续表

种类	采样点										
	BW	BJ	635	YC	FY	KK	BL	HB	TH	CH	XD
133. 水华微囊藻 *Microystis flos-aquae*				+					+		
绿藻门 Chlorophyta											
42 弓形藻属 *Schroederia*											
134. 螺旋弓形藻 *Schroederia spiralis*				+							
43 栅藻属 *Scenedesmus*											
135. 斜生栅藻 *Scenedesmus obliquus*	+			+	+			+			
136. 四尾栅藻 *Scenedesmus quadricauda*	+	+	+	+	+	+			+	+	
137. 二形栅藻 *Scenedesmus dimorphus*	+	+		+	+					+	
138. 龙骨栅藻 *Scenedesmus cavinatus*				+							
139. 弯曲栅藻 *Scenedesmus arcuatus*				+					+		
140. 齿牙栅藻 *Scenedesmus denticulatus*								+			
141. 双对栅藻 *Scenedesmus bijuga*	+			+							
142. 被甲栅藻 *Scenedesmus armatus*					+	+					
143. 尖细栅藻 *Scenedesmus acuminatus*			+								
44 四星藻属 *Tetrastrum*											
144. 单刺四星藻 *Tetrastrum hastiferum*	+										
45 十字藻属 *Crucigenia*											
145. 四角十字藻 *Crucigenia quadrata*	+			+							
46 纤维藻属 *Ankistrodesmus*											
146. 狭形纤维藻 *Ankistrodesmus angustus*					+						
147. 针形纤维藻 *Ankistrodesmus acicularis*									+		
148. 镰形纤维藻 *Ankistrodesmus falcatus*			+								
149. 卷曲纤维藻 *Ankistrodesmus convolutus*				+							
47 盘星藻属 *Pediastrum*											
150. 短棘盘星藻 *Pediastrum biradiatum*				+	+						
151. 四角盘星藻 *Pediastrum tetras ralfs*	+								+		
152. 二角盘星藻 *Pediastrum duplex*										+	
48 月牙藻属 *Selenastrum*											
153. 月牙藻 *Selenastrum bibraianum*				+							
49 小球藻属 *Chlorella*											
154. 普通小球藻 *Chlorella vulgaris*	+		+	+	+			+			+
50 四角藻属 *Tetraedron*											
155. 膨胀四角藻 *Tetraedron tumidulum*						+					
51 蹄形藻属 *Kirchneriella*											
156. 肥壮蹄形藻 *Kirchneriella obesa*				+							

续表

种类	采样点										
	BW	BJ	635	YC	FY	KK	BL	HB	TH	CH	XD
52 集星藻属 *Actinastrum*											
157. 集星藻 *Actinastrum hantzschii*	+		+								
53 空球藻属 *Eudorina*											
158. 空球藻 *Eudorina elegans*		+	+		+			+			+
54 实球藻属 *Pandorina*											
159. 实球藻 *Pandorina morum*					+			+			
55 衣藻属 *Chlamydomonas*											
160. 星芒衣藻 *Chlamydomonas stellata*						+					
56 丝藻属 *Uathrix*											
161. 环丝藻 *Uathrix zonata*					+	+					
57 尾丝藻属 *Uronema*											
162. 尾丝藻 *Uronema confervicolum*					+						
58 双胞藻属 *Geminella*											
163. 小双胞藻 *Geminella minor*					+						
59 链丝藻属 *Hormidium*											
164. 细链丝藻 *Hormidium subtile*				+							
60 鼓藻属 *Cosmarium*											
165. 着色鼓藻 *Cosmarium tinctum*					+				+		
166. 钝鼓藻 *Cosmarium obtusatum*					+				+		+
167. 扁鼓藻 *Cosmarium depressum*					+						
168. 凹凸鼓藻 *Cosmarium impressulum*		+		+	+		+	+			
61 角星鼓藻 *Staurastrum*											
169. 六刺角星鼓藻 *Staurastrum hexacerum*					+						
170. 弯曲角星鼓藻 *Staurastrum inflexum*					+						
171. 尖刺角星鼓藻 *Staurastrum apiculatum*					+						
172. 伪四角角星鼓藻 *Staurastrum pseudotetracerum*					+						
173. 威尔角星鼓藻 *Staurastrum willsii*				+							
62 顶接鼓藻属 *Spondylosium*											
174. 矮型顶接鼓藻 *Spondylosium pygmaeum*					+						
175. 平顶顶接鼓藻 *Spondylosium planum*				+	+						
63 新月藻属 *Closterium*											
176. 库津新月藻 *Closterium kiitzingii*				+							
177. 小新月藻 *Closterium venus*		+				+					
178. 厚顶新月藻 *Closterium dianae*		+			+						+
179. 反曲新月藻 *Closterium sigmoideum*								+			

续表

种类	采样点										
	BW	BJ	635	YC	FY	KK	BL	HB	TH	CH	XD
64 水绵属 *Spirogyra Link*											
180. 水绵 *Spirogyra communis*				+					+		
黄藻门 Xanthophyta											
65 黄丝藻属 *Tribonena*											
181. 小型黄丝藻 *Tribonena minus*	+		+	+	+						
裸藻门 Euglenophyta											
66 裸藻属 *Euglena*											
182. 膝曲裸藻 *Euglena reniculata*				+							
183. 尖尾裸藻 *Euglena oxyuris*				+							
184. 短尾裸藻 *Euglena brevicaudata*	+	+		+		+			+		
185. 带形裸藻 *Euglena ehrenbergii*		+				+	+				
186. 鱼形裸藻 *Euglena pisciformis*		+									
67 囊裸藻属 *Trachelomonas*											
187. 矩圆囊裸藻 *Trachelomonas oblonga*			+						+		
188. 芒刺囊裸藻 *Trachelomonas spinubosa*				+							
68 扁裸藻属 *Phacus*											
189. 颤动扁裸藻 *Phacus triqueter*		+	+	+							
隐藻门 Cryptophyta											
69 隐藻属 *Cryptomonas*											
190. 啮蚀隐藻 *Crytomonas erosa*	+	+	+	+	+		+		+	+	+
191. 卵形隐藻 *Crytomonas ovata*					+			+		+	
金藻门 Chrysophyta											
70 锥囊藻属 *Dinobryon*											
192. 分歧锥囊藻 *Dinobryon divergens*	+	+		+	+				+		
193. 长锥形锥囊藻 *Dinobryon bavaricum*	+			+					+	+	
甲藻门 Pyrrophyta											
71 角甲藻属 *Ceratium*											
194. 角甲藻 *Ceratium hirundinella*			+	+	+						
合计	82	71	61	108	90	69	56	56	72	47	56

注：BW. 北湾，BJ. 布尔津，635. 小 635，YC. 盐池，FY. 富蕴，KK. 可可托海，BL. 别列则克，HB. 哈巴河，TH. 托洪台，CH. 冲乎尔，XD. 小东沟。

附表 3-2　额尔齐斯河浮游动物种类组成
Appendix 3-2　Composition of zooplankton in the Irtysh River

种类	采样点										
	BW	BJ	635	YC	FY	KK	BL	HB	TH	CH	XD
原生动物 Protozoan											
1 表壳虫属 *Arcella*											
1. 普通表壳虫 *Arcella vulgaris*	+										
2. 盘状表壳虫 *Arcella discoides*	+	+				+					
3. 弯凸表壳虫 *Arcella gibbosa*	+										
4. 大口表壳虫 *Arcella megastoma*					+	+					
2 匣壳虫属 *Gentropyxis*											
5. 针棘匣壳虫 *Gentropyxis aculeata*				+							
3 砂壳虫属 *Difflugia*											
6. 圆钵砂壳虫 *Difflugia urceolata*	+	+	+	+			+	+	+	+	+
7. 冠冕砂壳虫 *Difflugia coroma*	+	+	+	+	+	+	+	+	+		+
8. 球形砂壳虫 *Difflugia globulosa*	+	+			+		+	+			
9. 瓶砂壳虫 *Difflugia urceolata*			+								
10. 褐砂壳虫 *Difflugia avellana*				+							
11. 尖顶砂壳虫 *Difflugia acuminata*	+			+					+		
4 圆壳虫属 *Cyclopyxis*											
12. 表壳圆壳虫 *Cyclopyxis orcelloides*	+										
5 板壳虫属 *Coleps*											
13. 小毛板壳虫 *Coleps hirtus*				+							
6 栉毛虫属 *Didinium*											
14. 小单环栉毛虫 *Didinium balbianii nanum*				+							
7 肾形虫属 *Colpoda*											
15. 前突肾形虫 *Colpoda penardi*				+							
8 匕口虫属 *Lagynophrya*											
16. 匕口虫 *Lagynophrya conifera*							+				
9 纯毛虫属 *Holophrya*											
17. 泡形纯毛虫 *Holophrya vesiculosa*									+		+
10 隐杆线虫属 *Caenorhabditis*	+			+						+	+
18. 秀丽隐杆线虫 *Caenorhabditis elegans*					+						+
11 拟砂壳虫属 *Pseudodifflugia*											
19. 美拟砂壳虫 *Pseudodifflugia gracilis*				+				+			
12 三足虫属 *Trinema*											
20. 线条三足虫 *Trinema lineare*											+
13 变形虫属 *Amoeba*											
21. 大变形虫 *Amoeba proteus*			+								

续表

种类	采样点										
	BW	BJ	635	YC	FY	KK	BL	HB	TH	CH	XD
22. 辐射变形虫 *Amoeba radiosa*	+						+		+		
14 急游虫属 *Strombidium*											
23. 绿急游虫 *Strombidium viride*			+	+							+
15 拟铃壳虫属 *Tintinnopsis*											
24. 王氏拟铃虫 *Tintinnopsis wangi*					+						
16 斜管虫属 *Chilodonella*							+				
25. 钩刺斜管虫 *Chilodonella uncinata*											+
26. 帽斜管虫 *Chilodonella capucina*	+										
27. 僧帽斜管虫 *Chilodonella cucullulus*	+				+						
17 膜袋虫属 *Cyclidium*											
28. 长圆膜袋虫 *Cyclidium oblongum*			+		+			+	+		
29. 善变膜袋虫 *Cyclidium versatile*			+								
30. 苔藓膜袋虫 *Cyclidium muscicola*			+	+		+					
18 累枝虫属 *Epistylis*											
31. 节累枝虫 *Epistylis articalata*			+	+	+						
19 聚缩虫属 *Zoothamnium*											
32. 树状聚缩虫 *Zoothamnium arbuscula*										+	
20 中缢虫属 *Mesodinium*											
33. 蚤中缢虫 *Mesodinium pulex*			+								
21 刺胞虫属 *Acanthocystis*											
34. 似月形刺胞虫 *Acanthocystis erinaceoides*			+								
35. 月形刺胞虫 *Acanthocystis erinaceus*				+							
36. 短棘刺胞虫 *Acanthocystis brevicirrhis*			+	+	+						+
22 太阳虫属 *Actinophrys*											
37. 放射太阳虫 *Actinophrys sol*											+
轮虫 Rotifer											
23 轮虫属 *Rotaria*											
38. 转轮虫 *Rotaria rotatoria*	+	+	+	+	+	+	+	+	+	+	+
39. 长足轮虫 *Rotaria neplunia*						+					
24 旋轮属 *Philodina*											
40. 红眼旋轮虫 *Philodina erythrophthalma*				+							+
25 宿轮属 *Habrotrocha*											
41. 狭颈宿轮虫 *Habrotrocha angusticollis*					+						
26 镜轮属 *Testudinella*											
42. 盘镜轮虫 *Testudinella patina*									+		
43. 拟三齿镜轮虫 *Testudinella paratridentata*				+							+

续表

种类	采样点										
	BW	BJ	635	YC	FY	KK	BL	HB	TH	CH	XD
27 三肢轮属 *Filinia*											
44. 长三肢轮虫 *Filinia longisela*				+	+					+	
45. 较大三肢轮虫 *Filinia major*			+	+							
46. 迈氏三肢轮虫 *Filinia maio*								+			
28 狭甲轮属 *Colurella*											
47. 钝角狭甲轮虫 *Colurella obtusa*			+								
29 棘管轮属 *Mytilina*											
48. 腹棘管轮虫 *Mytilina ventralis*											
30 鬼轮属 *Trichotria*											
49. 方块鬼轮虫 *Trichotria tetractis*	+	+	+	+	+		+		+		+
50. 截头鬼轮虫 *Trichotria truncata*	+			+							+
31 裂足轮属 *Schizocerca*											
51. 裂足轮虫 *Schizocerca diversicornis*								+			
32 臂尾轮属 *Brachionus*											
52. 方形臂尾轮虫 *Brachionus quadridentatus*			+		+						
53. 萼花臂尾轮虫 *Brachionus calyciflorus*		+	+	+	+	+		+			
54. 矩形臂尾轮虫 *Brachionus leydigi*				+							+
55. 圆形臂尾轮虫 *Brachionus rotundiformis*				+							
56. 角突臂尾轮虫 *Brachionus anularis*	+			+	+			+		+	
57. 尾突臂尾轮虫 *Brachionus caudatus*									+		
58. 褶皱臂尾轮虫 *Brachionus plicatilis*	+	+		+				+	+	+	+
59. 壶状臂尾轮虫 *Brachionus urceus*	+	+	+	+	+	+		+	+		
60. 蒲达臂尾轮虫 *Brachionus budapestiensis*		+		+							
61. 剪形臂尾轮虫 *Brachionus forficula*	+		+	+						+	
62. 花箧臂尾轮虫 *Brachionus capsuliflorus*				+	+						
33 龟甲轮属 *Keratella*											
63. 螺形龟甲轮虫 *Keratella cochlearis*	+	+	+	+	+	+	+	+	+	+	+
64. 曲腿龟甲轮虫 *Keratella ualga*	+		+	+	+			+			
65. 缘板龟甲轮虫 *Keratella ticinensis*	+		+		+						
66. 矩形龟甲轮虫 *Keratella quadrata*	+	+	+	+	+	+	+	+	+	+	+
67. 缘板龟甲轮虫 *Keratella ticinensis*				+				+			
34 鞍甲轮属 *Lepadella*											
68. 卵形鞍甲轮虫 *Lepadella ovalis*			+		+						
39. 盘状鞍甲轮虫 *Lepadella patella*	+		+	+			+	+	+	+	
35 须足轮属 *Euchlanis*											
70. 小须足轮虫 *Euchlanis parva*				+			+	+			

续表

种类	采样点										
	BW	BJ	635	YC	FY	KK	BL	HB	TH	CH	XD
71. 大肚须足轮虫 *Euchlanis dilatata*	+		+	+	+		+	+	+		
72. 竖琴须足轮虫 *Euchlanis lyra*									+		
36 叶轮虫属 *Notholca*											
73. 唇形叶轮虫 *Notholca labis*		+	+	+	+					+	
74. 鳞状叶轮虫 *Notholca squamula*		+	+	+						+	
75. 尖削叶轮虫 *Notholca acuminata*			+						+		
37 帆叶轮属 *Argonotholca*											
76. 叶状帆叶轮虫 *Argonotholca foliacea*							+				+
38 盖氏轮属 *Kellicottia*											
77. 长刺盖氏轮虫 *Kellicottia longispina*		+	+						+	+	
39 聚花轮属 *Conochilus*											
78. 独角聚花轮虫 *Conochilus hippocrepis*	+		+						+		
40 腔轮属 *Lecane*											
79. 梨形腔轮虫 *Lecane pyriformis*			+		+						
80. 月形腔轮虫 *Lecane luna*			+		+		+		+	+	
81. 长圆腔轮虫 *Lecane ploenensis*								+			+
82. 矛趾腔轮虫 *Lecane hastata*	+										
83. 罗氏腔轮虫 *Lecane ludwigii*				+							
84. 凹顶腔轮虫 *Lecane papuana*						+					
41 单趾轮属 *Monostyla*											
85. 月形单趾轮虫 *Monostyla lunaris*	+								+		
86. 梨形单趾轮虫 *Monostyla pyriformis*	+			+							
87. 钝齿单趾轮虫 *Monostyla crenata*							+				
88. 尖趾单趾轮虫 *Monostyla closterocerca*	+	+			+				+		
89. 尖角单趾轮虫 *Monostyla hamata*				+							
90. 囊形单趾轮虫 *Monostyla bulla*	+			+						+	+
91. 精致单趾轮虫 *Monostyla elachis*	+										
42 拟哈林轮属 *Pseudoharringia*											
92. 象形拟哈林轮虫 *Pseudoharringia semilis*				+							
43 高蹻轮属 *Scaridium*											
93. 高蹻轮虫 *Scaridium longicaudum*				+							
44 巨头轮属 *Cephalodella*											
94. 大头巨头轮虫 *Cephalodella megalocephala*	+										
95. 小链巨头轮虫 *Cephalodella catellina*		+									
96. 凸背巨头轮虫 *Cephalodella gibba*					+						

续表

种类	采样点										
	BW	BJ	635	YC	FY	KK	BL	HB	TH	CH	XD
45 同尾轮属 *Diurella*											
97. 韦氏同尾轮虫 *Diurella veberi*		+	+		+	+		+	+		
46 异尾轮属 *Trichocerca*											
98. 暗小异尾轮虫 *Trichocerca pusilla*		+	+	+	+	+			+		+
99. 刺盖异尾轮虫 *Trichocerca capucina*	+	+		+	+	+	+				+
100. 二突异尾轮虫 *Trichocerca bicristata*				+							
101. 细异尾轮虫 *Trichocerca gracilis*			+	+							
102. 长刺异尾轮虫 *Trichocerca longiseta*				+							
103. 圆筒异尾轮虫 *Trichocerca cylindrica*	+										
104. 等刺异尾轮虫 *Trichocerca similis*				+							
47 多肢轮属 *Polyarthra*											
105. 针簇多肢轮虫 *Polyarthra trigla*	+		+	+	+			+	+		+
106. 广布多肢轮虫 *Polyarthra vulgaris*			+		+				+		
107. 真翅多肢轮虫 *Polyarthra euryptera*			+	+	+						
48 疣毛轮属 *Synchaeta*											
108. 长圆疣毛轮虫 *Synchaeta oblonga*				+	+						+
109. 尖尾疣毛轮虫 *Synchaeta stylata*			+		+			+	+		
49 皱甲轮属 *Ploesoma*											
110. 郝氏皱甲轮虫 *Ploesoma hudsoni*		+	+	+	+			+	+		
50 胶鞘轮属 *Collotheca*											
111. 多态胶鞘轮虫 *Collotheca ambigua*	+			+			+				
51 晶囊轮属 *Asplanchna*											
112. 前节晶囊轮虫 *Asplanchna priodonta*	+	+	+	+	+			+	+	+	+
113. 盖氏晶囊轮虫 *Asplanchna girodi*	+	+	+	+	+			+	+	+	+
52 囊足轮属 *Asplanchnopus*											
114. 多突囊足轮虫 *Asplanchnopus multiceps*			+	+					+		
53 无柄轮属 *Ascomopha*											
115. 舞跃无柄轮虫 *Ascomopha saltans*		+	+	+	+		+	+			+
枝角类 Cladocera											
54 秀体溞属 *Diaphanosoma*											
116. 长肢秀体溞 *Diaphanosoma leuchtenbergianum*		+	+		+				+		
55 尖头溞属 *Penilia*											
117. 鸟喙尖头溞 *Penilia avirostris*				+		+					
56 裸腹溞属 *Moina*											
118. 微型裸腹溞 *Moina micrura*			+								

续表

种类	采样点										
	BW	BJ	635	YC	FY	KK	BL	HB	TH	CH	XD
57 溞属 *Daphnia*											
119. 蚤状溞 *Daphnia pulex*			+						+		+
120. 隆线溞 *Daphnia carinata*									+		
121. 长刺溞 *Daphnia longispina*		+	+					+	+		
122. 大型溞 *Daphnia magna*					+						
123. 僧帽溞 *Daphnia cucullata*			+						+		
58 船卵溞属 *Scapholeberis*											
124. 平突船卵溞 *Scapholeberis mucronata*									+		
59 低额溞属 *Simocephalus*											
125. 老年低额溞 *Simocephalus vetulus*			+						+		
60 象鼻溞属 *Bosmina*											
126. 长额象鼻溞 *Bosmina longirostris*	+	+	+	+	+	+		+	+	+	+
61 尖额溞属 *Alona*											
127. 矩形尖额溞 *Alona rectangula*	+	+	+	+	+		+		+		
128. 隅齿尖额溞 *Alona karlla*									+		
62 锐额溞属 *Alonella*											
129. 小型锐额溞 *Alonella exigue*		+							+		
63 盘肠溞属 *Chydorus*											
130. 圆形盘肠溞 *Chydorus sphaericus*									+		
桡足类 Copepoda											
131. 无节幼体 *Nauplius*	+	+	+	+	+		+	+	+	+	+
64 华哲水蚤属 *Sinocalanus*											
132. 细巧华哲水蚤 *Sinocalanus tenellus*	+			+							
65 温剑水蚤属 *Thermocyclops*											
133. 透明温剑水蚤 *Thermocyclops hyalinus*	+	+	+	+	+	+		+	+	+	+
66 剑水蚤属 *Mesocyclops*											
134. 广布中剑水蚤 *Mesocyclops leuckarti*	+	+	+		+	+		+	+		
67 足猛水蚤属 *Canthocamptus*											
135. 沟渠异足猛水蚤 *Canthocamptus staphylnus*		+		+	+		+	+	+		+
68 丽猛水蚤属 *Nitocra*											
136. 湖泊美丽猛水蚤 *Nitocra lacustris*		+				+					+
合计	44	34	58	68	49	19	22	33	48	21	35

注：BW. 北湾，BJ. 布尔津，635. 小 635，YC. 盐池，FY. 富蕴，KK. 可可托海，BL. 别列则克，HB. 哈巴河，TH. 托洪台，CH. 冲乎尔，XD. 小东沟。

附表 3-3　额尔齐斯河周丛藻类的种类组成

Appendix 3-3　Composition of epilithic algae in the Irtysh River

种类	采样点										
	BW	BJ	635	YC	FY	KK	BL	HB	TH	CH	XD
硅藻门 Bacillariophyta											
1 直链藻属 *Melosira*											
1. 颗粒直链藻 *Melosira granulata*		+	+		+		+		+	+	+
2. 颗粒直链藻最窄变种 *Melosira granulata* var. *angustissima*	+	+	+	+	+	+	+	+	+		+
3. 变异直链藻 *Melosira varians*	+		+		+		+				+
2 小环藻属 *Cyclotella*											
4. 梅尼小环藻 *Cyclotella meneghiniana*	+	+	+		+	+	+	+	+	+	+
3 平板藻属 *Tabellaria*											
5. 绒毛平板藻 *Tabellaria flocculosa*					+	+			+	+	+
6. 窗格平板藻 *Tabellaria fenestrata*		+							+	+	
4 等片藻属 *Diatoma*											
7. 普通等片藻 *Diatoma vulgare*	+	+	+	+	+	+	+	+	+	+	+
8. 长等片藻 *Diatoma elongatum*	+	+	+		+	+	+	+	+	+	+
9. 冬季等片藻 *Diatoma hiemale*	+		+		+	+	+		+	+	
10. 普通等片藻卵圆变种 *Diatoma vulgare* var. *ovalis*			+				+				
5 蛾眉藻属 *Ceratoneis*											
11. 弧形蛾眉藻 *Ceratoneis arcus*	+	+	+		+	+	+	+	+	+	+
12. 弧形蛾眉藻直变种 *Ceratoneis arcus* var. *recta*	+		+		+	+		+	+	+	+
13. 弧形蛾眉藻双尖变种 *Ceratoneis arcus* var. *amphioxys*					+			+		+	+
6 脆杆藻属 *Fragilaria*											
14. 钝脆杆藻 *Fragilaria capucina*	+	+	+	+	+	+	+	+	+	+	+
15. 十字形脆杆藻 *Fragilaria harrissonii*								+			
16. 巴豆叶脆杆藻 *Fragilaria crotonensis*	+	+	+	+	+	+		+		+	+
17. 变异脆杆中狭变种 *Fragilaria virescenz* var. *mesolepta*											+
18. 钝脆杆藻中狭变种 *Fragilaria capucina* var. *mesolepta*	+	+						+		+	+
19. 变异脆杆藻 *Fragilaria virescens*						+	+				
7 针杆藻属 *Synedra*											
20. 双头针杆藻 *Synedra amphicephala*	+	+	+		+	+	+	+	+	+	+
21. 尖针杆藻 *Synedra acus*	+	+	+		+	+	+	+	+	+	+
22. 肘状针杆藻 *Synedra ulna*	+	+	+		+	+	+	+	+	+	+
23. 近缘针杆藻 *Synedra affnio*	+	+	+		+		+	+		+	+
8 星杆藻属 *Asterionella*											
24. 美丽星杆藻 *Asterionella formosa*		+	+		+	+		+	+	+	
9 短缝藻属 *Eunotia*											

续表

种类	采样点										
	BW	BJ	635	YC	FY	KK	BL	HB	TH	CH	XD
25. 弧形短缝藻 *Eunotia arcus*											+
10 羽纹藻属 *Pinnularia*											
26. 细条羽纹藻 *Pinnularia microstauron*						+	+	+			
27. 间断羽纹藻 *Pinnularia interrupta*								+			
28. 微绿羽纹藻 *Pinnularia viridia*											+
29. 近小头羽纹藻 *Pinnularia subcapitata*							+				
11 布纹藻属 *Gyrosigma*											
30. 细布纹藻 *Gyrosigma kützingii*	+	+					+		+		
31. 尖布纹藻 *Gyrosigma acuminatum*				+			+		+		
12 辐节藻属 *Stauroneis*											
32. 双头辐节藻 *Stauroneis anceps*	+	+	+		+	+	+	+	+	+	+
33. 双头辐节藻线形变型 *Stauroneis anceps f. lianearis*	+	+				+		+	+	+	
13 舟形藻属 *Navicula*											
34. 喙头舟形藻 *Navicula rhynchocephala*		+	+		+	+	+	+	+	+	+
35. 嗜盐舟形藻 *Navicula halophila*	+	+	+	+	+	+	+	+	+	+	+
36. 扁圆舟形藻 *Navicula placentula*							+				
37. 短小舟形藻 *Navicula exigua*	+	+	+		+	+	+	+	+	+	+
38. 椭圆舟形藻 *Navicula schonfeldii*	+	+	+		+	+	+	+	+	+	+
39. 瞳孔舟形藻 *Navicula pupula*	+	+						+	+	+	+
40. 瞳孔舟形藻变种 *Navicula pupula* var. *capiata*			+								
41. 卡里舟形藻 *Navicula cari*	+	+					+	+	+	+	+
42. 系带舟形藻 *Navicula cincta*	+	+	+		+	+	+	+	+	+	+
43. 放射舟形藻 *Navicula raduiosa*	+	+	+		+	+	+	+	+	+	
44. 隐头舟形藻 *Navicula cryptocephala*	+	+	+		+	+	+	+	+	+	+
45. 微绿舟形藻 *Navicula viridula*			+		+				+		+
46. 简单舟形藻 *Navicula simplex*	+	+	+		+	+	+		+		
47. 英吉利舟形藻 *Navicula anglica*											+
48. 最小舟形藻 *Navicula minima*	+									+	
49. 双头舟形藻 *Navicula dicephala*					+	+					
50. 双球舟形藻 *Navicula amphibola*		+	+	+	+	+	+			+	+
14 美壁藻属 *Caloneis*											
51. 舒曼美壁藻 *Caloneis schumanniana*				+					+		
15 双眉藻属 *Amphora*											
52. 卵圆双眉藻 *Amphora ovalis*	+	+		+		+	+		+	+	
16 桥弯藻属 *Cymbella*											
53. 胡斯特桥弯藻 *Cymbella hustedtii*					+		+	+			+

续表

种类	采样点										
	BW	BJ	635	YC	FY	KK	BL	HB	TH	CH	XD
54. 极小桥弯藻 *Cymbella perpusilla*	+	+	+	+	+	+	+	+	+	+	+
55. 偏肿桥弯藻 *Cymbella ventricosa*	+	+	+	+	+	+	+	+	+	+	+
56. 膨胀桥弯藻 *Cymbella tumida*						+	+			+	+
57. 箱形桥弯藻 *Cymbella cistula*	+	+	+		+	+	+	+			+
58. 近缘桥弯藻 *Cymbella affinis*	+	+	+		+		+	+	+	+	+
59. 胀大桥弯藻 *Cymbella turgidula*	+		+		+	+		+	+	+	
60. 纤细桥弯藻 *Cymbella gracilis*	+	+	+		+	+	+	+	+	+	+
61. 优美桥弯藻 *Cymbella delicatula*		+					+	+		+	+
62. 微细桥弯藻 *Cymbella parva*	+	+	+		+	+	+	+	+	+	+
63. 澳大利亚桥弯藻 *Cymbella austriaca*	+						+				
64. 弯曲桥弯藻 *Cymbella sinuata*	+	+	+		+	+	+	+	+	+	+
65. 细小桥弯藻 *Cymbella pusilla*		+			+	+	+	+	+	+	+
66. 披针桥弯藻 *Cymbella lanceolata*			+								
67. 小桥弯藻 *Cymbella laevis*		+	+			+					
68. 舟形桥弯藻 *Cymbella naviculiformis*										+	+
17 双楔藻属 *Didymosphenia*											
69. 双生双楔藻 *Didymosphenia geminata*	+	+	+		+	+	+	+		+	
18 异极藻属 *Gomphonema*											
70. 窄异极藻 *Gomphonema angustatum*	+	+	+		+	+	+	+	+	+	+
71. 窄异极藻延长变种 *Gomphonema angustatum* var. *productum*	+	+	+		+	+	+		+	+	+
72. 短纹异极藻 *Gomphonema abbreviatum*	+	+	+	+	+	+	+	+	+	+	+
73. 缢缩异极藻 *Gomphonema constrictum*	+	+	+		+	+	+	+	+	+	+
74. 中间异极藻 *Gomphonema intricatum*	+	+				+	+		+		+
75. 橄榄形异极藻 *Gomphonema olivaceum*	+	+	+		+	+	+	+	+	+	+
76. 缢缩异极藻头状变种 *Gomphonema constrictum* var. *capitate*			+						+	+	+
77. 微细异极藻 *Gomphonema parvulum*	+		+			+	+	+	+	+	
78. 纤细异极藻 *Gomphonema gracile*							+				
79. 尖异极藻布雷变种 *Gomphonema acuminatum* var. *brebissonii*		+			+	+		+		+	+
19 卵形藻属 *Cocconeis*											
80. 扁圆卵形藻 *Cocconeis placentula*	+	+	+	+	+	+	+	+	+	+	+
20 真卵形藻属 *Eucocconeis*											
81. 弯曲真卵形藻 *Eucocconeis flexella*	+							+			+
21 曲壳藻属 *Achnanthes*											
82. 比索曲壳藻 *Achnanthes biasolettiana*	+				+	+	+	+	+		+
83. 线形曲壳藻 *Achnanthes linearis*	+	+	+				+	+			+

续表

种类	采样点										
	BW	BJ	635	YC	FY	KK	BL	HB	TH	CH	XD
84. 短小曲壳藻 *Achnanthes exigua*									+		
22 弯楔藻属 *Rhoicosphenia*											
85. 弯形弯楔藻 *Rhoicosphenia curvata*					+	+	+				
23 窗纹藻属 *Epithemia*											
86. 鼠形窗纹藻 *Epithemia argus*	+										+
87. 斑纹窗纹藻 *Epithemia zebra*	+										
88. 光亮窗纹藻 *Epithemia argus*							+				
24 菱形藻属 *Nitzschia*											
89. 双头菱形藻 *Nitzschia amphibia*	+	+	+	+	+	+	+	+	+	+	+
90. 小头菱形藻 *Nitzschia microcephala*	+	+	+		+	+	+	+	+	+	+
91. 线形菱形藻 *Nitzschia linearis*	+	+	+		+	+	+	+	+	+	+
92. 肋缝菱形藻 *Nitzschia frustulum*	+				+			+		+	
93. 池生菱形藻 *Nitzschia stagnorum*	+	+	+		+	+	+	+	+	+	+
94. 谷皮菱形藻 *Nitzschia palea*					+	+	+	+	+	+	+
95. 泉生菱形藻 *Nitzschia fonticola*						+	+		+		
25 菱板藻属 *Hantzschia*											
96. 双尖菱板藻 *Hantzschia amphioxys*					+	+	+			+	+
26 双菱藻属 *Surirella*											
97. 卵形双菱藻 *Surirella ovata*	+		+		+						
98. 卵形双菱藻羽纹变种 *Surirella ovata* var. *pinnata*	+										
99. 端毛双菱藻 *Surirella capronii*	+										
100. 窄双菱藻 *Surirella angustata*	+			+				+			
101. 线形双菱藻 *Surirella linearis*	+										
27 波缘藻属 *Cymatopleura*											
102. 草鞋形波缘藻 *Cymatopleura solea*	+										
103. 椭圆波缘藻缢缩变种 *Cymatopleura elliptica* var. *constricta*										+	
104. 椭圆波缘藻 *Cymatopleura elliptica*	+										
蓝藻门 Cyanophta											
28 颤藻属 *Oscillatoria*											
105. 阿式颤藻 *Oscillatoria agardhii*	+	+	+	+	+	+	+	+		+	+
106. 两栖颤藻 *Oscillatoria amphibia*		+	+		+	+	+	+	+	+	+
107. 小颤藻 *Oscillatoria tenuis*	+	+	+		+	+	+	+	+		+
108. 巨颤藻 *Oscillatoria prinxeps*					+						+
109. 拟短形颤藻 *Oscillatoria subbrevis*	+	+	+		+	+				+	
110. 悦目颤藻 *Oscillatoria amoena*			+		+						
111. 美丽颤藻 *Oscillatoria formosa*			+			+	+			+	+

续表

种类	采样点										
	BW	BJ	635	YC	FY	KK	BL	HB	TH	CH	XD
112. 灿烂颤藻 *Oscillatoria splendida*	+							+			
29 席藻属 *Phormidium*											
113. 皮状席藻 *Phormidium corium*	+	+	+		+	+	+	+	+	+	+
114. 小胶鞘藻 *Phormidium tenus*	+	+	+		+	+	+	+	+	+	+
115. 蜂巢席藻 *Phormidium favosum*									+		
116. 窝形席藻 *Phormidium faveolarum*						+		+			
30 螺旋藻属 *Spitulina*											
117. 大螺旋藻 *Spitulina maior*					+	+					+
31 鞘丝藻属 *Lyngbya*											
118. 大型鞘丝藻 *Lyngbya maior*										+	
32 胶须藻属 *Rivularia*											
119. 饶氏胶须藻 *Rivularia Jaol*								+			
33 尖头藻属 *Raphidiopsis*											
120. 中华小尖头藻 *Raphidiopsis sinensia*	+	+			+		+	+			+
34 念珠藻属 *Nostoc*											
121. 球形念珠藻 *Nostoc sphaericun*	+	+	+		+		+	+	+	+	+
35 鱼腥藻属 *Anabaena*											
122. 类颤藻鱼腥藻 *Anabaena osicellariordes*					+						
36 蓝纤维藻属 *Dactylococcopsis*											
123. 针状蓝纤维藻 *Dactylococcopsis acicularis*			+		+						+
37 色球藻属 *Chroococcus*											
124. 小形色球藻 *Chroococcus minor*			+								
38 平裂藻属 *Merismopedia*											
125. 银灰平裂藻 *Merismopedia minima*	+		+	+		+				+	
39 粘球藻属 *Gloeocapsa*											
126. 点形粘球藻 *Gloeocapsa punctata*			+								+
绿藻门 Chlorophyta											
40 弓形藻属 *Schroederia*											
127. 硬弓形藻 *Schroederia robusta*					+						
128. 拟菱形弓形藻 *Schroederia nitzschioides*			+								
41 小椿藻属 *Characium*											
129. 湖生小椿藻 *Characium limneticum*		+									
42 栅藻属 *Scenedesmus*											
130. 斜生栅藻 *Scenedesmus obliquus*		+			+					+	
131. 四尾栅藻 *Scenedesmus quadricauda*	+	+	+	+	+			+	+	+	+
132. 二形栅藻 *Scenedesmus dimorphus*	+				+						

续表

种类	采样点										
	BW	BJ	635	YC	FY	KK	BL	HB	TH	CH	XD
133. 弯曲栅藻 *Scenedesmus arcuatus*		+			+			+			
134. 爪哇栅藻 *Scenedesmus javaensis*					+			+			
135. 被甲栅藻 *Scenedesmus armatus*		+	+		+				+	+	
136. 双对栅藻 *Scenedesmus bijuga*		+								+	
137. 裂孔栅藻 *Scenedesmus perforatus*										+	
43 纤维藻属 *Ankistrodesmus*											
138. 狭形纤维藻 *Ankistrodesmus angustus*									+		
139. 镰形纤维藻奇异变种 *Ankistrodesmus falcatus* var. *mirabilis*							+			+	
140. 镰形纤维藻 *Ankistrodesmus falcatus*							+			+	
141. 卷曲纤维藻 *Ankistrodesmus convolutus*											+
44 盘星藻属 *Pediastrum*											
142. 短棘盘星藻 *Pediastrum biradiatum*										+	
45 月牙藻属 *Selenastrum*											
143. 月牙藻 *Selenastrum bibraianum*						+					+
46 小球藻属 *Chlorella*											
144. 普通小球藻 *Chlorella vulgaris*	+		+		+	+		+	+		
47 衣藻属 *Chlamydomonas*											
145. 小球衣藻 *Chlamydomonas microsphaera*									+		
48 绿梭藻属 *Chlorogonium*											
146. 长绿梭藻 *Chlorogonium elongatum*					+						
49 丝藻属 *Uathrix*											
147. 环丝藻 *Uathrix zonata*		+	+		+	+		+	+	+	+
148. 细丝藻 *Uathrix tenerrima*	+						+				
149. 双胞丝藻 *Uathrix geminata*		+	+							+	
150. 串珠丝藻 *Uathrix moniliformis*										+	
50 尾丝藻属 *Uronema*			+					+	+		
151. 尾丝藻 *Uronema confervicolum*	+	+			+	+		+	+	+	+
51 双胞藻属 *Geminella*											
152. 小双胞藻 *Geminella minor*	+				+			+			+
52 链丝藻属 *Hormidium*											
153. 细链丝藻 *Hormidium subtile*											+
53 胼胞藻属 *Binuclearia*											
154. 胼胞藻 *Binuclearia tectorum*										+	
54 微孢藻属 *Microspora*											
155. 池生微胞藻 *Microspora stagnorum*						+				+	
156. 方形微胞藻 *Microspora quadrata*		+				+		+			+

续表

种类	采样点										
	BW	BJ	635	YC	FY	KK	BL	HB	TH	CH	XD
55 刚毛藻属 *Cladophora*											
157. 绉刚毛藻 *Cladophora crispata*	+										
56 鼓藻属 *Cosmarium*											
158. 钝鼓藻 *Cosmarium obtusatum*		+			+				+		
159. 斑点鼓藻 *Cosmarium punctulatum*		+									
160. 扁鼓藻 *Cosmarium depressum*					+			+			
161. 梅尼鼓藻 *Cosmarium meneghinii*											+
57 顶接鼓藻属 *Spondylosium*											
162. 布莱鼓藻 *Spondylosium blyttii*							+				+
163. 平顶顶接鼓藻 *Spondylosiun planum*					+						
58 凹顶鼓藻属 *Euastrum*											
164. 华美凹顶鼓藻 *Euastrum elegans*									+		
59 鼓藻属 *Cosmarium*											
165. 凹凸鼓藻 *Cosmarium impressulum*	+	+		+	+	+	+	+	+	+	
166. 双眼鼓藻 *Cosmarium bioculatum*					+					+	
167. 颗粒鼓藻 *Cosmarium granatum*									+		
168. 双桨鼓藻 *Cosmarium bireme*			+								
60 顶接鼓藻属 *Spondylosiun*											
169. 矮型顶接鼓藻 *Spondylosiun pygmaeum*					+						
170. 平顶顶接鼓藻 *Spondylosiun planum*					+					+	
61 角星鼓藻 *Staurastrum*											
171. 纤细角星鼓藻 *Staurastrum gracile*			+								
62 新月藻属 *Closterium*											
172. 库津新月藻 *Closterium kiitzingii*		+									
173. 项圈新月藻 *Closterium moniliferum*										+	+
174. 厚顶新月藻 *Closterium dianae*		+			+						+
175. 反曲新月藻 *Closterium sigmoideum*							+				
176. 顶节新月藻 *Closterium nematodes*											+
63 水绵属 *Spirogyra*											
177. 水绵 *Spirogyra communis*	+	+	+								
黄藻门 Xanthophyta											
64 黄丝藻属 *Tribonena*											
178. 小型黄丝藻 *Tribonena minus*	+	+	+		+		+	+	+	+	
179. 拟丝藻黄丝藻 *Tribonena ulothrichoides*	+										
180. 近缘黄丝藻 *Tribonena affine*		+									
裸藻门 Euglenophyta											
65 裸藻属 *Euglena*											

续表

种类	采样点										
	BW	BJ	635	YC	FY	KK	BL	HB	TH	CH	XD
181. 膝曲裸藻 *Euglena reniculata*									+		
182. 尖尾裸藻 *Euglena oxyuris*								+			
66 扁裸藻属 *Phacus*											
183. 敏捷扁裸藻 *Phacus agilis*									+		
67 囊裸藻属 *Trachelomonas*											
184. 矩圆囊裸藻 *Trachelomonas oblonga*										+	
68 隐藻属 *Cryptomonas*											
185. 啮蚀隐藻 *Crytomonas erosa*									+		
69 蓝隐藻属 *Chroomonas*											
186. 尖尾蓝隐藻 *Chroomonas acuta*									+		
金藻门 Chrysophyta											
70 黄群藻属 *Synura*											
187. 黄群藻 *Synura urella*		+									
71 锥囊藻属 *Dinobryon*											
188. 分歧锥囊藻 *Dinobryon divergens*								+			
甲藻门 Pyrrophyta											
72 角甲藻属 *Ceratium*											
189. 角甲藻 *Ceratium hirundinella*			+								
轮藻门 Charophytes											
73 轮藻属 *Chara*											
190. 轮藻属一种 *Chara* sp.		+	+								
合计	84	82	80	19	92	75	80	82	80	90	88

注：BW. 北湾，BJ. 布尔津，635. 小 635，YC. 盐池，FY. 富蕴，KK. 可可托海，BL. 别列则克，HB. 哈巴河，TH. 托洪台，CH. 冲乎尔，XD. 小东沟。

附表 3-4　额尔齐斯河大型底栖动物的组成

Appendix 3-4　Composition of macrozoobenthos in the Irtysh River

种类	采样点										
	BW	BJ	635	YC	FY	KK	BL	HB	TH	CH	XD
节肢动物门 Arthropod											
昆虫纲 Insecta											
蜉蝣目 Ephemeroptera											
蜉蝣科 Ephemeridae											
1. 东方蜉 *Ephemera orientalis*	+	+	+				+	+		+	
2. 实体蜉 *Ephemera supposita*		+									
细蜉科 Caenidae											
3. 强壮细蜉 *Caenis robusta*			+				+				+

续表

种类	采样点										
	BW	BJ	635	YC	FY	KK	BL	HB	TH	CH	XD
扁蜉科 Heptageniidae											
4. 扁蜉属一种 *Heptagenia* sp.	+	+	+		+	+	+	+	+	+	+
5. 似动蜉属一种 *Cinygmula* sp.	+	+	+		+	+	+	+	+	+	+
6. 高翔蜉属一种 *Epeorus* sp.			+		+	+	+	+		+	+
小蜉科 Ephemerellidae											
7. 棕红小蜉 *Ephemerella ignita*			+		+	+	+	+		+	+
8. 锯形蜉属一种 *Serratella* sp.			+								
9. 抚松弯握蜉 *Drunella fusongensis*			+			+					+
10. 三刺弯握蜉 *Drunella tricantha*											+
细裳蜉科 Leptophlebiidae											
11. 面宽基蜉 *Choroterpes facialis*	+	+			+			+			+
12. 柔裳蜉属一种 *Habrophlebiodes* sp.	+										
荷花蜉科 Potamanthidae											
13. 长胫荷花蜉 *Potamanthus tongitibius*			+					+	+		
四节蜉科 Baetidae											
14. 双翼二翅蜉 *Cloeon dipterum*		+	+		+	+		+	+	+	+
15. 二刺花翅蜉 *Baetiella bispinosa*			+						+		+
短丝蜉科 Siphlonuridae											
16. 山地亚美蜉 *Ameletus montanus*	+	+						+		+	+
襀翅目 Plecoptera											
襀科 Perlidae											
17. 襀科一种 *Levanidovia* sp.		+			+	+		+		+	
网襀科 Perlodidae											
18. 网襀科一种 *Stausolus* sp.		+				+	+			+	+
带襀科 Taeniopterygidae											
19. 带襀科一种 *Taenionema* sp.											+
大襀科 Pteronarcyidae											
20. 大石蝇属一种 *Pteronarcys* sp.					+	+				+	
叉襀科 Nemouridae											
21. 叉襀属一种 *Nemoura* sp.		+									+
绿襀科 Chloroperlidae											
22. 绿襀科一种 *Chloroperlidae* sp.											+
毛翅目 Trichoptera											
径石蛾科 Ecnomidae											
23. 巧妙长须石蛾 *Ecnomus tenellus*											
小石蛾科 Hydroptilidae											

续表

种类	采样点										
	BW	BJ	635	YC	FY	KK	BL	HB	TH	CH	XD
24. 小石蛾科一种 *Hydroptilidae* sp.	+										
沼石蛾科 Limnephilidae											
25. 秋石蛾属一种 *Dicosmoecus* sp.						+					
26. 伪突沼石蛾属一种 *Pseudostenophylax* sp.		+									
短石蛾科 Brachycentridae											
27. 短石蛾科一种 *Brachycentrus* sp.		+	+			+		+			+
原石蛾科 Rhyacophilidae											
28. 喜马石蛾属一种 *Himalopsyche* sp.											+
29. 原石蛾属一种 *Rhyacophila* sp.											+
舌石蛾科 Glossosomatidae											
30. 石蛾科一种 *Glossosoma* sp.						+					+
角石蛾科 Stenopsychidae											
31. 角石蛾科一种 *Stenopsyche* sp.						+		+		+	
长角石蛾科 Leptoceridae											
32. 长角石蛾科一种 *Leptoceridae* sp.						+	+	+		+	
纹石蛾科 Hydropdychidae											
33. 侧枝纹石蛾一种 *Ceratopsyche* sp.			+			+				+	+
34. 纹石蛾属一种 *Hydropsyche* sp.		+	+		+		+			+	
35. 长角石蛾属一种 *Macrostemum* sp.			+		+			+			+
36. 短脉纹石蛾属一种 *Cheumatopssyche* sp.		+	+		+		+				
半翅目 Hemiptera											
划蝽科 Corixidae											
37. 小划蝽 *Siga substraiata*					+	+				+	
仰泳蝽科 Notonectidae											
38. 大仰蝽属 *Notonecta glauca*		+							+		
潜水蝽科 Naucoridae											
39. 长额潜蝽属一种 *Cheirochela* sp.		+						+	+	+	
40. 叹潜蝽属一种 *Ilyocoris* sp.	+									+	
蝎蝽科 Nepidae											
41. 蝎蝽 *Arma chinensis*		+						+			
42. 小螳蝽 *Ranatra brevicollis*								+		+	
水黾科 Gerridae											
43. 黄黾属一种 *Neogerris* sp.										+	
鞘翅目 Coleoptera											
泥甲科 Dryopidae											
44. 泥甲属一种 *Dryopidae* sp.							+				

续表

种类	采样点										
	BW	BJ	635	YC	FY	KK	BL	HB	TH	CH	XD
龙虱科 Dytiscidae sp.											
45. 龙虱属 *Dytiscus* sp.		+						+			
46. 洼龙虱属 *Laccophilus* sp.		+									
水龟甲科 Hydrophilidae											
47. 牙虫属 *Hydrous* sp.								+		+	
长角泥甲科 Elmidae											
48. 长角泥甲属一种 *Elmidae* sp.					+						
沼梭科 Haliplidae											
49. 沼梭属一种 *Haliplidae* sp.										+	
豉甲科 Gyrinidae											
50. 豉甲属一种 *Gyrinidae* sp.										+	
蜻蜓目 Odonata											
箭蜓科 Gomphidae											
51. 副春蜓属一种 *Paragomphus* sp.	+	+						+			
52. 纤箭蜓属一种 *Leptogomphus* sp.		+						+			
53. 东方春蜓属一种 *Orientogomphus* sp.							+	+			
54. 长腹春蜓属一种 *Macrogomphus* sp.	+										
蜓科 Aeshinidae											
55. 伟蜓属一种 *Anax* sp.								+			
大蜻科 Macromiidae											
56. 大蜻属一种 *Macromia* sp.	+							+			
蟌科 Coenagrionedae											
57. 蟌科一种 *Cercion* sp.										+	
蜻科 Libellulidae											
58. 蜻科一种 *Orthetrum* sp.	+	+									
双翅目 Diptera											
摇蚊科 Chironomidae											
59. 林摇蚊属一种 *Lipiniella* sp.				+							
60. 双突摇蚊属一种 *Diplocladius* sp.									+		
61. 异带小突摇蚊 *Micropsectra atrofasciata*						+					
62. 羽摇蚊属一种 *Chironomus plumosus*									+		
63. 二叉摇蚊属一种 *Dicrotendipes* sp.	+										
64. 多足摇蚊属一种 *Polypedilum* sp.				+	+		+	+	+	+	
65. 多足摇蚊属一种 *Polypedilum flavum*				+			+	+	+	+	
66. 摇蚊属一种 *Apedilum* sp.			+							+	
67. 隐摇蚊属一种 *Cryptochironomus* sp.					+				+		+

续表

种类	采样点										
	BW	BJ	635	YC	FY	KK	BL	HB	TH	CH	XD
68. 拟隐摇蚊属 *Demicryptochironomus* sp.									+		
69. 长跗摇蚊属一种 *Tanytarsus* sp.				+	+	+					+
70. 伪摇蚊属一种 *Pseudochironomus* sp.						+					
71. 昏眼摇蚊属一种 *Stempellina* sp.											+
72. 拟枝角摇蚊一种 *Paracladopelna* sp.			+				+				+
73. 瑟摇蚊一种 *Sergentia* sp.						+					+
74. 似突摇蚊一种 *Paracladius* sp.							+				
75. 喜盐摇蚊 *Chironomus salinarius*				+			+				
76. 斑摇蚊属一种 *Stictochironomus* sp.	+										+
77. 倒毛摇蚊属一种 *Microtendipes* sp.								+			
78. 摇蚊亚科一种 *Acalcarella* sp.			+				+				
79. 花翅前突摇蚊 *Procladius choreus*							+	+			
80. 长足摇蚊一种 *Tanypus* sp.								+			
81. 斑点粗腹摇蚊 *Rheopelopia maculipennis*							+				+
82. 环足摇蚊属一种 *Cricotopus* sp.						+	+		+	+	+
83. 直突摇蚊属 *Orthocladius frigidus*			+			+		+	+		
84. 直突摇蚊属一种 *Orthocladius* sp1.						+				+	
85. 直突摇蚊属一种 *Orthocladius* sp2.					+		+			+	+
86. 直突摇蚊属一种 *Orthocladius* spC.			+				+		+		+
87. 拟刚毛突摇蚊一种 *Paratrichocladius* sp.							+	+			+
88. 毛突摇蚊属一种 *Chaetocladius* sp.						+					
89. 提尼曼摇蚊属一种 *Thienemanniella* sp.		+									
90. 直突摇蚊一种 *Stilocladius* sp.											
91. 真开式摇蚊一种 *Eukicfferiella* sp.					+		+				+
92. 直突摇蚊一种 *Euryhapsis* sp.						+					
93. 水摇蚊属一种 *Hydrobaenus* sp.		+			+					+	
94. 刀突摇蚊属一种 *Psectrocladius* sp.							+				
95. 寡角摇蚊 C 种 *Diamesa* spC.			+					+		+	+
96. 寡角摇蚊 A 种 *Diamesa* spA.						+	+				
97. 拉普摇蚊属一种 *Lappodiamesa* sp.										+	
98. 帕摇蚊一种 *Pagastia* sp.										+	+
99. 似波摇蚊属一种 *Sympotthastia* sp.								+			
100. 波摇蚊属一种 *Potthastia* sp.											+
101. 寡脉摇蚊属一种 *Podonominae* sp.								+			
102. 前寡角摇蚊属一种 *Prodinamesa* sp.								+			
大蚊科 Tipulidae											
103. 花翅大蚊属一种 *Hexatoma* sp.		+						+			+

续表

种类	采样点										
	BW	BJ	635	YC	FY	KK	BL	HB	TH	CH	XD
104. 朝大蚊属一种 *Antocha* sp.						+	+	+		+	+
105. 大蚊属一种 *Tipulinae* sp.						+		+		+	+
蠓科 Ceratopogonidae											
106. 蠓属一种 *Ceratopogonidae* sp.										+	+
蚋科 Simuliidae											
107. 蚋属一种 *Simuliidae* sp.		+	+				+				+
长足虻科 Dolichopodidae											
108. 长足虻属一种 *Dolichopodidae* sp.							+				
网蚊科 Blepharoceridae											
109. 网蚊属一种 *Blephariceridae* sp.						+					
虻科 Tabanidae											
110. 虻科属一种 *Tabanidae* sp.					+	+	+			+	
舞虻科 Empididae											
111. 舞虻属一种 *Empididae* sp.							+				
蚊科 Culicidae											
112. 幽蚊属一种 *Chaoborus* sp.									+		
窗大蚊科 Pediciidae											
113. *Dicranota guerini*											
甲壳纲 *Crustacea*											
114. 钩虾属一种 *Gammarus* sp.	+							+			
环节动物门 Annelida											
寡毛类 Oligochaeta											
115. 霍甫水丝蚓 *Limnodrilus hoffmeisteri*	+		+	+	+		+		+		
116. 奥特开水丝蚓 *Limnodrilus udekemianus*				+							
117. 正颤蚓 *Tubifex tubifex*			+								
蛭纲 Hirudinea											
118. 八目石蛭 *Erpobdella ocroculata*	+		+					+	+	+	
软体动物门 Mollusca											
119. 扁卷螺科一种 *Planorbidae* sp.							+		+		
120. 卵萝卜螺 *Radix ovata*					+		+		+	+	
121. 耳萝卜螺 *Radix auricularia*								+	+	+	
122. 静水椎实螺 *Lymnaea stagnalis*								+		+	
123. 湖球蚬 *Sphaerium lacustre*	+										
124. 河蚬 *Corbicula fluminea*	+										
合计	19	26	26	7	22	30	35	42	22	41	41

注：BW. 北湾，BJ. 布尔津，635. 小 635，YC. 盐池，FY. 富蕴，KK. 可可托海，BL. 别列则克，HB. 哈巴河，TH. 托洪台，CH. 冲乎尔，XD. 小东沟。

附表 3-5　额尔齐斯河水生高等植物种类组成

Appendix 3-5　Composition of aquatic macrophytes of the Irtysh River

种类	采样点									
	TR	BJHT	BJ	BL	CQ	CD	TH	FY	TM	KK
被子植物门 Angiospermae										
双子叶植物纲 Dicotyledons										
婆婆纳属 *Veronica*										
1. 水苦荬 *Veronica undulata*	+				+	+	+	+	+	
狸藻属 *Utricularia*										
2. 狸藻 *Utricularia vulgaris*	+		+							
3. 黄花狸藻 *Utricularia aurea*		+	+							
4. 少花狸藻 *Utricularia exoleta*										
泽芹属 *Sium*										
5. 泽芹 *Sium suave*		+	+			+	+			
毒芹属 *Cicuta*										
6. 毒芹 *Cicuta virosa*	+						+			
天胡荽属 *Hydrocotyle*										
7. 天胡荽 *Hydrocotyle sibthorpioides*						+				
酸模属 *Rumex*										
8. 水生酸模 *Rumex aquaticus*	+									
9. 酸模 *Rumex acetosa*								+	+	
10. 皱叶酸模 *Rumex crispus*						+				
蓼属 *Polygonum*										
11. 红蓼 *Polygonum orientale*					+					
12. 酸模叶蓼 *Polygonum lapathifolium*				+						
13. 水蓼 *Polygonum hydropiper*	+	+		+	+	+	+	+		
14. 两栖蓼 *Polygonum amphibium*	+									+
毛茛属 *Ranunculus*										
15. 石龙芮 *Ranunculus sceleratus*	+						+			
16. 水毛茛 *Batrachium bungei*	+				+					
碱毛茛属 *Halerpestes*										
17. 圆叶碱毛茛 *Halerpestes cymbalaria*	+	+	+		+		+			+
金鱼藻属 *Ceratophyllum*										
18. 五刺金鱼藻 *Ceratophyllum oryzetorum*								+		
19. 金鱼藻 *Ceratophyllum demersum*	+						+			
狐尾藻属 *Myriophyllum*										
20. 轮叶狐尾藻 *Myriophyllum verticillatum*		+	+		+					
21. 穗状狐尾藻 *Myriophyllum spicatum*	+	+								

续表

种类	采样点									
	TR	BJHT	BJ	BL	CQ	CD	TH	FY	TM	KK
杉叶藻属 *Hippuris*										
22. 杉叶藻 *Hippuris vulgaris*	+									
柳叶菜属 *Epilobium*										
23. 柳叶菜 *Epilobium hirsutum*						+				
千屈菜属 *Lythrum*										
24. 千屈菜 *Lythrum salicaria*		+								
水马齿属 *Callitriche*										
25. 轮叶水马齿 *Callitriche hermaphroditica*					+		+			
26. 沼生水马齿 *Callitriche palustris*	+				+	+	+			
鬼针草属 *Bidens*										
27. 鬼针草 *Bidens pilosa*							+	+		
白酒草属 *Conyza*										
28. 小飞蓬 *Conyza canadensis*						+				
单子叶植物纲 Monocotyledoneae										
水麦冬属 *Triglochin*										
29. 水麦冬 *Triglochin palustre*		+	+		+			+		
眼子菜属 *Potamogeton*										
30. 柳叶眼子菜 *Potamogeton zosterifolius*			+				+			
31. 线叶眼子菜 *Potamogeton pusillus*	+				+	+		+		
32. 穿叶眼子菜 *Potamogeton perfoliatus*	+	+			+			+		+
33. 龙须眼子菜 *Potamogeton pectinatus*		+	+		+					+
34. 浮叶眼子菜 *Potamogeton natans*	+				+			+		+
35. 光叶眼子菜 *Potamogeton lucens*	+									
36. 异叶眼子菜 *Potamogeton heterophyllus*	+									
37. 菹草 *Potamogeton crispus*				+				+		
38. 钝尖眼子菜 *Potarmogeton obtusifolius*		+								
39. 尖叶眼子菜 *Potamogeton oxyphyllus*		+								
40. 扁茎眼子菜 *Potamogeton filiformis*		+								
慈姑属 *Sagittaria*										
41. 野慈姑 *Sagittaria trifolia*			+					+		
42. 浮叶慈姑 *Sagittaria natans*			+							
泽泻属 *Alisma*										
43. 东方泽泻 *Alisma orientale*		+			+		+			
44. 小泽泻 *Alisma nanum*	+	+	+			+				
45. 窄叶泽泻 *Alisma canaliculatum*	+	+								+

续表

种类	采样点									
	TR	BJHT	BJ	BL	CQ	CD	TH	FY	TM	KK
茨藻属 *Najas*										
46. 大茨藻 *Najas marina*		+						+		
花蔺属 *Butomus*										
47. 花蔺 *Butomus umbellatus*	+				+		+			+
香蒲属 *Typha*										
48. 普香蒲 *Typha przewalskii*	+				+					
49. 无苞香蒲 *Typha laxmannii*	+		+		+					
50. 宽叶香蒲 *Typha latifolia*					+		+			
51. 狭叶香蒲 *Typha angustifolia*	+	+	+							
52. 球序香蒲 *Typha pallida*		+								
黑三棱属 *Sparganium*										
53. 黑三棱 *Sparganium stoloniferum*	+				+					
54. 短序黑三棱 *Sparganium glomeratum*	+									
55. 沼生黑三棱 *Sparganium limosum*		+								
莎草属 *Cyperus*										
56. 扁穗莎草 *Cyperus compressus*			+							
57. 矮莎草 *Cyperus pygmaeus*				+						
藨草属 *Scirpus*										
58. 荆三棱 *Scirpus yagara*	+	+	+		+	+		+		+
59. 水葱 *Scirpus validus*		+		+	+			+		
60. 藨草 *Scirpus triqueter*			+							
荸荠属 *Heleocharis*										
61. 荸荠 *Heleocharis dulcis*	+		+		+		+	+	+	+
62. 牛毛毡 *Heleocharis parvula*					+		+			
63. 少花荸荠 *Heleocharis pauciflora*		+				+				
苔草属 *Carex*										
64. 垂穗苔草 *Carex dimorpholepis*							+			
芦苇属 *Phragmites*										
65. 芦苇 *Phragmites communis*	+	+	+		+	+	+			+
稗属 *Echinochloa*										
66. 无芒稗 *Echinochloa crusgalli* var. *mitis*	+									
67. 长芒稗 *Echinochloa caudata*				+	+			+		
看麦娘属 *Alopecurus*										
68. 看麦娘 *Alopecurus aequalis*						+			+	
早熟禾属 *Poa*										
69. 早熟禾 *Poa annua*	+									

续表

种类	采样点									
	TR	BJHT	BJ	BL	CQ	CD	TH	FY	TM	KK
黍属 *Panicum*										
70. 黍 *Panicum miliaceum*						+				
灯心草属 *Juncus*										
71. 灯心草 *Juncus effusus*				+				+		
72. 小灯心草 *Juncus bufonius*							+		+	
73. 葱状灯心草 *Juncus allioides*					+					
74. 翅茎灯心草 *Juncus alatus Franch*	+		+		+	+	+		+	
75. 片髓灯心草 *Juncus inflexus*		+								
蕨类植物门 Pteridophyta										
槐叶苹属 *Salvinia*										
76. 槐叶苹 *Salvinia natans*			+							
木贼属 *Equisetum*										
77. 水木贼 *Equisetum fluviatile*	+						+			
78. 披散问荆 *Equisetum diffusum*				+			+			
79. 问荆 *Equisetum arvense*	+							+	+	
80. 草问荆 *Equisetum pratense*						+				
合计	33	26	20	8	27	17	22	18	7	10

注：TR. 铁热克提，BJHT. 布尔津哈太村，BJ. 布尔津河口，BL. 别列则克铜矿，CQ. 冲乎尔大桥，CD. 冲乎尔电站，TH. 托洪台水库，FY. 富蕴，TM. 铁买可乡，KK. 可可托海。